普通高等教育“十二五”系列教材

工业自动化仪表

编著　陈荣保
主审　费敏锐

中国电力出版社
CHINA ELECTRIC POWER PRESS

内 容 提 要

本书为普通高等教育"十二五"系列教材。

全书共分10章，主要介绍工业自动化仪表的基本概念、基本结构与功能；检测仪表与变送器、显示仪表与显示技术、控制调节仪表、执行器及泵与阀；智能仪表与嵌入式技术、通信与总线技术、软件设计与虚拟技术；仪表设计与抗干扰技术、仪表安全性、标准化和可靠性等知识；并针对工业自动化仪表的应用领域，选用国内外知名企业的应用案例，真实、可行，具有代表性和先进性。

本书可作为自动化类、测控技术与仪器类、电子与通信类、电气类、化工、热工等专业本科生教材，研究生教材和专业技术参考资料，也可供从事相关专业的技术人员、维护维修人员和管理人员参考。

图书在版编目（CIP）数据

工业自动化仪表/陈荣保编著. —北京：中国电力出版社，2011.11（2024.1重印）

普通高等教育"十二五"规划教材

ISBN 978-7-5123-2167-0

Ⅰ.①工… Ⅱ.①陈… Ⅲ.①工业自动化仪表—高等学校—教材 Ⅳ.①TH86

中国版本图书馆CIP数据核字（2011）第202934号

中国电力出版社出版、发行

（北京市东城区北京站西街19号 100005 http://www.cepp.sgcc.com.cn）

北京天泽润科贸有限公司印刷

各地新华书店经售

*

2011年11月第一版 2024年1月北京第七次印刷

787毫米×1092毫米 16开本 24.5印张 600千字

定价 **42.00** 元

前　言

工业自动化仪表发展至今，其应用领域不断拓宽，不仅在工业领域始终占据着重要位置，还在教育教学、农业生产、国防建设、航空航天、生物医药、环境治理、地质矿产、地球气象、建筑、交通、灾害评估等诸多领域广泛应用。同时，工业自动化仪表是实现自动控制的基础条件和功能设备，是构成自动控制系统的硬件单元，也是反应自动化水平的标杆。

工业自动化仪表是关于检测仪表、显示仪表、调节与控制仪表、执行器以及辅助器件和设备的总称，是与社会科学技术紧密关联的应用性设备或装置。如仪表的测控模块、显示平板化、控制仪表的智能化，以及现场总线、无线通信技术等，都是工业自动化仪表融合新型技术的应用和发展，因此工业自动化仪表是一门涉及电、光、磁、机械、集成电路、通信、计算机（含单片机）和软件等领域的综合性学科，在各行各业均有应用。作为人所皆知的、发展迅猛的手机、存储容量不断飙升的便携式存储器（如U盘、移动硬盘），都是包含着最新科技水平而派生的分支产品。

本书作者长期从事工业自动化仪表的科研和教学工作，积累了大量的现代传感技术、智能与控制技术、通信技术的工程经验。因此，编写的工业自动化仪表内容十分丰富。本书总结和概括了传统仪表和常规仪表，介绍了具有现代技术的先进仪表，特别是智能仪表、虚拟仪器、通信技术和软件功能以及具有典型意义的应用案例和设计原则涉及各行各业，也体现了工业自动化仪表的发展趋势。

由于篇幅要求，部分内容仅仅能够介绍而无法全面展开，还请读者理解。

本书分为十章，各章主要内容如下。

第1章：概述。主要介绍了工业自动化仪表的基本知识和专业术语，仪表的发展、现状、分类及其发展趋势；同时还介绍了仪表的信号制、性能指标、误差处理及其仪表的计量、检定、标定、校准。

第2章：检测仪表与变送器。全面介绍了关于工业自动化仪表中涉及“检测”、“测量”以及“采集”等方面的知识，包括传感器与变送器简介、温度检测仪表、压力检测仪表、流量检测仪表、物位检测仪表、机械量检测仪表、成分分析仪表、视频监控系统与装置等相关的基本概念、原理、特点以及应用，并在最后还展示了在其他部分领域的仪表应用。

第3章：显示仪表与显示技术。本章主要介绍了显示仪表的基本概念、纸型仪表（记录仪、绘图仪和打印机）、模拟指示仪、平板显示仪表等。

第4章：控制调节仪表。本章主要介绍了模拟控制仪表、气动控制仪表和数字控制仪表的硬件组成和结构原理，较为详细地介绍了经典控制规律PID及其PID的实现与改进，基于数字控制器和智能技术，简单介绍了先进控制策略的基本思想、方法或功能。

第5章：执行器件及执行器。本章主要介绍执行器件的基本概念、电气及电力开关、水泵、风机、电机、电磁阀、调节阀及变频器等，同时介绍执行器的安装标准。

第6章：智能仪表与嵌入式技术。本章全面介绍基于单片机的新型工业自动化仪表——智能仪表所涉及的知识，包括单片机芯片、可编程逻辑芯片、人机接口、功能电路接口、软件功能、可编程控制器、嵌入式技术、集成技术、低功耗技术、智能仪表设计。

第 7 章：总线与通信技术。本章主要介绍总线的基础知识、I^2C 总线、RS 系列、GPIB 总线、USB 总线、现场总线、无线通信技术、物联网与互联网。

第 8 章：工业自动化仪表的软件技术。本章主要介绍了工业自动化仪表及其构成的自动控制系统中涉及的各种软件内容，包括虚拟仪器、组态软件、驱动软件、开发系统，介绍了数字信号处理的基本知识和软件设计与要求。

第 9 章：工业自动化仪表工程应用技术。本章主要介绍仪表设计过程中涉及的抗干扰技术、设计与应用要求（标准化技术、可靠性技术、安全性技术、防火防爆防腐要求、防雷要求）和仪表造型知识等。

第 10 章：工业自动化仪表的应用。本章主要介绍了仪表控制系统的应用演变、控制系统类型、安装、调试、维护和典型实例。

附录提供了常用计量单位换算表、两种金属（铂、铜）热电阻的分度表和八种标准热电偶的分度表。

全书由合肥工业大学陈荣保统稿和编写，上海大学费敏锐教授主审。其中，研究生付旭东、范武亭、张俊杰、李宁、林龑灏、陶靖、罗云飞等参与本书部分素材搜集工作。

全书中关于“安装、维护、保养”等内容可作为本科生参考内容。

本书在编写过程中，参阅了较多高等学校使用的相关教材、教学大纲；得到了主审上海大学费敏锐教授的许多宝贵意见和建议；还得到了同行、学生和爱人的支持与帮助，也得到了中国电力出版社的大力支持；在工业自动化仪表事例介绍中得到了诸多企业的大力支持，本书作者一并表示感谢！

在教学过程中若需要电子课件和经验交流，请与编者联系：crbwish@126. com。

由于工业自动化仪表内容丰富，而本书成书周期短，对编写过程存在的编写错误或不妥之处，在此表示歉意。希望广大读者指出，不吝赐教！并将在再版时予以更正。

作　者

2011 年 4 月

目　　录

第1章 概　　述

1.1 工业自动化仪表简介

工业自动化仪表是检测仪表、显示仪表、调节与控制仪表、执行器及其辅助器件和设备的总称，是与社会科学技术紧密关联的应用性设备或装置。现今仪表的测控模块、显示平板化、控制仪表的智能化，以及现场总线、无线通信技术等，都是工业自动化仪表融合新型技术的产物，因此工业自动化仪表是一门涉及电、光、磁、机械、集成电路、通信、计算机（含单片机）和软件等领域的综合性学科，在各行各业得到应用。作为人所皆知的、发展迅猛的手机、存储容量不断飙升的便携式存储器（如U盘），都是包含着最新科技水平而派生的分支产品。与此相关的涉及工业自动化仪表及其内涵的关键词如下。

（1）测量：用仪器、仪表测定各种物理量的工作。

（2）检测：根据某种规则，对存在（出现）的信号进行判决的过程。

（3）仪器：科学技术工作中，用于检查、测量、分析、计算或发信号的器具（工具）或设备。按工作原理分为机械式仪器、电测及电工仪器、光学仪器、化学仪器等。一般具有较精密的结构和灵敏的反应。广义的仪器泛指科技工作中所使用的各种器具，包括物理仪器、化学仪器、演示仪器、绘图仪器等。

（4）仪表：用于测量各种自然量（压力、温度、速度、电量等）等装置或设备，有航空仪表、航海仪表、气象仪表、热工仪表、电气仪表等。

（5）显示：以人们能够理解的形式、或使人能看清、看明白的过程。

（6）控制：掌握住使其不超出范围。具体是指有组织的系统根据内外部的变化而进行调整，使自身保持某种特定状态的活动；它有一定的方向和目标，其作用在于使事物之间、系统之间和部门之间相互作用、相互制约，克服随机因素。

（7）执行：按照某种规则、法令等具体条款、纲要等去付诸实施。

（8）智能：智谋、智力与才能。

（9）总线：连接系统中各有关部件的各种公共信号线，是用来传送信息代码的公共通道，如数据总线、地址总线、控制总线等。

（10）现场：事件、行动发生或需要行动的地点。

（11）通信：信息通过媒质从一点传递至另一点的过程。现在的信息已发展到语言、声音、文字、图像和数据，构成多媒体通信。综合有线和无线通信的各种设施，并与广义通信如电视、计算机网络融为一体，发展为电信港和信息高速通道。

（12）协议：通信网络中仪表（或计算机）之间通信时所必须共同遵守的规定或规则。

工业自动化仪表发展至今，应用领域不断拓宽，不仅在工业领域始终占据着重要地位，还广泛应用在教育教学、农业生产、国防建设、航空航天、生物医药、环境治理、地质矿产、地球气象、建筑、交通、灾害评估等诸多领域。工业自动化仪表是实现自动控制的基础条件和功能设备，是构成自动控制系统的硬件单元；它反映了自动化水平的标尺，也反映出工业自动化仪表的动向。例如，常规的模拟仪表逐渐升级为以微处理器和微控制器为核心的智能仪表；由于仪表具有智能结构，可采用各种先进的测量理论和技术（如信号处理技术等），得到高性价比的新型仪表；工业自动化仪表可为适应现代计算机控制系统的发展（如分散型控制系统 DCS 和网络控制系统 FCS）的需要而具有网络通信能力和可编程的能力等。

工业自动化仪表的专业范围可概括为生产过程中受控对象（如热工量、机械量、成分量、光学量以及设备状态等）的检测、显示、控制、存储、通信等。因此学习工业自动化仪表能够获得：①各种传感器、测量仪表及检测系统的相关知识和开发研究设计的基本方法；②信息处理、存储、传输、显示的相关知识和实现的基本技术；③控制理论、控制装置与智能化的设计；④控制规则的实现和工程方法；⑤仪表性能的实验技能和计量标定方法等。将上述内容关联起来构成工业自动化仪表的知识范畴，如图 1-1 所示。

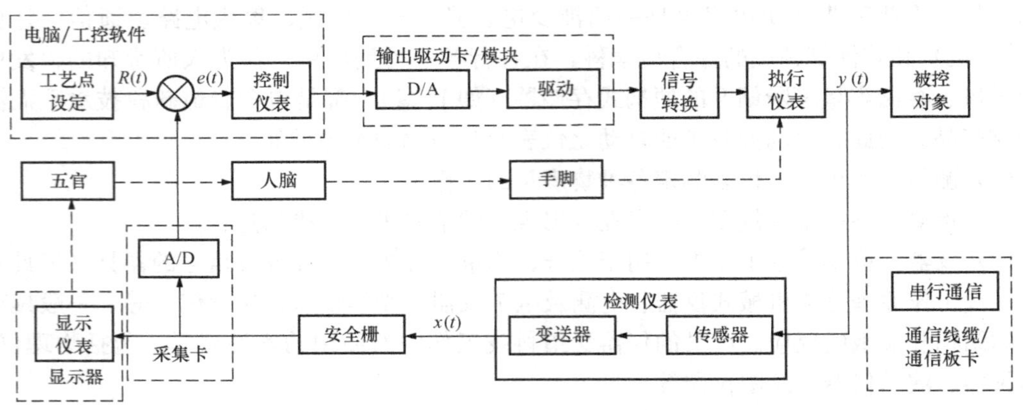

图 1-1 工业自动化仪表的知识体系和应用关联图

由此可以进一步认识到，仪表是用于测量各种自然量（如压力、温度、速度、电量等）、并作一定信号处理，按指定方式输出（如显示）的设备（仪表）。工业自动化仪表是检测仪表、显示仪表、控制仪表、执行仪表和智能仪表、虚拟仪表及其辅助器件等各类仪表总称。自动化装置是由工业自动化仪表构成的、完成某一特定功能的设备，其各类设备总称为过程控制装置，含有控制策略的自动化装置，也称为自动化控制装置，或自动控制系统。计算机控制系统则是强调由计算机来完成控制策略算法和部分显示功能的自动控制装置（系统）。

1.2 仪表的发展及其趋势

仪表不仅是一个人们能够感受到的具体的物件，同时也包含了一种行为，与人类大脑的智力相类似，能感知大气温度、风量以及风向、物体的形状和质量、运动物体的速度等，人们还能辨识物体的纯度、光滑度、圆度以及含量等。在掌控某些“受控对象”时，能以功能非常明确的“执行器”去实现，如推车、水车、蒸汽机车……

仪表的行为活动最早就是基于平时的经验积累，对于重复性的劳动以某种简单的、通过手工制作的木制、石制或铁制器械（执行器）来代替，如石臼→石磨→石碾、手锄→木犁→铁犁等；对于某些生活必需而靠简单人力无法做到的事情或需人们必须花很大力气才能做到的事情，如高山竹管（筒）引水、风车、水车等。人类有记录的最早的控制系统是温度控制系统——陶瓷生产。真正发挥出仪表作用的则始于工业革命。

随着工业革命的发展、渗透、普及和拓展，人们逐渐解决能感受、却不能得到具体量值的问题，如对象的具体温度、压力、流量、物位、料位、纯度、含量以及各种成分。同时在生产现场相对比较危险的场所，逐渐增加安全保护措施，特别是能源和化工生产。恶劣的生产环境和介质特性（如易燃、毒、爆炸、高温、腐蚀等）没有安全防护是难以展开生产的。社会科技的进度也使仪表不断地融合进最新的技术手段，包括集成电路和微控制器。

由于人们的思维方式不同、实现手段不同、生产依赖的环境不同、服务的对象不同，导致仪表原理迥异、种类繁多，于是化工仪表、热工仪表、控制仪表乃至自动化仪表不断应运而生，直至智能仪表、虚拟仪表、网络通信仪表等现代化的工业自动化仪表。

仪表的发展简单归纳为：仪表行为——（工业革命）⟶单体（人工）仪表——（战争）⟶化工仪表——（战后）⟶热工仪表——（控制）⟶自动化仪表——（集成电路）⟶数字仪表——（计算机、单片机）⟶智能仪表——（软件）⟶虚拟仪表——（网络）⟶网络仪表。

由于我们国家的仪表从无到有、从依赖于前苏联的发展模式到20世纪60～80年代的全系列自主化仪表，仪表的普及及其发展并没有与社会的科学技术发展同步，除局部领域（如航空航天领域）有部分先进的仪表，其整体水平远落后于发达国家，最为典型的就是传感器和变送器。改革开放以来，仪表的发展突飞猛进；结合我国的国情，形成了当前的智能仪表、传统仪表、常规仪表以及虚拟仪表等各种类型、各个产地、功能丰富的仪表共存现状。

从现在国内仪表应用情况分析，在今后的几年内，仪表市场仍然呈现种类多样、国内外仪表并存的状况，主要表现为：①常规的简单型仪表——功能单一、制作工艺成熟，价格适合于本国国情，在许多工业领域占比较主要的应用比例；②常规的调节型仪表——调节功能以比例—积分—微分为主，兼有位式控制和面板设置，在生产过程简单对象的控制中应用较多，充当单回路控制系统中的主要角色；③先进的智能型仪表——例如，利用微控制器μc（或微处理器μP）以及集成电路（IC）技术，功能应用灵活，适应面宽，可作为仪表、电路、功能单元或针对对象要求形成专用模块；还可作为通用仪表、专用仪表、显示仪表或控制仪表，应用领域日见普及；④创新的虚拟型仪表——以常规的仪表外观和各种显示方式，将多种仪表组合在一个屏幕显示屏上，利用先进的计算机技术和组态软件极为方便地进行工艺模拟、仪表显示、参数控制、回路调节，并可对某一个重要或主要参数进行“特写”显示，而且还可增加表格显示、棒式显示、曲线显示、参数跟踪滚动显示等，彻底改变了仪表的常规概念，故称为“虚拟”。这种“仪表”随着计算机的应用领域增大而不断增大。

未来仪表的发展趋势首先呈现出四高特征：①高速：测量的速度快。在计算机运行速度越来越快的今天，以MCS51单片机为例，平均一条指令的运行速度1～2μs，对信号的处理平均以20μs计算，对于常规的工业参数来说，是比较快的，这样就提高了信号的测量速度；②高精度：测量值不仅要实时快速地反映对象的变化，而且要准确地反映对象的变化。数字化技术使采样精度、计算精度得以大幅提高；③高可靠性：在解决高速准确的同时要避免仪表出故障。对于一个用户来说，可靠性是最为重要的问题。目前高性能的仪表可靠性平均故障时间间隔可达到数十万小时；④高适应性：仪表的工作环境是比较复杂的，温度、湿度、粉尘、电磁、振动等都对仪表有很大的影响，仪表的抗干扰能力必须是很强的。

基于科学技术的发展以及物联网建设的兴盛，工业自动化仪表的发展趋势主要表现在以下几个方面：

(1) 微型化。由新技术研制出新的微型传感器，微型执行器，配以专业集成电路、液晶显示和高能量电池形成微型化仪表，如现场检测、恶劣环境的随时监测、便携式仪表等。

(2) 组合化。组合仪表一直是我们国家仪表发展和应用的特点之一，电动单元组合仪表DDZ和气动单元组合仪表QDZ是我们国家工业自动化仪表成功发展的有力见证。为某一个特定功能组合成仪表总成，以标准化的信号制作为仪表之间的信号无缝连接，包括电气/气电的转换；迄今仪表信号制的两种标准电信号0～10mA和4～20mA分别代表DDZ-Ⅱ和DDZ-Ⅲ系列仪表的输入输出信号制。组合仪表包括了较多的仪表单元，如检测单元、显示单元、调节单元、手动操作单元、电源单元等。组合化仪表的另一层含义包含了仪表模块的发展过程。随着自动化应用领域的不断拓展，有些应用环节通过总线模式进行各种仪表单元（模块）的组合，基于标准化母板、卡槽等连接各自需要的功能单元（模块），在智能单元的统一调配下完成某一功能的实现。另外，将仪表系列应用到某一个领域也可以称为组合式仪表，如汽车仪表总成、气象仪表等。

(3) 智能化。尽管计算机问世近70年，但集成电路规模越来越大，计算机发展极为迅猛，将计算机技术和集成电路应用于仪表中，给工业自动化仪表带来了一场革命。这种采用“数字信号”的仪表功能强劲、覆盖面宽，往往一台“数字”仪表可以完成工业自动化仪表定义中的大部分工作。它可以完成检测、显示、控制，可以完成打印、记录，更可以完成对信号的转换、存储、发送和接收；特别是对信号可以判断、分析、运算，具备了“智能”的特点。人们将这种“数字式”仪表称为智能仪表。智能仪表中，一块不大的电路线路板上的集成电路代替了原DDZ仪表中的绝大多数分立元件，元器件少、仪表结构简单、生产工序简单、仪表性能测试方便、性能价格比高。目前利用先进的信号测量技术和单片机内核技术，配以灵活的、面向对象的开发软件使仪表能够适用于多种场合、适用于多种对象；并且可以进行信号比较、各种运算、逻辑操作、数据处理、信息传送等。

(4) 软件化。软件化仪表也可称为可编程仪表。人们在研制“智能仪表”时就已经发现，同一台智能仪表，改变其中的功能软件，就能改变性能指标，甚至改变了仪表功能，如检测仪表、显示仪表或调节仪表；当输入为标准电信号时可成为通用仪表。这使我们省去了许多硬件设计时间，从另一角度讲，软件设计的好坏，反映了仪表的优劣；是智能仪表中的关键技术之一。随着计算机芯片功能的越来越完善、集成电路的种类越来越多、专用电路的不断问世，人们在硬件上所花的时间越来越少；“软件”就是仪表，已经成为不争的事实。

(5) 集成化。工业自动化仪表内部功能电路的集成化，形成集传感器、检测、处理甚至显示等为一体的专用集成电路。如温度集成电路，它包括了温度传感器、检测电路，以及信号处理电路，在测量现场安装这种集成电路，就可以得到一个经过处理的标准信号。同时专业的运算软件硬件化和集成化也成为趋势，完善的嵌入技术和新型功能电路以及成熟的集成电路制作技术必将引领工业自动化仪表的发展趋势。

(6) 就近化。早期仪表功能单一，应用时往往必须安装在服务对象的附近，所以早期仪表可称为“基地式”（就近式）仪表。随着仪表应用范围的不断扩大，分布式控制系统的迅速推广，仪表的硬件电路越来越朝着实用、超低功耗的方向发展。这些仪表配置了专用的

CPU和专用接口（检测）电路；操作人员通过标准通信接口获得数据或对仪表进行参数设置。由于一台仪表所选用的器件很少，仪表的外形精巧，易于就地检测、就地处理、就地调节、就地存储，把检测和控制分散到了生产过程中每一个工艺环节。现代化的工业自动化仪表又回归到生产现场。从“基地式”仪表的早期阶段，到分布式“基地化”仪表的应用，工业自动化仪表发生了本质性变化。随着仪表制作技术不断提升、通信技术不断提高，信号处理能力不断加强、仪表功能不断丰富、仪表适应面不断扩大，仪表的使用直接取决于应用现场，若某生产环节临时需要监测，即可就地“嵌入”一个具有内置电池和无线通信的仪表，该仪表属于大系统下的一个子站，内涵“身份”信息，即可接受命令进入运行。

（7）通信化。各种信号传递模式逐渐取代电流信号的传递模式，在一定的监控区域内，通过有线通信和无线通信共同组合成局域的基于通信模式下的工业自动化仪表控制系统。

（8）节能化。光伏电池、高性能电池以及其他再生能源，必将彻底取代现场仪表的传统供电模式。低功耗技术也使得现场仪表能够在电池供电模式下连续运行较长时日。

概括说仪表的发展趋势可用五个字包括：①微：由集成电路决定了芯片的小型、微型，使仪表越来越小，直至形成一个“元件”性仪表，极为容易地安装在任何场合；②特：为特殊要求研制的仪表，如深渊、火山高温等；③低：仪表能耗越来越小，整机全负荷运行的功耗目前已经达到毫瓦级；④多：多功能或一表多用，如显示、存储、传送和打印等；⑤廉：制作工艺的日趋成熟，制作成本日趋下降，仪表材料日趋低廉，集成电路日趋民用。

仪表的类型很多，发展迅速。但对于用户来说，主要还是在应用过程中认识仪表、使用仪表、掌握仪表乃至发展仪表。

1.3 仪表的分类

工业自动化仪表是无所不在的实用设备，分类方式较多。

（1）按仪表安装可分为基地式（单一功能）、组合式、就地式（多功能、智能）、可编程式等。

（2）按仪表进程可分为单元式基地式仪表、组合式仪表、数字式仪表、智能式仪表、虚拟式仪表、网络式仪表、特殊功能式仪表等。

（3）按仪表使用可分为工业仪表、实验室仪表、分析仪表、特殊性专用仪表等。

（4）按仪表内容可分为热工仪表、分析仪、机械仪、调节仪、执行器、显示仪等。

（5）按仪表功能可分为检测型仪表（包括压力检测仪表、温度检测仪表、流量检测仪表、物位检测仪表、机械量检测仪表、过程分析仪表、物性检测仪表等）、指示型仪表（包括电磁系指针指示仪、磁电系指针指示仪、电动系指针指示仪等）、变送型仪表、记录型仪表、数字显示型仪表、屏幕显示型仪表（如有等离子型平板显示器、磁翻转式显示器、电致发光显示器、发光二极管LED平板显示器、液晶LCD平板显示器、薄膜型平板显示器等）、积算型仪表、调节型仪表、执行型仪表（包括电动执行器和气动执行器）等。

（6）按仪表能量可分为电动仪表、气动仪表、液动仪表、光电仪表、手持仪表等。

(7) 按仪表规模可分为单元仪表（电路）、单体仪表、组合仪表、组装仪表（装置、控制柜）、综合仪表（气象仪表、公安仪表、地质等）、尖端仪表（军事、航天、航空）等。

由于工业自动化仪表涉及的领域非常宽广，除了上述分类中涉及各类仪器仪表外，还有：组合式电子综合控制装置（将各种电路组合，如放大器、转换器、调节器、电源等）、程序控制装置（如可编程逻辑控制器 PLC）、巡回检测装置（如数据采集系统）、四遥仪表（遥测、遥信、遥传、遥控）、安全连锁报警装置（如生产线连锁报警及保护、前后级操作连锁等）、流体控制元件及装置（如射流装置、涡流装置等）、分布式自动控制装置（系统）、工业自动化仪表盘［涉及盘、台、柜、箱、壳体选择，尺寸布置、正面（视）图绘制、背面接线及管线绘制、施工图等］。

1.4 信号制

工业自动化仪表的信号类型按照 1973 年 4 月国际电工委员会（IEC）通过的标准规定。过程控制系统的模拟信号为直流电流 4～20mA，电压信号为直流 1～5V，我国的 DDZ - Ⅲ型仪表规定，现场传输信号用 4～20mA，控制室内各仪表间的联络信号用 1～5V DC。

由此拓展，我国仪表系列中 DDZ - Ⅱ型仪表，现场传输信号采用 0～10mA DC，控制室内各仪表间的联络信号用 0～5V DC。QDZ 系列仪表，采用 20～100kPa 气源信号。

采用电流信号的优点是：①不受传输线及负载电阻变化的影响，不容易受干扰，由于电流源内阻无穷大，导线电阻串联在回路中不影响精度，适于信号的远距离传送；②由于电动单元组合仪表很多是采用力平衡原理构成的，使用电流信号可直接与磁场作用产生正比于信号的机械力；③对于要求电压输入的受信仪表和元件，只要在电流回路中串联电阻便可得到电压信号，使用比较灵活。图 1 - 2 所示为电流发送、接收示意图。

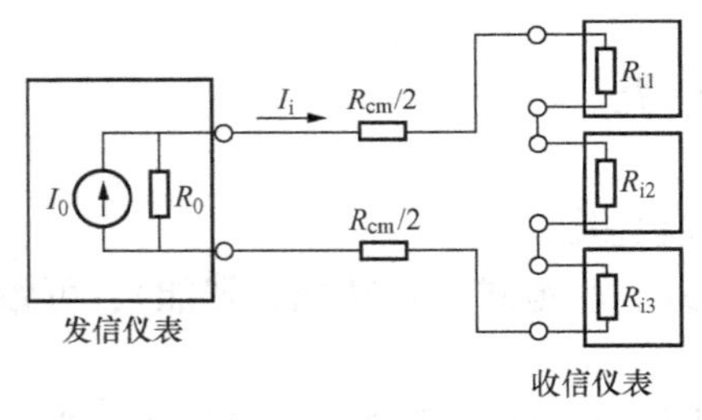

图 1 - 2 电流发送、接收示意图

采用直流信号的优点是：①传输过程中易于和交流感应干扰相区别；②不存在相移问题；③可不受传输线中电感、电容和负载性质的限制。

采用 4～20mA 的优点：①4mA 表示零信号，这种称为“活零点”的安排有利于识别仪表断电，断线等故障，常取 2mA 作为断线报警值；②上限取 20mA 能够满足防爆的要求，20mA 的电流通断引起的火花能量不足以引燃瓦斯；③为现场变送器实现两线制提供了可能性；④使用两线制变送器不仅大量节省电缆，且布线方便；⑤20mA 为信号上限，并取其上限的 20%作为下限，保证有一定的精度和量程。

工业自动化仪表采用 4～20mA 信号制，需要外电源为其供电。DDZ - Ⅱ型仪表需要两根电源线（或带保护地线，两相三线制），加上两根电流输出线，总共要接 4～5 根线，称之为四线制变送器，其接线如图 1 - 3 所示。若电流输出与电源共用一根线（公用 V_{CC}或 GND），可节省一根线，称之为三线制变送器。在工业应用中，测量点在现场，而显示仪表或者控制仪表一般都在控制室或控制柜上。两者之间距离可能数十米甚至数百米。节省 2 根导线可以降低成本，因此在实际使用中两线制传感器得到越来越多的应用，如图 1 - 4所示。

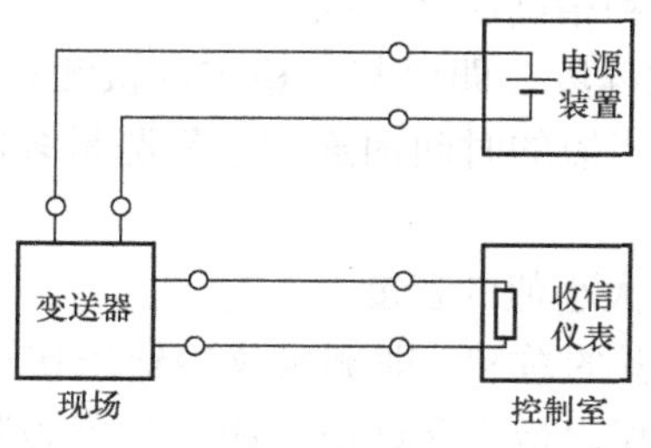

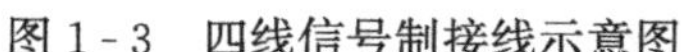

图 1-3 四线信号制接线示意图

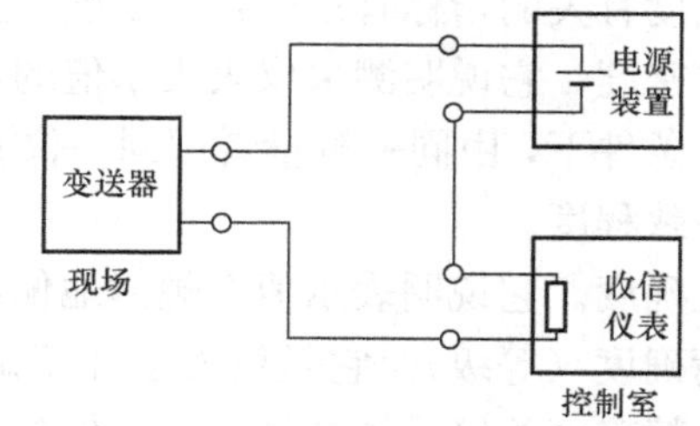

图 1-4 二线信号制接线示意图

采用两线制输出接线还具有如下优点；①不易受寄生热电偶和沿电线电阻压降及温漂的影响，可用非常便宜的更细的双绞线导线；②在电流源输出电阻足够大时，经磁场耦合感应到导线环路内的电压，不会产生显著影响，因为干扰源引起的电流极小，一般情况利用双绞线就能降低干扰；③电容性干扰会导致接收器电阻有关误差，对于 4～20mA 两线制环路，接收器电阻通常为 250Ω（取样 U_o=1～5V）这个电阻小到不足以产生显著误差，因此，可以允许的电线长度比电压遥测系统更长更远；④各个单台示读装置或记录装置可以在电线长度不等的不同通道间进行换接，不因电线长度的不等造成精度的差异；⑤在两线输出口容易增设防浪涌，防雷器件，有利于安全防雷防爆。

1.5 性 能 指 标

工业自动化仪表的性能指标，主要取决于误差的形成及其误差特性，从误差形成的维持时间以及影响效果，工业自动化仪表的性能指标从静态特性和动态特性两个方面介绍。

仪表的静态特性是仪表在信号输入时稳定运行后仪表输出信号与输入信号呈现的函数关系，而动态特性则是仪表在信号输入时仪表输出信号的反应与输入信号呈现的函数关系。前者是仪表稳定状态下的输出输入关系，后者是仪表的输出跟随输入变化的能力。

1.5.1 静态特性

仪表的静态特性反映了工业自动化仪表在长期运行下的稳定性、精确性和可靠性，特别是仪表输出—输入特性的变化率。静态误差是仪表稳定运行后仪表的输出与设定参数的偏离值，反映了仪表的精度、稳定性和静态输出—输入特性。

1. 精确度

精确度是测量结果与真值的一致程度，任何仪表都有一定的误差。因此，在使用仪表前首先要了解仪表的精确度，以便知道测量结果与真实值的差距，即估计测量值的误差大小。

精确度一般简称为“精度”，一般用仪表满量程的最大绝对误差（测量值与真实值的差）与该仪表量程的比值来表示，这种比值称为相对（于满量程的）百分误差。相对误差是该点测量的绝对误差与该点的真实值之比，两者不能混为一谈。前者体现出每一个仪表在不同量程的误差情况，后者仅反映了仪表在某一点时的测量误差，例如，对一个满量程为 100mA 的电流表，在测量零电流时，由于机械摩擦使表针的示数略偏离零位而得到 0.2mA 的读数，以相对误差的算法，那么该点的相对误差为无穷大，但从精度角度看来，这样的测量误差是很容易理解的，若该仪表全量程的最大绝对误差就是这 0.2mA，则仪表的精度为 0.002，用百分比表示为 0.2 级。

与精确度有关的指标有三个：精密度、正确度和精确度（等级）。

（1）精密度。它说明测量仪表表示值的不一致程度。即对某一稳定的被测量在相同的、规定的工作条件下，由同一测量者用同一仪表在相当短的时间内连续重复测量多次，其测量结果的不一致程度。

（2）正确度。它说明表示值有规律地偏离真值大小值的程度。

（3）精确度（等级）。它是精密度和正确度两者的总和，即测量仪表给出接近于被测真值的能力。精确度等级是指在规定的工作条件下，仪表最大允许误差相对于仪表测量范围的百分数。

某温度计的刻度由－50～＋150℃，其测量满量程 S 为测量上限与测量下限之差，即

$$S = (\text{上限}-\text{下限}) = (+150)-(-50) = 200℃$$

测量时若最大测量误差 e 不超过 3℃，则测量相对百分误差 δ 为

$$\delta = \frac{|e|}{S}\times 100\% = \frac{3}{200}\times 100\% = 1.5\% \tag{1-1}$$

仪表工业规定，去掉上式中相对百分误差的百分号“%”，称为仪表的精（确）度。它共划分成 7 个等级，有 0.1 级、0.2 级、0.5 级、1.0 级、1.5 级、2.5 级及 4.0～5.0 级。上例中温度计的精（确）度即为 1.5 级。

2. 稳定性

稳定性是指在规定的工作条件保持恒定时，在规定时间内仪表性能保持不变的能力。一般用精密度数值和观测时间长短表示。

3. 仪表静态输入—输出特性

（1）灵敏度 σ 与灵敏限。

σ 表示测量仪表在达到稳定后对被测参数变化的敏感程度，常以仪表输出（如指示装置的直线位移或角位移）δ_o 与（引起此位移的）被测参数输入增量 δ_i 之比表示，即

$$\sigma = \frac{\delta_o}{\delta_i} \tag{1-2}$$

式中：δ_o 为仪表输出值；δ_i 为仪表输入值（是被测参数的变化值）。

仪表的灵敏度可用增加仪表的放大倍数来提高。但单纯提高仪表的灵敏度并不一定能提高仪表的精确度，例如，加长一个电流表的显示指针，提高了直线位移的灵敏度，但其读数的精确度并不一定提高。相反，由于指针长而变形或由于平衡状况变坏而使指示精确度下降。为了防止这种虚假灵敏度，规定仪表读数标尺的分格值不能小于仪表允许误差的绝对值。有时也可以用分辨率来表示，分辨率指仪表能够检测到被测量最小变化的能力。

仪表的灵敏（度）限，是指仪表所能感受并开始发生动作的被测输入量的最小变化量，即当仪表的输入量从零不断增加时，在仪表示值发生可察觉的极微小变化，此时对应的输入量的最小变化值就是灵敏限，小于该值的部分就是仪表的死区，就是不会引起仪表输出的输入值最大变化范围。

（2）线性度。

线性仪表的校正曲线对一条直线的吻合程度，也可以是仪表的输出—输入曲线与一条直线的吻合程度。

仪表的静态特性是在静态标准条件下，利用一定等级的校准设备，对仪表进行往复循环测试，得出输出—输入特性（列表或画曲线）。通常，希望这个特性（曲线）为线性，这对标定和数据处理带来方便。但实际的输出与输入特性只能接近线性，对比理论直线有偏差，如图1-5所示。实际曲线与其两个端点连线（称理论直线）之间的偏差称为传感器的非线性误差。取其中最大值与输出满度值之比作为评价线性度（或非线性误差）的指标

$$\delta=\frac{\Delta\max}{S}\cdot 100\% \tag{1-3}$$

式中：δ为线性度（即非线性误差）；$\Delta\max$为最大非线性绝对误差；S输出满度值。

（3）时滞。

时滞也称为迟滞、变差、时滞回线，是在仪表量程范围内被测量值上行和下行所得到的两条特性曲线之间的最大偏差与输入量程比值的百分比来表示，时滞特性如图1-6所示。

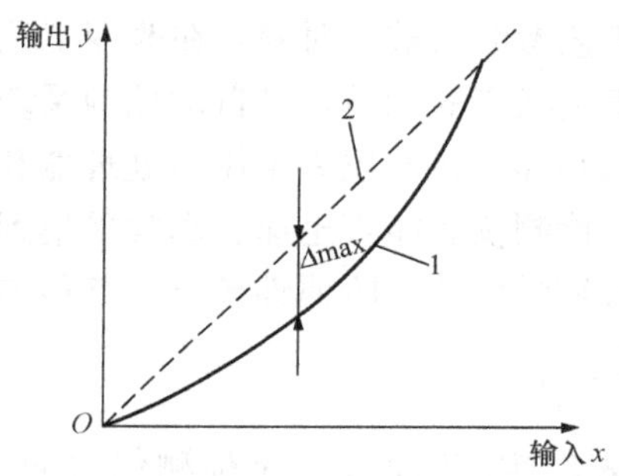

图1-5　线性度示意图

1—实际曲线；2—理想曲线

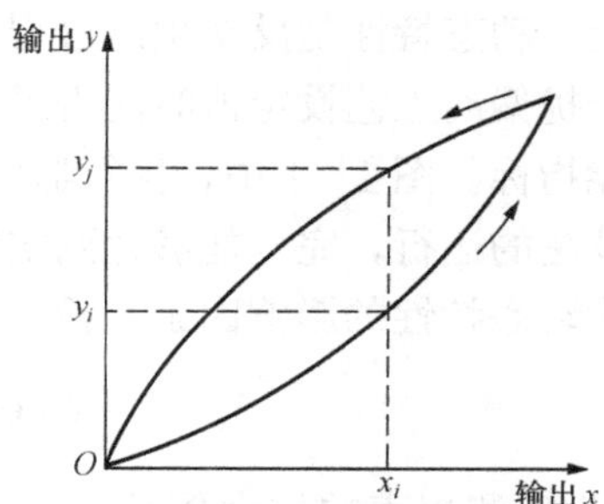

图1-6　时滞特性示意图

在某一段时间内、外界常规条件不变（温度、湿度不变及无振动）的情况下，用一台仪表对被测参量进行量程的正行程和反行程测量时，在某一个测量点上正行程和反行程的测量值可能会不一致，产生一个差值。时滞就是满量程中所有差值的最大值与测量范围之比的百分比。造成时滞的原因很多，例如传动机构间存在的间隙和摩擦力，弹性元件的弹性滞后以及仪表内部机械运动部件的内摩擦等。在设计和制造仪表时，必须尽量减小变差的数值。一个仪表的时滞越小，其输出的重复性和稳定性越好。

（4）重复性。

重复性也叫重复度，是仪表输出输入的N次正向（反向）变化曲线的吻合程度。即仪表的输入量在同一方向（增加或减少）变化时，在全量程内连续进行重复测量所得到的输出—输入特性曲线不一致的程度，如图1-7所示。产生不一致的原因与产生迟滞现象的原因相同。多次重复测试的曲线越重合，说明该仪表重复性好，使用时误差越小。

重复性的计算式为

正向重复性：$$\delta=\frac{\Delta m_1}{S}\cdot 100\% \tag{1-4}$$

反向重复性：$$\delta=\frac{\Delta m_2}{S}\cdot 100\% \tag{1-5}$$

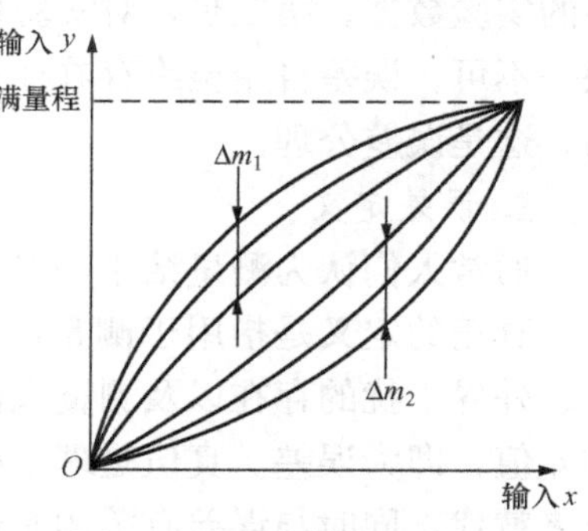

图1-7　重复特性示意图

1.5.2 动态特性

工业自动化仪表除静态特性外，在输入量随时间变化时，由于仪表内部的惯性和滞后，还存在动态误差；对工业自动化仪表来说，因为它工作在闭环调节系统之中，动态特性不仅影响自身的输出，还直接影响整个调节系统的调节质量，所以仪表的动态特性是很重要的。

动态特性是仪表在动态工作中所呈现的特性，它决定仪表测量快变参数的精度，通常用稳定时间和极限频率来概括表示。稳定时间是指给仪表一个阶跃输入，从阶跃开始到输出信号进入并不再超出对最终稳定值规定的允许误差时的时间间隔，稳定时间又称阻尼时间。极限频率是指一个仪表的有效工作频率，在这个频率以内仪表的动态误差不超过允许值。

动态特性是指被测量随时间迅速变化时，仪表输出随被测量变化的特性。可以用微分方程和传递函数来描述，但通常以典型输入信号（阶跃、单位脉冲、正弦信号等）所产生相应的输出［阶跃响应 $h(t)$、冲激响应 $\delta(t)$、频率相应等］来表示。

实际上，动态特性是反映生产过程中某关键工艺参数（被控对象）在改变工艺设定值或受到外界干扰偏离工艺设定值时能否迅速调整到稳定状态的能力，是自动控制系统不可缺少的重要性能指标。图 1-1 中，执行器的传递函数为 K_V；控制仪表采用微处理器和微控制器完成控制算法的运行，完全能够达到实时性要求；检测仪表能否迅速、真实采集到被控对象的变化成为动态特性的影响因素。检测仪表是具有纯滞后的一阶惯性环节，其传递函数为

$$G_S(S)=\frac{K_S}{T_S S+1}e^{-\tau S} \tag{1-6}$$

式中：K_S 为检测仪表的放大倍数；T_S 是检测仪表的响应时间；τ 是检测仪表的反应时间。现代传感技术能够实现 $T_S\to 0$、$\tau\to 0$，即检测仪表的影响因素可以忽略。

1.5.3 误差处理

任何检测都会存在测量误差，产生误差的原因很多。同一个对象，采用测量的原理、测量的方法、测量的技术手段、测量环境、参与测量的人员差异都会引起误差。如测量一个电阻器的阻值，采用欧姆定律还是全电路欧姆定律、有没有含有接触阻抗、测量仪表的精度如何、对测量技术是否熟练的人员等；只要有一个环节上存在差异，一个电阻器必定会得到不同的电阻值。指针式万用表和数字式万用表就肯定会出现数值差异。

要了解世间万物，必然要进行“测量”，用我们熟悉的测量理论、测量手段、测量设备、在合适的环境中，由相关的人员展开测量，并得到人们熟悉的量值。这个过程包括两个步骤：第一步，选用合适的仪表设备，借助一定的实验手段，对某个量进行测量，以便取得必要的实验数据。第二步，对实验数据进行误差分析与数据处理。这两个步骤都是很重要的，缺一不可。误差自始至终存在于一切科学实验和测量之中，被测量的真值永远是难以得到的，这是误差公理。

1. 误差定义

通常人们认为测量结果与被测量真值之间的差值称作为误差，实际上这是一种测量误差。真正的定义是指用于测量的仪器仪表不绝对准确、测量原理的局限、测量方法的不完善、外界干扰的存在以及测量人员的个人因素等原因，使得测量值与被测值的真值之间存在的差值，即为误差。真值是理论值，实际上不存在；一般可由约定真值、相对真值或指定真值来替代，同时与误差有关的参数包括量程、上限和下限。它们的定义如下：

（1）真值——被测介质（变量）的真实值，它是一个严格定义的（变）量的理论值，一

个量的真值是一种理想概念，一般是无法得到的。

误差的提出：主要是人们在了解一个对象时，最关心的是能否得到一个被测对象的真实值，同时也了解由于各种客观和主观的因素，无论采用什么手段和方式都无法得到这个真实值，而得到的一个测量值或多或少与真实值之间在量值上都会存在一个差值，若能分析出这个差值大小，人们也就能间接地得到了对象的真实值。于是人们在工业过程进行各种测量和控制时，努力完成两个方面的工作，即改进和提高测量的手段和理论依据，另一方面就是对测量到的数据（测量值）进行误差处理，从而判断出被测对象的真实值。人们在进行测量时又提出了下面几种处理方法，以有助于在测量时尽量测得与真实值最近的量值。

（2）理论真值——理论上存在的真值。例如，三角形内角之和为180°。

（3）约定真值——为使用目的所采用的接近真值因而可代替真值的值，它与真值之差可忽略不计。实际测量中以没有系统误差的情况下，足够多次的测量值的平均值，即

$$\overline{A}=\frac{\sum x_i}{n} \tag{1-7}$$

式中：$\overline{A}$ 为约定真值，x_i 为每一次的测量值，n 为测量次数。

（4）相对真值——高一级标准器的误差只为低一级的1/20～1/3时，可认为高一级的标准器以及仪表所测之值或所示之值是低一级的相对真值。在计量部门对送检设备进行检定一般均采用这类方法。

（5）指定真值——指计量方面的“基准”或“标准”，它并非绝对真值，仅代表了当代国际与国家技术水平的标准值。法定计量部门颁发的“国家标准”“部级标准”以及“企业标准”中各项规定的“基准”“标准”即此。

（6）量程——测量上限与测量下限之差。

（7）测量上限——仪表所能感知的对象最大变化量。

（8）测量下限——仪表所能感知的对象最小变化量。

2. 误差分类

为了得到要求的测试精度和可靠的测试结果，需要认识误差、误差规律，掌握误差分析和数据处理的方法。误差的分类方法很多，见表1-1。但在误差处理过程中，主要采用两种分类方法，即按照误差分析和按照误差计算处理来分析。用于误差计算及评价性能指标时，分有绝对误差、相对误差（含引用误差）。

表1-1　误差分类

类型	内容
按数学表达式分类	绝对误差，相对误差，引用误差
按误差出现规律分类	系统误差，渐变误差，随机误差，粗大误差
按误差来源分类	工具误差，方法误差
按使用条件分类	基本误差，附加误差
按测量速度分类	静态误差，动态误差
按与被测量关系分类	定值误差，累计误差
按误差处理或计算分类	测试误差、范围误差、标准误差、算术平均误差、或然误差、正态误差
其他	零位误差（又叫加和误差）、灵敏度误差（又叫倍率误差）等

3. 误差规律分析

(1) 系统误差。

系统误差是指在相同条件下多次测量同一量时，误差的大小和符号保持不变，或与某一参数成函数关系的有规律的误差，简称系差。它主要是由于测量工具或仪表本身，以及测量者对仪表使用不当等原因所造成的有规律的误差。如仪表的刻度误差和零位误差等。

系统误差的产生原因是较复杂的。它可以是某个原因引起，也可以是几个因素综合影响的结果，主要有下列原因。

1) 测量仪表和系统以及测量方式本身不够完善，甚至仪表所依据的工作原理本身的不够完善而引起的误差。例如，仪表本身的质量问题，由于测量方法的不正确，用平均值电压表测量已经有了波形畸变的正弦型电压的有效值而引起的误差等。

2) 由于检测仪表的安装、布置及调整不当；测量时环境条件（如温度、湿度、电源等）偏离仪表规定的工作条件时而引起的误差；操作人员的技术水平限制也会产生系统误差。

由于系统误差对测量精度影响比较大，必须消除系统误差的影响，才能有效地提高测量精度。发现系统误差的方法归纳有以下几种：

1) 试验对比法。改变产生系统误差的条件进行不同条件的测量，以发现系统误差，这种方法适用于发现不变的系统误差。例如，一台测量仪表本身存在固定的系统误差，即使进行多次测量也不能发现。改用更高一级精度测量仪表测量，才能发现这台仪表的系统误差。

2) 剩余误差观察法。根据测量列的各个剩余误差大小和符号的变化规律，直接由误差数据或误差曲线图形来判断有无系统误差，这种方法主要适用于发现有规律变化的系统误差。若剩余误差大体上是正负相同，且无显著变化规律，则无根据怀疑存在系统误差；若剩余误差符号有规律地逐渐由负变正，再由正变负且循环交替重复变化，则存在周期性系统误差；若剩余误差有规律地递增或递减，且在测量开始与结束时误差符号相反，则存在线性系统误差；若剩余误差具有一定量值且交替重复变化，则应怀疑同时存在线性系统误差和周期性系统误差。

3) 剩余误差校核法。将测量列中前面 K 个剩余误差相加，后面（$n-K$）个剩余误差相加（当 n 为偶数，取 $K=n/2$；n 为奇数，取 $K=(n+1)/2$，两者相减得

$$\Delta = \sum_{i=1}^{k} \nu_i - \sum_{i=k+1}^{n} \nu_i \tag{1-8}$$

式中，若两部分的差值 Δ 不为零，则有理由认为测量列存在系统误差。

4) 计算数据比较法。对同一量测量得到多组数据，通过计算数据比较，判断是否满足偶然误差条件，以发现系统误差。

5) 不同公式计算标准误差比较法。对等精度测量，可用不同公式计算标准误差，通过比较以发现系统误差。

当发现系统具有系统误差后，需要减小系统误差，或按照误差的产生规律进行补偿。系统误差是一种有规律的误差，故可以采用修正值或补偿校正的方法来减小或消除。在一个测量系统中，测量的准确度由系统误差来表征。系统误差愈小，则表明测量准确度愈高。具体可采取以下方法：

1) 引入更正值法。这种方法是预先将测量仪表的系统误差检定出来或计算出来，做出误差表或误差曲线，然后取与误差数值大小相同而符号相反的值作为更正值，将实际测量值

加上相应的更正值，就可得到被测量的实际值。这时的系统误差不是被完全消除了，而是大大被削弱了，因为更正值本身也是有误差的。

2）替换法。在相同测量条件下，用可调的标准量具代替被测量接入测量仪表，然后调整标准量具，使测量仪表的指示与被测量接入时相同，则此时的标准量具的数值即等于被测量。

3）零位式测量法。零位式测量法的优点是测量误差主要取决于参加比较的标准量具的误差，而标准量具的误差是可以做得很小的。这种方法必须用指零仪表（例如，用电位差计测量电压时，要使用检流计）指零，而且要求指零仪表有足够的灵敏度。

4）补偿法。在测量过程中，由于某个条件的变化或仪表某个环节的非线性特性等会引入变化的系统误差。此时常在测量系统中采取补偿措施，以便在测量过程中自动消除系统误差。如用热电偶测量温度时，其参比端温度的变化会引起变化系差，减小或消除系差的较好方法是在测量系统中加冷端补偿器，可以起到自动补偿作用。

5）抵消法。这种方法要求进行两次测量，以使两次读数时出现的系统误差大小相等，符号相反。取两次测量值的平均值，作为测量结果，即可消除系统误差。

（2）渐变误差。

渐变误差也称趋势误差（即在数据中存在的趋势项），是指随时间作缓慢变化的、其变化周期超过设备测量周期、记录周期或使用周期的测试误差。如随气候的变化而作缓慢变化、运算放大器的温漂等，它需要经常修正。

渐变误差在一定程度上隶属于系统误差，对渐变误差进行单一分析，就是要强调渐变误差非常容易被忽略，特别是在称量仪表中不能忽视。发现渐变误差的方法比较简单，可以在自然环境温度差异较大时进行，例如，夏天和冬天，两者的数据不吻合时，就存在渐变误差，克服的方法可参照系统误差的处理方法。

（3）随机误差。

随机误差是指在相同条件下多次重复测量同一量时，误差时大时小，时正时负，其大小和符号按照统计规律变化、或符合正态分布的误差。由于测量过程中许多独立的、微小的、偶然的因素所引起的综合效果，故又称偶然误差。随机误差无法消除，只能尽量减小。

正态分布的特性如图1-8所示。通过对测量数据的统计处理，能在理论上估计其对测量结果的影响，并具有如下的统计特点：①对称性。随机误差有正有负，但绝对值相同的正、负误差出现的次数相同，或者是概率密度分布曲线 $f(\delta)-\delta$ 对称于纵轴。②抵偿性。相同条件下，当测量次数 $n\to\infty$ 时，全体误差的代数和为零，也即 $\lim\limits_{n\to\infty}\sum\limits_{i=1}^{n}\delta_i=0$，或者说，正误差与负误差是相互抵消的。③单峰性。绝对值小的误差出现的次数多，绝对值大的误差出现的次数少。④有界性。绝对值很大的误差几乎不出现。

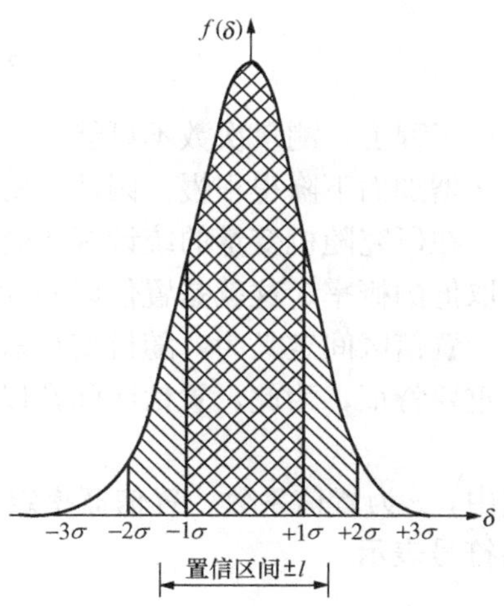

图1-8　随机误差的正态分布曲线

根据概率论的中心极限定理知：大量的、微小的及独立的随机变量之和服从正态分布。严格的理论证

明，可以得到图 1 - 8 所示的概率密度分布曲线的数学表达式为

$$f(\delta)=\frac{1}{\sigma\sqrt{2\pi}}\exp\left(\frac{-\delta^2}{2\sigma^2}\right) \tag{1 - 9}$$

以测量值 x 作为随机变量，如果它遵从正态分布，它的概率密度 $f(x)$ 可由下式表示：

$$f(\delta)=\frac{1}{\sigma\sqrt{2\pi}}\exp\left[-\frac{1}{2}\left(\frac{x-x_0}{\sigma}\right)^2\right] \tag{1 - 10}$$

式中，被测量真值 x_0 及标准误差 σ 为测量值的正态分布中的两个特征量。由于多种原因，任何被测物理量的真值是无法得到的，只能通过多次反复的测量，求取其真值的估计值，并估计其误差的大小。

对于等精度无限测量列来说，当测量次数 $n\to\infty$ 时，

$$x_0=\lim_{n\to\infty}\left(\frac{\sum_{i=1}^{n}x_i}{n}\right) \tag{1 - 11}$$

对于有限列测量，算术平均值 $\overline{x}$ 是这组测量数据的最佳估计值，它可由下式计算

$$\overline{x}=\frac{\sum_{i=1}^{n}x_i}{n} \tag{1 - 12}$$

在未知 x_0 的情况下，对于有限测量列，可以利用算术平均值 $\overline{x}$ 代替真值 x_0，用测量偏差或残余误差 $\upsilon_i=x_i-\overline{x}$ 代替测量误差 $\delta_i=x_i-x_0$。

有限次测量的标准误差计算公式为

$$\sigma=\sqrt{\frac{1}{n-1}\sum_{i=1}^{n}\upsilon_i^2}=\sqrt{\frac{1}{n-1}\sum_{i=1}^{n}(x_i-\overline{x})^2} \tag{1 - 13}$$

由图 1 - 8 可知，当 σ 值愈小，曲线形状愈陡，随机误差的分布愈集中，测量精度愈高，反之，σ 值愈大，曲线形状愈平坦，大误差出现的概率相应大些，因而测量精度也低。

由于测量次数有限，因此 $\overline{x}$ 与 x_0 仍有一定误差。可以证明，算术平均值的标准偏差 $\overline{\sigma}$ 是测量值的标准偏差 σ 的 $1/\sqrt{n}$ 倍，即

$$\sigma_x=\frac{\sigma}{\sqrt{n}}=\sqrt{\frac{\sum_{i=1}^{n}(x_i-\overline{x})}{n(n-1)}} \tag{1 - 14}$$

工程上，测量次数不可能无穷大，当 $n>10$ 以后，测量值的算术平均值 $\overline{x}$ 的标准差 σ_x 随 n 增加而下降得很慢。因此，实际上取 $n=10$ 已足够。

在研究随机变量的统计规律时，不仅要知道它在哪个范围取值，而且要知道它在该范围内取值的概率。这就是置信区间和置信概率的概念。

置信区间定义为：随机变量取值的范围，用符号 $\pm l$ 表示。由于标准误差 σ 是正态分布的重要特征，为此，置信区间常以 σ 的倍数来表示，即

$$\pm l=\pm z\sigma$$

式中，z 为置信系数，置信概率定义为随机变量 (ξ) 在置信区间（$\pm l$）内取值的概率，用下列符号表示

$$\phi(z)=P\{|\xi|\leqslant z\sigma\}=\int_{-l}^{+l}f(\xi)\mathrm{d}\xi \tag{1 - 15}$$

把置信区间及置信概率两者结合起来称之为置信度。置信水平表示随机变量在置信区间以外取值的概率，又称之为显著水平，记为

$$a(z)=1-\phi(z)=P\{|\xi|>z\sigma\} \tag{1-16}$$

正态分布的置信区间与置信概率如图1-8所示。显然，置信区间愈宽，置信概率愈大，随机误差的范围也愈大，对测量精度的要求愈低，反之，置信区间越窄，置信概率越小，误差的范围也变小，对测量精度的要求变高。

设置信区间为：$\pm l=\pm z\sigma$，则置信概率为

$$\phi(z)=P\{|\delta|\leqslant z\sigma\}=\int_{-z\sigma}^{+z\sigma}f(\delta)\mathrm{d}\delta=\int_{-z\sigma}^{+z\sigma}\frac{1}{\sigma\sqrt{2\pi}}\exp\left(\frac{-\delta^2}{2\sigma}\right)\mathrm{d}\delta$$

$$=\frac{2}{\sigma\sqrt{2\pi}}\int_{0}^{+z\sigma}\exp\left(\frac{-\delta^2}{2\sigma}\right)\mathrm{d}\delta \tag{1-17}$$

变量置换，令$\delta=z\sigma$，则$\mathrm{d}\delta=\sigma\mathrm{d}z$，积分限$0\sim z\sigma$变为$0\sim z$，有

$$\phi(z)=\frac{2}{\sqrt{2\pi}}\int_{0}^{z}\exp\left(-\frac{z^2}{2}\right)\mathrm{d}z \tag{1-18}$$

函数$\phi(z)$又称为拉普拉斯函数，它是置信系数z的函数。当$z=1$时，$\phi(z)=0.682\ 7$，说明在$\delta=\pm\sigma$范围内的概率为68.27%；当$z=3$时，$\phi(z)=0.997\ 3$，说明$\delta=\pm3\sigma$范围内的概率为99.73%，超出$\delta=\pm3\sigma$的概率为0.27%，即发生的概率很小，所以通常评定随机误差时，可以$\pm3\sigma$为极限误差。

（4）粗大误差。

粗大误差是由某种过失引起的明显与事实不符的误差，也称过失误差，或称反常误差、坏值。主要是由于操作不当、读数、记录和计算错误、测试系统的突然故障、环境条件的突然变化等因素而造成的误差。一旦出现粗大误差而作为有效数据处理，将会造成极大的误差。因此在出现粗大误差时，必须予以甄别和剔除。

一般情况下都不能及时确知哪个测量值是坏值，此时必须根据统计法加以判别。统计判别法的准则很多，有拉依达准则（或3σ准则）、格拉布斯准则等。

1）拉依达准则（3σ准则）是最常用也是最简单的判别粗差的准则。

假设一组等精度测量结果中，某次测量值x_i所对应的残差ν_i满足

$$|\nu_i|=|x_i-\overline{x}|>3\sigma \tag{1-19}$$

则ν_i为粗差，x_i为坏值，应踢出不用。式中，标准差为$\sigma\left(\sigma=\sqrt{\frac{\sum_{i=1}^{n}\nu_i{}^2}{n-1}}\right)$，是以正太分布和误差概率$P=0.997\ 3$为前提的。

2）格拉布斯准则也是根据正态分布理论，但它考虑了测量次数n以及标准偏差本身有误差的影响等。理论上较严谨，使用也较方便。

格拉布斯准则可表示如下：凡残余误差大于格拉布斯鉴别值的误差被认为是粗差，数学表示式为

$$|\nu_i|=|x_i-\overline{x}|>[g(n,a)]\sigma \tag{1-20}$$

式中，$[g(n,a)]\sigma$为格拉布斯准则的鉴别值。$g(n,a)$为格拉布斯准则判别系数，它和测量系数n及置信水平a有关。

4. 误差计算

(1) 绝对误差。

绝对误差是指测量值与其真值之差。设真值为 A_0，测量值为 x，则绝对误差 Δx 为

$$\Delta x = x - A_0 \tag{1-21}$$

由于真值 A_0 一般来说是未知的，在实际应用时，常用实际真值 A 来代表真值 A_0，并采用高一级标准仪表的示值作为实际真值。故通常用下式代表绝对误差

$$\Delta x = x - A \tag{1-22}$$

绝对误差一般只适用于标准量具或标准仪表的校准。在标准量具或标准仪表的校准工作中实际使用的是“修正值”，它的绝对值与 Δx 相等但符号相反，用符号 C 表示：

$$C = -\Delta x = A - x \tag{1-23}$$

对高准确度的仪表，常给出修正值，利用修正值可求出被测量的准确的实际值。

$$A = x + C \tag{1-24}$$

(2) 相对误差。

相对误差通常用于衡量测量的准确度，相对误差越小，准确度越高。相对误差有：

1) 实际相对误差：实际相对误差是用绝对误差 Δx 与被测量的约定真值 A 的百分比来表示的相对误差，即

$$\delta_A = \frac{\Delta x}{A} \times 100\% \tag{1-25}$$

2) 示值相对误差：示值相对误差是用绝对误差 Δx 与仪表示值 x 的百分比来表示的相对误差，即

$$\delta_x = \frac{\Delta x}{x} \times 100\% \tag{1-26}$$

(3) 引用误差。

引用（或满度）相对误差：引用相对误差用绝对误差 Δx 与仪表满度值 x_m 的百分比来表示的相对误差，即

$$\delta_m = \frac{\Delta x}{x_m} \times 100\% \tag{1-27}$$

对于多挡仪器仪表，其满刻度值应和量程范围相对应，即

$$\delta_m = \frac{K \cdot x - A}{K \cdot x_m} \times 100\%$$

式中：K 为不同量程时的比例系数。

例如满刻度为 5mA 的电流表，在示值为 4mA 时的实际值为 4.02mA，此电流表在这一点的引用误差为－0.4%。

由引用误差的定义可知，对于某一确定的仪器仪表，它的最大引用相对误差值也是确定的，这就为仪器仪表划分精度等级提供了方便。

工业用仪表常用基本误差的引用误差作为判断精度等级的尺度。例如，仪表在规定的使用条件下基本误差不超过量程的±0.5%，就用这个引用误差百分数的分子作为等级的标志。即该仪表的精度为 0.5 级。

5. 误差评价

在评价仪表的误差时，主要强调按照规定的参比工作条件下的误差进行比较，这种条件

下的误差叫“基本误差”。与此对应，在不符合正常工作条件下所出现的误差，其中除了基本误差外，还含有“附加误差”。

基本误差是指仪表在标准条件下使用时所具有的误差。标准使用条件是指影响测量的各种因素人为作出的规定值。附加误差是当使用条件偏离标准条件后，仪表必然在基本误差的基础上所增加的新的系统误差。按具体条件分别定出相对误差数值。

6. 其他误差处理方法

除了上述误差处理方式外，还有一些误差的认知和处理方法，由表1-1误差分类可知：

(1) 工具误差：是由测量设备中各个环节的不完善而产生的误差。

(2) 方法误差：是由于测量方法不完善或理论上的缺陷所引起的误差。

(3) 动态误差：是指被测量在随时间而变化的过程中所产生的附加误差。它是由于仪表的动态品质所造成。

(4) 静态误差：是指被测量稳定、不随时间变化时的测量误差。

(5) 定值误差：是指被测量变化而误差值不变的误差。它可以是系统误差，也可以是随机误差。

(6) 累计误差：是指在仪表的量程范围内，其数值与被测量呈正比例变化的误差值。它是仪表灵敏度变化及标准量变化所造成的误差。

按误差处理或计算分类，有测试误差、范围误差、标准误差、算术平均误差、或然误差、正态误差；根据使用方法或检测的实现手段，还有零位误差（又称加和误差）、灵敏度误差（又称倍率误差）等。

1.6　仪表的计量、检定、标定、校准

工业自动化仪表在应用前，必须要进行标定，特别是具有计量检测与显示的仪表，如电子秤、温度计、流量计、压力表等，不仅要对仪表的示值标尺进行标定，还要对仪表的示值准确度进行检定。

1. 计量

计量是指实现单位统一、量值准确可靠的活动。从定义中可以看出，计量源于测量，而又严于一般测量，它涉及整个测量领域，并按法律规定，对测量起着指导、监督、保证的作用。计量与其他测量一样，是人们理论联系实际，认识自然、改造自然的方法和手段。它是科技、经济和社会发展中必不可少的一项重要的技术基础。计量与测试是含义完全不同的两个概念。测试是具有试验性质的测量，也可理解为测量和试验的综合。它具有探索、分析、研究和试验的特征。

常用计量单位换算表见附录1。

2. 检定

检定是由法制计量部门或法定授权组织按照检定规程，通过实验，提供证明来确定测量器具的示值误差满足规定要求的活动。ISO/IEC 指南 25—1990《校准和检验试验室技术能力的通用要求》将“检定”定义为：“通过校验提供证据来确认符合规定的要求”（ISO 8402/DADI—3.37）。国际计量组织对检定给出的定义是：“查明和确认计量器具是否符合法定要求的程序，它包括检查、加标记和（或）出具检定证书。”

检定规程是一个国家对所使用的要计量的仪表等进行校准的一个规定，它是一个标准，是制造装备和检定装置的一个衡量标准。

国家计量检定规程是指由国家质量监督检验检疫总局（以下简称国家质检总局）组织制定并批准颁布，在全国范围内施行，作为计量器具特性评定和法制管理的计量技术法规。

检定包含了两个目的：①为了与计量仪表的管理相衔接，检定的目的是校验计量仪表的示值与相对应的已知量值之间的偏差，使其始终小于有关计量仪表管理的标准、规程或规范中所规定的最大允许误差。②根据检定的结果对计量仪表做出继续使用、进行调查、修理、降级使用或声明报废的决定。任何情况下，当检定完成时，应在计量仪表的专门记录上记载检定的情况。因此检定的对象主要是三个大类的计量器具：

（1）计量基准。（包括国际［计量］基准和国家［计量］基准）ISO 10012 - 1《计量检测设备的质量保证要求》做出的定义是：国际［计量］基准："经国际协议承认，在国际上作为对有关量的所有其他计量基准定值依据的计量基准。"国家［计量］基准："经国家官方决定承认，在国内作为对有关量的所有其他计量标准定值依据的计量基准。"

（2）［计量］标准。ISO 10012 - 1 标准将［计量］标准定义为；"用以定义、实现、保持或复现单位或一个或多个已知量值，并通过比较将它们传递到其他计量器具的实物量具、计量仪表、标准物质或系统（例如，a、1kg 质量标准；b、标准量块；c、100Ω 标准电阻；d、韦斯顿标准电池）。"

（3）我国计量法和中华人民共和国强制检定的工作计量器具明确规定，"凡用于贸易结算、安全防护、医疗卫生、环境监测的，均实行强制检定。"在这个明细目录中，已明确规定 59 种计量器具列入强制检定范围。值得注意的是，这个《明细目录》第二款明确强调，"本目录内项目，凡用于贸易结算、安全防护、医疗卫生、环境监测的，均实行强制检定。"这就是要求列入 59 种强检目录中的计量器具，只有用于贸易结算等四类领域的计量器具，属于强制检定的范围。对于虽列入 59 种计量器具目录，但实际使用不是用于贸易结算等四类领域的计量器具，可不属于强制检定的范围。

3. 标定

标定包含两方面的内容：一是使用标准的计量仪表对所使用仪表的准确度（精度）进行检测是否符合标准，一般大多用于精密度较高的仪表。二是有校准的意思。

标定的主要作用是：①确定仪表或测量系统的输入—输出关系，赋予仪表或测量系统分度值；②确定仪表或测量系统的静态特性指标；③消除系统误差，改善仪表或系统的正确度；④在科学测量中，标定是一个不容忽视的重要步骤。

例如，体温表，如果不进行标准温度下的刻度标定，体温表的读数无法正确反映人体温度，就无法通过体温的变化来判断病患和对症下药。

对温度计的标定，有标准值法和标准表法两种方法。标准值法就是用适当的方法建立起一系列国际温标定义的固定温度点（恒温）作标准值，把被标定温度计（或传感器）依次置于这些标准温度值之下，记录下温度计的相应示值（或传感器的输出），并根据国际温标规定的内插公式对温度计（传感器）的分度进行对比记录，从而完成对温度计的标定；被标定后的温度计可作为标准温度计来测温度。

一般常采用另一种标定方法是把被标定温度计（传感器）与已被标定好的更高一级精度的温度计（传感器）紧靠在一起，共同置于可调节的恒温槽中，分别把槽温调节到所选择的若干温度点，比较和记录两者的读数，获得一系列对应差值，经多次升温，降温、重复测试，若这些差值稳定，则把记录下的这些差值作为被标定温度计的修正量，这就完成了对被标定温度计的标定。

世界各国根据国际温标规定建立自己国家的标准，并定期和国际标准相对比，以保证其精度和可靠性。我国的国家温度标准保存在中国计量科学院。各省（直辖市、自治区）市县计量部门的温度标准定期进行下级与上一级标准对比（修正）、标定，据此进行温度标准的传递，从而保证温度标准的准确与统一。

4. 校准

校准指校对机器、仪表等，使之准确的过程。在规定条件下，为确定测量仪表或测量系统所指示的量值，或实物量具或参考物质所代表的量值，与对应的由标准所复现的量值之间关系的一组操作。校准包括以下步骤：检验、矫正、报告、或透过调整来消除被比较的测量装置在准确度方面的任何偏差。其含义包括：①在规定的条件下，用一个可参考的标准，对包括参考物质在内的测量器具的特性赋值，并确定其示值误差；②将测量器具所指示或代表的量值，按照校准链，将其溯源到标准所复现的量值。

校准的依据是校准规范或校准方法，可作统一规定也可自行制定。校准的结果记录在校准证书或校准报告中，也可用校准因数或校准曲线等形式表示校准结果。校准的目的是：①确定示值误差，并可确定是否在预期的允差范围之内；②得出标称值偏差的报告值，可调整测量器具或对示值加以修正；③给任何标尺标记赋值或确定其他特性值，给参考物质特性赋值；④确保测量器具给出的量值准确，实现溯源性。

校准应满足的基本要求是：①环境条件：校准如在检定（校准）室进行，则环境条件应满足实验室要求的温度、湿度等规定。校准如在现场进行，则环境条件以能满足仪表现场使用的条件为准。②仪表：作为校准用的标准仪表，其误差限应是被校表误差限的 1/3～1/10。③人员：校准虽不同于检定，但进行校准的人员应经有效的考核，并取得相应的合格证书，只有持证人员方可出具校准证书和校准报告，也只有这种证书和报告才认为是有效的。

5. 检定与校准的区别

检定和校准有本质区别，其目的、对象、性质、依据、方式、周期、内容、结论和法律效力都是不同的。两者不能混淆，更不能等同。

检定结论具有法律效力，可作为计量器具或测量装置检定的法定依据，《检定合格证书》属于具有法律效力的技术文件。校准结论不具备法律效力，给出的《校准证书》只是标明量值误差，属于一种技术文件。

本章习题要求

本章节应掌握的知识点主要是基本概念、信号制、静态特性和动态特性、误差处理以及检定、标定和校准，因此可以采用问答方式出题。

第2章 检测仪表与变送器

2.1 概　　述

2.1.1 基本概念

检测仪表是工业自动化仪表中最为重要的组成部分，是实现所有自动化功能的必要环节和核心环节。

在工业生产过程中，为了正确地指导生产操作、保证生产安全、保证产品质量和实现生产过程自动化，一项必不可少的工作是准确而及时地检测出生产过程中的各有关参数。例如温度、压力、流量及物位等。检测仪表是利用物理学和化学的各种效应实现各种信息参数测量的、即能确定所感受的被测（变）量的大小的仪表。可以是传感器、变送器也可以是兼有检测元件和显示仪表的仪表总称。感知被测对象、并将对象的变化按照理化原理转换为一定的便于传送的信号输出（如电流电压信号、气压信号或数字信号）的仪表称为传感器。当传感器的输出为单元组合仪表中规定的标准信号（4～20mA DC/1～5V DC，0～10mA DC/0～5V DC、20～100kPa）时，通常称为变送器。

检测仪表（也称测量仪表）包括信号获取、信号处理和信号显示及输出，其基本结构框图如图2-1所示。图2-1中，传感器输出非标准电信号，需要进行一定的处理，若需要数据显示，后置电路选配"显示"；传感器也有数字量输出的，但变送器只有标准电信号输出，如果需要数字量或按照某种代码方式输出，则需要进行信号转换。

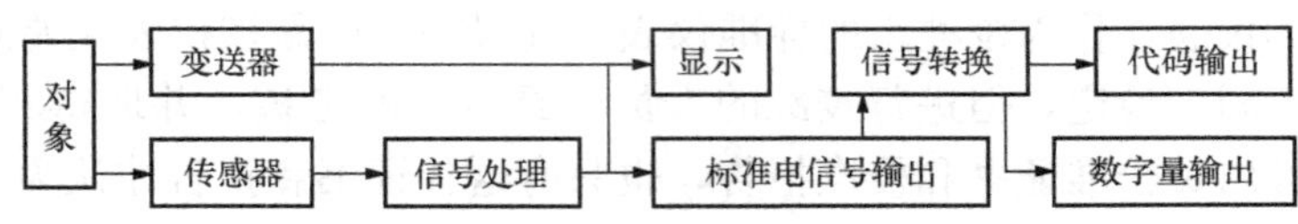

图2-1　检测仪表基本结构框图

由图2-1可知，检测仪表可以由完整的结构框图构成，即传感器和后置电路或仪表单元组成一个检测仪表，如弹簧管式压力计、流量检测仪表、辐射高温计、超声波液位计等；由于被检测对象的要求，敏感元件（即传感器，也称一次仪表）必须安装在现场，后置电路（如显示单元、记录仪等，也称二次仪表）安装在工作环境相对好一点的位置，如控制室中。因此检测仪表可以分成两个部分：信号获取部分和信号处理及输出部分。

这也能从测量角度来理解，测量就是为获得某一个能量值描述的对象在某一时刻所呈现出实际量值所进行的一组操作。具体地说，每个量有它的定量性质如温度高低、质量大小等。

2.1.2 测量对象、测量方法与分类

检测仪表可测量的参数包罗万象，可归纳为表2-1。表2-1罗列了工业领域的部分参数，由此也能了解到检测仪表的特点为：①被测对象种类繁多；②被测对象形态各异，有固态、液态、气态和混合状态；③被测对象的信号范围宽广，一种参数，微观至极，小到现有条件无法测量；宏观至极，大到现有条件无法测量；④被测对象的变化形式多样，随时间快

速变化、缓慢变化、周期变化、或恒值不变；或随时间连续变化、间断变化、脉动变化、脉冲变化；⑤被测对象的理化特性复杂，尤以化学特性为主；⑥被测对象的所处环境恶劣，除了腐蚀、毒性、易燃易爆、易挥发、易污染等化学环境，还有严酷的自然环境等；⑦均必须进行信号处理，输出标准信号。

表 2-1　　可测参数归纳表

领域	种类	参数
电学/磁学量	电学量	交直流电压、交直流电流、电阻、电容、电感、有功功率、无功功率、视在功率、电能电度、功率因素、电工频率、相位等
	磁学量	磁通、磁通量、磁场、磁场强度、线圈、线圈匝数等
	材料特性	电阻率、电导率、介电系数、电磁率、磁导率等
热工量	温度 T	热度、热量、热流等
	压力 P	压力、压强、压差、真空度等
	流量 F	体积流量、质量流量、重量流量，或瞬时流量、累计流量，或统称为流量、流速等
	物位 H	液位、颗粒状料位、两种介质（液体—液体、气体—气体、气体—液体等）的相界面
机械量	力	拉力、推力、张力、扭力、扭矩、转矩等
	振	振幅、振频、振动相位、减振器等
	动	匀速、变速、瞬时速度、线性加速度；角速度、角加速度；转速等
	尺	固体、箱体等的几何尺寸，有长、宽、厚、薄等
	移	物体的直线性位移和角位移
	秤	物体的重力、质量等
	度	圆度、椭圆度、硬度、光洁度、镜面度、抗拉（压、扭、挤）强度等
成分量	过程量	物体的含量、浓度、溶解度、酸碱度等
	物理成分	湿度、黏度、尘度、粒度、浊度、酸度、碱度、烟度、纯度等
光学量		光强、光通量、感光度、光路光纤通信、遮光率、透光率、光电转换、太阳能、激光、微波、红外、紫外、射线等
状态量		反映对象状态的参数，该参数具有相反特性的两个状态且仅仅只有该两个状态。体现在设备是否启动、是否停机、是否正常等

由于被测参数涉及面广，检测仪表采取了非常有效的检测技术和方法，归纳起来有：电工/电磁学法、半导体法、光学法、微波法、红外线法、超声波法、激光法、紫外线法、核辐射法、质谱法和电化学法等。这些方法取决于被测对象、测量环境和对象参数特性要求等。

上述测量方法还可以分为简单测量、直接测量和间接测量：①当选用适当的测量仪表直接完成测量任务、测得足够精度的被测物理量的大小时，常把这种测量称为简单测量。②任何测量都包含不同的简单测量。如果在测量过程中只包括一项简单测量和只根据一些已知数据对测量结果运算就可以得到被测物理量的大小，常把这种测量称为直接测量。③如果对被测物理量的测量包括两个或两个以上的简单测量，或包括根据若干直接测量结果来计算出最后测量结果，这种测量称为间接测量。

还有其他测量方法的分类，如偏差式测量、零位式测量与微差式测量。

保证检测仪表应用的要求是：①能在常温常压下工作；②能在高温高压下工作；③能在低温低压（真空度）下工作；④能在易燃易爆的环境下工作；⑤能在具有高黏度和腐蚀性、有毒性的环境下工作等。并且还能测量在上述状态和环境中的参数和运行状态，因而检测仪表还具有耐温、耐压和防腐、防漏、防爆等特性。

由表 2-1 和图 2-1 可知，检测仪表可以按照被测对象进行分类，即按照检测仪表的功能进行分类，有电学/磁学量检测仪表、热工量检测仪表、机械量检测仪表、成分量检测仪表、光学量检测仪表和状态量检测仪表等。在实际应用中由于热工量检测仪表用途广泛，所以习惯上直接分为温度检测仪表、压力检测仪表、流量检测仪表和物位检测仪表。

2.2 传感器与变送器

传感器和变送器在工业自动化领域中起着举足轻重的作用。检测仪表中的首要环节就是传感器/变送器，传感器是感知被测对象、并将被测对象的变化按照某理化原理转换成电信号输出的装置。由于所测量的对象不同、选用的检测方法不同，检测仪表成为一个没有固定“外形”的仪表，按照图 2-1 所示的效果，有的传感器必须安装到现场，与后置电路分在两个不同的场所，如几乎所有接触式测量的传感器；热电偶传感器就必须安装在处于高温环境中的高温对象，但测量电路在常规环境温度下运行。有的传感器直接安装在仪表内部，如红外温度仪、压力表等。因此检测仪表有整体式（配传感器探头）和分体式（传感器探头与主体仪表之间需要线缆连接）。

对于分体式检测仪表，为保证传感器探头（也叫一次仪表）提供的信号能够有效传送到主体仪表（二次仪表），同时也保证主体仪表具有通用性，将包括传感器探头（敏感元件）在内的检测部分研制成变送器，为主体仪表提供标准电流信号。

2.2.1 传感器分类

检测仪表的功能直接取决于传感器的功能，由于可检测对象包罗万象，在各行各业都能应用到检测仪表，因此检测仪表也可以按照传感器的类型来分类。

（1）根据输入物理量可分为位移传感器、加速度传感器、温度传感器、压力传感器等。这种分类方法的优点是比较明确地表达了传感器的用途，便于用户根据用途选用。

（2）根据工作原理分类。这种分类方法是以传感器的工作原理作为分类的依据，如应变式、电容式、差动变压器式等。它的优点是对于传感器的工作原理比较清楚，划分类别少。

（3）根据能量传递方式分类。可将传感器分为有源传感器和无源传感器两大类。有源传感器将非电能量转换为电能量，这类传感器有电磁式、压电式、热电式等。无源传感器不起换能作用，被测非电量仅对传感器中的能量起控制或调节作用，所以它必须具有辅助能源（电源），这类传感器有电阻式、电感式及电容式等。

（4）根据传感器的电信号输出分类。这类分类有助于后续电路的设计和相关数据的处理选择，例如：①元件参数输出，电阻输出有电位器式、应变片式、热电阻式；电感输出有自感式、互感式、电涡流式；电容输出有极距式、面积式、介电参数式。②电参数输出，电压输出的压电式、热电势、霍尔式、磁电式等。③数字量输出，有光栅式、容栅式、磁栅式等。④谱信号输出，有红外、超声波等。

（5）根据测量方法分类。有接触式测量和非接触式测量。

2.2.2 检测方法

传感器的敏感元件是否与被测对象接触，反应了被测对象变化的不同状况，如温度信号，良好接触的测量方法，敏感元件能够捕捉到被测对象的精确变化，但可能敏感元件会干扰或损坏被测介质；与被测对象不接触而感知温度，尽管被测对象的实际温度不变，但随着感知距离的变化，得到的温度值也是不同的。炼钢高炉边上温度较高，但距离高炉逐渐变远，高炉温度对感应体的影响也将逐渐淡化。

接触式测量与非接触式测量仅仅是从与被测对象是否实体接触来分类，这种分类还存在着一个实质性的差别：接触式测量，敏感元件得到的是被测对象在接触点上的变化率；而非接触测量则是处于被测对象所形成的一个场内感知对象，如温度场、磁场、声场或光场等，敏感元件只要保持与被测对象实体距离，对于在具体的空间位置没有限制，如果有成熟的信号处理，随着检测技术的发展，非接触测量应该作为检测方法的主题。

而非接触式测量所构成的检测仪表，往往是一个整体，传感器（或敏感元件）与表体不分离，只要选择一个合适的点位就能进行测量。

2.2.3 变送器

一、变送器的作用

变送器是传感器的一种标准化模式，以输出与输入成线性关系的标准电信号为技术点，在常规的自动控制系统中与显示仪表、调节仪表的无缝连接，是传感器中的一个重要分支。变送器的传统输出直流电信号有0～5V、0～10V、1～5V、0～20mA、4～20mA等，目前最广泛采用的是用4～20mA DC电流来传输模拟量。工业上最广泛采用的是用4～20mA DC电流来传输模拟量。

工业过程中测量的各类电量与非电物理量，如电流、电压、功率、频率、温度、重力、位置、压力、转速、角度等，都需要转换成可接收的直流模拟量电信号才能传输到几百米外的控制室或显示设备上。这种将被测物理量转换成可传输直流电信号的设备称为变送器。

工业上通常分为电量变送器和非电量变送器，检测生产过程参数的变送器主要包括温度变送器、压力变送器、差压变送器、流量变送器和液位变送器等；检测电量参数的变送器包括电压变送器，电流变送器，功率变送器，频率变送器，功率因数变送器等，统称为电量变送器，它是一种将电网中的电流、电压、频率、功率、功率因数等电参量，经隔离变送成线性的直流模拟信号或是数字信号装置。另外还有组合型变送器（如温湿度变送器）、成分分析变送器（如臭氧变送器）、智能变送器等

每一种变送器一般都有系列产品，图2-2所示的是某一款压力变送器的选型图，其中包括测量对象选择、量程选择、输出信号选择、接口方式选择、显示方式选择和是否有防爆隔爆要求等。

二、变送器

1. 一体化温度变送器

温度变送器一般分为热电阻和热电偶型两种类型，这里介绍的一体化温度变送器由测温探头（热电偶或热电阻传感器）和两线制固体电子单元组成。采用固体模块形式将测温探头直接安装在接线盒内，从而形成一体化的变送器。

热电阻温度变送器是由基准单元、R/V转换单元、线性电路、反接保护、限流保护、

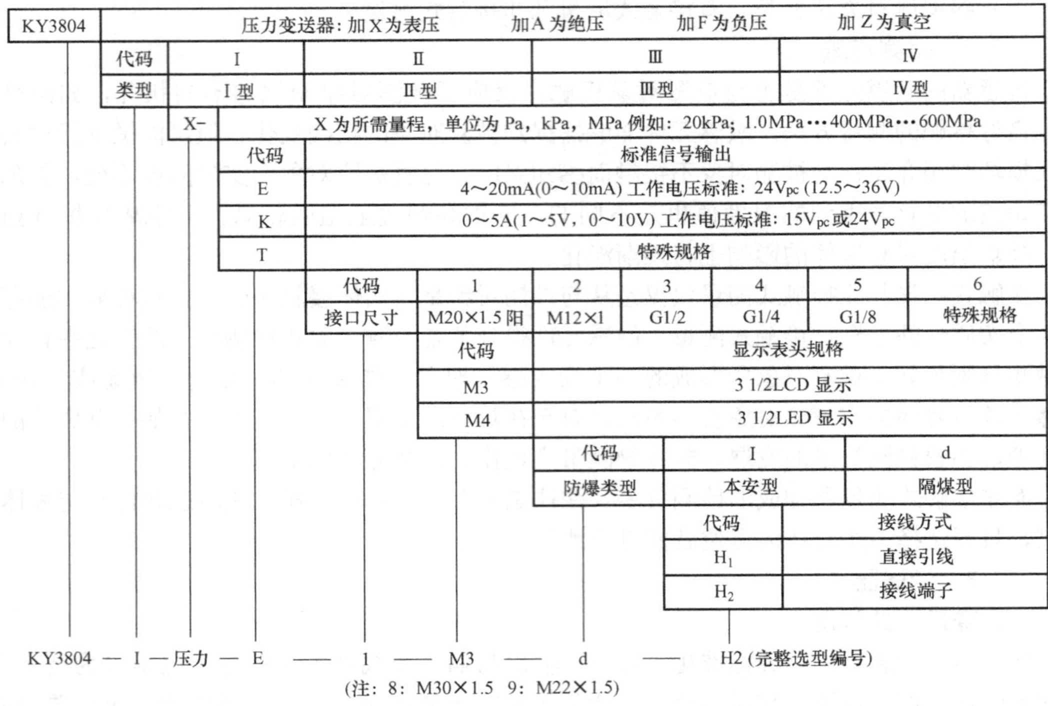

图 2 - 2 某型号压力变送器选型图

V/I转换单元等组成。测温热电阻信号转换放大后，再由线性电路对温度与电阻的非线性关系进行补偿，经V/I转换电路后输出一个与被测温度成线性关系的4～20mA的直流信号。

热电偶温度变送器一般由基准源、冷端补偿、放大单元、线性化处理、V/I转换、断偶处理、反接保护、限流保护等电路单元组成。它是将热电偶产生的热电势经冷端补偿放大后，再由线性电路消除热电势与温度的非线性误差，最后放大转换为4～20mA电流输出信号。为防止热电偶测量中由于电偶断丝而使控温失效造成事故，变送器中还设有断电保护电路。当热电偶断丝或接触不良时，变送器会输出最大值（28mA）以使仪表切断电源。

一体化温度变送器具有结构简单、节省引线、输出信号大、抗干扰能力强、线性好、显示仪表简单、固体模块抗震防潮、有反接保护和限流保护、工作可靠等优点。

一体化温度变送器的输出为统一的4～20mA信号；可与微机系统或其他常规仪表匹配使用。也可根据用户要求做成防爆型或防火型测量仪表。

2. 压力变送器

压力变送器也包括差压变送器，主要由测压元件传感器、模块电路、显示表头、表壳和过程连接件等组成。它能将接收的气体、液体等压力信号转变成标准的电流电压信号，以供给指示报警仪、记录仪、调节器等二次仪表进行测量、指示和过程调节。

差压变送器的测量原理是：流程压力和参考压力分别作用于集成硅压力敏感元件的两端，其差压使硅片变形（位移很小，仅μm级），以使硅片上用半导体技术制成的全动态惠斯登电桥在外部电流源驱动下输出正比于压力的mV级电压信号。由于硅材料的弹性极佳，所以输出信号的线性度及变差指标均很高。工作时，压力变送器将被测物理量转换成mV级的电压信号，并送往放大倍数很高而又可以互相抵消温度漂移的差动式放大器。放大后的信号经电压电流转换变换成相应的电流信号，再经过非线性校正，最后产生与输入压力成线性对应关系的标准电流电压信号。

压力变送器根据测压范围可分成一般压力变送器（0.001～20MPa）和微差压变送器（0～30kPa）两种。测压的弹性元件有弹簧管、波纹管、膜片（膜盒：可测差压）等，并由弹性元件构成力平衡式压力变送器，如气动力矩平衡式差压变送器等。

由于气压信号的测量器件涉及弹性元件，一般要定期调校或标定，因需要提供标准气源，所以此类工作必须按照规定的步骤或强制的检定规程执行。

3. 液位变送器

(1) 浮球式液位变送器由磁性浮球、测量导管、信号单元、电子单元、接线盒及安装件组成。一般磁性浮球的比重小于0.5，可漂于液面之上并沿测量导管上下移动。导管内装有测量元件，它可以在外磁作用下将被测液位信号转换成正比于液位变化的电阻信号，并将电子单元转换成4～20mA或其他标准信号输出。该变送器为模块电路，具有耐酸、防潮、防震、防腐蚀等优点，电路内部含有恒流反馈电路和内保护电路，可使输出最大电流不超过28mA，因而能够可靠地保护电源并使二次仪表不被损坏。

(2) 浮筒式液位变送器是将磁性浮球改为浮筒，它是根据阿基米德浮力原理设计的。浮筒式液位变送器是利用微小的金属膜应变传感技术来测量液体的液位、界位或密度的。它在工作时可以通过现场按键来进行常规的设定操作。

(3) 静压式液位变送器利用液体静压力的测量原理工作。它一般选用硅压力测压传感器将测量到的压力转换成电信号，再经放大电路放大和补偿电路补偿，最后以4～20mA或0～10mA DC方式输出。

4. 电容式物位变送器

电容式物位变送器适用于工业企业在生产过程中进行测量和控制生产过程，主要用作于导电与非导电介质的液体液位或粉粒状固体料位的远距离连续测量和指示。

电容式液位变送器由电容式传感器与电子模块电路组成，它以两线制4～20mA恒定电流输出为基型，经过转换，可以用三线或四线方式输出，输出信号形成为1～5V、0～5V、0～10mA等标准信号。电容传感器由绝缘电极和装有测量介质的圆柱形金属容器组成。当料位上升时，因非导电物料的介电常数明显小于空气的介电常数，所以电容量随着物料高度的变化而变化。变送器的模块电路由基准源、脉宽调制、转换、恒流放大、反馈和限流等单元组成。采用脉宽调制原理进行测量的优点是频率较低，对周围无射频干扰、稳定性好、线性好、无明显温度漂移等。

5. 超声波变送器

超声波变送器分为一般超声波变送器（无表头）和一体化超声波变送器两类，一体化超声波变送器较为常用。一体化超声波变更新器由表头（如LCD显示器）和探头两部分组成，这种直接输出4～20mA信号的变送器是将小型化的敏感元件（探头）和电子电路组装在一起，从而使体积更小、重量更轻、价格更便宜。超声波变送器可用于液位、物位的测量和开渠、明渠等流量测量，并可用于测量距离。

6. 锑电极酸度变送器

锑电极酸度变送器是集pH检测、自动清洗、电信号转换为一体的工业在线分析仪表，它是由锑电极与参考电极组成的pH值测量系统。在被测酸性溶液中，由于锑电极表面会生成三氧化二锑氧化层，这样在金属锑面与三氧化二锑之间会形成电位差。该电位差的大小取决于三所氧化二锑的浓度，该浓度与被测酸性溶液中氢离子的适度相对应。如果把锑、三氧化二锑和水溶液的适度都当作 1，其电极电位就可用能斯特公式计算出来。

锑电极酸度变送器中的固体模块电路由两大部分组成。为了现场作用的安全起见，电源部分采用交流 24V 为二次仪表供电。这一电源除为清洗电机提供驱动电源外，还通过电流转换单元转换成相应的直流电压，以供变送电路使用。第二部分是测量变送器电路，它把来自传感器的基准信号和 pH 酸度信号经放大后送给斜率调整和定位调整电路，以使信号内阻降低并可调节。将放大后的 pH 信号进行温度补偿，最后输出与 pH 值相对应的 4～20mA 直流电流信号给二次仪表显示。

7. 酸、碱、盐浓度变送器

酸、碱、盐浓度变送器通过测量溶液电导值来确定浓度。它可以在线连续检测工业过程中酸、碱、盐在水溶液中的浓度含量。这种变送器主要应用于锅炉给水处理、化工溶液的配制以及环保等工业生产过程。

酸、碱、盐浓度变送器的工作原理是：在一定的范围内，酸碱溶液的浓度与其电导率的大小成比例。因而，只要测出溶液电导率的大小变可得知酸碱浓度的高低。当被测溶液流入专用电导池时，如果忽略电极极化和分布电容，则可以等效为一个纯电阻。在有恒压交变电流流过时，其输出电流与电导率成线性关系，而电导率又与溶液中酸、碱浓度成比例关系。因此只要测出溶液电流，便可算出酸、碱、盐的浓度。酸、碱、盐浓度变送器主要由电导池、电子模块、显示表头和壳体组成。电子模块电路则由激励电源、电导池、电导放大器、相敏整流器、解调器、温度补偿、过载保护和电流转换等单元组成。

8. 电导变送器

它是通过测量溶液的电导值来间接测量离子浓度的流程仪表（一体化变送器），可在线连续检测工业过程中水溶液的电导率。

由于电解质溶液与金属导体一样是电的良导体，因此电流流过电解质溶液时必有电阻作用，且符合欧姆定律。但液体的电阻温度特性与金属导体相反，具有负向温度特性。为区别于金属导体，电解质溶液的导电能力用电导（电阻的倒数）或电导率（电阻率的倒数）来表示。当两个互相绝缘的电极组成电导池时，若在其中间放置待测溶液，并通以恒压交变电流，就形成了电流回路。如果将电压大小和电极尺寸固定，则回路电流与电导率就存在一定的函数关系。这样，测出待测溶液中流过的电流，就能测出待测溶液的电导率。

电导变送器的结构和电路与酸、碱、盐浓度变送器相同。

9. 智能变送器

智能式变送器是由传感器和微处理器（微机）相结合而成的。它充分利用了微处理器的运算和存储能力，可对传感器的数据进行处理，包括对测量信号的调理（如滤波、放大、A/D 转换等）、数据显示、自动校正和自动补偿等。

微处理器是智能式变送器的核心。它不但可以对测量数据进行计算、存储和数据处理，还可以通过反馈回路对传感器进行调节，以使采集数据达到最佳。由于微处理器具有各种软件和硬件功能，因而它可以完成传统变送器难以完成的任务。所以智能式变送器降低了传感器的制造难度，在很大程度上提高了传感器的性能。并具有以下特点：①性能稳定、可靠性好，测量精度高，基本误差仅为±0.1%。量程范围可达 100∶1，时间常数可在 0～36s 内调整，有较宽的零点迁移范围。②可通过软件对传感器的非线性、温漂、时漂等进行自动补偿；通电后可对传感器进行自检和自诊断；数据处理方便准确。③具有双向通信功能。微处理器不但可以接收和处理传感器数据，还可将信息反馈至传感器，从而对测量过程进行调节和控制。④具有数字量、模拟量两种输出功能，可将输出的数字信号方便地和计算机或现场总线等连接。⑤可以进行远程通信，实现网络化监控。

三、变送器的发展

随着智能技术的发展，尤其现在已有许多智能仪表的信号输入直接与传感器的输出连接，相关的抗干扰技术和非线性处理有智能单元来完成，因此标准电信号输出的变送器也已经升级换代，在输出标准电信号的基础上，带有基于HART协议的数字信号或支持现场总线，实现远程操控。关于现场总线在下面章节介绍。

图 2-3 所示为一款智能变送器接口选择图，图中的输入输出选择已经呈现多样化。

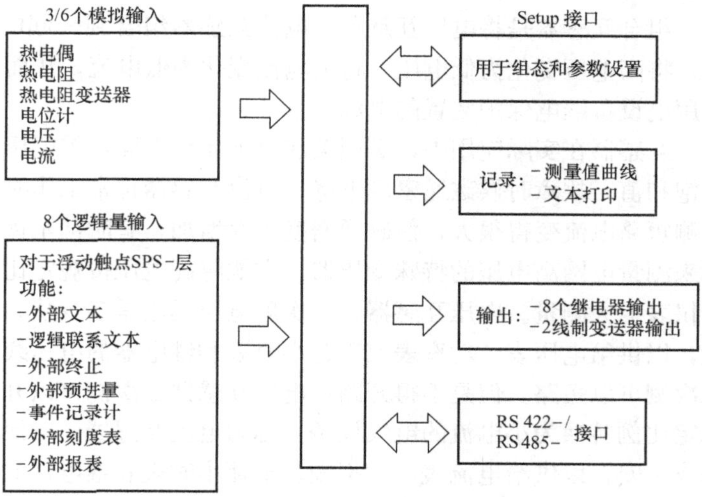

3/6个模拟输入
热电偶
热电阻
热电阻变送器
电位计
电压
电流

8个逻辑量输入
对于浮动触点SPS-层功能：
-外部文本
-逻辑联系文本
-外部终止
-外部预进量
-事件记录计
-外部刻度表
-外部报表

Setup 接口
用于组态和参数设置

记录：-测量值曲线
-文本打印

输出：-8个继电器输出
-2线制变送器输出

RS 422-/
RS485- 接口

图 2-3　智能变送器可选配功能图

2.2.4　互感器

互感器（instrument transformer）是按比例变换电压或电流的设备。其功能主要是将高电压或大电流按比例变换成标准低电压（100V）或标准小电流（5A 或 10A，均指额定值），以便实现测量仪表、保护设备及自动控制设备的标准化、小型化。同时互感器还可用来隔开高电压系统，以保证人身和设备的安全。

在供电用电的线路中电流电压大大小小相差悬殊，从几安到几万安都有。为便于电量测量需要转换为比较统一的电流，另外线路上的电压都比较高，如果直接测量是非常危险的。电流互感器起到变流和电气隔离作用。现在电量测量大多已经实现数字化，而计算机的采样信号一般为毫安级（0～5V、4～20mA 等），如微型电流互感器二次电流为毫安级，主要起大互感器与采样之间的桥梁作用。微型电流互感器称之为“仪用电流互感器”。（“仪用电流互感器”是在实验室使用的多电流比精密电流互感器，一般用于扩大仪表量程。）

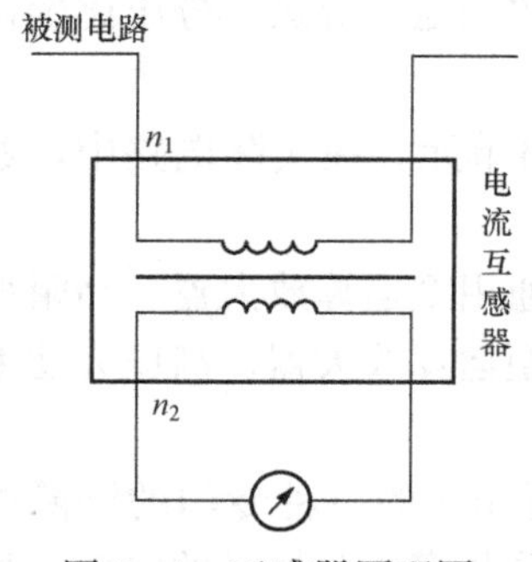

图 2-4　互感器原理图

普通电流互感器的结构较为简单，由相互绝缘的一次绕组、二次绕组、铁心以及构架、壳体、接线端子等组成。绕组 n_1 接被测电流，称为一次绕组（或原边绕组、初级绕组）；绕组 n_2 接测量仪表，称为二次绕组（或副边绕组、次级绕组）。如图 2-4所示。一次绕组电流 I_1 与二次绕组 I_2 的电流比，称实际电流比 K。微型电流互感器在额定工作电流下工作时的电流比称电流互感器额定电流比，用 K_n 表示。

互感器分为电压互感器（PT）和电流互感器（CT）两大类，其主要作用有：将一次系统的电压、电流信息准确地传递到二次侧相关设备；将一次系统的高电压、大电流变换为二次侧的低电压（标准值）、小电流（标准值），使测量、计量仪表和继电器等装置标准化、小型化，并降低了对二次设备的绝缘要求；将二次侧设备以及二次系统与一次系统高压设备在电气方面很好地隔离，从而保证了二次设备和人身的安全。

组合互感器是将电压互感器、电流互感器组合到一起的互感器，多安装于高压计量箱、柜，将高电压变化为低电压，将大电流变化为低电流，从而起到对电能计量的目的。另外用作用电设备继电保护装置的电源。

互感器在实际应用中，必须关注以下 4 个方面：①电压互感器正常工作时的磁通密度接近饱和值，故障时候磁通密度下降；电流互感器正常工作时磁通密度很低，而短路时由于一次侧短路电流变得很大，使磁通密度大大增加，有时甚至远远超过饱和值。②电压互感器是用来测量电网高电压的特殊变压器，它能将高电压按规定比例转换为较低的电压后，再连接到仪表上去测量。电压互感器，一次侧电压无论是多少伏，而二次侧电压一般均规定为 100 伏，以供给电压表、功率表及千瓦小时表和继电器的电压线圈所需要的电压。③电流互感器二次侧可以短路，但是不得开路；电压互感器二次侧可以开路，但是不得短路，把大电流按规定比例转换为小电流的电气设备，称为电流互感器。电流互感器副边的电流一般规定为 5 安或 1 安，以供给电流表、功率表、千瓦小时表和继电器的电流线圈电流。④对于二次侧的负荷来说，电压互感器的一次内阻抗较小甚至可以忽略不计，大可以认为电压互感器是一个电压源；而电流互感器的一次却内阻很大，以至可以认为是一个内阻无穷大的电流源。

互感器还有其他类型，如专门为电力现场测量计量使用的钳形电流互感器，另外还有零序互感器、穿心式电流互感器、多抽头电流互感器、不同变比电流互感器和一次绕组可调，二次多绕组电流互感器等。随着光电子技术的迅速发展，许多科技发达国家已把目光转向利用光学传感技术和电子学方法来发展新型的电子式电流互感器，简称光电电流互感器。国际电工协会已发布电子式电流互感器的标准。电子式互感器的含义，除了包括光电式的互感器，还包括其他各种利用电子测试原理的电压、电流传感器。

2.2.5 基本仪表电路

工业自动化仪表中有各种功能的电路，如滤波电路、隔离电路、整流电路、放大电路、信号转换电路、整型电路、触发电路、计数电路等。按照实现的功能要求，还有许多电路，但都离不开基本电路结构。

（1）分压电路：是将较高电压等级的输入按照所需输出相应的低电压等级，分压比确认时可选两个阻值确定的电阻构成，否则可选用电位器来实现。

（2）运算放大器：称为“运放”，是具有很高放大倍数的电路单元。在实际电路中，通常结合反馈网络共同组成某种功能模块。详细介绍见第 6 章。

按照集成运算放大器的参数来分，集成运算放大器可分为：通用型运算放大器、高阻型运算放大器、低温漂型运算放大器、高速型运算放大器、低功耗型运算放大器、高压大功率型运算放大器和可编程控制运算放大器等。

（3）滤波电路：当信号耦合了具有一定频率的干扰信号时而加入的一种专门的滤除电路，只允许一定频率范围内的信号成分正常通过，而阻止另一部分频率成分通过的电路，称做经典滤波器或滤波电路。

常用的滤波电路有无源滤波和有源滤波两大类。若滤波电路元件仅由无源元件（电阻、电容、电感）组成，则称为无源滤波电路。无源滤波的主要形式有电容滤波、电感滤波和复式滤波。若滤波电路不仅由无源元件，还由有源元件（双极型管、单极型管、集成运放）组成，则称为有源滤波电路。有源滤波的主要形式是有源 *RC* 滤波，又称作电子滤波器。

滤波器的电压放大倍数的幅频特性可以准确地描述该电路属于低通、高通、带通还是带阻滤波器。若信号频率趋于零时有确定的电压放大倍数，且信号频率趋于无穷大时电压放大倍数趋于零，则为低通滤波器；反之，若信号频率趋于无穷大时有确定的电压放大倍数，且信号频率趋于零时电压放大倍数趋于零，则为高通滤波器；若信号频率趋于零和无穷大时电压放大倍数均趋于零，则为带通滤波器；反之，若信号频率趋于零和无穷大时电压放大倍数具有相同的确定值，且在某一频率范围内电压放大倍数趋于零，则为带阻滤波器。

(4) 逻辑电路：一种离散信号的传递和处理，以二进制为原理、实现数字信号逻辑运算和操作的电路，分组合逻辑电路和时序逻辑电路。运用“导通”和“截止”的工作方式完成“与”逻辑、“或逻辑”、“非逻辑”及其组合的逻辑操作。由于只分高、低电平，抗干扰能力强，精度和保密性佳。

(5) 整流电路：将交流降压电路输出的电压较低的交流电转换成单向脉动性直流电。整流电路主要由整流二极管组成，经过整流电路之后的电压已经不是交流电压，而是一种含有直流电压和交流电压的混合电压，习惯上称单向脉动性直流电压。电源电路中的整流电路主要有半波整流电路、全波整流电路和桥式整流三种。

(6) 电桥电路：能测量和转换微弱的电阻信号、电容信号、电感信号或组合信号的常用电路，有直流电桥、交流电桥、有源电桥等。调整桥臂参数达到平衡时，桥路的输出为零。

(7) 电源电路：几乎所有仪表均需要工作电源，需要工作电源的大小由构成仪表的核心器件所决定。一般由市网电源供电时，都要转换到“弱电范畴”的低电压模式，更多的还是直流低电压，如±15V DC、±5V DC、5V DC、3.3V DC等。因此电源电路涉及变压电路，整型电路、滤波电路等，或是恒压源、恒流源，或开关电源、电池、光伏电池等。给仪表电路供电时，一般需要稳压和滤波。

(8) 锁相环：对于接受到的频率信号进行处理，从中捕获并锁定一个与设定频率信号同步的信号。由于设定信号与捕获信号存在一定的时差或是相位差而被称为锁相环。

2.3 温度检测仪表

2.3.1 温度与温标

温度是表征物体冷热程度的物理量，是各种工业生产和科学实验中最普遍而重要的操作参数。尤其在化工生产中，温度的测量与控制有着重要的作用。众所周知，任何一种化工生产过程都伴随着物质的物理和化学性质的改变，都必然有能量的交换和转化，其中最普遍的交换形式是热交换形式。因此，化工生产的各种工艺过程都是在一定的温度下进行的。例如精馏塔的精馏过程中，对精馏塔的进料温度、塔顶温度和塔釜温度都必须按照工艺要求分别控制在一定数值上。又如用 N_2 和 H_2 生产合成 NH_3 的反应过程，在触媒存在的条件下，反应温度是 500℃，否则产品不合格，严重时还会发生事故。因此说，温度的测量与控制是保证化学反应过程正常进行与安全运行的重要环节。

温度的检测与控制的应用领域很宽，仅仅家庭中涉及的应用就有：冰箱、空调、电热水器、电熨斗、电饭煲、微波炉、电磁炉、消毒柜等。因此温度检测有时并不是以一种外观的实体（如温度检测仪表）、而是以一种电路环节、模块等形式进入应用市场。

测量某介质的温度，当然要以数值来加以表示，“温标”就是衡量物体温度的标尺。“混标”规定了温度的起始点（即零点）和测量温度的基本单位。各种测温仪表反映温度的刻度均是通过“温标”来确定的。要建立温标首先要选定测温物质的性质（如金属的电阻、定容气体的压力、液体的体积等）；其次是定义固定点（如三相点、沸点等）的温度数值；最后再得出温度的单位。由于所选用的测温物质和定义的固定点不同就产生了各种不同的“温标”，目前常用的“温标”有以下四种。

（1）摄氏温标（℃）：摄氏温标是较早出现并应用比较广泛的一种温标，它选用的温标物理基础是规定汞随温度的体膨胀是线性的，分度的方法是规定在标准大气压下纯水的冰点是摄氏零度，沸点为 100℃，而把汞柱在这两点之间变化的液柱长度分为 100 等分，每一等分代表摄氏 1 度，用符号℃记之。

（2）华氏温标（℉）：华氏温标与摄氏温标所选用的物理基础是一样的，其差别仅仅在于华氏温标规定在标准大气压下纯水的冰点为华氏 32℉，沸点为华氏 212℉，把这两点之间的变化汞柱长度划分为 180 等分，每一等分代表华氏 1℉，用符号℉记之。

由于上述两种温标都是建立在汞的体积随温度作线性变化的物理基础上，其分度都是以两定点间的汞柱长度按等分来划分的。但实际上没有任何一种物质的物理性质完全与温度成线性变化关系的，因此，用不同的物质作为工质制造、并用上述温标来进行分度的温度计来测量同一温度时，除固定点外均会出现或大或小的误差。

（3）热力学温标（K）：热力学温标又称绝对温标或开尔文温标。它是以热力学为基础建立起来的，并体现温度仅与热量有关而与工质无关的理想温标。由于它克服了摄氏温标和华氏温标与工质有关的缺点，因此规定把它作为国际上使用的基本温标。

绝对温标规定水在标准大气压下的三相点为 273.16℃，沸点与三相点间分为 100 格，每格为 1℃，记作符号 K，把水的三相点以下 273.16K 定为绝对零度。由于理想的卡诺循环无法实现，因此热力学温标也无法实现，使用中是以气体温度计经过示值修正后来复现热力学温标的，由气体温度计测得的水的三相点为 0.01℃，相应绝对零度应取在－273.15℃。

（4）国际温标：在 1929 年第七次国际度量衡大会通过的国际温标是世界各国普遍采用并与热力学温标相吻合的温标，后又经第八次（1933 年）和第九次（1948 年）国际度量衡会议修正，而于第十三次大会（1968 年）通过了“1968 年国际实用温标”简称 IPTS.68，记作符号 T，其单位分别用 K 和℃表示。到 1989 年又做了修改，改为 1990 国际温标。

1990 国际温标（ITS-90）定义了国际开氏温度（符号为 T_{90}）和国际摄氏温度（符号为 t_{90}），T_{90} 和 t_{90} 之间的关系与 T 和 t 是相同的，也就是说：物理量 T_{90} 的单位是开，符号是 K；物理量 t_{90} 的单位是摄氏度，符号为℃；正如热力学温度 T 和摄氏温度 t。

2.3.2 温度检测方法

温度不能直接测量，只能借助于冷热不同物体之间的热交换，以及物体的某些物理性质随冷热程度不同而变化的特性来加以间接测量。

任意两个冷热程度不同的物体相接触，必然要发生热交换现象，热量由受热程度高的物体传到受热程度低的物体，直到两物体的冷热程度完全一致，即达到热平衡状态为止。利用这一原理。可以选择某一物体同被测物体相接触，并进行热交换，当两者达到热平衡状态时，选择物体与被测物体温度相等。这是接触测温法。接触式测量就是敏感元件与被测对象良好连接，通过传递、对流等方式到达热平衡，此时获得的温度是被测对象真实的温度。于是，可以通过测量选择物体的某一物理量（如液体的体积、导体的电量等），便可以定量地给出被测物体的温度数值。按测量方式分类见表 2-2，测温范围仅作参考。

表 2-2　　温度检测方法及仪表分类

测量方式	温度计种类			测温范围（℃）
接触式	膨胀式温度计	液体膨胀式	有机液体	−100～+100
			水银	−50～+600
		固体膨胀式	双金属片	−80～+600
	压力式温度计	液体型	水银	0～+600
			甲醛	150
			二甲苯	400
		气体型		500
		蒸汽型		150
	热电阻温度计	铂热电阻		−200～+960
		铜热电阻		−50～+100
		特殊热电阻		−200～+700
		半导体热敏电阻		−40～+350
	热电偶温度计	铂铑—铂		1600 以下
		镍铬—镍硅		1000 以下
		镍铬—考铜		600 以下
非接触式	光电高温计			800～6000
	辐射高温计			100～800　100～2000
	比色高温计			800～2000

当传感器检出部件与被测对象互不连接，通过热辐射达到检出部件与被测对象的热平衡，此时检出部件得到了被测对象的表现温度。夏天炎热，人们喜欢在具有空调的凉爽房间里，众所周知，距离空调的远近，凉爽的感觉是不一样的。同样道理，冬天在阳光下和在阴影里感受到的温暖也是不一样的。这是因为热源（发热体，被测对象）产生的热能经过了一段距离后作用到传感器，距离的远近就决定了温度的高低。这是温度的非接触测量。

温度测量范围很广，有的接近绝对零度的低温，有的要在摄氏几千度的高温下进行，这样宽的测量范围，需用各种不同的测温方法和测温仪表。按使用的测量范围分，常把测量600℃以上的测温仪表叫高温计，把测量 600℃以下的测温仪表叫温度计。按用途分，分为标准仪表、实用仪表。按工作原理分，分为膨胀式温度计、压力式温度计、热电偶温度计、热电阻温度计和辐射高温计五类。按测量方式分，分为接触式与非接触式两大类。前者测温元件直接与被测介质接触，这样可以使被测介质与测温元件进行充分地热交换，而达到测温目的，后者测温元件与被测介质不相接触，通过辐射或对流实现热交换来达到测温的目的。

2.3.3 膨胀式温度检测仪表

利用物体受热后体积膨胀的性质制成的温度计叫做膨胀式温度计。根据结构不同，它可分为玻璃管液体温度计、压力式温度计和双金属温度计等三种型式。

1. 玻璃管液体温度计

玻璃管液体温度计基本上由装有工作液体的感温包、毛细管和刻度标尺等三部分组成。按其结构型式可分为棒式温度计、内标式温度计和外标式温度计等三种。

棒式温度计的毛细管同感温包连在一起，管的外表面刻有分度标尺，就是人们熟悉的体温表。内标式温度计的标尺是一块长方形薄片（一般用乳白色的玻璃做成），此薄片置于毛细管的后面。这种温度计的毛细管和标尺都装在同一根玻璃保护套管内，读数方便。外标式温度计是将接有感温包的毛细管直接固定在刻有温度标尺的标尺板上。

玻璃液体温度计的测温原理是，在温度变化时，工作液体的体积也随着膨胀或收缩，使得液柱在毛细管中升高或降低，这个液柱高度就表示了感温包所感受的被测温度。工作液体的热膨胀可用下式表示

$$V_{t2}-V_{t1}=V_{t0}(\alpha-\alpha')(t_2-t_1) \tag{2-1}$$

式中：V_{t1}、V_{t2}为工作液体在 t_1、t_2 温度下的体积；V_{t0}为工作液体在 0℃时的体积；α 为工作液体的体积膨胀系数；α'为盛液容器（如玻璃）的体积膨胀系数。

由上式可知，体积膨胀系数 α 愈大，一定的温升引起的液体的体积膨胀也愈大，因此选用 α 值大的工作液体可提高温度计的测量灵敏度。工业生产中采用的玻璃液体温度计的工作液体是水银或酒精，一般使用在－30～＋400℃温度范围内。用酒精作工作液体的玻璃液体温度计通常称为酒精温度计，一般使用在－30～＋100℃温度范围内。玻璃液体温度计的测温上限取决于玻璃的机械强度、软化变形及工作液体的沸点。如果在液面以上的空间充以一定压力的惰性气体（如氮气）来提高工作液体的沸点，并采用高温石英玻璃材料制造温度计，则水银温度的测温上限可达＋600℃。玻璃液体温度计的测温下限取决于工作液体的凝固点，采用戊烷作工作液体时，温度计的测温下限可达－200℃。

2. 压力式温度计

应用压力随温度的变化来测温的仪表叫压力式温度计。它是根据在封闭系统中的液体、气体或低沸点液体的饱和蒸汽受热后体积膨胀或压力变化这一原理而制成的，并用压力表来测量这种变化，从而测得温度。压力式温度计一般用在固定的工业设备上测量－60～550℃范围内气体、液体和对感温包有腐蚀作用的液体温度。有指示式和记录式两种，也有制造成接点式的，当被测温度为极限温度时发出报警信号。

压力式温度计的结构如图 2-5 所示。其工作原理是，装入密闭系统内的工作物质压力随温度而变化，测得这压力的变化，便可知道被测温度的数值。用来直接感受温度的感温包是用钢（不锈钢）或铜制成的管子，它的一端封闭，另一端与传递压力信号的毛细管相连接。感温包的长度随温度计的插入深度而定，毛细管用钢或铜制成，内径 0.2～0.5mm，壁厚为 0.5～2.0mm，长度可达几十米，它的外面装有金属保护管。当被测温度改变时，感温

包中工质的压力随着改变，通过毛细管传到压力表头，根据压力表的指示就可确定温度的数值。按充入密封系统工质性质的不同，压力式温度计可分为充液式、充气式和充蒸汽式三种。

3. 双金属温度计

双金属温度计中的感温元件是用两片线膨胀系数不同的金属片叠焊在一起而制成的，如图 2-6 所示。双金属片受热后，由于两金属片的膨胀长度不同而产生弯曲。温度越高产生的线膨胀长度差就越大，因而引起弯曲的角度就越大，双金属温度计就是基于这一原理而制成的，它是用双金属片制成螺旋形感温元件，外加金属保护套管，当温度变化时，螺旋形感温元件的自由端便围绕着中心轴旋转，同时带动指针在刻度盘上指示出相应的温度数值。

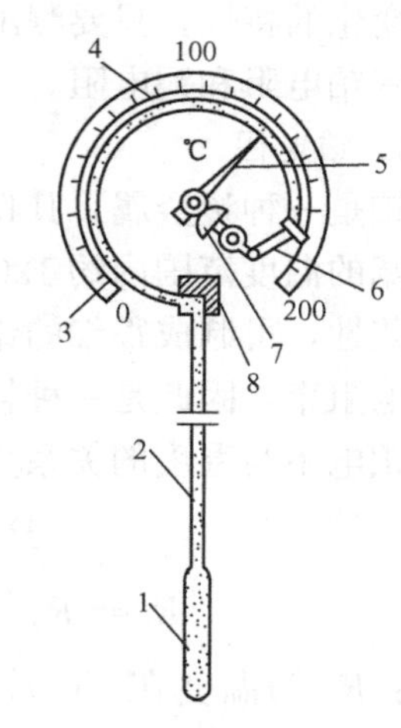

图 2-5　压力式温度计结构原理图

1—温包；2—毛细管；3—弹簧管；4—标尺；5—指针；6—杠杆；7—齿轮；8—接头

图 2-7 所示为最简单的双金属温度开关，由一端固定的双金属条形敏感元件直接带动电接点构成的。温度低时电接点接触，电热丝加热；温度高时双金属片向下弯曲，电接点断开，加热停止。温度切换值可用调温旋钮调整，调整弹簧片的位置也就改变了切换温度的高低。

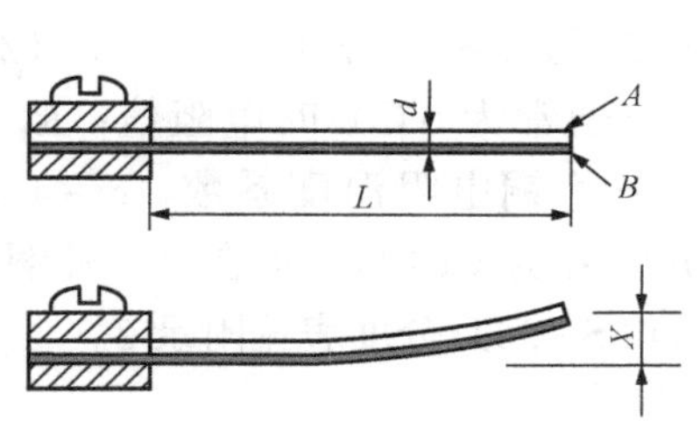

图 2-6　双金属温度计

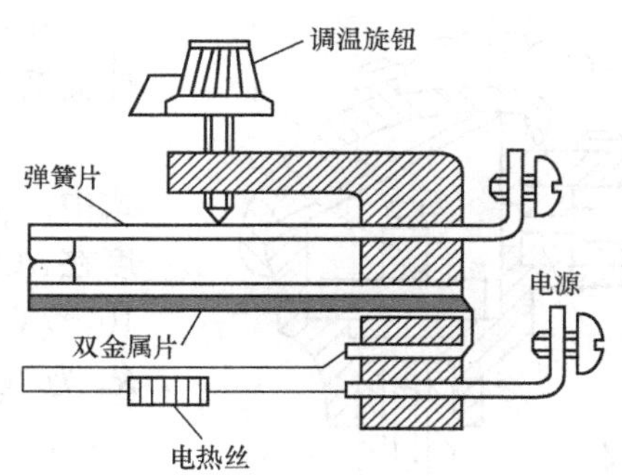

图 2-7　双金属温度开关

2.3.4　热电阻温度计

利用导体和半导体的电阻随温度变化这一性质做成的温度计称为热电阻温度计。一般金属在温度升高 1℃时电阻将增加 0.4%～0.6%。但半导体电阻一般随温度升高而减小，其灵敏度比金属高，每升高 1℃，电阻约减小 2%～6%。

热电阻温度计最大的特点是测量精度高，在测量 500℃以下高温时，其输出信号比热电偶大得多，性能稳定，灵敏度高，可在－272.3～＋1100℃范围内测温。热电阻温度计输出为电信号，便于远传、多点测量和自动控制，不需要冷端温度补偿。缺点是需要电源激励，有自热现象、引线误差等影响测量精度。

半导体热敏电阻温度计一般测量温度范围比金属热电阻温度计小，属于非接触式测量，精度一般，本节介绍金属热电阻测温计。

金属热电阻温度计是一种定点式接触式温度测量，测温原理是基于导体的电阻随温度变化而变化的特性，只要测出热电阻阻值的变化，就可以测得被测温度。工业上常用的金属热电阻有铂电阻和铜电阻。

1. 铂电阻

铂是一种贵金属，其特点是精度高、稳定性好、性能可靠；尤其是耐氧化性能很强。铂在很宽的温度范围内约1200℃以下都能保证上述特性。铂很容易提纯，复现性好，有良好的工艺性，可制成很细的铂丝（0.02mm或更细）或极薄的铂箔。与其他材料相比，铂有较高的电阻率，因此是一种较好的热电阻材料。铂电阻的缺点是其电阻温度系数比较小，价格贵。铂电阻与温度的关系为

$$\begin{cases} R_t = R_0(1 + At + Bt^2) & -273 < T < 0℃ \\ R_t = R_0[1 + At + Bt^2 + Ct^2(t - 100)] & 0 < T < 961.78℃ \end{cases} \quad (2-2)$$

式中：R_0为温度在0℃时电阻值；R_t为温度在t℃时的电阻值；$A=3.908\ 02\times10^{-3}/℃$；$B=-5.082\times10^{-7}/℃$；$C=-4.273\ 5\times10^{-12}/℃$。

铂电阻的分度号为Pt100、Pt500和1000等，是指在0℃时铂电阻R_0分别为100Ω、500Ω和1000Ω。Pt100（ITS-90）分度表见附录2。

2. 铜电阻

铜易于加工提纯，价格便宜，电阻与温度关系呈线性关系，在$-50\sim+150$℃测温范围内稳定性好。因此在一般测量精度要求不高、温度较低的场合，普遍地使用铜电阻。

在$-50\sim+150$℃测温范围内，铜电阻值与温度得线性关系为

$$R_t = R_0[1 + \alpha(t - t_0)] \quad (2-3)$$

式中：R_0为温度在t_0（通常为0℃）时电阻值；R_t为温度在t℃时的电阻值；α为铜电阻温度系数，$\alpha=4.25\times10^{-3}/℃$。铜电阻的分度号为Cu100，指在0℃时铜电阻$R_0$为100Ω。Cu100（ITS-90）分度表见附录2。

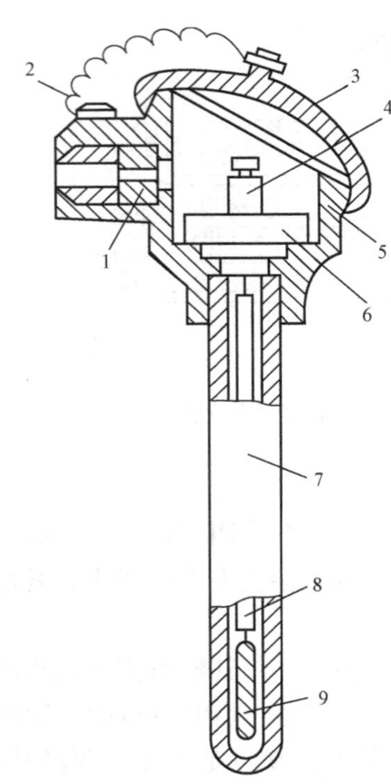

图2-8 工业用热电阻结构

1—出线孔密封圈；2—链条；3—面盖；4—接线柱；5—接线盒；6—接线座；7—保护管；8—绝缘子；9—感温元件

3. 金属热电阻温度计

热电阻温度计一般由热电阻、引线、连接导线、测量桥路和显示仪表组成，结构上热电阻温度计由现场检测传感器（即金属热电阻）和信号处理及显示两部分组成。工业用热电阻主要由电阻体、绝缘体、保护套管和接线盒等组成，如图2-8所示，通常还具有与外部测量及控制装置、机械装置相连接的部件。工业热电阻具有普通型、铠装型和专用型等形式。

普通型热电阻热电阻体一般由热电阻丝和绝缘支架组成，电阻丝采用无感双线绕制在云母、石英或陶瓷支架上，热电阻体装在保护套管内，电阻丝通过引出导线与接线盒内的接线柱“a”相接，以便再与外接线路相连测量温度。铠装热电阻将电阻体预先拉制成型并与绝缘材料和保护套管连成一体，直径小，易弯曲，抗震性能好。

专用热电阻用于一些特殊的测温场合，如端面热电阻由特殊处理的线材绕制而成，与一般热电阻相比，能更紧地贴在被测物体的表面；轴承热电阻带有防震结构，能紧密地贴在被测轴承的表面，用于测量带轴承设备的轴承温度。

图 2-8 中，接线柱 4 与外部电路通过引线连接，目前常用的引线方式由两线制、三线制和四线制三种，测量电路与引线方式如图 2-9 所示。

热电阻作为测量桥路的一个桥臂电阻。引线是热电阻出厂时自身具备的，使热电阻丝能与外部测量桥路连接，通常位于保护套管内。引线的电阻在环境温度变化的情况下会发生变化，对测量结果影响较大。

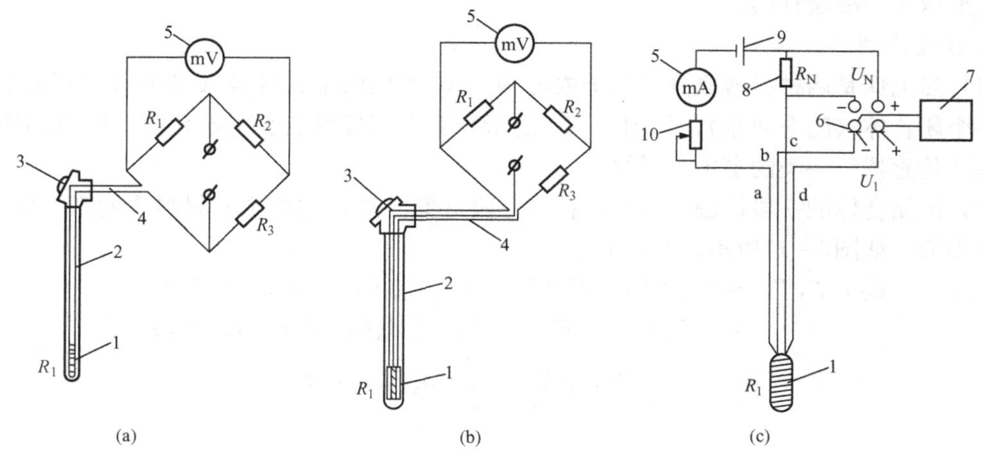

图 2-9 热电阻温度计及引线方式

(a) 二线制；(b) 三线制；(c) 四线制

1—热电阻感温元件；2、4—引线；3—接线盒；5—显示仪表（毫伏表或毫安表）；6—转换开关；7—电位差计；8—标准电阻；9—电池；10—滑线电阻

两线制是指在热电阻体的两端各连接一根导线的引线方式，如图 2-9（a）所示。这种引线方式比较简单，但由于两根引线都接在电桥的一个桥臂上，引线电阻及其变化值会给测量结果带来附加误差，适用于引线较短，测量精度要求不高的场合。

三线制是指在热电阻体的一端连接两根导线，另一端连接一根导线的引线方式，如图 2-9（b）所示。由于热电阻的两根连线分别置于相邻两桥臂内，温度引起连线电阻的变化对电桥的影响相互抵消，电源连线电阻的变化，对供桥电压影响是极其微小的，可忽略不计，因此这种引线方式可以较好地消除引线电阻的影响，测量精度比两线制高，应用比较广泛。工业热电阻通常采用三线制接法，尤其在测温范围窄、导线长、架设铜导线途中温度易发生变化等情况下，必须采用三线制接法。

四线制是指热电阻体的两端各连接两根导线的引线方式，如图 2-9（c）所示。其中两根引线为热电阻提供恒流源，在热电阻上产生的压降通过另两根引线引至电位差计进行测量。这种接线方式能完全消除引线电阻带来的附加误差，且在连接导线阻值相同时，也可消除连接导线的影响。这种引线方式主要用于高精度的温度检测。

2.3.5 热电偶温度计

热电偶温度计是以热电效应为基础的测温仪表。它的优点主要表现为：①它属于自发电型传感器，测量时不需要外加电源，可直接驱动动圈式仪表；②测温范围广，下限可达－270℃，上限可达2000℃以上，短时测量甚至可超过3000℃；③各温区中的热电势均符合国际计量委员会的标准；④结构简单、使用方便、测温准确可靠，信号便于远传、自动记录和集中控制，因而在工业生产中应用极为普遍。

热电偶温度计的工作原理是：由感温元件（即热电偶）直接测量温度，并把温度信号转换成热电动势信号，通过传输导线（即冷端补偿导线）到电气仪表转换成被测介质的温度。因此热电偶温度计由热电偶（感温元件）、传输导线（补偿导线）和测量电路（仪表）组成，由于热电偶直接提供电势电压信号，测量电路（仪表）主要就是放大、滤波和显示；其测量精度主要取决于冷端补偿。

1. 误差来源

（1）热电偶是两种材料成分或电子浓度 N_A/N_B 不同的金属材料 A 和 B 经过特种加工形成的一个闭合体（闭合回路），如图 2 - 10 所示，图中两接触点温度不相同。热电偶的工作原理在“传感器”一类的书中有详解。

（2）该闭合体的一段接触高温 T，在另一段（低温端）的两金属材料之间产生电动势，即热电动势，如图2 - 11所示。其热电动势为

$$\begin{aligned}E_{AB}(T,T_0)&=E_{AB}(T)-E_A(T,T_0)-E_{AB}(T_0)+E_B(T,T_0)\\&=[E_{AB}(T)-E_{AB}(T_0)]-[E_A(T,T_0)-E_B(T,T_0)]\\&=\frac{k(T-T_0)}{e}\ln\frac{N_A}{N_B}-\int_0^T(\delta_A-\delta_B)\mathrm{d}T\end{aligned} \tag{2-4}$$

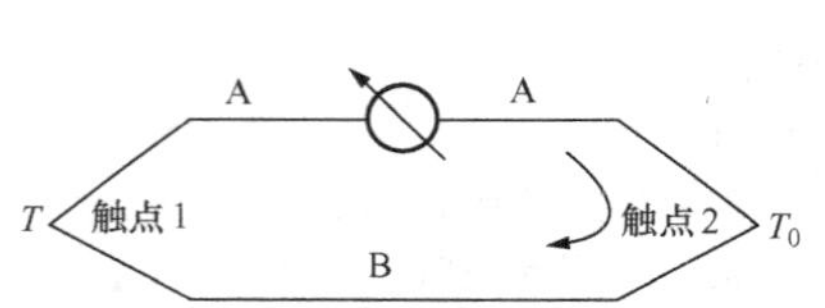

图 2 - 10 热电偶结构

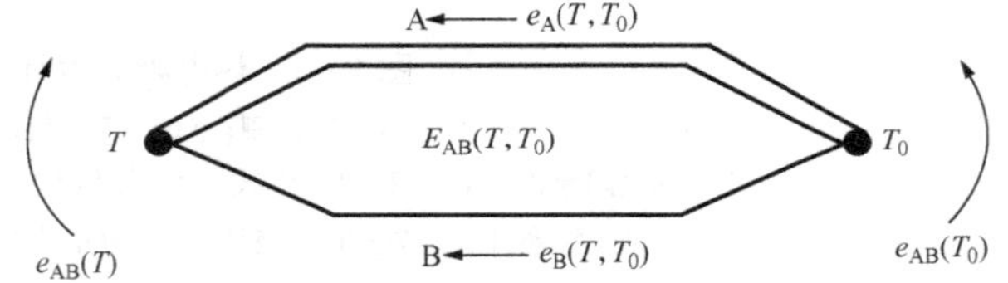

图 2 - 11 热电偶的总热电动势

分析式（2 - 4）：若两个热电极为同一材料，即 $N_A=N_B(\delta_A=\delta_B)$，此时 $T\neq T_0$，则 $E_{AB}(T,T_0)=0$；若热电偶两段温度相同，即 $T=T_0$，此时两个热电极材料不同，$N_A\neq N_B$ $(\delta_A=\delta_B)$，则 $E_{AB}(T, T_0)=0$；只有两个热电极不同、热电偶 2 段温度不同，热电偶的热电动势才是关于（T，T_0）的函数，即 $E_{AB}(T, T_0)=f(T, T_0)$。

改写式（2 - 4）为

$$\begin{aligned}E_{AB}(T,T_0)&=\left[E_{AB}(T)-\int_0^T(\delta_A-\delta_B)\mathrm{d}T\right]-\left[E_{AB}(T_0)-\int_T^{T_0}(\delta_A-\delta_B)\mathrm{d}T\right]\\&=f(T)-f(T_0)\end{aligned} \tag{2-5}$$

式（2 - 5）表明：热电偶的热电势是 T 和 T_0 温度函数的差，而不是温度的函数。

（3）令 $T_0=0$℃，$f(T_0)=c$，式（2 - 5）为

$$E_{AB}(T,T_0)=f(T)-c \tag{2-6}$$

此时热电偶的热电动势才仅仅是关于测量高温对象 T 的单值函数。

综上所述：①热电偶的热电动势是热电偶两端温度函数的差，不是热电偶两端温度差的函数；②热电偶所产生的热电动势的大小，当热电偶的材料是均匀时，与热电偶的长度和直

径无关，只与热电偶材料的成分和两端的温差有关；③当热电偶的两个热电偶丝材料成分确定后，热电偶热电动势的大小，只与热电偶的温度差有关；若热电偶冷端的温度保持一定，该热电偶的热电动势仅是工作端温度的单值函数，否则会产生较大的测量误差。

概括地说，两种不同成分或电子浓度的导体（称为热电偶丝材或热电极）两端接合成回路，当接合点的温度不同时，在回路中就会产生电动势，这种现象称为热电效应，而这种电动势称为热电势。其中，热电偶直接用作测量介质温度的一端叫做工作端（也称为测量端），另一端叫做冷端（也称为补偿端）；冷端与显示仪表或配套仪表连接，显示仪表会指出热电偶所产生的热电动势。

2. 冷端补偿

由上述可知，当冷端温度不为0时，会出现较大的测量误差，解决方法就是使用补偿导线后，再选用表2-3中的方法进行冷端补偿。

表2-3　　冷端补偿法

补偿法	内容
补偿导线法	根据所采用的热电偶型号，选用专用的补偿导线，将冷端迁移到能够采取补偿方法的地点
冰浴法	冰浴的含义是一种冰和液态水的混合体，它保证冷端温度为0℃。纯粹的冰很可能低于0℃，给测量带来误差。这种方法比较适用于实验室
计算法1	公式：$E_{AB}(T,0℃)=E_{AB}(T,T_0)+E_{AB}(T_0,0℃)$ 实际热电偶测量所得的热电势是在环境温度$T_0\neq0℃$时获得的，为$E_{AB}(T,T_0)$；通过环境温度的测量，得到T_0，通过查表方式查得$E_{AB}(T_0,0℃)$，由公式算得$E_{AB}(T,0℃)$，再通过查表得到对象的实际温度T
计算法2	公式：$T=T_x+KT_0$ 实际热电偶测量所得的热电势是在环境温度$T_0\neq0℃$时获得的，为$E_{AB}(T_x,T_0)$；通过查表得到一个温度值T_x，由T_x查得所用热电偶在T_0时的K值，然后通过下面公式计算出对象的实际温度T
桥路补偿法	将一个在桥臂上接有热电阻的直流平衡电桥串接于热电偶的一个热电极上，当环境温度$T_0=0℃$时，桥路输出为零。当环境温度升高时，平衡电桥失衡，产生一个非零的电压，该电压值与$E_{AB}(T_0,0℃)$相等，极性相反，恰好抵消冷端温度$T_0\neq0℃$时所产生的误差
机械调零法	当热电偶的应用环境温度$T_0\neq0℃$，且基本维持在一个波动极小、其波动误差可以忽略不计时，将仪表的输出信号通过调零方式产生一个在量值上等于$E_{AB}(T_0,0℃)$的电压值，然后进行热电偶测量温度，输出等同于$E_{AB}(T,T_0)$

在使用补偿导线时，必须满足以下要求：①在0～150℃范围内，应具有与热电偶相同的热电效应；②每一种热电偶均有对应的补偿导线，见表2-4，连接时极性不能接反；③热电偶与补偿导线之间的接头处要可靠连接，以免增大接触电阻而影响温度测量的准确性；④热电偶与补偿导线之间的接头处应在100℃以下，若补偿导线采用橡胶绝缘，则应在70℃以下，采用纸绝缘时，则在80℃以下；⑤热电偶与补偿导线之间的接头处的温度应与二次仪表接头处的温度一致，否则会引起测量误差。

表2-4　　常用的补偿导线

补偿导线型号	配用热电偶的分度号	补偿导线合金丝		补偿导线颜色	
		正极	负极	正极	负极
SC	S（铂铑—铂）	SPC（铜）	SNC（铜镍）	红	绿
KC	K（镍铬—镍硅）	KPC（铜）	KNC（铜镍）	红	蓝
KX	K（镍铬—镍硅）	KPX（镍铬）	KNX（镍硅）	红	黑

续表

补偿导线型号	配用热电偶的分度号	补偿导线合金丝		补偿导线颜色	
		正极	负极	正极	负极
EX	E（镍铬—铜镍）	EPX（镍铬）	ENX（铜镍）	红	棕
JX	J（铁—铜镍）	JPX（铁）	JNX（铜镍）	红	紫
TX	T（铜—铜镍）	TPX（铜）	TNX（铜镍）	红	白

注 型号的第一个字母与配用热电偶的分度号对应；型号第二个字母C表示补偿型，X表示延长型。

3. 常用热电偶

热电偶在应用中，根据实际对象、量程和温度范围，可选择相应的热电偶。热电偶有标准热电偶和非标准热电偶，国际电工委员会（IEC）对其中已被国际公认的八种热电偶制定了国际标准，这些热电偶称为标准热电偶。标准热电偶已列入工业化标准文件中，具有统一的分度表，标准文件对同一型号的标准热电偶规定了统一的热电极材料、化学成分、热电性质以及允许偏差，因此同一型号的标准热电偶具有良好的互换性，标准化热电偶技术数据见表2-5所示。与温度的对应关系如图2-12所示。

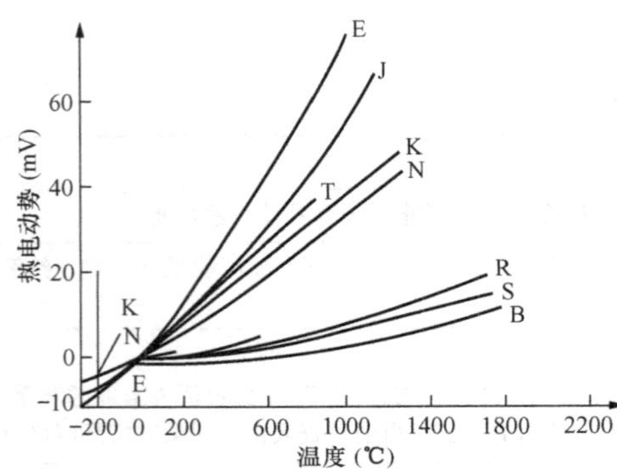

图2-12 标准化热电偶热电势和温度的关系

根据国际温标规定，$T=0$℃时，用实验的方法测出各种不同热电极组合的热电偶在不同工作温度下所产生的热电势值，列成一张张表格，这就是常说的分度表。新的ITS-90的分度表是由国际电工委员会和国际计量委员会合作安排，国际上有权威的研究机构（包括中国在内）共同参与完成的，它是热电偶测温的主要依据。附录3列出了以上八种标准热电偶的分度表。

【例2-1】 用（S型）热电偶测量某一温度，若参比端温度 $T_0=30$℃，测得的热电动势 $E(T,T_n)=7.5$mV，试求测量端实际温度 T。

解： 按照 $E(T,T_0)=E(T,T_n)+E(T_n,T_0)$，$T_n=30$℃

查（S型）分度表：$E(30,0)=0.173$mV

则 $E(T,T_0)=E(T,T_n)+E(T_n,T_0)=7.5+0.173=7.673$mV

查（S型）分度表：$T=830$℃。

分析：如果直接按照 $E(T,T_n)=7.5$mV 查表，得到温度为814℃，与实际温度差16℃，相对误差1.93%，由表2-5可知，超出了允许误差。

【例2-2】 用镍铬—镍硅（K型）热电偶测温，热电偶参比端温度为30℃。测得的热电动势为28mV，试求热端温度。

解： 按照 $E(T,T_0)=E(T,T_n)+E(T_n,T_0)$，$T_n=30$℃，

查（K型）分度表：$E(30,0)=1.203$mV，已知 $E(T,30)=28$mV

$$E(T,T_0)=E(T,T_n)+E(T_n,T_0)=28+1.203=29.203\text{mV}$$

查（K型）分度表：$T=701.5$℃。

分析：如果直接按照 $E(T,T_n) = 28\text{mV}$ 查表，得到温度为 673℃，与实际温度差 28.5℃，相对误差 4.06%，由表 2-5 可知，超出了允许误差。

表 2-5　　标准化热电偶技术数据

热电偶名称	分度号	热电极识别		E(100，0)(mV)	测温范围（℃）		对分度表允许偏差（℃）		
		极性	识别		长期	短期	等级	使用温度	允差
铂铑 10-铂	S	正	亮白较硬	0.646	0-1300	1600	Ⅲ	≤600	±1.5℃
		负	亮白柔软					>600	±0.25%t
铂铑 13-铂	R	正	较硬	0.647	0-1300	1600	Ⅱ	<600	±1.5℃
		负	柔软					>1100	±0.25%t
铂铑 30-铂铑	B	正	较硬	0.033	0-1600	1800	Ⅲ	600～900	±4℃
		负	稍软					>800	±0.5%t
镍铬-镍硅	K	正	不亲磁	4.096	0-1200	1300	Ⅱ	-40～1300	±2.5℃或±0.75%t
		负	稍亲磁				Ⅲ	-200～40	±2.5℃或±1.5%t
镍铬硅-镍硅	N	正	不亲磁	2.774	-200～+1200	1300	Ⅰ	-40～1100	±1.5℃或±0.4%t
		负	稍亲磁				Ⅱ	-40～1300	±2.5℃或±0.75%t
镍铬-康铜	E	正	暗绿	6.319	-200～+760	850	Ⅱ	-40～900	±2.5℃或±0.75%t
		负	亮黄				Ⅲ	-200～40	±2.5℃或±1.5%t
铜-康铜	T	正	红色	4.279	-200～+350	400	Ⅱ	-40～350	±1℃或±0.75%t
		负	银白色				Ⅲ	-200～40	±1℃或±1.5%t
铁-康铜	J	正	亲磁	5.269	-40～+600	750	Ⅱ	-40～750	±2.5℃或±0.75%t
		负	不亲磁						

4. 热电偶结构

为了适应不同的测温要求和使用条件，热电偶具有多种结构形式，如普通型、铠装型、薄膜型、表面型热电偶和浸入型热电偶等。其中最常见的是普通型和铠装型热电偶。普通型热电偶主要由热电极、绝缘管、保护套管、接线盒和接线端子组成，其结构如图 2-13 所示。铠装型热电偶用金属套管、陶瓷绝缘材料和热电极和固定装置组合加工而成，其结构如图 2-14 所示。薄膜型热电偶是利用真空镀膜法将两电极材料蒸镀在绝缘基底上的薄膜热电偶，是一种比较先进的瞬态温度传感器，其热接点很薄，热惯性极小，反应速度极快，反应时间为毫秒级，专门用于测量各种形状的固体表面温度和动态温度测量。隔爆型热电偶的基本参数与普通热电偶一样，区别在于它采用了防爆结构的接线盒。当生产现场存在易燃易爆气体的情况下必须采用隔爆型热电偶。

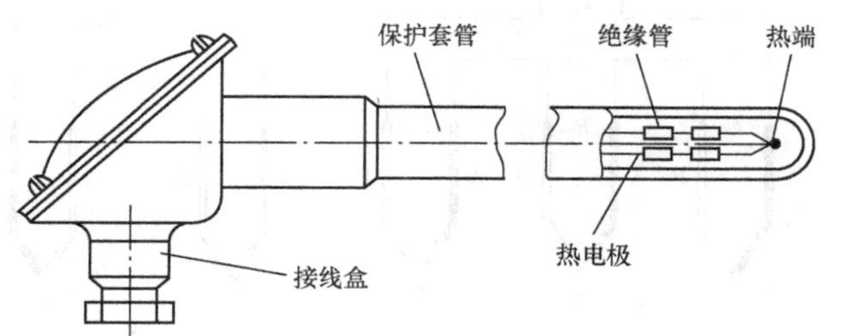

图 2-13　普通型热电偶结构

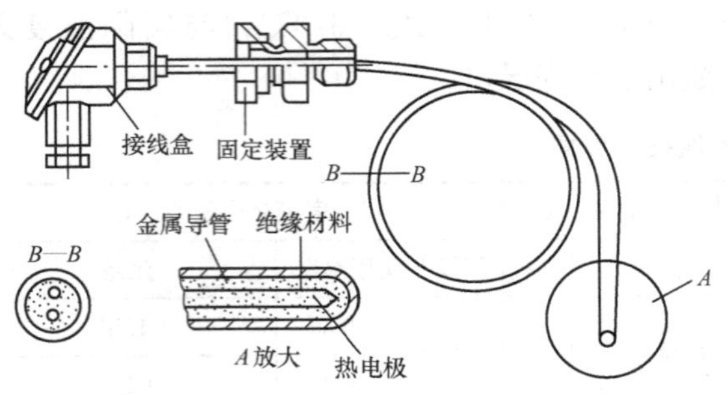

图 2-14 铠装型热电偶结构

5. 热电偶实用测温电路

热电偶可以测量单点温度、两点之间的温差、平均温度和几点温度之和，图 2-15所示为热电偶典型测温线路。

特殊情况下，热电偶可以串联或并联使用，如图 2-16 所示。但只能是同一分度号的热电偶，且冷端应在同一温度下。如热电偶正向串联，可获得较大的热电势输出和提高灵敏度如图 2-16（a）所示；在测量两点温差时，可采用热电偶反向串联，如图 2-16（b）所示；利用热电偶并联可以测量平均温度，如图 2-16（c）所示。并联的特点是当有一只热电偶烧断时，难以觉察出来。当然，它也不会中断整个测温系统的工作。串联的优点是热电动势大，仪表的灵敏度大大增加，且避免了热电偶并联线路存在的缺点，立即可以发现有断路；串联的缺点是只要有一支热电偶断路，整个测温系统将停止工作。

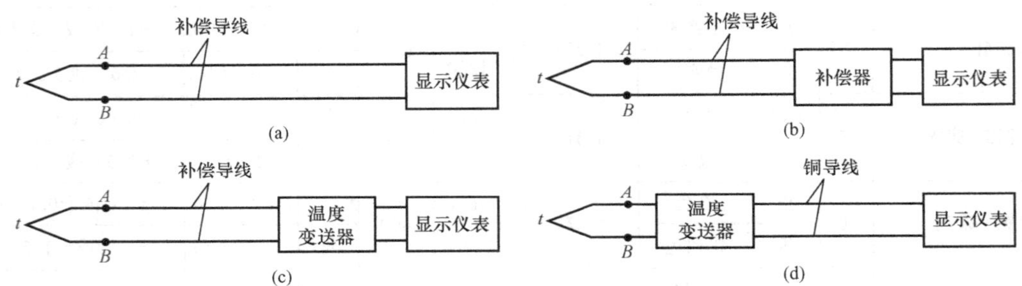

图 2-15 热电偶典型测温线路

（a）普通测温线路；（b）带有补偿器的测温线路；（c）具有温度变送器的测温线路；（d）具有一体化温度变送器的测温线路

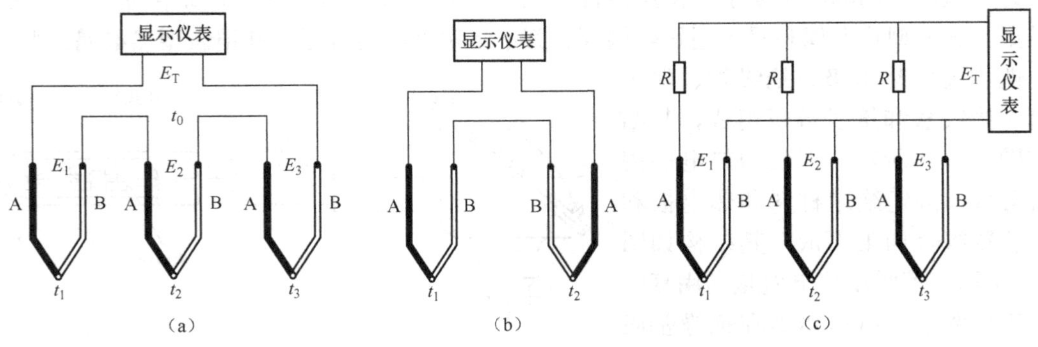

图 2-16 热电偶的串并联应用

（a）热电偶正向串联；（b）热电偶反向串联；（c）热电偶并联

6. 热电偶的选择和安装要求

选择热电偶的要求是：性能稳定；温度测量范围广；物理化学性能稳定；导电率要高，并且电阻温度系数要小；机械强度要高，复制性好、复制工艺简单，价格便宜。

安装时要注意以下几点：①插入深度要求：测量端应有足够的插入深度，应使保护套管的测量端超过管道中心线 5～10mm。②注意保温：为防止传导散热产生测温附加误差，保护套管露在设备外部的长度应尽量短，并加保温层。③防止变形：应尽量垂直安装。在有流速的管道中必须倾斜安装，若需水平安装时，则应有支架支撑。

7. 热电偶的使用要点

(1) 热电偶导体及套管的传热可能引起测温误差。为了减少此种影响，应注意热电偶在被测介质中插入深度。

(2) 与热电偶相配的仪表必须是高输入阻抗的，保证不从热电偶取电流，否则测出的是端电压而不是电动势。最好用直流电位差计，或由场效应管、运算放大器等元器件构成的电路与热电偶相配合。

(3) 应注意寄生电动势引起的误差。因为热电动势很小，如果导线、接线端子、切换开关等金属材料不同而有接触电动势，或由于温度分布不平均而有温差电动势。都会对测量结果有影响。其中特别要注意的是多个温度巡回检测用的切换开关。若用有触点的开关，当触点表面有酸性或碱性污垢时，其寄生电动势决不能忽视。为更加减小寄生电动势，可在热电偶两根引线上都装舌簧管开关，同时通断，使寄生电动势彼此抵消。

2.3.6　辐射式高温计

辐射式高温计是基于物体热辐射作用来测量温度的仪表。目前，它已被广泛地用来测量高于 800℃的温度。

辐射式高温计最大的特点是非接触式测量。这类仪表按照测量方法分类有亮度法（代表性仪表有隐丝式光学高温计、恒量式光学高温计、电子式光学高温计等）、辐射法（代表性仪表有简易式、放大式、偏差式、零平衡式等辐射高温计）、比色法（代表性仪表有单通道式、双通道式比色温度计）等。一般可应用于透明体温度测量、低发功率表面温度测量、太阳灶温度测量、瞬变温度场温度测量、动态物体温度分布测量、高温源（如反应炉、电气电炉、锅炉、炼钢炉、火山喷发等）等。

辐射式高温计的测量原理主要是任一热源，均有其相对应的能量波长（电磁波长）向外发射，这个波长区域很宽，包括微波、红外线、可见光、紫外线、射线等。

1. 全辐射高温计

全辐射温度计由辐射感温器、显示仪表及辅助装置构成，如图 2-17 所示。被测物体的热辐射能量，经物镜聚集在热电堆（它由一组微细的热电偶串联而成）上并转换成热电势输出，其值与被测物体的表面温度成正比，用显示仪表进行指示记录。图中，补偿光栏由双金属片控制，当环境温度变化时，光栏相应调节照射在热电堆上的热辐射能量，以补偿因温度变化影响热电势数值而引起的误差。

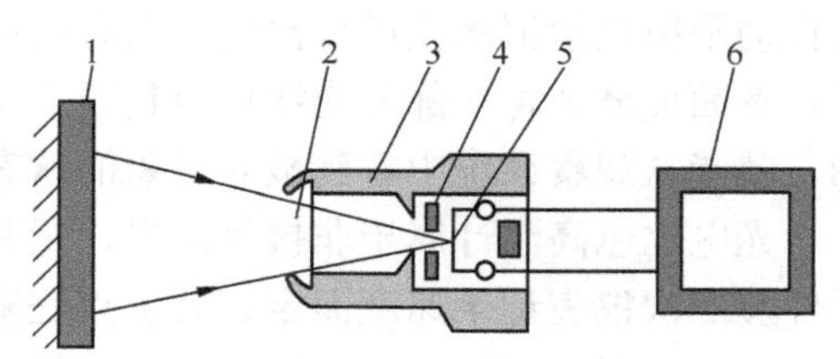

图 2-17　全辐射温度计的结构

1—被测物体；2—物镜；3—辐射感温器；4—补偿光栏；5—热电堆；6—显示仪表

绝对黑体热辐射能量与温度之间的关系为

$$E_0 = \sigma T(\mathrm{W/m}) \tag{2-7}$$

由于所有物体的全发射率 ε_T 均小于 1，则其辐射能量与温度之间的关系表示为

$$E_0 = \varepsilon_T \sigma T^4 (\text{W/m}) \tag{2-8}$$

一般全辐射温度计选择黑体作为标准体来分度仪表，此时所测的是物体的辐射温度。在分辐射能量和表面温度为 T 的物体之积分辐射能量相等时，即

$$\sigma T_P^4 = \varepsilon_T \sigma T^4 \tag{2-9}$$

则物体的真实温度为

$$T = T_P \sqrt[4]{1/\varepsilon_T} \tag{2-10}$$

因此，当已知物体的全发射率 ε_T 和辐射温度计指示的辐射温度 T_P 时，就可算出被测物体的真实表面温度。

2. 光学高温计和光电高温计

光学高温计结构简单，使用方便，测温范围广（700～3200℃），一般可满足工业测温的准确度要求。目前，广泛用于高温熔体、炉窑的温度测量，是冶金、陶瓷等工业部门十分重要的高温仪表。光学高温计是利用受热物体的单色辐射强度随温度升高而增加的原理制成的，由于采用单一波长进行亮度比较，因而也称单色辐射温度计。物体在高温下会发光，也就具有一定的亮度，物体的亮度与其辐射强度成正比，所以受热物体的亮度大小反映了物体的温度。通常先得到被测物体的亮度温度，然后转化为物体的真实温度。

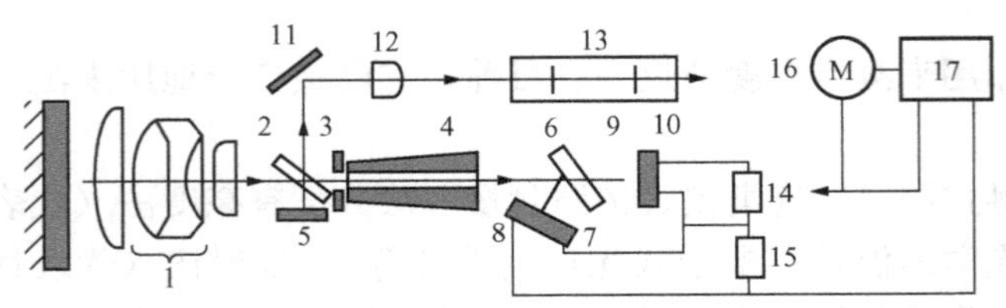

图 2-18　光电比色高温计的原理结构图

1—物镜；2—平行平面玻璃；3—光栏；4—光导棒；5—瞄准反射镜；6—分光镜；7、9—滤光片；8、10—硅光电池；11—圆柱反射镜；12—目镜；13—棱镜；14、15—负载电阻；16—可逆电动机；17—放大镜

图 2-18 所示为光电比色高温计的原理结构图。被测对象经物镜 1 成像，经光栏 3 与光导棒 4 投射到分光镜 6 上，使长波（红外线）辐射线透过，而使短波（可见光）部分反射。透过分光镜的辐射线再经滤光片 9 将残余的短波滤去后被红外光电元件（硅光电池）10 接收，转换成电量输出。由分光镜反射的短波辐射线经滤波片 7 将长波滤去，而被可见光硅光电池 8 接收，转换成与波长亮度成函数关系的电量输出。将这两个电信号输入自动平衡显示记录仪进行比较得出光电信号比，即可读出被测对象的温度值。光栏 3 前的平行平面玻璃 2 将一部分光线反射到瞄准反射镜 5 上，再经圆柱反射镜 11、目镜 12 和棱镜 13，就能从观察系统中看到被测对象的状态，以便校准仪表的位置。

光电比色高温计属于非接触测量，量程为 800～2000℃，精度为 0.5，响应速度由光电元件及二次仪表记录速度而定。其优点是测温准确度高，反应速度快，测量范围宽，可测目标小，测量温度更接近真实温度，环境的粉尘、水汽、烟雾等对测量结果的影响小，可用于冶金、水泥、玻璃等工业领域。

3. 红外探测器

红外探测器是红外探测系统的关键元件，目前已研制出了几十种性能良好的探测器，大体可分为热探测器和光探测器两类。热探测器是基于热电效应，即入射光与探测器相互作用时引起探测元件的温度变化，从而引起探测器中与温度有关的电学性质变化。常用的热探测器有热电堆型、热释电型和热敏电阻型等。

光探测器的工作原理是基于光电效应，即入射光辐射与探测器相互作用激发电子，光探

测器的响应时间比热探测器短得多。常用的光探测器有光敏电阻型和光生伏特型。光敏电阻型探测器常用的有光敏二极管、光敏三极管等，光生伏特型光探测器常用的有光电池。目前用于辐射测温的探测器已有长足进展，我国许多单位可生产硅光电池、钽酸钾热释电元件、薄膜热电堆热敏电阻和光敏电阻。图2-19所示为红外测温仪的工作原理图，图中，R为补偿电阻，R_T为检测电阻，被测物体的热辐射线由光学系统聚焦，经光栅调制为一定频率的光能，照在热敏电阻探测器上。电桥电路将热敏电阻的变化值转换为交流电压信号，放大后输出显示或记录。

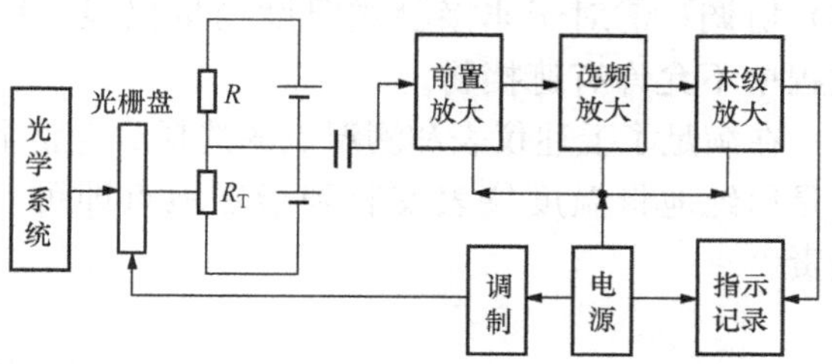

图2-19 红外测温仪的工作原理图

图2-19中，光栅盘由两片扇形光栅板组成，一块固定，一块可动，可动板受光栅调制电路控制，并按一定频率正、反向转动，实现开（透光）、关（不透光），使入射线变为一定频率的能量作用在探测器上。探测器表面温度测量范围为0～600℃，时间常数为4～10ms。测量电桥将探测器（检测电阻）阻值的变化转换为电压输出，该电压输出信号经前置放大、选频放大和末级放大，最后通过显示仪表显示测量结果，或通过记录仪表记录结果。

2.3.7 温度仪表的选择与应用

温度仪表的选用要考虑以下几点：

（1）仪表的精度等级应根据生产工艺对参数允许偏差的大小确定。

（2）仪表选型应力求操作方便、运行可靠、经济、合理等。在同一工程中，应尽量选用相同类型、同样规格的仪表。

（3）仪表的测量上限应比实际对象最高温度略高一些，一般实际对象最高温度值为温度仪表全量程的90%，另外对象温度变化的频繁区应在温度仪表的50%～75%。

（4）温度仪表选用要求反应速度快、能远距离传送、便于与计算机联用，在温度值的上限允许下尽量选用热电阻。不同感温元件，对温度的响应时间是不同的，热电阻的最快响应时间是10s，最慢为3min；热电偶最快为20s，最慢达10min，平均为3min。

（5）仪表在被测对象和环境的温度场下长期工作，必须可靠。

（6）温度仪表的选用还要考虑被测对象对仪表的伤害，要注意仪表的预防能力。

（7）价格因素。

（8）仪表的外观。

根据长期的工业领域温度测量，对于民用设施的温度测量，一般有玻璃管温度计、双金属温度计以及金属热电阻等，通常用于温度显示的可选用形态变化型测温仪表，温度变化状态的测控选用温度开关及温度继电器，能有效检测并用于温度控制则选用热电阻、热电偶和温度继电器，用于研究用的温度测量则选取符合研究要求的温度仪表。

温度仪表选定之后，还要选定测温点，温度测量点选取的不科学、不合理，同样会导致应用误差。温度测量点的选取有五个要求：①必须选择在能正确反映被测对象实际温度的地方，不允许选在介质的死角等处，尽量避免在炉门旁或与加热物体距离过近以及具有强磁场的地方；②必须选择在振动小、应力小的地方，不允许选择在弯头等应力集中的地方；③必须选择在易安装、易读数、易检修且不被易流动物体（如人走动、小型运输工具等）碰撞的地方；④必须满足外加工的要求，能与外在机械（如固定架、支撑架）协调；⑤对于非接触式温度测量仪表，敏感部位与温度辐射方向呈直线，并且辐射过程中不允许有遮挡物。

在满足了上述仪表和测温点的选择后，整个工作的关键就在于高质量的安装。安装工作不是单纯地将温度仪表安装到指定地点即可，还必须符合工艺要求，要由专职技术人员负责。

2.4 压力检测仪表

在工业生产过程中，压力是重要的参数之一。特别是在化工、炼油等行业，经常会遇到压力和真空度的测量，其中包括比大气压力高很多的高压、超高压和比大气压力低很多的真空度的测量。如高压聚乙烯，要在150MPa或更高压力下进行聚合；氢气和氮气合成氨气时，要在15MPa或32MPa的压力下进行反应；而炼油厂减压蒸馏，要在真空下进行。如果压力不符合要求，不仅会影响生产效率，降低产品质量，有时还会造成严重的生产事故。此外，压力测量的意义还不仅局限于它自身，有些其他参数的测量，如物位、流量等往往是通过测量压力或差压来进行的，即测出了压力或差压，便可确定物位或流量。

2.4.1 基本概念

1. 压力的概念

工程测试中常称的压力实际就是物理学中已习惯采用的“压强”。在工程中，统称介质（包括气体或液体）垂直均匀地作用于单位面积上的力称为压力，又称压强。压力测量仪表是用来测量气体或液体压力的工业自动化仪表，又称压力表或压力计。

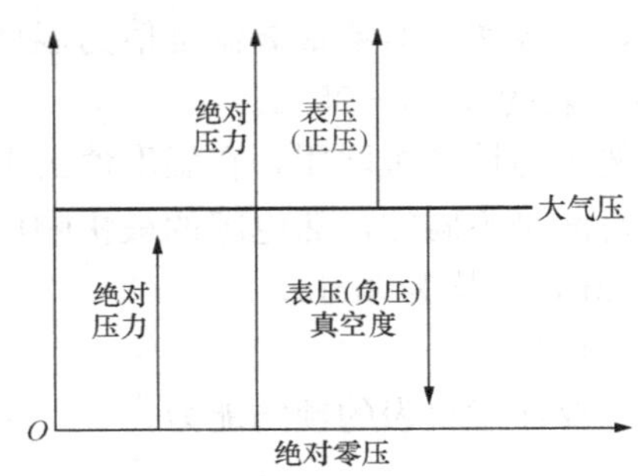

图2-20 各种压力之间关系图

压力的大小常用两种表示方法，即绝对压力和表压力。所谓绝对压力是从绝对真空算起的，作用在物体表面积上的总压力；而表压力是表示物体受到超出大气压力的压力大小。习惯上把绝对压力低于大气压力的情况称为负压或真空。一般负压用表压力表示，而真空度用绝对压力表示，各种压力之间的关系如图2-20所示。

2. 压力的测量单位

在国际单位制中，压力测量单位是导出单位，单位名称为帕斯卡（Pa），1Pa为1N/m^2，其他单位还有工程大气压（atm）、巴（Bar）、毫米水柱（mmH_2O）、毫米汞柱（mmHg）等，见表2-6。

3. 压力测量仪表的分类

压力表最常用的分类方法是按仪表作用原理划分，大致可分为四大类：

（1）液柱平衡式压力计。根据流体静力学原理，将被测压力转换成液柱高度、并由液柱产生或传递的压力来平衡被测压力的方法进行测量。按其结构形式的不同，有U形管压力计、单管压力计和斜管压力计等。这类压力计结构简单、使用方便，但其精度受工作液的毛细管作用、密度及视差等因素的影响，测量范围较窄，一般用来测量较低压力、真空度或压力差。

表 2-6　　**压力单位换算表**

单位	Pa	Bar	atm	mmH_2O	mmHg
Pa	1	1×10^{-5}	0.98692×10^{-5}	1.01971×10^{-1}	0.75006×10^{-2}
Bar	1×10^{5}	1	0.986 923	1.450442×10^{4}	0.75006×10^{3}
atm	1.01325×10^{5}	1.013 25	1	1.03323×10^{4}	0.76×10^{3}
mmH_2O	0.980665×10	0.980665×10^{-4}	0.96784×10^{-4}	1	0.73556×10^{-4}
mmHg	1.333224×10^{2}	1.333224×10^{-3}	1.3158×10^{-3}	1.35951×10	1

(2) 弹性力平衡式压力计。利用各种弹性元件受到压力作用后弹性变形所产生的位移进行测量。这类压力仪表品种最多，应用也最广。它们又有两种分类方法：根据所用弹性元件种类分为膜片式压力计、波纹管式压力计、弹簧管式压力计等；根据弹性变形的测量方法分为简单机械弹簧式压力计、电测变形式压力计。

(3) 电气式压力计。通过机械和电气元件将被测压力转换成电量（如电压、电流、频率等）来进行测量的仪表，如各种压力传感器和压力变送器。

(4) 活塞式压力计。根据水压机液体传送压力的原理，将被测压力转换成活塞上所加平衡砝码的质量来进行测量的。

2.4.2　液柱式压力计

液柱式压力计是用液柱重力来平衡被测压力的仪表，具有构造简单、使用方便、测量精度高、价格便宜等优点，被广泛用来测量低压、负压和压力差。U 形管压力计、单管压力计、多管压力计、倾斜式压力计等均属此类。本节主要介绍 U 形管压力计和倾斜式压力计。

1. U 形管压力计

U 形管压力计如图 2-21 所示，它由直径相同的两根连通的玻璃管组成，固定在底板上后垂直安装，两管之间有刻度标尺，标尺零点在中间位置。连接管内零刻度线以下注入工作液体。进行压力测量时，U 形管时一端引入被测压力 p_a，另一端通大气压 B。在被测压力的作用下，管内液柱要发生移动，即左管液柱下降、右管液柱上升，当达到力平衡时形成两管内液面高度差 h。设工作液体的重度为 γ，对 1—1 位置列力平衡方程式

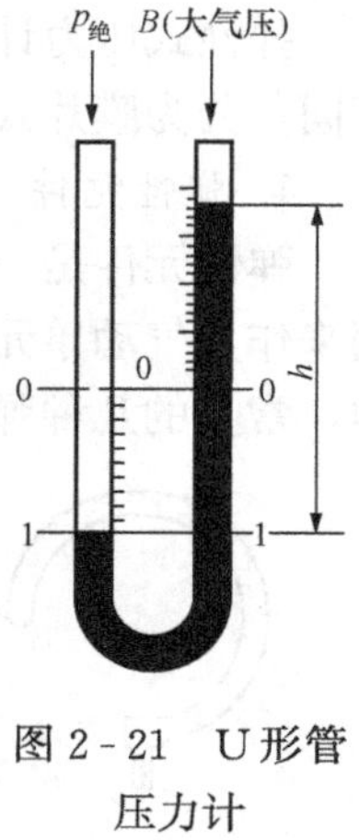

$$\begin{cases} p_a = B + \gamma h \\ p_f = P_a - B = \gamma h \end{cases} \tag{2-11}$$

$p_{绝}$　B(大气压)

图 2-21　U形管压力计

由式 (2-11) 可知，当工作液体一定时，γ 一定，则被测压力的大小和两管内的液柱高度差 h 成正比，而与管子的直径无关。因此被测压力（或压力差）可用液柱高度差来表示，读数时必须分别读出两管中的液柱高度变化，然后将其相加。工作液体不同时，同样的液柱高度差对应的被测压力（或压力差）的数值不一样。被测压力小时，为提高仪表灵敏度，可用重度较小的工作液体（酒精、水等）；被测压力大时，为加大仪表测量范围，可用重度较大的工作液体（如水银等）。

2. 倾斜式微压计

当被测压力很小时（如 10 毫米水柱以下），U 形管压力计及其类似仪表无法精确测量。

对微压（或微差压）的测量应采用倾斜式微压计。将单管压力计的测量管倾斜放置就形成倾斜式微压计，如图 2 - 22 所示。在压力 p 作用下，宽容器中的工作液体液面下降 h_1，倾斜管中工作液体的液面沿垂直方向上升 h_2，这时工作液面的高度差为 $h=h_1+h_2\approx h_2$，而 $h_2\approx L\sin\alpha$，因此有

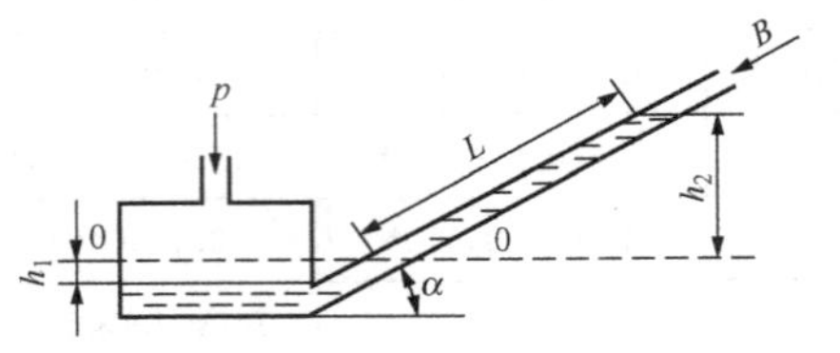

图 2 - 22 倾斜式微压计

$$p = \gamma L \sin\alpha \tag{2 - 12}$$

式中：L 为倾斜管内液柱长度，mm；α 为倾斜管的倾斜角。

由式（2 - 12）可见：在相同的压力作用下，倾斜角 α 越小，读数 L 越大，仪表的灵敏度越高，测量精确度也愈高。倾斜管的角度 α 是可调的，减小 α 可提高精确度，但所测压力的范围也减小。通常 $\alpha<15°$，否则，管内液面拉长，极易冲散，加上毛细管现象严重，反而使得读数误差加大。

从液柱压力计的刻度方程式（2 - 11）和式（2 - 12）可以看出，工作液体的重力越小，同一被测压力下的管内工作液体升得越高，即灵敏度越高，但相应的测量范围减小。

2.4.3 弹性式压力计

弹性式压力计是利用各种形式的弹性元件，在被测介质的作用下，使弹性元件受压后产生弹性形变的原理而制成的测压仪表。这种仪表具有结构简单、使用可靠、读数清晰、牢固可靠、价格低廉、测量范围宽，精度高等优点。若增加附加装置，如记录机构、电气变换装置、控制元件等，则可以实现压力的记录、远传、信号报警、自动控制等。弹性式压力计可以用来测量几十帕到数千兆帕范围内的压力，因此在工业上是应用最为广泛的一种压力测量仪表。

弹性式压力计的原理是一致的，唯有不同的是采用的弹性元件不同，根据弹性元件结构不同，分为膜片式、膜盒式、波纹管式、弹簧管式、螺旋管式等。

1. 弹性元件

弹性元件是一种简易可靠的测压敏感元性。它不仅是弹性式压力计的测压元件，也经常用来作为气动单元组合仪表的基本组成元件。当测压范围不同时，所用的弹性元件也不一样，常见的几种弹性元件的结构如图 2 - 23 所示。

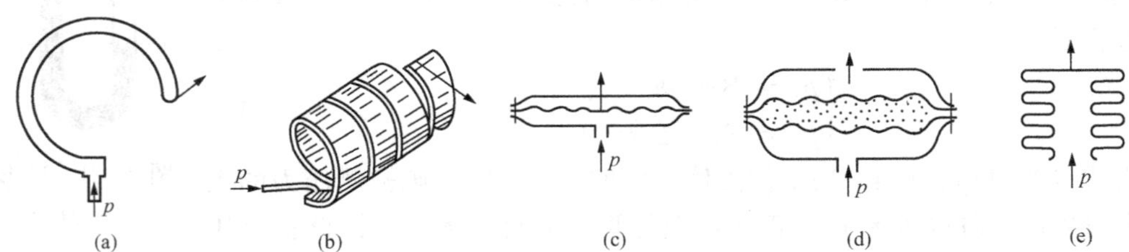

图 2 - 23 弹性元件结构示意图

（a）单圈弹簧管式弹性元件；（b）多圈弹簧管式弹性元件；（c）膜片式弹性元件；（d）膜盒式弹性元件；（e）波纹管式弹性元件

（1）弹簧管式弹性元件。弹簧管式弹性元件的测压范围较宽，可测量高达 1000MPa 的压力。单圈弹簧管是弯成圆弧形的金属管子，它的截面做成扁圆形或椭圆形，如图 2 - 23（a）所示。当通入压力 p 后，它的自由端就会产生位移。这种单圈弹簧管自由端位移较小，因此能测

量较高的压力。为了增加自由端的位移，可以制成多圈弹簧管，如图2-23（b）所示。

（2）薄膜式弹性元件。薄膜式弹性元件根据其结构不同还可以分为膜片和膜盒等。它的测压范围较弹簧管式要小。图2-23（c）所示为膜片式弹性元件，它是由金属或非金属材料做成的具有弹性的一张膜片（有平膜片与波纹膜片两种形式），在压力作用下能产生变形。有时也可以由两张金属膜片沿用口对焊起来，成一薄壁盒子，内充液体（例如硅油），称为膜盒，如图2-23（d）所示。

（3）波纹管式弹性元件。波纹管式弹性元件是一个周围为波纹状的薄壁金属筒体，如图2-23（e）所示。它易于变形，而且位移很大。常用于微压与低压的测量（一般不超过1MPa）。

2. 弹簧管压力表

弹簧管压力表的测量范围极广，品种规格繁多：按其所使用的测压元件不同，分为单圈弹簧管压力表与多圈弹簧管压力表；按其用途不同，除普通弹簧管压力表外，还有耐腐蚀的氨用压力表、禁油的氧气压力表等。它们的外形与结构基本上是相同的，只是所用的材料有所不同。弹簧管压力表的结构原理如图2-24（a）所示。

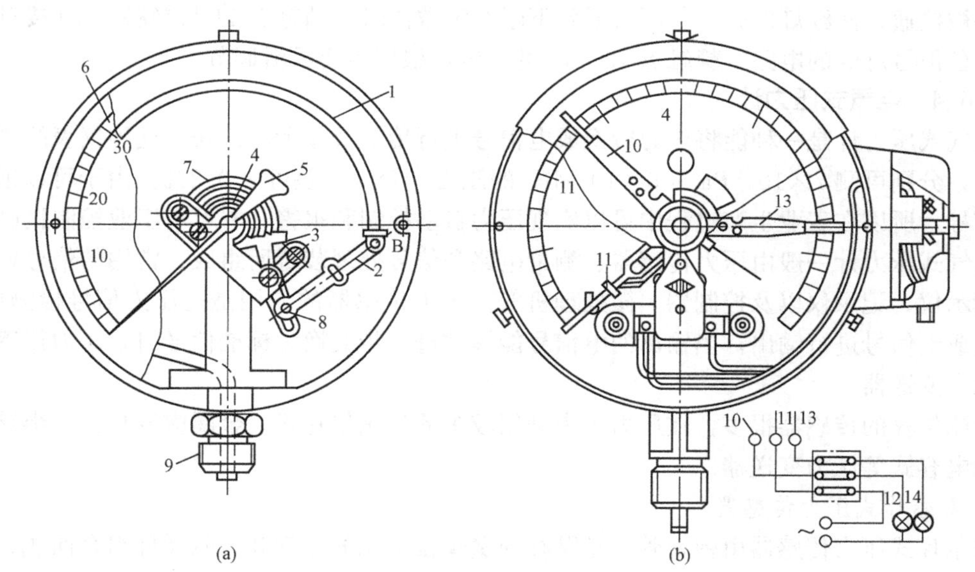

图2-24　弹簧管压力表

（a）弹簧管压力表结构原理图；（b）电接点信号压力结构原理图

1—弹簧管；2—拉杆；3—扇形齿轮；4—中心齿轮；5—指针；6—面板；7—游丝；8—调整螺钉；9—接头；10，13—静触点；11—动触点；12—绿灯；14—绿灯

弹簧管1是压力表的测量元件。图中弹簧管为单圈弹簧管，它是一根弯成270°、圆弧的椭圆截面的空心金属管子。管子的自由端B封闭，管子的另一端固定在接头9上。当通入被测的压力p后，由于椭圆形截面在压力p的作用下，将趋于圆形，而弯成圆弧形的弹簧管也随之产生向外挺直的扩张变形。由于变形，使弹簧管的自由端B产生位移。输入压力p越大，产生的变形也越大。由于输入压力与弹簧管自由端B的位移成正比，所以只要测得B点的位移量，就能测出压力p的大小。

弹簧管自由端B的位移量一般很小，直接显示有困难，所以必须通过放大机构才能指示出来。具体的放大过程如下：弹簧管自由端B的位移通过拉杆2使扇形齿轮3作逆时针偏转，于是指针5通过同轴的中心齿轮4的带动而作顺时针偏转，在面板6的刻度标尺上显示出被测压力P的数值。由于弹簧管自由端的位移与被测压力之间具有正比关系，因此弹簧管压力表的刻度标尺是线性的。

游丝7用来克服因扇形齿轮和中心齿轮间的传动间隙而产生的仪表变差。改变调整螺钉8的位置（即改变机械传动的放大系数），可以实现压力表量程的调整。

在工业生产过程中，常常需要把压力控制在某一范围内，即当压力低于或高于给定范围时，就会破坏正常工艺条件，甚至可能发生事故。这时就应采用带有报警或控制触点的压力表。将普通弹簧管压力表稍加变化，便可成为电接点信号压力表，它能在压力偏离给定范围时，及时发出信号，以提醒操作人员注意或通过中间继电器实现压力的自动控制。

图2-24（b）所示是电接点信号压力表的结构和工作原理示意图。压力表指针上有动触点11，表盘上另有两根可调节的指针，上面分别有静触点10和13。当压力超过上限给定数值（此数值由静触点13的指针位置确定）时，动触点11和静触点13接触，红色信号灯14的电路被接通，使红灯发亮。若压力低到下限给定数值时，动触点11与静触点10接触，接通了绿色信号灯3的电路。静触点10、13的位置可根据需要灵活调节。

2.4.4 电气式压力计

电气式压力计是一种能将压力转换成电信号进行传输及显示的仪表。这种仪表的测量范围较广，分别可测7×10^{-5}Pa至5×10^{2}MPa的压力，允许误差可至0.2%。由于可以远距离传送信号，所以在工业生产过程中可以实现压力自动控制和报警，并可与工业控制机联用。

电气式压力计一般由压力传感器、测量电路和信号处理装置所组成。常用的信号处理装置有指示仪、记录仪以及控制器、微处理机等。压力传感器的作用是把压力信号检测出来，并转换成电信号进行输出，当输出的电信号能够被进一步变换为标准信号时，压力传感器又称为压力变送器。

检测位移的传感器很多，在压力表中采用较多的是霍尔片式、金属应变片式、半导体压阻式、电容式等压力变送器。

1. 霍尔片式压力传感器

霍尔片式压力传感器由弹簧管、粘贴在弹簧管自由端的磁钢和霍尔元件组合而成，如图2-25所示。将由压力所引起的弹性元件弹簧管1产生的位移通过霍尔片3转换成霍尔电动势输出，量程0～20mV，完成压力的测量。

霍尔片的线路连接如图2-26所示。霍尔片为半导体材料制成的薄片。在霍尔片的z轴方向加一磁感应强度为B的恒定磁场，在y轴方向加一外电场（接入直流稳压电源），便有恒定电流I沿y轴方向通过。则在霍尔片的x轴方向上出现电位差，这一电位差称为霍尔电动势，这种物理现象就称为“霍尔效应”。

霍尔电动势的大小与半导体材料、所通过的电流（一般称为控制电流）、磁感应强度以及霍尔片的几何尺寸等因素有关，可用下式表示：

$$U_{\mathrm{H}} = R_{\mathrm{H}}BI \tag{2-13}$$

式中：U_{H}为霍尔电动势；R_{H}为霍尔常数，与霍尔片材料、几何形状有关；B为磁感应强度；I为通过霍尔片的恒定电流。

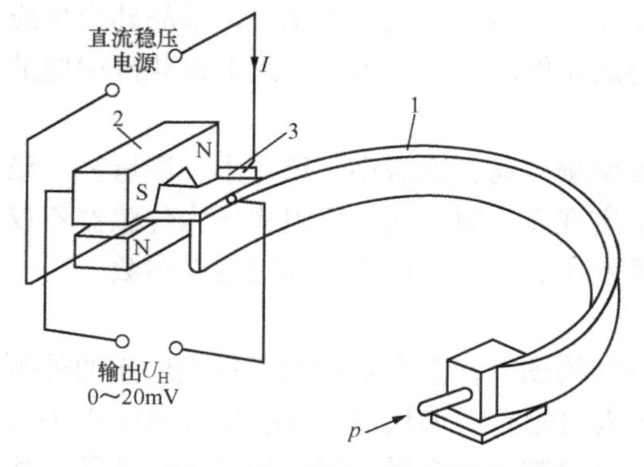

图 2-25 霍尔片式压力传感器

1—弹簧管；2—磁钢；3—霍尔片

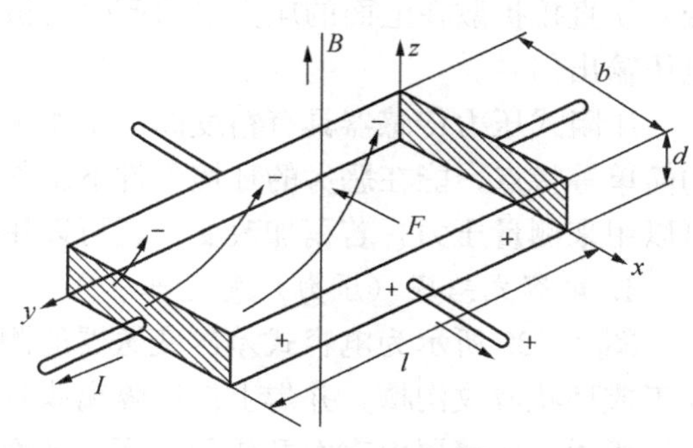

图 2-26 霍尔效应

一般取 $I=3\sim20\text{mA}$，B 约为几千高斯，所得的霍尔电动势 U_H 约为几十毫伏。

2. 应变片式压力传感器

图 2-27 所示为一种应变片式压力传感器的原理图。应变筒 1 的上端与外壳 2 固定在一起，下端与密封膜片 3 紧密接触，两片康铜丝应变片 r_1 和 r_2 用特殊胶合剂贴在应变筒的外壁。r_1 沿应变筒轴向贴放，作为测量片；r_2 沿径向贴放，作为温度补偿片。应变片与筒体之间不发生相对滑动，并且保持电气绝缘。当被测压力 p 作用于膜片而使应变筒作轴向受压变形时，沿轴向贴放的应变片 r_1 也将产生轴向压缩应变 ε_1，于是 r_1 的阻值变小；而沿径向贴放的应变片 r_2，由于本身受到横向压缩将引起纵向拉伸应变 ε_2，于是 r_2 阻值变大。但是由于 ε_2 比 ε_1 要小，故实际上 r_1 的减少量将比 r_2 的增大量为大。

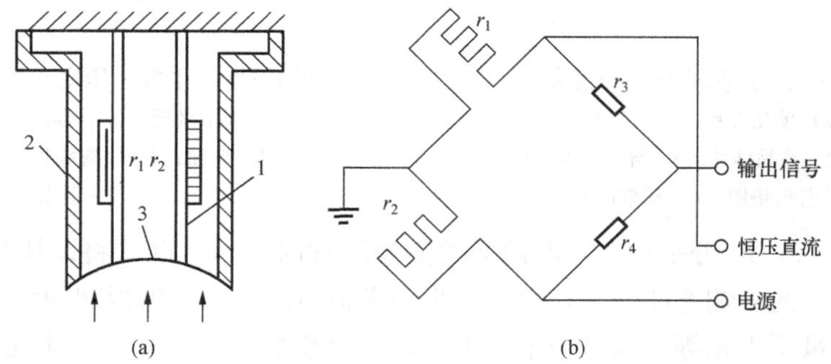

图 2-27 应变片压力传感器示意图

(a) 测量筒；(b) 测量电路

1—应变筒；2—外壳，3—密封膜片

应变片 r_1 和 r_2 与两个固定电阻 R_3 和 R_4 组成桥式电路，如图 2-27 (b) 所示。由于 r_1 和 r_2 的阻值变化使桥路失去平衡，从而获得不平衡电压 ΔU 输出。在桥路供给直流稳压电源最大为 10V 时，可得最大 ΔU 为 5mV 的输出。传感器的被测压力可达 25MPa。由于传感器的固有频率在 25 000Hz 以上，故有较好的动态性能，适用于快速变化的压力测量。

3. 压阻式压力传感器

压阻式压力传感器是利用单晶硅压阻效应而构成，其工作原理如图 2-28 所示。采用单晶硅片为弹性元件，在单晶硅膜片上利用集成电路的工艺，在单晶硅的特定方向扩散一组等值电阻，并将电阻接成桥路，单晶硅片置于传感器腔内。当压力发生变化时，单晶硅产生应变，使直接扩散在上面的应变电阻产生与被侧压力成比例的变化，再由桥式电路获得相应的电压输出信号。

压阻式压力传感器具有精度高、工作可靠、频率响应高、迟滞小、尺寸小、质量轻、结构简单等特点，能在恶劣的环境条件下工作，便于实现显示数字化。压阻式压力传感器不仅可以用来测量压力，若稍加改变，还可以用来测量差压、高度、速度、加速度等参数。

4. 电容式差压（压力）变送器

图 2－29 所示为电容式差压变送器的测量元件结构图，将左右对称的不锈钢底座的外侧加工成环状波纹沟槽，并焊上波纹隔离膜片 5。基座内侧有玻璃层 3，基座和玻璃层中央有孔道相通。玻璃层内表面磨成凹球面，球面上镶有金属胺，此金属膜层有导线通往外部，构成电容的左右固定极板 1。在两个固定极板之间是弹性材料制成的测量膜片 2，作为电容的中央动极板。在测量膜片两侧的空腔中充满硅油 4。

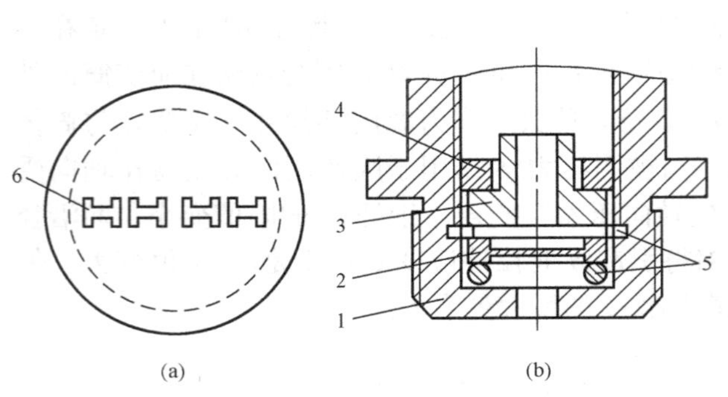

图 2－28 压阻式压力传感器

(a) 单晶硅片；(b) 结构

1—基座；2—单晶硅片；3—导环；4—螺母；

5—密封垫圈；6—等效电阻

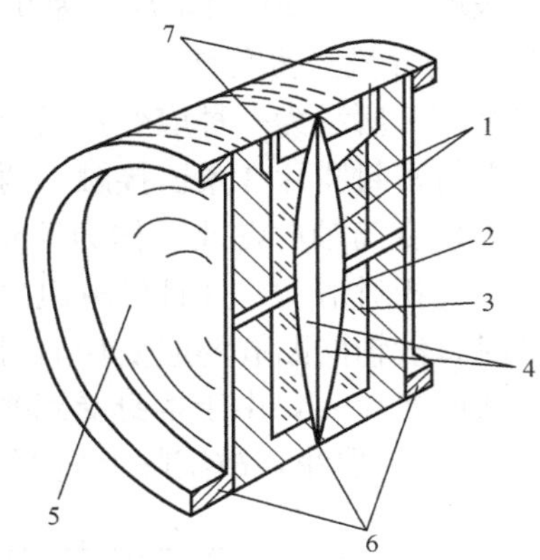

图 2－29 电容差压变送器测量元件结构图

1—固定极板；2—测量膜片；3—玻璃层；

4—硅油；5—隔离膜片；6—焊接密封；

7—引出线

当被测压力 p_1，p_2 分别加于左右两侧的隔离膜片时，通过硅油将差压传递到测量膜片上，使其向压力小的一侧弯曲变形，引起中央动极板与两边固定极板间的距离发生变化，因而两电极的电容量不再相等，而是一个增大、另一个减小，电容的变化量通过引线传至测量电路，通过测量电路的检测和放大，输出一个 4～20mA 的直流电信号。

2.4.5 活塞式压力计

活塞式压力计根据其用途不同可分为基准和标准两类，标准活塞压力计又分为一等、二等、三等。根据结构不同，活塞式压力计又分为密封式和非密封式两种型式。在密封式活塞压力计中，为了防止活塞系统漏油，加了特殊密封装置；而在非密封式活塞式压力计中，没有密封装置，只是把活塞及活塞筒进行了精细地加工，并保证它们之间有极小的间隙。密封式活塞压力计目前采用较少，因为它有较大的机械摩擦，并且这个摩擦值不是恒定的。目前广泛应用的是非密封式活塞压力计。

活塞式压力计的测量原理是利用在自由运动活塞上，被测压力所形成的力与标准重物（砝码）所产生的力相互平衡的原理，根据砝码及活塞本身重量的大小来判别被测压力的数值。它的测量精度很高，允许误差可小到0.05%～0.02%。但结构较复杂，价格较贵。一般作为标准型压力测量仪表，来检验其他类型的压力计，可在25～100MPa内进行准确测量。

活塞式压力计如图2-30所示。在一个密闭的容器内充满变压器液（6MPa以下）或蓖麻油（6MPa以上）。转动手轮使活塞向前推进，对油产生一个压力，这个压力在密闭的系统内向各个方向传递，所以进入标准仪表、被校仪表和标准器的压力都是相等的。因此利用比较的方法便可得出被校仪表的绝对误差。标准器由活塞和砝码构成。活塞的有效面积和活塞杆、砝码的重量都是已知的。这样，标准器的标准压力值就可根据压力的定义准确地计算出来。活塞式压力计的精确度有0.05、0.2级等。高精确度的活塞式压力计可用来校验标准弹簧管压力计、变送器等。在校验时，为了减少活塞与活塞之间的静摩擦力的影响，用于轻轻拨转手轮，使活塞旋转。另外，使用时要保持活塞处于垂直位置，这点可通过调整仪表底座螺钉，使底座上的水准泡处于中心位置来满足。如被校压力计的精确度不高，则可不用砝码校验，而采用被校仪表与标准仪表比较的方法校验。这时要关闭进油阀。

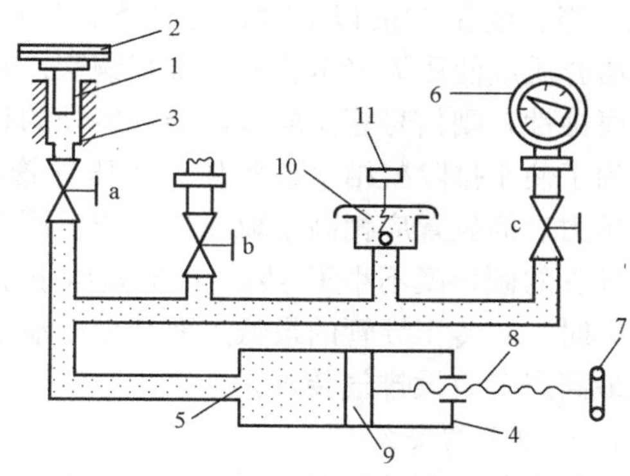

图2-30　活塞式压力计

1—测量活塞；2—砝码；3—活塞筒；4—螺旋压力发生器；5—工作液；6—被校压力表；7—手轮；8—丝杆；9—工作活塞；10—油杯；11—进油阀；a，b，c—切断阀

2.4.6　压力仪表的选用

压力测量的准确性与压力计的精度有关，也与压力测点的选择，仪表与传压管道的安装、维护等有关。

1. 压力表的选择

各种类型压力仪表的选用，应根据工艺生产过程的技术条件（被测压力的高低、测量范围和精度要求以及是否需要报警或远传指示等）、被测介质的性质和环境条件（高温、腐蚀、振动等），全面合理地确定压力仪表的种类、型号、量程和精度等级。

为了防止仪表损坏，压力表所测压力的最大值一般不超过仪表测量上限的2/3。当被测压力波动较大时，应使压力变化范围处在标尺上限的1/3～1/2处。为了保证测量的准确度被测压力不得低于标尺上限的1/3。

2. 压力测点的选择

为了提高压力测量的准确度和可靠性，对测点的选择要考虑以下因素：①便于保护仪表和人身安全。②取压管不能突出管道内壁，避免在被测介质流动时动压对静压测量产生影响。③测点前后要有足够长的直管段。④测点要选在管路不易堵塞的地方。⑤在阀门附近取压时，若取压口选在阀门前，则与阀门的距离应大于$2D$（D为管道直径）；取压口若选在阀门后，则与阀门的距离应大于$3D$。⑥当测量含尘流体的压力时，取压口应选择在不易积尘、堵塞、而且便于吹洗导管的地方，必要时要加装除尘器。

3. 压力信号管路的选择和敷设

为了正确地传递压力信号，除要求管路不堵、不漏外，还要求迟延时间小，为此要求当信号管路的长度不大于20m时，其内径不小于3mm；当长度在50m以下时，其内径不小于5mm；当长度在50m以上时，其内径不小于8mm。管路的材料根据介质的性质来选择。对于高压介质应使用无缝钢管或厚壁紫铜管；对于低压介质，可使用紫铜管或有缝铜管；如介质有腐蚀性，则信号管路应该用能抗腐蚀的材料制造。

为了便于排除凝结水或气体，传压导管的敷设应有一定的倾斜度。当被测介质为气体时，压力表的位置应稍高于取压口；当被测介质为液体时，压力表的位置应稍低于取压口，传压导管的倾斜度不小于3%；被测差压很小时，倾斜度要增加到5%～10%。当被测介质是气体时，在传压导管的最低点要装设排泄凝结水的装置；若被测介质为液体时，在传压导管的最高点要装设排气装置。

4. 压力表的安装

为了避免被测的高温介质和仪表的测量元件直接接触，在弹簧管压力表前要安装环形管；当被测介质有腐蚀性时，应加装充有中性隔离液的隔离容器。当仪表测量高压介质时，应在进口处装设一个三通阀，以便冲洗传压导管、现场校验仪表和仪表调零使用。

5. 压力表位置误差的修正

压力表安装的位置一般都不和测点处在同一水平线上。由于它们之间有一段垂直距离，传压导管中的液柱重量就使得仪表的指示值和被测压力之间有一个差值，因此仪表的读数要根据液柱的高度进行修正。

如果仪表在测点的上方，比测点高出h，这时压力表的指示值按下式修正

$$p = p' + \gamma h \tag{2-14}$$

式中：p'为压力表指示值；p为被测压力值；h为压力表到测点的垂直距离；γ为传压介质的重度。

如果仪表在测点的下方，比测点低出h，此时压力表的指示值按下式修正

$$p = p' - \gamma h \tag{2-15}$$

因为h是一定的，当环境温度变化不大时，γ可认为是定值，所以这个误差是个常数。在仪表校验时，可以预先把指针往大或往小的方向拨一个γh值，这样仪表的指示就不存在位置高度差引起的误差。

6. 压力表的使用注意事项

液柱压力计使用时应注意：①工作液体应不含有灰尘、纤维和可见杂质。液柱上下移动时，不应有液滴附在管壁上，液柱中不应有气泡和液柱中断现象；②压力为零，工作液体的波面由于蒸发不在零位时，应补充工作液体，并进行零点校正；③要防止工作液体进入传压导管内；使用前要检查传压导管是否泄漏和堵塞；④读数时，视线必须与工作液面在同一水平线上；当液柱液面波动时，应取其上、下高度的平均高度。

弹簧管压力表使用时应注意：①经常注意传压导管的严密性，及时消除渗漏现象；②在机组正常运行时，如果压力表没有指示，则可能是传压导管堵塞，或者是传压导管上的阀门没有打开，或者是表计内的传动机构有缺陷，如杠杆连接松脱、齿轮脱离啮合等，应分别进行检查处理；③仪表投入使用前，应检查零位是否正确；④启动压力表时，要先开启一次门，当传压导管内的被测介质的温度接近室温时，才可打开二次门；⑤开启仪表阀门时，应

缓慢进行；满开后要倒回半圈，当被测介质压力波动频繁时，要适当关小表下阀门；⑥拆下压力表进行校验时，表下接头要用棉纱或布条包扎好，表下阀门应在关死位置。

真空表使用时应注意：对于真空表应保证传压导管严密不漏，这一点在测量凝汽器真空时特别重要。因为管路泄漏不仅会使仪表指示减小，而且会破坏凝汽器真空，因此要特别注意防止真空传压导管脱漏。拆卸仪表前要检查表下阀门是否关闭，并通知运行值班人员。

7. 压力表的校验

压力表在使用前，以及在使用过程中要进行标定或校验，校验过程参照“活塞式压力表”。

2.5 流量检测仪表

在石油、化工等生产过程中，为了正确、有效地进行生产操作和控制，经常需要测量生产过程中各种介质（液体、气体和蒸汽等）的流量，以便为生产操作和控制提供依据。同时，为了进行经济核算，经常需要知道在一段时间（一班、一天等）内流过的介质总量。所以，介质流量是控制生产过程达到优质高产和安全生产以及进行经济核算所必需的一个重要参数。随着自动化水平的不断提高，流量测量和控制已由原来的保证稳定运行朝着最优化控制过渡，流量仪表更是成为不可缺少的检测仪表之一。

2.5.1 基本概念

1. 基本定义

流量是指单位时间内流经封闭管道或开口堰槽有效截面的流体量，这一流体量可以用体积或质量来表示，分别称为体积流量（单位为 m^3/s、kg/s）和质量流量（单位 kg/s、kg/h）。当单位时间为 1s 时称为瞬时流量；为 1h 称为累积流量。

若单位时间是一段有效的时间长度，则叫总量（单位为 m^3、kg）。如一个月家庭的用水总量；或城市污水排放系统在某个区域的大暴雨下的排放能力等。

流速，即每秒钟流经封闭管道或开口堰槽有效截面的流体的速度，用 m/s 表示。转化成流量就是流速与其有效截面的乘积。

流量检测仪表分为流量计和计量表（总量计）两大类，流量计就是测量流体流量的仪表，能指示或记录流体的流量；计量表是测量流体总量的仪表，能积算流体的总量。而目前上述两大类仪表已经同时具有彼此功能，故又把这两大类仪表通称为流量计。

2. 特点

流量检测仪表的检测对象一般具有如下特点：①流体介质在流动时，其内部分子之间的内摩擦力会影响流体状态；②流体介质在流动时，介质与管件的内壁存在摩擦，影响流体状态；③流体介质的自身介质重量，在不同的重力加速度区域，流体状态也有变化。

针对这些物理现象，目前可以采用雷诺数概念。

雷诺数 Re 是表征黏性介质流动特性的一个无因次量，它与流体介质的黏度 η、介质密度 ρ、管道内径 D 和介质在管道内的流速 v 成函数关系

$$Re=\frac{\rho\cdot v\cdot D}{\eta} \tag{2-16}$$

介质在管道流动状态中，有一个临界雷诺数 Re。当 Re 大于 2300 时，流体的黏性力占

主要地位，管道中流体流动的状态为层流；当Re小于2300时，流体的惯性力（流速）起主要作用，其流动状态为紊流。

3. 分类

流量计按用途可分为计量表与流量计两大类。在实际工程计量中最常用的是根据所应用的原理来分类，大体可分为容积式流量计、速度式流量计、差压式流量计、流体阻力式流量计、测速式流量计和流体振动式流量计等。

（1）速度式流量计是以测量流体在管道内的流速作为测量依据来计算流量的仪表。如果已知被测流体的流通截面积A，只要测出该流体的流速即可求得流体的体积流量为$Q=vA$。基于这种原理制造的速度式流量测量仪表工作方式分为两种：一种是直接测量流体流速的流量测量仪表，如电磁流量计、超声波流量计、相关流量计等。这种工作方式的特点是不必在管道内设置检测元件，因而不会改变流体的流动状态，也不会产生压力损失，更不存在管道堵塞等问题。另一种工作方式是通过设置在管道内的检测变换元件（如孔板、浮子、涡轮等），将被测流体的流速按一定的函数关系变换成压差、位移、转速、频率等信号。由此来间接地测量流量。按此方式工作的流量测量仪表主要有差压式流量计、浮子流量计、涡轮流量计、涡街流量计、靶式流量计等。

（2）容积式流量计又称排量流量计，在流量仪表中是精度最高的一类。它是利用机械测量元件把流体连续不断地分割成单个已知的体积部分，根据计量室逐次、重复地充满和排放该体积部分流体的次数来测量流量体积总量。容积式流量计品种繁多，按测量元件结构分类可分为椭圆齿轮流量计、腰轮流量计（又称罗茨流量计）、活塞式流量计、刮板式流量计等。

容积式流量计的优点是：计量精度高，基本误差一般为±0.5%，特殊的可达±0.2%或更高，通常在昂贵介质或需要精确计量的场合使用。容积式流量计在旋转流和管道阻流件流速场畸变时对计量精确度没有影响，没有前置直管段要求。这在现场使用有重要的意义。

容积式流量计可用于高黏度流体的测量。范围度宽，一般为10∶1到5∶1，特殊的可达30∶1或更大。容积式流量计是直读式仪表，无需外部能源，可直接获得累计总量，清晰明了，操作简便，在不适合采取密度计测量的高压天然气测量中，或不易处理的气体压缩系数。

容积式流量计的缺点是结构复杂、体积大、笨重，尤其较大口径的容积式流量计体积庞大，故一般只适用于中小口径。与其他几类通用流量计（如差压式、浮子式、电磁式）相比，容积式流量计的被测介质种类、介质工况（温度、压力）、口径局限性较大，适应范围窄。由于高温下零件热膨胀、变形，低温下材质变脆等问题，容积式流量计一般不适用于高低温场合，目前可使用温度范围大致在－30～160℃，压力最高为10MPa。

大部分容积式流量计仪表只适用洁净单相流体，含有颗粒、脏污物时上游需装过滤器，既增加压损，又增加维护工作；如测量含有气体的液体必须装设气体分离器。容积式流量计安全性差，如检测活动件卡死，流体就无法通过，断流管系就不能应用。部分容积式流量计仪表（如椭圆齿轮式、腰轮式、旋转活塞式等）在测量过程中会给流动带来脉动，较大口径仪表还会产生噪声，甚至是管道产生振动。

（3）质量流量计，这是一种以测量流体流过的质量m为依据的流量计。根据质量流量与体积流量之间的关系，采用速度式（或容积式）流量测量仪表先测出体积流星（或体积总量），再乘以被测流体的密度，即可求得质量流量（或质量总量）。基于这种原理来间接测量质量流量的仪表称为推导式（间接式）质量流量计。由于介质密度会随压力、温度的变化而有所变化，因此工业上普遍应用的推导式质量流量计通常采取了温度、压力的自动补偿措施。

为了使被测质量流量的数值不受流体的压力、温度、黏度等变化的影响，一种直接测量流体质量流量的直接式质量流量计正在发展之中。例如，热式质量、角动量式、陀螺式和科里奥利力式等。其中，热式质量流量计已在工业中得到了应用。

4. 测量方法

在实际应用中采用的流量计大多数为体积流量计，相应采取的测量方法较多，其中（1）～（6）为体积流量的测量，（7）、（8）为质量流量的测量。

（1）容积法。一般流量计是利用流量计内部活动部件的旋转，将流体按某个确定的容积 V_0 依次连续排出，从而测量出其排出的流量总量。

（2）流体力学法。其一是利用流体动压法测量流量。在管道中安装一个阻力体，迫使与此接触的流体改变流动方向，阻力体得到一个动压，通过该动压测得流量。如动压板式流量计、动压管式流量计、靶式流量计和皮托管流量计等。其二是通过利用流体介质的振动测量流量。管道中插入一个非流线型物体，使流量在此下游方向产生两排交替出现的旋涡列，测得其旋涡频率可得流量值，如涡街流量计等。其三是根据流体在不同流通面积时的流动状态测量流量。流体流经流量计中的节流元件时，改变了流通面积，使节流元件前后的流动状态被改变，通过其前后压力的差值测得其流量。如差压式流量计等。这类流量计精度一般，但其结构简单、制造方便，因此应用较为普遍。另外还有利用流体离心力测量流量、利用动压能与静压能的转换测量流量以及通过测量流体动量矩类测量流体等。比较典型的流量计有涡街流量计等。

（3）电学法。通过电磁感应等方法测量流量，如电磁流量计、涡轮流量计等。

（4）声学法。通过声音在流体中传播的时差、频差、相差等变化率来测量流量。应用比较好的是超声波流量计。

（5）热学法。流体介质在流动时能够携带热量、并在流动时产生热量损失，热量的损失大小可以反映出流体速度。另外流体介质均有导热能力，测量流体介质的导热能力可反映出流体速度。如托马斯式流量计、边界式流量计等。

（6）光学法。如激光多普勒流量计等。

（7）直接法。采取差压式、角动量式或麦纳斯效应等方法进行测量，如角动量式质量流量计、双孔板质量流量计等。或通过流体介质通过流量计振动管道时对振动的“阻尼”率反映出流体介质的密度，如科里奥利质量流量计。

（8）推导式。通过体积流量计的体积流量测量，由流体介质的温度查表得到其介质密度，然后换算出质量流量。

2.5.2　椭圆齿轮流量计

椭圆齿轮流量计属于容积式流量计的一种。它对被测流体的黏度变化不敏感，特别适合于测量高黏度的流体（如重油、聚乙烯溶、树脂等），甚至糊状物的流量。测量精度较高，压力损失较小，安装使用也较方便。但是，在使用时要特别注意被测介质中不能含有固体颗粒，更不能夹杂机械物，否则会引起齿轮磨损以至损坏。为此，椭圆齿轮流量计的入口端必须加装过滤器。另外，椭圆齿轮流量计的使用湿度有一定范围，温度过高，就有使齿轮发生卡死的可能。椭圆齿轮流量计的工作原理如图 2 - 31 所示。

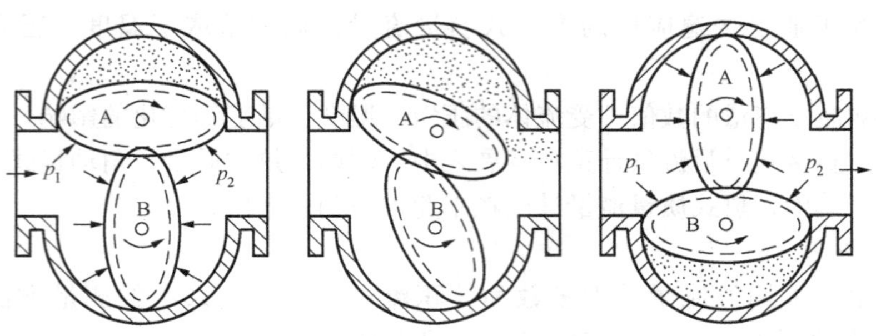

图 2 - 31 椭圆齿轮流量计原理图

图 2 - 31 中，测量部分是由两个相互啮合的椭圆形齿轮 A 和 B，轴及壳体组成。椭圆齿轮与壳体之间形成测量室。两个椭圆圆周上任一个相切点上的切线重合时，就是两个椭圆之间的公共切点；在两个椭圆的长轴垂直时，水平状的齿轮与流量计内壁构成一个形似月牙的内部几何空间，该空间是一个固定常数。流体流动时介质充塞了这个固定的空间，形成了最基本的流体输出容积量 V_0。

当流体流过椭圆齿轮流量计时，由于要克服阻力将会引起压力损失，从而使进口侧压力 p_1 大于出口侧压力 p_2，在此压差的作用下，产生作用力矩使椭圆齿轮连续转动。上椭圆顺时针旋转，下齿轮逆时针旋转；椭圆齿轮的两个长轴达到平行，流量计输出了一次 V_0。

当流量计的某一个齿轮旋转一周，流量计输出四次 V_0，在规定的时间段内只要测得某一个齿轮的旋转周数 n，便可得到该时间段内所对应的介质的流量，即

$$Q = 4nV_0 \tag{2 - 17}$$

式（2 - 17）是椭圆齿轮流量计的理论值，而实际计算按照式（2 - 18）：

$$Q_X = Q_1 + \Delta Q \tag{2 - 18}$$

式中：Q 为其泄漏量，$Q_1 = \lambda\beta Q_m$，λ 为椭圆齿轮流量计内部两个齿轮转动减速比，β 为调整齿流比系数，Q_m 为容积量。

椭圆齿轮流量计的流量信号（即转数 N）的显示，有就地显示和远传显示两种。配以一定的传动机构及积算机构，就可记录或指示被测介质的总量。就地显示是将椭圆齿轮流量计某个齿轮的转动通过磁涡合方式，经一套减速齿轮传动，传递给仪表指针及积算机构，指示被测流体的体积流量和累积流量；而远传式可采用脉冲信号形式传送。

椭圆齿轮流量计适合于中、小流量测量，测量范围为 3L/h～540m^3/h，口径为 10～250mm。

2.5.3 腰轮流量计

腰轮流量计的内部结构图如图 2 - 32 所示。工作原理与椭圆齿轮流量计相似，不同之处是两个腰轮的长轴垂直时，水平状的腰轮与流量计内壁所构成的内部几何空间比相同尺寸的椭圆齿轮流量计的内部几何空间大，流量计每次输出的量值也增加了，计算公式见式（2 - 17）。

腰轮流量计和椭圆齿轮流量计的共同特点是流体介质流经流量计前流动状态是相对均匀的，流经流量计后的流动状态是脉动状，用户在使用时要注意该点。

2.5.4 差压式流量计

差压式流量计也称节流式流量计，是基于流体流动的节流原理，利用流体流经节流装置

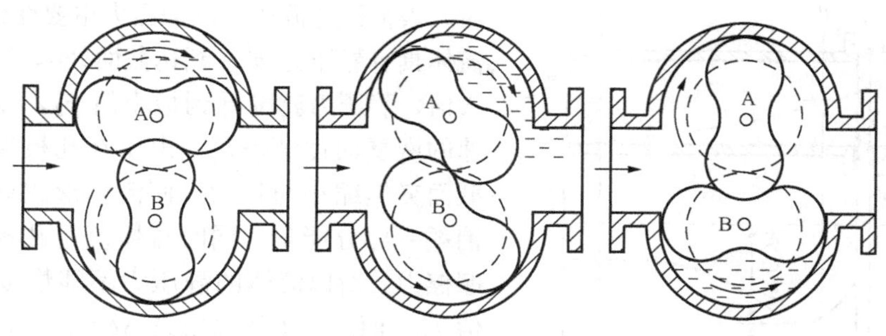

图 2-32 腰轮流量计内部结构图

时产生的压力差而实现流量测量。它由能将被测流量转换成压差信号的节流装置和能将此压差转换成对应的流量值显示出来的差压计以及显示仪表所组成。因此，差压式流量计的关键部件是节流装置、差压变送器和显示电路。节流式差压式流量计应用范围极广泛，至今尚无任何一类流量计可与之相比。全部单相流体，包括液、气、蒸汽皆可测量，部分混相流，如气固、气液、液固等也可应用，一般生产过程的管径、工作状态（压力、温度）皆有产品。

1. 节流现象及原理

具有一定能量的流体，才可能在管道中形成流动状态。流动流体的能量有两种形式，即动能和静压能。由于流体有流动速度而具有动能，又由于流体有压力而具有静压能。这两种形式的能量在一定的条件下可以互相转化。但是，根据能量守恒定律，流体所具有的静压能和动能，再加上克服流动阻力的能量损失，在没有外加能量的情况下，其总和是不变的。

流体在有节流装置的管道中流动时，在节流装置前后的管壁处，流体的静压力产生差异的现象称为节流现象。节流装置包括节流件和取压装置，节流件是能使管道中的流体产生局部收缩的元件，应用最广泛的是孔板，其次是喷嘴、文丘里管等，如图 2-33 所示。其中，应用最普遍的孔板节流件结构易于复制，简单，牢固，性能稳定可靠，使用期限长，价格低廉。下面以孔板为例说明节流现象。

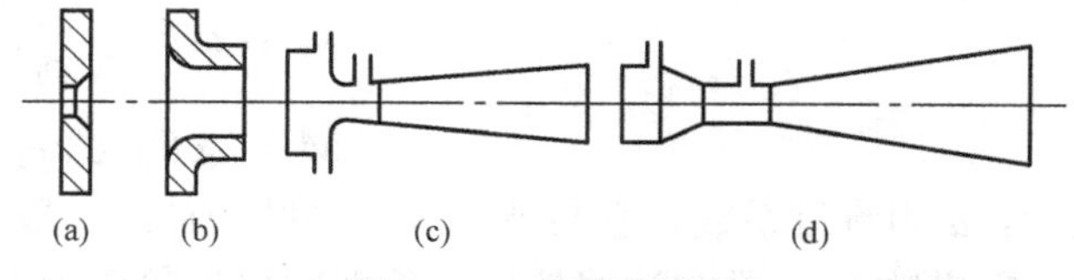

图 2-33 标准节流件

(a) 孔板；(b) 喷嘴；(c) 文丘里喷嘴；(d) 古典文丘里喷嘴

图 2-34 所示为在孔板前后流体的速度与压力的分布情况。流体在管道截面Ⅰ前，以一定的流速流动，此时静压力为 p_1。在接近节流装置时，由于遇到节流装置的阻挡，使靠近管壁处的流体受到节流装置的阻挡作用最大，因而使一部分动能转换为静压能，出现了节流装置入口端面靠近管壁处的流体静压力升高，并且比管道中心处的压力要大，即在节流装置入口端面处产生一径向压差。这一径向压差使流体产生径向附加速度，从而使靠近管壁处的流体质点的流向就与管道中心轴线相倾斜，形成了流束的收缩运动。由于惯性作用，流束的最小截面并不在孔板的孔处，而是经过孔板后仍继续收缩，到截面Ⅱ处达到最小，这时流速最大，达到 v_2，随后流束又逐渐扩大，至截面Ⅱ后完全复原，流速便降低到原来的数值，即 $v_3=v_1$。

由于节流装置造成流束的局部收缩，使流体的流速发生变化，即动能发生变化。与此同

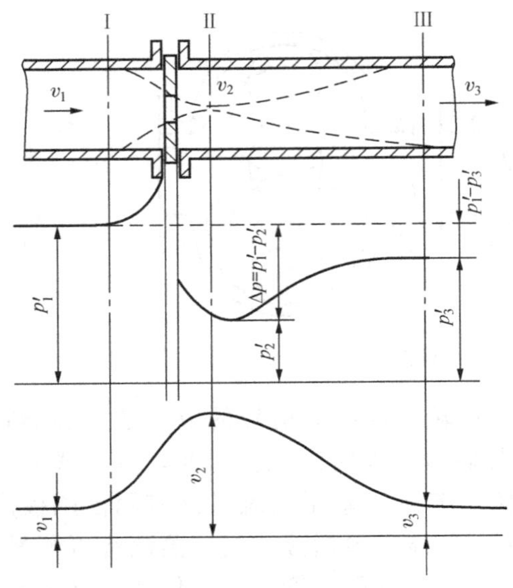

图 2-34 孔板装置及压力、流速分布图

时，表征流体静压能的静压力也要变化。在I截面，流体具有静压力 p_1'。到达截面处II，流速增加到最大值，静压力就降低到最小值 p_2'，而后又随着流速的恢复而逐渐恢复。由于在孔板端面处，流通截面突然缩小与扩大，使流体形成局部涡流，要消耗一部分能量，同时流体流经孔板时，要克服摩擦力，所以流体的静压力不能恢复到原来的数值 p_1'，而产生了压力损失 $\Delta p=p_1'-p_3'$。

节流装置前流体压力较高，称为正压，常以“+”标志，节流装置后流体压力较低，称为负压（注意不要与真空混淆），常以“—”标志。节流装置前后压差的大小与流量有关。管道中流动的流体流量越大，在节流装置前后产生的压差也越大，只要测出孔板前后两侧压差的大小，即可表示流量的大小，这就是节流装置测量流量的基本原理。

值得注意的是：要准确地测量出截面Ⅰ与截面Ⅱ处的压力 p_1'和 p_2'是有困难的，这是因为产生最低静压力 p_2'的截面Ⅱ的位置随着流速的不同会改变的，事先根本无法确定。因此实际上是在孔板前后的管壁上选择两个固定的取压点，来测量流体在节流装置前后的压力变化。因而所测得的压差与流量之间的关系，与测压点及测压方式的选择是紧密相关的。

2. 流量基本方程式

流量基本方程式是阐明流量与压差之间定量关系的基本流量公式。它是根据流体力学中的伯努利方程和流体连续性方程式推导而得的，即

$$Q = a\varepsilon F_0 \sqrt{\frac{2}{\rho_1}\Delta p} \tag{2-19}$$

$$M = a\varepsilon F_0 \sqrt{2\rho_1 \Delta p} \tag{2-20}$$

式中：a 为流量系数，它与节流装置的结构形式、取压方式、孔口截面积与管道截面积之比 M、雷诺数 Re、孔口边缘锐度、管壁粗糙度等因素有关；ε 为膨胀校正系数，它与孔板前后压力的相对变化量、介质的等熵指数、孔口截面积与管道截面积之比等因素有关，应用时可查阅有关手册而得，不可压缩的液体，常取 $e=1$；F_0 为节流装置的开孔截面积；Δp 为节流装置前后实际测得的压力差；ρ_1 为节流装置前的流体密度。

由流量基本方程式可以看出，要知道流量与压差的确切关系，关键在于 a 的取值。a 是一个受许多因素影响的综合性参数，对于标准节流装置，其值可从有关手册中查出；对于非标准节流装置，其值要由实验方法确定，所以，在进行节流装置的设计计算时，是针对特定条件，选择一个 a 值来计算的。计算的结果只能应用在一定条件下。一旦条件改变（例如节流装置形式、尺寸、取压方式、工艺条件等等的改变），就不能随意套用，必须另行计算。例如，按小负荷情况下计算的孔板，用来测量大负荷时流体的流量，就会引起较大的误差，必须加以必要的修正。

流量基本方程式表明，流量与压力差 Δp 的平方根成正比。所以，用这种流量计测量

流量时，如果不加开方器，流量标尺刻度是不均匀的。起始部分的刻度很密，后来逐渐变疏。因此，在用差压法测量流量时，被测流量值不应接近于仪表的下限值，否则误差将会很大。

3. 标准节流装置

由于差压式流量计使用历史长久，有丰富的实践经验和完整的实验资料。因此国内外已把最常用的节流装置孔板、喷嘴、文丘里管等标准化，并称为“标准节流装置”。标准化的具体内容包括节流装置的结构、尺寸、加工要求、取压方法、使用条件等。

4. 取压方式

由流量基本方程式可知，节流元件前后的压差（p_1-p_2）是计算流量的关键数据，因此取压方法相当重要。我国规定的标准节流装置取压方法有两种，即角接取压法和法兰取压法。标准孔板可以来用角接取压法和法兰取压法，而标准喷嘴只规定有角接取压方式。

所谓角接取压法，就是在孔板（或喷嘴）前后两端面与管壁的夹角处取压。角接取压方法可以通过环室或单独钻孔结构来实现。

5. 差压式流量计的测量误差及原因

差压式流量计的应用非常广泛。但在实际应用时往往具有比较大的测量误差，有的甚至高达10%～20%。但实际上完全是由于使用不当引起的，主要有以下原因：①被测流体工作状态的变动；②节流装置安装不正确；③孔板入口边缘的磨损；④导压管安装不正确，或有堵塞、渗漏现象；⑤差压计安装或使用不正确。

6. 节流装置的选用

（1）在加工制造和安装方面，以孔板为最简单，喷嘴次之，文丘里管最复杂。造价高低也与此相对应。实际上在一般场合下，以采用孔板为最多。

（2）当要求压力损失较小时，可采用喷嘴、文丘里管等。

（3）在测量某些易使节流装置腐蚀、沾污、磨损、变形的介质流量时，采用喷嘴较采用孔板为好。

（4）在流量值与压差值都相同的条件下，使用喷嘴有较高的测量精度，而且所需的直管长度也较短。

（5）如果被测介质是高温、高压的，则可选用孔板和喷嘴。文丘里管只适用于低压的流体介质。

7. 节流装置的安装要求

（1）必须保证节流装置的开孔和管道的轴线同心，并使节流装置端面与管道的轴线垂直。

（2）在节流装置前后长度为两倍于管径（2D）的一段管道内壁上，不应有凸出物和明显的粗糙或不平现象。

（3）任何局部阻力（如弯管、三通管、闸阀等）均会引起流速在截面上重新分布，引起流量系数变化。所以在节流装置的上、下游必须配置一定长度的直管。

（4）标准节流装置（孔板、喷嘴），一般都用于直径 $D\geqslant 50$mm 的管道中。

（5）被测介质应充满全部管道并且连续流动。

（6）管道内的流束（流动状态）应该是稳定的。

(7) 导压管要正确地安装，防止堵塞与渗漏，否则会引起较大的测量误差。

(8) 节流装置的安装有标准手册和规范，必须由专业技术人员负责。

2.5.5 浮子式流量计

在工业生产中经常遇到小流量的测量，因其流体的流速低，这就要求测量仪表有较高的灵敏度，才能保证测量精度。节流装置对管径小于 50mm、雷诺数低的流体的测量精度是不高的。而浮子流量计则特别适宜于测量管径 50mm 以下管道的流量，测量的流量可小到每小时几升。

浮子式流量计（也称转子流量计），是以压降不变、利用节流面积的变化来测量流量的大小（即浮子流量计采用的是恒压降、变节流面积的流量测量方法）。

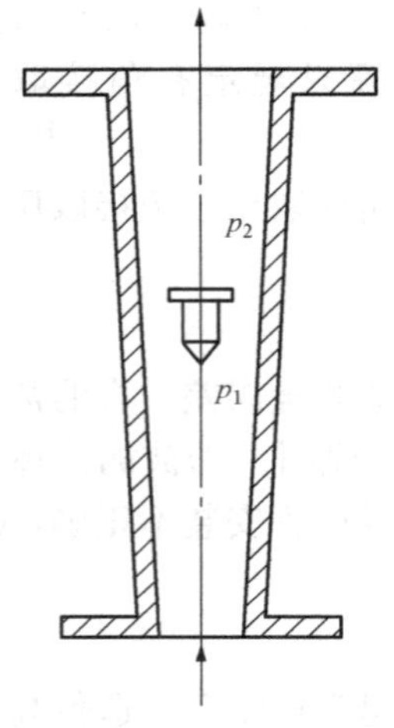

图 2 - 35 转子流量计的工作原理图

浮子流量计的原理如图 2 - 35 所示，它由一个由下往上逐渐扩大的锥形管和一个放在锥形管内可自由运动的浮子两个部分组成。工作时，被测流体（气体或液体）由锥形管下端进入，沿着锥形管向上运动、流过浮子与锥形管之间的环隙，再从锥形管上端流出。当流体流过锥形管时，位于锥形管中的浮子受到向上的一个力，使浮子浮起。当这个力正好等于浸没在流体里的浮子重力（即等于浮子重量减去流体对浮子的浮力）时，则作用在浮子上的上下两个力达到平衡，此时浮子就停浮在一定的高度上。如果被测流体的流量突然由小变大，作用在浮子上的向上的力就加大，浮子就上升。由于浮子在锥形管中位置的升高，造成浮子与锥形管间的环隙增大，流通面积增大。随着环隙的增大，流过此环隙的流体流速变慢。因而，流体作用在浮子上的向上的力也就变小。当流体作用在浮子上的力再次等于浮子在流体中的重力时，浮子又稳定在一个新的高度上。这样，浮子在锥形管中的平衡位置的高低与被测介质的流量大小相对应。如果在锥形管外沿其高度刻上对应的流量值，那么根据浮子平衡位置的高低就可以直接读出流量的大小。这就是浮子流量计测量流量的基本原理。

浮子流量计中浮子的平衡条件为

$$V(\rho_t-\rho_f)g=(p_1-p_2)A \tag{2-21}$$

式中：V 为浮子的体积；ρ_t 为浮子材料的密度；ρ_f 为被测流体的密度；p_1、p_2 分别为浮子前后流体的压力；A 为浮子的最大横截面积；g 为重力加速度。

由于在测量过程中，V、ρ_t、ρ_f、A、g 均为常数，所以由式（2 - 21）可知：p_1-p_2 也应为常数。这就是说，在浮子流量计中，流体的压降是固定不变的。所以浮子流量计是以定压降、变节流面积法测量流量的。这正好与差压法测量流量的情况相反，差压法测量流量时，差压是变化的，而节流面积却是不变的。

由式（2 - 21）可得

$$\Delta p=p_1-p_2=\frac{V(\rho_t-\rho_f)g}{A} \tag{2-22}$$

在差压 Δp 一定的情况下，流过浮子流量计的流量和浮子与锥形管间环隙面积有关。由于锥形管由下往上逐渐扩大，所以是与浮子浮起的高度 h 有关的。这样，根据浮子浮起的高度就可以判断被测介质的流量大小，可用下式表示

$$M = \Phi h\sqrt{2\rho_f \Delta p} \tag{2-23}$$

或

$$Q = \Phi h\sqrt{\frac{2}{\rho_f}\Delta p} \tag{2-24}$$

式中：Φ 为仪表常数；h 为浮子浮起的高度。

将式（2－22）代入式（2－23）和式（2－24）中，分别得到

$$M = \Phi h\sqrt{\frac{2gV(\rho_t - \rho_f)\rho_f}{A}} \tag{2-25}$$

$$Q = \Phi h\sqrt{\frac{2gV(\rho_t - \rho_f)}{\rho_f A}} \tag{2-26}$$

图2－35中，浮子可向上引出一个连杆，顶部嵌入一个磁钢，通过差动螺旋管或差动变压器式位移传感器及其检测电路，将浮子在锥体中的位置转换成电信号输出，就可以实现远传和控制功能。

浮子流量计有较宽的流量范围，一般为10∶1，最低为5∶1，最高为25∶1。流量检测元件的输出接近于线性，压力损失较低。玻璃管浮子流量计结构简单，价格低廉，使用方便，缺点是有玻璃管易碎的风险，尤其是无导向结构浮子用于气体。金属管浮子流量计无锥管破裂的风险。与玻璃管浮子流量计相比，使用温度和压力范围宽。大部分结构浮子流量计只能用于自下向上垂直流的管道安装。浮子流量计应用局限于中小管径，普通全流型浮子流量计不能用于大管径，玻璃管浮子流量计最大口径100mm，金属管浮子流量计为150mm，更大管径只能用分流型仪表。使用流体和出厂标定流体不同时，要作流量示值修正。液体用浮子流量计通常以水标定，气体用空气标定，如实际使用流体密度黏度与之不同，流量要偏离原分度值，要作换算修正。

2.5.6 涡轮流量计

在流体流动的管道内，安装一个可以自由转动的叶轮，当流体通过叶轮时，流体的动能使叶轮旋转。流体的流速越高，动能就越大，叶轮转速也就越高。在规定的流量范围和一定的流体黏度下，转速与流速成线性关系。因此，测出叶轮的转速或转数，就可确定流过管道的流体流量或总量。日常生活中使用的某些自来水表、油量计等都是利用这种原理制成的，这种仪表称为速度式仪表。涡轮流量计正是利用相同的原理，在结构上加以改进后制成的。

涡轮流量计的结构图如图2－36所示，当流体通过涡轮叶片与管道之间的间隙时，由于叶片前后的压差产生的力推动叶片，使涡轮旋转。在涡轮旋转的同时，高导磁性的涡轮就周期性地扫过永久磁铁，使磁路的磁阻发生周期性的变化，感应线圈中的磁通量也跟着发生周期性的变化，线圈中便感应出交流电信号。交流电信号的频率与涡轮的转速成正比，也即与流量成正比。这个电信号经前置放大器放大后，送往电子计数器或电子频率计，以累积或指示流量。

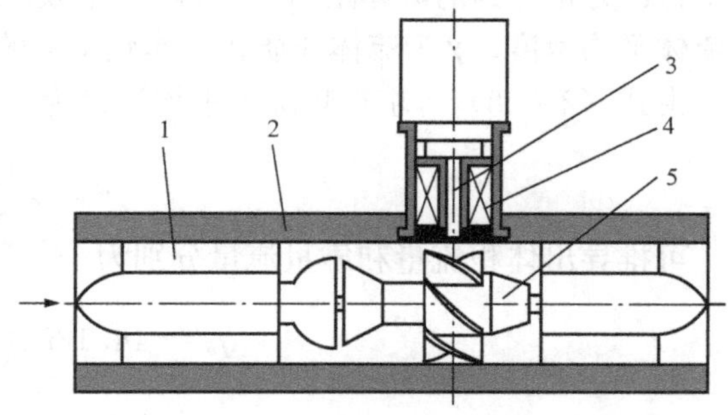

图2－36 涡轮流量计结构图

1—导流器；2—壳体；3—永久磁铁；4—感应线圈；5—涡轮

两叶轮之间流体流过的量是一个常数 V_0。流体介质流经流量计时推动流量计中的转动

叶轮，对叶轮在转动路径中某一基准参考点通过磁电转化形成电脉冲输出。在一定范围内（如在规定量程内）转动叶轮的转动次数与流量成比例关系，因此对电脉冲计数得 n，就可以计算得到在某流量点的流量，即

$$Q = nV_0 \tag{2-27}$$

涡轮流量计安装方便，磁电感应转换器与叶片间不需密封和齿轮传动机构，因而测量精度高，可耐高压，静压可达 50MPa。由于基于磁电感应转换原理，故反应快，可测脉动流量。输出信号为电频率信号，便于远传，不受干扰。但涡轮流量计的涡轮容易磨损，被测介质中不应带机械杂质，否则会影响测量精度和损坏机件，因此一般应加过滤器。

2.5.7 靶式流量计

靶式流量计是目前工业生产中应用很广的一种新型流量计，它具有结构简单、安装维护方便、不易堵塞等特点。它除了可以测量气体液体和蒸汽流量外，尤其是可以测量低雷诺数流量（即大黏度、小流量的情况）、含有固体颗粒的浆液（泥浆、纸浆、砂浆、砂浆等）和耐腐蚀性介质的流量。

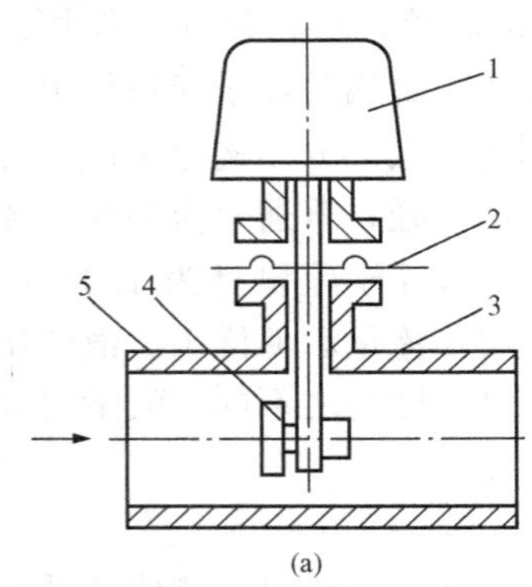

靶形	a
	0.66
	0.704
	1.82
	0.69
	1018

(b)

图 2-37 靶式流量计结构及靶的形状
（a）靶式流量计结构图；（b）靶的形状
1—力平衡式变送器；2—密封膜片；3—靶杆；4—靶；5—测量导管

靶式流量计是一种流体阻力式流量测量仪表，其结构如图 2-37（a）所示。靶式流量计的测量元件是一个放在管道中的靶，如图 2-37（b）所示的靶的形状有几种。不论哪一种，当它们放置在流动介质中，都要受到流体的阻力（冲击力）。该力由两部分组成：一部分是流体和靶表面的摩擦阻力，另一部分是由于流束在靶后分离，产生的压差阻力，后者是主要的。当流体的雷诺数达到一定数值时，阻力系数（ξ）不随雷诺数变化，而保持常数，即阻力为

$$F = \xi \cdot \frac{\gamma v^2}{2g} A_0 \tag{2-28}$$

式中：F 为靶受到的流体阻力；ξ 为阻力系数；A_0 为靶的正截面积；v 为靶和管壁间的环面上流体平均速度；γ 为流体介质在工作状态下的密度；g 为重力加速度。

由式（2-28）可求得环隙上平均流速为

$$v = \sqrt{\frac{2gF}{\xi \gamma F_1}} \tag{2-29}$$

可推导出体积流量和质量流量分别为

$$q_v = 14.129\alpha\left(\frac{1}{\beta} - \beta\right)\sqrt{\frac{F}{\gamma}} \tag{2-30}$$

$$q_v = 14.129\ 2D\left(\frac{1}{\beta} - \beta\right)\sqrt{\gamma F} \tag{2-31}$$

其中，α 为流量系数，$\alpha=1/\xi$；β 为靶径 d 与壳体内径 D 之比，$\beta=d/D$。

由于靶径 d 与壳体内径 D 对选定的流量计来说是已知定数，若知道被测介质的密度和黏度，并由试验得知被测介质流经流量计时的雷诺数大于临界雷诺数时，α 为一常数，那么

由式（2－30）或式（2－31）可知体积流量或质量流量与力的平方根成正比。

选用靶式流量计时，应知道测量介质的有关参数如下：①介质种类；②流量测量范围；③常用流量（最大流量的70%）；④工作压力；⑤工作温度；⑥介质动力黏性系数；⑦介质在使用状态下的密度 γ；⑧准备采用多大管径 D。

安装时，由于靶的安装应与管道同轴，并且控制管道内表面的粗糙度对流量系数的影响，靶式流量计本身要包括一个靶前靶后的直管。上游直管取 $6\sim8D$，下游直管取 $4\sim5D$。

2.5.8　旋涡流量计和涡街流量计

旋涡流量计分为旋进式旋涡流量计和涡列（或涡街）式旋涡流量计两类，水表就属于旋涡流量计。目前旋涡流量计中最为代表的流量计是涡街流量计，可以测量各种管道中的液体、气体和蒸汽的流量，是目前工业控制、能源计量及节能管理中常用的新型流量仪表。

涡街流量计又称卡门旋涡流量计，是利用流体自然振荡的原理制成的一种旋涡分离型流量计。当流体以足够大的流速流过垂直于流体流向的物体时，若该物体的几何尺寸适当，则在物体的后面，沿两条平行直线上产生整齐排列、转向相反的涡列。涡列的个数，称涡街频率，和流体的流速成正比。通过测量涡街频率，就可知道流体流速，从而测出流体流量。

涡街流量计是利用有规则的旋涡剥离现象来测量流体流量的仪表。在流体中垂直插入一个非流线形的柱状物作为旋涡发生体，如图2－38所示。当雷诺数达到一定的数值时，会在柱状物的下游处产生两列平行状，并且上下交替出现的旋涡，因为这些旋涡有如街道旁的路灯，故有“涡街”之称，又因为此现象首先被卡曼（Karman）发现，也称作“卡曼涡街”。当两列旋涡之间的距离 h 和同列的两旋涡之间的距离 l 之比等于0.281时，则所产生的涡旋是稳定的。其涡街频率符合旋涡流量计的工作原理公式为

$$f = S_t \frac{v}{d} \qquad (2-32)$$

式中：S_t 为斯特罗哈尔系数（当雷诺数 $Re=5\times10^2\sim15\times10^4$ 时，$S_t=0.2$）；v 为流体平均流速，m/s；d 为圆柱体直径，f 为单侧旋涡产生的频率，Hz。

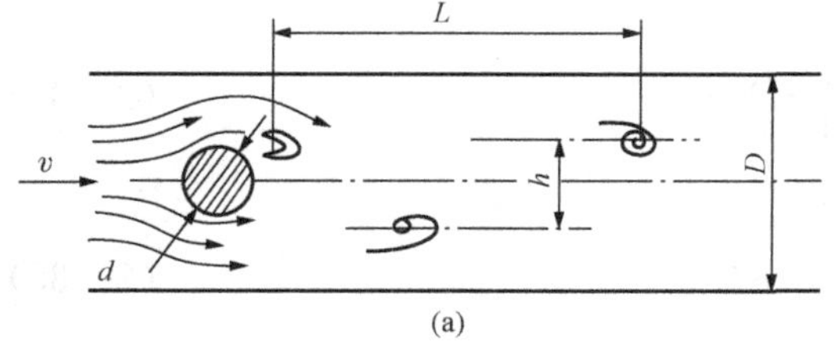

(a)

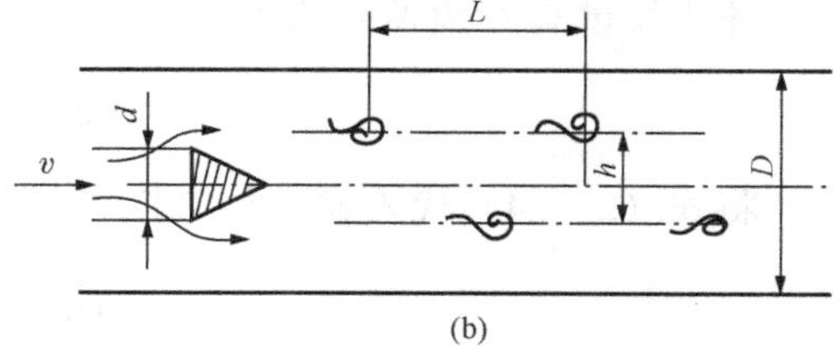

(b)

图2－38　卡曼涡街
(a) 圆柱形；(b) 三角柱形

由式（2－32）可知、当 S_t 近似为常数时，旋涡产生的频率 f 与流体的平均流速 v 成正比、测得 f 即可求得体积流量 Q。

检测旋涡频率有许多种方法，如热敏检测法、电容检测法、应力检测法、压电效应法等，都是利用旋涡的局部压力、密度、流速等的变化作用于敏感元件，以产生周期性电信号，再经放大整形，得到方波脉冲。这些方法中比较通用的是选用压电效应法，由安装在三角柱形［见图2－38（b）］后测的两片压电元件将旋涡的局部压力转换成电荷电压频率，并通过电荷放大器转换成电势电压频率。

涡街流量计结构简单，无可动部件，维护容易，使用寿命长，压力损失小，适用多种流体进行容积计量，如液体包括工业用水、排水、高温液体、化学液体、石油产品；气体包括天然气、城市煤气、压缩空气等各种气体以及饱和蒸汽和过热蒸汽等。特别适用于大口径管道流量的检测。由于它的计量精度不受流体压力、黏度、密度等影响，因而精度高，可达±(0.5%～1%)，测量范围宽广。

2.5.9 电磁流量计

当被测介质是具有导电性的液体介质时，可以应用电磁感应的方法来测量流量。电磁流量计的特点是能够测量酸、碱、盐溶液以及含有固体颗粒（如泥浆）或纤维液体的流量。

电磁流量计通常由变送器和转换器两部分组成。被测介质的流量经变送器变换成感应电势后，再经转换器把电动势信号转换成统一标准信号（4～20mA）输出，以便进行指示、记录或与电动单元组合仪表配套使用。

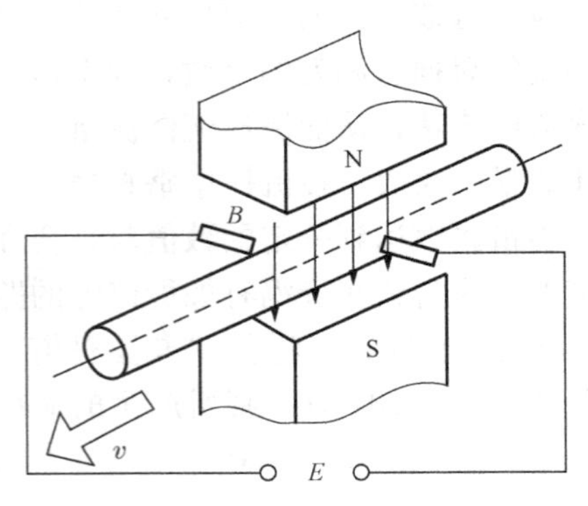

图 2-39 电磁流量变送部分计原理图

电磁流量计变送部分的原理图如图 2-39 所示。在管道两侧设置磁场（安装磁铁），以流动的液体作为切割磁力线的导体，改变了原流量计的磁场分布，由此通过产生的感应电动势（根据发电机原理）测知管道内的液体流速及流量。此感应电动势由与磁极成垂直方向的两个电极引出。当磁感应强度不变，管道直径一定时，感应电动势的大小仅与流体的流速有关，而与其他因素无关。将这个感应电动势经过放大、转换、传送给显示仪表，就能在显示仪表上读出流量。

感应电动势的方向由右手定则判断，其大小为

$$E_x = kBDv \tag{2-33}$$

式中：E_x 为感应电动势；k 为比例系数；B 为磁感应强度；D 为管道直径，即垂直切割磁力线的导体长度；v 为垂直于磁力线方向的液体流速。

体积流量 Q 与流速 v 的关系为

$$Q = Av = \frac{1}{4}\pi D^2 v \tag{2-34}$$

将式（2-34）代入式（2-33）中，得

$$E_x = \frac{4kBQ}{\pi D} = KQ \tag{2-35}$$

式中：K 为仪表常数 $K = 4kB/\pi D$，在 B、D 确定后，K 就是一个常数，这时感应电动势的大小与体积流量之间具有线性关系，因而仪表具有均匀刻度。

应用电磁流量计时，要注意以下几点。

(1) 最高工作温度：取决于管道及衬里的材料发生膨胀、形变和质变的温度，因具体仪表而有所不同，一般低于 120℃。

(2) 最高工作压力：取决于管道强度、电极部分的密封情况及法兰的规格，一般为 $1.6 \sim 2.5 \times 10^5$ Pa，由于管壁太厚会增加涡流损失，所以测量导管做得较薄。

(3) 被测流体的电导率：被测介质必须具有一定的导电性能。一般要求电导率为 $10^{-4} \sim 10^{-1}$/cm，最低不小于 50μS/cm，因此，电磁流量计不能测量气体、蒸汽和石油制品等非导

电流体的流量。

(4) 流速和流速分布：电磁流量计也是速度式仪表、感应电动势是与平均流速成比例的。而这个平均流速是以各点流速对称于管道中心的条件下求出的。因此，流体在管道中流动时，截面上各点流速分布情况对仪表示值有很大的影响。对一般工业上常用的圆形管道点电极的变送器来说，如果破坏了流速相对于导管中心轴线的对称分布，电磁流量计就不能正常工作。由于电磁流量计的总增益是有一定限度的，因而为了得到一定的输出信号，流速下限是有一定限度的，一般为 50cm/s。

(5) 安装点要远离一切磁源（如大功率电机、变压器等），不能有振动。并有良好的抗干扰能力，电磁流量计的信号比较微弱，在满量程时只有 2.5～8mV，流量很小时，输出仅有几微伏，外界略有干扰就能影响测量的精度。

(6) 使用中必须加强维护。

2.5.10 超声波流量计

超声波在静止流体和流动流体中的传播速度是不同的，顺着流体方向传播的速度也是不同的，而且随着流体流速的不同也在变化。因此，可利用超声波在液体介质中顺流和逆流传播时所产生的时间差、相位差或者频率差等计算出流体的流速、流量值，也可以采用多普勒效应的原理或利用声束偏移法计算。

图 2-40 所示为超声波流量计采用时间差法测量流量的结构示意图，图中，K_1、K_2 为两个超声波的发生器和接受器，与管道径线成 θ 角，L 为传播距离，设超声波在静止流体中的声速为 c，流体流速为 v，折合到超声波传播方向的分量为 $v \cdot con\alpha$，则有

顺流时：
$$t_1 = \frac{L}{c + v \cdot \cos\alpha} \tag{2-36}$$

逆流时：
$$t_1 = \frac{L}{c - v \cdot \cos\alpha} \tag{2-37}$$

时间差：
$$\Delta t = t_2 - t_1 = \frac{L(c + v\cos\alpha) - L(c - v\cos\alpha)}{c^2 - (v\cos\alpha)^2} = \frac{2Lv\cos\alpha}{c^2 - v^2\cos^2\alpha} \tag{2-38}$$

一般超声波在静止流体中的声速 $c = 1000\text{m/s}$，$c \gg v$，且 $v > v \cdot \cos\alpha$，$v \cdot \cos\alpha > (v \cdot \cos\alpha)^2$，故式 (2-38) 简化为

$$\Delta t = \frac{2L \cdot v \cdot \cos\alpha}{c^2} \tag{2-39}$$

$$v = \frac{c^2}{2L \cdot \cos\alpha} \cdot \Delta t \tag{2-40}$$

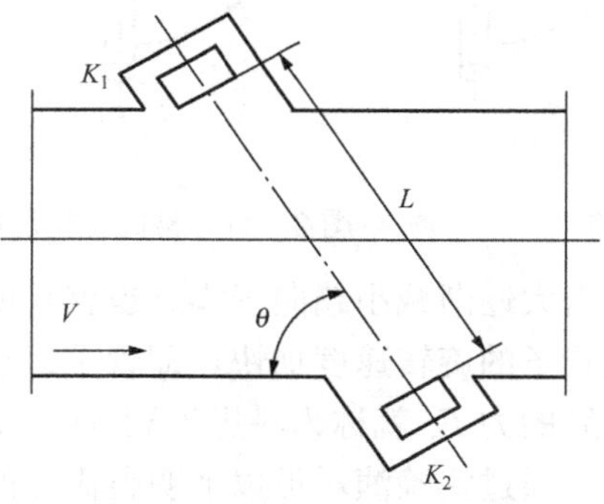

图 2-40 超声波时间差法流量测量示意图

超声波在静止流体中的声速 c 会受温度影响有变化，且 Δt 比较小，测量时按照应用要求予以补偿。

传播时间法超声流量计只能用于清洁液体和气体，不能测量悬浮颗粒和气泡超过某一范围的液体；反之多普勒法超声流量计只能用于测量含有一定异相的液体。外夹装换能器的超声流量计不能用于衬里或结垢太厚的管道，以及不能用于衬里（或锈层）与内管壁剥离（若夹层夹有气体会严重衰减超声信号）或锈蚀严重（改变超声传播路径）的管道。多普勒法超声流量计多数情况下测量精度不高，国内生产现有品种不能用于管

径小于 DN25mm 的管道。

超声波流量计是一种非接触式的流量测量仪表，在被测流体中不插入任何元件，因而不会影响流体的流动状态，也不会造成压力损失。由于超声波能够穿透金属管壁，故可将超声波换能器安装在管壁外面进行测量，这对于被测介质有毒或有腐蚀性的场合以及要求卫生标准较高的饮料等生产过程具有特殊意义。

2.5.11 质量流量计

前面介绍的各种流量计均为测量体积流量的仪表，一般来说可以满足流量测量的要求。但是，有时人们更关心的是流过流体的质量是多少。这是因为物料平衡、热平衡以及储存、经济核算等都需要知道介质的质量。所以，在测量工作中，常常要将已测出的体积流量乘以介质的密度，换算成质量流量。由于介质密度受温度、压力、黏度等许多因素的影响，气体尤为突出，这些因素往往会给测量结果带来较大的误差。质量流量计能够直接得到质量流量，这就能从根本上提高测量精度，省去了繁琐的换算和修正。

质量流量计大致可分为两大类：一类是直接式质量流量计，即直接检测流体的质量流量；另一类间接或推导式质量流量计，这类流量计是通过体积流量计和密度计的组合来测量质量流量。

1. 直接式质量流量计

直接式质量流量计的种类很多，有量热式、角动量式、差压式以及科氏力式等。其中，科氏力质量流量计最为典型。

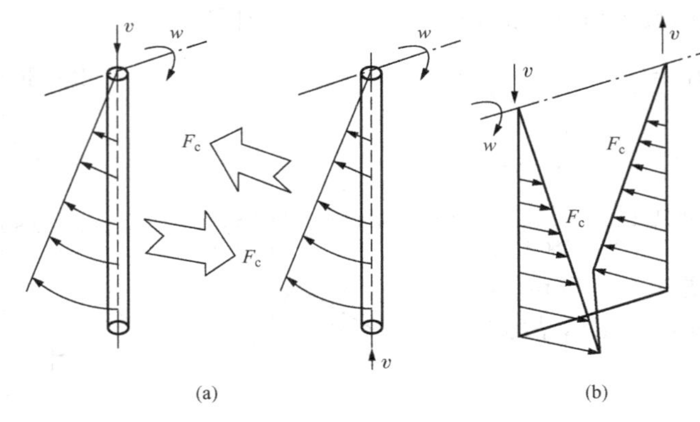

图 2 - 41 科氏力作用原理图

(1) 科氏质量流量计的工作原理。

如图 2 - 41 (a) 所示，当一根管子绕着原点旋转时，让一个质点从原点通过管子向外端流动，即质点的线速度由零逐渐加大，也就是说质点被赋予能量，随之产生的反作用力 F_c（即惯性力）将使管子的旋转速度减缓，即管子运动发生滞后。相反，让一个质点从外端通过管子向原点流动，即质点的线速度由大逐渐减小趋向于零，也就是说质点的能量被释放出来，随之而产生的反作用力 F_c 将使管子的旋转速度加快，即管子运动发生超前。这种能使旋转着的管子运动速度发生超前或滞后的力 F_c 就称为科里奥利（Coriolis）力，简称科氏力。

通过实验演示可以证明科氏力的作用，将绕着同一根轴线以同相位旋转的两根相同的管子外端用同样的管子连接起来，如图 2 - 41 (b) 所示。当管子内没有流体时，连接管与轴线是平行的，而当管子内有流体流过时，由于科氏力的作用，两根旋转管发生相位差（质点流出侧相位领先于流入侧），连接管就不再与轴线平行。管子的相位差大小取决于管子变形的大小，而管子变形的大小仅取绝于流经管子的流体质量的大小。这就是科氏质量流量计的原理，是利用相位差来反映质量流量的。

不断旋转着的管子只能在实验室里做模型，而不能用于实际生产现场。在实际应用中是将管子的圆周运动轨迹切割下一段圆弧，使管子在圆弧里反复摆动，即将单向旋转运动变成双向振动，则连接管在没有流量时为平行振动，而在有流量时就变成反复扭动。要实现管子振动是非常方便的，即用激磁电流进行激励。而在管子两端利用电磁感应分别取得正弦信号1和2，两个正弦信号相位差的大小就直接反映出质量流量的大小，如图2-42所示。

利用科氏力构成的质量流量计，其形式有直管、弯管、单管、双管之分。图2-43所示为双管弯管型结构示意图。两根金属U形管与被测管路由连通器相接，流体按箭头方向分为两路通过。在A，B，C三处各有一组压电换能器，其中，A利用逆压电效应，B和C处利用正压电效应。A处在外加交流电压下产生交变力，使两个U形管彼此一开一合地振动，B和C处分别检测两管的振动幅度。B位于进口侧，C位于出口侧。根据出口侧相位领先于进口侧相位的规律C，输出的交变电信号领先于B某个相位差，此相位差的大小与质量流量成正比。若将这两个交流信号相位差经过电路进一步转换成直流4～20mA的标准信号，就成为质量流量变送器。

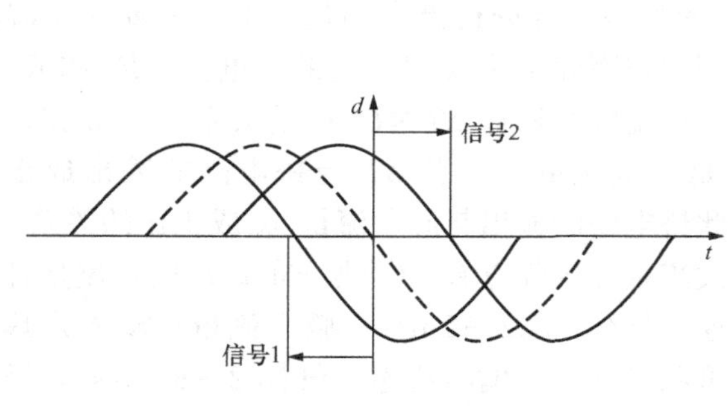

图2-42　管子两端信号示意图

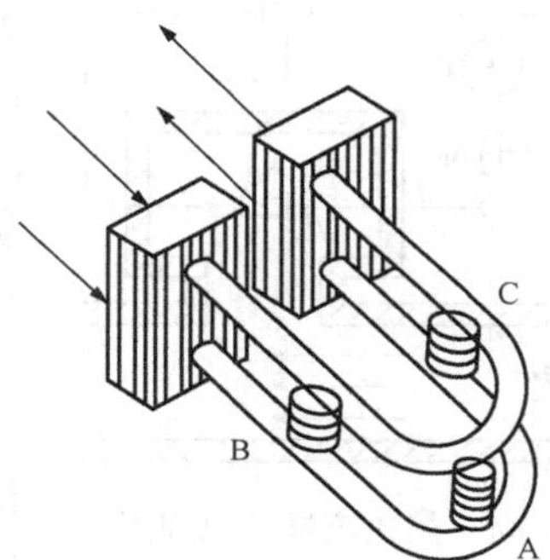

图2-43　双弯管型结构示意图

(2) 科氏质量流量计的优点。

科里奥利质量流量计直接测量质量流量，与被测介质的温度、压力、密度、黏度变化无关。可测量流体范围广泛，包括高黏度液的各种液体、含有固形物的浆液、含有微量气体的液体、有足够密度的中高压气体。测量管的振动幅小，可视作非活动件，测量管路内无阻碍件和活动件，因此具有很好的可靠性。对应流速分布不敏感，因而无上下游直管段要求。测量值对流体黏度不敏感，流体密度变化对测量值的影响微小。可做多参数测量，如同期测量密度，并由此派生出测量溶液中溶质所含的浓度。科里奥利质量流量计具有很高的测量精度，可达±0.1%～±0.2%；还具有很宽的量程比，最高可达1∶100。

(3) 科氏质量流量计的缺点。

科氏质量流量计零点不稳定形成零点漂移，影响其精确度的进一步提高，使得许多型号仪表只得采用将总误差分为基本误差和零点不稳定度两部分。它不能用于测量低密度介质和低压气体；液体中含气量超过某一限值会显著影响测量值。质量流量计对外界振动干扰较为敏感，为防止管道振动影响，大部分型号的科氏质量流量计的流量传感器安装固定要求较高。不能用于较大管径，目前尚局限于150（200）mm以下。测量管内壁磨损腐蚀或沉积结垢会影响测量精确度，尤其对薄壁管测量管的质量流量计更为显著。压力损失较大，与容积式仪表相当，有些型号质量流量计甚至比容积式仪表大100%。大部分型号质量流量计重量和体积较大，价格昂贵，国外价格约为同口径电磁流量计的2～5倍，国内价格约为同口径电磁流量计的 2～8 倍。

2. 热式质量流量计

热式质量流量计是利用传热原理，即流动中的流体与热源（流体中加热的物体或测量管外加热体）之间热量交换关系来测量流量的仪表，目前多用于测量气体。热式流量仪表主要有两类：一类是利用流动流体传递热量改变测量管壁温度分布的热传导分布效应的热分布式流量计；另一类是利用热消散（冷却）效应的金氏定律流量计。由于结构上检测元件伸入测量管内，也称浸入型或侵入型流量计。

热式流量计利用管路壁面的强制热传递与管内的质量流量计大致成正比的性质来测量质量流量。另外，在原理上，质量流量计的测量单位是“质量/时间”，流体为气体的情况，为方便起见，常用“标准状态体积/时间”。

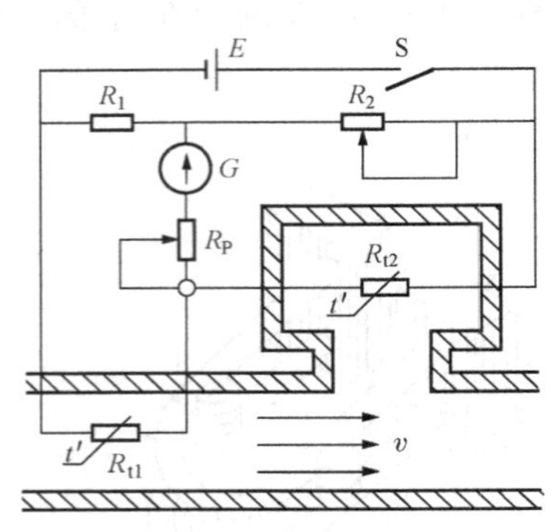

图 2-44 热式流量计原理图

图 2-44 所示为热式流量计原理示意图，在没有流体流动的情况下，R_{t1}、R_{t2} 的温度均相同。有流体流动的情况下 R_{t1} 的热量被热气带走，因此温度会下降。通过测量 R_{t1}、R_{t2} 的温差，可进行流量测量。由于需要测量温度差的微小变化，因此采用 R_{t1} 和 R_{t2} 的桥电路。R_{t1} 和 R_{t2} 的温度差 ΔT 与流量之间有 $\Delta T \propto C_p q_m$ 的关系。C_p 是定压比热容，q_m 是质量流量。由于 ΔT 与桥电路的输出成正比关系，因此桥电路的输出与质量流量 q_m 成正比的关系。

热式流量计的优点有：①热分布式热质量流量计可测量低流速（气体 0.02～2m/s）微小流量；浸入式热质量流量计可测量低、中偏高流速（气体 2～60m/s），插入式热质量流量计更适合于大管径；②无活动部件，无分流管的热分布式仪表无阻流件，压力损失很小，带分流管的热分布式仪表和浸入性仪表，虽在测量管道中置有阻流件，但压力损失也不大；③性能可靠，与推导式质量流量仪表相比，不需温度传感器、压力传感器和计算单元等，仅有流量传感器，组成简单，出现故障概率小；④热分布式仪表用于 H_2、N_2、O_2、CO、NO 等接近理想气体的双原子气体，不必用这些气体专门标定，直接就用空气标定的仪表，实验证明差别仅 2%左右，用于 Ar、He 等单原子气体则乘系数 1.4 即可，用于其他气体可用比热容换算，但偏差可能稍大些；⑤气体的比热容会随着压力温度而变，但在所使用的温度压力附近不大的变化可视为常数。

热式流量计的缺点和局限性有：热式质量流量计响应慢。被测量气体组分变化较大的场所，因 C_p 值和热导率变化，测量值会有较大变化而产生误差，对小流量而言，仪表会给被测气体带来相当热量。对于热分布式热质量流量计，被测气体若在管壁沉积垢层影响测量值，必须定期清洗；对细管型仪表更有易堵塞的缺点，一般情况下不能使用。对脉动流在使用上将受到限制。

3. 间接式质量流量计

这类仪表是由测量体积流量的仪表与测量密度的仪表配合，通过运算间接得出质量流量。推导式质量流量计是一种间接式质量流量计，由容积流量计测量出流体的体积流量，由温度传感器测得该流量点的温度值，通过密度计查得相应于温度值的密度，与体积流量换算而得到质量流量。这类流量计有双孔板质量流量计、角动量式质量流量计等，可以通过测得

其密度 ρ 和体积流量 Q_v，计算得到 Q_m。

2.5.12　流量计的选择

在选择流量计前，必须明确流量计的流量测量点，而选择流量点是有规则的。以下是在选择流量点时应注意的问题：①在管件较多的部位不宜作为流量测量点；②在管道弯径处不宜作为流量测量点；③常规下在管道垂直段不宜作为流量测量点；④在有效直管段达到管径 D 的 $10D$～$20D$ 的中点处可作为流量测量点；⑤流量测量点的部位应该适宜安装、维护以及在流量计安装后易于读数等。

确定了流量测量点后，再选择流量计，则必须明确以下要求：①明确被测介质的“一切”理化特性和变化；②明确生产的“一切”要求；③明确流体管道的“一切”参数；④明确流量计运行的“一切”条件；⑤明确安全性、可靠性。选择流量计时要注意的事项比较多，常规而言，可以先明确流体介质的形态、理化特性、变化量程以及流量计选用的用途（指示、记录、积算或控制）、工况条件和价格。选择流量计还可参照表 2-7 所示的流量计原理。

表 2-7　　流量计及其工作原理

接触式测量	差压式流量计	节流元件前后的差压与流量（流速）成平方根关系
	浮子/转子流量计	浮子（转子）所处的位置高度与流量基本成线性关系
	容积式流量计	运动元件的转速与流体连续排出量成比例关系
	速度式流量计	叶轮的转速与流量（流速）成比例关系
	靶式流量计	靶上的冲击力与流量成平方根关系
	旋进式旋涡流量计	旋涡进动频率与流量（流速）成比例关系
	涡列式旋涡流量计	旋涡产生频率与流量（流速）成比例关系
	冲量式固体粉料流量计	检测板上冲击力与流量成比例关系
	直接式质量流量计	动量（动量矩）与质量流量成比例关系
	推导式质量流量计	体积流量经密度补偿或温度、压力补偿求得质量流量
非接触式测量	电磁流量计	感应电动势与流量（流速）成比例关系
	热式流量计	测温元件前后的温度差与流量成比例关系
	超声波流量计	超声波在流体中传播的时间差、相位差或频率差与流量（流速）成比例
	电容式流量计	电极处电容变化与流量（流速）成比例关系
	电导式流量计	电极处电导率变化与流量（流速）成比例关系
	相关流量计	媒介物移动速度与流量（流速）成比例关系
	激光多普勒流量计	散射光与参比光之间的多普勒频率与流速成比例关系
	核磁共振式流量计	弛豫时间或共振振幅与流量（流速）成比例关系
	核辐射式流量计	信号振幅、离子云在测量导管中移动时间或辐射线束调制频率与流速成比例关系

2.6　物位检测仪表

2.6.1　基本概念

物位检测仪表包括液位计、料位计和界面计。在容器中液体介质的高低叫液位，容器中固体或颗粒状物质的堆积高度叫料位。测量液位的仪表叫液位计，测量料位的仪表叫料位计，而测量两种密度不同且不相容的液体介质的分界面的仪表叫界面计。

物位测量在现代工业生产自动化中具有重要的地位。随着现代化工业设备规模的扩大和集中管理，特别是计算机投入运行以后，物位的测量和远传显得更为重要。

通过物位的测量，可以正确获知容器设备中所储物质的体积或质量；监视或控制容器内的介质物位，使它保持在工艺要求的高度，或对它的上、下限位置进行报警. 以及根据物位来连续监视或控制容器中流入与流出物料的平衡。所以，一般测量物位有两个目的，一是对物位测量的绝对值要求非常准确，借以确定容器或储存库中的原料、辅料、半成品或成品的数量；二是对物位测量的相对值要求非常准确，要能迅速正确反映某一特定水准面上的物料相对变化，用以连续控制生产工艺过程，即利用物位仪表进行监视和控制。

工业生产中对物位仪表的要求多种多样，主要有精度、量程、经济和安全可靠等方面。其中首要的是安全可靠。测量物位仪表的种类很多，按其工作原理可分为直读式物位仪表、差压式物位仪表、浮力式物位仪表、电磁式物位仪表、核辐射式物位仪表、声波式物位仪表和光学式物位仪表等。

物位检测仪表在应用中主要特点包括：①一般只需要上下限。较多的工业对象对储存容器内的液面高度不需要精确了解，只要保证液面高度不可高出其上限值而发生溢出，或者低于下限值而导致生产受阻。②一般测量的范围有限。从整体而言，可测量小至微米级到常规的米制乃至几十米。但作为一个具体物位测量仪表，相对量程范围不大，如料场原材料堆放，以“米”为单位，不会精确到毫米级。③一般可以测量任何介质的物位。对介质本身的理化特性考虑的可以少一些，如高温介质、高压介质、矿石、化工介质等。④一般精度要求不高。如固体料场的原材料堆放，它根本就不可能按照理想状态呈圆锥形堆积，有洒落、有塌泄、有受潮后的凝固体等；另外对于液体介质的液平面，不可能实现镜面状的等高数据，它会波动。⑤一般均为露天安装。⑥一般测量为不连续测量，尽管可以连续测量，但大多数工业领域的实际应用，并非需要连续测量方式，物位的变化率比较缓慢，断续测量即可。⑦一般工作环境比较恶劣，温度、湿度、粉尘、烟雾、磁场、振动、化学因素以及霉菌、虫咬等，许多要素非室内型仪表所比。

2.6.2 直读式物位仪表

直读式物位仪表的主要特点是用户可以直接通过玻璃管（玻璃管式物位仪表）、或玻璃板（玻璃板式物位仪表）观察介质的物位变化。在玻璃管（板）上标以刻度，就可以直接通过刻度反映（读出）介质的实际物理位置。因此这类仪表也称为直读式物位仪表。这类仪表只需要“看到”介质的高度，操作人员直接通过刻度尺读取介质高度。

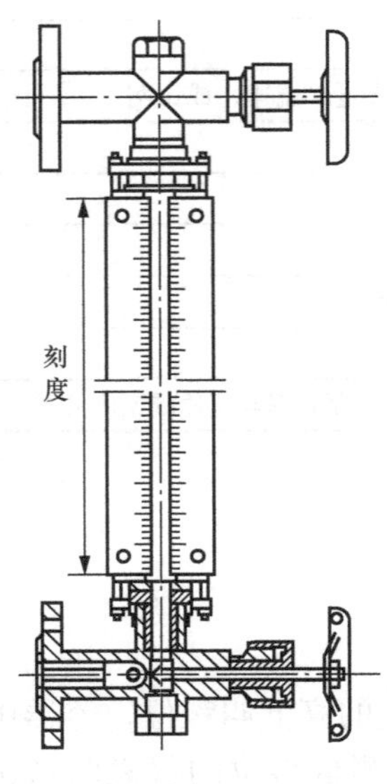

图 2 - 45 直读式液位计

直读式物位仪表精度要求不高，工作介质的高度在一定的范围即可。图 2 - 45 所示为是工业中常用的将介质高度通过引导管传送到等高的带刻度的玻璃管直读式液位计。

2.6.3 压力式物位仪表

压力式物位仪表有压力式、吹气式和差压式三个类型。根据实际的物位仪表，主要有：①应变片式物位仪表，应用应力原理，采用应变片，根据应变片的阻值变化率反映出介质物位的变化。这类仪表可以测液位、料位。②压力式物位仪表，应用压力与介质高度的函数关系，根据压力变化反映出物位的变化。这类仪表可以测液位、料位。③差压式物位仪表，根据两种介质所产生的不同压力值，得出其压差的大小，反映了两种介质相界面的变化，这类仪表可以测液位及相界面。

差压式物位仪表原理如图2-46所示，利用容器内的液位改变时，由液柱产生的静压也相应变化的原理而工作的。将差压变送器的一端接液相，另一端接气相，设容器上部为干燥气体，其压力为p，则有

$$\Delta p = p_B - p_A = \rho_1 g H \tag{2-41}$$

式中：H为液位高度；ρ_1为介质密度；g为重力加速度。

通常被测介质的密度是已知的。差压变送器测得的差压与液位高度成正比。这样就把测量液位高度转换为测量差压的问题了。

在使用差压变送器测量液位时，其压差Δp与液位高度H之间的关系见式（2-41），这就属于一般的“无迁移”情况。当$H=0$时，作用在正、负压室的压力是相等的。但在实际应用中，往往H与Δp之间的对应关系还存在变化。

负迁移示意图如图2-47所示，为防止容器内液体和气体进入变送器而造成管线堵塞或腐蚀，并保持负压室的液柱高度恒定，在变送器正、负压室与取压点之间分别装有隔离罐，并充以隔离液。若被测介质密度为ρ_1，隔离液密度为ρ_2（通常$\rho_2>\rho_1$），这时正、负压室的压力分别为

$$p_B = \rho_2 g h_1 + \rho_1 g H + p_0 \tag{2-42}$$

$$p_A = \rho_2 g h_2 + p_0 \tag{2-43}$$

$$\Delta p' = \Delta p - \rho_2 g (h_2 - h_1) = \Delta p - \Delta p_0 \tag{2-44}$$

式中：$\Delta p'$为交叠器正、负压室的压差；H为液位高度；h_1为正压室隔离罐液位到变送器高度；h_2为负压室隔离罐液位到变送器高度。

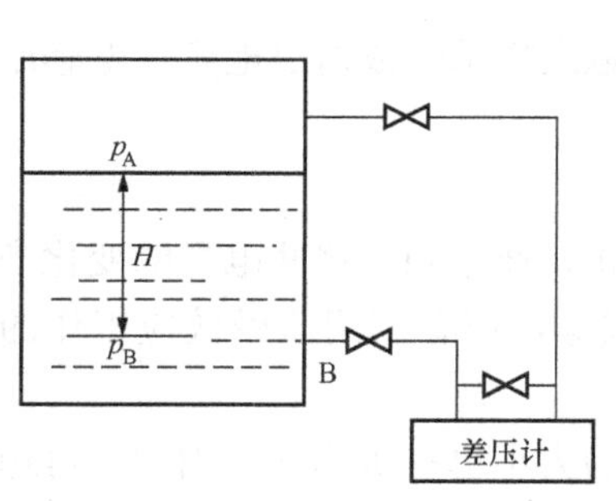

图2-46　差压式液位计原理图

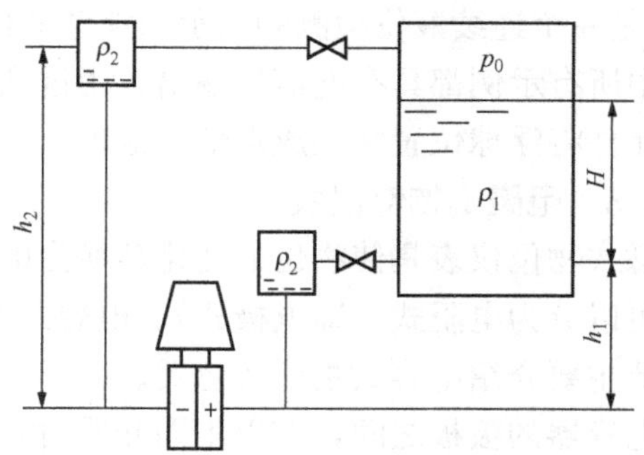

图2-47　负迁移示意图

当$H=0$时，$\Delta p_0=\rho_2 g$（h_2-h_1），与无迁移情况相比，相当于在负压室多了一项压力Δp_0。对于DDZ-Ⅲ型差压变送器，无迁移时对应$H=0$∶$\Delta p=0$及H_{max}∶Δp_{max}的信号输出为4～20mA DC。但是有迁移时，对照式（2-41）和式（2-44）可知，由于有固定差压Δp_0的存在，在$H=0$时，变送器的输入小于0，其输出必定小于4mA；同理，H_{max}时输出必定小于20mA。

为了使仪表的输出能正确反映出液位的数值，也就是使液位的零值与满量程能与变送器输出的上、下限值相对应，即通过零点迁移，抵消Δp_0，使差压变送器的输入为$0\sim H_{max}$。

迁移同时改变了测量范围的上、下限，相当于测量范围的平移，它不改变量程的大小。

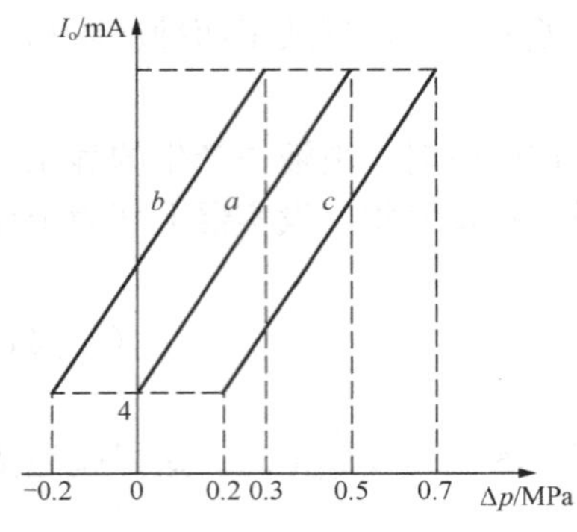

图 2 - 48 零点迁移示意图

例如，某差压变送器的测量范围为 0～0.5MPa，当压差由 0 变化到 0.5MPa 时，变送器的输出将由 4mA 变化到 20mA，这是无迁移的情况，如图 2 - 48 中曲线 a 所示。当有迁移时，假定固定压差为 $\Delta p_0=0.2$MPa，实际范围变为−0.2～0.3MPa，对应变送器的输出 4～20mA，维持原来的绝对量程 0.5MPa 不变，只是向负方向迁移了一个固定压差值=0.2MPa。

上述情况称为负迁移，也有正迁移的情况，图 2 - 47 中的容器顶部直接接大气，$p_A=p_0$：

$$\Delta p''=\Delta p+\rho_2 gh_1=\Delta p+\Delta p'_0 \tag{2 - 45}$$

当 $H=0$ 时，正压室多了一项附加压力 $\Delta p'$。同理，变送器输出和输入压差之间的关系，就如同图 2 - 48 中曲线 c 所示。

2.6.4 浮力式物位仪表

浮力式物位仪表的工作原理是：浮球高度会随液位变化而改变，或液体对浸沉于液体中的浮球（或称沉筒）的浮力会随液位高度而变化。它又可分为浮球带钢丝绳（或钢带）的、浮球带杠杆的和沉筒式的几种。其中沉筒式物位仪表采用的沉筒作为一种“浮球”，根据送入沉筒内的介质量，使沉筒在水面上高度的变化，测得介质的参数。

图 2 - 49 所示为关于浮球是液位计及其液位开关的几个应用示例。其中，图（a）是一个液位上限开关型装置，液位达到上限立刻关闭输入；图（b）具有上下限的液位开关；图（c）是液位的多层控制模式，可理解上下限报警及其中间工作区；图（d）是具有上下限（2 个三角）设置、通过浮球作连续液位检测系统，这类应用较多，类似有汽车油箱油位监测；图（e）是一个连续液位检测和显示的浮球液位计。

图中所有示例都具有电信号输出，用过到位开关触发指示灯或通过电容、电感或电位器等电子元件将浮球位置转换成点信号输出。

2.6.5 电磁式物位仪表

电磁式物位仪表是使物位的变化转换为电量的变化，通过测出这些电量的变化来测知物位。它可以分为电阻式（即电极式）、电容式和电感式等，还有利用压磁效应工作的物位仪表。本节主要介绍电容式物位传感器。

在电容器的极板之间，充以不同介质时，电容量的大小也有所不同。因此，可通过测量电容量的变化来检测液位、料位和两种不同液体的分界面。图 2 - 50 所示是由两个同轴圆柱极板 1，2 组成的电容器，在两圆筒间充以介电系数为 ε 的介质时，则两圆筒间的电容量为

$$C=\frac{2\pi\varepsilon L}{\ln\dfrac{D}{d}} \tag{2 - 46}$$

式中：L 为两极板相互遮盖部分的长度；d，D 分别为圆筒形电容器内电极外径和外电极内径；ε 为中间介质的介电常数。

当 D 和 d 一定时，电容量 C 的大小与极板的长度 L 和介质介电常数 ε 的乘积成正比。这样，将电容传感器（探头）插入被测物料中，电极浸入物料中的深度随物位高低变化，必然引起其电容量的变化，从而可检测出物位值。

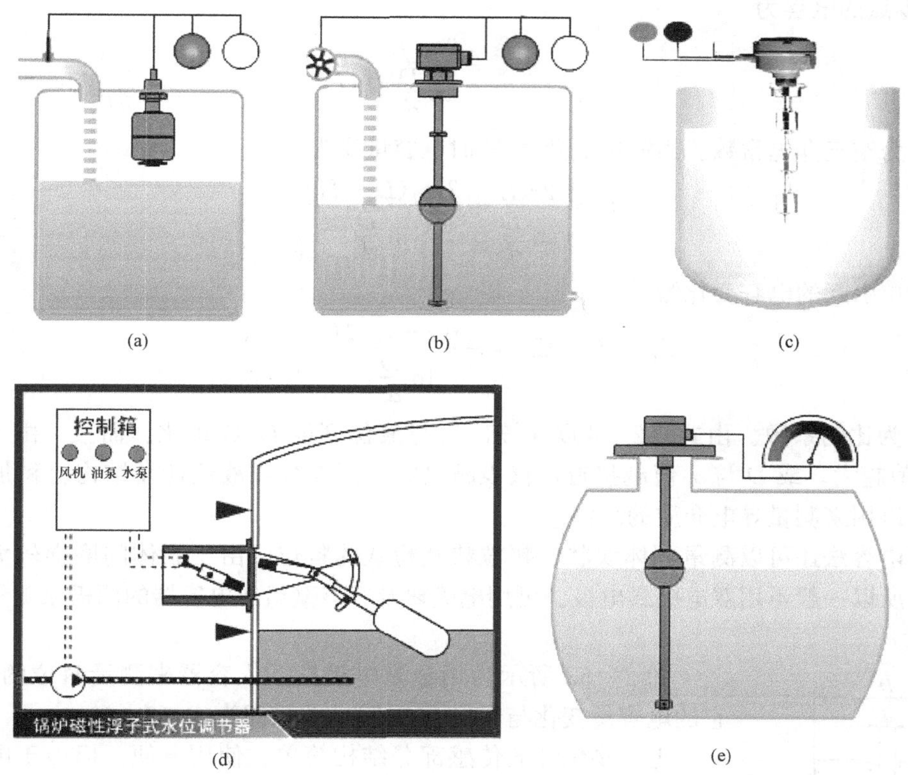

(a) (b) (c) (d) (e)

图 2-49 浮球式液位计和液位开关应用图例

(a) 小型浮球液位开关；(b) 连杆浮球液位开关（一球两点）；(c) 连杆浮球液位开关（多点）；(d) 侧装浮球液位开关；(e) 浮球液位计

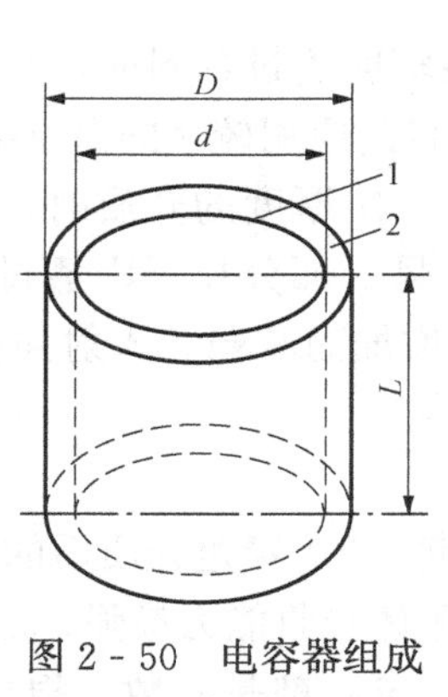

图 2-50 电容器组成

1、2—同轴圆柱极板

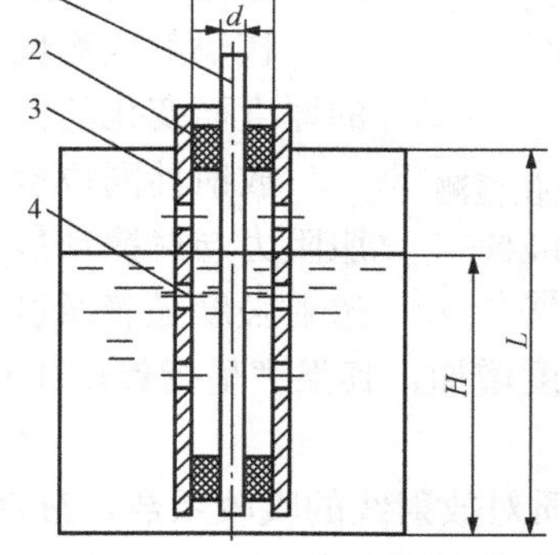

图 2-51 非导电介质液位测量原理图

1—内电极；2—外电极；3—绝缘套；4—流通小孔

对非导电介质的电容式液位测量原理如图 2-51 所示。它由内电极 1 和一个与它相绝缘的同轴金属套筒做的外电极 2 所组成，外电极 2 上开很多流通小孔 4，能使介质流进电极之间，内外电极用绝缘套 3 绝缘。当液位为零时，仪表调整零点（或在某一起始液位调零也可

以)，其零点的电容为

$$C_0 = \frac{2\pi\varepsilon_0 L}{\ln\frac{D}{d}} \tag{2-47}$$

式中：ε_0 为空气介电常数。当液位上升为 H 时电容量变为

$$C = \frac{2\pi\varepsilon L}{\ln\frac{D}{d}} + \frac{2\pi\varepsilon_0(L-H)}{\ln\frac{D}{d}} \tag{2-48}$$

由液位引起的电容变化为

$$C_x = C - C_0 = \frac{2\pi(\varepsilon-\varepsilon_0)H}{\ln\frac{D}{d}} = KH \tag{2-49}$$

式中：K 为比例系数。由式（2-49）可知 C_x 与液位高度 H 成正比。而且，由 K 可知，($\varepsilon-\varepsilon_0$）值越大，或 D 与 d 值越接近，仪表越灵敏。而电容式液位计在结构上稍加改变以后，也可以用来测量导电介质的液位。

采用电容法还可以测量固体块状、颗粒状及粉状的料位。由于固体间磨损较大，容易“滞留”，所以一般不用双电极式电极。可用电极棒及容器壁组成电容器的两极来测量非导电固体料位。

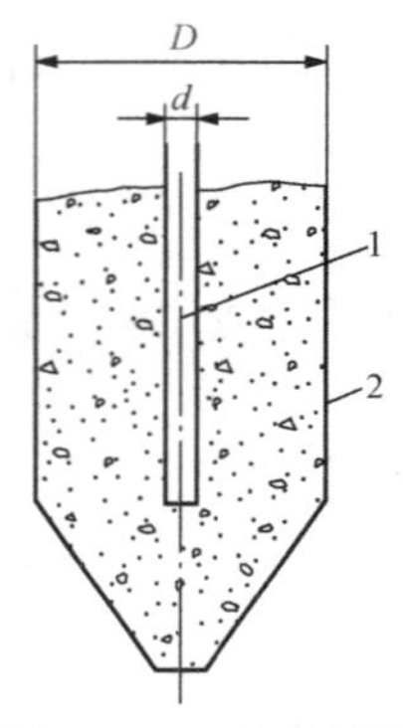

图 2-52　料位检测
1—金属棒内电极；
2—容器壁

图 2-52 所示为用金属电极棒插入容器来测量料位的示意图，它的电容量变化与料位 H 升降的关系即为式（2-49）。

电容物位计的传感部分结构简单、使用方便。但由于电容变化量不大，要精确测量，就需借助于较复杂的电子线路才能实现。此外，还应注意介质浓度、温度变化时，其介电系数要发生变化这一情况，以便及时调整仪表，达到预想的测量目的。

2.6.6　核辐射式物位仪表

核辐射式物位仪表是利用核辐射透过物料时，其强度随物质层的厚度而变化的原理而工作的，目前应用较多的是 γ 射线。

放射性同位素的辐射线射入一定厚度的介质时，部分粒子因克服阻力与碰撞动能消耗被吸收，另一部分粒子则透过介质。射线的透射强度随着通过介质层厚度的增加而减弱。入射强度为 I_0 的放射源，随介质厚度增加，其强度呈指数规律衰减，其关系为

$$I = I_0 e^{-\mu H} \tag{2-50}$$

式中：μ 为介质对放射线的吸收系数；H 为介质层的厚度；I 为穿过介质后的射线强度。

不同介质吸收射线的能力是不一样的。一般说来，固体吸收能力最强，液体次之，气体则最弱。当放射源已经选定，被测的介质不变时，则 I_0 与 μ 都是常数，根据式（2-50），只要测定通过介质后的射线强度 I，介质的厚度 H 就知道了。介质层的厚度，在此处是指液位或料位的高度，这就是放射线检测物位法。

核辐射物位计的原理示意图如图 2-53 所示。辐射源 1 射出强度为 I_0 的射线，接受器 2 用来检测透过介质后的射线强度 I，再配以显示仪表就可以指示物位的高低了。

这种物位仪表由于核辐射线的突出特点，能够透过钢板等各种物质，因而可以完全不接

触被侧物质，适用于高温、高压容器、强腐蚀、剧毒、有爆炸性、黏滞性、易结晶或沸腾状态的介质的物位测量，还可以测量高温融熔金属的液位。由于核辐射线特性不受温度、湿度、压力、电磁场等影响，所以可在高温、烟雾、尘埃、强光及强电磁场等环境下工作。但由于放射线对人体有害，它的剂量要加以严格控制，所以使用范围受到一定限制。

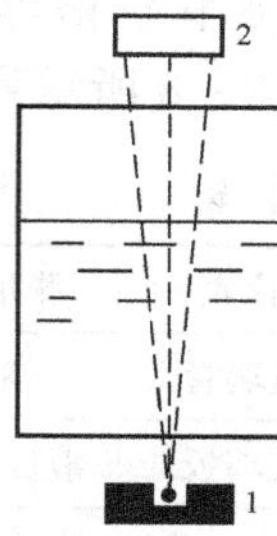

图 2-53　核辐射物位计原理图

1—辐射源；2—接受器

2.6.7　声波式物位仪表

声波式物位仪表是由于物位的变化引起声阻抗的变化、声波的遮断和声波反射距离的不同，测出这些变化就可测知物位。所以声波式物位仪表可以根据它的工作原理分为声波遮断式、反射式和阻尼式。

超声波液位计是近期应用越来越广的液位测量仪表，包括雷达式液位计等具有的突出优点是：①可以用来连续测量腐蚀性液体、高黏度液体和有毒液体的液位。②它没有可动部件、不接触介质、没有测量盲区，而且测量精度几乎不受被测介质的温度、压力、相对介电常数的影响，在易燃易爆等恶劣工况下仍能应用。超声波液位计的工作原理如图 2-54 所示。

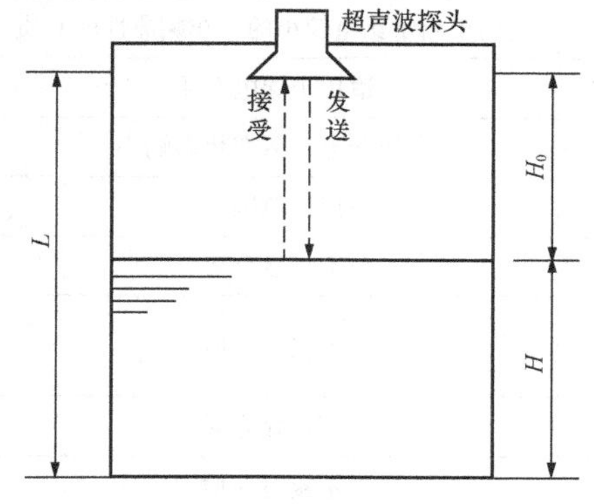

图 2-54　超声波液位计示意图

设超声波声波速度为 c，超声波从发送器发送到接收器接受所需时间为

$$t = \frac{2H_0}{c} \tag{2-51}$$

液位实际高度 H 为

$$H = L - H_0 \tag{2-52}$$

由式（2-51）和式（2-52）可得

$$H = L - \frac{c}{2}t \tag{2-53}$$

只要测得超声波从发送器发送到接收器接受所需时间，就可以计算出液位高度。

2.6.8　光学式物位仪表

光学式物位仪表是利用物位对光波的遮断和反射原理工作，它利用的光源可以是普通白炽灯光或红外光、激光等。由于光波速太快，实际用于测量工业中只有“米”数量级的物位应用较少。采用该光学方法进行测距已经有较多的事例。

2.6.9　物位仪表的选择与应用

选用物位检测仪表，必须考虑到以下诸多问题：①了解被测对象的变化量程、理化特性、表现形式及其存放方式等。对于液体，要了解温度、压力、比重、黏度、黏附性、液体中的气泡现象、液体内部的悬浮物、介电常数、电导率以及液体在实际工况下的变化速率等。对于固体，要了解温度、压力、比重、黏附性、含水量、固体颗粒的大小以及固体在实际工况下的变化速率等。②了解介质的安全性，决定仪表是否防腐、防爆、防燃等，防爆时确定防爆等级。③了解测量量程、精度等仪表参数。④了解仪表的工作环境。⑤了解物位仪表的显示方式。⑥了解物位仪表的安装方式和维护要求。⑦物位仪表的外观和价格等。

表2-8所示列举了目前物位检测仪表的基本参数和使用条件，仅供参考。

表2-8　物位检测仪表的基本参数和使用条件

物位仪表		测量对象	位移距离	环境条件	使用特点
直读式	玻璃管式	液位	1.5m	常压，＜150℃	直观
	玻璃板式	液位，料位	3m	＜4MPa，＜150℃	直观
压力式	压力式	液位，料位	50m	常压，＜200℃	适用大量程，开口容器
	吹气式	液位	16m	常压，＜200℃	适用黏性液体
	差压式	液位，相界面	25m	40MPa，＜200℃	法兰式可测黏性液体
浮力式	浮力式	液位，相界面	2.5m	1.6MPa，＜150℃	受环境温度影响大，对强光、灰尘影响小
	翻板式	液位	2.4m	6.4MPa，－20～120℃	指示明显
	沉筒式	液位，相界面	2.5m	32MPa，＜200℃	受环境温度影响大，对强光、灰尘影响小
	随动式	液位，相界面	20m	常压，＜100℃	测量范围大，精度较高
机械接触式	重锤式	料位，相界面	23m	常压，＜500℃	受外界影响小，但重锤容易被介质卡住
	旋翼式	料位	由安装决定	常压，＜80℃	受外界影响小，但旋转体容易被介质卡住
	音叉式	液位，料位	由安装决定	1MPa，＜120℃	适用于测量比重较小的、非黏滞性的介质
电测式	电阻式	液位，料位	数十米	常压，＜200℃	适用于导电介质
	电感式	液位	5m	6.4MPa，＜100℃	介质介电常数变化影响小
	电容式	液位，料位	数十米	32MPa，－200～200℃	使用范围广
非接触式物位仪表	超声波式	液位，料位	30m	常压，＜200℃	不接触介质
	核辐射式	液位，料位	20m	压力由容器决定，＜1000℃	不接触介质
	光学式	液位，料位	由仪表决定	常压，＜1500℃	不接触介质
	热学式	液位，料位	由仪表决定	常压，＜80℃	不接触介质

在对一个具体的介质进行物位测量时，会有许多方法，用户根据自己的要求、系统的要求，进行各种选择。例如，测量一幢建筑物高度已经是固定的，根据物位仪表的特点以及测量物位的各种原理，测量该高度可以选用以下方法：

（1）估算方法。若精度要求不高，根据自己身高直接估算，一般误差在“米”数量级。

（2）调研方法。去建筑设计单位调研，问相关技术人员等，所得到的数据是比较精确的。

（3）人工测量法。①用一绳，绳的一端系一个重物，从建筑物顶端垂下绳子，以绳子一端接触底部为止，再用“尺”量。②若是多层建筑，而且每层高度一致，则可以测出一层的高度，然后测量值乘上层数即可。③当一个人为了测量建筑物高度，携带着测量工具气喘吁吁地拾级到顶部时，实际上测量工作就可以完成了。计数楼梯的数量，乘上单个台阶的高度就是结果。④用皮尺和单位长度的标尺杆或任何一个已知长度的短棒，在一个有太阳的日子，选取一个与建筑物同海拔的底部的测量点，竖起标尺杆测竖起点到其投影点的长度，然后在同一时刻获取建筑物的投影长度，一个相似三角形就可以获得其高度。⑤自由落体是高度和时间成函数关系的方法。⑥若有建筑物的照片，可以直接在照片上测得其高度；然后选取照片上比较明显的建筑结构，如门窗等，获得照片上的门窗尺寸与实际建筑物相应门窗尺寸比，实际建筑物的高度就可以算得。

(4) 仪表法，包括上述各类仪表。

2.7 机械量检测仪表

2.7.1 基本概念

机械运动是各种复杂运动的基本形式，表征这些机械运动的物理参数统称为机械量。机械量检测仪表种类多，一个参数就是一个仪表，如测速度的（直线）速度仪、转速仪、加速度仪等，振动则有振频、振幅、相位等。按照可检测类型，机械量归纳表见表2-9。

机械量检测仪表的基本结构比较单一，一般其信号流程为机械量对象→传感器→信号拾取→信号处理→信号转换→显示。结合表2-9，流程中的传感器能否正确选择是机械量检测仪表的关键；信号拾取和处理是机械量检测仪表品质的关键，目前这方面的工作已经有不少成熟的电路、集成电路和智能器件。

表2-9　　机械量归纳表

机械量	实际内容
力	拉力、推力、张力、扭力、扭矩、转矩等
振	振幅、振频、振动相位、减振器等
动	匀速、变速、瞬时速度、线性加速度；有角速度、角加速度；有转速等
尺	固体、箱体等的几何尺寸，有长、宽、厚、薄等
移	物体的直线性位移和角位移
秤	物体的重量、质量等
度	物体外观和机械特性，有圆度、椭圆度、硬度、光洁度、镜面度、抗拉强度等

2.7.2 机械量检测技术

表2-10～表2-16总结了各类机械量检测时所匹配的传感器。

表2-10　　位移检测仪表

匹配的传感器		可测对象	备注
模拟式传感器	电阻式传感器	0～1mm，±0.01mm	电位器式
		−0.03～+0.03mm，0～100mm，±1.5%	应变片式
	电容式传感器	−0.05～+0.05mm，±1.0%	变极距式
		0～250mm，±0.01%	变面积式
	电感式传感器	0～100mm，±1.0%	电涡流—阻抗式
		0～1.5mm，±2.5%	电涡流—电感式
		0～0.1mm，±2.0%	自感—变气隙式
		±125mm，±0.1～0.5%	自感—差动螺旋管式
		±625mm，2.0%	互感—差动变压器式

续表

匹配的传感器		可 测 对 象	备 注
模拟式传感器	光电式传感器	±10mm，±1.0%	非扫描式
		0～970mm，±4.0%	扫描式
		0～1500mm，±0.5%	线阵 CCD
数字式传感器	光电式传感器	直光栅传感器	
		莫尔条纹光栅传感器	
	磁电式传感器	磁栅传感器	
	压电式传感器	感应同步器	
		光码盘	
	电容式传感器	容栅传感器	

表 2-11　　厚度检测仪表

匹配的传感器	可 测 对 象	备 注
一般为厚度平均值，测板材、带材、管材等，涂层、镀层等		
电感式传感器	0.1～0.5mm	自感式
	0.15～4.99mm	高频涡流
电容式传感器	0～0.5mm	带材
微波式传感器	0.1～6mm	含冷轧金属带材
超声波式传感器	0～30mm	高温钢板
射线式传感器	500～6000g/m^2	β射线，90sr
	3～70g/m^2 镀层	β射线，85kr
	0.2～3.999mm 钢板	β射线，241Am
	8～50mm 钢板	γ射线，137Cs
	0.1～3.95mm，1～20mm 钢板	χ射线

表 2-12　　力、重量检测仪表

匹配的传感器	可 测 对 象	备 注
应变式传感器	力、压力、质量	
磁弹性式传感器	张力、轧（制）力	
电容式传感器	轧（制）力，张力、力	位移
压电式传感器	振动，短时间作用的静力、动力	机械阻抗
振弦式传感器	较大压力、地层压力	

表 2-13 **振动检测仪表**

匹配的传感器	可测对象	备注
惯性型传感器	测：位移、速度、加速度	
磁电式传感器	测：速度	
振动传感器（机械式、涡流式、电容式）	测：振动	
电阻应变式、压电式传感器	测：加速度	
振动变量包括位移、速度、加速度、频率、相位等，有相对和绝对测振： 相对测振：将振动传感器置于被振动体之外的基准位置上，与被测振动体直接测量，为非接触式测振。 绝对测振：采用具有弹簧—质量系统的惯性型传感器（拾振器），把它固定在被测振动体上进行测量		

表 2-14 **速度检测仪表**

匹配的传感器	可测对象	备注
转速测量	转速—位移（离心式和磁性式转速表）	
	转速—电压（测速电机）	
	转速—脉冲（转速传感器）	
	频闪观察式测速仪（利用人视觉暂留生理现象）	
线速度测量	大都是从距离和时间间接求得，也可把线速度转化成转速，也可对加速度积分，对线位移微分来测量。这些仪表有激光测速仪、相关测速仪等（精度较高）	

表 2-15 **转矩检测仪表**

匹配的传感器	可测对象	备注
弹性式传感器	扭矩、扭应力	
利用弹性测量轴（扭轴）配合原动机与被动机的传递轴之间，把被测转矩转变为扭轴角或扭应力，通过对扭轴角或扭应力的测量来测定。其检测仪表分有：扭应力式检测仪表（匹配于电阻式应变式传感器）、扭转角式检测仪表（振弦式传感器、光电式传感器、相位差式传感器等）		

表 2-16 **频谱分析仪**

分析方式		内容
顺序分析		将被测信号依次通过分析仪的各个滤波器并依次记录分析结果
实时分析	频率分析仪	对数带宽、恒百分比带宽、恒带宽
	同时分析	并联滤波法：模拟信号
	平行分析	时间压缩法：模数混合信号
被测信号的频率分量与幅度的关系谱称为频谱；确定频谱的过程为频谱（频率、谐波）分析		

2.7.3 机械量检测仪表

从上述可知，机械量检测仪表很多，这里略举几例。

1. 柱式力检测仪表

图 2-55 是柱式力检测仪表的原理图，图 2-55（a）和图 2-55（b）为测力传感器件，在传感器件四周粘贴了 8 片应变片［图 2-55（c）］，每个应变片电阻按照图 2-55（e）构成

电桥电路。通过测量电桥电路的输出U_o得到F。

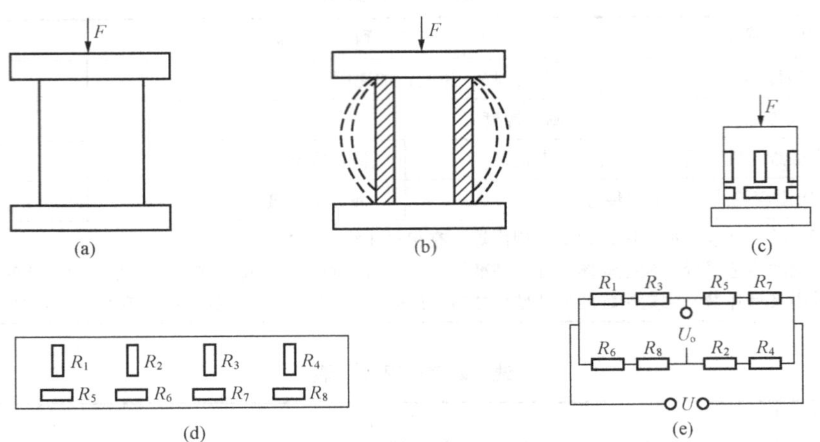

图 2-55 柱式力检测仪表的原理图

(a) 实心圆柱；(b) 空心圆筒；(c) 应变片粘贴处；(d) 应变片等效电阻；(e) 实测电桥电路

2. 光栅仪

运用光栅传感器可以测量微小位移，根据光栅的分辨率决定微小位移在微米还是亚微米。图 2-56 所示为选用莫尔条纹光电器件示意图、通过光电器件和电子细分实现微小位移的测量。

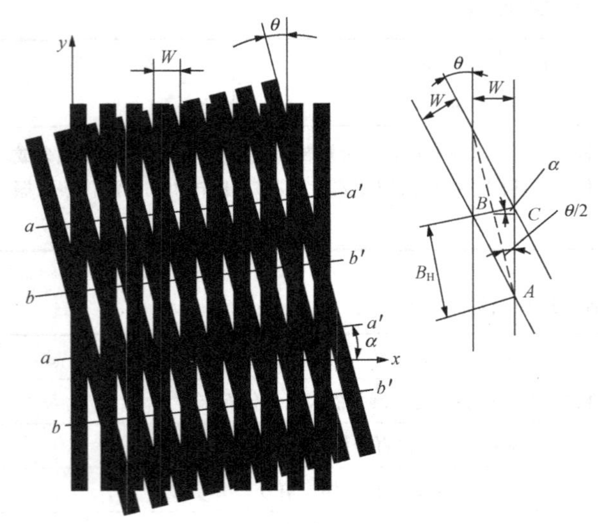

图 2-56 莫尔条纹

由于被测对象变化区域太小，无法安装传感器件，因此莫尔条纹能将微小的对象变化放大到足够的空间。由图 2-56可知 $\tan\alpha = \tan\theta/2$，则莫尔条纹（横向菱形孔列）之间的距离（2 根 $a-a'$ 之间的间距）称为莫尔条纹间距：

$$B_H = AB = \frac{BC}{\sin\frac{\theta}{2}} \approx \frac{W}{\theta} \quad (2-54)$$

式中：W 为光栅的栅距，由明（透光）暗（遮光）相间的条纹组成，一般很小；在 10mm 中 W 有 10、50、100 或者更多；θ 是指 2 个光栅（W 相同，其中一个是主光栅、另一个是指示光栅）之间叠加的角度，数值也较小。

设 $W=0.02$mm，$\theta=0.1''=0.001\ 745$rad，由式（2-54）算得 $B_H=11.459\ 2$mm。其意义是在 W 较小、被测对象带动单个光栅移动 1 个 W（$W=0.02$mm）时，光栅后面的光电点器件无法辨识出对象的移动；采用莫尔条纹技术，把水平移动 1 个 W 转换成上下移动了 1 个 B_H，而且 $B_H=11.459\ 2$mm，垂直位移 1 个 B_H 比水平位移 1 个 W 放大了 573 倍；也创造了安装光电器件的空间。由光电器件的遮光次数 n 得到被测对象的实际位移：

$$x = nW \quad (2-55)$$

若在 1 个 B_H 空间中安装 4 个光电器件，不仅增加测量灵敏度，提高测量精度，还能辨识位移方向。

3. 多参数测量仪

采用电涡流测量技术可以测量较多的机械量，如位移、厚度、振动；表面温度、电解质浓度、材质判别、速度（温度）；应力、硬度；探伤等。表 2-17 是电涡流测量的事例。

表 2-17　　采用电涡流测量机械量事例表

测量对象	图示	注释
位移	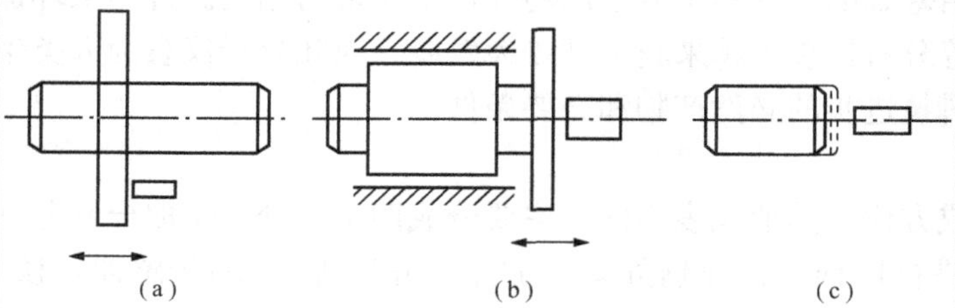 (a)　(b)　(c)	(a) 汽轮机主轴轴向位移测量；(b) 磨床换向阀，先导阀位移；(c) 金属试件的热膨胀系数
振幅	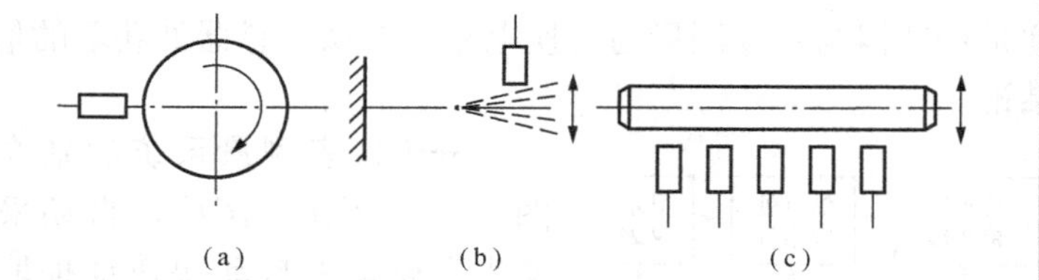 (a)　(b)　(c)	(a) 汽轮机和空气压缩机常用的监控主轴的径向振动；(b) 测量发动机涡轮叶片振幅；(c) 用数个传感器探头并排地安置在轴附近
厚度	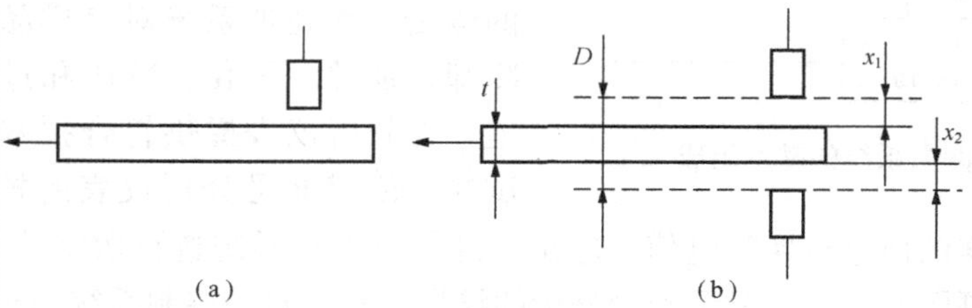 D　t　x_1　x_2　(a)　(b)	(a) 高频反射式；(b) 低频透射式
转速	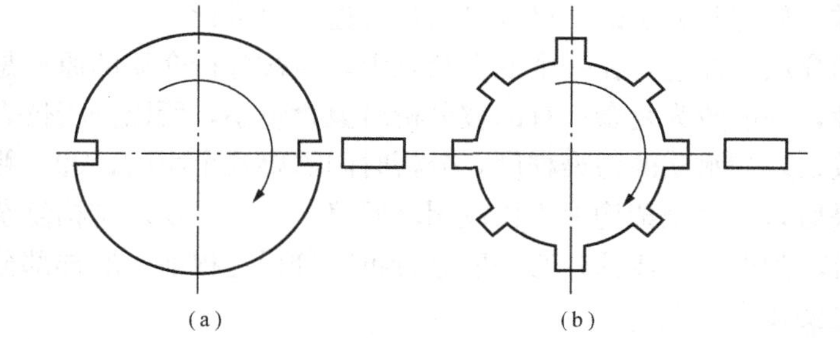 (a)　(b)	$N=\frac{f}{n}\times 60$ f 频率值（Hz）； n 旋转体的槽（齿）数； N 被测轴的转速（r/min）
探伤	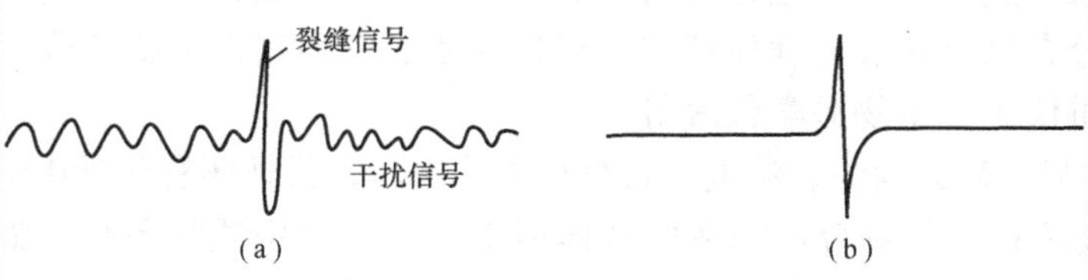 裂缝信号　干扰信号　(a)　(b)	(a) 比较浅的裂缝信号；(b) 经过幅值甄别后的信号

2.8 分析仪表

分析仪表是人们运用已知的原理方法、采取已有的技术手段、通过对自然界中的各种现象进行进一步认识、认知以及开发利用、造福人类的一种工具，是人们在生产实践或探索自然过程中的需要。是测量物质（包括混合物和化合物）成分、含量和物理特性的仪表总称，主要分为用于实验室的成分分析仪表和用于工业生产过程的过程分析仪表。分析仪表的研究始于20世纪30年代初，20世纪30年代后期开始广泛发展，智能化始于20世纪60、70年代，与分析化学基础、应用基础的研究和工业生产的分析工作密切相关。近年来环保类、食品类、气象类以及医学类等分析仪表也越来越得到较大发展。因此分析仪表为人类生活及生产起着保证作用，是社会科技进步的必然产物和必要条件。

2.8.1 基本概念

分析仪表在仪表的构成方面与其他仪表不同，主要分成四个部分：①取样部分（气室）：对被测对象或被分析对象进行取样，并作预处理（加热、分离等）；②传感器：核心部分，感知被分析对象的各种成分量，即产生电信号或其他适于分析和处理的信号形式，这里的传感器不是单一的一种，往往是传感器组；③测量与转换电路：对从传感器处获取的信号进行处理；④信号输出：提供结论。

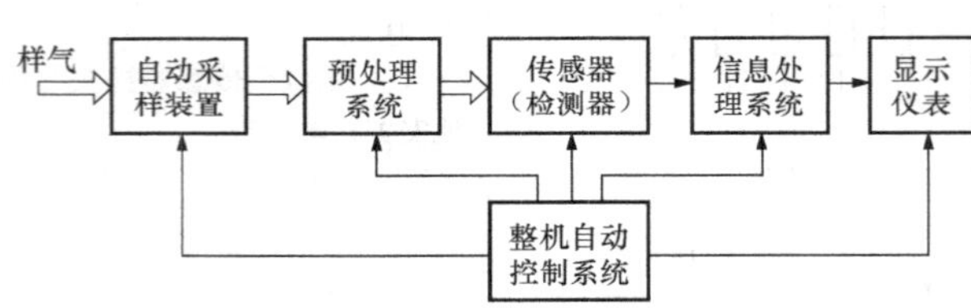

图2-57 分析仪表测量系统的基本组成

分析仪表测量系统的基本组成如图2-57所示。图中，自动采样装置从生产设备中自动快速地提取待分析的样品，预处理系统对该样品进行如冷却、加热、汽化、减压和过滤等处理，为分析仪表提供符合技术要求的试样。传感器是分析仪表的核心，不同原理的传感器将被测试样的信息转换为电信号输出，送信息处理系统进行数字信号处理，最后通过模拟、数字或屏幕图文的形式显示测量分析的结果。整机自动控制系统用于控制各个部分的协调工作，使采样、处理和分析的全过程可以自动连续地进行。

分析仪表由于被分析的介质往往包含在一个混合状态中，而被分析介质的原理是根据其理化特性，尤其是化学特性，一般较为复杂；有的被分析对象含量小，所以分析仪表具有六个特点：①一般分析时间较长，如水质的污染程度，分析时间需要几个小时；②一般分析仪表只需给出定性、定量结果后，在系统架构上不构成闭环回路；③一般仪表结构复杂、价格昂贵，不易维修；④操作有较为严格的步骤；⑤一般进行再次分析过程前，取样部分必须进行专业清洗；⑥工作环境主要在实验室。

分析仪表按照分析对象分类，主要有过程分析仪表和物性分析仪表；按照分析仪表的功能，成分分析仪表还可以分有气象仪表、地质仪表、环保仪表、介质特性分析仪表、化工分析仪表、公安及其安全性质仪表、生物医学仪表等。

分析仪表的数据分析结果一般以含量、浓度、百分比方式表示，另外还有化学中的克分子浓度、克当量浓度等方式表示；有些场合，如在标准体积下，也可以用质量单位，如在标准1kg中某个成分含量多少g或mg。如果所分析的对象含量较小，达到百万级，用ppm表示。

2.8.2 过程分析仪表

过程分析仪表是分析工艺过程中的被分析对象的化学成分及结构的仪表。一般工作环境要求：温度5～40℃、大气压力0.9～1.02×10^5Pa、供电电压为交流220±10%（50±1Hz）。数据以浓度、含量、摩尔浓度、克当量浓度等方法表示。

过程分析仪表的分类主要有以下几种：按测量内容可分为气体分析仪、液体分析仪、浓度分析仪、固体分析仪等，测定成分；按测量原理可分为与电磁辐射作用型、与电场作用型、与磁场作用型、如核磁共振等；按物理原理可分为电化学式（电导分析仪、离子分析仪、电解液分析仪）、热学式（热导式、热化学仪）、磁学式（磁发射等分析仪）、光学式（红外分析仪、紫外分析仪）、辐射式（α、β、γ、χ射线）及色谱式（气体色谱仪、液体色谱仪）等。

1. 热导式气体分析仪

热导式气体分析仪是一种物理式气体分析仪表，它是利用混合气体的总热导率随被测组分的含量而变化的原理制成，是目前使用较多的一种相当稳定的气体分析仪表，基于不同气体导热特性不同的原理进行分析的。常用于分析混合气体中H_2、CO_2、NH_3、SO_2、Cl_2、He等组分的百分含量。

热导式气体分析的基本原理是在热传导过程中，不同的气体由于热传导率（气体导热系数）的差异，其热传导的速率也不同。当被测混合气体的组分的含量发生变化时，利用热传导率的变化，通过特制的传感器热导池，将其转换为热丝电阻的变化，从而达到测量待测组分的含量的目的。表2-18列出了0℃时以空气热导率为基准的几种气体的相对热导率。

从表中可以看出H_2的导热系数特别大，是一般气体的7倍多。测量时必须满足两个条件：①待测组分的导热系数与混合气体中其他组分的导热系数相差要大，越大越灵敏；②要求其他各组分的导热系数相等或十分接近。这样混合气体的导热系数随被测组分的体积含量变化而变化，因此只要测量出混合气体的导热系数便可得知被测组分的含量。

表2-18 气体在0℃时的相对热导率和温度系数

气体名称	相对导热系数	温度系数β	气体名称	相对导热系数	温度系数β
空气	1.000	0.002 8	一氧化碳	0.964	0.002 8
氢	7.130	0.002 7	二氧化碳	0.614	0.004 8
氦	5.91	0.001 8	氨	0.897	0.004 8
氮	0.998	0.002 8	氩	0.685	0.003 0
氧	1.015	0.002 8	乙烷	0.807	0.006 5
氖	1.991	0.002 4	乙烯	0.735	0.007 4
甲烷	1.318	0.004 8	乙炔	0.777	0.004 8
硫化氢	0.538	—	丙烷	0.615	0.007 3
氧化亚氮	0.646	—	丁烷	0.552	0.007 2
二氧化硫	0.344	—	丙酮	0.406	—
氯	0.322	—	二乙醚	0.543	—
汽油	0.370	0.009 8	水蒸气	0.973（100℃）	—

在热力学中用热导率（导热系数）来描述物质的热传导，气体的热导率随温度变化而变化

$$\lambda_t = \lambda_0(1+\beta t) \tag{2-56}$$

式中：λ_0 为 0℃时的导热系数；λ_t 为 t℃时的导热系数；β 为导热系数的温度系数；t 为温度。在相应温度下计算出气体导热系数，通过表 2-18 查询对应的气体。

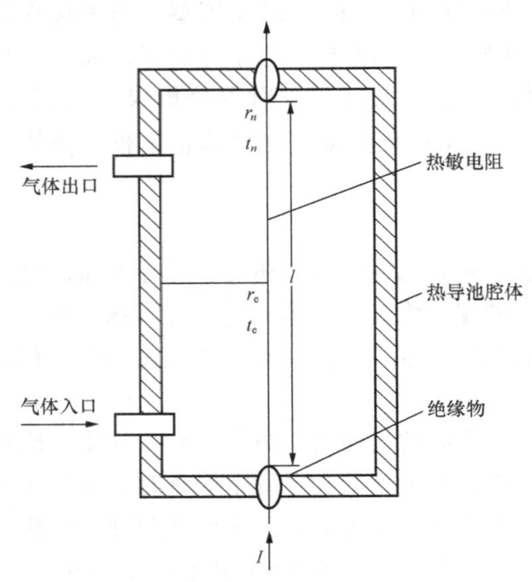

图 2-58 直流式热导池结构示意图

热导式气体分析仪的核心部件是热导池，其作用是把多组分混合气体的平均热导率的大小转化为电阻值的变化。结构按照气体流过热导池的方式，分为直通式、对流式、扩散式和对流扩散式。图 2-58 所示直通式热导池结构示意图。

热导池是用导热性好的金属制成的圆柱形腔体，腔体中垂直悬挂一根热敏电阻元件，一般为铂丝。电阻元件与腔体保持良好的绝缘。电阻元件通过两端的引线通以恒定电流 I，使之维持一定的温度 t_n，t_n 高于室壁温度 t_c，被测气体由热导池下面入口进入，从上面出口流出，热导池的热敏电阻既是加热元件也是测量元件，电阻丝上产生的热量通过混合气体向室壁传递。如果利用热导池测量混合气体中 H_2 的浓度，当浓度增加时，混合气体的平均热导率增加，电阻丝产生的热量通过气体传导给室壁的热量也会增加，电阻丝的温度 t_n 就会下降，从而使电阻丝的阻值下降。通过测量电阻丝的阻值大小就可得知混合气体中 H_2 的浓度。

热导式气体分析仪表应用很广，测量范围也很宽，在工业中主要应用于：①锅炉燃烧过程中，分析烟道气中 CO_2 的含量。②测定合成氨厂中的循环气中 H_2 的含量。③分析硫酸及磷肥生产流程气体中 SO_2 的含量。④测定空气中 H_2 和 CO_2 的含量及特殊气体中 H_2 的含量。⑤测量 Cl_2 生产流程中 Cl_2 的含氢量，确保安全生产。⑥测定制氢、制氧过程的纯氢中的氧和纯氧中的含氢量。⑦测定化工生产中，碳氢化合物中 H_2 的含量等。

2. 红外线气体分析仪

红外线气体分析仪是基于红外检测原理，属于光学分析仪表中的一种。它是利用不同气体（多原子气体，如 CO、CO_2、CH_4 等）对不同波长的红外线具有特殊的吸收能力来实现气体的组分检测的。红外线式气体检测主要利用了气体对红外线的波长有选择的可吸收型和热效应两个特点。

图 2-59 为几种气体在不同波长时对红外辐射的吸收情况，该图又称为红外吸收光谱图。从图中可以看出，不同气体具有不同的红外吸收光谱图，对于给定的气体，只在一定的红外光波段上有吸收，单原子和无极性的双原子的气体不吸收红外线，水蒸气对所有波段的红外光几乎都吸收。

基于红外吸收鉴别原理的红外气体分析仪只对单一组分气体的测定是有效的。因此有诸如“CO_2 红外分析仪”等。如果被测气体与混合气体中的其他组分气体（背景气体）没有

化学反应，则气体分析是可行的。如果背景气体中存在与被测气体红外吸收峰重叠的那些气体（干扰组分），则在测量中应采取预处理措施将干扰组分去掉。

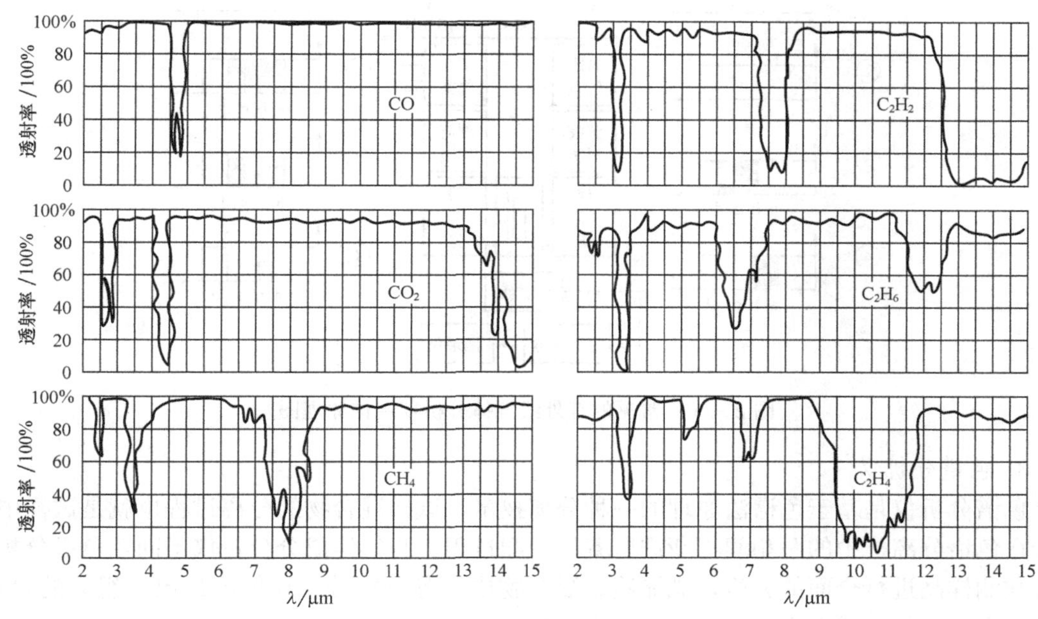

图 2-59　几种气体的红外吸收光谱图

气体在吸收红外辐射能后温度上升，对于一定量的气体，吸收的红外辐射能越多，温度上升就越高。气体对红外线的吸收过程遵循朗伯—比尔定律，即

$$E = E_0 e^{-k_\lambda cd} \tag{2-57}$$

式中：E、E_0 为红外线吸收前后的能量；k_λ 为气体吸收系数；c 为气体浓度；d 为光程。

式（2-57）表明红外线通过被测气体后的能量大小随着物质的浓度和光程按指数曲线衰减，气体吸收指数 k_λ 取决于介质的特性和光的波长的大小。

工业生产过程中常见的红外线气体分析仪的结构原理图如图 2-60 所示。

恒光源发出光强为 I_0 的某一特征波长的红外光，经反射镜产生两束平行的红外光，同步电机带动有若干对称圆孔的切光片，将连续红外光调制成两束频率相同的脉冲光。其中一束射入工作气室，另一束射入参比气室。在工作气室中被测组分和干扰组分分别吸收各自特征波成的红外线能量后，到达干扰滤光室。在参比气室中充满了不吸收红外线的气体，如 N_2，从参比气室中射出的红外光能量不变。干扰滤波气室中充满了 100%的干扰气体，将其所对应的特征波长的红外线能量全部吸收。这样从干扰滤波气室射出的两束红外光分别进入检测室的上、下气室，上、下气室由膜片分开。检测室的上、下气室中均充满了 100%的被测气体，因此在检测室中被测气体将其对应的特征波长的两束红外线能量全部吸收掉。由于到达下检测室的红外线强度比到达上检测室的红外线强度大，两束红外线在检测室分别被吸收后，下检测室产生的能量比上检测室产生的能量要大，从而导致电容器动极板（膜片）产生位移，引起电容器的电容值发生改变。放大器将电容的变化量转换为电压或电流输出，便于信号远传，同时可供显示和记录仪表显示和记录被测气体浓度的大小。

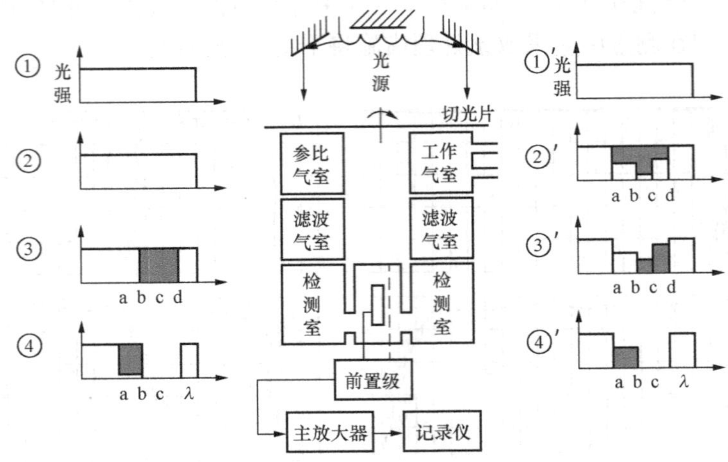

图 2-60　常见的红外线气体分析仪结构原理图

3. 色谱分析仪

色谱分析仪是基于色谱法原理的一种分离技术，试样混合物的分离过程也就是试样中各组分在色谱分离柱中的两相间不断进行着的分配过程。与气体成分分析仪不同，色谱分析仪能对被测样品进行全面的分析，既能鉴定混合物中的各种组分，还能测量出各组分的含量。因此色谱分析仪在科学实验和工业生产中应用比较广泛。

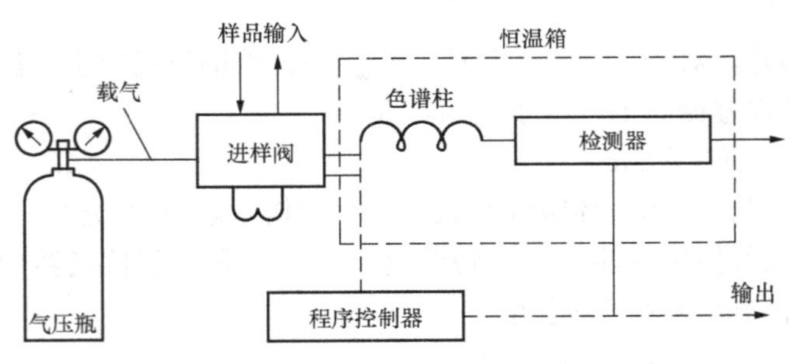

图 2-61　气相色谱仪原理图

色谱法利用色谱柱中固定相对被测样品中各组分具有不同的吸收或溶解能力，让各组分在两相中反复分配，使各组分得以分离，这样各组分按照一定的顺序流出色谱柱。图 2-61 所示为气相色谱仪原理图。载气由气压瓶提供，通过转子流量计和调节阀进入进样阀；被测样品从进样阀注入后，随载气一起进入色谱柱；色谱柱出口安装一个检测器，当有组分从色谱柱流入检测器中，检测器输出对应该组分浓度大小的电信号，通过记录仪把各个组分对应的输出信号记录下来，就形成了色谱图，如图 2-62 所示。根据各组分在色谱图中出现的时间以及峰值大小确定混合物的组成以及各组分的浓度。

由于流动相可以是气体或液体，固定相可以是液体或固体，因此色谱法有气—液色谱、气—固色谱、液—液色谱、液—固色谱等之分。不管采用哪种色谱法，基本原理是相近的。

4. 氧化锆氧量计

在许多生产过程中，特别是燃烧过程和氧化反应过程中，测量和控制混合气体中的氧含量是非常重要的。电化学法是目前工业上分析氧含量的一种方法，具有结构简单、维护方便、反应迅速、测量范围广等特点。氧化锆氧量计是电化学分析器的一种，可以连续分析各

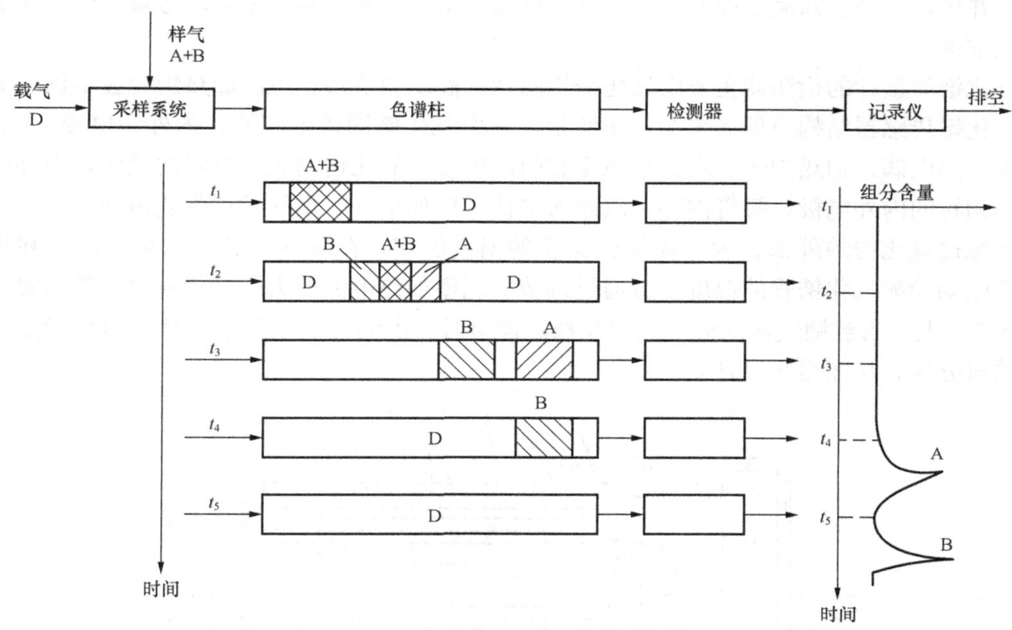

图 2 - 62 混合物在色谱柱中分离的过程

种工业锅炉和炉窑内的燃烧情况，通过控制送风来调整过剩空气系数 α 值，以保证最佳的空气燃料比，达到节能和环保的双重效果。这里以氧化锆氧量计为例介绍氧含量的检测原理。

氧化锆为固体电介质，具有离子导电作用，在常温下为单斜晶体，基本上不导电，当温度达到 1150℃时，晶体排列由单斜晶体变为立方晶体，如果掺杂一定量的氧化钙和氧化钇，则其晶体变为不随温度而变的稳定的萤石型立方晶体。由于氧化钙所含氧离子数仅为氧化锆的一半，四价的锆离子被二价的钙离子和三价的钇离子置换后，在固溶体中产生了大量的氧离子空穴。当温度为 800℃以上时，空穴型的氧化锆就变成了良好的氧离子导体，从而构成了氧浓差电池。

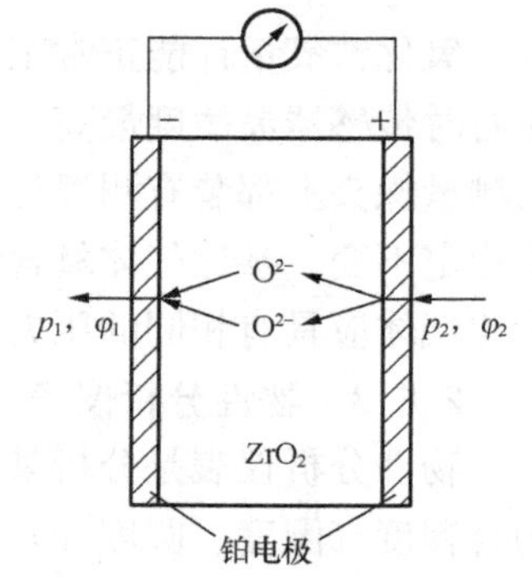

图 2 - 63 氧浓度电池原理

氧浓差电池的原理如图 2 - 63 所示，在氧化锆电解质的两侧各烧结上一层多孔的铂电极，电池左边是被测的烟气，它的氧含量一般为 4%～6%，电池的右侧是参比气体（如空气），空气的氧含量为 20.8%。由于电池左右两侧的混合气体的氧含量不同，在两个电极之间产生电动势，这个电动势只是由于两个电极所处环境的氧气浓度不同形成的，所以叫氧浓差电动势。氧浓差电动势的大小可以由 Nernst 公式表示

$$E=\frac{RT}{nF}\ln\frac{p_2}{p_1} \tag{2 - 58}$$

式中：E 为氧浓差电动势；n 迁移一个氧分子输送的电子数，对氧而言 $n=4$；p_1 为被测气体的氧分压或氧浓度；p_2 为参比气体的氧分压或氧浓度；F 为法拉第常数。当空气为参比气体，在一个大气压下 $R=8.314\text{J/(mol·K)}$，$F=96\,500\text{C/mol}$。由上式可知如果温度保持

不变，并选定一种已知氧浓度的气体为参比气体，则只要测量氧浓差电动势就可以得知被测气体氧浓度。

氧化锆氧量计的检测器主要由氧化锆传感器、温度调节器、恒温加热炉和显示仪表等组成。氧化锆传感器结构原理如图 2 - 64 所示，它由氧化锆固体电解质、内外铂电极、Al_2O_3 陶瓷管、热电偶、加热炉丝、陶瓷过滤管和引线组成。氧化锆制成一封闭的圆管，内外附有多孔铂相衬的内外电极，圆管内部一般通入参比气体如空气，烟气经过陶瓷过滤管后作为被测气体流过氧化锆的外部。为了使氧化锆管的温度恒定，在其外部装有加热电阻丝和热电偶，热电偶检测氧化锆管的温度，再通过调节器调整加热电流的大小，使氧化锆管的温度稳定在 850℃上。当被测气体的温度控制在稳定恒值时，由测得氧浓差电动势就可以确定被测气体的氧分压，从而得知氧含量。

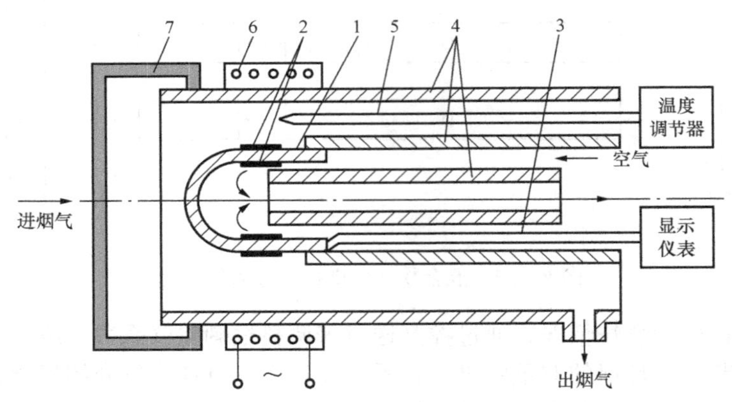

图 2 - 64 氧化锆传感器的结构原理图

1—氧化锆管；2—内、外铂电极；3—引线；4—Al_2O_3 陶瓷管；
5—热电偶；6—恒温加热炉；7—陶瓷过滤管

氧化锆氧量计能正常工作必须满足：①使氧化锆传感器的温度恒定，一般保持在 850℃左右时传感器灵敏度最高。温度的变化会直接影响氧浓差电动势的大小，因此氧化锆氧量计的测量探头上都装有测温传感器和电加热设备。②必须要有参比气体，且参比气体的氧含量要稳定不变。参比气体氧含量与被测气体氧含量差别越大，仪表灵敏度越高。③被测气体和参比气体应具有相同的压力，这样可以用氧浓度代替氧分压。

2.8.3 物性分析仪表

物性分析仪表是分析某一介质物理性质的仪表。相应的仪表很多，如被加工零件与圆的吻合程度（圆度、圆度计），反应被加工零件表面的光滑（粗糙）程度（光洁度），测试被检对象体抗压、抗击的硬度（硬度计）等，在材料、化工、机械制造、产品性能指标以及气象参数等领域。选择和使用物性检测仪表时要明确使用的目的和作用、对象状况和技术要求。

这里仅介绍几个与“水”（液体）有关的几种分析仪表。

1. 湿度计

湿度是气体中含有水蒸气的多少，测量湿度的仪表为湿度计。

湿度分为绝对湿度和相对湿度。绝对湿度是表示气体的绝对含水量，最常用的单位是 g/m^3；在一定温度、压力时，单位体积内的水蒸气含量有一定的限度，称为饱和水蒸气含量。涉及内容包括有水蒸气分压力、水含量、质量混合比、比湿、含湿量、水蒸气浓度、露点等，进行测量的主要仪表有自动光电露点计、氯化锂盐露点计、云室露点计、微量水分分析仪等。

空气中水蒸气的压强 p 叫做空气的绝对湿度。空气的湿度可以用空气中所含水蒸气的密度，即单位体积的空气中所含水蒸气的质量来表示；由于直接测量空气中水蒸气的密度比较困难，而水蒸气的压强随水蒸气密度的增大而增大，所以通常用空气中水蒸气的压强来表示空气的湿度，这就是空气的绝对湿度。

相对湿度指气体中水蒸气的绝对含量与同样温度、压力时同体积气体中饱和水蒸气含量之比，常用符号为%RH。进行测量的主要仪表有干湿球湿度计、毛发湿度计、电湿度计等。湿度计的用途很广，例如，在超纯金属冶炼、纺织品加工、造纸和印染等生产过程以及食品储存和气象测量等方面，常需要用湿度计来测量或控制空气或工业流程气体的湿度。

对于相对湿度，还有两个概念：①概念的引入：为了表示空气中水蒸气离饱和状态的远近而引入相对湿度的概念。②相对湿度 B：某温度时空气的绝对湿度 p 跟同一温度下水的饱和汽压 p_s 的百分比叫做这时空气的相对湿度；不同温度下水的饱和汽压可以查表得到；在绝对湿度 p 不变而降低温度时，由于水的饱和汽压减小而使空气的相对湿度增大；居室的相对湿度以 60%～70%较适宜。

湿度计由两只完全相同的温度计构成，其中一只温度计为干泡温度计，另一只为湿泡温度计。湿度计测量相对湿度的原理：由于湿泡温度计的感温泡包着棉纱，棉纱的下端浸在水中，水的蒸发而使湿泡温度计的温度示数总是低于干泡温度计的温度示数（气温），这一温度差值跟水蒸发快慢（即当时的相对湿度）有关。根据两温度计的读数，从表或曲线上可查出空气的相对湿度。常用的湿度计有：①毛发湿度计；②氯化锂湿度计；③干湿球湿度计；④氧化铝湿度计等。

2. 水分仪

固体或液体内的含水量为该物质的水分。水分在物质中的存在形式分为游离水和结合水。游离水也称自由水，是分布于物质的表面或空隙中，即附着于物质的水分；结合水是物质中靠物理作用或化学作用与水分子相结合的水分。根据不同的情况可采用直接式或间接式两种方法测量水分，直接法包括干燥法、蒸馏法、卡尔费休法、磁化钙法等；间接法包括电导法、电容法、微波法、中子法、核磁法、红外法、色谱法等。

水分测定可以是工业生产的控制分析，也可以是工农业产品的质量鉴定；可以从成吨计的产品中测定水分也可在实验室中仅用数微升试液进行水分分析；可以是含水量达百分之几至几十的常量水分分析，也可是含水量仅为百万分之一以下的痕量水分分析等。

水分测定仪表（水分仪）测定方法操作简便、灵敏度高、再现性好，并能连续测定，自动显示数据。水分仪又称为水分测定仪、快速水分测定仪、水分计、水分检测仪、水分测量仪、水分分析仪、水分仪。

水分仪可分为实验室水分计和工业用水分计，前者有烘箱式水分计、红外干燥式水分计、蒸馏式水分计、碳化钙水分计、卡尔费休水分计、各种便携式电水分计等；后者有电导式水分计、电容式水分计、微波式水分计、中子式水分计、红外式水分计、电解式水分计等。

测试水分的意义如下：

(1) 水分是产品重要的质量指标之一。在食品行业中，一定的水分含量可保持食品品质，延长食品保藏；各种食品的水都有各自的标准，有时水分含量超过或降低1%，在质量和经济效益上均会发生重大变化。例如，奶粉要求水分为3.0%～5.0%，若为4%～6%，也就是水分提高到3.5%以上，就造成奶粉结块，则商品价值就低，水分提高后奶粉易变色，储藏期降低；另外有些食品水分过高，组织状态发生软化，弹性也降低或者消失。又如，蔬菜含水量85%～91%，水果80%～90%，鱼类67%～81%，蛋类73%～75%，乳类87%～89%，猪肉43%～78%。从含水量来讲，食品的含水量高低影响到食品的风味、腐败和发霉，同时，干燥的食品及吸潮后还会发生许多物理性质的变化，例如，面包和饼干类的变硬就不仅是失水干燥，而且也是由于水分变化造成淀粉结构发生变化的结果。

(2) 水分是一项重要的经济指标。食品工厂可按原料中的水分含量进行物料衡算。例如，鲜奶含水量87.5%，用这种奶生产奶粉（是2.5%含水量）需要多少牛奶才能生产一吨奶粉（7∶1出奶粉率）。像这样类似的物料衡算，均可以用水分测定的依据进行。这也可对生产进行指导管理。

(3) 水分含量高低，对微生物生长及生化反应都有密切的关系。在一般情况下要控制水分低一点，防止微生物生长。但是并非水分越低越好，通常微生物作用比生化作用更加强烈。

从上面三点就可说明测定水分的重要性，在我们食品分析中水分是必测的一项。

3. 黏度计

黏度是流体物质的一种物理特性，它反映流体受外力作用时分子间呈现的内部摩擦力。物质的黏度与其化学成分密切相关，一般分为动力黏度、运动黏度、恩氏黏度、振动黏度等。在工业生产和科学研究中，常通过测量黏度来监控物质的成分或品质。例如，在高分子材料的生产过程中，应用黏度计可以监测合成反应生成物的黏度，自动控制反应终点。其他如石油裂化、润滑油掺合、某些食品和药物等的生产过程自动控制、原油管道输送过程监测、各种石油制品和油漆的品质检验等，都需要进行黏度测量。

黏度计是测量流体黏度的物性分析仪表。根据测量方法不同可分为以下几种：①毛细管法：毛细管黏度计、短管黏度计、连续毛细管黏度计等；②落体法：落球黏度计、旋转落球黏度计、气泡黏度计、浮子式连续黏度计等；③旋转法：同轴圆筒旋转黏度计、圆锥—平板旋转黏度计、单一圆筒旋转黏度计、连续测量旋转黏度计等；④振动法：旋转振动黏度计、超声波黏度计等。

选用黏度计必须根据测定目的、使用要求、环境条件和技术要求来选择。使用时要注意：①仪表的性能指标必须满足国家计量检定规程要求；②特别注意被测液体的温度；③测量容器（外筒）的选择；④正确选择转子或调整转速；⑤频率修正；⑥转子浸入液体的深度及气泡的影响；⑦转子的清洗等。

4. 密度计

密度是单位体积物质的质量，它分为液体密度计和气体密度计。液体密度计中有浮力式液体密度计、静压力式液体密度计、重力式液体密度计、放射性同位素液体密度计、振动式液体密度计等；气体密度计中有黏滞式气体密度计、平衡式气体密度计、鼓风式气体密度计、振动式气体密度计、气桥式气体密度计等。

由于密度和比重之间有一定关系，因此密度计也可以作为比重计。比重是在同一温度和压力下，液体的密度和水密度（4℃时）之比，测量比重的仪表为比重计。

在物理实验中使用的密度计，是一种测量液体密度的仪表。它是根据物体浮在液体中所受的浮力等于重力的原理制造与工作的。密度计是一根粗细不均匀的密封玻璃管，管的下部装有少量密度较大的铅丸或水银。使用时将密度计竖直地放入待测的液体中，待密度计平稳后，从它的刻度处读出待测液体的密度。常用密度计有两种，一种测密度比纯水大的液体密度，叫重表；另一种测密度比纯水小的液体，叫轻表。

地球的重力将物体拉向地面，但是如果将物体放在液体中，浮力将会对它产生反方向的作用力；浮力的大小等同于物体排开液体的重力。密度计根据重力和浮力平衡的变化上浮或下沉。功能完好的密度计仅能处于漂浮状态，测量时浮力向上推的力量要比重力向下拉的力量稍微大一点。平衡时，其受的重力大小等于浮力。因为密度计的体积没有发生变化，其排开水的体积相同。当密度计的重力大于浮力时，密度计会下沉；密度计的重量小于相同体积水的重量，密度计重新浮起。

密度计的读数是下大上小，当它浸入不同的液体中，体积不变示数发生变化，密度计底部的铁砂或铅粒是用来保持平衡的。常用的密度计有：①浮子式密度计；②静压式密度计；③振动式密度计；④放射性同位素密度计等。

5. 露点计

露点是大气中的水蒸气冷凝成水时的温度点，是指空气等压冷却到0℃以下，使空气中的水汽（对冰面）达到饱和时的温度；而使露水结冰时的温度点称为霜点。由于露水所结成的冰层很薄，形成的冰块体积（或面积）几乎成微小颗粒状，如同霜花。因此，露点计是根据观测人工冷却表面在露水首次出现瞬间的温度来确定露点的原理而制成的。

露点计有两种测量方法，通常用冷却法，即人工冷却被测气体，观察镜面结露时的温度。测定高于−70℃露点的气体中水含量时，成露过程很快，易于测量；当测量−80℃以下露点的气体中水含量时，其成露过程缓慢，控制好镜面温度的下降速率是关键。对于易凝结气体中微量水的测量可采用真空露点法。

6. pH 计

pH 是拉丁文“Pondushydrogenii”一词的缩写（Pondus＝压强、压力 hydrogenium＝氢），用来量度物质中氢离子的活性。这一活性直接关系到水溶液的酸碱性。水在化学上是中性的，但不是没有离子，即使化学纯水也有微量被离解：严格地讲，只有在与水分子水合作用以前，氢核不是以自由态存在。

对于一升纯水在25℃时存在10^{-7}摩尔H_3O^+离子和10^{-7}摩尔OH^-离子。即在中性溶液中，氢离子H^+和氢氧根离子OH^-的浓度都是10^{-7}mol/L。

pH 值是水溶液最重要的理化参数之一。凡涉及水溶液的自然现象，化学变化以及生产过程都与 pH 值有关，因此，在工业、农业、医学、环保和科研领域都需要测量 pH 值。水的 pH 值是表示水中氢离子活度的负对数值，有时也称氢离子指数。由于氢离子活度的数值往往很小，应用时很不方便，所以就用 pH 值概念来作为水溶液酸、碱性的判断指示。而且，氢离子活度的负对数值能够表示出酸性、碱性的变化幅度的数量级的大小，这样应用起来就十分方便，并由此得到：①中性水溶液，pH＝7；②酸性水溶液，pH＜7；③碱性水溶液，pH＞7。pH 纸就是最简单的定性和粗略定量的仪表。

工业酸度计（或称为 pH/ORP 计）又称工业 pH 计，是用来测量水溶液 pH 值或氧化还原电位的智能化测量和控制仪表。其作用原理和实验室中使用的酸度计完全相同，但是为了适应于生产现场使用，保证测量结果的精确度，必须要考虑防止溶液冲击电极的措施、取样溶液的代表性、要设置电极被玷污后的清洗装置以及传送电缆的防电磁干扰措施等问题。

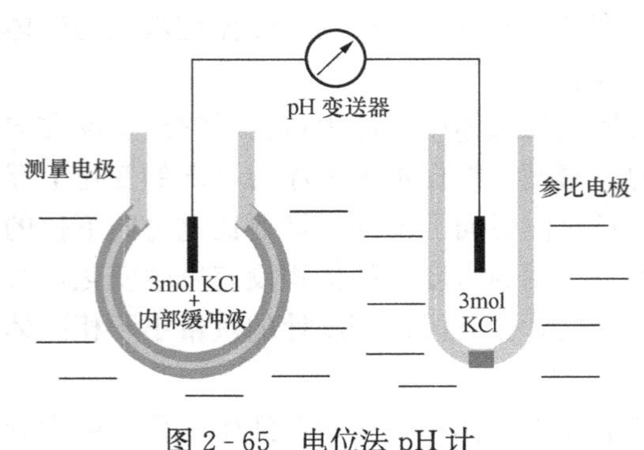

图 2-65 电位法 pH 计

pH 值通常用电位法测量，常用一个电位恒定的参比电极和电位随溶液氢离子浓度改变而改变的测量电极组成一个原电池，如图 2-65 所示。原电池电动势的大小取决于氢离子的浓度，也取决于溶液的酸碱度。测定两电极间的电动势就可知道被测溶液的 pH 值。

常用的参比电极有甘汞电极和银—氯化银电极；测量电极常用玻璃电极、氢酸电极和锑电极，一般多用玻璃电极，测量半固体、胶状物及水油混合物的 pH 值时，用锑电极。

2.8.4 其他分析仪表

分析仪表在不同领域有不同的要求，种类也比较多，下面仅仅选举几个做简单介绍。

一、质谱仪

质谱仪已成为有机化学、生物化学、药物学、医疗、食品化学、毒物学、法检化学、环境污染、地质化学、石油化工、无机化学等科学领域进行分析和科学研究的重要的工具。

质谱按照原子和分子的质量顺序排列成的图谱。为了得到质谱，首先把原子或分子离子化，使其变成离子；然后让这些离子在电场或磁场中运动。由于带电粒子在电场或磁场中会受到电场力和磁场力的作用，所以在运动过程中便可按离子质荷比（质量 m 与电荷量 z 的比值）分开，并可方便地测量其强度。因此，确切地说，质谱是按照离子的质荷比顺序排列成的图谱。

质谱仪包括四个组成部分：①离子源；②质量分析器；③离子检测器；④质谱记录和质谱显示器。

质谱仪分静态质谱仪和动态质谱仪两类。前者是指将稳定的电场和磁场加在质量分析仪表上，使不同质量的带电粒子按空间位置分开，动态仪是将交变的电场加在质量分析仪上，使不同质量的带电粒子按时间或空间分开。

质谱仪已广泛应用于很多领域，下面简单介绍质谱仪在同位素、有机化合物方面的具体应用：①原子能方面的应用：用于铀矿普查与勘探，原子弹核装料分析，氢弹核装料分析，钚、重水、核材料分析，核电站动力堆燃料与燃耗分析等。②在核物理研究方面的应用：用于原子质量的精确测定；可测定原子核的结合能，放射性同位素的半衰期；可精确测量同位素丰度和原子量。③在地质方面的应用：用于测量地质年代；在地球化学中，可通过研究稳定性同位素的丰度变异来解释和说明自然界存在和变化规律。另外根据稳定性同位素丰度变化，可研究和指示环境污染源和污染程度。④在临床医学方面的应用：医用同位素质谱分析可诊断病人的多种疾病，如糖尿病、小肠细菌增殖、肝硬化、肺功能障碍性病变和肺水肿等。

二、磁共振波谱仪

磁共振效应是指：①在很强的外磁场中，某些磁性原子核可以分裂成两个或更多的量子化能级。②用一个能量恰好等于分裂后相邻能级差的电磁波照射，该核就可吸收此频率的波，发生能级跃迁，从而产生核磁共振（NMR）吸收。

磁共振的主要内容包括：①原子核的自旋；②核磁共振现象；③核磁共振条件；④能级分布与弛豫过程。

1. 原子核的自旋

一些原子核可以像电子一样存在自旋现象，有自旋角动量为

$$P = \frac{h}{2\pi}\sqrt{I(I+1)} \tag{2-59}$$

式中：h 为普朗克常数；I 为自旋量子数。

由于原子核是具有一定质量的带正电的粒子，故在自旋时产生的核磁矩为

$$\mu = \gamma P \tag{2-60}$$

式中：γ 为磁旋比，即核磁矩与自旋角动量的比值，不同的核具有不同的磁旋比，它是磁核一个特征值，γ 的方向和 P 平行。

(1) 若原子核存在自旋，产生核磁矩，这些核的行为很像磁棒，在外加磁场下，核磁体可以有（$2I+1$）种取向。只有自旋量子数（I）不为零的核都具有磁矩。

(2) 若 $I=0$ 的原子核，如^{16}O、^{12}C、^{22}S等，无自旋 P，没有磁矩 μ，不产生共振吸收。

(3) 若 $I=1$ 或 $I>0$ 的原子核，如 $I=1$：^{2}H、^{14}N；$I=3/2$：^{11}B、^{35}Cl、^{79}Br、^{81}Br；$I=5/2$：^{17}O、^{127}I等，其核电荷分布可看作一个椭圆体，电荷分布不均匀，共振吸收复杂，研究应用较少。

(4) 若 $I=1/2$ 的原子核，如^{1}H、^{13}C、^{19}F、^{31}P等，原子核可看作核电荷均匀分布的球体，并像陀螺一样自旋，有磁矩产生，是核磁共振研究的主要对象，C，H 也是有机化合物的主要组成元素。

2. 核磁共振现象

自旋量子数 $I=1/2$ 的原子核（氢核），可当作电荷均匀分布的球体，绕自旋轴转动时产生磁场，类似一个小磁铁。当置于外磁场 H_0 中时，相对于外磁场，有（$2I+1$）种取向：氢核（$I=1/2$），两种取向（两个能级）：第一是与外磁场平行，能量低，磁量子数 $m=+1/2$；第二是与外磁场相反，能量高，磁量子数 $m=-1/2$。

3. 核磁共振条件

第一：核有自旋（磁性核）；第二：外磁场、能级裂分；第三：照射频率与外磁场的比值 $v_0/H_0=\gamma/(2\pi)$ 不同的核，磁旋比不同，发生共振的频率不同，据此可以鉴别各种元素及同位素。

4. 能级分布与弛豫过程

不同能级上分布的核数目可由 Boltzmann 定律计算，在磁场强度 2.348 8T、25℃时，^{1}H 的共振频率为

$$\nu = \frac{\gamma}{2\pi}H_0 = \frac{2.68\times 108\times 2.348\ 8}{2\times 3.141\ 5} \approx 100\text{MHz} \tag{2-61}$$

弛豫过程是高能态的核以非辐射的方式回到低能态的过程；饱和过程是低能态的核数目

等于高能态的核数目。

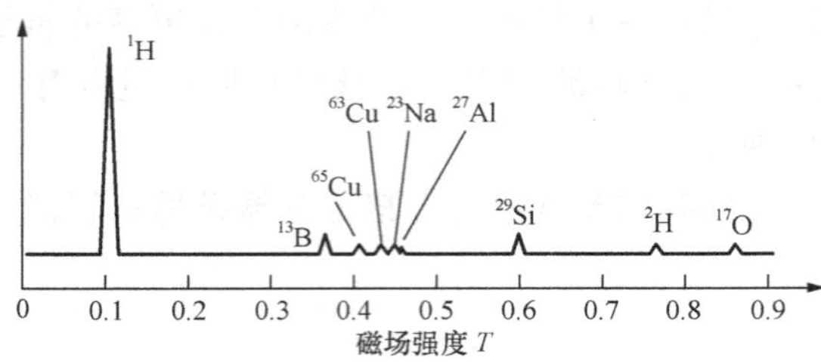

图 2 - 66　核磁共振波谱图

对于同一种核，磁旋比 γ 为定值，H_0 变，射频频率 ν 变；不同原子核，磁旋比 γ 不同，产生共振的条件不同，需要的磁场强度 H_0 和射频频率 ν 不同；固定 H_0，改变 ν（扫频），不同原子核在不同频率处发生共振，如图 2 - 66 所示。也可固定 ν，改变 H_0（扫场）。

核磁共振适合于液体、固体。如今的高分辨技术，还将核磁用于半固体及微量样品的研究，它在化工、石油、橡胶、建材、食品、冶金、地质、国防、环保、纺织及其他工业部门用途日益广泛。

三、X 射线分析仪

X 射线分析仪主要由 X 射线源、探测系统和记录系统组成。

1. X 射线源

X 射线源包括 X 射线管、高压变压器、整流电路及防护罩四个部分。其中高压变压器提供 X 射线管需要的几万伏电压；整流电路保证 X 射线管的电流方向永远一致。防护罩非常重要，如果超过一定剂量时（5 伦琴/年）会产生积累作用，从而造成终身性损伤；低辐射强度级时会引起绝育；如果造成烧伤就很难治愈，甚至不能治愈。

2. 探测系统

探测系统所采用的工具主要是感光底片、电离装置及荧光屏三种，而荧光晶体与光电管配合使用，目前已被广泛使用。

3. 记录系统

记录系统为电子线路，基本要求是反映时间应比探测器分辨时间快，或者说，反映时间要比探测器能分辨下一个脉冲的时间要短，否则不能达到精确记录的目的。

X 射线分析仪目前主要有 X 射线衍射分析仪和 X 射线荧光光谱仪。

X 射线分析仪根据用途不同大致上可分为科学及工业用 X 射线仪和医疗用 X 射线仪两大类。科学及工业 X 射线衍射仪又可分为 X 射线衍射仪、X 射线荧光光谱仪、X 射线吸收分析仪、X 射线探伤仪、X 射线应力分析仪等，医疗上就是医疗用 X 射线仪。

四、热分析仪

热分析就是在程序温度控制下，将物质的物理性质作为温度函数测量的一类技术。热分析的方法按物质的物理性质分有质量、温度、热焓、尺寸、机械特性、声特性、光特性、电特性、磁特性等。按物质的质量性质分有热分析方法、等压质量变化测定法、逸出气检测分析、放射热分析、热微粒分析等；按物质的温度性质分有升温曲线测定、差热分析等；按物质的机械特性分有热机械分析、动态热机械法；按物质的尺寸有热膨胀法；按物质的电特性有热电学法；按物质的磁特性有热磁学法；按物质的热焓有差示扫描量热法。常用的热分析仪主要有差热分析仪、差表示扫描量热计及热天平等。

热分析的应用非常广泛，常用于以下几方面：①无机物质方面；②金属方面；③矿物方面；④硅酸盐工业方面；⑤有机化合物和高分子材料方面；⑥生物高分子方面等。

2.8.5　分析仪表的发展

仪表分析是利用能直接或间接地表征物质的各种特性（如物理的、化学的、生理性质等）的实验现象，通过探头或传感器、放大器、分析转化器等转变成人可感识的关于物质成分、含量、分布或结构等信息的分析方法。也就是说，仪表分析是利用各种学科的基本原理，采用电学、光学、精密仪表制造、真空、计算机等先进技术探知物质化学特性的分析方法。因此仪表分析是体现学科交叉、科学与技术高度结合的一个综合性极强的科技分支。在社会的发展和科学技术的推动下，分析仪器仪表的发展将会更加快速的造福人类和社会。

2.8.6　分析仪表的选择

分析仪表由于特有的特点，在选择时一定要注意以下几个方面：①明确被分析的对象。②明确分析仪表的使用方式和使用寿命。③明确数据表达形式。应该说，选用一台分析仪表比选择其他仪表更要慎重。

2.9　图像监控装置与系统

2.9.1　基本概念

图像是通过人类的视觉获得的，视觉是人类最主要的感觉器官，图像（视觉）信息是人们由客观世界获得信息的主要来源之一，占人们依靠五官由外界获得信息量的70%以上。因此由图像所提供的直观作用，不是语言和文字描述所能达到的。

视频图像实际上就是连续的静态图像序列，是对客观事物形象、生动的描述，是一种更加直观而具体的信息表达形式。随着网络、通信和微电子技术的快速发展和人民物质生活水平的提高，视频监控以其直观、方便和内容丰富等特点，日益受到人们的重视。

视频监控系统主要由镜头、成像单元、处理单元、传送单元、显示单元和安装体系及电源组成，如图2-67所示。

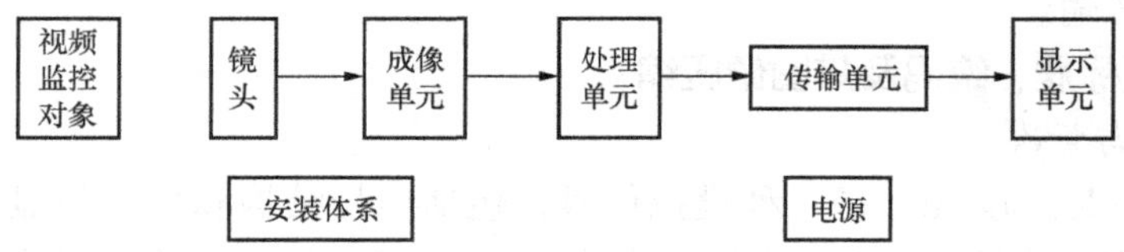

图2-67　视频监控系统基本结构组成示意图

图2-67中，镜头和成像单元（电荷耦合器件，Charge Coupled Device，CCD）是所有视频监控装置中必不可少的部件，几乎涉及视频图像品质的所有性能指标，如分辨率、感光度、色彩、灰度等；根据实际应用，镜头可以调节控制。处理单元是图像获取的重要环节，也是决定图像显示方式的重要设备，大多数场合，成像单元和部分图像处理单元组合成一个能在电源供应下直接可以工作的设备；处理单元还包括图像的标准编码压缩，信号格式和信号传输的驱动，包括对安装体系的调节控制、对镜头的调节控制和显示方式选择；包括图像的录放等。传送单元一般指视频信号线缆和相应的线缆放大设备。显示器是视频监控装置中不可缺少的终端设备，根据视频监控对象的实际监控要求，由显示器再现出来；显示器是监控装置中的人机接口，人们通过显示器决策视频监控装置的实际应用，关于显示器可以参阅第3章“显示仪表”。

2.9.2 信号传输方式

视频信号在选用传送方式时，要根据使用者的要求和系统内容来考虑，按照以下原则进行充分的调查研究最后予以确定：①要求图像的质量（与传送的带宽，允许的杂波等有关）；②传送距离；③单向还是双向传送；④频道分配的情况；⑤电缆的特性，以及铺设电缆的条件；⑥外部干扰源情况；⑦价格等。

关于传送特性，在信号频带 50Hz～4MHz 内，允许的加权杂波值为 40dB。该标准可用于以监视为主的系统中。当要求传送高质量的彩色图像或文字信号时，则要根据系统的要求提出其他方面的指标。而传送方式一般分为两类：有线方式和无线方式。

1. 有线方式

①同轴电缆的传输。单层屏蔽（只用软铜线编织作外导体）电缆，对于干扰信号的屏蔽衰减量为 40dB。双层屏蔽电缆（一层为铝簿作屏蔽，另一层用软铜线编织），对于干扰信号的屏蔽衰减量达 60dB 以上。②平衡电缆对传输。利用电话电缆的传送方式，能够把接近 6MHz 带宽的黑白或彩色电视信号以视频基带方式进行传送，主要用于长距离公路交通监视系统的信号传送。③低载波调频传输方式。为解决由于同轴电缆对地不平衡而容易受到 50Hz 干扰而提出的，调频的特点是抗外部干扰杂波的能力较强，同时对电缆的高频补偿较容易进行。视频传送回路可达到 2～10km。④共用天线电视传输方式。用一条同轴电缆最多可传送 60 多个频道的电视信号，容易实现双向传输和 1∶N 的多路分支传输。⑤光纤传输方式。兼有微波和光两种特性的激光具有极强的集束性和直射性，因而传送效率非常高，无相互干扰。由于其工作频率比微波高出四个数量级，因而具有相当宽的传送频带。

2. 无线传输方式

无线传输方式适用于移动台相互之间、移动台和固定台之间的传送，是 1∶N 分路传输方式。目前采用无线传送有三种系统：①890～920MHz 系统（ITV 系统）；②12GHz 微波传送系统，传送 6MHz 带宽的视频信号；③利用激光在大气中的传送的系统，主要是在可视激励进行图像传输。

2.9.3 视频标准、编码及其图像压缩

1. 视频格式与标准

视频信号（video signal）是一种模拟信号，包括信号结构和信号的显示标准（制式）。视频信号由视频模拟信号和视频同步信号构成，用于接收端显示图像。视频信号相应的视频标准（制式），有美国全国电视标准委员会（National Television Standards Committee，NTSC）、逐行倒相（Phase Alternate Line，PAL）和顺序传送与存储彩色电视系统（SEquential Couleur Avec Memoire，SECAM）等，在 PC 领域，这些标准存在不兼容或部分不兼容的情况，以分辨率为例，有的制式每帧有 625 线（50Hz），有的制式每帧只有 525 线（60Hz）。

视频格式按照显示终端设备分为两类：电脑显示器等具有 RGB 接口的显示设备和电视设备，前者通过分辨率和刷新频率来区分，如 VGA×60 表示 640×480 的分辨率，60Hz 场频；后者按制式来区分，如 PAL（中国常用的视频格式）、NTSC（美国、韩国等国家使用的电视格式）和 SECAM 等，新的高清格式是按水平线数和刷新频率来区分，如 1080i50 表示 1920×1080 的分辨率，50Hz 隔行扫描。

世界上现有的主要数字电视标准有：①美国数字电视标准；②欧洲数字电视标准；③日

本数字电视标准等。

2. 视频编解码标准

MPEG 是著名的视频压缩算法之一，其原理简单描述就是比较两个连续的图像，将第一幅图作为参考帧，第二幅只发送与参考图像不同的部分，从而降低了需要发送的数据量。如何识别与参考图像不同的部分，需要动态场景预测、目标识别技术和工具，针对不同的应用场合需使用不同的工具。MPEG 系列包括 MPEG-1、MPEG-2 和 MPEG-4。

H.264 标准的关键技术主要包括有帧内预测编码、帧间预测编码、整数 DCT 变换、量化和熵编码等。算术编码使编码和解码两边都能使用所有句法元素（变换系数、运动矢量）的概率模型。为了提高算术编码的效率，通过内容建模的过程，使基本概率模型能适应随视频帧而改变的统计特性。

3. 图像数据压缩

多媒体一般包括文本、图形图像、视频和动画等媒体。一般的文本由于数据量不大，所以存储时所占用的存储空间不多，在传输时也不占用很多的时间。如果是连续的图像信号，如电视视频信号，则数字化后的数据量要大得多，按照 CCIR601 标准，以 4∶2∶2 编码标准为例，其比特流为（13.5＋6.75×8×2）Mbit/s＝216Mbit/s。这种速率在一般的计算机上很难处理。每分钟数字视频所占用的空间为 216Mbit/s×60s/8＝1620Mbit，这么庞大的数据使得一张 4GB 光盘不能存储 3min 的视频影像。因此，多媒体中声音和图形图像的数据很大，如果不对视频图像进行压缩，计算机很难实时处理或实时传输。

从信息论观点来看，图像作为一个信源，描述信源的数据是信息量（信源熵）和信息冗余量之和。信息冗余量有许多种，如空间冗余、时间冗余、结构冗余、知识冗余、视觉冗余等，数据压缩实质上是减少这些冗余量，这说明图像的数据压缩是可能的。

图像数据压缩技术是多媒体图像技术中十分重要的组成部分。图像数据压缩按在压缩过程中是否丢失一定的信息，压缩方法大致可以分为无损压缩和有损压缩两大类。无损压缩，又称为无失真压缩，就是在数据压缩过程中信息未受到任何损失。

有损压缩编码利用了人类视觉和听觉器官对图像或声音中的某些频率成分不敏感的特性，允许在压缩过程中损失一定的信息。虽然不能完全恢复原始数据，但是所损失的部分对理解原始信息（图像或声音）的影响较小，由此却换来了大得多的压缩比。有损压缩广泛用于语音、图像和视频数据的压缩，其方法包括：统计编码、预测编码、变换编码、小波变换编码、模型基图像编码和分形编码等。

图像压缩的标准有：静止图像压缩 JPEG 标准、运动图像压缩 MPEG 标准、视频压缩 H.26X 等。

2.9.4 视频监控设备

构成视频监控系统的设备较多，主要有以下几类：①前端设备；②传输系统设备；③控制系统设备；④记录系统设备；⑤显示系统设备等。

2.9.5 视频监控系统构成

1. 模拟视频监控系统

模拟视频监控系统主要由摄像机、视频矩阵、监视器、录像机等组成，利用视频传输线将来自摄像机的视频连接到监视器上，利用视频矩阵主机，采用键盘进行切换和控制，录像采用使用磁带的长时间录像机；远距离图像传输采用模拟光纤，利用光端机进行视频的传输。

传统的模拟电视监控系统有很多局限性：①有线模拟视频信号的传输对距离十分敏感；②有线模拟视频监控无法联网，只能以点对点的方式监视现场，并且使得布线工程量极大；③有线模拟视频信号数据的存储会耗费大量的存储介质（如录像带），查询取证时十分烦琐。

2. 数字视频监控系统

数字视频监控系统采用高性能的数字采集压缩技术和计算机技术，取代了传统的“模拟”方式的监控系统所需的大量监视器、录像机、图像分割器、解码器、视频切换器及矩阵系统等设备。数字监控系统不仅造价低，而且系统简单化，易于操作维护，还大大提高了系统的可靠性，稳定性。

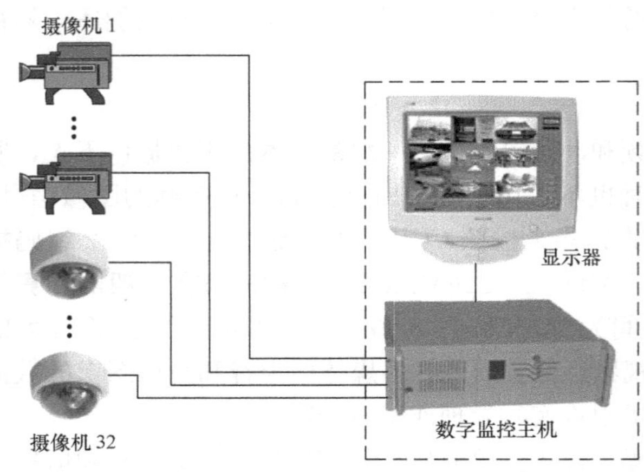

图 2-68 智能数字视频监控装置

3. 智能数字视频监控装置

如图 2-68 所示，智能数字视频监控系统由 4 台（1 台 - 32 台摄像机可选）高清晰彩色（可以是一体化摄像机/高速球形摄像机/半球形摄像机/低照度摄像机）CCD 摄像机（变焦或定焦镜头）、全方位云台（或固定支架）、美观大方的摄像机护罩、一台控制设备（解码器）、一台数字视频监控主机和一套数字监控系统软件、一台纯平彩色显示器等设备组成。

4. 网络视频监控系统

图 2-69 所示的是网络视频监控系统的组成。在网络视频监控系统中，摄像机获取的模拟视频信号经过模/数转换成数字混合视频信号，通过解码和彩色空间变换成视频信号，然后将信号存入视频随机存储器组成的帧缓冲器。在帧存储器中，对视频信号进行矩阵转换、低通滤波等处理，然后进行压缩解码。这样形成数字化图像文件。利用图像处理软件可在计算机显示屏上浏览图像文件。

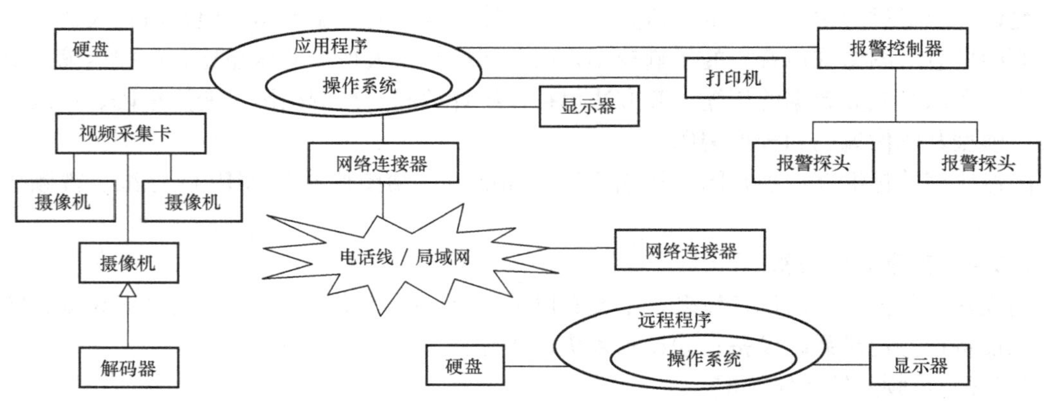

图 2-69 网络视频监控系统组成

在网络监控系统中，借助计算机网络系统的双绞线等传输系统进行数字图像文件的传输。这样可利用现有的计算机局域网甚至互连网进行数字图像文件的传输和浏览。利用网络系统的计算机终端，不仅对现场目标进行监视，还可发送控制信号进行摄像机云台、变焦镜头的控制，从而将传统的集中式监控系统转化为分布式监控系统。

2.9.6　视频监控系统应用

视频监控系统的应用实例很多，如智能小区视频监控系统、银行视频监控系统、医疗行业监控系统、自来水厂视频监控系统、电力行业视频监控系统、GPS警用监控系统和企业网络视频会议系统等。

2.10　其他检测仪表

1. 电工量检测仪表

电工仪表是实现电气（电磁）测量过程中所需技术工具的总称。电工仪表的种类多，型号多，在总体上分成两大类：标准电工仪表和实际测量仪表（均为模拟式电工检测仪表）。用来保持或复制单位量及检验、校验各种具有刻度的测量仪表，是标准电工仪表；实际测量仪表就是用于实际现场测量的仪表。表2-19是各种电工仪表不同的分类。

表2-19　不同分类下的电工仪表

<table>
<tr><td colspan="2">按测量机构工作原理分</td><td>磁电式、电磁式、电动系、感应系、振动式、热电式、电子式、整流式等</td></tr>
<tr><td rowspan="10">按测量对象分</td><td>电流表</td><td>千安表、安培表、毫安表、微安表等</td></tr>
<tr><td>电压表</td><td>千伏表、伏特表、毫伏表、微伏表等</td></tr>
<tr><td>电阻表</td><td>兆欧表、欧姆表、电阻电桥等</td></tr>
<tr><td>功率表</td><td>电度表、千瓦表、瓦特表等</td></tr>
<tr><td>电能表</td><td>千瓦时表、百瓦时表、瓦时表等</td></tr>
<tr><td>电度表</td><td>安时表等</td></tr>
<tr><td>电感表</td><td>亨利计、电感电桥仪等</td></tr>
<tr><td>电容表</td><td>法拉计、电容电桥仪等</td></tr>
<tr><td>相位表</td><td>相位计</td></tr>
<tr><td>频率表</td><td>频率计</td></tr>
<tr><td>按电流方式分</td><td colspan="2">交流表、直流表、交直流两用表</td></tr>
<tr><td rowspan="2">按仪表实际使用分</td><td>开关板式</td><td>通常固定在某一固定位置，精度一般，价廉</td></tr>
<tr><td>便携式</td><td>一般精度较高，价格较为昂贵</td></tr>
<tr><td>按仪表精度分</td><td colspan="2">常规仪表7个精度等级</td></tr>
<tr><td rowspan="2">按测量方式分</td><td>直读式</td><td>具有读数装置，可直接读出测量数据</td></tr>
<tr><td>比较式</td><td>把被测量的量值与标准值比较，得到数据</td></tr>
<tr><td rowspan="3">按使用条件分</td><td>A组</td><td>热带表，供较为温暖的室内使用</td></tr>
<tr><td>B组</td><td>温带表，供不具备取暖设备的室内使用</td></tr>
<tr><td>C组</td><td>寒带表，供在不固定的室内外使用</td></tr>
</table>

2. 光学量检测仪表

光学参量一般指光辐射度、光度、光谱光度、色度、感光度、激光等。光学测量是光电技术与机械测量结合的高科技。借用计算机技术，可以实现快速，准确的测量。方便记录，存储，打印，查询等等功能。主要仪表包括二次元、工具显微镜、光学影像测量仪、光学影像投影仪、三次元、三坐标测量机、三维激光抄数机等，应用的行业领域有：金属制品加工业、模具、塑胶、五金、齿轮、手机等行业的检测，以及工业界的产品开发、模具设计、手扳制作、原版雕刻、RP 快速成型、电路检测等领域。

3. 实验室仪表

实验室仪表是用于实验室、能提供信号供研究、分析或能真实再现被分析对象量纲值的一类仪表。这类仪表一般应用环境较好，外界干扰较少，仪表的精度较高，具有较好的信号再现置信度，有的仪表还具有实际使用能力。

4. 勘探及地质仪表

这类仪表由多种类型的仪表组合，关键是勘探内容，涉及煤矿勘探、水源勘探、地势地貌勘探以及高山平原、江河湖泊、草木植被、环境气候等地质工作，均会选择相应仪表系列。

5. 生物及医学仪表

这是一个新型发展的仪表系列，所涉及的领域从传感器上就体现出其特殊性，如生物传感器、基因图谱绘制等，加上生理、病理、药理等多方面因素，仪表的要求非同寻常；更由于这个领域的仪器仪表涉及生命体的存活、卫生状态的要求、使用的便利以及运行的可靠度，因此，生物与医学仪表是一个别具一格的特殊“群体”。

检测仪表还有较多的内容，如气象检测仪表、航空仪表、煤炭煤矿仪表等。

本章习题要求

本章全面介绍了关于工业自动化仪表中涉及“检测”、“测量”以及“采集”等方面的知识，包括传感器与变送器简介、温度检测仪表、压力检测仪表、流量检测仪表、物位检测仪表、机械量检测仪表、成分分析仪表、视频监控系统与装置等相关的基本概念、原理、特点以及应用。并在最后还展示了在其他部分领域的仪表应用。因此本章节可以结合“传感器与检测技术”、“传感器原理及其应用”，再结合检测仪表的知识在基本概念、原理、特点以及应用方面出题。

本章节内容丰富，可展开的题量较多，可根据教学和专业要求出题。

第3章 显示仪表与显示技术

3.1 概　　述

信息显示技术，作为信息时代的一个重要环节，在人类知识的获得和生活质量的改善方面扮演者重要的角色。信息的显示是依靠显示设备来实现的，显示设备在信息技术中占据十分重要的地位，已经成为经济发展、国防建设和科学研究的关键领域。显示技术展现了人机联系和信息显示的窗口，广泛应用于、工业、军事、交通、教育、航空航天、医疗等社会的各个领域，电子显示产业已经成为信息产业的重要组成部分。

能够将任何可显示的对象或虚拟的内容通过特定的技术显现出来的技术或过程统称为显示技术，其设备均可归纳为显示仪表。显示仪表涉及的内容较多，简单的理解是：只要能眼睛看到的、能反应对象内容的设备都是显示仪表。因此，显示仪表就是显示（指示、记录等）被测量值的仪表。

显示技术包括下列内容：①各种显示方式的基本原理和结构；②各种发光材料发光机理的研究；③各种显示器的制作工艺；④显示器件上、下游产业链中所用各种材料的选择；⑤显示器件的驱动与控制技术。

传统的显示仪表概念局限于工业领域，即在工业过程的测量与控制领域，把测量结果准确直观地显示或记录下来，以便人们对被测对象有所了解，并进一步对其进行控制。实际上显示仪表是一个整体概念，包括接受需要显示的信号、信号的转换以及在显示器件上显现出来；同时还要保证有足够的时间保持显示的内容，使观察者能够轻松、清晰地看到。

根据可显示的内容和显示的方式，将对象的内容通过记录、存储、打印、绘图、指示及（数字、或平面方式）显示的仪表统称为显示仪表。

众所周知，我国的航天航空技术在全球处于前端，每一次重大的贡献，以直观、简明易懂的曲线、动画、图形以及可反应技术水平、运行能力等数据在一个大屏幕上显示出来，使所有人都能看得清楚、看得明白。所以显示仪表的显示方式和显示内容有多种多样的形式。

显示仪表涉及不同的显示器件和显示设备，基于不同的显示原理，都有相应的性能指标，其中较为共性的指标就是显示的快速性和清晰度，快速性是指显示要稳定，不能有闪烁；清晰度是指显示要一目了然，不能有猜测和辨认的行为发生。显示速度慢了，显示内容就会闪烁和跳跃；显示速度太快又会因为没有足够的显示时间而模糊不清。除了模糊不清，显示的色彩选择十分重要。另外有些显示设备不是靠自身发光方式显示，而是外光环境下自然显示，需要外光源。对于针式打印类设备，还存在打印噪声问题。

本文主要介绍设备级显示仪表，接口级（主要是数字显示）显示仪表在智能仪表中介绍。

3.2 显示仪表的分类

显示器一般由因电光转换效应而形成图像的显示器件、周边电路、光学系统等部件组成。显示器的分类方法有多种主要有以下几种。

(1) 按照显示内容的保持时间分类，有拷贝式和电显式。前者包括打印机、记录仪、绘图仪和刻字机等，其“显示”的内容可以长时间保存；后者包括状态灯、指针指示仪、数字显示仪等平板显示器，人们熟知的电视机就属于平板显示器。

(2) 按照可显示的内容来分，有只显示“状态”的点式显示仪、能在一个区域内移动的指针指示仪、只能显示数字、部分字母和数学符号的数字显示仪、可显示“任何内容”的平板显示器（含打印机、绘图仪，含三维显示方式）以及可以模拟三维空间的虚拟显示系统（如可以模拟飞行、轮船航行、车辆驾驶以及其他仿真内容）等。

(3) 按照显示仪表的制作技术分类，有器件型、简单型和复杂型。

(4) 按照显示仪表的显示手段分类，有记录型、绘图型、打印型、指针型和显示器件型。指针型和显示器件型还能有更细化的分类。

还有其他分类，如按器件技术分为直视型、投影型及空间成像型等。

用于显示的设备很多，选用什么样的显示仪表，必须根据实际应用来确定。仅仅从电显式设备选用的显示器件，就有电子束显示器、发光二极管显示器（LED）（点、线、面显示）、液晶显示器（LCD）（点、线、面、符号、图形等显示）、荧光显示器、电致发光显示器、等离子体显示器（PDP）、白炽灯显示器、电致变色显示器、电脉显示器、转球显示器、光笔显示器、电荷耦合图像显示器（CCD）、电视（可能与第一点一致）、辉光放电数码管、投影显示器件、场致发光体和磁翻转显示器等。

3.3 显示方式及特点

显示仪表的显示方式主要分成二大类：拷贝型和电显型。因此显示方式也可归纳到这二大类中。顾名思义就是纸型打印（记录、绘图）方式和电能驱动显示方式。

纸型打印（记录、绘图）方式呈现的内容无法更改，但纸质材料需要保存，方便核查。这种打印方式呈现的内容可以随身携带以及供大家共享。而电显仪表，主要有以下三类：

1. 模拟式显示仪表

模拟式显示仪表是以模拟量（如指针的转角等）来显示被测值的一种工业自动化仪表。在工业过程测量与控制系统中比较常见的模拟式显示仪表，可按其工作原理分为以下几种类型：①磁电式显示与记录仪表，如动因式显示仪表；②自动平衡式显示与记录仪表，如自动平衡电位差计；③光柱式显示仪表，如 LED 光柱显示仪。

模拟式显示仪表具有结构简单可靠、价格低廉的优点，其最突出的特点是可以直观地反映测量值的变化趋势，便于操作人员一目了然地了解被测变量的总体状况。因此，即使在数字式和智能仪表技术快速发展的今天，模拟式显示仪表仍然在许多场合得到广泛应用。

2. 数字显示仪表

数字显示仪表是直接以数字形式显示被测变量值。这类仪表由于不必使用磁电偏转机构或机电伺服机构，因而测量速度快、抗干扰性能好、精度高、读数直观，对所测变量便于进行数值控制和数字打印记录，且具有自动报警功能，尤其是它能将模拟信号转换为数字量，便于和数字计算机或其他数字装置联用。因此，这类仪表发展非常迅速。

3. 图像显示仪表

图像显示仪表直接把被测变量用文字、符号、数字、曲线和图像或组合的形式在平板显示器上显示出来，所以也称为平板显示器，电视机就属于平板显示器。

平板显示器是现在计算机不可缺少的终端设备，它是随着计算机的推广应用而发展起来的一种新型显示设备，当前液晶显示器逐渐占据应用市场的主要地位。人们已越来越重视图像显示的重要性，基于图像显示的器件、设备、软件越来越丰富多彩。

上述三类电显型的显示方式中，虽各有应用领域，但图像显示已经成为主流模式。

3.4 显示仪表

3.4.1 模拟指示仪

在工业自动化领域，模拟指示仪发展较早，主要包括磁电系、电磁系和电动系模拟指针指示仪，是工业生产中常用的一种模拟式显示仪表。其特点是体积小、质量轻、结构简单、造价低，既能单独用作显示仪表，又能兼有显示、调节、报警功能。动圈式显示仪表可以和热电偶、热电阻相配合来显示温度，也可以与压力变送器相配合显示压力等参数。温度、压力等被测参数首先由传感器转换成电参数，然后由测量电路转换成流过动圈的电流，该电流的大小由与动圈连在一起的指针的偏转角度指示出来。

1. 磁电系显示仪表

磁电系仪表在电气测量指示仪表中占有极其重要的地位，应用广泛，常被用于直流电路中测量电流和电压；加上整流器后可以用来测量交流电流和电压；与变换器相配合用于测量功率、频率、相位等；配合变换电路可以用于多种非电量的测量，如温度、压力等；采用特殊结构时还可以构成检流计，用来测量极其微小的电流（可达 10^{-10} A）。磁电系仪表问世最早，由于近年来磁性材料的发展使它的性能日益提高，加之内磁式结构的出现，使整体结构变得紧凑，成本降低，成为最有发展前景的直读仪表之一。

磁电系仪表是利用永久磁铁的磁场和载流线圈（即通有电流的活动线圈）相互作用的原理制成，它的结构特点是具有固定的永久磁铁和活动的线圈，如图 3-1 所示。

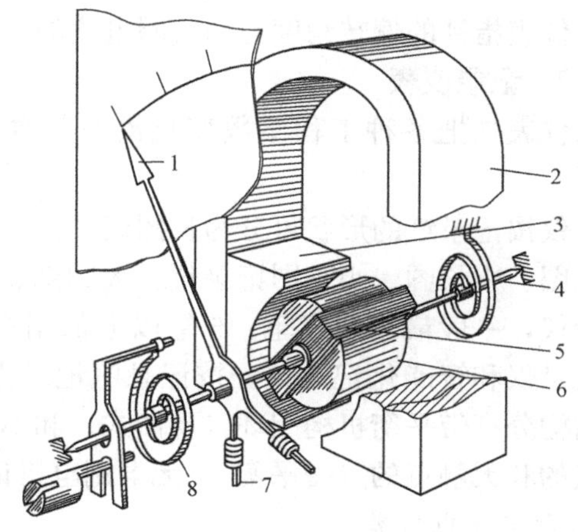

图 3-1　磁电系显示仪表结构图

1—指针；2—永久磁铁；3—极掌；4—半轴；5—可动线圈；6—圆柱形铁芯；7—平衡锤；8—游丝

当可动线圈内通过被测电流时，线圈中电流与永久磁铁的磁场相互作用，产生电磁作用力矩，从而导致可动线圈旋转。当可动线圈旋转时，拉紧转轴上的游丝，产生反作用力矩。当电磁作用力的旋转力矩与游丝的反作用力矩相等时，可动线圈停止旋转，这时指针指示的刻度即为被测电流的读数。被测电流愈大，转动力矩愈大，转动的角度愈大，游丝的反作用力矩愈大，于是指针静止于一个较大的偏转角度，反之亦然。

2. 电磁系显示仪表

如图 3-2 所示，线圈通入电流时产生磁场，使其内部的固定铁片和可动铁片同时被磁化。由于两铁片同一端的极性相同，因此两者相斥，致使可动铁片受到转动力矩的作用，从而通过转轴带动指针偏转。当转动力矩与游丝的反抗力矩相平衡时，指针便停止偏转。在线圈通有交流电流的情况下，由于两铁片的极性同时改变，所以仍然产生推斥力。

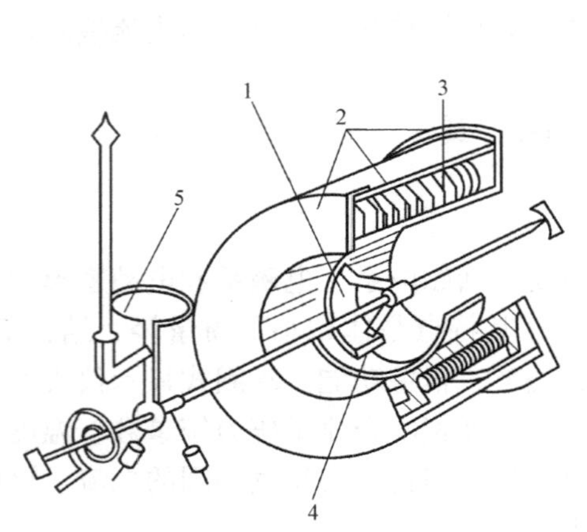

图 3-2 电磁系显示仪表结构图

1—动铁芯；2—线圈架；3—固定线圈架；4—固定铁芯；5—阻尼器

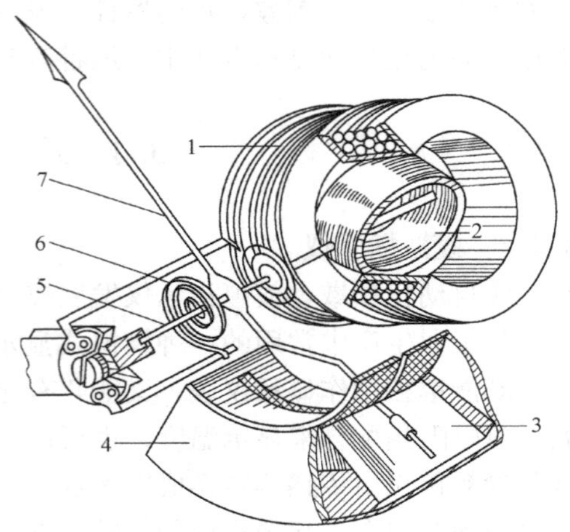

图 3-3 电动系显示仪表结构图

1—固定线圈；2—可动线圈；3—阻尼翼片；4—空气阻尼密闭箱；5—半轴；6—游丝；7—指针

3. 电动系显示仪表

固定线圈中通入直流电流 I_1 时产生磁场，磁感应强度 B_1 正比于 I_1。如果可动线圈通入直流电流 I_2，则可动线圈在此磁场中就要受到电磁力 F 的作用而带动指针偏转，电磁力 F 的大小与磁感应强度 B_1 和电流 I_2 成正比。直到转动力矩与游丝的反抗力矩相平衡时，才停止偏转。仪表指针的偏转角度与两线圈电流的乘积成正比。如图 3-3 所示。

3.4.2 记录仪表

记录仪表是把各种工程参数变化沿时间轴记录下来的仪表，如温度记录仪、压力记录仪。

记录仪按记录纸的形状可分为长图记录仪、圆圈记录仪和无纸记录仪。按其结构大小又分为大长图、中长图、小长图记录仪、大圆图、中圆圈记录仪。按记录参数分单笔、双笔、多笔记录仪，一般最多为 4 笔；6 笔以上都用打点记录机构，最多有 40 点的。按功能分，有一般记录仪和智能化记录仪。按记录笔记录方式有墨水笔式、热感式、压感式、喷墨式等。按结构分有带平衡机构闭环（反馈式）和不带平衡机构开环式记录仪。带平衡机构的又分带触点的和无触点的（磁平衡）、无电刷电机记录仪。

1. 自动电子电位差计

自动电子电位差计是根据电压平衡原理进行工作的。图 3-4 所示为自动电子电位差计原理图。由此可知，以热电偶的热电势为输入的电子电位差计是个闭环负反馈系统，因此电位差计有测量精度高的优点，还能自动指示和记录被测温度值。当然它也有冷端补偿，量程匹配的问题。

2. 自动电子平衡电桥

自动电子平衡电桥可与热电阻相配套，用来显示和记录温度，与其他变送器相配套时，也可以测量和记录其他一些参数，因而在工业上获得广泛的应用。

自动电子平衡桥与图 3-4 相似，当被测温度变化时，电桥中的热电阻阻值增加，桥路失去平衡，这一不平衡电压引至放大器进行放大，然后推动可逆电机，由可逆电机带着滑线电阻的滑动触点移动、以改变上支路两个桥臂阻值的比例，直至使桥路恢复平衡状态。可逆电机同时带动指针，指示出温度变化的数值。

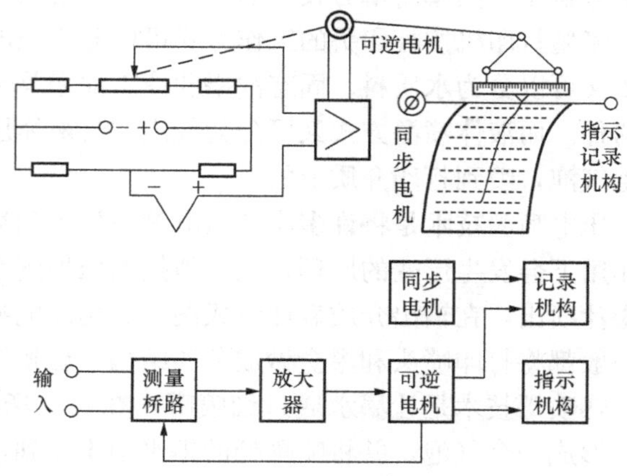

图 3-4　自动电子电位差计原理图

3.4.3　打印机

打印机是各种计算机和智能仪表的重要输出设备之一，它是一种具有各种控制命令控制的终端设备，主要用于输出打印运算结果、文件副本，还可以用作统计图表和描绘图形。随着计算机的发展，打印机的发展也日新月异，过去的击打式、字符式打印机已不能适应现代工程技术应用的要求。而现在的打印机能提供高质量的文本和高质量的图像及其混合打印能力。因此目前广泛使用的是点阵式打印机、高速激光打印机和喷墨式彩色打印机。此外，还有热敏打印机、液晶快门式打印机和磁打印机等。

打印机还可以按照速度分类：一般来说点阵式和喷墨式打印机是以“字符/秒”为速度计量单位，而激光打印机是以“页/分”为速度计量单位。对于点阵式打印机来说还可以按照打印一行字符的宽度分类，一般可分为一行打印 16、24、80、132 个 ASCII 码字符。每行打印 132 个 ASCII 码字符的打印机称为宽行打印机；每行打印 24 个 ASCII 码字符以下的打印机称为微型打印机。

打印机有分辨率和打印速度两个重要的技术指标。打印机的分辨率是指单位面积上所能复现原字、图形的点数（确切是点阵数）。为了提高打印机的分辨率，打印机厂家设法采用更细的打印针，但是纤细的程度是有一定的限制的，针太细了会将打印机色带戳穿，结果无法将墨水送到纸上。墨点式打印机采用取消色带的方法避免了上述问题，它是将墨水储于可更换的盒中，通过毛细作用将墨水直接送给打印针。利用这种方法，就可以用更细的针了，比用色带的打印机分辨率有显著的提高。打印速度是指单位时间内所能打出的字符数量。因此打印机又分成低速打印机和高速打印机。目前打印速度一般为每秒上百个字符。

1. 点阵式打印机

点阵式打印机的打印头由若干钢针组成，由钢针打印出点，而由点拼成字符，这样的打印机称为点阵式打印机。点阵式打印机由于其坚固耐用，而且可以打印图形，既可以输出打印文本，又可以打印图像。

2. 喷墨式打印机

喷墨打印机是在针式打印机之后发展起来的，它采用非打击的工作方式，比较突出的优点是体积小、操作简单方便、打印噪声低、使用专用纸张时可以打出和照片相媲美的图片等。喷墨打印机按打印头的工作方式可以分为压电喷墨技术和热喷墨技术。按照喷墨的材料性质又可以分为水质料、固态油墨和液态油墨等类型。按工作原理可分为固体喷墨和液体喷墨两种。而液体喷墨方式又可分为气泡式与液体压电式。气泡技术是通过加热喷嘴，使墨水产生气泡，喷到打印介质上的。

压电喷墨技术是将许多小的压电陶瓷放置到喷墨打印机的打印头喷嘴附近，利用它在电压作用下会发生形变的原理，适时地把电压加到它的上面。压电陶瓷随之产生伸缩使喷嘴中的墨汁喷出，在输出介质表面形成图案。用压电喷墨技术制作的喷墨打印头成本比较高，所以一般都将打印喷头和墨盒做成分离结构，更换墨水时不必更换打印头。

热喷墨技术是让墨水通过细喷嘴，在强电场的作用下，将喷头管道中的一部分墨汁汽化，形成一个气泡，并将喷嘴处的墨水顶出喷到输出介质表面，形成图案或字符。所以这种喷墨打印机有时又被称为气泡打印机。用这种技术制作的喷头工艺比较成熟，成本也很低廉，但由于喷头中的电极始终受电解和腐蚀的影响，对使用寿命会有不少影响。所以采用这种技术的打印喷头通常都与墨盒做在一起，更换墨盒时同时更新打印头。这样一来用户就不必再对喷头堵塞的问题太担心了。同时为降低使用成本，可给墨盒加注墨水。在打印头刚刚打完墨水后，立即加注专用的墨水，只要方法得当，可以节约不少的耗材费用。

喷墨打印机运行时需要进行一系列的繁杂程序。在打印机头上，一般都有 48 个或 48 个以上的独立喷嘴喷出各种不同颜色的墨水，有喷出黑色墨水和喷出彩色墨水的 48 个喷嘴。一般来说，喷嘴越多，打印速度越快。打印字符或图像时，打印机喷头快速扫过打印纸时，无数喷嘴就会喷出无数的小墨滴，从而组成图像中的像素。

彩色喷头 48 个喷嘴能分别喷出五种不同的颜色：蓝绿色、红紫色、黄色、浅蓝绿色和淡红紫色。不同颜色的墨滴落于同一点上，形成不同的复色。用显微镜可以观察到黄色和蓝紫色墨水同时喷射到的地方呈现绿色，因此打印出的基础颜色是在喷墨覆盖层中形成的。通过观察简单的四颜色喷墨的工作方式，可以很容易理解打印机的工作原理：每一像素上都有 0 到四种墨滴覆盖于其上。不同的组合能产生十种以上的不同颜色。一些打印机通过颜色的组合，如“蓝绿色和黑色”或者“红紫色，黄色和黑色”的组合，产生十六种不同的颜色。

3. 激光打印机

激光打印机始于 80 年代末的激光照排技术，流行于 90 年代中期。它是将激光扫描技术和电子照相技术相结合的打印输出设备，由激光器、声光调制器、高频驱动、扫描器、同步器及光偏转器等组成。其基本工作原理是由计算机传来的二进制数据信息，通过视频控制器转换成视频信号，再由视频接口/控制系统把视频信号转换为激光驱动信号，然后由激光扫描系统产生载有字符信息的激光束，最后由电子照相系统使激光束成像并转印到纸上。较其他打印设备，激光打印机有打印速度快、成像质量高等优点；但使用成本相对高昂。

其原理与复印机相同，如图 3-5 所示。激光打印机是将激光扫描技术和电子显像技术相结合的非击打输出设备。它的机型不同，打印功能也有区别，但工作原理基本相同，都要经过：充电、曝光、显影、转印、消电、清洁、定影七道工序，其中有五道工序是围绕感光鼓进行的。当把要打印的文本或图像输入到计算机中，通过计算机软件对其进行预处理。然后由打印机驱动程序转换成打印机可以识别的打印命令（打印机语言）送到高频驱动电路，以控制激光发射器的开与关，形成点阵激光束，再经扫描转镜对电子显像系统中的感光鼓进行轴向扫描曝光，纵向扫描由感光鼓的自身旋转实现。

感光鼓是激光打印机的核心部件。它是一个光敏器件，主要用光导材料制成。它的基本工作原理就是“光电转换”的过程。它在激光打印机中作为消耗材料使用，而且它的价格也较为昂贵。

激光打印机所有部件的运行靠一个控制系统实现，这个系统称之为“电子控制系统”，不同机型有不同控制系统，但工作原理基本相同。电子控制系统主要由以下几部分组成：

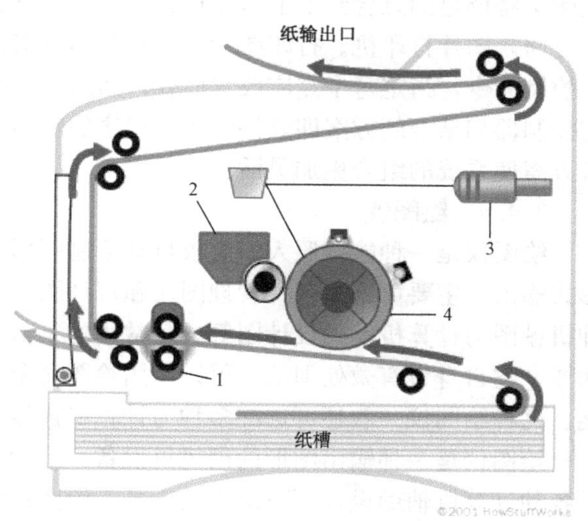

图 3-5 激光打印机原理图

1—定影器；2—粉仓；3—激光单元；4—感光鼓部件

(1) 供电电路。为打印机各部分提供控制电压。供电电路由220V交流电经整流、滤波、变压，为激光打印机提供24V、5V直流工作电压。

(2) 接口电路。为计算机与打印机建立通信。接收计算机数据信息，并将其转换为打印机语言，给打印机主控电路提供打印数据。接口电路包括微处理器、存储器等。

(3) 主控制电路。主控制电路是将接口电路接收的数据，按照命令方式控制打印机各个装置协同工作以完成打印过程。

(4) 扫描驱动电路。将接收的计算机信息经高频振荡器生成激光束，并控制扫描电机匀速旋转，带动扫描镜，完成对感光鼓的扫描曝光，使之形成静电潜像。

(5) 主电机驱动电路。按主控电路发出的指令，驱动主电机旋转，经齿轮传动装置，传递动力给各部分运行工作。

(6) 高压转印电路。该电路是将供电电路提供的低压电，经变压器变成高电压提供感光鼓充电和转印辊转印所需要打印内容。

4. 其他打印机

(1) 热敏打印机。热敏打印机有两种基本形式：一种是使用已加热的打印元件直接在特种纸上产生文本和图像；另一种是不对纸加热，而是加热色带，并将文本和图像转印到普通纸上。热敏打印机的特点是低功耗、低噪声、体积小，售价低、可以用电池供电。一般体积都很小，但具备大型打印机的功能，可打印多种字体，包括粗字体、阔体、窄体等。目前，热敏打印机已在POS终端系统、银行系统、医疗仪表等领域得到广泛应用。

(2) 液晶快门式（LCS）打印机。液晶快门式（LCS）打印机用一种打印头替代激光部件。这种打印头有一盏可产生均匀单色光的灯和一个液晶快门。快门棱镜组将光聚焦成轮廓分明的图像投入到感光鼓上，图像极为稳定。这种机构不用反光镜。这使打印机可以极高的精确度将各像点定位。这种打印机使用的元件比激光打印机少，鼓的寿命可达6000页。这种打印机适合于多用户网络应用。

(3) 磁打印机。磁打印机是一个薄膜磁记录头在涂覆有磁性材料的鼓面上产生像点，当鼓旋转时与字组成的字调色剂相接触，这种调色剂就枯附到磁性图像上，进而转移到普通纸上印头将调色剂融合到纸上从而得到清晰的字符和图像。

(4) 图片打印机。打印图片有两种基本方案：一种是将图片存于内存中，然后给打印机发控制命令，指定每个点应放置何处，然后由点拼成图像；另一种是使用软件驱动程序和智能控制器相结合的方案即软件画图，程序的输出可直接送给各种装置，例如激光打印机。后者方案使系统的组合更加灵活。

3.4.4 绘图仪

绘图仪是一种能按照人们要求自动绘制图形的设备，它可将计算机的输出信息以图形的形式输出。主要可绘制各种管理图表和统计图、大地测量图、建筑设计图、电路布线图、各种机械图与计算机辅助设计图等。最常用的是X－Y绘图仪。现代的绘图仪已具有智能化的功能，它自身带有微处理器，可以使用绘图命令，具有直线和字符演算处理以及自检测等功能。这种绘图仪一般还可选配多种与计算机连接的标准接口。

绘图仪是一种输出图形的硬拷贝设备，在绘图软件的支持下绘制出复杂、精确的图形，是各种计算机辅助设计不可缺少的工具。绘图仪的性能指标主要有绘图笔数、图纸尺寸、分辨率、接口形式及绘图语言等。

绘图仪一般是由驱动电机、插补器、控制电路、绘图台、笔架、机械传动等部分组成。绘图仪除了必要的硬设备之外，还必须配备丰富的绘图软件。只有软件与硬件结合起来，才能实现自动绘图。软件包括基本软件和应用软件两种。绘图仪的种类很多，按结构和工作原理可以分为滚筒式和平台式两大类：①滚筒式绘图仪。当X向步进电机通过传动机构驱动滚筒转动时，链轮就带动图纸移动，从而实现X方向运动。Y方向的运动，是由Y向步进电机驱动笔架来实现的。这种绘图仪结构紧凑，绘图幅面大。但它需要使用两侧有链孔的专用绘图纸。②平台式绘图仪。绘图平台上装有横梁，笔架装在横梁上，绘图纸固定在平台上。X向步进电机驱动横梁连同笔架，作X方向运动；Y向步进电机驱动笔架沿着横梁导轨，作Y方向运动。图纸在平台上的固定方法有三种，即真空吸附、静电吸附和磁条压紧。平台式绘图仪绘图精度高，对绘图纸无特殊要求，应用比较广泛。

3.4.5 平板显示器

平板显示技术（Flat Penel Display，FPD）最初基于其显示屏面板（主要为玻璃基板）成平面式，不同于CRT，自20世纪90年代迅速发展，并逐步走向成熟。由于具有清晰度高、图像色彩好、环保、省电、轻薄、便于携带等优点，以及平板显示屏真正实现了纯平显示，没有失真，接近于人眼的视觉习惯，目前已被广泛应用于家用电器、电脑和通信产品等，具有广阔的市场前景。

平板显示器FPD可分为直视型和反射型，直视型使用辅助的背光源模组；反射型无需背光源模组，包括数字微镜显示器（如投影仪）和反射型液晶显示技术。FPD显示器又分为主动发光型和被动型（受光）两大类。主动发光型显示是指显示器的各像素在电压或电流的驱动下，像素自身发光，从而获得明暗显示。通过发光材料的选择，可以无需使用彩色滤光片，即可实现全彩色显示。因而器件结构简单、生产成本低廉。主动发光型显示器的特点是宽视角、高对比度、高速响应、结构简单、质量轻、显示屏薄。主要有有机发光二极管OLED、发光二极管LED、场致发光显示器FED、平板型阴极射线管CRT和等离子体显示器PDP。被动型（受光）显示是指器件本身不发光，用外电路控制它对外来光的反射率和透射率，借助于太阳光或照明光实现显示的显示技术。其特点是轻薄、低电压驱动、低功耗、全彩色。主要有液晶显示器 LCD 和数字微反射器 DMD 等。

目前主要的平板显示技术有液晶显示器（LCD）、等离子体显示器（PDP）、场致发射显示器（FED）、有机发光显示器（OLED/PLED）等，具体分类如图 3-6 所示。

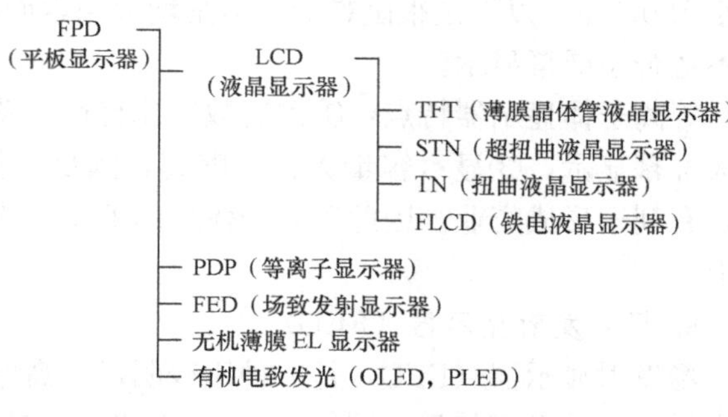

图 3-6　主要的平板显示技术

1. 液晶显示器

液晶显示器具有体积小、质量轻、工作电压低、功耗小、无辐射，对人体健康无害、抗干扰能力强等优点，已经在便携式显示器市场中得到了广泛的应用，并占整个平板显示市场的 80%以上的份额。

LCD 也有它不可克服的某些缺点，如视角小、亮度低、对比度弱（与 CRT 显示器相比，其图像逼真度和饱和度仍不够理想）、响应速度慢（毫秒级）、温度特性差（不能低温下使用）、自身不能发光而必然依赖背光源或环境光等问题。随着薄膜晶体管液晶显示器（TFT-LCD）的尺寸、视角、分辨率等技术性能取得突破性进展，TFT-LCD 开始步入电视领域。

薄膜晶体管液晶显示器（TFT-LCD）的显像原理是将液晶置于两片导电玻璃之间，靠两个电极间电场的驱动，引起液晶分子扭曲向列的电场效应，以控制光源透射或遮蔽功能，在电源关开之间产生明暗而将影像显示出来，通过彩色滤光片，显示彩色影像。根据液晶驱动方式分类，液晶显示器分为扭曲向列 TN、超扭曲向列 STN 和薄膜晶体管 TFT 等。

2. 等离子体显示器

等离子体显示器（PDP）是在两块玻璃板之间（间隙约为 100μm），充上大于 0.5 个大气压的氖和氙的混合气体，利用这种混合气体放电的显示器。用两片配置了电极的玻璃基板，在其周围采用密封构造。如图 3-7 所示，在显示器的两片玻璃基板之间充有 650hPa 左右的氙（Xe）（利用其 147nm 的原子发光及 180nm 附近的分子发光）氖（Ne）、氦（He）等混合气体，气体在真空中放电形成紫外光发生源。紫外光经过红绿蓝荧光粉层，由荧光粉将紫外光变成可见光。

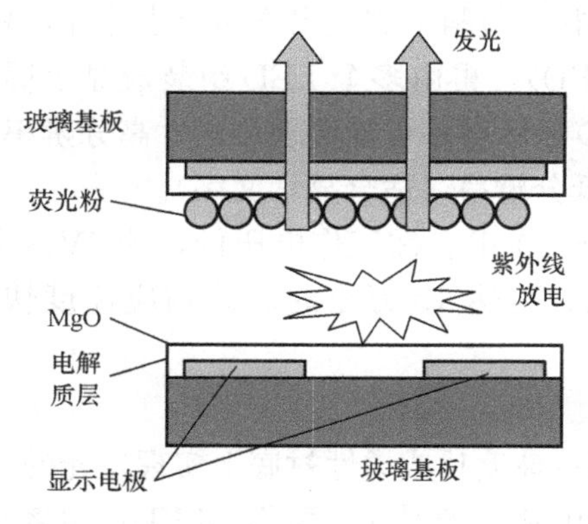

图 3-7　放电型 PDP 的基本结构

显示板由排列成矩阵型的像素构成，各像素由红绿蓝三原色的子像素构成。通常子像素是独立的，由单个放电单位（单元）进行放电的通断控制。在三电极面放电型 AC PDP 的单元中，在前面板水平配置为显示亮度进行维持放电的显示电极对。在背面配置地址电极，由此地址电极与单片显示电极（扫描电极）之间的通断来控制显示图像。各电极在板的周围有引线引出，接到驱动电路。

像素为点阵结构，在行和列电极之间加上一定电压（100～200V），使气体放电。用放电时所产生的紫外线激励荧光粉，让荧光粉发光，实现图像显示。PDP 的每一个像素就是一个小放电管，当相邻两个像素距离很小时，会出现误放电。如 R、G、B 子像素间的间距减小到 0.1mm 以下是很困难的，但是增大像素面积则毫无困难，因此，PDP 很适合大屏幕而不适合小屏幕显示。

等离子体显示器特点：①固有数字化特性、图像清晰；②视角大、体积小、质量轻，适合大屏幕显示；③显示容量大、亮度高，满足高清晰度电视要求；④制作工艺易于批量生产，有利于形成产业。因此等离子体显示器主要应用在数字电视、高清晰度电视、多媒体显示上。

3. 场致发射显示器（FED）

场发射显示器（FED）是一种用冷阴极在高电场作用下发射电子，轰击涂覆在样机上的荧光粉，使其发光的显示器件。与 CRT 显示原理类似，都是工作于真空环境，靠发射电子轰击荧光粉发光。不同之处在于 CRT 只有一个电子束（对于彩色显示则为 3 根电子束），利用电磁偏转场使电子束扫描整个荧光屏。而 FED 中电子发射源是一个面矩阵，荧光屏像素与阴极电子发射源像素是一一对应的，所以 FED 是平板显示。

场发射显示利用尖锥阴极与栅极之间的微小间距在低电压下所获得的强电场，完成对阴极发射电子的调制，并依靠阳极的高压（10 000V）使电子获得能量而在阳极的荧光粉上得到高亮度的发光。这种显示技术的优越性在于信号的调制在低电压低电流下进行，对集成电路没有特别的要求。近年来因为采用碳纳米管作为电子发射阴极，去掉了调制极，所以在阳极和阴极之间用矩阵的方式构成图像显示器。

4. 发光二极管显示（LED）

发光二极管是一种电流注入型半导体发光器件，采用 PN 结结构。改变所采用的半导体材料和掺入不同杂质可以发出不同颜色的可见光。由于制造工艺采用外延生长技术、扩散技术等半导体制造工艺，大多数是在一个大的半导体晶体衬底材料上制造出许多个小芯片，划片分解后，将一个个小芯片装成常见的发光二极管（LED），再由多个 LED 组装成显示屏。由于不可能在一个大衬底上直接制出显示屏，所以 LED 显示屏不可能实现小尺寸高分辨率，只能实现大尺寸高分辨率（适合显示图像），或小尺寸低分辨率（适合显示文字）。

LED 的主要优点是：①主动发光，发光强度大（1～10cd）。②工作电压低，约 2V。由于是正向偏置，工作稳定，工作温度范围宽，寿命长，可达 10 万小时。③响应速度快。LED 的主要缺点是电流大、功耗大。

5. 有机发光二极管显示（OLED）

有机发光二极管显示是使用有机电致发光材料沉积在玻璃片或柔性衬底上实现发光的显示器。利用有机小分子为发光材料制成的器件称为有机电致发光器件，简称 OLED；而将利用高分子作为电致发光材料制成的器件称为高分子电致发光器件，简称为 PLED。一般将两者统称为有机电致发光器件，也为 OLED。

OLED 显示器被业界认为是理想的最具有发展前途的下一代显示器，在手机市场得到较好的应用。其优点是：①驱动电压低（只需要 3～12V 的直流电压）；②发光亮度和发光效率高；③发光视角宽，响应速度快；④超薄、质量轻，全固化的主动发光；⑤可制作在柔性衬底上，器件可弯曲；⑥工作温度范围宽；⑦制作工艺简单。

6. 阴极射线管显示

1897 年，德国物理学家布劳恩（Braun）发明了阴极射线管。1950 年，美国无线电公司（RCA）完成了阴罩式彩色 CRT 的研制，并由此诞生了 CRT 电视机。今天，低价格、高显示容量、画质高、彩色鲜艳等特性几乎成了 CRT 显示的标志。

CRT 显示器主要由电子枪、偏转线圈、阴罩、荧光粉层和圆锥形玻壳 5 大部分组成，其结构及原理如图 3-8 所示。

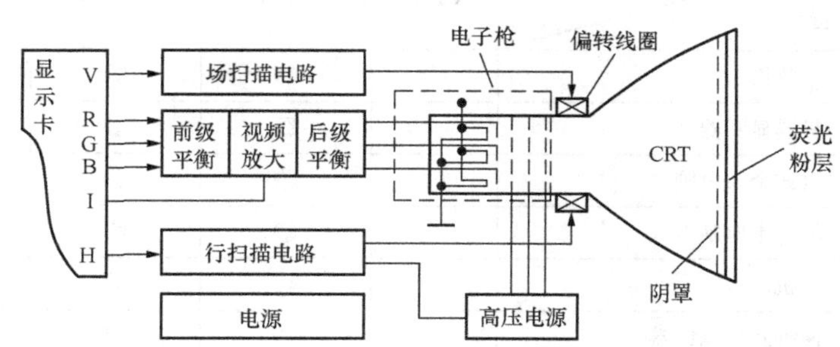

图 3-8　CRT 显示的结构及原理

由电子枪发出，几经聚焦、调控的电子光束打在荧光粉上，产生亮点。通过控制电子束的方向和强度，即可产生不同的颜色与亮度。当显示器接收到由计算机显示卡或由电视信号发射器所传出来的图像信号时，电子枪会从屏幕的左上角开始向右方扫描，然后由上至下依序扫射下来，如此反复的扫描即可构成人们所看到的影像。

在第一代显示器中，阴极射线管占据了主要的位置，其具有亮度高、视角广等良好的显示性能，市场占有额达到 60%。但是 CRT 显示器由于不够环保、笨重、耗能大等某些自身固有的弱点，无法用于移动电话、笔记本电脑等便携式设备。近年来 CRT 逐渐被 LCD 等其他平板显示器所替代，但由于显示品质和价格等因素，还将长期存在。

7. 其他显示技术

投影型显示器是大屏幕、高清晰的一种选择，又分背投型和前投型两种。空间成像型显示器是空间虚拟图像，也是投影的一种，其代表技术是头盔显示器（HMD，Head Mounted Display）和全息显示器。

在视频监控系统中，还将平板显示器构成大屏幕显示器，通过切割、组合、局部放大等显示技术，将多个摄像机的视频信号一一对应地在大屏幕上显示出来。

8. 显示器件基本性能和用途的比较

目前在市场上有批量生产的各类电子显示器，发挥各自的特点，在不同领域占有各自的地位。市场追求的是价廉物美，性能好但是价格昂贵不利于产品推广。在平板显示技术中 LCD 是最主要的产品，应用面最广，产量和产值也最高，但是因为是非主动发光，限制了 LCD 在某些领域中的应用。总之，目前还没有一种平板显示器件可以在各种领域的应用中“包打天下”的，表 3-1 列出了这些显示器件主要的应用市场。

表 3-1　各种显示技术的应用

特性＼类型	CRT	LCD	OLED	LED	PDP	VFD
电视	◎	○				
壁挂电视		◎	○		◎	
投影显示器	◎	◎				
AV 机监视器	○	◎	◎			

续表

特性＼类型	CRT	LCD	OLED	LED	PDP	VFD
车载机	○	◎	◎			○
机器显示器		◎	◎	◎		◎
台式个人电脑	○	◎	○		△	
笔记本电脑		◎	◎			
手机		◎	◎			
便携式信息终端		◎	◎			
计算器、钟表		◎	◎	○		○
游戏机	◎	◎	○			
测试仪表	○	◎	◎	○	○	○
公众用显示	○	○	◎	◎	○	◎

◎：非常好；○：好；△：普通；空格表示不宜使用。

本章习题要求

本章节介绍了各种显示仪表及其工作原理、特点。主要包括了模拟指针指示仪（含磁电系显示仪表、电磁系显示仪表和电动系显示仪表）、纸型显示仪表（含打印机、绘图仪和记录仪）及其平板显示器。介绍了作为工业自动化仪表系统中显示技术主流的平板显示器，如液晶显示器、等离子体显示器、场致发射显示器、发光二极管、有机发光二极管、阴极射线管以及投影、虚拟显示和多显示屏等。

习题与思考题可以涉及上述内容、各类显示器的工作原理、显示器的特点。

第4章 控制调节仪表

4.1 概 述

控制调节仪表是自动控制被控变量的仪表，在工业生产中，控制调节仪表又称为控制器或调节仪表，是将被控变量按一定精确度自动控制在设定值附近的仪表。它把所需控制的被控变量的测量变送值与给定的设定值进行比较，得出偏差，按照一定的函数关系（称为控制规律）发生控制作用，操纵控制阀或其他执行器以实现对生产过程的控制，整个信号控制流程如图4-1所示。在生产中常见的被控变量有温度、流量、压力、液位和成分等。

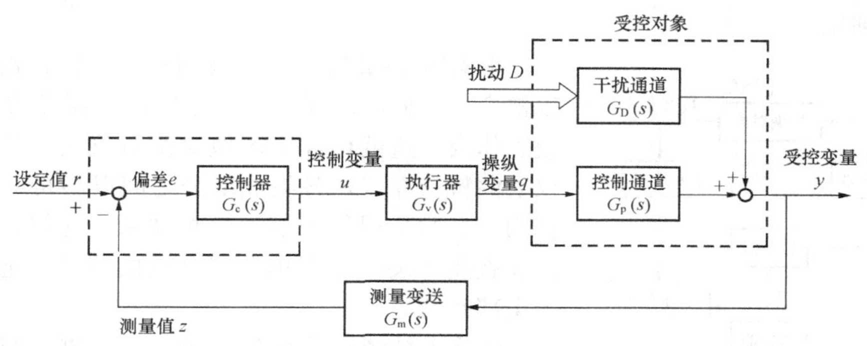

图4-1 控制调节仪表的信号控制流程图

常规的控制调节仪表内部用模拟信号联系和运算，故称模拟控制仪表，也称调节器。控制调节仪表内部用数字信号联系和运算的，称为数字式控制仪表，也称数字调节器。

控制调节仪表按使用能源可分为电动、气动和液动三种。按结构和仪表发展又可分为基地式调节仪表、单元组合式调节仪表和智能控制调节仪表（数字调节仪表）。

基地式调节仪表的特点是将调节仪表与检测装置、显示装置一起，以不可分离的机械结构相连接，组装在一个箱柜之内，利用一台仪表就能解决一个简单自动化系统的测量、记录、控制等全部问题，所以它结构简单、价格低廉、使用方便。但由于其通用性差，信号不易传递，故一般应用于简单控制系统。如温度控制器、压力控制器、流量控制器、液位控制器等。在一些中、小企业中的特定生产岗位，这种控制装置仍被采用并具有一定的优越性。

单元组合式控制器包括变送、调节、运算、显示、执行等单元，每个单元只完成其中的一种功能。其特点在于仪表由各种独立的单元组合而成，单元之间采用统一标准化的电信号（4～20mA或0～10mA）或气压信号（20～100kPa）联络。根据不同要求把各单元以任意数量组成各种简单或复杂的控制系统，常用的有电动单元组合式和气动单元组合式控制仪表。

以微处理器为核心单元的控制仪表其控制功能丰富、操作方便，很容易构成各种自动控制系统。目前，在自动控制系统中以单片机为核心单元的控制仪表从总体分主要有分散控制仪表、单回路数字调节器、可编程数字控制器（PLC）和微计算机系统等。

无论控制仪表如何分类或者构成具体的自动控制系统，其核心内容就是控制调节仪表能够根据对象的变化与设定值的差值进行控制规律的计算。控制规律分成两大类型：

(1) 比例积分微分 PID 类：包括单回路 PID、串级、前馈、均匀、比值、分程、选择或超驰控制等，主要适用于单输入 (SISO) 系统、基本上不需要对象的动态模型、结构简单、在线调整方便。

(2) 先进控制类：包括解耦控制、内模控制、预测控制、自适应控制等，主要适用于输出 (MIMO)、大纯滞后、有约束系统，需要动态模型、结构复杂、在线计算量大。

4.2 气动控制仪表

以压缩空气为能源的仪表，称为气动仪表。它是实现生产过程自动化的技术工具之一。气动调节系统由以下几个部分组成：被调对象、变送器、显示仪表、调节器和执行器，结构如图 4-2 所示。

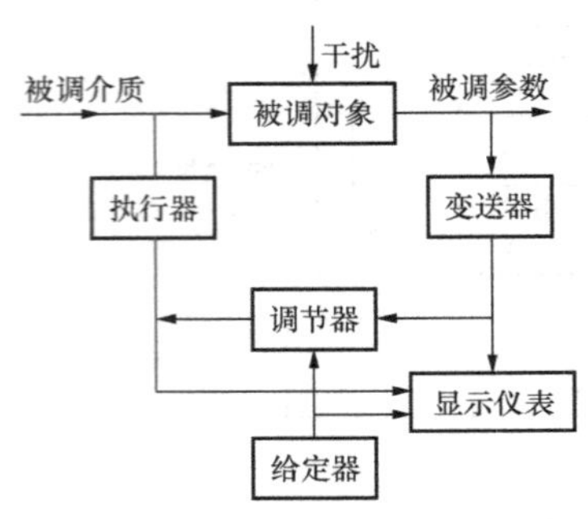

图 4-2　气动控制仪表结构方框图

根据图 4-2 所示，除被调对象和执行器之外，可以把变送、显示、调节、给定等部分组装在同一个仪表壳体内。这就构成了基地式调节仪表；基地式调节仪表的特点在于，各组成部分之间以不可分离的机械机构（有的是用气压信号）相联系；这样，利用一台仪表就能解决一个简单调节系统的测量、记录、调节等全部问题。

若除去被调对象而外的每一个方框，都可以构成一个独立的单元，就形成了单元组合仪表。这样，可以根据不同的要求，把适当的一些单元进行组合而构成各种简单的或复杂的调节系统，各单元之间用统一标准信号联系起来，这些单元的总和，称为单元组合仪表。我国的气动单元组合仪表 (QDZ) 采用 20～100kPa 的统一标准气压信号。

与电动仪表相比，气动仪表的构成原理较为简单，类型也较少。因此，只要掌握了气动仪表的构成原理，几乎可以分析全部气动仪表。

气动仪表是将输入的位移信号转换成气压信号，或将输入的气压信号再转换成相应气压信号的转换装置。根据这种转换原理，将气动仪表的构成原理分为直接作用式和反馈式两类。

(1) 直接作用式气动仪表结构简单、工作可靠。但由于部件的非线性影响，工作特性差。特别是当供气压力、环境温度变化时，仪表的特性也将随之变化，影响仪表精度，带来转换误差。因此，这类直接作用式气动仪表，多用来做报警装置或显示仪表。对于常见的气动变送器和气动调节装置，则要引入反馈机构进行补偿，以改善仪表特性。

(2) 常见的气动仪表，绝大多数是带有反馈机构的。引入反馈机构的目的是为了补偿主回路系统各部件的非线性特性，保证输入与输出之间有确定的关系（如比例关系）。反馈式气动仪表可分为位移平衡式和力（力矩）平衡式两种。

气动仪表具有结构简单、工作可靠、抗干扰能力强、安全防爆、容易维修、便于与执行器配套使用等优点。所以气动仪表具有广阔的发展前景。

4.3 模拟控制仪表

模拟控制仪表（或装置）也叫模拟调节仪表，是实现工业生产自动化的重要技术工具，广泛应用于石油化工、医药、轻纺、冶金、电力等行业。在自动控制系统中，检测仪表将被控参数转变为电信号或气压信号后，由显示仪表进行指示和记录，同时送到调节仪表进行自动调节，以便控制生产过程正常进行，使被调参数达到预期要求，如图4-3所示。

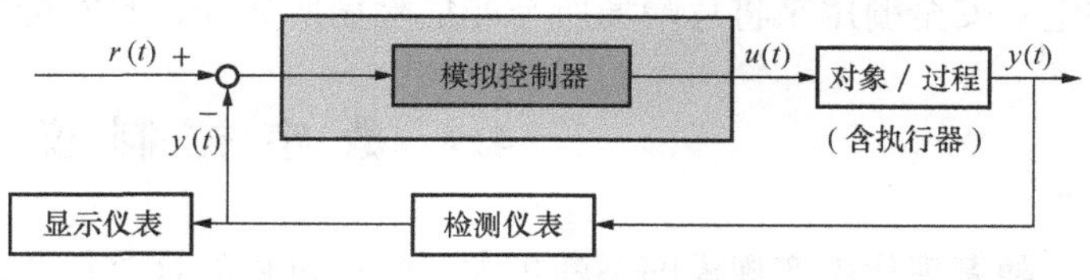

图4-3 模拟控制系统结构示意图

在对生产过程参数进行自动检测与自动控制中，随着时间连续变化的物理量称为模拟量；对某种信号或几种信号具有处理和控制等功能的仪表称为调节仪表；以电流、电压、气压等模拟信号进行传送、转换、处理和控制的调节仪表称为模拟调节仪表。

模拟调节仪表按所用能源的不同，可以分为电动调节仪表、气动调节仪表和液动调节仪表，气动和液动调节仪表的发展及应用已有很久的历史。气动、液动调节仪表的特点是结构简单直观、易于掌握；性能稳定，可靠性高，具有天然防爆性能，特别适用于石油化工等有爆炸危险的场所。但是，与电动仪表相比较，气动仪表存在信号传输速度慢、传送距离短、精度低等缺点。因此随着生产过程自动化的发展，远距离集中控制日益增多，控制系统规模逐步扩大和复杂程度的不断提高，气动、液动调节仪表在许多场合已不能满足要求。

电动调节仪表的信号传输、转换、放大、处理等比气动仪表容易得多，又便于实现远距离集中显示和操作，并易与计算机联用，因而应用越来越广泛。此外，在电动调节仪表中，由于采用了直流低电压、小电流的安全火花电路，因而它同样能够用于易燃易爆的危险场合。

虽然电动调节仪表的发展十分迅速，其性能不断提高、功能渐趋完善，但气动调节仪表，尤其是气动执行器，具有安全可靠和工作平稳等优点，应用仍然十分广泛，在许多由电动调节仪表构成的自动化系统中，执行器仍然是采用气动执行器。

在过程控制系统中使用的各类仪表，有的直接安装在现场的工艺设备或工艺管线上，如大多数的变送器、执行器；而另一些仪表则安装在远离生产现场的无燃爆性危险的控制室内，如指示仪、记录仪、运算器和调节器等。为了方便地把各种现场仪表与控制室中的仪表或装置连接起来构成各种调节系统，仪表间采用统一的标准信号进行传输，即单元之间采用统一标准化的电信号（4～20mA或0～10mA）或气压信号（20～100kPa）。

模拟控制仪表（或装置）有给定单元、显示单元、运算单元、调节单元等。给定单元输出0～10mA或4～20mA直流电流，作为被调参数的给定值送给调节器实现定值调节；给定单元的输出也可供给其他仪表作为参考基准值；其品种有：恒流给定器、比值给定器和程序给定器等。显示单元主要显示输入测量值、设定值、偏差值以及输出的控制信号数值大小等。运算单元能将几个0～10mA或1～5V直流信号进行加、减、乘、除、平方，或对一个信号进行开方等运算，适用于配比控制、多参数综合控制、流量信号的温度压力补偿计算等；运算器的品种有：加减器、乘除器、开方器等。调节单元将来自变送器的测量信号与给定信号进行比较，按照偏差进行控制规律运算后给出控制信号，去控制执行器的动作；调节器的品种有：基型调节器、自整定型调节器、可编程单回路控制器（SPC）、直接数字控制（DDC）调节器、自选调节器、抗积分饱和调节器、前馈调节器、断续调节器、非线性调节器等。

由模拟控制仪表（或装置）构成的自动控制系统中，不仅包括传感器与变送器、控制器、显示器和执行器等，还包括辅助仪表和单元，如操作器、阻尼器、阀门定位器、继动器、配电器、安全栅等。这些仪表主要用来增加调节系统组合的灵活性与可靠性，如操作器用于手动操作；阻尼器用于压力或流量等信号的平滑、阻尼；阀门定位器用于增大执行机构的推力、实现分程调节、改善调节阀流量特性等；配电器在一般调节系统中用于现场变送器供电；安全栅用来将危险场所与非危险场所分开，起安全防爆作用。

4.4 数字控制仪表

随着现代生产规模的不断扩大，生产过程的日益复杂化，表征生产过程的参数相互关联性日益增强，这一切都要求调节装置应该具有更强、更复杂的运算、控制功能，以满足生产过程的需要。随着数字技术的迅速发展，过程调节装置及系统发生了深刻的变化。以数字计算机为核心的数字调节装置（系统）应运而生，如图 4-4 所示。

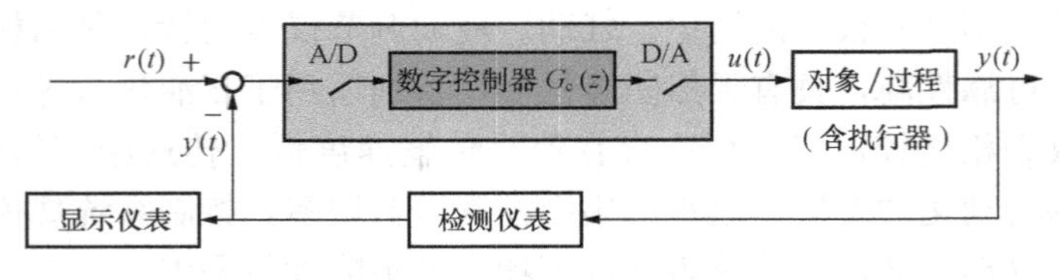

图 4-4 数字控制系统结构示意图

数字控制器主要能够完成的功能有：①数据报表：把反映生产过程的信号直接与计算机相连，用计算机对过程的运转状态进行监视和记录，以适应大型工业生产的要求，为人工作业提供数据和操作依据。②设定值控制：由数字计算机直接向调节器提供设定值，以实现大规模的最优控制。③直接数字控制：用数字计算机替代传统的模拟调节装置，实现对被控对象的直接数字控制。④数字控制器的智能化：由微处理器或微控制器成为控制器的核心器件，完成控制规律的计算和直接数字化控制功能，是智能仪表的主要应用领域之一。

数字控制器除了软件外，主要有 5 个主要组成部分：微处理器（如 DSP 或微控制器，如单片机）、输入输出通道、通信接口、开发编程器和诸如显示、报警、电源等辅助电路，详细功能在第 6 章“智能仪表”中介绍。

由数字控制器构成的自动控制系统一般可分为 5 类：操作指导装置（系统）、直接数字控制装置（系统）、设定值控制装置（系统）、现场监督控制装置（系统）和分布式综合控制装置（系统）。其内容可参阅第 10 章。

4.5 经典控制规律

从测量变送器采集来的过程参数与设定值相比较之后得出了偏差 $e(t)$，根据此偏差如何得到控制量 $u(t)$ 呢，这就需要通过控制规律（也可以称为控制算法）来实现。

为方便分析，将图 4-1 转换为广义对象控制方框图，如图 4-5 所示。采用广义对象的特点主要有：①使控制系统的设计与分析简化；②广义对象的输入输出通常可测量，以便于测试其动态特性；③只关心某些特定的输入输出变量。

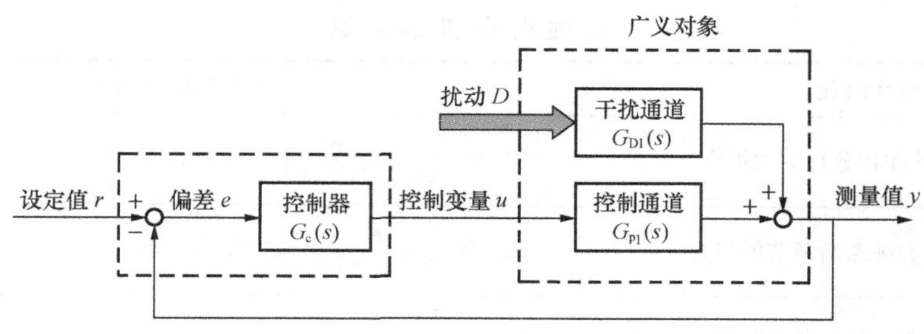

图4-5　广义对象控制方框图

控制器的输出信号是相对于调节器输入信号 $e(t)$ 的输出的变化量 ΔU。如果输入 $e(t)$ 与输出 ΔU 的变化方向相同，则称调节器为正作用调节器；反之，如果输入 $e(t)$ 与输出 ΔU 变化方向相反，则称调节器为反作用调节器。

控制器的主要角色就是能够根据输入的被控量测量值 $y(t)$ 与给定值 $r(t)$ 之间的差值 $e(t)$ 运行预先设定的控制规律或算法，在工业过程控制系统中常用的控制规律，就是比例（P：proportional）—积分（I：integral）—微分（D：differential）控制算法，简称PID算法。PID算式在运行中既考虑了输入的当前值（比例部分），又考虑了输入的历史情况（积分部分），同时又兼顾了其变化趋势（微分部分），因此是迄今为止算法比较简单、功能比较完善、效果比较好的一种控制算式。包括位式控制规律，共有五种基本控制规律在模拟控制仪表和数字控制仪表得到了广泛的应用，即位式控制、比例控制P、比例—积分控制PI、比例—微分控制PD和比例—积分—微分控制PID。

不同的控制规律适用于不同的生产要求，如选用不当，会使控制过程恶化，甚至造成事故。要选用合适的控制器，首先必须了解常用的几种控制规律的特点与适用条件，然后，根据过渡过程品质指标要求，结合具体对象特性，才能作出正确的选择。

PID控制器作为工业控制中的主导控制器结构，其获得成功应用的关键在于大多数过程可由低阶动态环节（一阶或二阶惯性加纯滞后，简记作：FOPDT及SOPDT）近似逼近，而针对此类过程，PID控制器代表了一个实用而廉价的解。

4.5.1　被控对象

1. 被控对象的特性描述

由图4-5可知，被控对象（即广义对象）由干扰通道的输出和控制通道的输出代数和组成，在实际工业过程中可以有四个环节的特性来描述，见表4-1。

表4-1　　四大环节传递函数

环节	传递函数	环节	传递函数
放大环节	$G(s)=K$	积分环节	$G(s)=\dfrac{K}{(T_i s)^n}$，$(n=1,2,\cdots)$
惯性环节	$G(s)=\dfrac{K}{(T_1 s+1)(T_2 s+1)\cdots(T_n s+1)}$，$(n=1,2,\cdots)$	纯滞后环节	$G(s)=e^{-\tau s}$

注　对惯性环节，当 $T_1=T_2=\cdots=T_m$ 时，$G(s)=\dfrac{K}{(T_m s+1)^n}$，$(n=1,2,\cdots)$。

2. 被控对象的特性表现

实际工业过程中，被控对象往往是几个特性的组合，见表4-2。

表 4-2 特性组合传递函数

特性组合	组合后传递函数
放大、惯性和积分环节的组合	$G(s)=\frac{K}{(T_m s)^l(T_m s+1)^n}$，($l$=1，2，…；$n$=1，2，…)
放大、惯性和纯滞后环节的组合	$G(s)=\frac{K}{(T_m s+1)^n}\cdot e^{-\tau s}$，($n$=1，2，…)
放大、惯性和纯滞后环节的组合	$G(s)=\frac{K}{(T_i s)^l}\cdot e^{-\tau s},(l=1,2,\cdots)$

3. 被控对象的表现形式

在自动控制系统中，被控对象的特性表现是通过信号通道的输出状态上表现出来的，由图 4-5 可知，控制通道的输出对象和干扰通道的输出对象都可以归纳到 4 个特性来分析，但这些特性往往耦合到实际系统中。按照信号输入与输出的相互关系，可以分为三种表现形式：①单输入单输出形式，如图 4-6（a）所示；②多输入单输出形式，如图 4-6（b）所示；③多输入多输出形式，如图 4-6（c）所示。

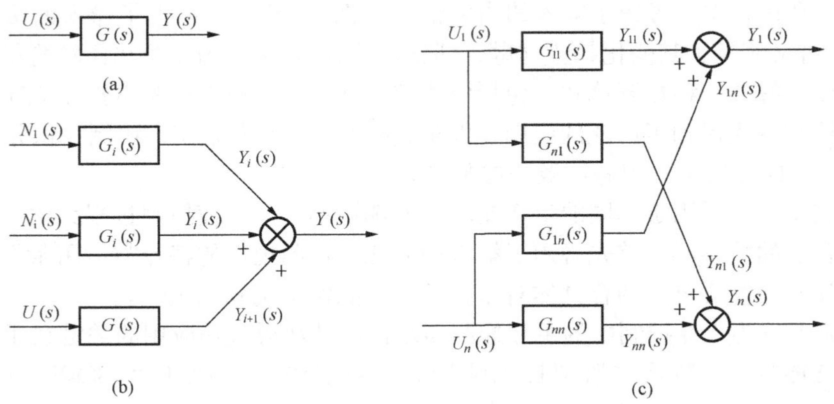

图 4-6 信号输入/输出关系

4.5.2 系统性能指标

自动控制系统在设定输入或外界扰动作用下，被控参数的输出品质可以通过系统的性能指标来衡量。通过系统的稳定度变化，由静态指标和动态指标来评价系统的优劣。

1. 系统稳定度分析

自动控制系统在设定输入或外界扰动作用下，被控参数的输出状态一般可以归纳为 4 种形式：①发散振荡：被控参数的输出幅值随时间逐渐变大，偏离设定状态越来越远，如图 4-7（a）所示。这是系统不稳定现状，极易造成生产事故，在实际应用中不允许发生。②等幅振荡：被控参数的输出幅值随时间等幅振荡，表明系统处于临界状态，如图 4-7（b）所示。严格意义上讲，临界状态在任何非生产工艺因素的干扰下均可能会转入不稳定状态，因此在实际应用中也不允许发生。③衰减振荡：被控参数的输出经过若干次振荡后，进入到设定状态，如图 4-7（c）所示。这是系统期望的状态之一，控制器选择合理的参数调控，能使系统通过较少的振荡、以较少的时间进入到稳定状态。④单调衰减：被控参数的输出没有振荡现象直接单调衰减进入到设定状态，如图 4-7（d）所示。这也是系统期望的状态，控制器选择合理的参数调控，使系统更快进入稳定状态。

2. 能控性和能观测性分析意义

自动控制系统是否能控和能观测是多变量最优控制中的两个重要理念，从系统状态的控制能力和测辨能力两个方面揭示控制系统的两个基本问题。如果所研究的系统是不能控的，就不存在最优控制问题的解。

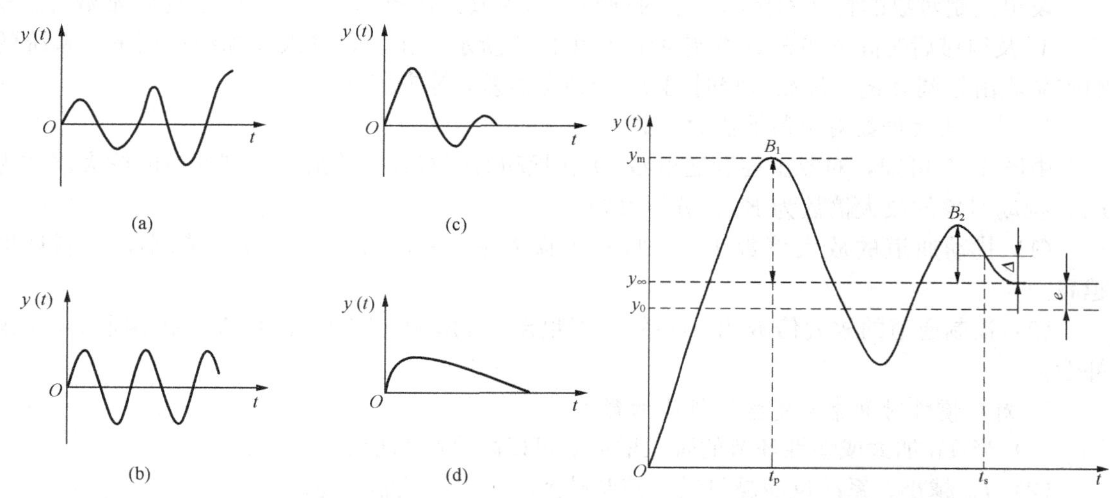

图 4-7　4 种过渡过程曲线

(a) 发散振荡；(b) 等幅振荡；(c) 衰减振荡；(d) 非周期衰减

图 4-8　自动控制系统过渡过程响应曲线

3. 动态指标

动态指标是衡量自动控制系统控制品质的主要方法，主要包括超调量 σ_p、过渡过程时间（调节时间）t_s、峰值时间 t_p、衰减比 η 和振荡次数 N。在设定输入或干扰作用下，系统的输出过渡过程响应曲线如图 4-8 所示。

（1）超调量 σ_p：表示超出设定状态的程度，百分比表示。超调量定义为

$$\sigma_p = \frac{|y_m| - |y_\infty|}{|y_\infty|} \times 100\% \tag{4-1}$$

（2）过渡过程时间 t_s：表示系统调节过程时间的长短，当 $t<t_s$，若 $|y(t)-y_\infty|<\Delta$，则 t_s 定义为过渡过程时间，也叫调节时间。y_∞ 是系统稳定后的稳态值。Δ 一般取 $0.02y_\infty$ 或 $0.05y_\infty$。

（3）峰值时间 t_p：表示过渡过程曲线到达第一个峰值所消耗的时间，反映系统对输入信号的跟随能力。

（4）衰减比 η：表示系统输出振荡衰减的程度。定义为过渡过程曲线中第一个峰值与第二个峰值的比值：

$$\eta = \frac{B_1}{B_2} \tag{4-2}$$

该比值一般取 4∶1。

（5）振荡次数 N：反映控制系统的阻尼特性，定义为输出量 $y(t)$ 进入稳态前，穿越 $y(t)$ 的稳态值 y_∞ 的次数的一半，对于图 4-8 所示，$N=1.5$。

4. 静态指标

静态指标是衡量控制系统精度的指标，用稳态误差（也叫余差）e 来表示，即：

$$e = y_0 - y_\infty \tag{4-3}$$

式中：y_0 为设定值。

4.5.3 对象特性对控制性能的影响

设定控制对象的特性和扰动对象的特性归纳为放大倍数 K 和 K_D、惯性时间常数 T_m 和 T_D，以及纯滞后时间 τ 和 τ_D，控制系统如图 4-5 所示，在设定输入或扰动作用下，系统的响应品质由超调量 σ_p、过渡过程时间 T_s 和稳态误差 e 等来衡量。

1. 对象放大倍数对控制性能的影响

由图 4-5 可知，对象由控制通道 $G(s)$ 和扰动通道 $G_D(s)$ 构成，控制通道的放大倍数为 K_c，扰动对象的放大倍数为 K_D，分析可知：

(1) 扰动通道的放大倍数 K_D 影响稳态误差 e，只有 K_D 越小，e 也越小，控制精度越高。

(2) 控制通道的放大倍数 K_c 对系统的性能没有影响，因为 K_c 可以由控制器 $G(s)$ 来补偿。

2. 对象惯性时间常数对控制性能的影响

(1) 当 T_D 加大或惯性环节的阶次增加，可以减小超调量 σ_p。

(2) T_m 越小，系统反应越灵敏，控制越及时，提升控制性能。

3. 对象纯滞后时间对控制性能的影响

(1) 扰动通道的纯滞后时间 τ_D 对系统性能没有影响，只使扰动输出沿时间轴平移了 τ_D。

(2) 控制通道的纯滞后时间 τ 使系统的超调量 σ_p 加大，过渡过程时间 T_s 加长，纯滞后时间 τ 越大，控制系统的性能越差。

4.5.4 控制规律

在控制领域中，比例、积分、微分控制（简称 PID 控制）是一种应用最广泛的控制规律，可以满足相当多的工业对象的控制要求，所以 PID 控制至今仍然是一种最基本的控制方法，是一种线性控制方法，有给定 $r(t)$ 与实际输出值 $y(t)$ 构成控制偏差，即

$$e(t) = r(t) - y(t) \tag{4-4}$$

将偏差的比例、积分、微分通过线性组合构成控制量，对被控对象进行控制，故称之为 PID 控制，其控制规律为

$$u(t) = K_p\left[e(t) + \frac{1}{T_I}\int_0^t e(t)\mathrm{d}t + T_D\frac{\mathrm{d}e(t)}{\mathrm{d}t}\right] \tag{4-5}$$

或写成传递函数为

$$D(s) = \frac{U(s)}{E(s)} = K_p\left[1 + \frac{1}{T_I(s)} + T_D(s)\right] \tag{4-6}$$

式中：K_p 为比例系数；T_I 为积分时间常数；T_D 为微分时间常数。

由于实际系统中广泛地存在着高频干扰，几乎所有的数字调节算法中都设置了低通滤波器以滤除高频干扰。常用的低通滤波器为放大、积分和纯滞后环节的组合，其传递函数为

$$G_P(S) = \frac{e^{-\tau s}}{T_P S + 1} \tag{4-7}$$

所以串接有低通滤波器的 PID 算式为

$$\frac{U(S)}{E(S)}=\frac{K_C e^{-\tau s}}{T_P s+1}\left[1+\frac{1}{T_I s}+T_D(s)\right] \tag{4-8}$$

这就是实际PID算式。进一步选择相关参数，可得到对应控制算法和控制效果，即：

(1) 若 T_I 为∞，T_D 为0，积分项和微分项都不起作用，为比例控制。

(2) 若 T_D 为0，微分项不起作用，为比例积分控制。

(3) 若 T_I 为∞，积分项不起作用，为比例微分控制。

一、位式控制

位式控制可分为双位控制和多位控制。其中，双位控制是一种最简单的控制形式。双位控制的动作规律是当被控变量的测量值大于设定值时，控制器的输出最大；而当被控变量的测量值小于设定值时，控制器的输出最小（或当测量值大于设定值时，输出最小；而当测量值小于设定值时，输出最大）。双位控制的特性可以用下面的数学表达式来描述：

$$u_{out}=\begin{cases}u_{max} & e\geqslant 0(\text{或}\ e<0)\\ u_{min} & e<0(\text{或}\ e\geqslant 0)\end{cases} \tag{4-9}$$

式（4-9）表明，理想的双位控制只有两个输出值，对应着控制部件的两个极限位置，而且从一个极限位置到另一个极限位置的切换过程很快。理想双位控制特性如图4-9所示。

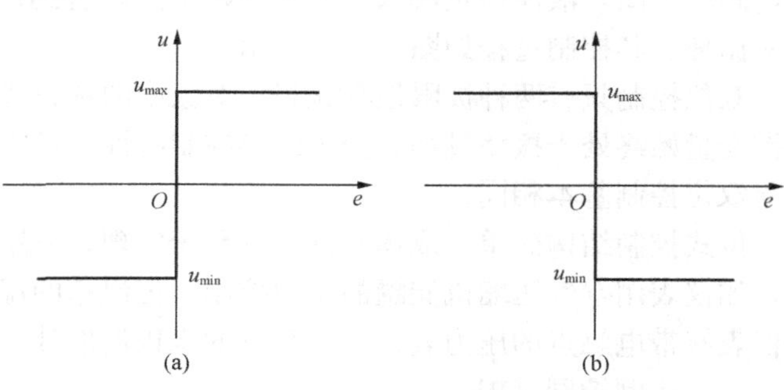

图4-9　理想的双位控制特性

图4-10所示为一个可采用液位双位控制的原理图，利用液位计获得液位高度，按照式（4-9）由液位控制器给出 u_{max} 或 u_{min} 控制电磁阀的启闭。控制器的输出 u_{out} 通过驱动电路（如继电器电路）驱动电磁阀工作。

在按照理想双位控制特性动作的控制系统中，执行部件（电磁阀）在“0”时刻的动作非常频繁，这样就会使系统中的运动部件易于损坏，从而降低了控制系统的可靠性。因此，在实际生产中，被控参数一般允许在一定范围内变化，实际应用的双位控制器都存在一个中间区，其特性可表示为

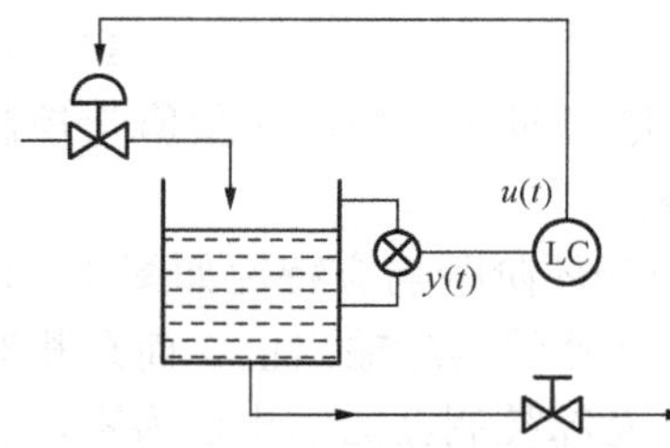

图4-10　液位双位控制原理图

$$u_{out}=\begin{cases}u_{max} & y\geqslant y_H(\text{或}\ y\leqslant y_L)\\ u_{max}\ \text{或}\ u_{min} & y_L<y<y_H\\ u_{min} & y\leqslant y_L(\text{或}\ y\geqslant y_H)\end{cases} \tag{4-10}$$

式中：y_H 为被控变量的上限设定值，y_L 为被控变量的下限设定值。

由式（4-10）看出，在具有中间区的双位控制中，被控变量有两个给定值。当被控变量超过上限设定值 y_H 时，阀门处于某个极限位置（全开或全关）；当被控变量低于下限设定值 y_L 时，阀门处于另一个极限位置（全关或全开）；而当被控变量介于两个设定值之间时，阀门保持原来位置不变。这样，就可以大大降低执行部件的动作频率。具有中间区的双位控制特性如图4-11所示。

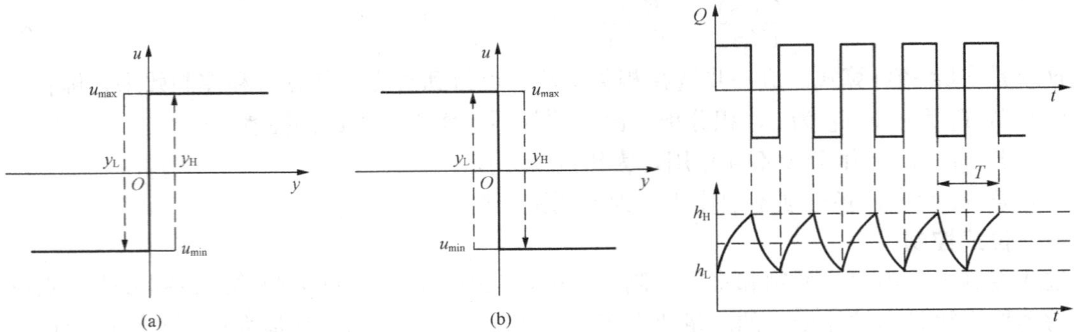

图 4 - 11 具有中间区域的双位控制特性

图 4 - 12 具有中间区域的液位双位控制

图 4 - 10 所示的液位控制系统，采用具有中间区域的双位控制，设定液位上限设定为 h_H，下限设定为 h_L。当液位低于 h_L 时，电磁阀打开，液体流入储槽；液位上升至上限 h_H 时，阀门关闭，液体停止流入，液位开始下降，直到液位再低于 h_L 时阀门再次打开，进入下一循环。其控制过程如图 4 - 12 所示。

双位控制只有两种极限控制状态，对象中的物料或能量总是处于严重的不平衡状态，使被控变量始终处于振荡过程。为了改善控制特性，可以采用三位或更多位的控制方式，其原理与双位控制基本相同。

位式控制结构简单，成本较低，且易于实现，适用于某些对控制质量要求不高的应用场合，如仪表用空气压缩机储罐的压力控制、恒温箱的温度控制等。工厂中常用的简单双位控制仪表有带电触点的压力表、带电触点的水银温度计、双金属温度计等。

二、比例控制（P）

比例控制规律就是控制器输出的变化量与输入偏差的变化成比例。偏差越大，控制作用越强。其显著特点就是有差控制，虽然不能准确地保持被控变量恒定，但效果比不加自动控制要好得多。在化工中可单独使用，如液位控制等，用于不要求严格消除残余偏差的场合。

比例控制规律的数学表达式为

$$u(t) = K_c e(t) \tag{4 - 11}$$

式中：$u(t)$ 为控制器的输出变化量；$e(t)$ 为控制器的输入变化量（即被控变量测量值与控制器的给定值之差）；K_c 为比例控制的放大倍数，又称比例增益。

设负反馈闭环控制系统如图 4 - 13 所示，比例控制规律的开环阶跃响应特性如图 4 - 14 所示。需要注意的是，式（4 - 11）中的 $u(t)$，并不是比例控制器的实际输出值，而是相对于起始输出值 $u_0(t)$ 的增量。因此，当偏差 $e(t)$ 为零时，并不意味控制器的输出也为零，它只说明此时控制器的输出没有发生变化，仍然保持在 $u_0(t)$ 。$u_0(t)$ 的大小可以通过调整控制器的工作点加以改变。

比例控制的放大倍数 K_c 是一个重要的可调参数，它的取值可以大于 1，也可以小于 1，K_c 的大小决定了比例控制作用的强弱。显然，在输入偏差相同的情况下，K_c 越大，控制器的输出变化量也越大，控制作用就越强；而在放大倍数不变的情况下，则输入偏差越大，输出的变化量也越大。

在过程控制中一般采用比例度 δ（也称比例带）来衡量比例控制作用的强弱。比例度是

指控制器的输入相对变化量与对应的输出相对变化量的百分比，可表示为

$$\delta=\frac{e(t)}{u(t)}\cdot\frac{x_{\max}-x_{\min}}{u_{\max}-u_{\min}}\times 100\% \tag{4-12}$$

式中：$x_{\max}-x_{\min}$为控制器输入信号的变化范围（或测量仪表的量程）；$u_{\max}-u_{\min}$为控制器输出信号的变化范围。

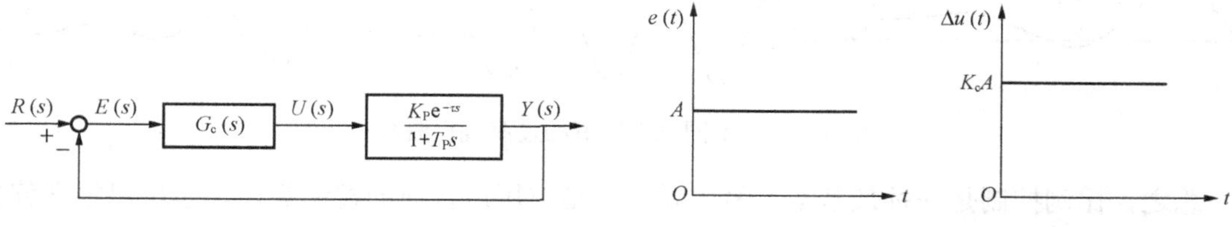

图 4 - 13　负反馈比例控制系统　　图 4 - 14　比例控制规律的开环阶跃响应特性

显然δ是一个无因次量，它更有利于用来描述比例控制器的一般特性。δ代表使控制器的输出变化全范围时所需要的被控变量的变化范围，只有当被控变量在这一范围内变化时，控制器的输出才与偏差成比例。如果超出了这个“比例带”，控制器的输出就不再成比例变化了，此时控制器将暂时失去比例控制作用。

令$K_\delta=\frac{x_{\max}-x_{\min}}{u_{\max}-u_{\min}}$，式（4 - 11）可转为

$$\delta=\frac{K}{K_c}\times 100\% \tag{4-13}$$

在用单元组合仪表构成的控制系统中，由于变送器和控制器都是采用统一的标准信号，因此常数$K=1$。比例度δ和放大倍数K_c的关系可进一步简化为

$$\delta=\frac{1}{K_c}\times 100\% \tag{4-14}$$

这说明两者互为倒数关系，即δ越小，K_c越大，比例控制作用越强；δ越大，K_c越小，比例控制作用越弱。

δ对控制过程的影响可从静态和动态两个方面来考虑。对系统静态特性的影响是：δ越大（即放大倍数K_c越小），控制过程达到稳态时的余差就越大。要想获得相同的控制作用，K_c越小，所需的偏差就越大，因此，在同样的负荷变化情况下，控制过程结束时的余差就超大；反之，减小比例度，余差也会随之减小。

减小比例度虽然有利于减小系统达到新稳态时的余差，但却影响到系统的动态特性，使控制系统的稳定性下降。比例度对过渡过程的影响可由图 4 - 15 所示的在干扰作用下的闭环响应曲线定性看出。当比例度太大或偏大时，控制作用弱，执行部件的动作幅度小，被控变量变化率缓慢，但余差大（见图 4 - 15 中①、②）；随着比例度的减小，控制作用得到加强，执行部件的动作幅度加大，被控变量的变化明显加快，并开始产生振荡，但系统仍能保持稳定，且余差较小（见图 4 - 15 中⑥）；当比例度减小到某一数值时，系统开始出现等幅振荡（见图4 - 15中④），此时系统已处于稳定的边界状态，对应的比例度称为临界比例度。再进一步减小比例度，就会出现发散振荡过程（见图 4 - 15 中⑤），系统就不稳定了。由此可见，比例度的大小对控制品质有较大影响，应该根据工艺生产对被控变量的稳定性和控制精度的要求，统筹兼顾而定。一般希望通过选择合适的比例度能获得 4∶1 到 10∶1 的衰减振荡过

程（见图4－15中③）。

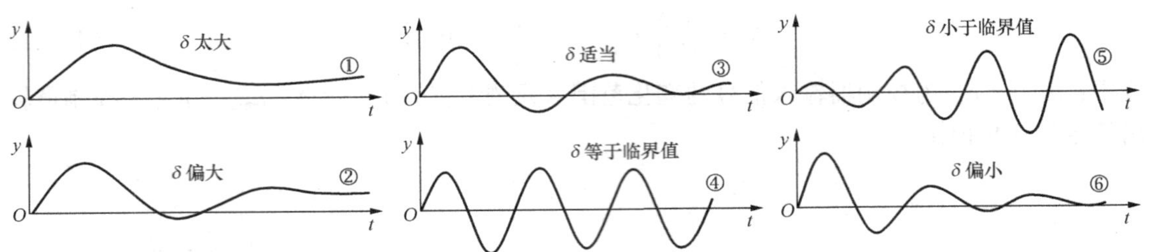

图4－15 不同比例度下的过渡过程曲线

总之，比例控制是一种最基本、最主要、也是应用最普通的控制规律，它可以根据偏差产生控制作用。它能及时克服扰动的影响，使系统较快地稳定下来，但控制过程存在余差。比例控制通常适用于干扰幅度较小，负荷变化不大，对象的纯滞后相对于时间常数较小，或控制精度要求不太高的场合。

三、比例积分控制（PI）

1. 积分控制规律及其特点

积分控制规律是指控制器输出变化量与输入偏差的积分成比例关系，其数学表达式为

$$u(t)=\frac{1}{T_{\mathrm{i}}}\int e(t)\mathrm{d}t \tag{4-15}$$

式中：T_{i} 为积分时间，是一个可调整的常数。

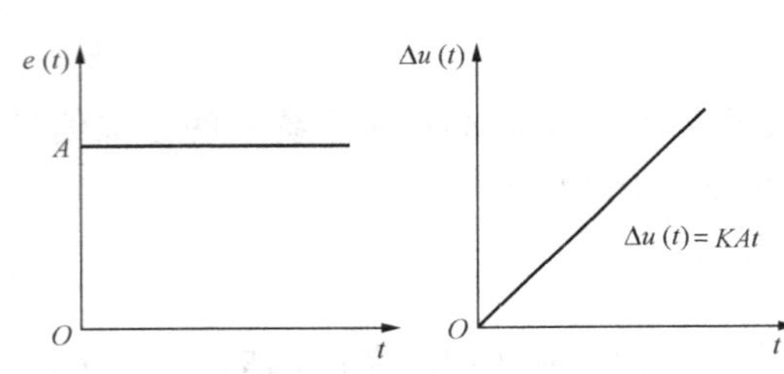

图4－16 积分作用开环阶跃响应曲线

积分控制作用的特性可以用在阶跃输入作用下给出的响应曲线（如图4－16所示）来说明。当控制器的输入偏差 e 是一常数 A 时，式（4－15）可写成

$$u(t)=\frac{1}{T_{\mathrm{i}}}\int A\mathrm{d}t=\frac{A}{T_{\mathrm{i}}}t=Kt \tag{4-16}$$

图4－16中，输出响应是一条直线，其斜率与 T_{i} 有关。T_{i} 越大，斜率越小，积分控制规律的输出变化量越小，积分作用也就越弱；反之 T_{i} 越小，斜率越大，积分作用也就越强。因此，积分时间 T_{i} 在本质上反映了积分作用的强弱。

从式（4－15）和图4－16可以看出：积分控制作用输出信号的大小不仅与输入偏差的大小有关，而且与偏差存在的时间有关。只要偏差存在，即使很小，控制器输出也会随时间的积累不断地增大（或减小）。直到偏差消除后，控制器的输出才停止变化。因此，积分作用能够消除余差，这是积分控制规律最显著的特点，也是它的突出优点。

积分作用虽然能消除余差，但是它的动作过程比较缓慢。在偏差刚出现时，积分控制的输出变化很小，积分控制作用很弱，不能及时克服扰动的影响，致使被控变量的动态偏差增大。而随着偏差的增大和存在时间的加长，积分控制输出变化的累积量又会过大，对干扰的校正作用过量，导致被控变量又向相反方向变化，如此反复，系统长时间不能稳定。因此，积分作用的引入会使控制系统的稳定性下降，这是它的另一个特点，也是它的主要缺点。因此，在实际的过程控制中，积分控制规律一般不单独使用。

2. 比例积分控制规律

比例积分控制规律是由比例控制规律和积分控制规律结合而成，它吸取了两种控制规律的优点，在生产中有着广泛的应用。其比例积分控制规律的数学表达式为

$$u(t)=K_c\left[e(t)+\frac{1}{T_i}\int e(t)\mathrm{d}t\right] \tag{4-17}$$

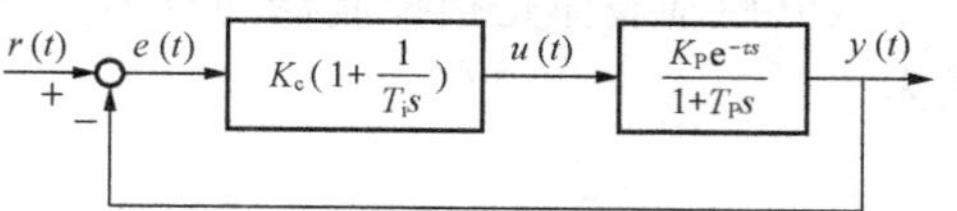

图 4 - 17 负反馈比例积分控制系统

设负反馈比例积分控制系统如图 4 - 17 所示，比例积分控制规律的开环阶跃响应特性如图 4 - 18 所示。从图中可以看出，输出响应是由比例作用和积分作用两部分叠加而成。

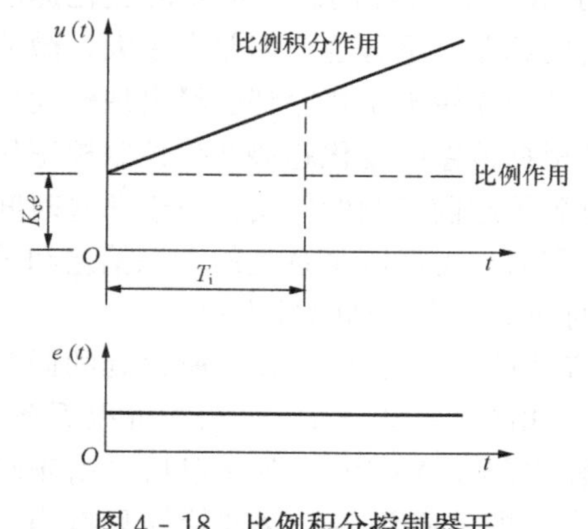

图 4 - 18 比例积分控制器开环阶跃响应曲线

在输入阶跃变化的瞬间，控制器的输出先产生一个幅值为 $K_C e$ 的阶跃变化，发挥比例作用；然后逐渐上升，实现积分效果。

在采用比例积分控制规律的闭环控制系统中，当干扰出现时，比例作用根据偏差的大小立即产生一个较大的校正量，以便快速地克服干扰对被控变量的影响，它相当于“粗调”。积分作用在这个基础上再进一步“细调”。两种规律共同作用，取长补短，使系统最终稳定在给定值上。使之既快速克服干扰，又消除系统的余差。

3. 积分时间对过渡过程的影响

在比例积分控制器中，比例度 δ（或比例增益 K_C）和积分时间 T_i 都是可调参数。

比例度对过渡过程的影响前面已经分析过，现在重点分析积分时间对过渡过程的影响。在同样的比例度下，积分时间对过渡过程的影响如图 4 - 19 所示。

从图 4 - 19 中可以看出，积分时间 T_i 过大和过小得到的控制效果都不理想。T_i 过大，积分作用太弱，消除余差的过程很慢（图 4 - 19 中③）；当 $T_i\to\infty$时，积分作用已经消失，成为纯比例控制，余差将得不到消除（图 4 - 19 中④）；T_i 太小，控制器的输出变化太快，使过渡过程振荡太剧烈，系统的稳定性大大下降（图 4 - 19 中①）；只有 T_i 适当时，过渡过程才能较快地衰减，而且没有余差（图 4 - 19 中②）。

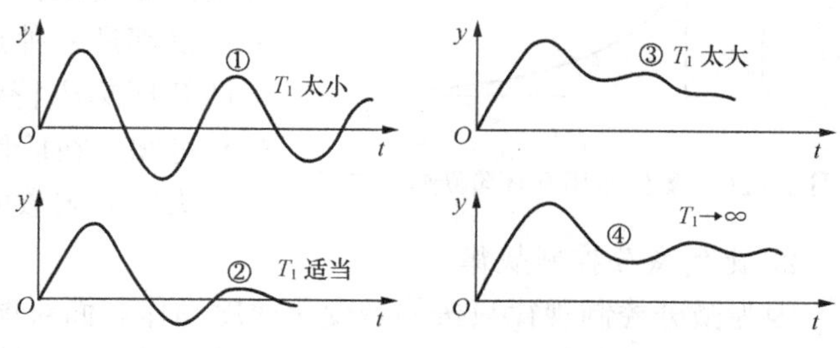

图 4 - 19 积分时间对过渡过程的影响

由于控制规律中引入积分作用后，会使系统的振荡加剧，尤其是对于滞后大的对象，这种现象更为明显，因此，积分时间的选取应根据对象的特性来选择。对于滞后小的对象，可选得小些；反之，T_i 可选得大些。另外，为了保持系统的稳定性，引入积分作用后，控制器的比例度 δ 应比纯比例作用时略大些。

四、比例微分控制（PD）

1. 微分控制规律及其特点

微分控制规律是指控制器的输出变化量与输入偏差的变化速度成比例关系，其数学表达式为

$$u(t) = T_{\mathrm{D}} \frac{\mathrm{d}e(t)}{\mathrm{d}t} \tag{4-18}$$

式中：T_{D} 为积分时间，是一个可调整的常数，$\frac{\mathrm{d}e(t)}{\mathrm{d}t}$ 偏差对时间的导数，即偏差的变化速度。

由式（4-18）可知，微分作用是依据偏差的变化速度来进行控制的。偏差的变化速度越大，控制器的输出变化也越大。而对于一个固定不变的偏差，不管这个偏差有多大，微分作用的输出总是零，这是微分作用的特点。这说明微分控制作用不是在等到已经出现较大偏差后才开始动作，而是在被控变量刚要偏离给定位时就根据偏差的变化趋势产生控制校正作用，以阻止被控变量的进一步变化。它实际上对干扰起到了超前抑制的作用。对于那些时间常数或惯性较大的被控对象，在控制规律中引入微分作用后，可以减小系统的动态偏差和过渡时间，使过程的动态品质得到明显改善。

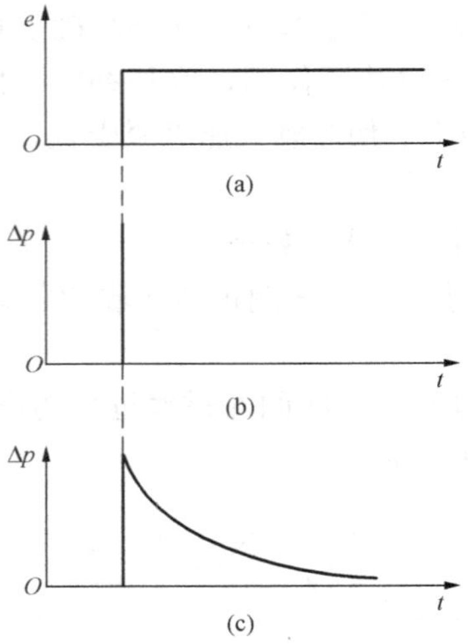

当输入阶跃信号时，按式（4-18）所得到的微分控制特性响应曲线如图 4-20（b）所示。可以看到，在输入的瞬间，输出趋于无穷大。在此以后，由于输入不再变化，输出立即又降到零。这种特性只有当采用数学描述时才能得到，所以通常把按照式（4-18）得到的微分控制规律，称为理想的微分控制规律。在实际应用中，按照图 4-20（b）所示的控制特性动作的控制器无法实现，而且由于微分作用的时间太短，即使能够实现，实用价值也不大。工业上实际采用的控制器都是一种近似的微分作用，它在阶跃输入作用下的开环响应特性如图4-20（c）所示。由图 4-20（c）可知，在阶跃输入加入的瞬间，输出突然升到一个较大的有限数值，然后按指数规律衰减至零。

图 4-20　微分作用开环阶跃响应曲线

2. 比例微分控制规律

因为微分控制规律只按偏差变化速度动作，而对偏差的大小不敏感，所以微分控制作用只能起辅助控制的作用。一般情况下它要与比例控制作用组合构成比例微分（PD）控制规律，或者是与比例及积分作用一起构成比例积分微分（PID）控制规律。

理想的比例微分控制规律，可以用下式表示

$$u(t) = K_{\mathrm{c}}\left[e(t) + T_{\mathrm{D}} \frac{\mathrm{d}e(t)}{\mathrm{d}t}\right] \tag{4-19}$$

设负反馈比例微分控制系统如图 4-21 所示，实际比例微分控制规律的开环阶跃响应特性如图 4-22 所示。从图中可以看出，输出响应是由微分作用和比例作用两部分叠加而成。

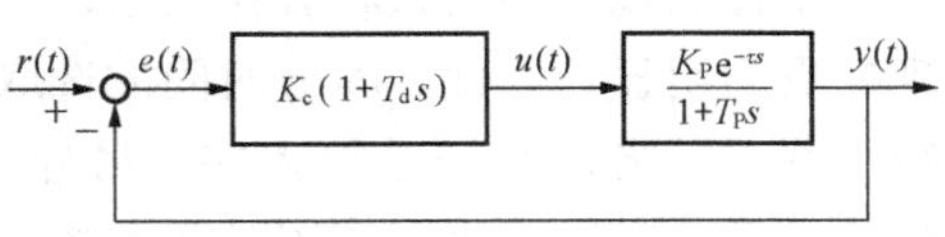

图 4-21　负反馈比例微分控制系统

微分作用总是力图抑制被控变量的变化，它有提高控制系统稳定性作用。在比例作用基础上适当加入微分作用，则可以采用更小的比例度，而同时又可保持过渡过程的衰减比不变。

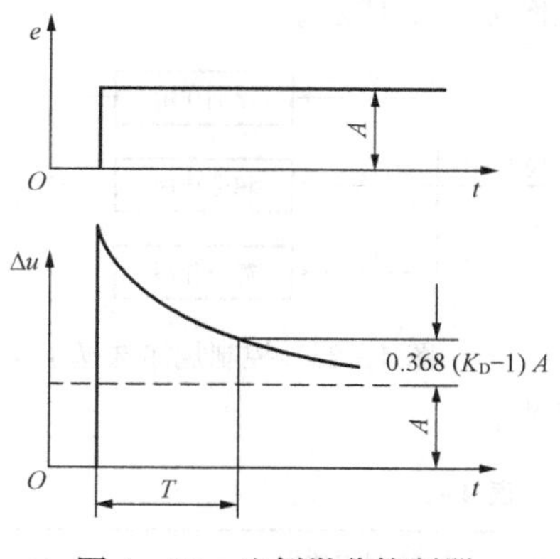

图 4-22 比例微分控制器开环阶跃响应曲线

微分控制作用的缺点主要有：第一微分作用太强，容易导致阀门的开度向两端变化。因此，在PD控制中总是以比例作用为主，微分作用为辅。第二微分作用抗高频干扰能力较差。第三微分作用不能消除余差。一般比例微分控制规律主要用于一些被控变量变化比较平稳，对象的时间常数较大，控制精度要求又不是很高的场合。虽然微分作用能改善大惯性滞后对象的动态品质，但对于纯滞后过程则无效。

3. 微分时间对过渡过程的影响

引入微分作用一定要适度。虽然微分作用有利于提高系统的稳定性，但它有一个限度。如果微分时间 T_D 太大，控制器的输出剧烈变化，不仅稳定性得不到提高，反而会引起族控变量的快速振荡，图 4-23 表示控制系统在不同微分时间下的响应过程。

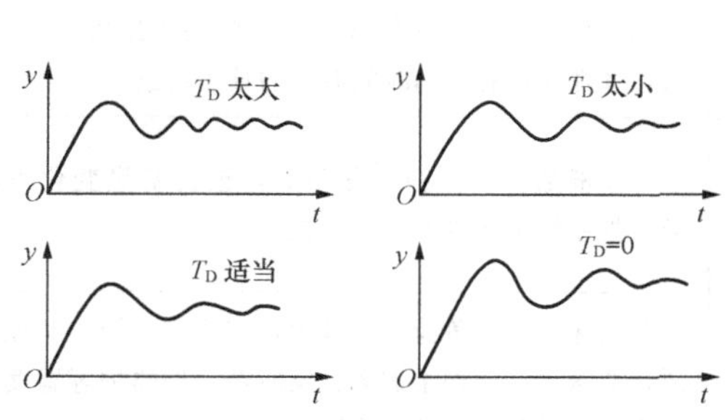

图 4-23 微分时间对过渡过程的影响

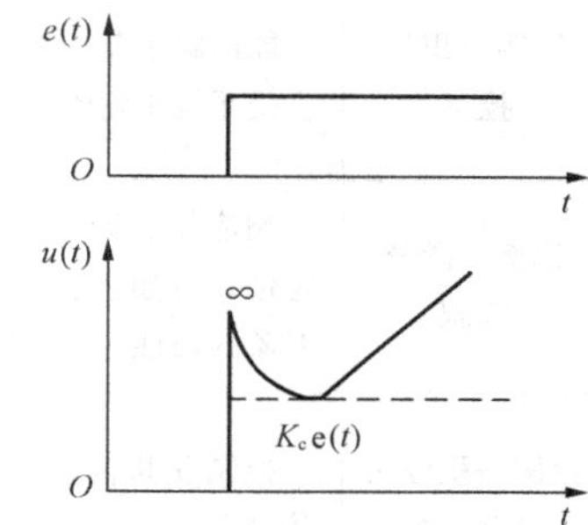

图 4-24 PID控制器的阶跃响应曲线

五、比例积分微分控制（PID）

比例积分微分控制是三个控制算法的组合，具有三个控制算法的各自特点，比例环节直接在输出端反应偏差信号的变化，立即产生比例的控制作用。积分环节主要用于消除静差，提高精确度。微分环节对变化速率较大的信号相应敏感，可以加快系统的动作速度，减少调节时间。

比例积分微分控制算法的数学表达式见式（4-5），实际PID控制器的阶跃响应曲线如图 4-24 所示。比例积分微分控制是工业过程控制中应用最广泛的一种控制规律。通过比例积分微分控制广泛的实际运行经验及其理论分析充分证明，比例积分微分控制规律用于多数被控对象能够获得较为满意的控制效果。

4.6 控制规律的选择与实现

在实际应用中根据系统要求确定控制规律的相关参数，选择对应的控制规律及其组合，如图 4 - 25 所示。

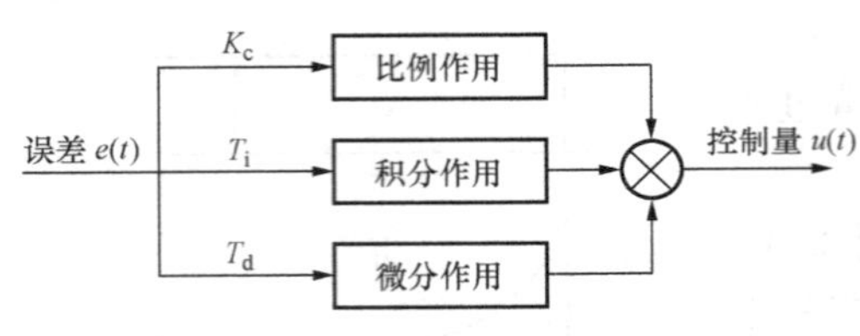

图 4 - 25 控制规律选择于实现

表 4 - 3 为上述控制规律的特点总结，控制规律的实现在模拟控制仪表中通过电路实现，在数字控制仪表（智能仪表）中通过程序来实现；在实际应用中还可以根据系统要求、对象特性以及 PID 算法特点进行 PID 算法的改进与优化，并可以将先进控制算法的理念融合进来。

表 4 - 3　　控制规律总结

序号	控制规律	优缺点	适用场合
1	位式控制	结构简单；价格便宜；控制质量不高；被控变量会振荡	对象容量大，负荷变化小，控制质量要求不高，允许等幅振荡
2	比例控制	结构简单；控制及时；参数整定方便；控制结果有余差	对象容量大，负荷变化不大、纯滞后小，允许有余差存在，如一些塔釜、储槽、冷凝器液位和次要的蒸汽压力控制系统等
3	比例—积分控制	能消除余差；积分作用控制缓慢；会使系统稳定性变差	对象滞后较大，负荷变化较大，但变化缓慢，要求控制结果无余差。此种规律广泛应用于压力、流量、液位和那些没有大的时间滞后的具体对象
4	比例—微分控制	响应快、偏差小、能增加系统稳定性；有超前控制作用，可以克服对象的惯性；控制结果有余差	对象滞后大，负荷变化不大，被控变量变化不频繁，控制结果允许有余差存在
5	比例—积分—微分控制	控制质量高；无余差；参数整定较麻烦	对象滞后大；负荷变化较大，但不甚频繁；对控制质量要求高。例如精馏塔、反应器、加热炉等温度控制系统及某些成分控制系统

4.6.1 模拟控制器的控制规律实现

一、基本原理

在模拟式控制器中，所传送的信号形式为连续的模拟信号。根据所加的能源不同，目前应用的模拟式控制器主要有气动控制器与电动控制器两种。气动控制器与电动控制器，尽管它们的构成元件与工作方式有很大的差别，但基本上都是由三大部分组成，如图 4 - 26 所示。

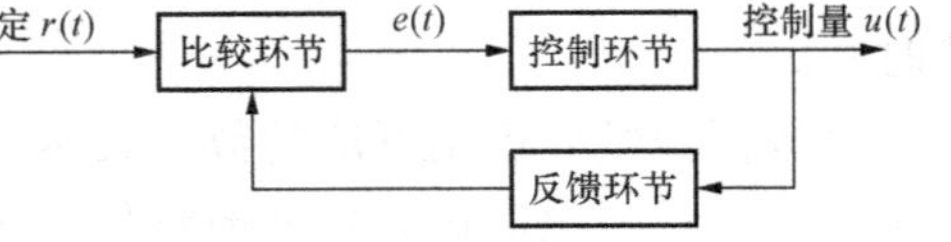

图 4 - 26 模拟控制仪表基本构成

1. 比较环节

比较环节的作用是将给定信号与测量信号进行比较，产生一个与它们的偏差成比例的偏差信号。在气动控制器中，给定信号与测量信号都是与它们成一定比例关系的气压信号，然后通过膜片或波纹管将它们转化为力或力矩。所以，在气动控制器中，比较环节是通过力或力矩比较来实现的。在电动控制器中，给定信号与测量信号都是以电信号出现的，因此比较环节都是在电路中进行电压或电流信号的比较。

2. 控制环节

控制环节实际上是一个稳态增益很大的比例环节。气动控制器中采用气动放大器，将气压（或气量）进行放大。电动控制器中可采用高增益的运算放大器。

3. 反馈环节

反馈环节的作用是通过正、负反馈来实现比例、积分、微分等控制规律的。在气动控制器中，输出的气压信号通过膜片或波纹管以力（或力矩）的形式反馈到输入端。在电动控制器中，输出的电信号通过由电阻和电容构成的无源网络反馈到输入端。

二、模拟电动控制器

模拟电动控制器主要有电动单元组合仪表 DDZ - Ⅱ型和 DDZ - Ⅲ，前者信号电流 0～10mA，后者信号电流 4～20mA。从显示功能分有全刻度指示控制器和偏差指示控制器，二者均具有对偏差信号进行 PID 运算、偏差指示、正反作用切换、产生内给定信号、手动/自动双向切换和被控对象参数显示等功能。功能结构图如图 4 - 27 所示，图中，实现控制规律的主要功能电路包括输入电路、比例微分（PD）电路、比例积分（PI）电路和输出电路等。

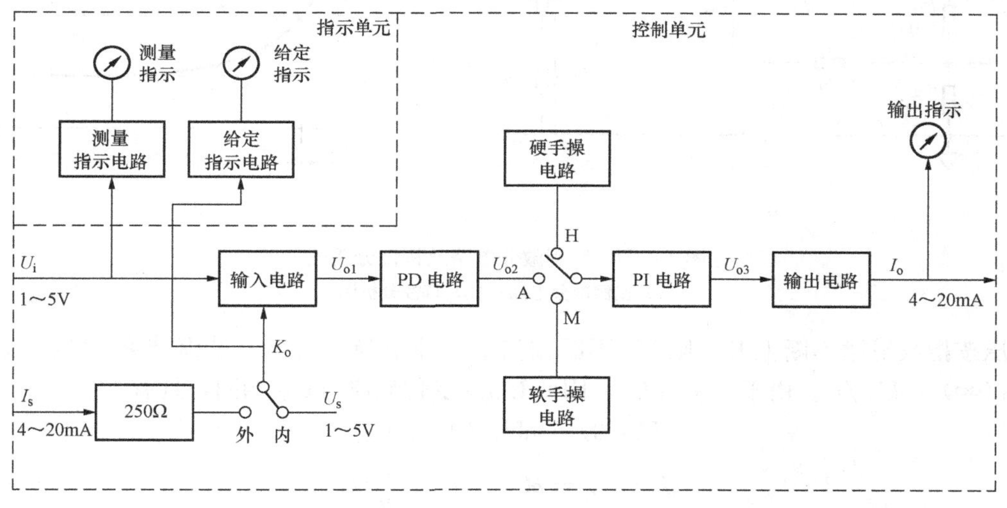

图 4 - 27 电动单元组合仪表功能结构图

1. 输入电路

输入电路的作用是偏差检测、放大和电平转换功能，电路形式如图 4 - 28 所示。采用这种电路形式的目的是消除集中供电引入的误差和保证运算放大器的正常工作。图 4 - 28（a）中 24V 电源为外供电路，变送器为控制仪表提供 4～20mA，通过 250Ω 转换成1～5V 电压信号。输入信号 U_i 与比例微分电路提供的输出信号 U_{01} 和给定信号 U_s 的差值成比例。

2. 比例微分电路（PD）

对输入电路提供的U_{01}进行比例微分运算，涉及运行参数为比例微分控制规律中的比例度和微分时间。电路图如图 4 - 29（a）所示，图 4 - 29（b）给出了比例微分控制规律的特性分析：

当 $t=0^+$，由于电容 C_D 上的电压不能突变，所以 $U_T(0^+)=U_{01}$；当 $t>0$，电容 C_D 上

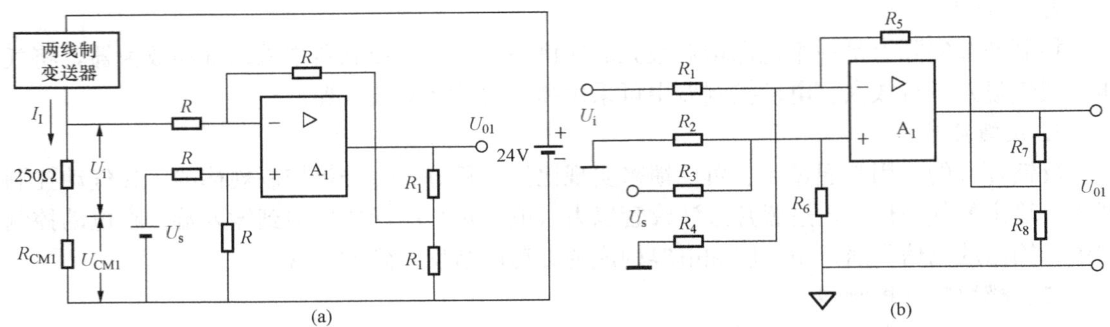

图 4 - 28 模拟控制器输入电路

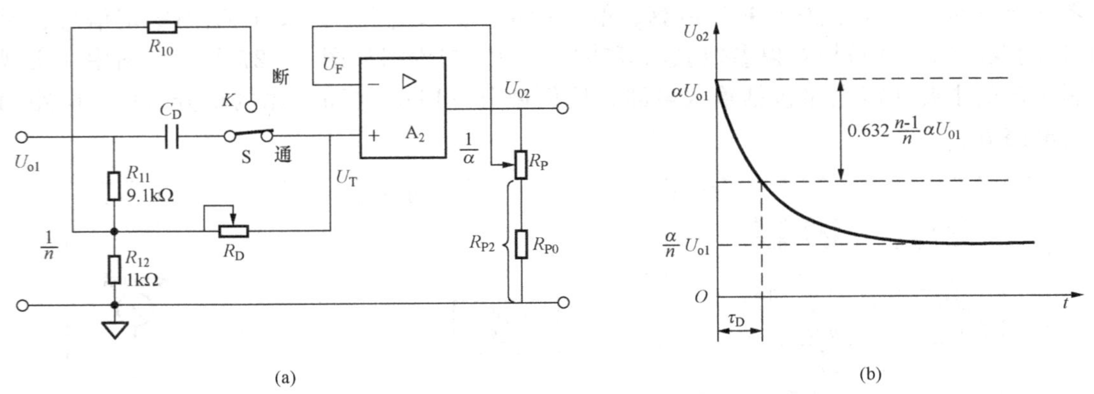

图 4 - 29 比例微分电路及特性分析图

(a) 比例微分电路；(b) 特性分析图

的电压按指数规律不断上升，则 U_T 不断按指数规律下降；当充电过程结束，$U_{C_D}=U_{R11}$，则 $U_T(\infty)=U_{01}/n$ 。由于 $U_{02}=\alpha U_T$，因此 U_{02} 的变化规律与 U_T 相同，且有：

$$U_{02}(0)=\alpha U_T(0)=\alpha U_{01}$$

$$U_{02}(\infty)=\alpha U_T(\infty)=\frac{\alpha}{n}U_{01}$$

3. 比例积分电路（PI）

对比例微分电路的输出 U_{02} 进行比例积分运算，如图 4 - 30（b）所示。图 4 - 30（a）中，积分时间 T_i 的倍率开关 S_3 置于“×10”挡时，R_{15} 上的电压经电位器 R_1 和反馈电容 C_m 充电，因为 $R_{15}=U_o/m$，$m=(R_{14}+R_{15})/R_{15}\approx 10$，所以积分时间是刻度值的 10 倍。

4. 比例积分微分电路特性分析

控制器的 PID 运算电路是由比例微分电路和比例积分电路串联构成，其放大倍数 K_c、积分时间 T_i 和微分时间 T_d 之间可能会互相影响，设定其互相影响干扰因素 F，分析如下：

放大倍数 K_c、积分时间 T_i 和微分时间 T_d 三个参数相互干扰的结果，使实际比例增益加大（实际比例度减小），实际积分时间增长，实际微分时间缩短。

相互干扰因素是一个大于 1 的系数，其数值大小与积分时间 T_i、微分时间 T_d 的大小有关，也取决于控制器结构。

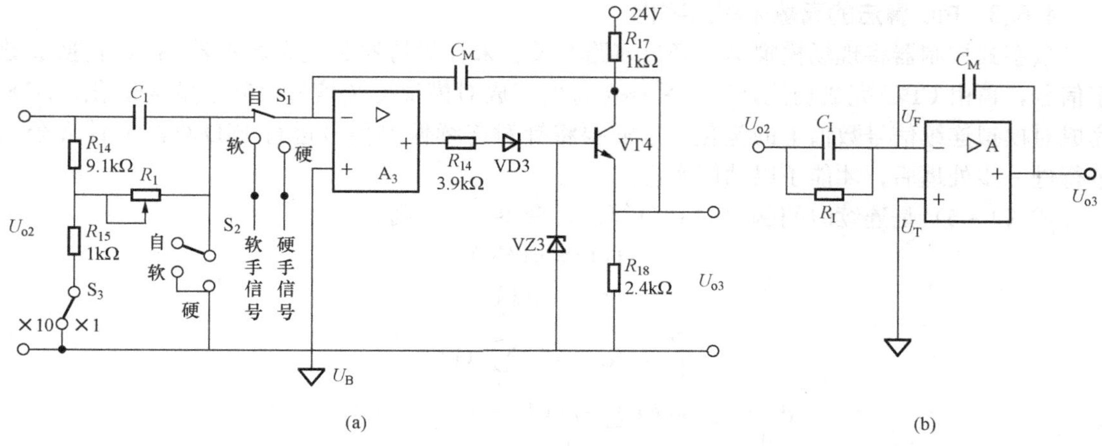

图 4 - 30　比例积分电路

在阶跃输入信号作用下，PID 电路的输出特性如图 4 - 31 所示。

5. 输出电路

将 PID 电路输出的 1～5V DC 电压信号 U_{O3} 转换为能承受负载 R_L（一段接地）的 4～20mA DC 输出电流 I_{out}，电路如图 4 - 32所示。

6. 其他电路

在模拟控制器中，还有手动操作电路（实现手动的软操作和硬操作）、指示电路（实现测量指示、给定指示和输出指示）等。

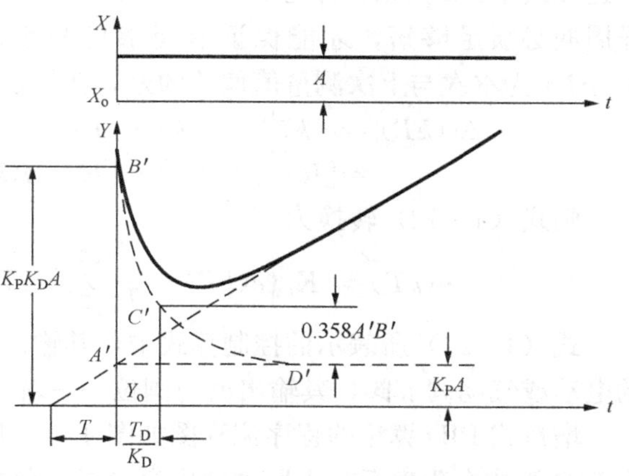

图 4 - 31　阶跃信号下 PID 电路的输出响应曲线

4.6.2　数字控制器的控制规律实现

模拟控制器的 PID 控制规律在功能实现时，由于电路参数已经确定，只能调整有限的几个关键参数，如放大倍数、积分时间和微分时间。但对于由微处理器/微控制器构成的数字式控制仪表（参阅“智能仪表”一章），实现 PID 算法就显得非常灵活。根据系统要求可以非常方便地给出与实现位式控制、或比例控制 P、比例积分控制 PI、比例微分控制 PD 和比例积分微分控制 PID。

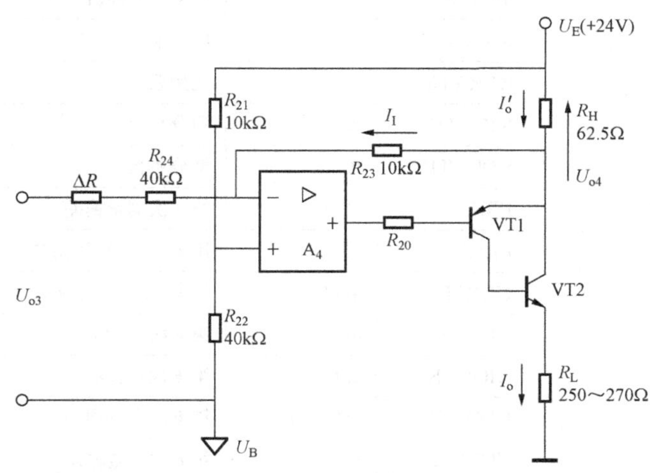

图 4 - 32　模拟控制器 4～20mA 输出电路

数字控制器除了和模拟控制器相同的外特性和操作方式外，还具有丰富的运算控制功能、自诊断功能、数字通信功能，通过软件程序实现各种控制规律。目前分有定程序控制器、可编程控制器、混合控制器和批量控制器等。

4.6.3 PID 算法的离散化和数字化

数字式控制器将现场模拟信号经过多路开关、采样保持器和模数转换器 ADC 转换成数字信号，再由 CPU 完成功能计算。采样保持器完成对模拟连续信号时间上的离散化，ADC 完成对模拟连续信号数值上的量化，这需要将针对连续偏差信号进行 PID 算法的计算公式进行进一步处理后，才能予以功能实现。

式（4－5）是连续时间函数的 PID 算法，令 $t=kT$，则有

$$u(t)\approx u(kT)$$

$$e(t)\approx e(kT)$$

$$\int_0^t e(t)\mathrm{d}t\approx T\sum_{j=0}^{k}e(\mathrm{j}T)$$

$$\frac{\mathrm{d}e(t)}{\mathrm{d}t}\approx\frac{e(kT)-e(kT-T)}{T}=\frac{\Delta e(kT)}{T}$$

上述几式中：k 为采样序号，$k=0$，1，2，…；T 为采用周期（两次采样的时间间隔），采样周期必须足够短，才能保证有足够的精度；$e(kT)$ 为第 k 此采样所获得的偏差信号；$\Delta e(kT)$ 为本次与上次测量值偏差的差，在给定值不变时，有

$$\begin{aligned}\Delta e(kT)&=e(kT)-e(kT-T)\\&=[R-y(kT)]-[R-y(kT-T)]=y(kT-T)-y(kT)\end{aligned}$$

则式（4－12）转换为

$$u(kT)=K_c\left\{e(kT)+\frac{T}{T_i}\sum_{j=0}^{k}e(jT)+\frac{T_d}{T}[e(kT)-e(kT-T)]\right\}\tag{4-20}$$

式（4－20）所表示的控制算式中，其输出值与执行器的动作状态是一致的，对于典型的电动或气动调节阀，其输出值与阀位一一对应，因此式（4－20）称为 PID 的位式算法。

增量式 PID 算法的程序流程图如图 4－33 所示，表 4－4 是针对图 4－33 流程图设计的为 PID 算式在程序运行中所需的内存设置与分配。

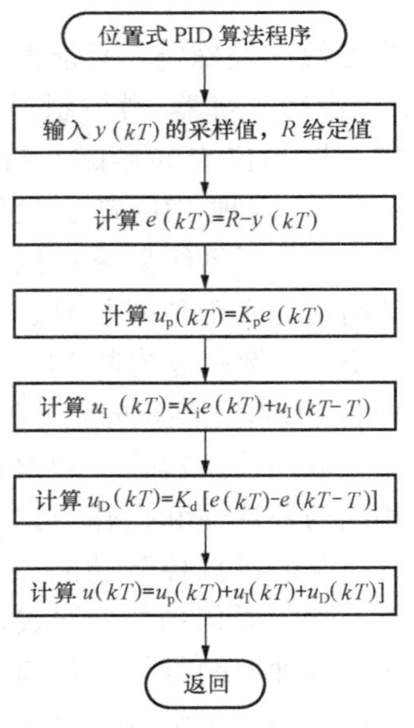

图 4－33 位式 PID 算法程序流程图

表 4－4 位式 PID 算法内存分配表

符号地址	参数	注释
YSAMP	$y(kT)$	第 k 次采样值
RSET	R	给定值
KCRATE	K_c	比例系数
KIRATE	K_i	积分系数
KDRATE	K_d	微分系数
ERK	$e(kT)$	第 k 次测量偏差
ERK1	$e(kT-T)$	第 $k-1$ 次测量偏差
UIOUT1	$uI(kT-T)$	第 $k-1$ 次积分项
UPOUTK	$uP(kT)$	第 k 次比例项
UIOUTK	$uI(kT)$	第 k 次积分项
UDOUTK	$uD(kT)$	第 k 次微分项
UOUTK	$u(kT)$	第 k 次位置输出

但在位式算法中，每次的输出与过去的所有状态有关。它不仅要对 e 进行不断累加，而且当控制器发生任何故障时，会造成输出量 u 的变化，从而大幅度地改变执行器的当前位置，对于调节主要参数的阀门位置改变，或许是不允许的，这将对生产安全带来严重后果，故目前数字式控制器的 PID 算式常改为增量式算法。

式（4 - 20）为第 k 次采样时的 PID 算式，第 $k-1$ 次采样后的 PID 算式为

$$u(kT-T)=K_c\left\{e(kT-T)+\frac{T}{T_i}\sum_{j=0}^{k}e(jT)+\frac{T_d}{T}[e(kT-T)-e(kT-2T)]\right\} \tag{4-21}$$

式（4 - 20）减去式（4 - 21），整理简化后得到：

$$\Delta u(kT)=K_c[e(kT)-e(kT-T)]+K_ie(kT)+K_d[e(kT)-2e(kT-T)+e(kT-2T)] \tag{4-22}$$

式中：$K_i=K_cT/T_i$ 为积分系数，$K_d=K_cT_d/T$ 为微分系数。

采样周期不变，确定了 K_c、K_i、K_d，由 $e(kT)$、$e(kT-T)$、$e(kT-2T)$ 就可求出控制增量，因此式（4 - 22）称为 PID 的增量式算法。

位式 PID 算法的程序流程图如图 4 - 34 所示，表 4 - 5 是针对图 4 - 34 流程图设计的为 PID 算式在程序运行中所需的内存设置与分配。

表 4 - 5　增量式 PID 算法内存分配表

符号地址	参数	注释
YSAMP	$y(kT)$	第 k 次采样值
RSET	R	给定值
KCRATE	K_c	比例系数
KIRATE	K_i	积分系数
KDRATE	K_d	微分系数
ERK	$e(kT)$	第 k 次测量偏差
ERK1	$e(kT-T)$	第 $k-1$ 次测量偏差
ERK2	$e(kT-2T)$	第 $k-2$ 次测量偏差
UPOUTK	$uP(kT)$	比例项
UIOUTK	$uI(kT)$	积分项
UDOUTK	$uD(kT)$	微分项
UOUTK	$\Delta u(kT)$	第 k 次增量输出

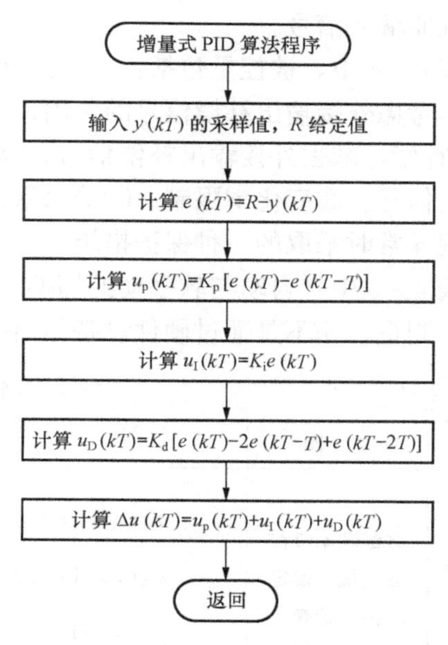

图 4 - 34　增量式 PID 算法程序流程图

实际上，位式 PID 与增量式 PID 控制对整个闭环系统并无本质区别，只是将原来全部由数字计算机承担的算式，分出一部分由其他部件去完成。

增量算式具有如下优点：①由于计算机每次只输出控制增量——每次阀位的变化，故机器故障时影响范围就小。必要时可通过逻辑判断、限制或禁止故障时的输出，从而不会严重影响系统的工况。②手动—自动切换时冲击小。由于输给阀门的位置信号总是绝对值，不论位置式还是增量式，在投运或手动改为自动时总要事先设定一个与手动输出相对应的 $u(kT-T)$ 值，然后再改为自动，才能做到无冲击切换。增量式控制时阀位与步进机转角对

应，设定时较位置式简单。③算式中不需要累加，控制增量的确定仅与最近几次的采样值有关，较容易通过加权处理以获得比较好的控制效果。

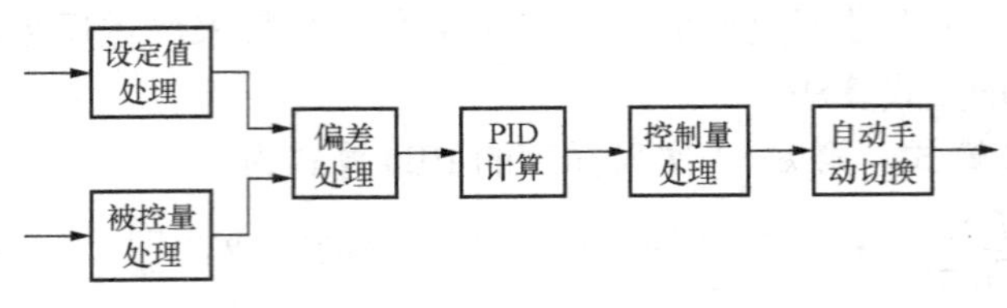

图 4-35　数字控制器 PID 的实现流程框图

由于数字控制器与模拟控制器的主要区别不仅仅是控制规律的程序实现，相关的操作流程也是通过程序来实现，将数字控制器完成 PID 的过程按照图 4-35 的顺序来进行。每个框图功能如表 4-6 所示。

表 4-6 中，偏差处理包括：①计算偏差，主要防止出现负值，即判断 $e(t)=r(t)-y(t)$ 的差值，不小于 0；若小于 0，给出误差标志“1”，同时 $e(t)=y(t)-r(t)$ 。②偏差报警，当偏差大于规定的范围时进行报警或限幅。③非线性特性处理，指在误差中人为地设置一非线性特性区域，在此区域内，控制量的输出由增益 K 决定，即 $\Delta u_{kout}=K\Delta u_k$。当$K=0$，选择带死区的 PID 控制；$0<K<1$，选择非线性 PID 控制；当 $K=1$，常规 PID 控制。④输入补偿，有两个输入（见表 4-6），加入输入补偿量的方法由输入补偿状态量 ICM 决定。当 $ICM=0$，无补偿，不对外接输入信号进行补偿；当 $ICM=1$，加补偿，加入外接输入信号；当 $ICM=2$，减补偿，减去外接输入信号；当 $ICM=3$，置换补偿，用外接输入信号代替系统原输入信号。

表 4-6 中，被控量包括：①输出补偿，由输出补偿状态量 OCM 决定。$OCM=0$，无补偿，不考虑外接输出补偿信号的作用；$OCM=1$，加补偿，加入外接输出补偿信号；$OCM=2$，减补偿，减去外接输出补偿信号；$OCM=2$，置换补偿，用外接输出补偿信号代替系统原输出信号。②变化率限制。③输出保持。④安全输出。其中输出保持和安全输出是系统运行出现异常时采取的一种保护措施。

表 4-6 中，自动与软手动的切换，软手动是操作人员用手动的方式通过键盘或上位机给出控制量，而不是通过硬件设备给出控制量。

表 4-6　　　　数字控制器 PID 功能实现流程表

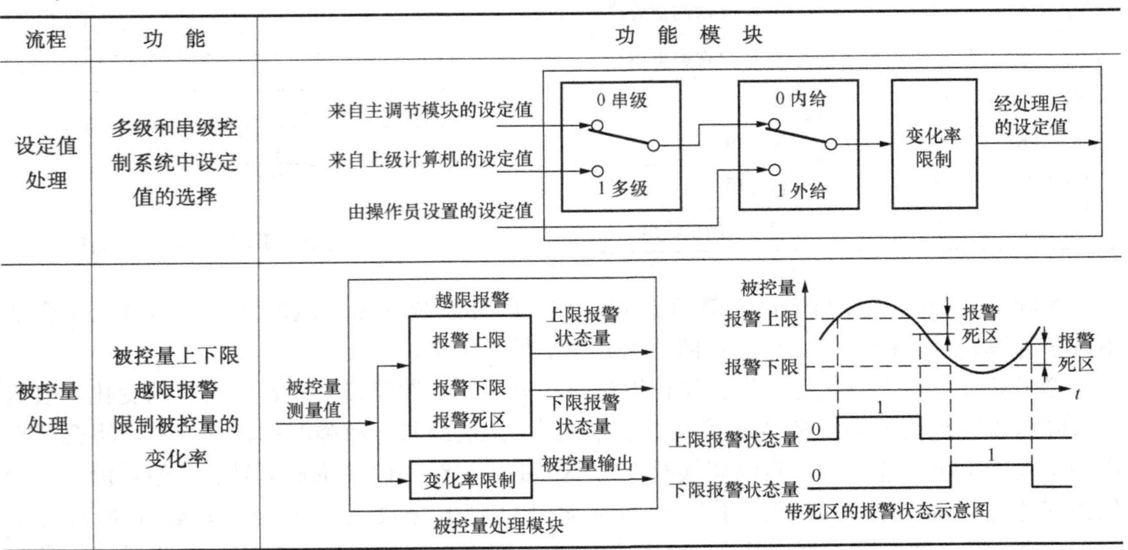

流程	功　能	功　能　模　块
设定值处理	多级和串级控制系统中设定值的选择	来自主调节模块的设定值；来自上级计算机的设定值；由操作员设置的设定值；0 串级；1 多级；0 内给；1 外给；变化率限制；经处理后的设定值
被控量处理	被控量上下限越限报警 限制被控量的变化率	被控量测量值；越限报警；报警上限；报警下限；报警死区；上限报警状态量；下限报警状态量；变化率限制；被控量输出；被控量处理模块 被控量；报警上限；报警下限；报警死区；t；上限报警状态量 0 1；下限报警状态量 0 1；带死区的报警状态示意图

续表

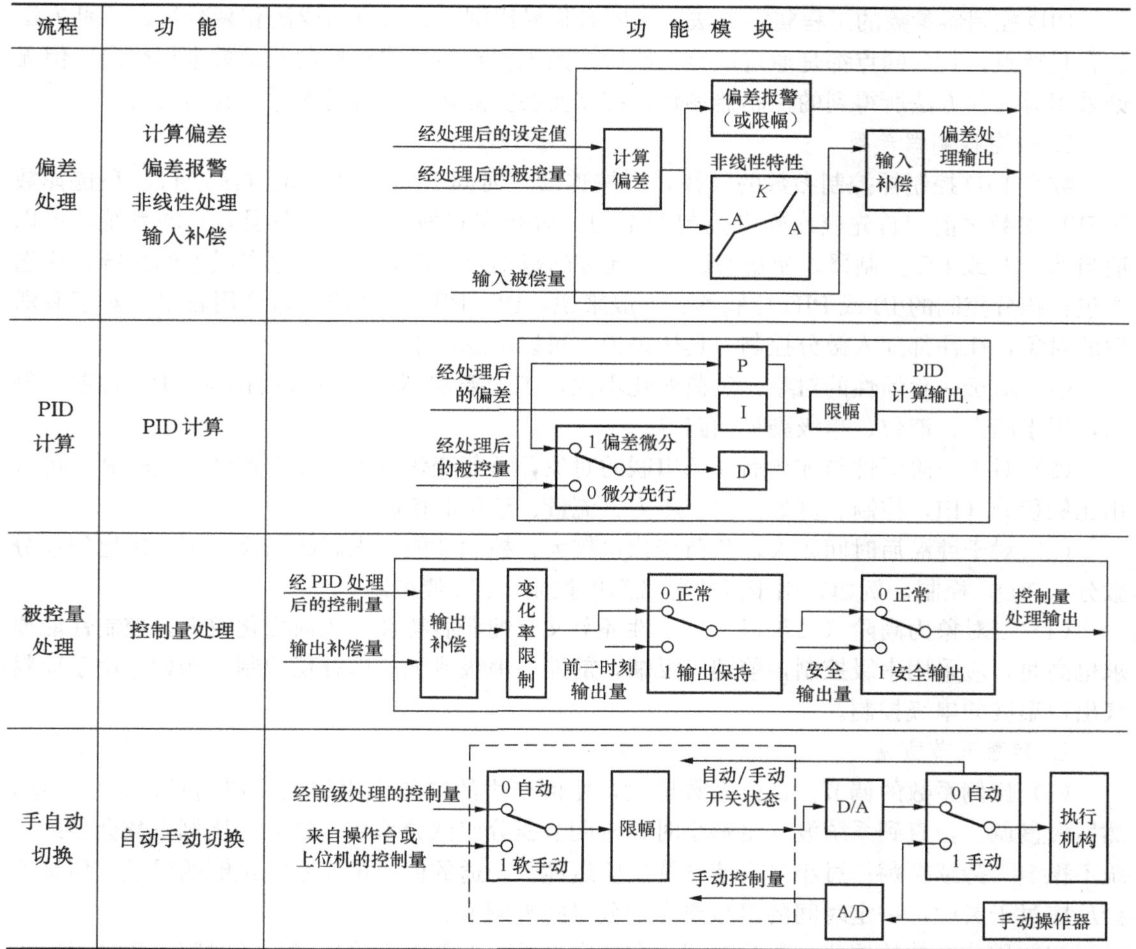

流程	功能	功能模块
偏差处理	计算偏差 偏差报警 非线性处理 输入补偿	
PID计算	PID计算	
被控量处理	控制量处理	
手自动切换	自动手动切换	

4.6.4 离散PID算法与连续PID算法比较

模拟式控制器采用连续PID算法，它对扰动的响应是及时的；而数字式控制器采用离散PID算法，它需要等待一个采样周期才响应，控制作用不够及时。

信号通过采样离散化后，难免受到某种程度的曲解，因此若采用等效的PID参数，则离散PID控制质量不及连续PID控制质量。采样周期越长，控制质量下降越明显。

数字式控制器及计算机控制采用离散PID时可以通过对PID算法的改进来改善控制质量，并且P、I、D参数调整范围大，它们相互之间无关联，没有干扰，因此也能获得较好的控制效果。

4.6.5 PID参数整定

PID控制器的参数整定是控制系统设计的核心内容。它是根据被控过程的特性确定PID控制器的比例系数、积分时间和微分时间的大小。PID控制器参数整定的方法概括起来有两大类：一类是理论计算整定法。它依据系统的数学模型，经过理论计算确定控制器参数。这种方法所得到的计算数据未必可以直接用，还必须通过工程实际进行调整和修改。二是工程整定方法，它主要依赖工程经验，直接在控制系统的试验中进行，且方法简单、易于掌握，在工程实际中被广泛采用。

PID控制器参数的工程整定方法，主要有临界比例法、反应曲线法和衰减法。三种方法各有其特点，其共同点都是通过试验，然后按照工程经验公式对控制器参数进行整定。但无论采用哪一种方法所得到的控制器参数，都需要在实际运行中进行最后调整与完善。

1. 确定控制器参数

数字PID控制器控制参数的选择，可按连续一时间PID参数整定方法进行。在选择数字PID参数之前，首先应该确定控制器结构。对允许有静差（或稳态误差）的系统，可以适当选择P或PD控制器，使稳态误差在允许的范围内。对必须消除稳态误差的系统，应选择包含积分控制的PI或PID控制器。一般来说，PI、PID和P控制器应用较多。对于有滞后的对象，往往都加入微分控制。具体来说，可以考虑以下建议。

(1) 对于一阶惯性的对象，负荷变化不大，工艺要求不高，可采用比例（P）控制。例如，用于压力、液位、串级副控回路等。

(2) 对于一阶惯性与纯滞后环节串联的对象，负荷变化不大，要求控制精度较高，可采用比例积分（PI）控制。例如，用于压力、流量、液位的控制。

(3) 对于纯滞后时间较大，负荷变化也较大，控制性能要求高的场合，可采用比例积分微分（PID）控制。例如，用于过热蒸汽温度控制，PH值控制。

(4) 当对象为高阶（二阶以上）惯性环节又有纯滞后特性，负荷变化较大，控制性能要求也高时，应采用串级控制，前馈一反馈，前馈一串级或纯滞后补偿控制。例如，用于原料气出口温度的串级控制。

2. 参数调节方法

(1) 比例系数的调节。比例系数越大，比例产生的增益作用越大。初调时，选小一些，然后慢慢调大，直到系统波动足够小时，再调节积分或微分系数。过大的比例系数会导致系统不稳定，持续振荡；过小又会使系统反应迟钝。合适的值应该使系统足够的灵敏度但又不会反应过于灵敏，一定时间的迟缓要靠积分时间来调节。

(2) 积分系数的调节。积分时间常数的定义是，偏差引起输出增长的时间。积分时间设为1s，则输出变化100%所需时间为1s。初调时要把积分时间设置长些，然后慢慢调小直到系统稳定为止。

(3) 微分系数的调节。微分值是偏差值的变化率。例如，如果输入偏差值线性变化，则在调节器输出侧叠加一个恒定的调节量。大部分控制系统不需要调节微分时间，因为只有时间滞后的系统才需要附加这个参数。如果加上这个参数反而会使系统的控制受到影响。如果通过比例、积分参数的调节还是收不到理想的控制要求，就可以调节微分时间。初调时把这个系数设小，然后慢慢调大，直到系统稳定。

3. 选择参数

确定控制器结构、并了解参数调节效果后，即可开始选择参数。参数的选择，要根据受控对象的具体特性和对控制系统的性能要求进行。工程上，一般要求整个闭环系统是稳定的，对给定量的变化能迅速响应并平滑跟踪，超调量小；在不同干扰作用下，能保证被控量在给定值；当环境参数发生变化时，整个系统能保持稳定等。

4. 参数整定

PID控制器的参数整定，可以不依赖于受控对象的数学模型。预设参数时，可先根据经验考虑实验凑试法和临界比例度法等。

（1）经验数值。

在实际调试中，先大致设定一个经验值。对于数字式控制器的参数整定，先要确定采样周期 T，再整定 PID 参数 δ、T_i 和 T_d，最后根据调节效果修改得

对于温度系统：$T=15\sim20s$，$\delta=20\%\sim60\%$，$T_i=3\sim10$（min），$T_d=0.5\sim3$（min）；

对于流量系统：$T=1\sim5s$（优先 1～2s），$\delta=40\%\sim100\%$，$T_i=0.1\sim1$（min）；

对于压力系统：$T=3\sim10s$（优先 6～8s），$\delta=30\%\sim70\%$，$T_i=0.4\sim3$（min）；

对于液位系统：$T=6\sim8s$（优先 7s），$\delta=20\%\sim80\%$，$T_i=1\sim5$（min）。

（2）实验凑试法

工程上，PID 控制器的参数常常是通过实验来确定，通过试凑，或者通过实验经验公式来确定。实验凑试法是通过闭环运行或模拟，观察系统的响应曲线，然后根据各参数对系统的影响，反复凑试参数，直至出现满意的响应，从而确定 PID 控制参数。

实验凑试法的整定步骤为“先比例，再积分，最后微分”。

1）整定比例控制：将比例控制作用由小变到大，观察各次响应，直至得到反应快、超调小的响应曲线。

2）整定积分环节：若在比例控制下稳态误差不能满足要求，需加入积分控制。先将步骤 1）中选择的比例系数减小为原来的 50%～80%，再将积分时间置一个较大值，观测响应曲线。然后减小积分时间，加大积分作用，并相应调整比例系数，反复试凑直到得到较满意的响应，确定比例和积分的参数。

3）整定微分环节：若经过步骤 2），PI 控制只能消除稳态误差，而动态过程不能令人满意，则应加入微分控制，构成 PID 控制。先置微分时间置 0，然后逐渐加大，同时相应地改变比例系数和积分时间，反复试凑直到获得满意的控制效果和 PID 控制参数。

（3）临界比例法。

1）首先预选择一个足够短的采样周期让系统工作；

2）仅加入比例控制环节，直到系统对输入的阶跃响应出现临界振荡，记下这时的比例放大系数和临界振荡周期；

3）在一定的控制度下通过公式计算得到 PID 控制器的参数。

（4）扩充临界比例法。

扩充临界比例度法是整定模拟调节器参数的临界比例度法的扩充，其步骤是：

1）根据对象反应的快慢，根据经验选用足够短的采样周期 T。

2）用选定的 T 求出临界比例系数 K_k 及临界振荡周期 T_k。即计算机测控系统只采用纯比例调节，逐渐增大比例系数，直至出现临界振荡，这时的 K_p 和振荡周期就是 K_k 和 T_k。

3）选定控制度。控制度是以模拟调节器为基准，将计算机控制效果和模拟调节器的控制效果相比较。控制效果的评价函数 Q 采用误差平方面积表示

$$Q=\frac{\left[\left(\int_0^{\infty} e^2(t)\mathrm{d}t\right)_{\min}\right]_{\text{数字控制器}}}{\left[\left(\int_0^{\infty} e^2(t)\mathrm{d}t\right)_{\min}\right]_{\text{模拟控制器}}} \tag{4-23}$$

4）根据选用的控制度按表 4-7 求取 T、K_p、T_i、T_d 的值。

5）按计算参数进行在线运行，观察结果。如果性能欠佳，可适当加大 Q 值，重新求取各个参数，继续观察控制效果，直至满意为止。

表 4－7 为扩充临界比例度法整定的参数值表。

例如，采用简化的扩充临界比例度法下式成立：$T=0.1T_k$，$T_i=0.5T_k$，$T_d=0.125T_k$，将 T、T_i、T_d 代入增量式 PID 算式（4－23）得

$$\Delta u(kT)=K_c\{2.45e(kT)-3.5e(kT-T)+1.25e(kT-2T)\} \tag{4-24}$$

（5）整定口诀。

参数整定找最佳，从小到大顺序查，先是比例后积分，最后再把微分加；

曲线振荡很频繁，比例度盘要放大；曲线漂浮绕大弯，比例度盘往小扳；

曲线偏离回复慢，积分时间往下降；曲线波动周期长，积分时间再加长；

曲线振荡频率快，先把微分降下来；动差大来波动慢。微分时间应加长；

理想曲线两个波，前高后低四比一；一看二调多分析，调节质量不会低。

表 4－7 扩充临界比例度法整定的参数值表

Q	控制算式	T/T_k	K_c/K_k	T_i/T_k	Q	控制算式	T/T_k	K_c/K_k	T_i/T_k	T_d/T_k
1.05	PI	0.03	0.55	0.88	1.05	PID	0.014	0.63	0.49	0.14
1.20	PI	0.05	0.49	0.91	1.20	PID	0.043	0.47	0.47	0.16
1.50	PI	0.14	0.42	0.99	1.50	PID	0.09	0.34	0.43	0.20
2.0	PI	0.22	0.36	1.05	2.0	PID	0.16	0.27	0.40	0.22
模拟调节器	PI		0.57	0.85	模拟调节器	PID		0.70	0.50	0.13
简化的扩充临界比例度法	PI		0.45	0.83	简化的扩充临界比例度法	PID	0.1	0.6	0.5	0.125

4.6.6 控制规律的算法改进

从表 4－6 中的“偏差计算”和“被控量处理”两个流程中可知，PID 三个控制规律在真正实现时，并没有完全按照理论描述的方式实现 PID 控制功能，而是对 PID 控制算法针对实际要求经过“适应化”完善后才给予应用。PID 发展到现在，真正的核心和关键所在就是基于 PID 控制规律的优点，针对现场实际现状，有选择地适时选用 PID，并对 PID 三大参数的整定、甚至三大规律的应用都灵活处理，从而真正意义上发展了 PID 控制算法。

对 PID 控制算法进行改进，来自于 PID 三大参数的特性完善和现场要求。

1. 积分饱和及防止

积分饱和是指一种积分过量现象。在通常的控制回路中，由于积分作用能消除偏差，能得到没有余差的稳态值，但在有些场合却并非如此。

如图 4－36（a）所示的保证压力不超限的安全防空系统，设定值为压力的容许限值，在正常操作情况下，放空阀是全关的，然而实际压力总是低于此设定值，偏差长期存在。如果考虑在气源中断时保证安全，采用气关阀，则控制器应该是反作用的。

假设采用气动控制器，则由于在正常工况下偏差一直存在，控制器的输出将达到上限。此时，控制器的输出不仅是上升到额定的最大值 100kPa 为止，而是会继续上升到气源压力 140～160kPa，即图 4－36（b）中的起始阶段。

这样虽然对保证阀门紧闭有好处，但是从 $t=t_1$ 开始，如果容器内的压力开始等速上升，则在达到设定值以前，由于偏差仍然是正值，如果积分作用强于比例作用，则控制器输出不会下降。在 $t=t_2$ 时，压力达到设定值，从 t_2 以后，偏差反向，积分作用和比例作用都使控制器输出减小，不过在输出气压未降到100kPa以前，阀门仍然是全关的。也就是说，在 $t_2 \sim t_3$ 这段时间，控制器仍然没有起到它应该的作用。

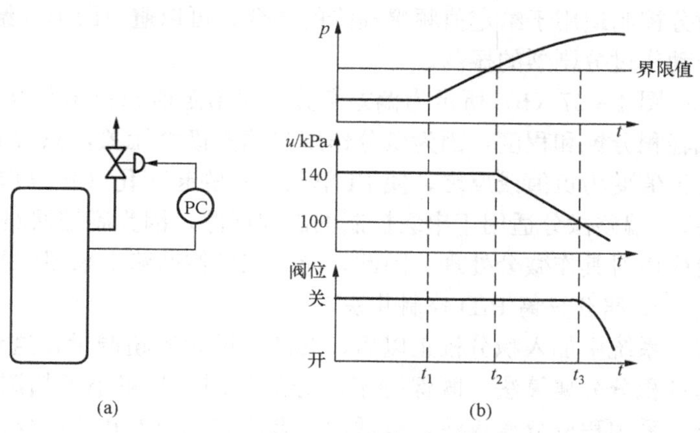

图 4 - 36 压力安全放空系统中的积分饱和

直到 $t_2 > t_3 t > t_3$ 后，阀门才开始打开。这一时间上的推迟，使初始偏差加大，也使以后控制中的动态偏差加大，甚至引起危险。这种积分过量的现象，就称作积分饱和。

如果考虑在起气中断时不用出现大量放空，改用气开阀，控制器改为正作用，情况也不能改善。控制器的输出不仅降到20kPa以下，而是会降到接近大气压，积分过量仍然存在。

一些简单控制系统也会出现积分饱和情况，如在间歇式反应釜的温度控制回路中，进料的温度较低，远离设定值，因此在初始阶段正偏差较大，控制器输出会达到积分极限，把加热蒸汽开足。而当釜内温度达到和开始超过设定值后，蒸汽阀仍不能及时关小，其结果是温度大大超过设定值，使动态偏差加大，控制质量变差。

凡是长期存在偏差的系统容易出现积分饱和。有些复杂控制系统积分饱和甚至会更严重。积分饱和引起控制作用的延迟甚至失灵，对控制系统造成危害，严重时会发生事故。

一种解决办法就是使控制器实现PI－P控制规律，即当控制器的输出在某范围之内时，是PI作用，能消除余差；而当输出超过某限值时，是P作用。另一种方法是微分先行PID。

2. 微分先行PID算法

微分先行是把微分运算放在比较器附近，它有两种结构，如图 4 - 37 所示。

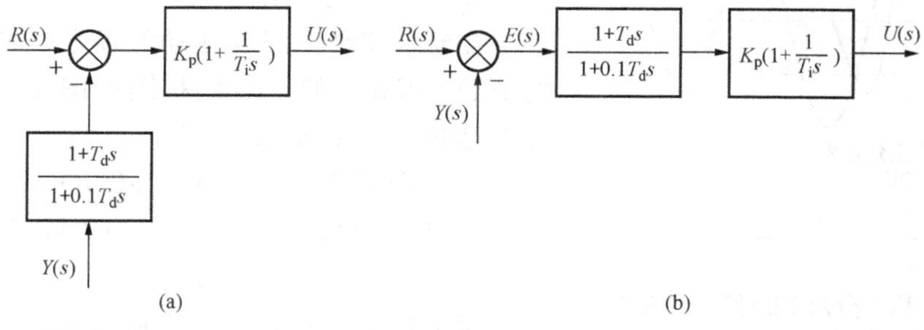

图 4 - 37 微分先行PID控制

(a) 输出量微分；(b) 偏差微分

图 4 - 37（a）所示为输出量微分，是将PD单元接在变送器之后而在比较机构之前，只对输出量 $y(t)$ 进行微分，而对给定值 $r(t)$ 不作微分，这种方式称为微分先行。这种输出量

微分控制适用于给定值频繁提降的场合，可以避免因提降给定值时所引起的超调量过大、阀门动作过分剧烈的振荡。

图 4 - 37（b）所示为偏差微分，对给定值 $r(t)$ 和输出量 $y(t)$ 都有微分作用，可以适当减轻积分饱和程度，因为微分作用与偏差极性无关，只要有偏差变化，它总能使输出变化，由正值变为负值或反之，使 PI 单元早一些起变化（积分作用有滞后性，而微分作用有超前性）。偏差微分适用于串级控制的副控回路，因为副控回路的给定值是由主控调节器给定的，也应该对其作微分处理。因此，应该在副控回路中采用偏差微分 PID。

3. 积分分离 PID 控制算法

系统中加入积分校正以后，会产生过大的超调量，这对某些生产过程是绝对不允许的，引进积分分离算法，既保持了积分的作用，又减小了超调量，使得控制性能有了较大的改善。采用积分分离算法，也适用于有严重积分饱和的场合，如有滞后的系统大幅升降设定值时等。

积分分离算法要设置积分分离阈 E_0。当 $E_0 \geqslant |e(kT)|$ 时［即偏差 $|e(kT)|$ 较小］，采用 PID 控制，可保证系统的控制精度；算法按照式（4 - 22）运行。当 $E_0 < |e(kT)|$ 时［即偏差 $|e(kT)|$ 较大］，采用 PD 控制可使超调量大幅降低。积分分离 PID 系统如图 4 - 38 所示，其算法为

$$\Delta u(kT) = K_c[e(kT) - e(kT-T)] + K_d[e(kT) - 2e(kT-T) + e(kT-2T)] \tag{4-25}$$

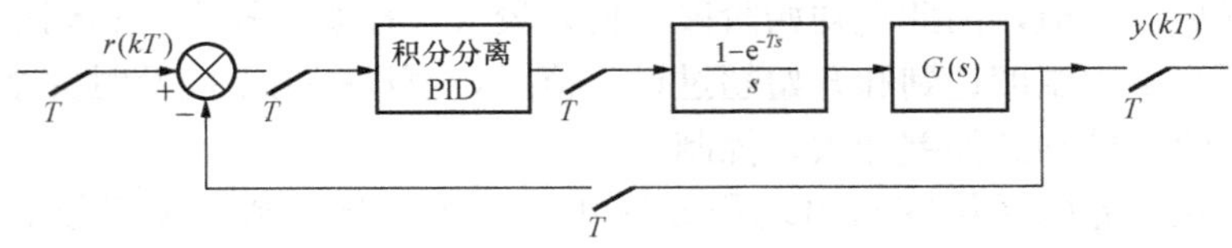

图 4 - 38 积分分离 PID 计算机控制系统

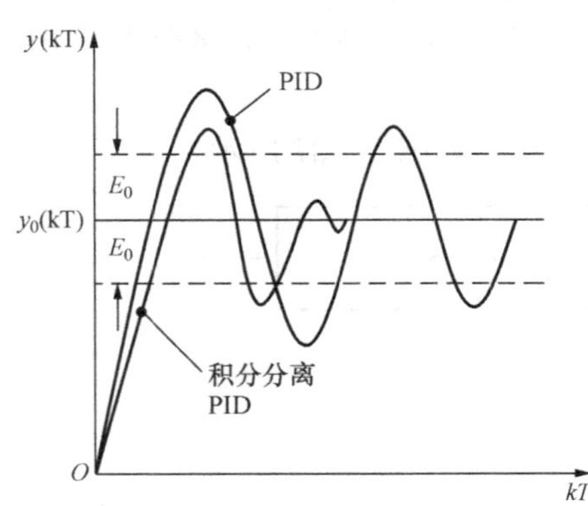

图 4 - 39 积分分离 PID 控制的效果

采用积分分离 PID 算法以后，控制效果如图 4 - 39所示。由图可见，采用积分分离 PID 使得控制系统的性能有了较大的改善。

4. 带死区的 PID 控制

在要求控制作用少变动的场合，可采用带死区的 PID，带死区的 PID 结构图如图 4 - 40 所示，实际上是非线性控制系统，当：

$$\begin{cases} e'(kT) = e(kT) & |e(kT)| > |e_0| \\ e'(kT) = 0 & |e(kT)| \leqslant |e_0| \end{cases} \tag{4-26}$$

对于带死区的 PID 数字调节器，当 $|e(kT)| \leqslant |e_0|$ 时，数字调节器的输出为零，即 $u(kT) = 0$。当 $|e(kT)| > |e_0|$ 时，数字调节器有 PID 输出。

5. 不完全微分 PID 算法

众所周知，微分作用容易引进高频干扰，因此数字调节器中串接低通滤波器（一阶惯性

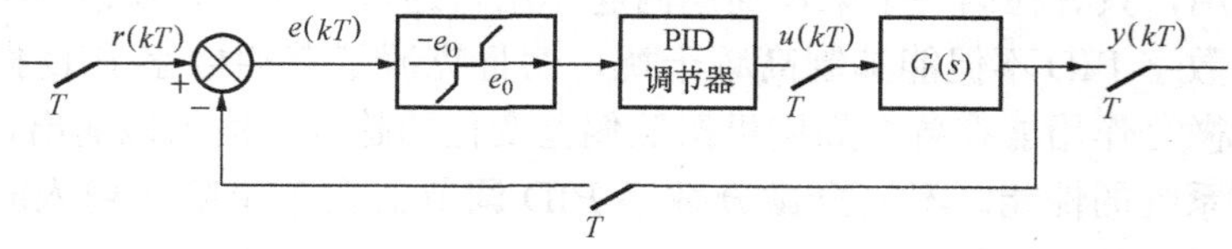

图 4-40 带死区的PID控制

环节）来抑制高频干扰，低通滤波器的传递函数为

$$G_{\mathrm{f}}(s)=\frac{1}{T_{\mathrm{f}}s+1} \tag{4-27}$$

不完全微分 PID 控制框图如图 4-41 所示。由图4-41可得

$$u'(t)=K_{\mathrm{c}}\left[e(t)+\frac{1}{T_{\mathrm{i}}}\int_{0}^{t}e(t)\mathrm{d}t+T_{\mathrm{d}}\frac{\mathrm{d}e(t)}{\mathrm{d}t}\right] \tag{4-28}$$

$$T_{\mathrm{f}}\frac{\mathrm{d}u(t)}{\mathrm{d}t}+u(t)=u'(t) \tag{4-29}$$

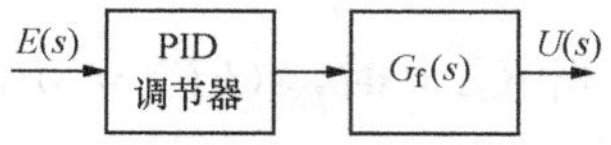

E(s) → PID 调节器 → $G_{\mathrm{f}}(s)$ → U(s)

图 4-41 不完全微分控制框图

所以

$$T_{\mathrm{f}}\frac{\mathrm{d}u(t)}{\mathrm{d}t}+u(t)=K_{c}\left[e(t)+\frac{1}{T_{\mathrm{i}}}\int_{0}^{t}e(t)\mathrm{d}t+T_{\mathrm{d}}\frac{\mathrm{d}e(t)}{\mathrm{d}t}\right] \tag{4-30}$$

对式（4-30）离散化，得位式差分方程为

$$u(kT)=au(kT-T)+(1-a)u'(kT) \tag{4-31}$$

其中，$a=T_{\mathrm{f}}/(T+T_{\mathrm{f}})$，$u(kT)$ 为离散化位式 PID 算法，其增量式差分方程为

$$\Delta u(kT)=a\Delta u(kT-T)+(1-a)\Delta u'(kT) \tag{4-32}$$

其中，$a=T_{\mathrm{f}}/(T+T_{f})$，$\Delta u(kT)$ 为离散化位式 PID 算法。

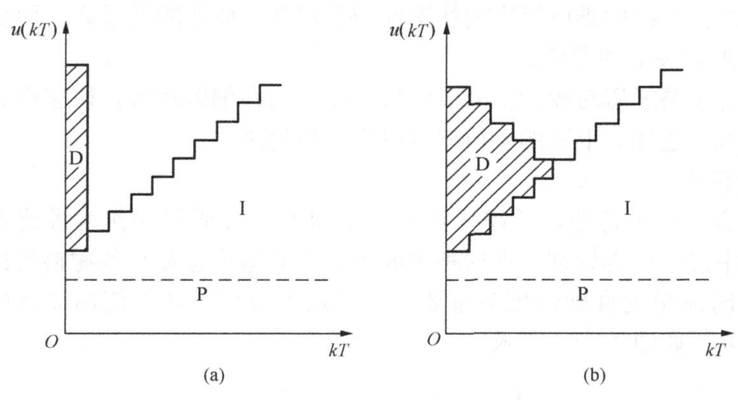

图 4-42 数字 PID 控制器的控制效果图

(a) 普通数字 PID 控制；(b) 不完全微分数字 PID 控制

普通的数字 PID 调节器在单位阶跃输入时，微分作用只有在第一个周期里起作用，不能按照偏差变化的趋势在整个调节过程中起作用。另外，微分作用在第一个采样周期里作用很强，容易溢出。$u(kT)$ 控制作用如图 4-42（a）所示。

设数字微分调节器的输入为阶跃序列 $e(kT)=a$，$k=0,1,2,\cdots$，当使用完全微分算法时 $U(s)=T_{\mathrm{d}}sE(s)$ 或 $u(t)=T_{\mathrm{d}}\frac{\mathrm{d}e(t)}{\mathrm{d}t}$，离散化上式，可得

$$u(kT)=\frac{T_{\mathrm{d}}}{T}[e(kT)-e(kT-T)] \tag{4-33}$$

由式（4-33）可得 $u(0)=\frac{T_{\mathrm{d}}}{T}a$，$u(1T)=u(2T)=u(3T)=\cdots=0$，可见普通数字

PID 中的微分作用，只有在第一个采样周期内起作用，通常 $T_d \approx T$，所以 $u(0) \approx a$ 。

不完全微分数字 PID 不但能抑制高频干扰，而且克服了普通数字 PID 控制的缺点，数字控制器输出的微分作用能在各个周期里按照偏差变化的趋势，均匀地输出，真正起到了微分作用，改善了系统的性能。不完全微分数字 PID 调节器在单位阶跃输入时，输出的控制作用如图 4 - 42 (b) 所示。

对于数字微分调节器，当使用不完全微分算法时，$U(s)=\dfrac{T_d s}{T_f s+1}E(s)$ 或 $u(t)+T_f\dfrac{du(t)}{dt}=T_d\dfrac{de(t)}{dt}$ ，对上式离散化，可得

$$u(kT)=\frac{T_f}{T+T_f}u(kT-T)+\frac{T_d}{T+T_f}[e(kT)-e(kT-T)] \tag{4-34}$$

当 $K \geqslant 0$ 时，$e(kT)=a$ ，由式 (4 - 34) 可得 $u(0)=\dfrac{T_d}{T+T_f}a$ ，$u(T)=\dfrac{T_f T_d}{(T+T_f)^2}a$ ，$u(2T)=\dfrac{T_f^2 T_d}{(T+T_f)^3}a$ ，显然，$u(kT)\neq 0$ ，$k=0$，1，2，…，并且 $u(0)=\dfrac{T_d}{T+T_f}a\approx\dfrac{T_d}{T}a$ 。

因此，在第一个采样周期里不完全微分数字控制器的输出比完全微分数字控制器的输出幅度小得多。而且控制器的输出十分近似于理想的微分控制器，所以不完全微分具有比较理想的调节性能。

由上述推导可知，尽管不完全微分 PID 较之普通 PID 的算法复杂，但是，由于其良好的控制特性，因此使用越来越广泛，越来越受到广泛的重视。

6. 其他改进方法

(1) 变放大系数 PID 算式。

众所周知，增大放大倍数可以提高系统的响应速度使调节时间缩短，但稳定性变坏，甚至使得系统不稳定。这就是在线性系统中难以解决的快速性与稳定性不能兼顾的矛盾。而变放大系数 PID 算法却可以较好地解决上述矛盾。

在系统偏差较小，稳定性为主要矛盾时放大倍数值取值较小；而在偏差较大，快速性为主要矛盾时，放大倍数取值较大。这样，上述的矛盾就可以很快地解决了。

(2) 混合过程的 PID 控制算法。

在炼油厂及一些化工、冶金、轻工行业，常需要把一些中间产品合成起来作为最终产品。这需要将各种物料在管道中混合后再处理。在这种情况下，产品输出总量中各物料的比例的准确性比各中间产品的瞬时流量的准确性更为重要。对于这种应用，如果使用通常的 PID 控制，将不会取得好的效果。如图 4 - 43 所示。

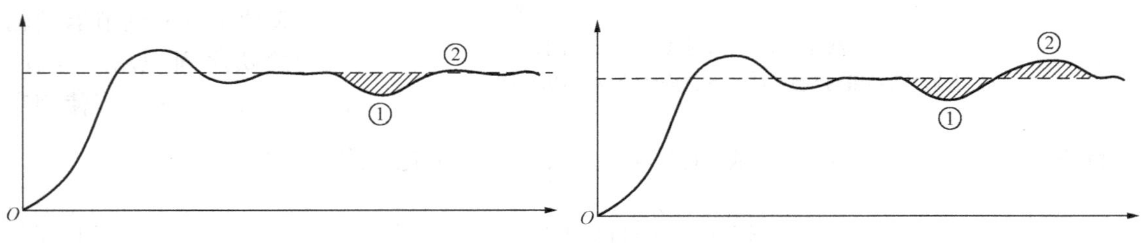

图 4 - 43 常用 PID 控制效果　　图 4 - 44 混合 PID 控制效果

一旦有什么干扰引起控制偏差时，将使混合物料中少掉斜线所表示的数量。混合 PID

控制效果如图 4-44 所示，即在干扰出现后，调节曲线的上半部应和下半部相等，以保证混合物料中成分的比例不变。实现这种功能的控制算法叫混合过程 PID 控制算法。其表达式为

$$U(S)=K\left(\frac{1}{T_1 s^2}+\frac{1}{s}+T_{\mathrm{D}}\right)E(s) \tag{4-35}$$

在采样系统中其算法为

$$\Delta u(kT)=k\left\{\left[e(kT)+\frac{\theta}{T_1}\sum_{j=1}^{k}e(jT)+\frac{T_{\mathrm{D}}}{\theta}[e(kT)-e(kT-T)]\right]\right\} \tag{4-36}$$

$$u(k)=u(k-1)+\Delta u(k) \tag{4-37}$$

由上式可看出，在偏差的代数和 $\sum_{j=1}^{k}e(jT)$ 等于零之前，输出将不断地变化，以保证输出总量的定量性。

(3) 全新参数整定。

PID 不仅有较好的适用性和控制效果，先进的控制策略思想使 PID 控制策略的关键参数寓意了全新的整定方法。除了调整控制规律外，还将较多的先进控制策略耦合到 PID 中，使 PID 控制规律有了全新的面貌。

围绕 PID 控制规律中的运行参数经过特别整定能达到较好的控制效果。如模糊 PID、神经网络 PID、自适应 PID、Smith 预估型 PID、鲁棒型 PID、预测型 PID、推理型 PID、遗传算法型 PID、免疫型 PID 和多参数融合型 PID 等。

4.7 先进控制策略

从模拟控制器到数字控制器的发展，基于模拟控制策略等体现人工智能的基本功能全面转向先进的智能控制阶段，隶属于智能控制的各种先进控制策略涉及了自适应控制、遗传算法、系统理论和计算机科学等，而且还从生物学、生理学、心理学、协同学及人类知识理论等学科中汲取了丰富的知识，成为一门仍在不断丰富和发展中的具有众多学科集成特点的科学与技术。本节简单介绍先进控制策略，具体详细的内容请参阅相关文献报道。在一定程度上，只要能基于计算机或 DSP 运行的控制算法，并能有效解决实际控制任务的算法，都可以纳入先进控制策略范畴。

1. 模糊控制

模糊控制不需要建立控制对象的精确数学模型，只要求把现场操作人员的经验和数据总结成较完善的语言控制规则。取代通常采用的 PID 控制方法。

模糊控制能绕过对象的不确定性、干扰及非线性、时变性、时滞性等影响，系统的鲁棒性强，效果好。一个典型的二维模糊控制器如图 4-45 所示。

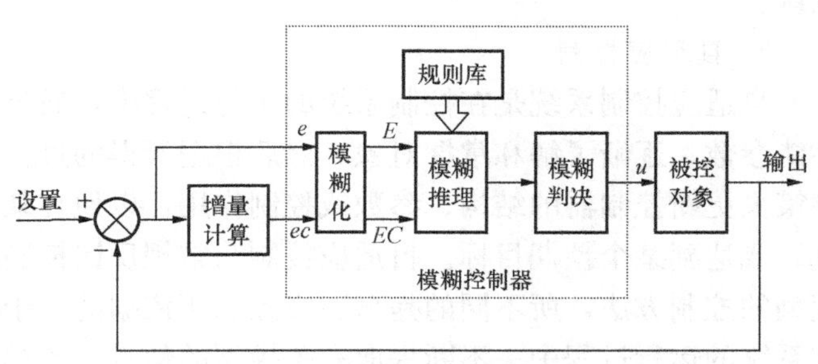

图 4-45 二维模糊控制器示意图

该模糊控制器由三部分组成：①模糊化。采用正态分布确定模糊变量 μ 的赋值表，将精确量（一般为系统的误差及误差的变化率）转

化成模糊量。②模糊推理。按照 IF-THEN 型语言规则进行模糊推理，求出系统全部控制规则所对应的模糊关系：R:$R=R_1\cup R_2\cup\cdots\cup R_n=\sum_{i=1}^{n}R_i$。③模糊判决。用“最大隶属度法”、“加权平均判决法”等方法把推理后的结果由模糊量转化成为可以用于实际控制的精确量。

常用的模糊控制算法有查表法、软件模糊推理法和解析公式法。

在工控中应用模糊控制时，当系统的变化缓慢（如隧道窑温度控制等），可采用软件法实现模糊控制；如系统变化较快、实时性要求较高时，可采用查表法或解析公式法；对一般家用电器控制可采用专用芯片。

2. 神经网络控制

人工神经网络方法通过模仿人脑的结构和功能，设计和建立相应的机器和模型，完成一定的智能任务。它具有很强的自适应性、学习能力、容错能力和并行处理能力，使信号处理过程更接近人类的思维活动。这些能力使人工神经网络在智能控制方面展示了诱人的前景，成为复杂工业过程中较好地解决控制策略问题的备受人们关注的研究方向。

迄今为止，有 30 多种主要的人工神经网络模型被开发和应用，比较典型的有：①自适应谐振理论（ART）由 Grossberg 提出的，是一个根据可选参数对输入数据进行粗略分类的网络。②双向联想存储器（BAM）由 Kosko 开发的一种单状态互连网络，有学习能力。③Boltzmann机（BM）由 Hinton 等提出的，是建立在 Hopfield 网基础上的，具有学习能力，能够通过一个模拟退火过程寻求解答。④反向传播（BP）网络最初由 Werbos 开发的反向传播训练算法是一种迭代梯度算法，用于求解前馈网络的实际输出与期望输出间的最小均方差值。⑤对流传播网络（CPN）由 Hecht-Nielson 提出的，是一个通常由五层组成的连接网。⑥Hopfield 网由 Hopfield 提出的，是一类不具有学习能力的单层自联想网络。⑦Madaline 算法是 Adaline 算法的一种发展，是一组具有最小均方差线性网络的组合，能够调整权值使得期望信号与输出间的误差最小。⑧认知机（Neocogntion）由 Fukushima 提出的，是至今为止结构上最为复杂的多层网络。⑨感知器（Perceptron）由 Rosenblatt 开发的，是一组可训练的分类器，为最古老的 ANN 之一。⑩自组织映射网（SOM）由 Kohonen 提出的，是以神经元自行组织以校正各种具体模式的概念为基础的。

人工神经网络主要应用包括有：①监视控制（Supervised Control）；②逆控制（Inverse Control）；③神经适应控制（Neural Adaptive Control）；④实用反问传播控制（Back-propagation of Utility）；⑤适应评价控制（Adaptive Critics）。这五大类的应用情况，表明神经网络在控制系统中的位置和功能有所不同，学习方法也相异，也存在五类不同结构的控制系统。

3. 自适应控制

自适应控制系统是在控制系统的运行过程中，通过不断地量测系统的输入状态、输出或性能参数，逐渐了解和掌握对象，然后根据所得的过程信息，按一定的设计方法，做出控制决策去更新控制器的结构、参数或控制作用，以便在某种意义下使控制效果达到最优或次最优，或达到某个预期目标。自适应控制与常规反馈控制与最优控制一样，也是一种基于数学模型的控制方法，所不同的是自适应控制所依据的关于模型和扰动的先验知识比较少，需要在系统的运行过程中去不断提取有关模型的信息，使模型逐渐完善。具体地说，可以依据对象的输入输出数据，不断辨识模型的参数，这个过程称为系统的在线辨识。

自适应控制系统中所发生的过程分为两个类型：一类是系统状态的变化，变化速度比较快；另一类是参数的变化和调整，变化速度比较慢。这时提出两个时间尺度的概念：适用于常规反馈控制的快时间尺度以及适用更新控制器参数的慢时间尺度。两种时间尺度的过程并存，是自适应控制的又一特点，它同时也增加了自适应控制系统分析的难度。

自适应控制系统的简单原理以模型参考自适应控制系统（Model Reference System，MRS）为例。模型参考自适应控制系统由以下几部分组成：参考模型、被控对象、反馈控制器和调整控制器参数的自适应机构等部分，其结构如图 4 - 46 所示。从图中可以看出，这类控制系统包含两个环路：内环和外环。内环是由被控对象和控制器组成的普通反馈回路，而控制器的参数则由外环调整。

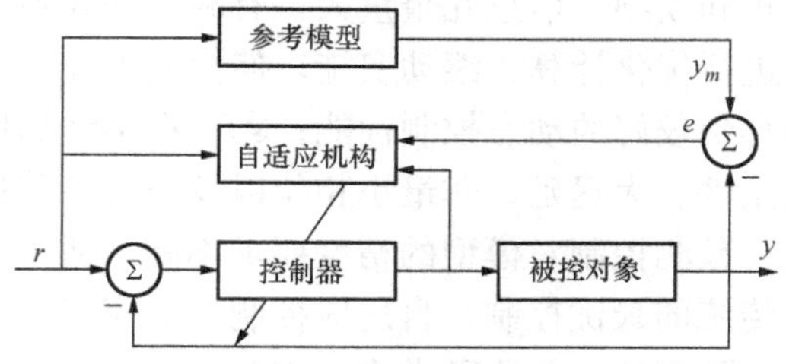

图 4 - 46 模型参考自适应控制系统结构图

控制器参数的自适应调整过程是：当参考输入 $r(t)$ 同时加到参考模型的入口时，由于对象的初始参数未知，控制器的初始参数不可能调整得很好。因此系统一开始运行的输出响应 $y(t)$ 是不可能完全一致的，结果产生偏差信号 $e(t)$，由 $e(t)$ 驱动自适应机构，产生适当的调节作用，直接改变控制器的参数，从而使系统的输出 $y(t)$ 逐步地与模型输出 $y_m(t)$ 接近，直到 $y(t)=y_m(t)$，$e(t)=0$ 为止。当 $e(t)=0$，自适应参数调整过程也就自动中止。

4. 鲁棒控制

鲁棒控制（Robust Control）一直是国际自控界的研究热点。所谓"鲁棒性"，是指控制系统在一定的参数（结构、大小）作用下，维持某些性能的特性。根据对性能的不同定义，可分为稳定鲁棒性和性能鲁棒性，以闭环系统的鲁棒性作为目标设计得到的固定控制器称为鲁棒控制器。由于工作状况变动、外部干扰以及建模误差的缘故，实际工业过程的精确模型很难得到，而系统的各种故障也将导致模型的不确定性，因此可以说模型的不确定性在控制系统中广泛存在。如何设计一个固定的控制器，使具有不确定性的对象满足控制品质，也就是鲁棒控制，成为国内外科研人员的研究课题。现代鲁棒控制是一个着重控制算法可靠性研究的控制器设计方法，其设计目标是找到在实际环境中为保证安全要求控制系统最小必须满足的要求。一旦设计好这个控制器，它的参数不能改变而且控制性能能够保证。

鲁棒控制方法，对时间域或频率域来说，一般要假设过程动态特性的信息和它的变化范围。一些算法不需要精确的过程模型，但需要一些离线辨识。一般鲁棒控制系统的设计是以一些最差的情况为基础，因此一般系统并不工作在最优状态。常用设计方法有 INA 方法、同时镇定、完整性控制器设计、鲁棒控制、鲁棒 PID 控制、鲁棒极点配置和鲁棒观测器等。

鲁棒控制适用于稳定性和可靠性作为首要目标的系统，同时系统过程动态特性已知且不确定因素的变化范围可以预估。过程控制应用中，某些控制系统也可以用鲁棒控制方法设计，特别是对那些比较关键的、不确定因素变化范围大和稳定裕度小的对象。

随着控制理论的深入发展，许多控制方法诸如微分几何方法、H～控制、自适应控制、变结构控制、奇异摄动理论、迭代学习理论等在鲁棒控制的研究中得到了较为成功的应用。尽管目前已形成了许多方法，然而 Lyapunov 直接法无疑是研究非线性鲁棒控制的最基本且最有效的方法之一。Lyapunov 稳定性理论，小增益理论以及耗散性或无源性等经典理论与上述的非线性系统理论的新结果相结合，给出了许多有效的鲁棒系统分析和设计方法。

5. 预测控制

预测控制是基于模型、滚动优化实施并结合反馈校正的优化控制算法，它具有下列明显的特点：①建模方便，过程的描述可以通过简单的实验获得；②采用了非最小化描述的离散卷积和模型，信息冗余量大，有利于提高系统的鲁棒性；③采用了滚动优化策略，即在线反复进行优化计算，滚动实施，使模型失配、畸变、干扰等引起的不确定性及时得到弥补，从而得到较好的动态控制性能；④可在不增加任何理论困难的情况下，将这类算法推广到有约束条件、大迟延、非最小相位以及非线性等过程，并获得较好的控制效果。

预测控制对模型的精度要求不高，适应于时滞对象或非最小相位系统，跟踪性能良好，比传统的最优控制、自适应控制更适应于复杂工业过程控制。

预测控制算法种类多、表现形式多样，但都具有类似的计算步骤：在当前时刻，基于过程的动态模型预测未来一定时域内每个采样周期（或按一定间隔）的过程输出，这些输出为当前时刻和未来一定时域内控制量的函数。按照基于反馈校正的某个优化目标函数计算当前及未来一定时域的控制量大小。为了防止控制量剧烈变化及超调，一般在优化目标函数中都考虑使未来输出以一个参考轨迹最优地去跟踪期望设定值，计算出当前控制量后输出给过程实施控制。至下一时刻，根据新测量数据重新按上述步骤计算控制量。

一般可将现有的各种预测控制算法分为两大类：①基于非参数化模型的模型预测控制（MPC）；②基于参数化模型的预测控制。

预测控制实现的是不断滚动的局部优化，不是全局最优。各种有关预测控制的研究已经涉及到预测模型类型、优化目标种类、约束条件种类、控制算法以及稳定性、鲁棒性等方面，也包括多变量系统、非线性系统以及其他控制方法与预测控制方法的结合如自适应预测控制、模糊预测控制、鲁棒预测控制、神经网络预测控制等，还包括大量的实际工业应用的研究，成为控制工程界研究的一个热点。就一般意义而言，预测控制算法都包含预测模型、滚动优化和反馈校正三个部分。

6. 解耦控制

解耦控制就是设计一个控制系统，使之能够消除系统之间的耦合关系，而使各个系统变成相互独立的控制回路。

对于一个具体的关联系统，其解耦装置的模型不是唯一的，可以具有多种不同的形式。当采用解耦装置后，交叉通道的相互影响被完全消除。一般来说解耦装置的模型都是比较复杂的，用常规仪表较难实现。若只考虑静态解耦而不考虑动态解耦的问题，则解耦装置模型较为简化，也是比动态解耦应用多原因之一。现今采用计算机来实现解耦控制更为容易。

解耦控制的简单原理是：广义对象的传递函数矩阵 $G(s)$ 必须是对角阵。具体做法是：在相互关联的系统中增加一个解耦装置（通常称之解耦矩阵，用 $F(s)$ 表示），使对象的传递矩阵与解耦装置矩阵的乘积为对角阵，即可达到解耦的目的。

解耦控制的算法主要有理想解耦和简化解耦两类。

7. 其他先进控制策略

（1）最优控制。

最优控制理论是研究和解决从一切可能的控制方案中寻找最优解的一门学科，是现代控制理论的重要组成部分。最优控制理论的主要内容和方法有动态规划、最大值原理和变分法。最优化技术是研究和解决如何将最优化问题表示为数学模型以及如何根据数学模型尽快求出其最优解，求解方法大致可分为四类：①解析法。②数值解法（直接法）。③解析与数值相结合的寻优方法。④网络最优化方法，以网络图作为数学模型，用图论方法进行搜索的寻优方法。

（2）学习控制。

学习控制是智能控制的一个重要的研究分支，与自适应控制一样，是传统控制技术发展的高级形态，但随着智能控制的兴起和发展，已被看作是脱离开传统范畴的新技术、新方法，可形成一类独立的智能控制系统。

由于学习的概念含义丰富而又难于确切界定，因而学习控制的研究也没有明确定义，可以从不同的学科角度、不同的理解层次来表述学习、学习控制和学习控制系统。有一种比较完整、规范的学习控制表述是值得推荐的：一个学习控制系统是具有这样一种能力的系统，它能通过与控制对象和环境的闭环交互作用，根据过去获得的经验信息，逐步改进系统自身的未来性能。

这种表述说明了学习控制的一般特点：①有一定的自主性。②是一种动态过程。③有记忆功能。④有性能反馈。

（3）混沌控制。

混沌控制是利用混沌来改善和提高控制系统的性能及防止系统发生混沌。混沌是指在确定性系统中出现的无规则性和不规则性。混沌学是研究确定性非线性动力学系统所表现出来的具有无规则性复杂行为混沌运动的非线性动力学，属于非线性科学的重要组成部分。

混沌的基本特征：①轨道不稳定性（非周期性）：对某些参量值，在几乎所有的初始条件下，都将产生非周期性动力学过程，即混沌运动具有轨道不稳定性。②对初始条件的敏感依赖性：随着时间的推移，任意靠近的各个初始条件将表现出各自独立的时间演化，即存在对初始条件的敏感依赖性。③长期不可预测性：由于初始条件只限于某个有限精度，而初始条件的微小差异可能对以后的时间演化产生巨大的影响，因此不可能长期预测将来某一时刻之外的动力学特征。即混沌系统的长期演化行为是不可预测的。④具有分形的性质：分形指 n 维空间的一种几何性质，它们具有无限精细的结构，在任何尺度下都有自相似部分和整体相似性质，具有小于所在空间维数的非整数维数，这种点集叫分形体，即动力学系统中那些不稳定轨迹的初始点的集合。因此，混沌吸引子就是分形集。

（4）推理控制。

推理控制是过程控制的一个重要方法。关于推理控制，没有一个统一明确的定义，有书指出："所谓推理控制（或推断控制）是指利用过程模型由可测输出变量将不可测的被控过程的输出变量推算出来，以实现反馈控制、或将不可测扰动推算出来，以实现前馈控制的一种控制系统"。

（5）基于知识的专家控制。

专家控制，又称专家智能控制，是指将专家系统的理论和技术同控制理论方法与技术相结合，在未知环境下，仿效专家的智能，实现对系统的控制。把基于专家控制的原理所设计的系统或控制器，分别称为专家控制系统或专家控制器。

专家控制系统是指相当于（领域）专家处理知识和解决问题能力的计算机智能软件系统，专家控制系统不同于离线的专家系统，它不仅是独立的决策者，还是能获得反馈信息功能并能实时在线控制的系统，具有如下特点：①高可靠性及长期运行的连续性；②在线控制的实时性；③优良的控制性能及抗干扰性；④使用的灵活性及维护的方便性。

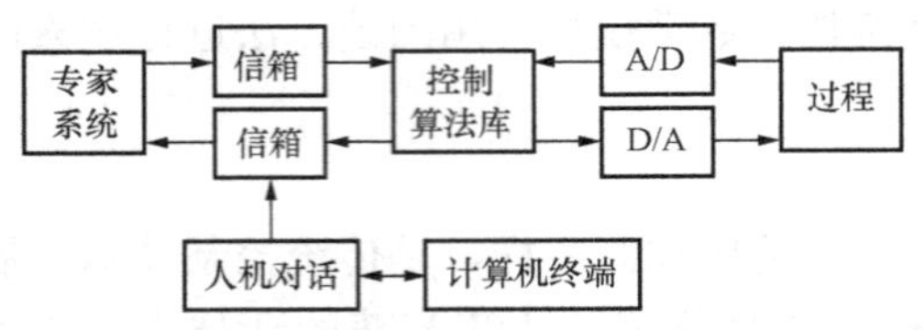

图 4-47 专家控制系统结构示意图

由于工业控制对专家控制系统提出了可靠性、实时性及灵活性要求，所以专家控制系统中知识表示通常采用产生式规则，于是知识库就变为规则库。图 4-47 是其结构图之一。

（6）多级递阶智能控制。

多级递阶智能控制：各个子系统的控制作用是由按照一定优先级和从属关系安排的决策单元实现的，同级的各个决策单元可以同时平行工作并对下级施加作用，它们又受到上级的干预，子系统可通过上级互相交换信息。

多级递阶智能控制的组成结构如图 4-48 所示，按智能高低分为三级：①组织级：最高级，是大脑，具有相应的学习能力和决策能力，对一系列随机输入的语句能够进行分析，能辨识控制情况以及在大致了解任务执行细节的情况下，组织任务，提出适当的控制模式。②协调级：次高级，主要任务是协调控制器的控制作用，或者协调各子任务的执行。只需较低的运算精度，但要较高的决策能力，甚至一定的学习能力。③运行控制级：最低级，直接控制局部过程并完成自任务。和协调级相反，必须高精度地执行局部任务，而不需要更多智能。

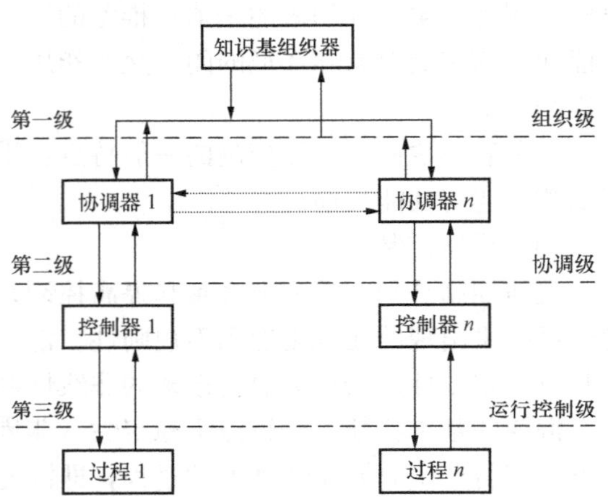

图 4-48 多级递阶智能控制结构图

（7）小波算法。

小波变换作为能随频率的变化自动调整分析窗大小的分析工具，自 20 世纪 80 年代中期诞生以来得到了迅猛的发展，并在信号处理、计算机视觉、图像处理、语音分析与合成等众多的领域得到应用。小波变换的基本思想就是用一族函数去表示或逼近一信号或函数，这一簇函数成为小波函数系，它是通过一基本小波函数的不同尺度的平移和伸缩构成的。

有 $\forall f(t) \in L^2(R)$，$f(t)$ 的连续小波变换（有时也称为积分小波变换）定义为

$$WT_f(a,b) = |a|^{-1/2}\int_{-\infty}^{\infty} f(t)\,\overline{\psi\left(\frac{t-b}{a}\right)}\mathrm{d}t, \quad a \neq 0 \tag{4-38}$$

或用内积形式

$$WT_f(a,b) = \langle f, \psi_{a,b} \rangle \tag{4-39}$$

式中，$\psi_{a,b}(t) = |a|^{-1/2}\psi\left(\frac{t-b}{a}\right)$，要使逆变换存在，$\psi(t)$ 要满足允许性条件

$$C_\psi = \int_{-\infty}^{\infty} \frac{|\hat{\psi}(\omega)|^2}{|\omega|}\mathrm{d}\omega < \infty \tag{4-40}$$

式中，$\hat{\psi}(\omega)$ 是 $\psi(t)$ 的傅里叶变换。此时，逆变换为

$$f(t) = C_\psi^{-1}\int_{-\infty}^{\infty}\int_{-\infty}^{\infty} \psi_{a,b}(t) WT_f(a,b)\mathrm{d}b\,\frac{\mathrm{d}a}{|a|^2} \tag{4-41}$$

式中，C_ψ 这个常数限制了能作为“基小波（或母小波）”的属于 $L^2(R)$ 的函数 ψ 的类，尤其是若还要求 ψ 是一个窗函数，那么 ψ 还必须属于 $L^1(R)$，即 $\int_{-\infty}^{\infty}|\psi(t)|\,\mathrm{d}t<\infty$

故 $\hat{\psi}(\omega)$ 是 R 中的一个连续函数。由式（4-40）可得 $\hat{\psi}$ 在原点必定为零，即

$$\hat{\psi}(\omega)(0)=\int_{-\infty}^{\infty}\psi(t)\mathrm{d}t=0 \tag{4-42}$$

从式（4-42）可以发现小波函数必然具有振荡性。

连续小波变换具有如下性质

性质1（线性）：设 $f(t)=\alpha g(t)+\beta h(t)$，则

$$WT_f(a,b)=\alpha WT_g(a,b)+\beta WT_h(a,b)$$

性质2（平移不变性）：若 $f(t)\leftrightarrow WT_f(a,b)$，则 $f(t-\tau)\leftrightarrow WT_f(a,b-\tau)$。平移不变性是一个很能好的性质，在实际应用中，尽管离散小波变换要用得广泛一些，但在需要有平移不变性的情况下，离散小波变换是不能直接使用的。

性质3（伸缩共变性）：若 $f(t)\leftrightarrow WT_f(a,b)$，则 $f(ct)\leftrightarrow\frac{1}{\sqrt{c}}WT_f(ca,cb)$，其中 $c>0$。

性质4（冗余性）：连续小波变换中存在信息表述的冗余度。其表现是由连续小波变换恢复原信号的重构公式不是唯一的，小波变换的核函数 $\psi_{a,b}(t)$ 存在许多可能的选择。尽管冗余的存在可提高信号重建时计算的稳定性，但增加了分析和解释小波变换的结果的困难。

常见的几种基本小波主要是 Morelet 小波、墨西哥草帽小波、DOG（difference of gaussian）小波、Harr 小波、样条小波等。

（8）进化算法。进化计算是一门新兴学科，是研究仿照生物进化自然选择过程中所表现出来的优化规律和方法，对复杂的工程技术领域或其他领域提出的而传统优化理论和方法又难以解决的优化问题，进行优化计算、预测和数字寻优等方面的一种计算方法，这类算法又称进化算法。进化计算大体上包括遗传算法（GA）、进化规划（EP）和进化策略（ES）三方面内容。

遗传算法（GA）是建立在自然选择和自然遗传学机理基础上的迭代自适应概率性搜索算法。进化规划（EP）主要用于预测和数值优化计算。进化策略（ES）主要研究经验性寻优过程以便获得一个最优化的策略。

其中，遗传算法的中心问题是鲁棒性，所谓鲁棒性是指能在许多不同的环境中通过效率及功能之间的协调平衡以求生存的能力。遗传算法正是吸收了自然生物系统的“适者生存”的进化定理，从而使它能够提供一个在复杂空间中进行鲁棒搜索的方法。

遗传算法的基本操作为：①根据实际问题确定寻优参数；②对每一个参数确定其变化的范围，并用一个二进制数表示；③将所有的参数的二进制数串成一个长的二进制字符串，作为操作对象；④产生初始种群，按遗传算法操作。

本章习题要求

本章节围绕“控制仪表”与“控制规律”进行了较为全面的阐述，围绕模拟控制仪表、气动控制仪表和数字控制仪表（智能仪表）进行了介绍，重点在经典控制规律方面，针对比

例—积分—微分控制规律，在被控对象、性能指标、对象特性对控制的影响和 PID 控制规律展开描述，并通过模拟控制器电路实现、智能仪表数字实现、连续与离散 PID 比较、PID 参数整定及其 PID 改进介绍了 PID 实现与应用。

本章节还基于数字控制器的特点介绍了多种先进控制策略的思想、方法或功能。

本章节的习题侧重于控制规律的全面要求，涉及连续 PID、离散 PID、参数整定、实现技术、算法改进等包括公式、流程、特性及其原理图等。

在“先进控制策略”中了解模糊控制、神经网络控制、自适应控制、鲁棒控制、解耦控制等基本思想。

本章节为本书的重点之一，命题内容应包括全章节、定义、特点、电路、原理、应用等。

第5章 执行器件及执行器

5.1 概　　述

执行器是所有完成对受控对象施加调控作用的器件、仪表和装置的统称，它可以完成驱动、传动、拖动、操纵等功能。在自动控制系统中，执行器是使受控对象按照预定控制模型、真正实现控制目的不可缺少的重要环节。在任何场合，若需要受控对象的变化按照人们的意愿进行变化时，则必须要通过执行器件或执行器，如灯的开启和关闭，涉及光线的照度调整，开关就是最直接的执行器件；冰箱、空调的温度控制，内在的继电器至关重要。水龙头的启闭则是简单的水流量控制……

由于受控对象不同，譬如工业过程中过程参数的连续调节与监控（温度、压力、流量、物位等）、生产过程中工艺流程的PLC控制、生产设备的启动或停止等，需要选择相对应的控制模式或执行器。执行器件和执行器是一个自动控制策略与受控对象的接口环节，在实际控制过程中，正确而适合的执行器是提高整个自动控制水平的关键所在。

由于受控对象可以来自社会各个领域，而不仅仅局限于工业过程，因此执行器的种类非常丰富。执行器又可称为驱动器、致动器、动作器、激励器、调节器等；但由于执行器直接与受控对象接触，安装在受控对象所在的现场，特别是残酷的工业环境，受控对象具有高压、高温、寒冷、剧毒、易燃、易爆、易渗透、易结晶、强腐蚀和高黏度等不同特点时，执行器能否保持正常工作将直接影响自动调节系统的安全性和可靠性。

一般来说，执行器由执行机构、调节机构和附件三部分组成。附件包括放大器、阀门定位器、位置发信器和速度发信器等，可根据不同要求选用。执行器有时不用附件，仅由执行机构和调节机构两部分组成。直接与受控对象接触的部分是调节机构，如继电器的触点、调节阀的阀芯等，通过执行元件直接改变受控对象的动作状况，使受控对象满足预定的要求。执行机构则接受来自控制器的控制信息、并把它转换为驱动调节机构的输出（如继电器的线圈、调节阀的角位移或直线位移）。但无论是开环控制、闭环控制还是人们直接的人工干预，都少不了执行器。因此被誉为生产过程自动化的"手脚"，根据其发挥的作用，分类如下：

（1）按照执行动作过程状况来分类，可分为状态执行器、过程执行器和流程执行器，状态执行器包括继电器、交流接触器、电磁阀、行程开关等；过程执行器有各类调节阀；流程执行器如可编程控制器、变频控制器等。

（2）按照控制功能不同分为位置型执行器（如阀门开度控制）、速度型执行器（如电机的转速控制）和功率型执行器（如引水机水温控制）。

（3）按照执行动作所需能量分类，可分为手动操作器（含各种开关、按钮、旋钮、闸刀等）、电动执行器、气动执行器、液动执行器和电气复合执行器、电液复合执行器。其中电动执行器包括各类电力电气开关、电动调节阀、可编程控制器等。

（4）按照执行器接收的信号类型分类，可分为气信号和电信号。气信号范围采用0.02～0.1MPa（兆帕）或20～100kPa（千帕）压力信号；电信号有断续信号和连续信号之分，断续信号通常指二位或三位开关信号，连续信号为0～10mA（毫安）和4～20mA（毫安）的直流电流信号，一般默认值为 4～20mA 直流电流信号。在电气复合系统中，各种转换器或阀门定位器还可与其他类型的执行器连接。

(5) 按照执行器输入信号分，有模拟型执行器和数字型执行器。

(6) 按照受控对象的特性来分类，种类繁多，如温度控制器（装置）、流量控制器（装置）、压力控制器（装置）、物位控制器（装置）和机械量、光学量、磁学量、成分量等控制器（装置）。这种分类主要来自于应用领域。

(7) 按照执行器应用要求分类，可分为普通型执行器、防爆隔爆型执行器和抗雷击执行器。

按照中国电子学会敏感技术分会等编撰的《2008/2009 传感器与执行器大全——传感器、变送器、执行器（年卷）》中介绍，执行器除包括电动、气动、液压执行器外，还包括泵类、阀类、开关类、接近开关、调节器、连接器、控制器、显示器、记录器、报警器等。

随着高新技术的发展，特别是智能仪表的发展需要，执行器不仅需要高精度、高速度、高质量和高可靠，还增加了“两微”，即结构的微型化和加工的细微化。例如，扫描隧道显微镜（STM）的电子探针、超精定位与微位移工作台的微驱动器等都是微执行器。

5.2 电气及电力开关

涉及电气类的执行器品种繁多，本章节主要介绍电气设备和装置的启停所需要的电气及电力开关，其详细应用参照具体应用书籍和技术手册。

电力开关设备在动作时是关断或合通电路，在某个状态时连通或隔离电源，其本质是起“通—断”的阻抗变换器作用，即将电路中某点的阻抗由 $0\rightarrow\infty$ 或 $\infty\rightarrow 0$。其“电弧”效应是这一迅速变换过程中难以避免但也是不可缺少的开断状态。对于高压大电流电路中的有触头机械开关来说，只有电弧才能完成上述变换，而关键在于如何限制其不利的效应。

电力开关是指工作于发电、输电、配电和用电单位的各种功率开关电器，它们对电力系统的运行起着控制和保护的作用。开关设备通常包括元件和成套组合电器两大部分。元件包括断路器、隔离开关、负荷开关、熔断器、低压自动开关等；成套组合电器包括各种开关柜、充气柜、环网柜、箱式变电站及各类封闭式组合电器。

电气及电力开关的选用必须由持证专业技术人员来完成。

电力电气开关是电气设备动作的自动终端执行器，无论前端是调节与控制仪表、智能仪表、PLC 还是控制柜等，在规定的条件下接受控制信号完成电源的通断或电路的切换。

电力电气开关有许多信号和不同用途，它的发展与电力网的发展休戚相关，高压开断设备的水平和智能化程度在较大程度上反映了电力网的现代化状况。

1. 继电器

继电器是一种自动电气开关，其功能是当给予一个输入量，如电、磁、光或热等信号时，就能自动切换被控制的电路。继电器被定义为：当输入量（或激励量）满足某些规定的条件时，能在一个或多个电气输出电路中产生预定跃变的一种器件。其基本结构由感应机构（接受输入信号）、比较机构（提供比较量）和执行机构（输出电路）三部分组成，如图 5-1 所示。当继电器的控制部分的输入量（X）达到一

图 5-1 继电器动作原理方案图

定值时，其输出回路的电参量（Y）就发生跳跃大的变化。

继电器是一种重要的电子执行器件，品种及类型较多，在国民经济各部门，特别是航空航天、军事及有关自动化部门作用非常大。按照各类继电器的动作原理，分为以下几类：

（1）电气继电器，当控制该器件的电气输入电路满足某些条件时，能在一个或多个电气输出电路中产生预定跃变的一种器件。

（2）机电（式）继电器，在输入电路内某一电流的作用下，由机械运动的元件产生预定响应的一种电气继电器。

（3）电磁继电器，利用输入电路内电流在电磁铁铁芯与衔铁间产生的吸力作用而工作的一种电气继电器。

（4）静态继电器，由电子、磁、光或其他无机械运动的元件产生预定响应的电气继电器。

（5）固体继电器，履行其功能而无机械运动构件的，输入与输出隔离的一种继电器。

（6）延时继电器，能执行延时和切换功能而无活动零部件的固体继电器。

（7）恒温继电器，其动作反应周围介质（如水、油等）温度变化的一种继电器。

（8）热延时继电器，利用内部结构，机械装置或固体定时线路来获得动作或释放延时的一种热继电器。

（9）热继电器，利用电流热效应而动作的继电器。

（10）舌簧继电器，利用兼作磁路衔铁的密封触点元件作为输出电路的一种电气继电器。按其是否使用液态金属（如汞）作载流体又可分为湿式和干式舌簧继电器。

典型的电磁继电器结构如图5-2所示。当控制电路的低压电源接入后，线圈通电时产生磁场，由铁芯、电磁铁、衔铁及气隙组成的磁路内就有磁通流过，磁通增加到一定程度时衔铁被吸到铁心进而带动触点吸合，工作电路导通，电机运行。当线圈电流切断，磁路中磁通消失，衔铁靠返回弹簧回到初始位置。

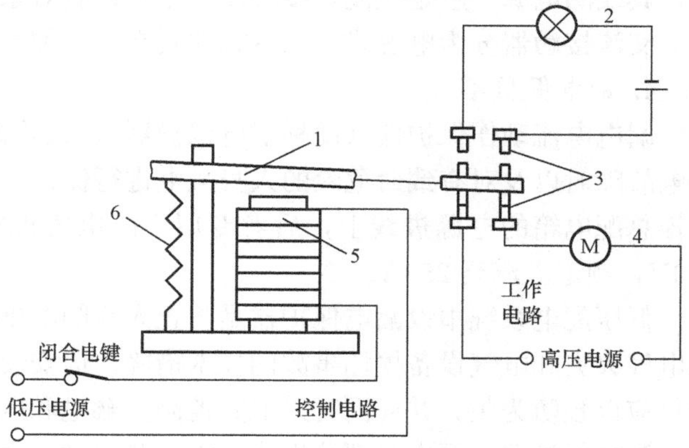

图5-2 电磁继电器工作原理图

1—衔铁；2—指示灯；3—触点；4—电机；5—电磁铁；6—弹簧

继电器的用途很多：输入与输出电路之间的隔离；信号通断；增加输出电路；重复信号；切换不同电压或电流负载；保留输出信号；闭锁电路；提供遥控等。

2. 热继电器

热继电器是利用输入电流所产生的热效应能够做出相应动作的一种继电器，是由流入热元件的电流产生热量，使有不同膨胀系数的双金属片发生形变，当形变达到一定距离时，就推动连杆动作，使控制电路断开，从而使接触器失电，主电路断开，实现电动机的过载保护。继电器作为电动机的过载保护元件，以其体积小，结构简单、成本低等优点在工业生产中得到了广泛应用。

热继电器的主要技术参数包括额定电压（热继电器能够正常工作的最高的电压值）、额定电流（热继电器的额定电流主要是指通过热继电器的电流）、额定频率和整定电流范围等。主要用于保护电动机的过载，因此选用时必须了解电动机的情况，如工作环境、启动电流、负载性质、工作制、允许过载能力等。

热继电器动作后，双金属片经过一段时间冷却，按下复位按钮即可复位。

3. 交流接触器

交流接触器是用来接通或断开交直流主电路的控制电器，可用于频繁操作、远程控制，具有失压保护功能。接触器生产方便、成本低、用途广，是电气控制线路中量大面广的一种基础器件。

交流接触器主要由两部分组成：电磁系统和触头系统，电磁系统是动作部分，主要由铁芯和线圈组成。线圈通电以后，在铁芯中产生一个磁场，吸引衔铁，使衔铁向着铁芯运动，并最终吸合在一起。触头系统是执行部分，动触头是与衔铁机械地固定在一起的。当动衔铁被铁芯吸引而运动时，动触头亦随之运动与静触头闭合，动静触头闭合后，主电路便接通；当电源电压消失或显著降低时，线圈失去励磁或励磁不足，衔铁就会因电磁吸力的消失或过小，在释放弹簧等反力的作用下释放，脱离铁芯，此时，和衔铁装在一起的动触头也与静触头脱离，切断主电路。

接触器分为直流接触器和交流接触器两种。直流接触器主要用于远距离频繁地接通与分断额定电压至400V。额定电流至600A的直流电路，其线圈电源一般是直流；交流接触器主要用于远距离频繁地接通与分断电压至380V、电流至600A的50Hz或60Hz的交流电路，其线圈电源一般是交流，接触器的主要控制对象是电动机。

交流接触器分为电磁式，永磁式和真空式三种。

4. 漏电保护器

漏电电流动作保护器（简称漏电保护器），又称漏电保护开关，主要是用来在设备发生漏电故障时以及对有致命危险的人身触电进行保护。一般安装于每户配电箱的插座回路上和全楼总配电箱的电源进线上，后者专用于防电气火灾。其适用范围是交流50Hz额定电压380V，额定电流至250A。

低压配电系统中设漏电保护器是防止人身触电事故的有效措施之一，也是防止因漏电引起电气火灾和电气设备损坏事故的技术措施。但安装漏电保护器后并不等于绝对安全，运行中仍应以预防为主，并应同时采取其他防止触电和电气设备损坏事故的技术措施。

漏电保护器主要由三部分组成：①检测元件。由零序互感器组成，检测漏电电流，并发出信号。②放大环节。将微弱的漏电信号放大，按装置不同（放大部件可采用机械装置或电子装置），构成电磁式保护器相电子式保护器。③执行机构。收到信号后，主开关由闭合位置转换到断开位置，从而切断电源，使被保护电路脱离电网的跳闸部件。

触电指的是电流通过人体而引起的伤害。当人手触摸电线并形成一个电流回路的时候，人身上就有电流通过；当电流大小足够大的时候，就能够被人感知形成危害。当触电发生的时候，就要求在最短的时间内切断电流。当通过人的电流为50mA时，要求在1s内切断电流，500mA时，则时间限制是0.1s。

漏电保护器在反应触电和漏电保护方面具有高灵敏性和动作快速性，这是其他保护电器，如熔断器、自动开关等无法比拟的。漏电保护器是利用系统的剩余电流反应和动作，正常运行时系统的剩余电流几乎为零，故它的动作整定值可以整定得很小（一般为 mA 级），当系统发生人身触电或设备外壳带电时，出现较大的剩余电流，漏电保护器则通过检测和处理这个剩余电流后可靠地动作，切断电源。电气设备漏电时，将呈现异常的电流或电压信号，漏电保护器通过检测、处理此异常电流或电压信号，促使执行机构动作。

根据故障电流动作的漏电保护器称电流型漏电保护器，根据故障电压动作的漏电保护器称电压型漏电保护器。由于后者结构复杂，受外界干扰动作特性稳定性差，制造成本高，现已基本淘汰。目前国内外漏电保护器的研究和应用中，电流型漏电保护器为主导地位。

对一旦发生漏电切断电源会造成事故或重大经济损失的电气装置或场所，应安装报警式漏电保护器，例如：①公共场所的通道照明、应急照明；②消防用电梯及确保公共场所安全的设备；③用于消防设备的电源，如火灾报警装置、消防水泵、消防通道照明等；④用于防盗报警的电源；⑤其他不允许停电的特殊设备和场所。

对于漏电保护器的选用，国家有非常严格的规定，相继颁布了《漏电保护器安全监察规定》（劳安字〔1999〕16 号）和《漏电保护器安装与运行》等一系列标准和规定。

5. 断路器

断路器是电力系统中最重要，也是性能最全面的一种开关电器。断路器起着控制和保护的双重作用，能在有载、无载（空载变压器和空载输电线）及各种短路工况下完成规定的合分任务或操作循环。断路器区别于其他开关设备的最显著特点是必须具备高效的灭弧装置。如果开断过程产生的电弧不熄灭，电路就不能被开断，因此无论高压断路器或低压自动空气断路器（习惯称自动开关）都必须具备强有力的灭弧能力。

断路器按其使用范围分为高压断路器和低压断路器，一般将 3kV 以上的称为高压电器。高压断路器（或称高压开关）是发电厂、变电站主要的电力控制设备，具有灭弧特性。当系统正常运行时，它能切断和接通线路以及各种电气设备的空载和负载电流；当系统发生故障时，它和继电保护配合，迅速切断故障电流，防止扩大事故范围。因此，高压断路器工作的好坏，直接影响到电力系统的安全运行。高压断路器按其灭弧的不同。

低压断路器又称自动开关，俗称“空气开关”，是一种既有手动开关作用，又能自动进行失压、欠压、过载和短路保护的电器，当发生严重的过载或者短路及欠压等故障时能自动切断电路，其功能相当于熔断器式开关与过欠热继电器等的组合。低压断路器种类很多，按操作方式分：有电动操作、储能操作和手动操作；按结构分：有万能式和塑壳式；按使用类别分：有选择型和非选择型；按灭弧介质分：有油浸式、真空式和空气式；按动作速度分：有快速型和普通型；按极数分：有单极、二极、三极和四极等；按安装方式分：有插入式、固定式和抽屉式等。其主要运行参数为额定电压 U_e、额定电流 I_n、过载保护（I_r 或 I_{rth}）和短路保护（I_m）的脱扣电流整定范围、额定短路分断电流等。

6. 隔离开关

隔离开关是用来隔离电源或其他带电装置的开关电器。由于高压断路器的触点被封装在灭弧室中，不能直接看到它的触点是分开的还是合拢，因此为了使被检设备与带电部分可靠地隔离，也不让通过断路器断口绝缘的泄漏电流（沿灭弧室固体介质表面）对人体造成麻电感觉或伤害，在高压断路器的进出两侧都必须串接隔离开关。隔离开关打开后，在气体空间形成一个明显可见的绝缘间隙。它区别于其他开关之处就是“明断点、无泄漏”，它的功能决定了它无需灭弧能力，因而它必须先于断路器合闸、后于断路器分闸。当线路电流很小很小，或者说其每相两接线端间在分开状态无明显电压变化时，才具有分合电路的能力。隔离开关必须能承载正常运行时的电流和异常条件下规定时间内的短路电流。

7. 其他开关

其他开关还有负荷开关、熔断器等。

5.3 泵、电机、风机与运行方式

5.3.1 泵

通常把提升液体、输送液体或使液体增加压力，即把原动机的机械能变为液体能量从而达到抽送液体目的机器统称为泵。其主要用途是输送液体，包括水、油、酸碱液、乳化液、悬乳液和液态金属等，也可输送液体、气体混合物以及含悬浮固体物的液体。

根据不同的工作原理，泵可分为容积泵、叶片泵等类型。容积泵是利用其工作室容积的周期变化来输送液体；叶片泵是利用回转叶片与水的相互作用来输送液体，有离心泵、轴流泵和混流泵等类型。

由于泵的用途、输送液体介质、流量、扬程的范围不同，它的结构形式也不一样，目前泵主要用在城市供水、污水系统、土木、建筑系统、农业水利系统、电站系统、化工系统、石油工业系统、矿山冶金系统、轻工业系统和船舶系统等。

根据泵的工作原理可分为离心泵、旋涡泵、混流泵、轴流泵、电动泵、蒸汽泵、齿轮泵、离心泵、螺杆泵、罗茨泵、滑片泵、喷射泵、升液泵、电磁泵、潜水泵等。根据用途划分为清水泵、渣浆泵、排污泵、化工泵、输油泵等。根据叶轮是否串联分为单级和多级泵；根据水泵吸入口的是一个还是两个分为单吸泵和双吸泵等。

衡量泵性能的技术参数有流量 Q、扬程 H、转速 n、汽蚀余量 NPSH、功率和效率等。其中，流量是指单位时间内通过泵出口输出的液体量，一般采用体积流量。扬程是水泵所抽送的单位重量液体从泵进口处（泵进口法兰）到泵出口处（泵出口法兰）能量的增值，也就是一牛顿液体通过泵获得的有效能量，其单位是 m，即泵抽送液体的液柱高度。对于容积式泵，能量增量主要体现在压力能增加上，所以也以压力增量代替扬程来表示；泵的压力可从常压到高达 19.61MPa 以上。

泵的各个性能参数之间存在着一定的相互依赖变化关系，可以通过对泵进行试验，分别测得和算出参数值，并画成曲线来表示，这些曲线称为泵的特性曲线。每一台泵都有特定的特性曲线，由泵制造厂提供。通常在工厂给出的特性曲线上还标明推荐使用的性能区段，称为该泵的工作范围。

泵有许多型号和应用要求，选用时首先要参阅相关标准，然后认清生产厂家，咨询老用户；明确扬程要求和流量要求。并且要了解泵的选型原则、知道泵的选型依据、明确选泵的步骤、熟悉泵的维护管理；应用前请资质人员安装、调试和维护。

5.3.2 电机

电机，泛指能使机械能转化为电能、电能转化为机械能的一切机器。特指发电机和电动机。电动机俗称马达，在电路中用字母“M”表示，主要作用是产生驱动转矩，作为电器或各种机械的动力源。发电机在电路中用字母“G”表示，主要作用是利用机械能转化为电能。

变频器是利用电力半导体器件的通断作用将工频电源变换为另一频率的电能控制装置，能实现对交流步进电机的软启动、变频调速、提高运转精度、改变功率因素、过流/过压/过载保护等功能。

电机是一种用来实现电能和机械能相互转换的旋转电磁机械。能量形式的转换依赖于定子和转子之间的气隙磁场。其工作原理基于电磁感应定律和电磁力定律。

电机、电动机的分类较多，表 5 - 1 列出了电机、电动机的分类。

表 5 - 1　　电机、电动机的分类列表

<table>
<tr><td rowspan="13">电动机</td><td colspan="3">交直流两用电动机</td></tr>
<tr><td colspan="3">步进电动机</td></tr>
<tr><td rowspan="3">交流电机</td><td colspan="2">交流伺服电动机</td></tr>
<tr><td colspan="2">同步电机</td></tr>
<tr><td colspan="2">异步电机</td></tr>
<tr><td rowspan="7">直流电机</td><td rowspan="4">电磁式直流电动机</td><td>串励</td></tr>
<tr><td>并励</td></tr>
<tr><td>他励</td></tr>
<tr><td>复励</td></tr>
<tr><td colspan="2">永磁直流电动机</td></tr>
<tr><td colspan="2">直流伺服电动机</td></tr>
<tr><td colspan="2">直流力矩电动机</td></tr>
<tr><td colspan="2">无刷直流电动机</td></tr>
<tr><td colspan="3">开关磁阻电动机</td></tr>
<tr><td rowspan="2">发电机</td><td colspan="3">直流</td></tr>
<tr><td colspan="3">交流</td></tr>
<tr><td rowspan="2">信号电机</td><td colspan="3">速度信号电机</td></tr>
<tr><td colspan="3">位置信号电机</td></tr>
</table>

5.3.3 风机

风机（AIR BLOWER）是依靠输入的机械能，提高气体压力并排送气体的机械，它是一种从动的流体机械。风机是我国对气体压缩和气体输送机械的习惯简称，包括通风机、鼓风机、压缩机以及罗茨鼓风机、离心式风机、回转式风机、水环式风机，不包括活塞压缩机等容积式鼓风机和压缩机。气体压缩和气体输送机械是把旋转的机械转换为气体压力能和动能，并将气体输送出去的机械。

风机主要由风叶、百叶窗、开窗机构、电机、皮带轮、进风罩、内框架、机壳、安全网等部件组成。开机时由电机驱动风叶旋转，并使开窗机构打开百叶窗排风。停机时百叶窗自动关闭。风机的性能参数主要有流量、压力、功率，效率和转速；噪声和振动的大小也是主要的风机设计指标。流量也称风量，以单位时间内流经风机的气体体积表示；压力也称风压，是指气体在风机内压力升高值，有静压、动压和全压之分；功率是指风机的输入功率，即轴功率。风机有效功率与轴功率之比称为效率，风机全压效率可达 90%。

风机的工作原理与透平压缩机基本相同，只是由于气体流速较低，压力变化不大，一般不需要考虑气体比容的变化，即把气体作为不可压缩流体处理。

风机种类较多，广泛用于工厂、矿井、隧道、冷却塔、车辆、船舶和建筑物的通风、排尘和冷却；锅炉和工业炉窑的通风和引风；空气调节设备和家用电器设备中的冷却和通风；谷物的烘干和选送；风洞风源和气垫船的充气和推进等。

5.3.4 启动方式

当启动大容量泵、电动机或风机时，当同时启动多台电动机时，若电网容量偏小，则巨大的启动电流将给电网带来冲击，引起严重的线路压降，使电网中的其他电气设备无法正常运行，供电质量也无法得到保障。因此，正确选用启动方式十分重要。

一、考虑电动机容量与电网容量（或电源变压器容量）之比决定启动方式

电动机容量与启动方式的关系见表5-2。

表5-2 电动机容量与启动方式的关系

电动机容量（kW）/电源变压器容量（kVA）	0.35以下	0.35～0.58	0.58以上
启动方式	直接启动	用串联电阻、电抗的方式、或用Y—△减压启动方式	用延边三角形变换方式或自耦减压启动方式

电动机的启动电流很大，一般为其额定电流的5～7倍，最大时甚至达到额定电流的十余倍。这么大的电流冲击，对于容量比电动机大许多倍的电网，尚不致有明显的影响，但当电网容量较小时，就可能因电网电压降低而影响电网中其他电气设备的正常运行。如果电动机容量很大或者有多台电动机同时启动，则对电网的影响十分严重。因此，并非所有的电动机都允许全压直接启动。

一台电动机是否允许全压直接启动，要看其容量与电网容量的比值是否小于一定数值。此数值不是一成不变的，它既与电源情况有关，也与负载情况有关。

从电网容量方面来看，当电动机由小容量电厂供电时，允许全压启动的笼形异步电动机的容量一般宜在电源容量的10%～12%以下；由单台变压器供电，而电动机又经常启动，其容量就应在电源容量的20%以下，但在非经常启动时，允许其容量为电源容量的30%以下；假如电源是多台小容量变压器并联形成的，允许直接启动的单台电动机的容量可按下式计算：

$$P_M = P_T / 4(k_1 - 1) \tag{5-1}$$

式中：P_M为电动机容量（kW）；P_T为变压器总容量（kW）；k_1为电动机的启动电流与额定电流之比。

从线路压降方面考虑，在经常有异步电动机直接启动的场合，压降应小于额定电压的10%；在经常有异步电动机的场合，压降应小于额定电压的15%；若需要保证电动机有足够的启动转矩，而压降低尚不致影响到其他电气设备的正常运行，也允许电压降达到额定电压的20%；当电动机很少启动或由单独的变压器供电时，还允许电压降略大于额定电压的20%。

二、考虑负载性质与对启动的要求

启动方式与负载性质的关系见表5-3。从负载方面考虑，即电动机的启动转矩必须大于负载阻力矩。全电压启动因启动转矩较大，对重型负载有利，但对于一般的轻型负载来说，就有可能发生机械冲击，以致传动皮带被撕裂、齿轮被打坏等。

直接启动方法简单、设备简单、价格便宜，但为限制电和机械的冲击以及保证电网的供电质量，就要采用减压启动器，或在绕线式异步电动机转子电路中串入阻抗。

是否采用全电压直接启动，必须根据具体使用要求和启动方案的经济指标。直接启动的启动时间不超过10s时属于正常启动，超过10s时则属于重轻载启动。在换向条件下会出现较大的冲击电流峰值，转子堵转条件下接通电动机产生的电流等于其启动电流。

表 5-3 启动方式与负载性质的关系

负载性质	对启动的要求		负载举例
	限制启动电流	减轻机械冲击	
无载或轻载启动	Y—△减压启动；电阻或电抗减压启动		车床、钻床、铣床、镗床、齿轮加工机床、圆锯、带锯、带离合器的卷扬机、绞盘等
负载转矩与转速成平方关系的负载（风机负载）	延边三角形减压启动；电阻或电抗减压启动；自耦减压启动		离心泵、叶轮泵、螺旋泵、轴流泵等；离心式鼓风机和压缩机，轴流式风扇和压缩机等
重载负载		电阻或电抗减压启动	卷扬机、倾斜式传送带类机械；升降机、自动扶梯类机械
摩擦负载	延边三角形减压启动；电阻或电抗减压启动	电阻或电抗减压启动	水平传送带、活动台车、粉碎机、混砂机、压延机或电动门
阻力小的惯性负载	Y—△减压启动；延边三角形减压启动；自耦减压启动；电抗减压启动		离心式分离机、脱水机、曲柄式压力机等阻力小矩的机械
恒转矩负载	延边三角形减压启动；电阻或电抗减压启动	电阻或电抗减压启动	往复泵和压缩机、罗茨鼓风机、容积机、挤压机
恒重负载		电阻或电抗减压启动	织机、卷纸机、夹送辊、长距离皮带输送机、链式输送机

三、星三角（Y—△）启动

对于正常运行时，定子绕组为三角形连接的笼形感应电动机，若启动时将定子绕组接成星形，待启动完毕后再接成三角形，就可以降低启动电流，减轻它对电网的冲击。这样的启动方式称为星三角减压启动。设电源的线电压为 U_L，绕组在启动时的每相阻抗为 Z_O，当定子绕组接成星形时，线电流和它的相电流相等，即

$$I_{LY} = I_{PY} = U_L/\sqrt{3}Z_O \tag{5-2}$$

若定子绕组原先的三角形连接直接到电网上启动，则其相电流为

$$I_{P\Delta} = U_L/Z_O \tag{5-3}$$

线电流为

$$I_{L\Delta} = \sqrt{3}I_{P\Delta} = \sqrt{3}U_L/Z_O \tag{5-4}$$

Y—△启动，也要更改控制线路才能实现。比较得：

$$I_{LY}/I_{L\Delta} = 1/3 \tag{5-5}$$

由此可见，采用 Y—△启动方式，启动电流 I_{LY} 只有直接启动时 $I_{L\Delta}$ 的 1/3。若直接启动时的启动电流是 $6\sim7I_N$，则在 Y—△启动时启动电流只有 $2\sim2.3I_N$，这样就大幅度地减轻了它对电网的冲击。

启动电流降低了，启动转矩也降低了。电动机的转矩与加在定子绕组上电压的平方成正比，星形接法时绕组电压是相电压 U_P，是三角形接法时绕组电压—线电压 U_L 的 $1/\sqrt{3}$，则

$$M_Y/M_\Delta = (U_P/U_L)^2 = (U_L/\sqrt{3}U_L)^2 = 1/3 \tag{5-6}$$

即采用Y—△启动时方式时，启动转矩已降低到直接启动时的1/3，当然不能胜任重载启动，只适用于无载或轻载启动。

Y—△启动时，启动转矩和启动电流可以降低到直接启动的1/3以下，因此必须考虑到从Y连接向△连接转换之前，电动机可能只有不到1/3额定负载的负载量，而其转速已达到额定转速的90%。这种情况，要特别注意到风机、离心泵、压缩机和其他具有类似转矩速度特性的设备，使用星三角启动时，有可能出现加速过程不正常即不可能达到其额定转速的情况，那就属于选用不当。

通常选用熔断器作为短路保护器，一般按启动器额定电流的2.5倍左右选择熔断器，以保证电动机启动时不发生误操作

Y—△启动方式的优点有：电流特性好，启动电流小，对电网的冲击小；基于星三角启动原理的启动器结构简单，价格便宜；当负载较轻时，可以让电动机就在星形接法下运行，从而实现额定转矩与负载间的匹配，提高电动机的效率，降低能耗。

四、自耦减压启动

自耦减压启动器又称补偿器，它是常用的一种控制较大容量鼠笼式异步电动机的减压启动装置。令自耦变压器二次侧电压U_{S2}与一次侧电压U_N之比为k，则二次侧电压为

$$U_{S2} = kU_N \tag{5-7}$$

无自耦变压器时，若电动机定子绕组作三角形连接，全电压启动的线电流为

$$I_S = \sqrt{3}U_N / Z_O \tag{5-8}$$

式中：Z_O为启动时一相绕组的阻抗。

有自耦变压器时，其二次提供给电动机绕组的启动电流为

$$I_{S2} = \sqrt{3}U_{S2} / Z_O = \sqrt{3}kU_N / Z_O = kI_S \tag{5-9}$$

而一次启动电流、即网络启动电流为

$$I_{S1} = kI_{S2} = k^2 I_S \tag{5-10}$$

由于$k<1$，因此网络启动电流I_{S1}比直接启动时的I_S小得多。

由于启动转矩是与电压的平方成正比，因此采用自耦减压启动方式时的启动转矩为

$$M_{S1} = k^2 M_S \tag{5-11}$$

式中：M_S为全压启动时的启动转矩。

自耦减压启动器中的自耦变压器通常备有65%和80%两个抽头。即k有0.65及0.8两种数值。如果$k=0.8$，则电动机的启动电流为全电压启动时的$0.8^2=0.64$倍，即$3\sim4I_N$，而启动转矩为全压启动时的64%左右。与Y—△启动方式比较，启动转矩几乎大了一倍，因此可用于启动较重的负载。

自耦变压器启动器优点：①由于是利用自耦变压器的多抽头减压，因此既能适应不同负载启动的需要，又能得到比Y—△启动时更大的启动转矩；②因设有热继器和低电压脱扣器，因此具有过载和失压保护功能。其缺点：①体积大、重量大；②价格昂贵；③维修不大方便。

五、软启动器

软启动器（Soft Starter，又称软启动器，电机软启动器）是一种集电机软启动、软停车、轻载节能和多种保护功能于一体的新颖电机控制装置。

软启动器采用三相反并联晶闸管作为调压器，将其接入电源和电动机定子之间。使用软

启动器启动电动机时，晶闸管的输出电压逐渐增加，电动机逐渐加速，直到晶闸管全导通，电动机工作在额定电压的机械特性上，实现平滑启动，降低启动电流，避免启动过流跳闸。待电机达到额定转数时，启动过程结束，软启动器自动用旁路接触器取代已完成任务的晶闸管，为电动机正常运转提供额定电压，以降低晶闸管的热损耗，延长软启动器的使用寿命，提高其工作效率，又使电网避免了谐波污染。软启动器同时还提供软停车功能，软停车与软启动过程相反，电压逐渐降低，转数逐渐下降到零，避免自由停车引起的转矩冲击。

根据实际应用，软启动一般有以下几种启动方式：斜坡升压软启动、斜坡恒流软启动、阶跃启动、脉冲冲击启动、电压双斜坡启动、限流启动和突跳启动等。

软启动器有 4 个保护功能：①过载保护：软启动器引进了电流控制环，因而随时跟踪检测电机电流的变化状况。通过增加过载电流的设定和反时限控制模式，实现过载保护功能，使电机过载时关断晶闸管并发出报警信号。②缺相保护：工作时，软启动器随时检测三相线电流的变化，一旦发生断流，即可作出缺相保护反应。③过热保护：通过软启动器内部热继电器检测晶闸管散热器的温度，一旦散热器温度超过允许值后自动关断晶闸管，并发出报警信号。④其他保护功能：通过电子电路的组合，还可在系统中实现其他种种联锁保护。

六、变频器

变频器是现代电动机控制领域技术含量最高，控制功能最全、控制效果最好的电机控制装置，它通过改变电网的频率来调节电动机的转速和转矩。因为涉及电力电子技术，微机技术，因此成本高，对维护技术人员的要求也高。

变频器（Variable Voltage Variable Frequency Inverter，VVVF）是应用变频技术与微电子技术，通过改变电机工作电源的频率和幅度的方式来控制交流电动机的电力传动元件，利用电力半导体器件的通断作用将工频电源变换为另一频率，采取脉冲宽度调制和脉冲幅度调制等实现对交流异步电机的软启动、变频调速、提高运转精度、改变功率因素、过流/过压/过载保护等功能。脉冲宽度调制（Pulse Width Modulation，PWM）是按一定规律改变脉冲列的脉冲宽度，以调节输出量和波形的一种调值方式；脉冲幅度调制（Pulse Amplitude Modulation，PAM）是按一定规律改变脉冲列的脉冲幅度，以调节输出量值和波形的一种调制方式。

变频器的主电路大体上分为电压型和电流型两类：电压型是将电压源的直流变换为交流的变频器，直流回路的滤波是电容；电流型是将电流源的直流变换为交流的变频器，其直流回路滤波是电感。分类表见表 5-4。变频器通常分为 4 部分：整流单元：将工作频率固定的交流电转换为直流电；高容量电容：存储转换后的电能；逆变器：由大功率开关晶体管阵列组成电子开关，将直流电转化成不同频率、宽度、幅度的方波；控制器：按设定的程序工作，控制输出方波的幅度与脉宽，使叠加为近似正弦波的交流电，驱动交流电动机。

任何电动机的电磁转矩都是电流和磁通相互作用的结果，电流是不允许超过额定值的，否则将引起电动机的发热。如果磁通减小，电磁转矩也必减小，导致带载能力降低。根据电机原理可知，三相异步电机定子每相电动势的有效值为：

$$E_1 = 4.44 f_1 N_1 \Phi_m \tag{5-12}$$

式中：f_1 为定子频率；N_1 为定子每相绕组有效匝数；Φ_m 为每极磁通量。

表 5-4　变频器分类

分类方法	分类产品
按变换的环节分类	交—直—交变频器、交—交变频器
按直流电源性质分类	电压型变频器、电流型变频器
按主电路工作方法	电压型变频器、电流型变频器
按照工作原理分类	V/f 控制变频器、转差频率控制变频器和矢量控制变频器等
按照开关方式分类	PAM 控制变频器、PWM 控制变频器和高载频 PWM 控制变频器
按照用途分类	通用变频器、高性能专用变频器、高频变频器、单相变频器和三相变频器等
按变频器调压方法	PAM 变频器、PWM 变频器
按工作原理分	U/f 控制变频器（VVVF 控制）、SF 控制变频器（转差频率控制）、VC 控制变频器（Vectory Control 矢量控制）
按电压等级分类	高压变频器、中压变频器、低压变频器

由式（5-12）得知，在变频调速时，电动机的磁路随着运行频率在相当大的范围内变化，它极容易使电动机的磁路严重饱和，导致励磁电流的波形严重畸变，产生峰值很高的尖峰电流。在电动势较高时，电动势有效值 E_1 可由相电压 U_1 代替；由式（5-12）可知，为使磁通量 Φ_m 保持一定，则要求 E_1/f_1 一定，即频率与电压要成比例地改变，即改变频率的同时控制变频器输出电压，使电动机的磁通保持一定，避免弱磁和磁饱和现象的产生。

七、启动方式的选择

在以上几种启动控制方式中，Y—△启动、自耦减压启动因其成本低，维护相对软启动和变频控制容易，目前在实际运用中还占有较大的比例。但因其采用分立电气元件组装，控制线路接点较多，在运行中，故障率相对也是比较高的。另外在工况环境恶劣（如粉尘，潮湿）的地方，这类故障更多，而检查起来颇费时间。若生产需要必须更改电机的运行方式，如原来电机是连续运行的，需要改成定时运行，这就需要增加元件、更改线路才能实现。如果负载或电机变动，需要更改电动机的启动方式，也要更改控制线路才能实现。

软启动器和变频器是两种完全不同用途的产品。软启动器实际上是个调压器，只是改变电源电压，相当于降压启动器；用于电机启动时，输出只改变电压并没有改变频率。变频器用于需要调速的地方，其输出不但改变电压而且同时改变频率；变频器具备所有软启动器功能，但它的价格比软启动器贵得多，结构也复杂得多。

变频器不仅具备所有软启动器功能，更由于变频器对于电机、风机、水泵具有显著的节能效果。为了保证生产的可靠性，各种生产机械在设计配用动力驱动时，都留有一定的富余量。当电机不能在满负载下运行时，除达到动力驱动要求外，多余的力矩增加了有功功率的消耗，造成电能的浪费。风机、泵类等设备传统的调速方法是通过调节入口或出口的挡板、阀门开度来调节给风量和给水量，其输入功率大，且大量的能源消耗在挡板、阀门的截流过程中。当使用变频调速时，如果流量要求减小，通过降低泵或风机的转速即可满足要求。

5.4 电磁阀

电磁阀是以电磁铁为动力元件进行阀门开闭动作的电动执行器。执行结构（电磁铁）和阀体是电磁阀不可分割的组成部分。

电磁阀是用电磁控制的工业设备，用在工业控制系统中调整介质的方向、流量、速度和其他的参数。电磁阀是用电磁的效应进行控制，主要的控制方式由继电器控制。这样，电磁阀可以配合不同的电路来实现预期的控制，而控制的精度和灵活性都能够保证。电磁阀有很多种，不同的电磁阀在控制系统的不同位置发挥作用，最常用的是单向阀、安全阀、方向控制阀、速度调节阀等。

1. 分类

电磁阀从原理上分为三大类：①直动式电磁阀；②分步直动式电磁阀；③先导式电磁阀。

电磁阀从阀结构和材料上的不同与原理上的区别，分为六个分支小类：直动膜片结构、分步直动膜片结构、先导膜片结构、直动活塞结构、分步直动活塞结构、先导活塞结构。

电磁阀从功能分类，种类较多，具体分类见表5-5。

表5-5　电磁阀按功能分类

大通径燃气电磁阀	水用电磁阀	蒸汽电磁阀	制冷电磁阀	三通电磁阀
带信号反馈电磁阀	超低温电磁阀	先导式电磁阀	低温电磁阀	燃气电磁阀
脉冲铝合金电磁阀	膜片式电磁阀	消防电磁阀	氨用电磁阀	气体电磁阀
零压启动电磁阀	超高温电磁阀	液体电磁阀	喷泉电磁阀	微型电磁阀
高压活塞电磁阀	内螺纹电磁阀	常闭电磁阀	热水电磁阀	脉冲电磁阀
二位五通电磁阀	液压电磁阀	常开电磁阀	油用电磁阀	直流电磁阀
二位三通电磁阀	耐腐蚀电磁阀	信号电磁阀	进水电磁阀	高压电磁阀
直角脉冲电磁阀	不锈钢电磁阀	法兰电磁阀	塑料电磁阀	防爆电磁阀
可调流量电磁阀	直动式电磁阀	黄铜电磁阀	真空电磁阀	通用电磁阀

2. 选择

电磁阀选型首先依次遵循安全性、可靠性、适用性、经济性四大原则；其次，根据六个方面的现场工况进行选择：即根据管道参数、流体参数、压力参数、电气参数、动作方式和特殊要求。安全性要关注腐蚀性介质、爆炸性环境和管内介质最高工作压力；可靠性要关注工作寿命、工作制式（长期工作、反复短时工作和短时工作）、工作频率和动作可靠性；适用性需要全面了解现场状况，包括介质特性、管道参数、环境条件、电源条件和控制精度；经济性是选用的尺度之一，但必须是在安全、适用、可靠的基础上的经济。它不单是产品的售价，更要优先考虑其功能和质量以及安装维修及其他附件所需用费用。更重要的是，一只电磁阀在整个自控系统中乃至生产线中所占成本微乎其微，如果错选就会造成巨大损失。

3. 安装

电磁阀的安装要注意较多的注意事项，要严格按照相应规程，图5-3所示的是基本的安装要求。

4. 电磁阀的用途

电磁阀主要用于液体和气体管路的开关控制，一般用于DN50及以下管道的控制。

5. 电磁阀和电动执行器（电动阀）的区别

电磁阀和电动执行器（电动阀）的区别主要表现为：①开关形式。电磁阀通过线圈驱

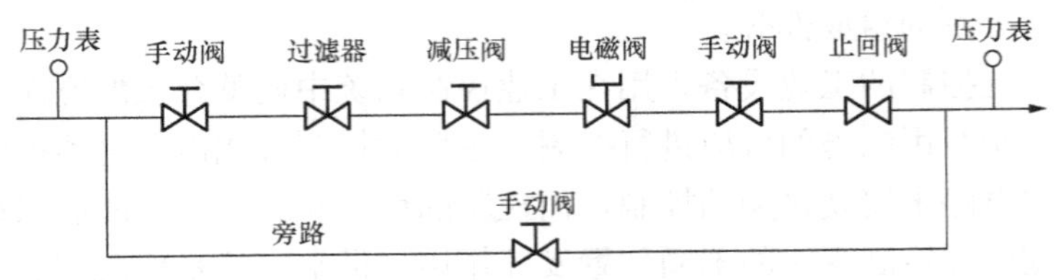

图 5-3 电磁阀基本安装要求

动，只能开或关，开关动作时间短。电动阀的驱动一般是用电机，开或关动作可以调节，完成调节需要一定的时间。②工作性质。电磁阀一般流通系数很小，而且工作压力差很小。电动阀的驱动一般是用电机，比较耐电压冲击。电磁阀是快开和快关的，一般用在小流量和小压力，要求开关频率大的地方。电动阀反之。电动阀阀的开度可以控制，状态有开、关、半开半关，可以控制管道中介质的流量而电磁阀达不到这个要求。电磁阀一般断电可以复位，电动阀要这样的功能需要加复位装置。③适用工艺。电磁阀适合一些特殊工艺要求，如泄漏、流体介质特殊等，价格较贵。电动阀一般用于调节，也有开关量的，如风机盘管末端。

6. 电磁阀的特点

电磁阀的特点是结构紧凑、尺寸小、质量轻、维护简单、可靠性高，并且价格低廉。它的零部件数量通常仅为电动执行器的 1/3 左右，而高度也只有电动执行器或气动执行器的 1/4～1/3。主要特点包括：①外漏堵绝，内漏易控，使用安全。②系统简单，价格低廉。③动作快递，功率微小，外形轻巧。④调节精度受限，适用介质受限。⑤型号多样，用途广泛。

7. 电磁阀技术的功效

(1) 简化控制回路。目前国内电磁阀通径已扩展至 300mm，介质温度－200～450℃，工作压力 0～25MPa。动作时间从十几秒到几毫秒。这就可以取代原有体积庞大价格昂贵的两位控制的快速切断阀和气动开关阀、电动开关阀。简化原采用气动阀和电动阀的控制回路。

(2) 简化管路系统。一般自动控制阀工作时在管路上须配用一些辅助阀门、管件和旁路，并加装手动阀和隔离阀，加上各类接头等管件，管路系统所占空间大，安装费时，还容易泄漏。多功能电磁阀巧妙地省去了这些外加的附件仍具有隔离旁路的功能，单向电磁阀、组合电磁阀和带过滤的电磁阀都已在简化管路方面发挥了作用。

(3) 简化阀门结构和工艺。电磁阀属于原理和结构都简单的自动控制阀，普通电磁阀线圈部件已采用塑料封装，减少引出线断裂的故障，同时易实现防水、防爆等防护要求。高压和高温的电磁阀也出现了简化结构和工艺。

8. 电磁阀的发展

电磁阀的发展主要表现在三个方向：①智能化方向。电磁阀需要与智能仪表更好地配合，特别是位式控制，以提高系统的控制精度和可靠性。在功能上实现双联组合（大小不同的电磁阀组合，如控制温度、压力、液位等参数；大阀保证基础量，小阀提供补偿量）、三个工作位置控制、自保持式控制（脉冲信号下的阀门动作）等。②通用化方向。主要是增强通用性能，降低制造、购销、存储、安装、维护的成本，包括响应时间可调、扩展介质适用范围、开度可调与手动兼容等。③专用化方向。目前电磁阀的销售总量已超过了气动/电动调节阀，更需要发展专用电磁阀，如燃气、蒸汽、水用、油用和空调用电磁阀等。

5.5 阀门及调节阀

5.5.1 概述

阀门是随着流体管路的产生而产生的，人类使用阀门已经有近4000年的历史了。我国古代从盐井中吸卤水制盐时，就曾在竹制管路中使用过木塞阀。公元前1800年，古埃及人为了防止尼罗河泛滥而修建大规模水利，也曾采用过类似的木制旋塞来控制水流的分配。这些都是阀门的雏形。工业用阀门的大量应用，是从瓦特发明蒸汽机以后才开始的。20世纪初出现了铸钢、锻钢和锻焊结构的阀门。

“阀”的定义是在流体系统中，用来控制流体的方向、压力、流量的装置。阀门是使管路或设备内的介质（液体、气体、粉末）流动或停止并能控制其流量及其流动方向的装置，具有导流、截止、节流、止回、分流或溢流卸压等功能。可用于控制水、蒸汽、油品、气体、泥浆、各种腐蚀性介质、液态金属和放射性流体等各种类型流体的流动。

阀门的控制可采用多种传动方式，如手动、电动、液动、气动、蜗轮、电磁动、电磁——液动、电——液动、气——液动、正齿轮、伞齿轮驱动等；可以在压力、温度或其他形式传感信号的作用下，按预定的要求动作，或者不依赖传感信号而进行简单的开启或关闭，阀门依靠驱动或自动机构使启闭件作升降、滑移、旋摆或回转运动，从而改变其流道面积的大小以实现其控制功能。

用于流体控制的阀门，从最简单的截止阀到极为复杂的自控系统中所用的各种阀门，其品种和规格繁多，阀门的公称通径从极微小的仪表阀大至通径达10m的工业管路用阀；阀门的工作压力可从0.001 3～1000MPa；工作温度为－269～1430℃的高温，因此阀门有不同的分类方法。

（1）按作用和用途可分为截断阀、止回阀、安全阀、调节阀、分流阀、排气阀等。

（2）按公称压力可分为真空阀、低压阀、中压阀、高压阀、超高压阀等。

（3）按工作温度可分为超低温阀、低温阀、常温阀、中温阀高温阀等。

（4）按驱动方式可分为自动阀（依靠介质自身的能量来使阀门动作的阀门）、动力驱动阀（利用各种动力源进行驱动）和手动阀，电动阀（电动执行器）借助电力驱动，气动阀（气动执行器）借助压缩空气驱动，液动阀（液动执行器）借助油等液体压力驱动；还有以上几种驱动方式的组合，如气—电动阀等。

（5）按公称通径可分为小通径阀门、中通径阀门、大通径阀门、特大通径阀门等。

（6）按结构特征可分为截门阀、旋塞阀、闸门阀、旋启阀、蝶阀、滑阀等。

（7）按连接方法可分为螺纹连接阀门、法兰连接阀门、焊接连接阀门、卡箍连接阀门、卡套连接阀门、对夹连接阀门等。

（8）按阀体材料可分为金属材料阀门、非金属材料阀门、金属阀体衬里阀门等。

尽管有不少分类，阀门还有辅助装置，如利用负反馈原理改善调节阀的性能的阀门定位器；用于人工直接操作调节阀的手操机构。

在自动控制系统中应用较为广泛的主要就是调节阀。调节阀又名控制阀，在工业自动化过程控制中，通过接受调节控制单元输出的控制信号，借助动力操作去改变介质流量、压力、温度、液位等工艺参数。如果按行程特点，调节阀可分为直行程和角行程；按其所配执行机构使用的动力，可以分为气动调节阀、电动调节阀、液动调节阀三种；按其功能和特性分为线性特性，等百分比特性及抛物线特性三种。调节阀适用于空气、水、蒸汽、各种腐蚀性介质、泥浆、油品等介质。

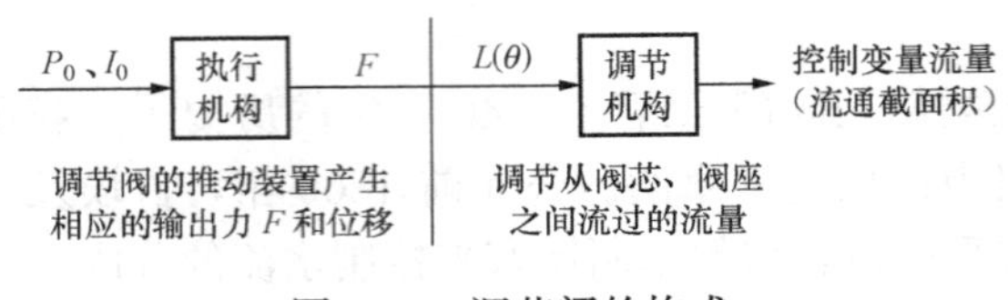

图 5-4 调节阀的构成

调节阀由执行机构和调节机构两个部分构成，如图 5-4 所示。执行机构接受控制信号、转换成推力或位移，调节机构（阀芯）直接改变能量或物料输送量的装置。

阀门生产和制造技术随着不断扩大的应用市场在不断发展，并有如下发展趋势：①随着石油开发向内地油田和海上油田转移，以及电力工业向 30 万 kW 以上的火电及水电和核电发展，阀门产品也应依据设备应用领域变化相应改变其性能及参数。②城建系统一般采用大量低压阀门，并且向环保型和节能型发展，即由过去使用的低压铁制闸阀逐步转向环保型的胶板阀、平衡阀、金属密封蝶阀及中线密封蝶阀过渡。输油、输气工程向管道化方向发展，这又需要大量的平板闸阀及球阀。③能源发展的另一面就是节能，所以从节约能源方面看，要发展蒸汽疏水阀，并向亚临界和超临界的高参数发展。④电站的建设向大型化发展，所以需用大口径及高压的安全阀和减压阀，同时也需用快速启闭阀门。⑤成套工程的需要，阀门供应由单一品种向多品种和多规格发展。

5.5.2 流量特性

流量特性是阀门的重要性能指标，即介质流过调节阀的相对流量与相对位移（即阀的相对开度）之间的关系为

$$Q/Q_{\max}=f\left(\frac{l}{L}\right) \tag{5-13}$$

调节阀前后压差的变化，会引起流量变化。也改变了流体的流量特性。流量特性分为理想流量特性和实际流量特性。

一、理想流量特性

理想流量特性（ΔP 一定）指在阀的前后压差固定的条件下，不可压缩流体通过调节阀的流量与阀杆位移（阀门开度）之间的关系，它完全取决于阀的结构参数，也称为调节阀的固有流量特性，由阀芯的形状所决定，如图 5-5 所示。

理想流量特性有直线特性、等百分比（对数）特性、抛物线特性及快开特性等四种。

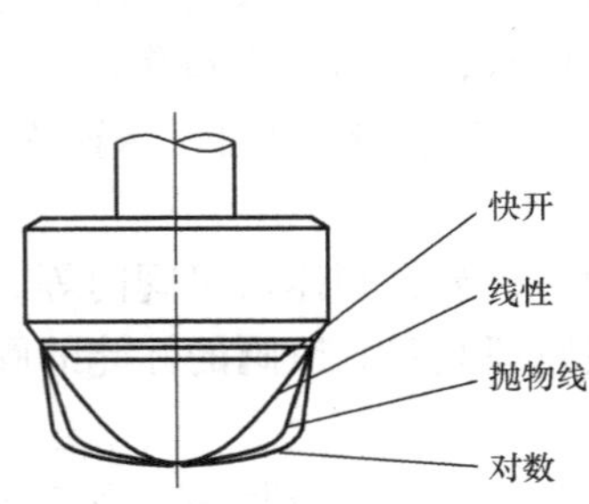

图 5-5 阀芯结构与流量特性

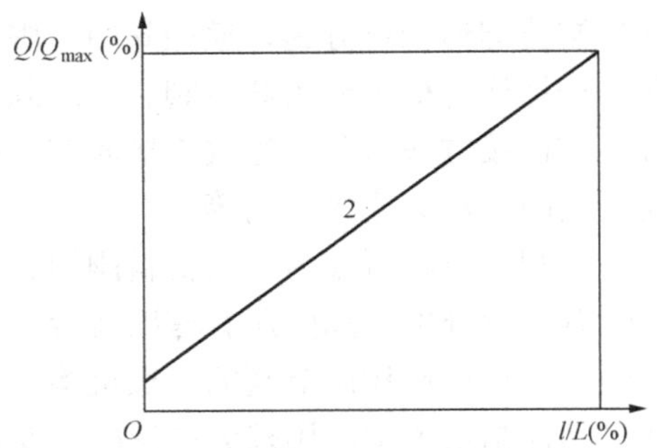

图 5-6 直线流量特性

1. 直线流量特性

直线流量特性如图 5-6 所示，它是指调节阀的相对流量与相对位移成线性关系，即单位位移变化所引起的流量变化是常数。

$$\frac{d(Q/Q_{max})}{d(l/L)}=k \tag{5-14}$$

$$\frac{Q}{Q_{max}}=\frac{1}{R}\left[1+(R-1)\frac{l}{L}\right]=\frac{1}{R}+\left(1-\frac{1}{R}\right)\frac{l}{L} \tag{5-15}$$

式中：R 为调节阀所能控制的最大流量 Q_{max} 与最小流量 Q_{min} 之比，称为可调比（可调范围），它反映了调节阀调节能力的大小，国产调节阀的可调比一般取 $R=30$。

特点：放大系数是常数，不论阀杆原来在什么位置，只要阀杆作相同的变化，流量数值也作相同的变化。线性调节阀在开度较小时流量相对变化值大，这时灵敏度高，调节作用强，容易产生振荡，对控制不利；在开度较大时流量相对变化值小，这时灵敏度小，调节缓慢，削弱调节作用。因此，不宜用于负荷变化大的场合。

2. 对数流量特性（等百分比流量特性）

对数流量特性如图 5-7 所示，它是指单位相对位移变化所引起的相对流量变化与此点的相对流量成正比关系，随相对流量的增大而增大。

$$\frac{d(Q/Q_{max})}{d(l/L)}=k\frac{Q}{Q_{max}} \tag{5-16}$$

特点：放大系数随相对开度增加而增加，有利于自动控制系统。在小开度时调节阀的放大系数小，控制平稳缓和；在开度大时放大系数大，控制灵敏度有效。

3. 抛物线流量特性

抛物线流量特性如图 5-8 所示，它是指单位相对位移的变化所引起相对流量变化与此点的相对流量值的平方值的平方根成正比关系。

$$\frac{d(Q/Q_{max})}{d(l/L)}=k\left(\frac{Q}{Q_{max}}\right)^{\frac{1}{2}} \tag{5-17}$$

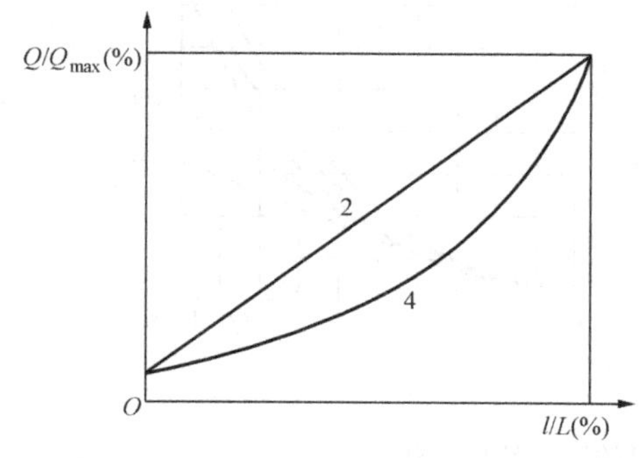

图 5-7 对数流量特性

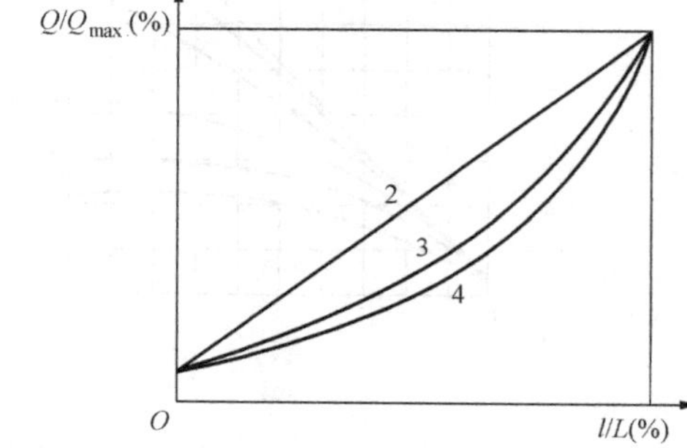

图 5-8 抛物线流量特性

4. 快开流量特性

在开度较小时就有较大的流量，随着开度的增大，流量很快就达到最大；此后再增加开度，流量变化很小。有效位移一般为阀座直径的 1/4，适用于迅速启闭的位式控制或程序控制系统，流量很快就达到最大，此后再增加开度，流量变化很小，故称快开特性（如图5-9所示）。

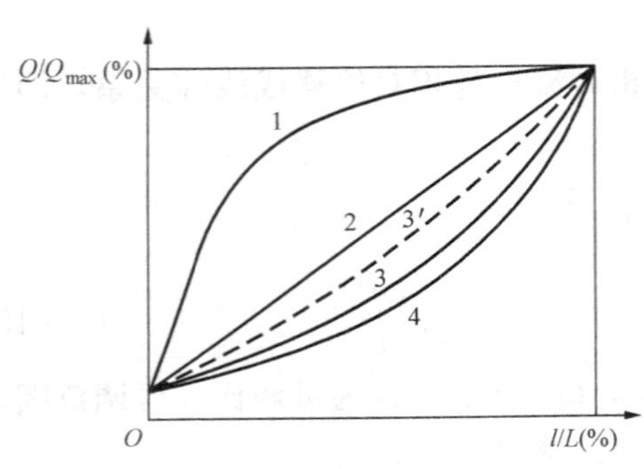

图 5-9　快开流量特性

如隔膜阀的流量特性接近快开特性，蝶阀的流量特性接近等百分比特性，闸阀的流量特性为直线特性，球阀的流量特性在中启闭阶段为直线，在中间开度的时候为等百分比特性。

二、工作流量特性

工作流量特性（Δp 变化）指在阀前后压差变化的条件下，流量与阀杆位移之间的关系，它取决于流通管道与阀串联还是并联连接。

1. 串联管道［见图 5-10（a)］

可调比减小，流量特性发生畸变，直线特性逐渐转变为快开特性，如图 5-11（a）所示，等百分比特性逐渐转变为直线特性，如图 5-11（b）所示，图中，S 为压降比，控制阀全开时，阀两端压降占系统总压降得比值。

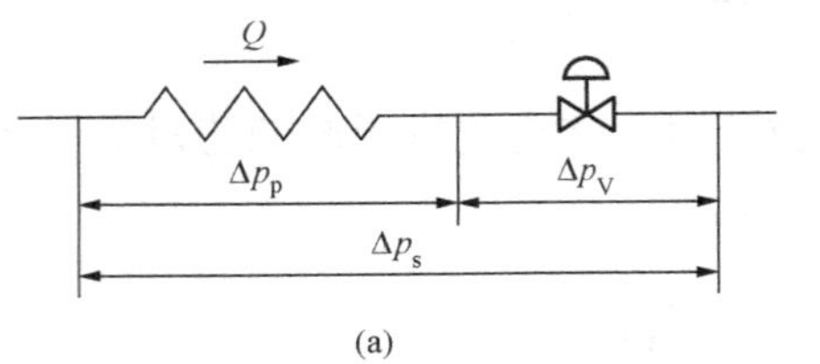

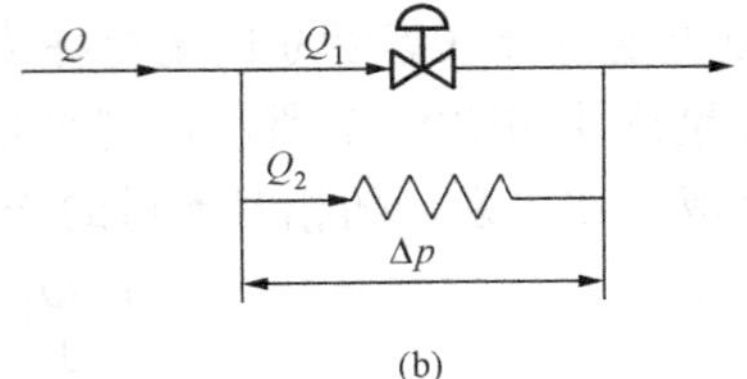

图 5-10　流量管道连接方式

2. 并联管道［见图 5-10（b)］

可调比大大下降，如图 5-12 所示，图中，x 值不能低于 0.8，即旁路流量只能为总流量的百分数之十几。

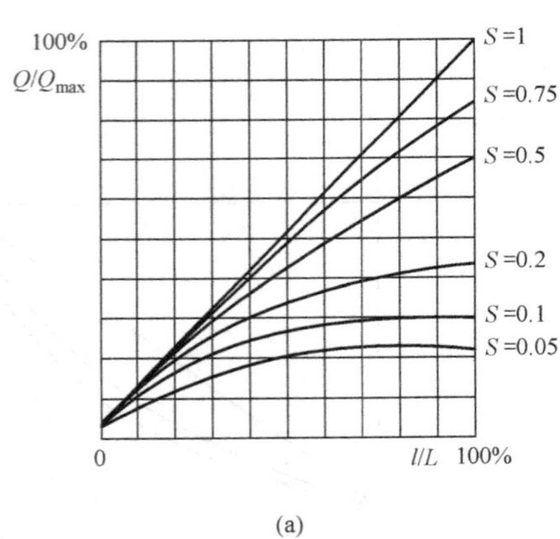

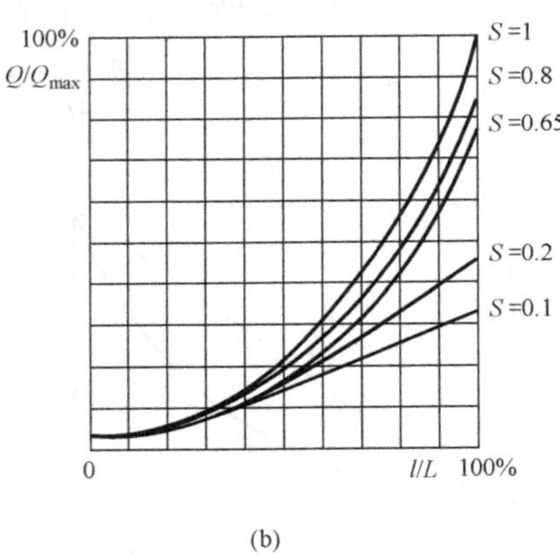

图 5-11　流量管道串联连接时的流量特性变化

(a) 线性；(b) 等百分比

流通管道与阀串联还是并联连接对流量特性的影响归纳有：① 串、并联管道都会使阀的理想流量特性发生畸变，串联管道的影响尤为严重。② 串、并联管道都会使控制阀的可调范围降低，并联管道尤为严重。③ 串联管道使系统总流量减少，并联管道使系统总流量增加。④ 串、并联管道会使控制阀的放大系数减小，串联管道时控制阀大开度时影响严重，

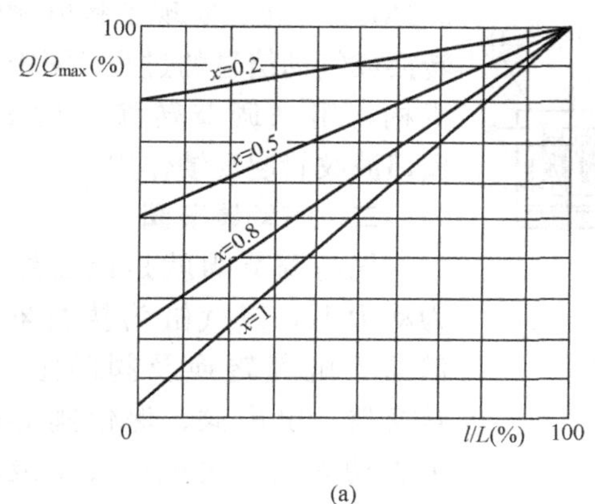

(a)

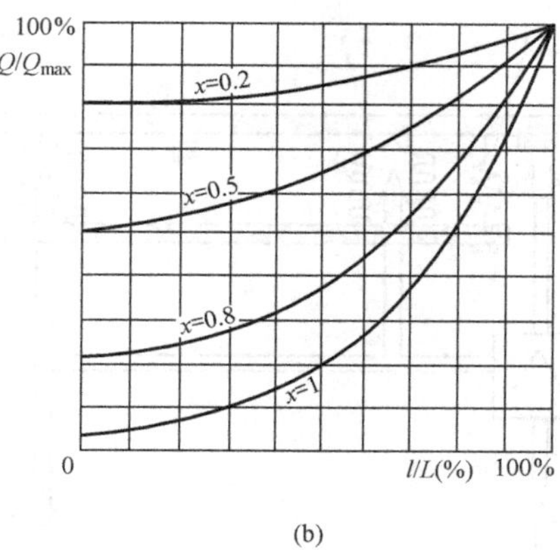

(b)

图 5-12 流量管道并联连接时的流量特性变化

(a) 线性；(b) 等百分比

并联管道时控制阀小开度时影响严重。

三、流量特性选择

实际应用时，流量特性的选择原则一般按照工作流量特性来考虑，要使调节系统的综合特性可接近于线性。

线性流量特性选择原则为：①压差变化小，几乎恒定；②整个系统的压力损失大部件分配在阀上（开度变化，阀上压差变化相对较小）；③外部干扰小，给定值变化小（可调范围要求小的场合）；④工艺流程的主要参数的变化呈线性。

等百分比流量特性为：①要求大的可调范围；②管道系统压力损失大；③开度变化，阀上压差变化相对较大。

5.5.3 执行器（调节阀）

在工业过程自动控制系统中，能够直接调节流量、压力、物位的执行器，主要有气动调节阀和电动调节阀。由于自动控制系统中以电信号为主要信号传递形式，所以，需要将电信号转换到气信号，电信号为4～20mA或0～10mA，气信号为20～100kPa或0.2～0.1MPa。

调节阀的流量特性除了与阀芯两侧的介质工作压力有关外，还可以通过阀门定位器强制改变流量特性。因此调节阀涉及电气转换器、气动调节阀和电动调节阀三类执行器，阀门定位器作为气动调节阀的附件。

一、电气转换器

电气转换器可将来自电动控制器的输出信号经转换后用以驱动气动执行器，或者将来自各种电动变送器的输出信号经转换后送往气动控制器。

电气转换器是按力平衡原理设计和工作的，其结构如图5-13所示。当调节器（变送器）的电流信号送入测量线圈后，由于内部永久磁铁的作用，使线圈和杠杆产生绕十字簧片支撑逆时针（或顺时针）偏转，带动挡板接近（或远离）喷嘴，引起喷嘴背压增加（或减少），此背压作用在内部的气动功率放大器上，放大后的压力一路作为转换器的输出，另一路馈送到反馈波纹管。输送到反馈波纹管的压力，通过杠杆的力传递作用在铁芯的另一端产生一个反向的位移，此位移与输入信号产生电磁力矩平衡时，输入信号与输出压力成一一对应的比例关系。即输入信号从4mA DC改变到20mA DC时，转换器的输出压力从0.02～

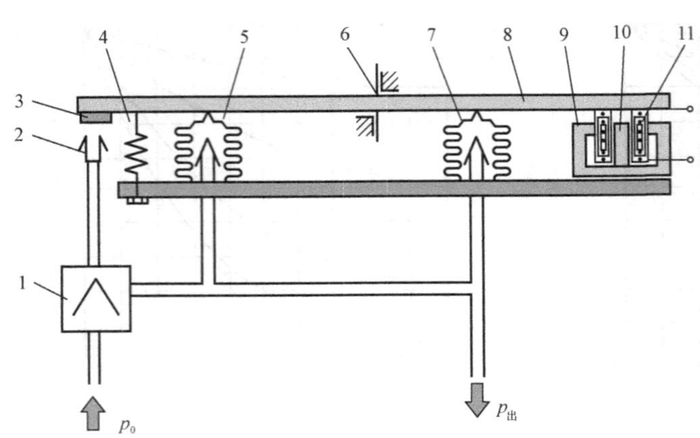

图 5 - 13　电—气转换器原理结构图

1—放大器；2—喷嘴；3—挡板；4—调零弹簧；5—负反馈波纹管；6—十字簧片支承；7—正反馈波纹管；8—杠杆；9—磁钢；10—铁芯；11—测量线圈

0.1MPa 变化，实现了将电流信号转换成气动信号的过程。图中调零机构，用来调节转换器的零位，反馈波纹管起反馈作用。

二、气动调节阀

气动调节阀就是以压缩空气为动力源，以气缸为执行器，并借助于电气转换及阀门定位器、转换器、电磁阀、保位阀等附件去驱动阀门，实现开关量或比例式调节，接收工业自动化控制系统的控制信号来完成调节管道介质的：流量、压力、温度等各种工艺参数。气动调节阀的特点是结构简单、动作可靠稳定、输出力大、安装维护方便、价格便宜和本质安全防爆，不需另外再采取防爆措施；但通过气路传递控制信号，响应时间大。

气动调节阀的执行机构和调节机构是统一的整体，执行机构主要有薄膜式和活塞式两类，活塞式行程长、推力较大，用于大口径、高压降控制阀或蝶阀的推动装置，适用于要求有较大推力的场合；而薄膜式结构简单、价格便宜、维修方便，但行程较小，只能直接带动阀杆。化工厂一般均采用薄膜式，其原理结构如图 5 - 14 所示。

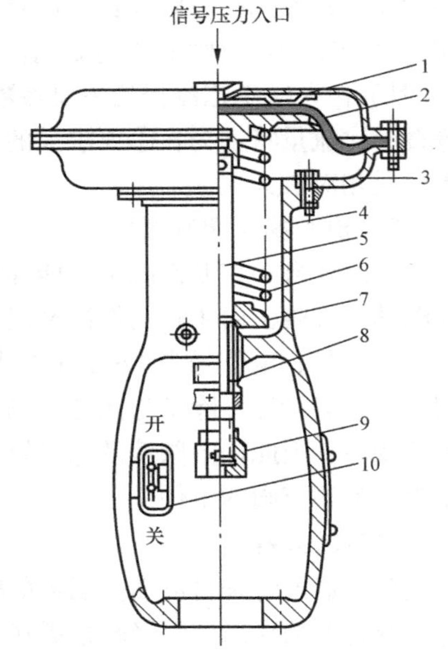

图 5 - 14　气动薄膜执行机构原理结构图

1—上膜盖；2—波纹膜片；3—下膜盖；4—支架；5—推杆；6—压缩弹簧；7—弹簧座；8—调节件；9—连接阀杆螺母；10—行程标尺

当信号压力通入由上膜盖 1 和膜片 2 组成的气室时，在膜片上产生一个向下的推力，使推杆 5 向下移动压缩弹簧 6，当弹簧的反作用力与信号压力在膜片上产生的推力相平衡时，推杆稳定在一个对应的位置，推杆的位移即为执行机构的输出，也称行程。

如果信号压力通入由上膜盖 3 和膜片 2 组成的气室时，在膜片上产生一个向上的推力。因此气动调节阀具有正作用和反作用。正作用是当输入信号增大时，调节阀的开度增大，即流过调节阀的流量增大，气动调节阀通常称为气开阀；反作用是当输入信号增大时，流过调节阀的流量减小，气动调节阀通常称为气关（也叫气闭）阀。

气开或气关工作模式的选择必须要明确：一旦管路或设备等任何生产环节发生故障时，阀门必须开启或关闭。

气开气关的选择是根据工艺生产的安全角度出发来考虑。当气源切断时，调节阀是处于关闭位置安全还是开启位置安全？举例来说，一个加热炉的燃烧控制，调节阀安装在燃料气管道上，根据炉膛的温度或被加热物料在加热炉出口的温度来控制燃料的供应。这时，宜选用气开阀更安全些，因为一旦气源停止供给，阀门处于关闭比阀门处于全开更合适。如果气源中断，燃料阀全开，会使加热过量发生危险。又如一个用冷却水冷却的换热设备，热物料在换热器内与冷却水进行热交换被冷却，调节阀安装在冷却水管上，用换热后的物料温度来控制冷却水量，在气源中断时，调节阀应处于开启位置更安全些，宜选用气关式调节阀。

应用时除了要了解气开或气关的作用，调节阀的结构形式也与调节效果关联密切。表5-6列选了几种典型的调节阀及其特点。

表5-6　　常用调节阀结构及其特点

<table>
<tr><td colspan="2">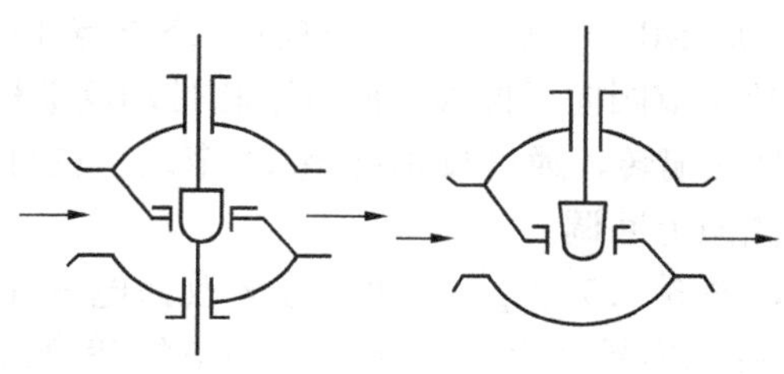</td><td>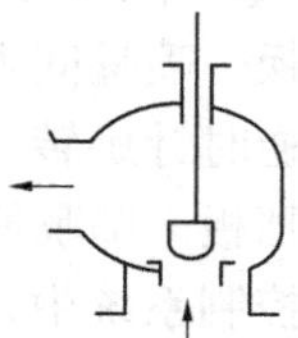</td></tr>
<tr><td colspan="2">直通单座调节阀：泄漏量小、允许压差小，在压差大的时候，流体对阀芯上下作用的推力不平衡，这种不平衡力会影响阀芯的移动</td><td>角形调节阀：流路简单、阻力小，适于介质为高黏度、高压差和含有少量悬浮物和固体颗粒状的场合</td></tr>
<tr><td>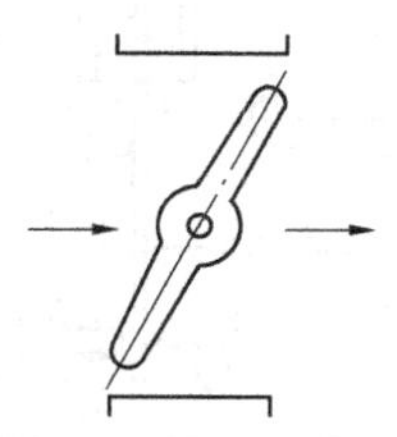</td><td>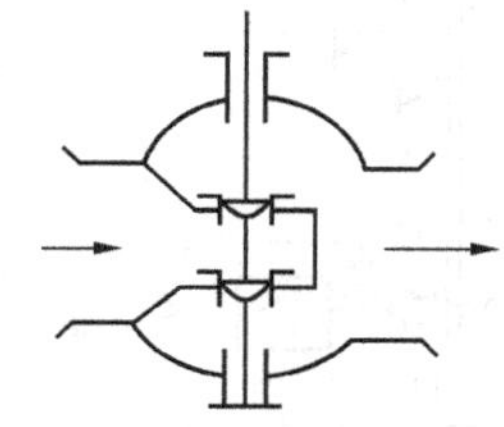</td><td>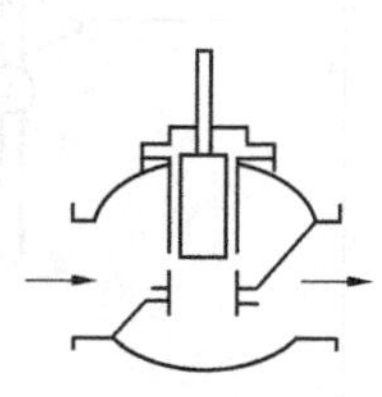</td></tr>
<tr><td>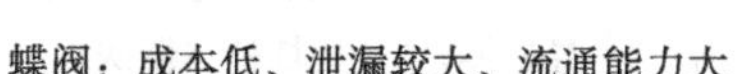蝶阀：成本低、泄漏较大、流通能力大</td><td>直通双座调节阀：泄漏量大、允许压差大，缺点是容易泄漏</td><td>套筒阀：稳定性好、拆装维修方便</td></tr>
<tr><td colspan="2">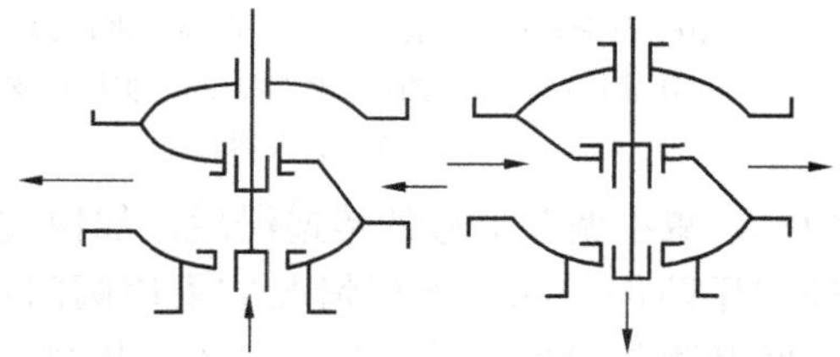</td><td>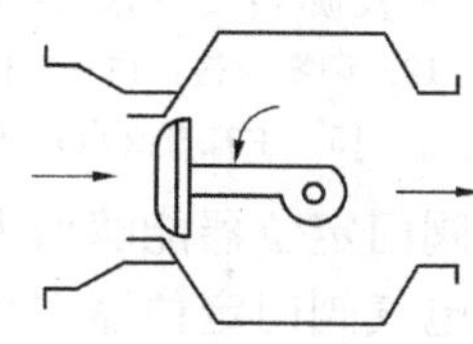</td></tr>
<tr><td colspan="2">三通阀：有三个接管口。左图：合流；右图：分流</td><td>偏心旋转阀：流路阻力小</td></tr>
</table>

三、阀门定位器

阀门定位器有气动阀门定位器、电—气阀门定位器和智能式阀门定位器，是调节阀的一种辅加装置，与调节阀配套使用，它接受控制器来的信号作为输入信号，并以其输出信号去控制调节阀，同时将调节阀的阀杆位移信号反馈到阀门定位器的输入端而构成一个闭环随动系统。其主要作用是：①消除调节阀膜头和弹簧的不稳定以及各运动部件的干摩擦，从而提高调节阀的精度和可靠性，实现准确定位；②增大执行机构的输出功率，减少系统的传递滞后，加快阀杆移动速度；③改变调节阀的流量特性；④利用阀门定位器可将控制器的输出信号分段，以实现分程控制。

气动阀门定位器与气动控制阀配套使用，组成闭环系统，利用反馈原理来改善控制阀的定位精度和提高灵敏度，并能以较大功率克服阀杆的摩擦力、介质的不平衡力等影响，从而使控制阀门位置能按控制仪表来的控制信号实现正确定位，如图 5-15 所示。

由图 5-15 所示，p_1（气动信号，0.02～0.1MPa）增大时，主杠杆 2 绕支点 15 逆时针偏转，使挡板—喷嘴间隙变小，p_2 变大，导致调节阀向下位移；阀杆下移带动反馈杆 9，连带反馈凸轮逆时针旋转，副杠杆绕支点 7 顺时针偏转，通过反馈弹簧 11 牵动主杠杆顺时针偏转，加大挡板—喷嘴间隙，p_2 减小，调节阀向上回调。

在实际控制系统中，控制信号为电信号，图 5-15 中 p_1 气动信号源改为电—气阀门定位器，如图 5-16 所示。由输入的 4～20mA 电流信号（或 0～10mA）与电气转换器线圈中的磁场相互作用，使主杠杆 3 绕支点 16 逆时针偏转，形成动作起始点。

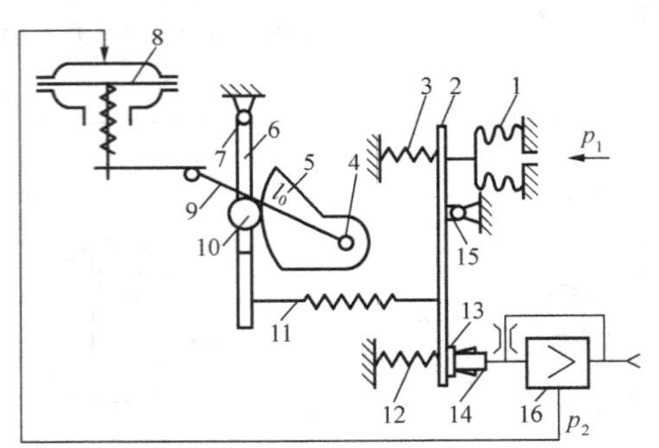

图 5-15 具有气动阀门定位器的气动调节阀

1—波纹管；2—主杠杆；3—量程弹簧；4—反馈凸轮支点；5—反馈凸轮；6—副杠杆；7—副杠杆支点；8—薄膜执行机构；9—反馈杆；10—滚轮；11—反馈弹簧；12—调零弹簧；13—挡板；14—喷嘴；15—主杠杆支点；16—放大器

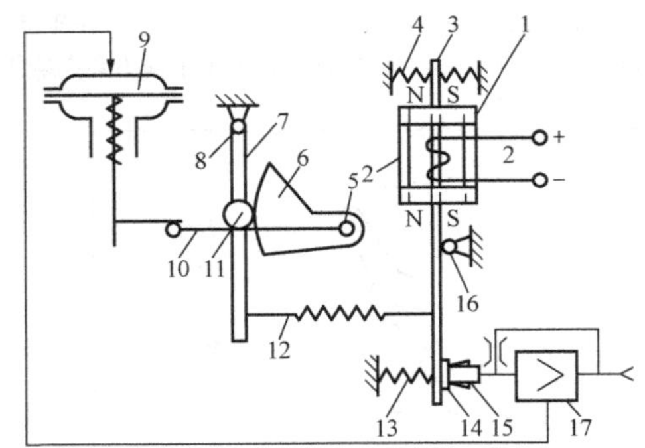

图 5-16 电—气阀门定位器的气动调节阀

1—永久磁钢；2—导磁体；3—主杠杆（衔铁）；4—平衡弹簧；5—反馈凸轮支点；6—反馈凸轮；7—副杠杆；8—副杠杆支点；9—薄膜执行机构；10—反馈杆；11—滚轮；12—反馈弹簧；13—调零弹簧；14、15—挡板、喷嘴；16—主杠杆支点；17—放大器

气动阀门定位器能够增大调节阀的输出功率，减小调节信号的传递滞后，加快阀杆的移动速度。电气阀门定位器在易燃易爆场所必须选用防爆产品。下列情况应采用阀门定位器：①摩擦力大、需要精确定位的场合，如高温、低温调节阀和柔性石墨填料的调节阀；②缓慢过程需要提高调节阀速度的系统，如温度、液位、分析等为被控参数的控制系统；③需要提高执行机构输出力和切断能力的场合，如公称通径 $DN>100$mm 的调节阀，或调节阀两端压差大于 1MPa、或静压大于 10MPa 的场合；④调节介质中含有固体悬浮物或黏性流体的

场合；⑤分程控制系统和调节阀运行中有时需要改变气开、气闭形式的场合；⑥需要改变流量特性的场合；⑦采用无弹簧执行机构的控制系统等场合。

电—气阀门定位器还需要具有放水、防尘功能，安全火花型电—气阀门定位器则是采用了专门的安全火花防爆措施。关于防爆要求在下面有详细介绍。

四、电动调节阀

电动调节阀是工业自动化过程控制中的重要执行单元仪表。通过接收工业自动化控制系统的信号（如4～20mA或0～10mA）来驱动阀门改变阀芯和阀座之间的截面积大小控制管道介质的流量、温度、压力等工艺参数。实现自动化调节功能。随着工业领域的自动化程度越来越高，正越来越多地应用在各种工业生产领域中。与传统的气动调节阀相比具有明显的优点：节电动调节阀能（只在工作时才消耗电能），环保（无碳排放），安装快捷方便（无需复杂的气动管路和气泵工作站）。

由电动执行机构和调节阀经过连接装配、调试安装构成电动调节阀。电动调节阀接受电信号，将其转换成位移信号，带动阀芯动作，阀芯及其特性与气动调节阀一致。

电动执行机构使用范围较广，它与调节机构连接应用于各种生产设备，完成各种控制任务，电动执行机构的分类如图5-17所示。

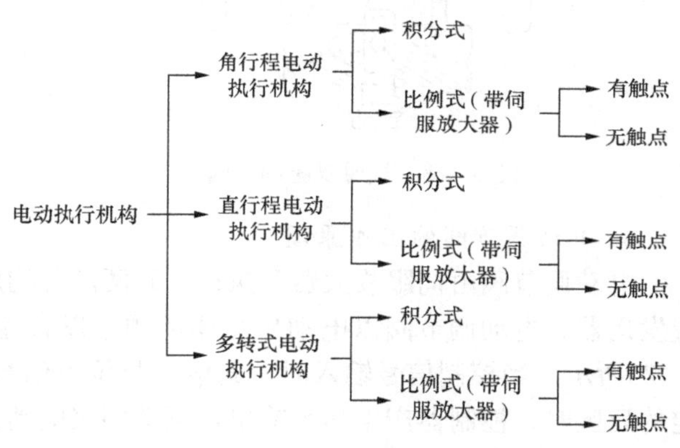

图5-17　电动执行机构的分类

1. 电动调节阀的基本结构

调节阀与工艺管道中被调介质直接接触，阀芯在阀体内运动，改变阀芯与阀座之间的流通面积，即改变阀门的阻力系数就可以对工艺参数进行调节。

图5-18、图5-19分别给出直通单阀座和直通双阀座的典型结构，它由上阀盖（或高温上阀盖）、阀体、下阀盖、阀芯与阀杆组成的阀芯部件、阀座、填料、压板等组成。

直通单阀座的阀体内只有一个阀芯和一个阀座，其特点是结构简单、泄漏量小（甚至可以完全切断）和允许压差小。因此，它适用于要求泄漏量小，工作压差较小的干净介质的场合。在应用中应特别注意其允许压差，防止阀门关不死。直通双座调节阀的阀体内有两个阀芯和阀座。它与同口径的单座阀相比，流通能力大20%～25%。因为流体对上、下两阀芯上的作用力可以相互抵消，但上、下两阀芯不易同时关闭，因此双座阀具有允许压差大、泄漏量较大的特点。故适用于阀两端压差较大，泄漏量要求不高的干净介质场合，不适用于高黏度和含纤维的场合。

2. 电动调节阀的特点

电动调节阀的特点为：①由于工频电源取用方便，不需增添专门装置，特别是执行器应用数量不太多的单位，更为适宜；②动作灵敏、精度较高、信号传输速度快、传输距离可以很长，便于集中控制；③在电源中断时，电动执行器能保持原位不动，不影响主设备的安全；④与电动控制仪表配合方便，安装接线简单；⑤体积较大、成本较贵、结构复杂、维修麻烦，并只能应用于防爆要求不太高的场合。

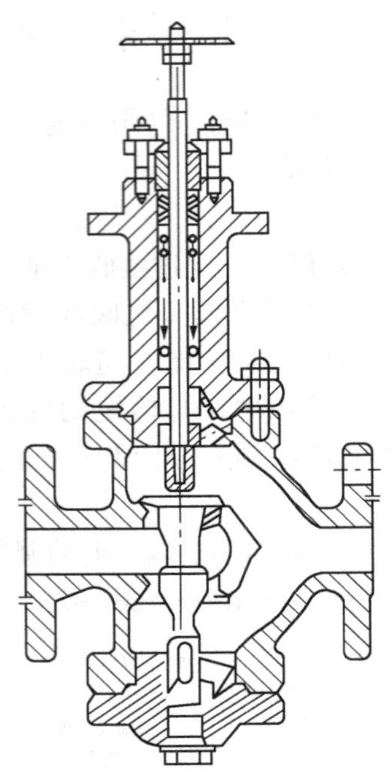
图 5-18　直通双座调节阀

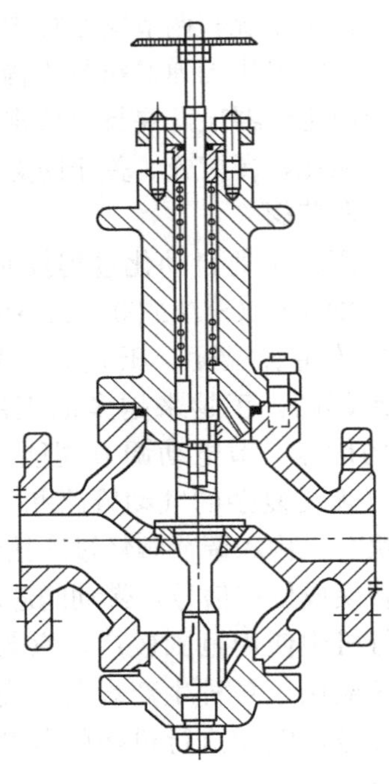
图 5-19　直通单座调节阀

3. 电动调节阀的工作原理

电动调节阀由伺服放大器和执行单元两部分构成，执行单元包括伺服电机、减速器和位置发送器。电动调节阀以电动机为驱动源、以直流电流为控制及反馈信号，原理框图如图 5-20所示。当控制信号输入时，此信号与位置信号进行比较，当两个信号的偏差值大于规定的死区时，控制器产生功率输出，驱动伺服电动机转动使减速器的输出轴朝减小这一偏差的方向转动，直到偏差小于死区为止。此时输出轴就稳定在与输入信号相对应的位置上。

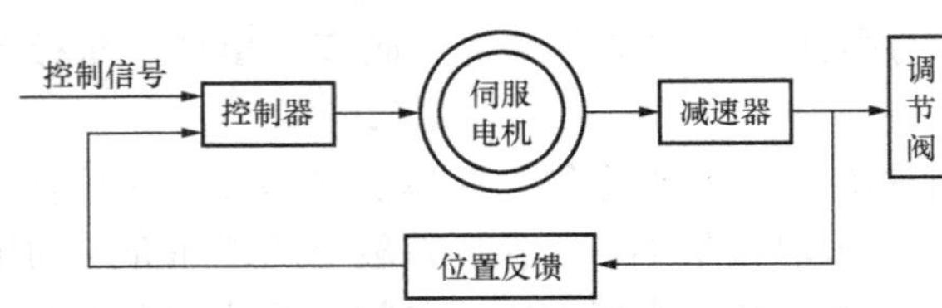

图 5-20　电动执行机构工作原理框图

(1) 控制器（伺服放大器）。伺服放大器主要由前置磁放大器、触发器和可控硅交流开关等构成。将输入的控制信号和反馈信号相比较，得到差值信号 ΔI。当差值信号 $\Delta I>0$ 时，ΔI 经伺服放大器功率放大后，驱动伺服电机正转，再经机械减速器减速后，使输出转角 θ 增大。输出轴转角位置经位置发送器转换成相应的反馈电流，反馈到伺服放大器的输入端使 ΔI 减小，直至 $\Delta I=0$ 时，伺服电机才停止转动，输出轴就稳定在与输入信号相对应的位置上。反之，当 $\Delta I<0$ 时，伺服电机反转，输出轴转角 θ 减少，I_f 也相应减小，直至使 $\Delta I=0$ 时，伺服电机才停止转动，输出轴稳定在另一新的位置上。

智能伺服放大器的组成结构如图 5-21 所示，它由主控电路板、传感器、带 LED 操作按键、分相电容、接线端子等组成。以专用单片机为基础，通过输入回路把模拟信号、阀位电阻信号转换成数字信号，微处理器根据采样结果通过人工智能控制软件后，显示结果及输出控制信号。

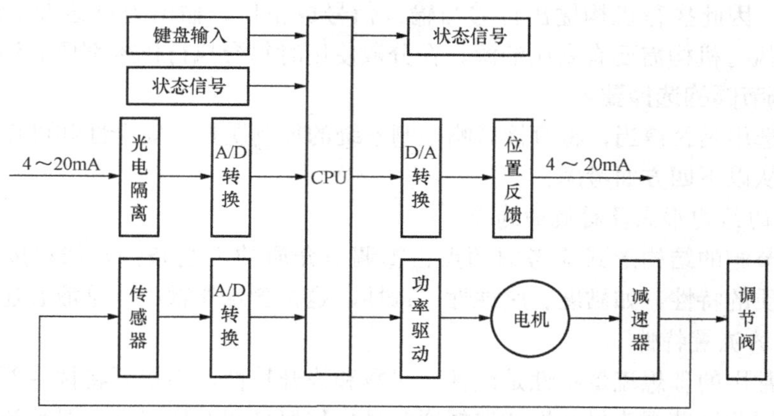

图 5-21　智能控制器组成结构

（2）伺服电机。伺服电机实际上是一个二相电容异步电机，它将伺服放大器输出的电功率转换成机械转矩，作为执行器的动力部件。

（3）减速器。电动执行机构中的减速器在整个机构中体积较大，由于伺服电机大多是高转速小力矩的，必须经过减速，才能推动调节机构。

目前常用的减速器有行星齿轮和蜗轮蜗杆两种，其中行星齿轮减速器由于体积小、传动效率高、承载能力大、单级速比可达 100 倍以上，获得广泛的应用。

（4）位置发送器。位置发送器的作用是将电动执行机构输出轴的位移转变为 4～20mA DC（或 0～10mA）反馈信号的装置。位置检测采用差动变压器式电感传感器。

五、电液执行器

图 5-22 所示为能接受电信号控制的液动执行机构。输入信号通过直线力电机驱动伺服阀，使压力油经伺服阀进入油缸的某一端，在活塞上产生推力。然后此力经活塞杆推动调节机构。活塞的位移同时通过凸轮和弹簧，在伺服阀的活塞杆上产生反馈力，与力电机产生的

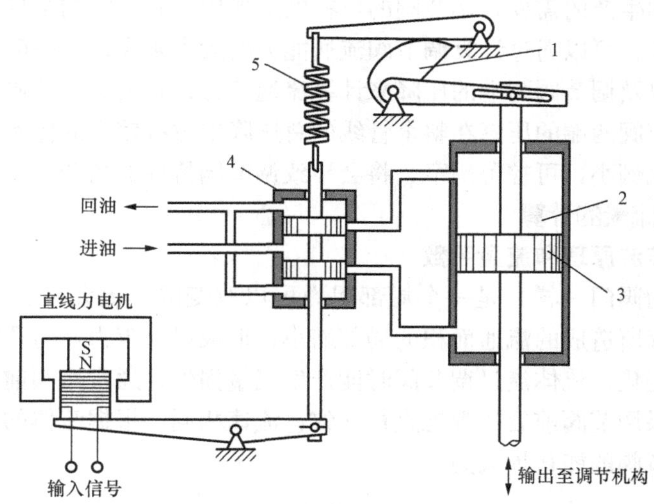

图 5-22　电液执行器结构图

1—凸轮；2—油缸；3—活塞；4—伺服阀；5—弹簧

信号力相平衡。因此执行机构输出位移与输入信号成正比，输出力可达 220kN，位移可达 200mm。液动执行机构需要有高压油源，在分散使用时每台执行机构都要有油源装置。

5.5.4 调节阀的选择要求

调节阀的选用是否得当，将直接影响控制系统的控制质量、安全性和可靠性。调节阀的选择，主要是从以下四方面考虑：

1. 执行器的结构形式及材质的选择

在选择调节阀的结构形式应考虑两点：①调节介质的工艺条件，如温度、压力、流量等；②调节介质的特性，如黏度、腐蚀性、毒性、是否含悬浮颗粒、是液态还是气态等。

2. 调节阀的流量特性

在生产中常用的理想流量特性是线性、对数和快开特性，而快开特性主要用于双位控制及程序控制，因此调节阀流量特性的选择通常是指如何合理选择线性和对数流量特性。正确的选择步骤是：①根据过程特性，选择阀的工作特性；②根据配管情况，从所需的工作特性出发，推断理想流量特性。（制造厂所标明的阀门特性是理想流量特性）。

3. 调节阀的气开、气关选择

调节阀有气开、气关两种类型，如图 5-23 所示。气开、气关的选择主要是从生产安全角度考虑，当调节阀上信号压力中断时，应避免损坏设备和伤害操作人员。如阀门处于全开位置时，危害性较小，则应选用气关式调节阀，反之则选用气开式调节阀。

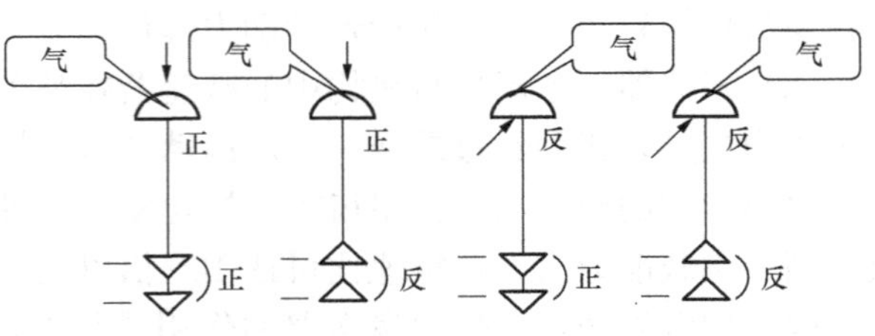

图 5-23 调节阀正反作用示意图

将正/反作用执行机构与正体阀和反体阀结合在一起，可组成气开和气关两类控制阀。

4. 调节阀口径大小的选择

调节阀口径大小直接决定着控制介质流过它的能力。调节阀口径选得过大或过小，阀的性能较差，为了增加生产的需要，调节阀的口径的选择应留有一定的余量。

调节阀口径大小，可以通过计算调节阀流通能力的大小来决定。一般要根据调节阀所在的管线的最大流量以及调节阀两端的压降来计算流通能力，且为了保证调节阀具有一定的可控范围，必须使调节阀两端的压降在整个管线的总压降中占有较大的比例。比例大，调节阀的可控范围越宽；比例小，可控范围窄，将会导致调节阀特性的畸变，使控制效果变差。

5.5.5 调节阀流量的计算

一、调节阀的节流原理和流量系数

调节阀和普通的阀门一样，是一个局部阻力可以改变的节流元件。当流体流过调节阀时，由于阀芯、阀座所造成的流通面积的局部缩小，形成局部阻力，与孔板类似，它使流体的压力和速度产生变化，流体流过调节阀时能产生能量损失，通常用阀前后的压差来表示阻力损失的大小。如果调节阀前后的管道直径一致，流速相同，根据流体的能量守恒原理，不可压缩流体流经调节阀的能量损失为

$$H=\frac{p_1-p_2}{\rho g} \tag{5-18}$$

式中：H 为单位重量流体流过调节阀的能量损失；p_1 为调节阀阀前的压力；p_2 调节阀阀后

的压力；ρ 为流体密度；g 为重力加速度。如果调节阀的开度不变，流经调节阀的流体不可压缩，则流体的密度不变，那么，单位重量的流体的能量损失与流体的动能成正比，即

$$H=\varepsilon\frac{\omega^2}{2g} \tag{5-19}$$

式中：ω 为流体的平均流速；g 为重力加速度；ε 为调节阀的阻力系数，与阀门结构形式、流体的性质和开度有关。流体在调节阀中的平均流速为

$$\omega=Q/A \tag{5-20}$$

式中：Q 流体的体积流量；A 调节阀连接管的横截面积。综合上述三个算式得到调节阀的流量方程式为

$$Q=\frac{A}{\sqrt{\xi}}\sqrt{\frac{2}{\rho}(p_1-p_2)} \tag{5-21}$$

若式中方程式各项参数采用如下单位：A 采用 cm^2；ρ 采用 $\mathrm{g/cm^3}$；Δp 采用 100kPa；p_1、p_2 采用 100kPa；Q 采用 $\mathrm{m^3/h}$。代入上式得到

$$Q=\frac{A}{\sqrt{\xi}}\sqrt{\frac{2\times10\Delta p}{10^{-5}\rho}}=5.09\frac{A}{\sqrt{\xi}}\sqrt{\frac{\Delta p}{\rho}} \tag{5-22}$$

式（5-22）是调节阀实际应用的流量方程。当调节阀口径一定，即调节阀接管横截面积 A 一定，并且调节阀两端压差不变时，阻力系数 ξ 增大则 Q 减小，所以，调节阀的工作原理就是按照信号的大小，通过改变阀芯行程来改变流通截面积，从而改变阻力系数而达到调节流量的目的。把式（5-22）改为

$$Q=C\sqrt{\frac{\Delta p}{\rho}} \tag{5-23}$$

其中

$$C=5.09\frac{A}{\sqrt{\xi}}=Q\sqrt{\frac{\rho}{\Delta p}} \tag{5-24}$$

式中：C 称为流量系数，它与阀芯和阀座的结构、阀前阀后的压差、流体性质等因素有关。因此，它表示调节阀的流通能力，但必须以一定的规定条件为前提。为了便于用不同单位进行运算，可把上式改写成一个基型公式为

$$C=\frac{Q}{N}\sqrt{\frac{\rho}{\Delta p}} \tag{5-25}$$

式中：N 是单位系数。在采用国际单位制时，流量系数用 K_V 表示。K_V 的定义为温度为 278～313K（5～40℃）水在 10^5Pa 压降下，1 小时内流过阀的立方米数。根据上述定义，一个 K_V 值为 32 的调节阀则表示当阀全开、阀门前后压差为 10^5Pa 时，5～40℃的水每小时能通过的流量为 $32\mathrm{m^3}$。我国现在许多手册也仍然习惯采用这个 c 值，很多采用英寸制单位的国家用 c_v 表示流量系数。c_v 的定义为用 40～60 ℉的水，保持阀门两端的压差为 1psi，阀门全开状态下每分钟流过的水的美加仑数。K_V 和 c_v 的换算如下

$$c_v=1.167K_V$$

二、压力恢复和压力恢复系数

在建立流量系数的计算公式时，都是把流体假想为理想流体，根据理想的简单条件来推导公式，没有考虑到阀门结构对流动的影响，也就是说，只把调节阀模拟为简单的结构形

式，只考虑到阀门前、后的压差，认为压差直接从 p_1 降为 p_2。

根据流体的能量守恒定律可知，在阀芯、阀座处由于节流作用而在附近的下游处产生一个缩流，其流体速度最大，但静压最小。在远离缩流处，随着阀内流通面积的增大，流体的流速减小，由于相互摩擦，部分能量转变成内能，大部分静压被恢复，形成了阀门压差 Δp。

也就是说，流体在节流处的压力急剧下降，并在节流通道中逐渐恢复，但已经不能恢复到 p_1 值，当介质为气体时，由于它具有可压缩性，当阀的压差达到某一临界值时，通过调节阀的流量将达到极限，这时，即使进一步增加压差，流量也不会增加。当介质为液体时，一旦压差增大到足以引起液体气化，即产生闪蒸和空化作用时，也会出现这种极限的流量，这种极限流量称为阻塞流。阻塞流产生于缩流处及其下游。产生阻塞流时的压差为 Δp_T。为了说明这些可以用压力恢复系数 F_L 来描述：

$$F_L = \sqrt{\frac{p_1 - p_2}{p_1 - \rho_{vc}}} \tag{5-26}$$

$$\Delta p_T = F_L^2 (p_1 - p_{vc}) \tag{5-27}$$

式中：$\Delta p_T = p_1 - p_{vc}$，表示产生阻塞流，$p_1$、$p_2$ 是阀前、阀后的压力，ρ_{vc}表示产生阻塞流时缩流断面的压力。F_L 值是阀体内部几何形状的函数，它表示调节阀内流体流经缩流处之后动能变为静压的恢复能力。

一般，F_L=0.5～0.98。当 F_L=1 时，$p_1 - p_2 = p_1 - \rho_{vc}$，可以想象为 p_1 直接下降为 p_2，与原来的推导假设一样。F_L 越小，Δp 比 $p_1 - p_{vc}$小的越多，即压力恢复越大。各种阀门因结构不同，其压力恢复能力和压力恢复系数也不相同。有的阀门流路好，流动阻力小，具有高压恢复能力，这类阀门称为高压力恢复阀，如球阀、蝶阀、文丘里角阀等。有的阀门流路复杂，流阻大，摩擦损失大，压力恢复能力差，则称为低压力恢复阀，如单座阀、双座阀等。F_L 值的大小取决于调节阀的结构形状，通过实验可以测定各类典型的 F_L 值。

三、闪蒸、空化及其影响

在调节阀内流动的液体，常常出现闪蒸和空化两种现象。它们的发生不但影响口径的选择和计算，而且将导致严重的噪声、振动、材质的破坏等，直接影响调节阀的使用寿命。因此在阀门的计算和选择过程中是不可忽视的问题。

当压力为 p_1 的液体流经节流孔时，流速突然急剧增加，而静压力骤然下降，当孔后压力 p_2 达到或者低于该流体所在情况下的饱和蒸汽压 p_v 时，部分液体就汽化成为气体，形成汽液两相共存的现象，这种现象称为闪蒸。

产生闪蒸时，对阀芯等材质已开始有侵蚀破坏作用，而且影响液体计算公式的正确性，使计算复杂化，如果产生闪蒸之后，p_2 不是保持在饱和蒸汽压以下，在离开节流孔之后又急剧上升，这时气泡产生破裂并转化为液态，这个过程即为空化作用。

空化作用是一种两阶段现象，第一阶段是液体内部形成空腔或气泡，即闪蒸阶段；第二阶段是这些气泡的破裂，即空化阶段。节流孔产生空化作用后，许多气泡集中在节流孔阀后，自然影响了流量的增加，产生了阻塞情况，因此，闪蒸和空化作用产生前后的计算公式是不同的，在产生空化作用时，在所留处的后面，由于压力恢复，升高的压力压缩气泡，达到临界尺寸的气泡开始变为椭圆形，接着，在上游表面开始变平，然后突然爆裂，所有的能量集中在破裂点上，产生极大的冲击力。

四、阻塞流对计算的影响

从上面的计算分析可知，阻塞流是指不可压缩流体或压缩流体在流过调节阀所达到的最大流量的状态，在固定的入口条件下，阀前压力 p_1 保持一定而逐步降低阀后压力 p_2 时，流经调节阀的流量会增加到一个最大极限值，再继续降低 p_2，流量不再增加，这个极限流量即为阻塞流。阻塞流出现之后，流量与 $\Delta p(p_1-p_2)$ 之间的关系已不再遵循公式的规律。

5.5.6 维护保养

由于阀门是直接与工作介质接触的设备，也是自动控制系统中非常重要的执行器，日常阀门维护保养显得十分重要。主要归纳如下：

（1）阀门应存干燥通风的室内，通路两端须堵塞。

（2）长期存放的阀门应定期检查，清除污物，并在加工面上涂防锈油。

（3）安装后，应定期进行检查，主要检查以下几个方面：①密封面磨损情况；②阀杆和阀杆螺母的梯形螺纹磨损情况；③填料是否过时失效，如有损坏应及时更换；④阀门检修装配后，应进行密封性能试验。

（4）运行中的阀门，各种阀件应齐全、完好。法兰和支架上的螺栓不可缺少，螺纹应完好无损，不允许有松动现象。手轮上的紧固螺母，如果发现松动应及时拧紧，以免磨损连接处或丢失手轮和铭牌。手轮如有丢失，不允许用活扳手代替，应及时配齐。对容易受到雨雪、灰尘、风沙等污物沾染的环境中的阀门，其阀杆要安装保护罩。阀门上的标尺应保持完整、准确、清晰。阀门的铅封、盖帽、气动附件等应齐全完好。保温夹套应无凹陷、裂纹。

（5）阀门维护时，也要注意电动头及其传动机构中进水问题。尤其在雨季渗入的雨水。一是使传动机构或传动轴套生锈，二是冬季冻结。造成电动阀操作时扭矩过大，损坏传动部件会使电机空载或超扭矩保护跳开无法实现电动操作。

综上所述，阀门维护保养必须以科学的态度对待，才能达到应有效果和应用目的。

5.6 执行器安装要求

上述各类执行器在构成自动控制系统时，需要正确的选型；在工程实施时，必须严格按照国家的相关规程和标准安装，对于管道安装、阀门安装、高/低压电气等安装，均必须持证专业人员负责。若安装环境涉及易燃易爆介质或场所，更要高度防范，详见第9章。

安装前必须做到图纸完整、设备正确、材料齐全、防护到位、持证上岗！安装过程必须严格按照规范标准，安装结束必须清理、捡漏、测试、校验、操作。危险场所必须设置安全和警世标志。

执行器是安装在现场、并直接与受控对象接触的动作和驱动型仪表，一旦安装完毕并投入运行后，改接或更换将带来极大的难度，并造成损失。所以在执行器安装后，必须要进行校验，仪表校准。

国家对仪表校准过程也有严格的要求和规范标准，包括执行器的运行、调节量限的确认、接头的防漏、信号的匹配等。其中，最为重要的是尽可能模拟工作状况预运行和现场操作，不可有丝毫忽漏。必须强调的是进行安装和校准的人员要有相应的证书。

本章习题要求

本章节介绍了各种各类执行器及其工作原理、特点。主要包括了电力开关、调节阀和电磁阀、泵、风机和电机。

电气及各类电力开关是自动控制系统中控制生产电器运行的关键器件，涉及继电器、热继电器、交流接触器、漏电保护器、断路器、隔离开关和负荷开关、熔断器、低压自动空气断路器及其组合电器与成套组合电器。

泵是直接与被控介质接触、并参与改变介质状态的现场级执行器之一，同时也是电动执行器、调节阀和泵的核心部件，单独列出一节介绍。

阀门的种类很多，在本章节主要介绍阀门的流量特性、电动调节阀和气动调节阀，还介绍的电气转换器、阀门定位器等，介绍的流量的计算与维护。

作为特殊的一种阀，电磁阀在实际应用中越来越广泛，所以单独一节介绍。

电机和变频器在运动机械的控制过程中应用更为广泛，但是调整介质状态的关键执行器之一，而变频器能使电机按照生产工艺作出各种调节效果。因此在本章节介绍了直流电机、交流异步电动机、交流同步电动机和启动方式。

习题与思考题可以涉及执行器的分类、各类执行器的工作原理和特点。重点可围绕阀门和调节阀展开命题，包括问答、简答、原理、特点、应用等。

图 5-24 是控制电机或泵等设备运行的电气原理图，试在图中的各圈位置标注上各类电气开关和电气符号，假设 M1 是一台水泵，试述设计思路和工作原理。

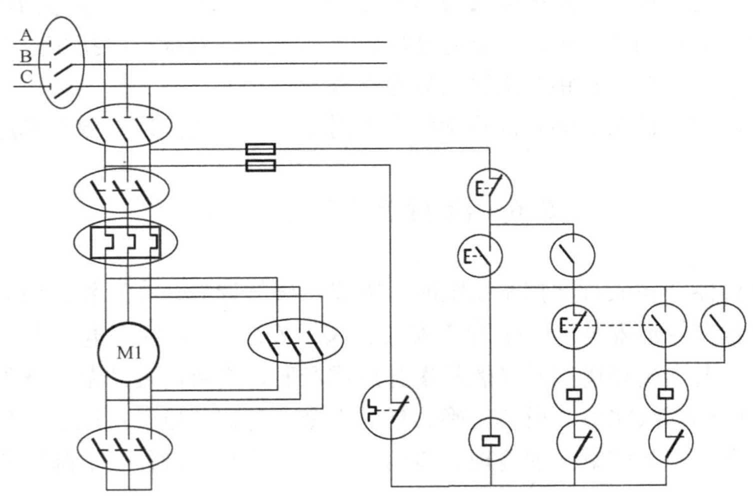

图 5-24　水泵运行手动操作电气图

第6章 智能仪表与嵌入式技术

6.1 概　　述

工业自动化仪表用于实现信息的获取、传输、变换、存储、处理与分析，并根据处理结果对生产过程进行控制的重要技术工具，是工业控制领域的基础和核心之一。

微型计算机技术和嵌入式系统的迅速发展，引起了仪器仪表结构的根本性变革，即以微型计算机（单片机或嵌入式系统）为主体，代替传统仪表的常规电子线路，成为新一代具有某种智能的灵巧仪表。这类仪表已经从模拟和逻辑电路为主的单元电路转向基于专用的微机模板或微机功能部件、配套的接口电路和输入/输出通道，并由编程软件、各种特殊而复杂的功能模块、简化的用户组态编程功能以及各种典型应用的控制策略包等模块组成的软件，来完成众多的数据处理和控制任务。

在测量、控制仪表中引入微型计算机，不仅能解决传统仪表不能解决或不易解决的问题，而且能简化电路、增加功能、提高精度和可靠性、降低售价以及加快新产品的开发速度。由于这类仪表能实现人脑的一部分功能，如四则运算、逻辑判断、命令识别等，有的还能够进行自校正、自诊断，并具有自适应、自学习的能力，人们习惯上称它们为智能仪表。智能仪表可定义为以单片机为核心，具有与现场信号回路匹配的接口电路，能够通过程序对信号进行采集、计算、存储、打印、显示和通信的电子设备。随着MCU（微控制器或单片机）、DSP（数字信号处理器）、嵌入式系统等问世和性能的不断改善，大大加快了仪器仪表微机化和智能化的进程。它们具有体积小、功耗低、价格便宜等优点，另外用它们开发各类智能产品周期短、成本低，在计算机和仪表的一体化设计中有着更大的优势和潜力。

智能仪表已经被运用到了国民经济和国防建设的各个领域，逐渐发挥起举足轻重的作用。随着半导体电子技术的高速发展，智能仪表已经展现出前所未有的特性。

6.1.1 智能仪表的基本结构

智能仪表由硬件和软件两大部分组成。硬件部分包括智能芯片（微处理机）、人机接口、前向/后向通道和功能接口等，其结构如图6-1所示。

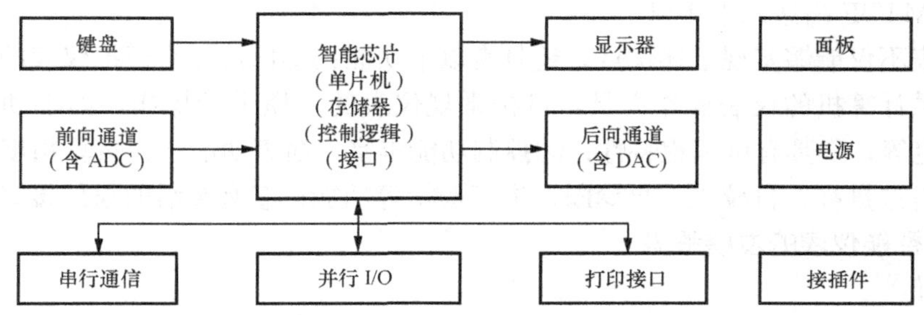

图6-1　智能仪表硬件框图

图6-1中，智能芯片用来存储数据、程序，并进行一系列运算处理，它通常由微处理器、ROM、RAM、Flash、FRAM、I/O接口和定时/计数电路等芯片组成，或者它本身就

是一个单片机或嵌入式系统。前向/后向通道（分别由 A/D 和 D/A 转换器构成）用来输入/输出模拟信号；数字量输入/输出通道用于输入/输出数字信号。人机接口是操作者与仪表之间的桥梁，通信接口则用来实现仪表与外界的数据交换功能，进而实现网络化互联的需求。仪表整体还涉及可靠性、抗干扰性、性价比、功耗及安全性等相关因素。

6.1.2 智能仪表的功能特点

1. 测量精度高

由于智能仪表的中心控制系统是微型计算机，主频率在 6MHz 以上（甚至达到几百兆），可以在短时间内对一个模拟量进行几千次测量（更新的芯片出现，其采样、存储的时间还可以大量减少）。利用这一点，可以进行快速多次等精度测量，然后进行数字滤波等处理，排除一些偶然的误差与干扰。

2. 能够自动校准

智能仪表不仅能自动校准，还能在测量过程中定期进行校准，从而减少了误差。

3. 自诊断能力

智能仪表若发生了故障，可以自检出来，仪表本身还能协助诊断发生故障的根源。仪表的自检不单是在一开始启动时进行，在运行过程中自检例行程序也在被执行，若发现仪表出现故障，面板指示灯就会闪光，通知使用者。

4. 允许灵活地改变仪表的功能

智能仪表由硬件模块和软件模块组成。硬件部分可以做成模块或板卡，更换一块模块时，仪表的功能就可以改变，或者完全变成了另外一台仪表。同样，通过改变软件模块也会达到上述效果。

5. 良好的稳定性

仪表稳定性是工业自动化仪表的重要指标，尤其是化工仪表。化工企业使用仪表的环境相对比较恶劣，被测量的介质温度、压力变化也相对比较大，在这种环境中投入仪表使用，仪表的某些部件随时间保持不变的能力会降低，仪表的稳定性会下降。智能仪表在做到良好防护后，仪表运行的稳定性有极大提升。

6. 可靠性

随着智能仪表发展，特别是微电子技术引入仪表制造行业，仪表可靠性大大提高。一台全智能变送器的 MTBF 比一般非智能仪表如 DDZ－Ⅲ型变送器要高 10 倍左右，而目前有些智能模块的 MTBF 高达几十年以上。

智能仪表不仅能够实现上述优点，还具有以下功能：①保持原有模拟仪表的操作、使用特点，对不懂计算机的仪表操作人员，可按常规仪表的习惯进行操作，如手动/自动切换、PID 参数整定等；②具有可编程特性；③控制功能丰富，演算功能强，运算精度高；④具有自动补偿、自选量程、自校正、自诊断、进行巡检等功能；⑤有灵活的通信接口。

6.1.3 智能仪表的发展趋势

1. 微型化

微型智能仪表指微电子技术、微机械技术、信息技术等综合应用于仪表的生产中，从而使仪表成为体积小、功能齐全的智能仪表。它能够完成信号的采集、线性化处理、数字信号处理、控制信号的输出、放大、与其他仪表的接口、与人的交互等功能。微型智能仪表随着微电子机械技术的不断发展，其技术不断成熟，价格不断降低，因此其应用领域也将不断扩大。它不但具有传统仪表的功能，而且能在自动化技术、航天、军事、生物技术、医疗领域起到独特的作用。例如，要同时测量一个病人几个不同的参量，并进行某些参量的控制，通常病人的体内要插进几个管子，这增加了病人感染的机会，微型智能仪表能同时测量多参数，而且体积小，可植入人体，使得这些问题得到解决。

2. 多功能化

多功能本身就是智能仪表的一个特点。例如，为了设计速度较快和结构较复杂的数字系统，仪表生产厂家制造了具有脉冲发生器、频率合成器和任意波形发生器等功能的函数发生器。

3. 总线化

现场总线技术的广泛应用，使组建集中和分布式测试系统变得更为容易。然而集中测控越来越不能满足复杂、远程及范围较大的测控任务的需求，所以必须组建一个可供各个现场仪表数据共享的网络，现场总线控制系统正是在这种情况下应运而生的。现场总线控制系统是一种用于现场智能仪表与中央控制之间的一种开放的、双向的、全数字化的、多站的通信系统。目前现场总线已成为全球自动化技术发展的重要表现形式，它为过程测控仪表的发展提供了巨大的发展机遇，并为实现高精度、高稳定、高可靠、高适应、低消耗等方面提供了巨大动力和发展空间。

4. 人工智能化

智能仪表的进一步发展将含有一定的人工智能，即代替人的一部分脑力劳动，从而在视觉、听觉、思维等方面具有一定的能力。这样，智能仪表可无需人的干预而自主地完成检测或控制功能，解决用传统方法根本不能解决的问题。

5. 虚拟化

传统的智能仪表主要在仪表技术中用了某种计算机技术，而虚拟仪器则强调在通用的计算机技术中吸收仪表技术。作为虚拟仪器核心的软件系统具有通用性、通俗性、可视性、可扩展性和升级性。在虚拟仪器中，使用同一个硬件系统，只要应用不同的软件编程，就可得到功能完全不同的测量仪表。软件系统是虚拟仪器的核心，“软件就是仪表”。因此虚拟仪器具有传统的智能仪表所无法比拟的应用前景和市场。

6. 可重构化

随着在系统可编程技术和软件重载技术的发展和成熟，出现了一种新型的智能仪表——可重构的智能仪表。智能仪表的重构是在仪表处于工作状态或者设计制造完成后，利用系统内置的重构软件系统对智能仪表硬件、软件进行更改和重新配置。智能仪表重构的实现是建立在一定的技术基础上的。可重构的智能仪表又分为硬件重构和软件重构。硬件可重构的意思就是通过硬件内部结构的改变来达到仪表功能改变的目的，而软件可重构就是通过改变或配置软件模块功能来达到仪表功能的改变。

7. 网络化

现代高新科学技术的迅速发展，有力推动仪表技术的进步。依托于智能化、微机化仪表的日益普及，联网测量技术已在现场维护和某些产品的生产自动化方面实施。在网络化仪表环境条件下，被测对象可通过测试现场的普通仪表设备，将测得数据通过网络传输给异地的精密测量设备或更高档次的微机化仪表去分析、处理，实现测量信息的共享，掌握网络节点处信息的实时变化趋势，此外可通过具有网络传输功能的仪表将数据传回原端即现场。

总之，包括智能仪表在内的仪器仪表产品的总体发展趋势是“六高一长”和“二十化”。“六高一长”是指仪器仪表将朝着高性能、高精度、高灵敏度、高稳定性、高可靠性、高环保和长寿命的方向发展。“二十化”是指仪器仪表将朝着微型化、集成化、网络化、计算机化、综合自动化、光机电一体化、专门化、简洁化、家庭化、个人化、无维护化以及组装生产自动化、无尘化、专业化、规模化的方向发展。在这“二十化”中，占主导地位、起核心作用或关键作用的是微型化、智能化和网络化。随着科学技术的飞速发展和自动化程度的不断提高，我国仪器仪表行业也将发生新的变化，并得到新的发展。

6.2 智 能 芯 片

智能仪表所介绍的智能芯片是微处理器/微控制器，即单片机，而单片机是嵌入式技术的代表性智能芯片。因此单片机技术是智能仪表的核心技术。

单片机（Single-Chip Computer）是超大规模的集成电路芯片，是单片微型计算机的简称，它将微处理器、存储器、定时器/计数器、I/O 接口电路以及 A/D、D/A 电路等集成在一个芯片上，在外接工作电源和振荡时钟输入下，即可组成一个最小型微机系统的硬件构成。

单片机的内部功能结构如图 6-2 所示，基本上包括中央处理单元、存储器、基本功能电路和特殊功能电路几个部分。

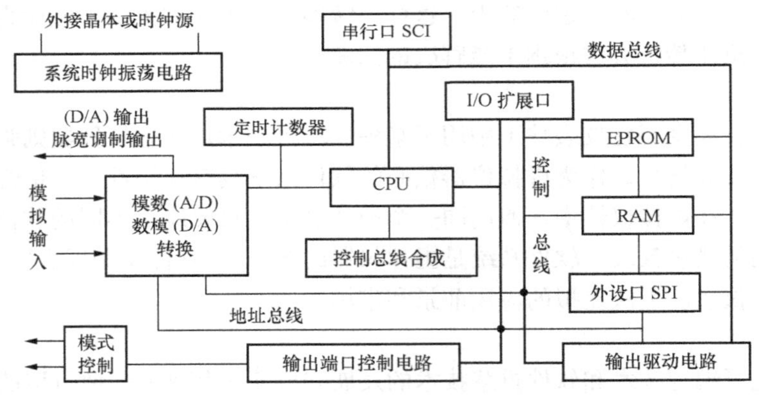

图 6-2 单片机内部基本功能结构框图

（1）中央处理单元 CPU（Center Process Unit），亦称微处理器 MPU（Micro Processor Unit）。数据长度有 4 位（bit）、8 位、16 位、32 位，可以完成数据运算、逻辑判断，数据读取、存储、传送等功能，是单片机的核心部分。不同类型的单片机均具有相应的指令系统。

（2）存储器包括 128 字节（Byte）及以上的片内 RAM 和特殊功能寄存器，即某些系列的单片机有片内“ROM”。

（3）基本功能电路包括：①通用并行输入输出 I/O 接口，接口中的每一位均可独立输入输出。②带有波特率发生器的异步串行 I/O 接口 SCI，用于实现与其他单片机或智能设备之间的串行通信，一般为异步通信工作方式，在内部完成串行数据与并行数据之间的转换。

③定时器/计数器。通常可用来实现应用系统的定时控制、记时、计数等；还可以用于单片机系统的系统保护，即通过定时器/计数器的中断，实现系统的再复位。④基本时钟电路。⑤中断逻辑电路，有若干中断源，有与这些中断源相呼应的中断优先级别和中断矢量。⑥各种控制寄存器及复位电路等。

(4) 特殊功能电路包括：①同步串行外围设备接口电路（SPI），提供一个很高的波特率（一般是固定的），实现与系统中其他设备的同步通信。②A/D转换和多路模拟开关电路。③输入捕捉电路（ICAP）和比较输出（OCMP）电路，可提高单片机运行效率，完成某些实时任务。当某个外部事件（信号）发生时（信号有效），输入捕捉电路能够自动地将其发生的时间（此时定时器的内容）保存起来，并用中断方式通知CPU。如果事先为比较输出电路设置一个计数值，则当定时器的内容与这个初值相同时，比较输出电路会通知CPU或直接通过规定的管脚发出某种信号。④软件监视电路（watchdog），俗称“看门狗”电路。当系统进入非正常状态（例如进入死循环、非正常跳转和死机等）时，软件监视电路在预先规定好的时间内使系统复位。⑤脉宽调制输出电路（PWM），可以解决控制系统的模拟输出和脉冲控制问题，还可以为通信或测量系统提供高集成度的功能电路（如通信系统电源控制、测量系统输入电路的分时控制等）。⑥锁相环电路（PLL），可以避免许多高频电路的电磁兼容设计问题。⑦显示输出驱动电路，可以直接驱动液晶显示器（LCD），甚至数码管电路（LED）。⑧I^2C总线电路，包括外设接口输入输出端系统控制信号（如读写信号和同步时钟信号等）输出端和脉冲累加器输入端等。⑨存储器直接访问电路（DAM）。⑩其他电路，如音调发生电路，用于语音合成的专用单片机中；通信协议电路，把重要的通信协议集成在单片机内，可以极大地简化系统，提高系统的整体可靠性和安全性。智能仪表必须具有通信功能，一般为标准通信接口（如RS-232和RS-422/RS-485等）。

目前主要的单片机供应商有美国的Intel、Motorola（Freescale）、Zilog、NS、Microchip、Atmel和TI，荷兰的Philip，德国的Siemens，日本的NEC、Hitachi、Toshiba和Fujitsu，韩国的LG以及中国台湾地区的凌阳等公司。对于8位、16位和32位单片机。各大公司有很多不同的系列，每个系列又有繁多的品种；随着技术的发展，单片机可实现的功能会越来越多，也会不断地有新的单片机产品问世。

1. MCS51系列单片机

MCS51系列单片机的应用技术比较成熟，应用领域也很宽。Intel公司自推出5V供电的8051系列后，已经陆续衍生出10个种类50多个型号的芯片。Philips公司、Siemens公司等已生产出几十系列、百余种类的芯片。目前MCS51系列的单片机还在发展，其新一代芯片的指令运行时间可达1/6μs。

MCS51系列单片机除了双列直插式DIP40管脚封装外，还有方形封装结构。单片机内部主要包括CPU、存储器结构和基本功能电路，如图6-3所示。MCS51系列单片机有四种型号，即8031、8051、8751和8951。由图6-3可知，MCS51系列单片机有并行I/O接口、串行I/O接口、定时器/计数器、中断控制及复位功能等。

2. MCS96系列单片机

MCS96系列单片机特别适用于各类自动控制系统、信号处理系统和智能仪表。MCS96系列的芯片一般可归纳成六类：①NHMOS的8X9X。②以CHMOS的80C196KB为代表，它保留了8X9X芯片的基本硬件结构，作了局部性改进，可以工作于两种节电方式。③以

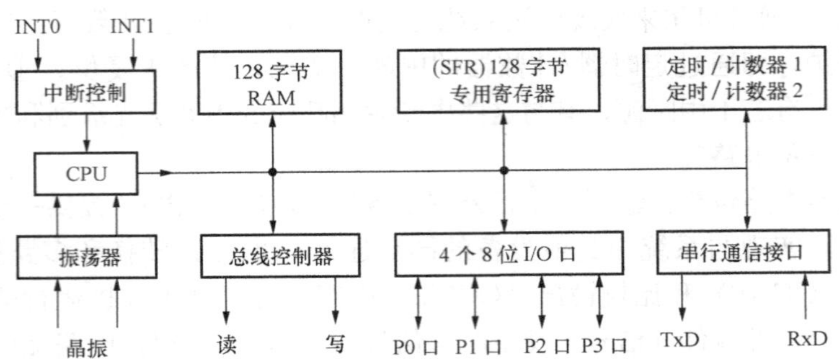

图6-3 MCS51单片机系列内部方框图

80C196KC为代表，其重要特征是增加了外设事务服务器（PTS），大大提高了中断事务的实时处理能力。④以80C196KR为代表，增加了同步串行口和适合于主从机通信的从口（Slave Port）功能，并以事件处理器阵列（EPA）代替了原来的高速输入/输出部件（HSIO）。⑤以80C196MC为代表，其主要特征是增加了一个三相波形发生器，特别适用于电机控制。⑥包括80C196NT/NP，其主要特征是寻址空间从64KB扩大到了1MB。

与MCS51单片机相比，96系列增加了看门狗电路、模数转换电路、外设事务服务器（PTS）、高速输入/输出（HSIO）口或事件处理器阵列（EPA）、脉宽调制输出、波形发生器、从口和提供6线片选信号的片选输出单元等。

96系列单片机有以下特点：①CPU中的算术逻辑单元不采用常规的累加器结构，改用寄存器—寄存器结构，所有指令操作直接面向CPU内部RAM区，解决了算术逻辑操作必须通过累加器的瓶颈问题，省去了相当的数据传送操作，提高了操作速度和数据吞吐能力。②16bit×16bit的乘法耗时1.4～6.25μs，32bit/16bit的除法操作耗时2.4～6.25μs。③涵盖51系列中数条指令的三操作数指令设置，增加了程序设计的灵活性和效率，如ADD [20H]，[22H]，[24H]。④外设事务服务器是一种伪代码硬件中断处理器，对于单字节/单字传送、数据块传送、启动AD转换并读取转换结果、读取HIS及装载HSO、异步串行接受与发送、同步串行接受与发送等固定的操作提供高速的中断服务，提高了中断事务的实时处理能力。⑤从口电路是单片机（从机）与其他智能设备（主机）的一个并行通信接口，具有简单的通信握手协议等。

MCS96系列的单片机共享一套指令系统。为针对不同的数据长度，指令中可以按字节操作，也可按字操作，甚至还可按双字操作；指令长度最少为一个字节（主要为控制类指令），一般为3～5个字节或4～6个字节，最长为整型数乘法，可达7个字节；适用于全部96系列单片机的指令有100条，在其增强型的196系列中又增加了12条指令。

MCS96系列单片机的复位方式有三种：即上电（或手动）复位、程序监视定时器溢出复位以及软件指令复位。复位后所有中断被禁止，其程序计数器PC=2080H。

3. 飞思卡尔系列单片机

飞思卡尔系列单片机主要包括MC68HC05、MC68HC08以及增强型8位单片机MC68HC11、MC68HC13系列。

MC68HC05系列单片机中以MC68HC05B6功能最强，主要有三大特点：①绝大多数MC68HC05单片机的内部总线不对外部开放，它们都具有内部ROM，并且不能以并行总线方式来外接存储器和 I/O 接口芯片。其内部电路采用模块结构设计，有 ROM、RAM、EPROM、EEPROM、定时器、串行口、A/D、显示驱动器以及其他片内 I/O 功能模块，可以与相关的外围电路，构成一个最小微机系统，具有系统构成规模小、可靠性高等特点。②MC68HC05 的存储器采用统一编址方式，即程序存储器、数据存储器、各种特殊功能寄存器及其 I/O 都处于同一个统一编址的存储空间。不同型号芯片的内部寄存器和片内存储器的地址空间分配相对固定。③MC68HC05 的复位功能，有上电、外部和内部三种复位方式，即系统程序的起始地址是可以由用户自己在芯片允许的地址空间任意确定。另外还具有 LED 或 LCD 显示驱动电路和信号发生电路等，并有芯片自检和保密功能。

MC68HC05 系列单片机的指令系统有 65 条指令；机器周期为 0.5μs（4MHz），除乘法指令需 5.5μs 外，其余指令的执行时间为 1～3μs。

MC68HC11 系列单片机是 MC68HC05 系列单片机的增强型，具有两个 8 位累加器（可联成一个 16 位累加器）、两个 16 位变址寄存器和一个 16 位堆栈指针。其指令系统增加了 16 位/16 位的整数和小数除法、移位、加 1 和减 1 等 16 位运算指令及位处理指令等 96 条新指令。MC68HC11 系列具有丰富的 I/O 功能，包括有 2～8 个并行 I/O 口、9 功能 16 位定时器系统、输入捕捉电路和输出比较电路、（异步）串行通信接口 SCI、（同步）串行外围设备接口 SPI、8 路 8 位或 10 位 A/D、D/A、高速多功能 I/O、脉宽调制 PMW、可编程片选、计算机工作正常监视系统（即程序运行监视器 COP）、实时中断电路（具有 22 个硬件中断源和一条软件中断指令 SWI）和看门狗等。内部还有 4～24K 字节 ROM、512 字节 EEPROM 和 256～1024 字节 RAM。有些型号具有编程保密位；根据需要可以工作在单片模式（同 MC68HC05 系列）或可扩展至 64KB 寻址范围（同 MCS51 系列）。工作时还具有休眠（STOP）和等待（WAIT）两种节电功能。

4. PIC 系列单片机

PIC 系列单片机种类较多，如 PIC16C5X 系列、PIC16C6X 系列、PIC16C7X 系列以及 PIC16C8X 系列等。下面以 PIC16C5X 为例作介绍。

PIC16C5X 系列单片机主要有以下几个特点：①采用 CMOS 工艺制造的 8 位单片机，低功耗工作模式（Standby Mode）；具有睡眠功能，通过内部“看门狗”电路唤醒或 RTCC 输入段的电平变化唤醒；掉电数据保护时，仅需电流 3μA。②工作频率为 DC～20MHz，可提供四种可选振荡方式：低成本的阻容（RC）振荡、标准晶体/陶瓷（XT）振荡、高速晶体/陶瓷（HS）振荡和低功耗、低频晶体（LP）振荡。③单片机工作电源有三个级别：商用级为 2.5～6.25V，工业级为 2.5～6.25V，军工级为 2.5～6.0V。④管脚封装方式为 18 和 28DIP，具有 12～20 线双向可独立编程三态 I/O，每根 I/O 口线都可由程序来决定其输入/输出方向；其输出驱动能力强，可以直接驱动 LED 显示。⑤系统采用哈佛结构，“流水线”取指方式；并且指令精简（33 条指令），字长 12 位，全部为单字节指令；除涉及 PC 值改变的指令外（如跳转指令等），其余指令都是单周期指令；指令运行快，20MHz 时，指令周期为 200ns。⑥系统内带一个 8 位定时器/计数器（RTCC），具有自振式看门狗功能（WDT）和内部复位电路。系统复位时，指令计数器 PC 为全“1”，“看门狗”电路清零，所有 I/O 口呈高阻状态。⑦系统提供 2 级子程序堆栈，在程序设计时，子程序嵌套只能一次；若具有中断功能时，每次只能调用子程序一次，在子程序执行完毕返回主程序后才能再次调用。

5. MSP430 系列单片机

TI 开发出的 MSP430 微控制器采用 16 位 RISC 结构，包括灵活的时钟系统，具有多种低功耗模式，内置包括 ADC、DAC、比较器、电源电压监视器和 LCD 驱动器等部件。MSP430 系列芯片引脚多，内部资源多（具有硬件乘法器），指令执行速度较快，并且在超低功耗嵌入式实时时钟功能处于工作状态时，该系列正常待机的耗流量可低至 0.8μA，因此非常适用于低功耗电池供电系统的设计。MSP430 系列芯片是支持 JTAG 接口的单片机，TI 公司称该 JTAG 接口装置为 FET，通过 FET 就可以对该系列单片机编程与仿真，开发较为方便。

6. ARM 系列单片机

ARM 体系结构是采用 32 位嵌入式 RISC 微处理器结构，具有如下特点：①体积小、低功耗、低成本、高性能。②支持 Thumb（16 位）/ARM（32 位）双指令集，能很好的兼容 8 位/16 位器件。③大多数数据操作都在寄存器中完成。④寻址方式灵活简单，执行效率高。⑤指令长度固定。

ARM 处理器核当前有 6 个系列产品：ARM7、ARM9、ARM9E、ARM10E、SecurCore 以及最新的 ARM11 系列。ARM 处理器的生产厂商很多，他们仅须向 ARM 公司购买 ARM 核的 License 便可进行生产。目前市场上常用到的 ARM 芯片有 Samsung 公司的 S3C2410、S3C440BX 和 S3C4510，Atmel 公司的 AT91 系列，Cirrus Logic 公司的 EP7311/12 系列，Hyundai 公司的 GMS30C720I/02 系列，PHILIPS 公司的 LPC2100/2200 系列芯片等。

7. DSP

DSP（Digital Signal Processor）是一种独特的微处理器，是以数字信号来处理大量信息的器件。其工作原理是接收模拟信号，转换为 0 或 1 的数字信号，再对数字信号进行修改、删除、强化，并在其他系统芯片中把数字数据解译回模拟数据或实际环境格式。它不仅具有可编程性，而且其实时运行速度可达每秒数以千万条复杂指令程序，远远超过通用微处理器，是数字化电子世界中日益重要的电脑芯片。

DSP 最大特色是强大数据处理能力和高运行速度，其显著特点为：①具有三个运算单元：算术逻辑单元（ALU）、乘法器/累加器（MAC）和桶形移位器，通过结果总线连接三个单元，使任意单元的输出寄存器可直接作为其他单元的输入而被处理。②具有两个独立的数据地址发生器，一个作为从程序存储器中提取数据的地址，一个作为数据存储器数据存取的地址，即可以在单指令周期内独立完成两个不同存储空间存取两个操作数。同时当一个地址被送到地址总线上时，地址发生器可将该地址进行码位倒置，为 FFT 提供了零开销的码位倒置。③具有功能很强的程序定序器，对于处理“循环执行”和“处理循环和移位”，DSP 利用计数堆栈、循环堆栈和循环比较器确定是否应终止一个循环，并转至下一条指令。其中若有中断或子程序调用，其处理器状态能够自动保存，无须“保护现场”。④快速的指令执行周期，例如，AD 公司的 ADSP2105 为 100ns，ADSP2181 为 30ns，完成 1024 点 FFT 运算只需几毫秒。⑤DSP 片内具有程序存储器和数据存储器。其内部程序存储器具有能自动引导片外单字节宽的外部存储器中的内容，即 DSP 具有与单字节宽 EPROM 的直接接口，能有效地引导加载程序，被引导的存储空间由一个外部 32KB 的空间组成，并被等分成 8 页，复位时零页被自动引导送入片内数据存储器（RAM），在程序控制下，任一页的内容均可加载到片内或片外 RAM 中。⑥串行口能以该处理器的速度全速操作，其发送字和接受字的宽度可编程（3～6 之间），能支持 A-律和 μ-律压缩扩展，并且允许自动缓冲。当每个字通过串行口发送或接受时，数据能自动读出或写入寄存器，无须产生中断。

当然，与通用单片机相比，DSP 微处理器（芯片）的其他通用功能相对较弱些。

8. 其他系列的单片机

还有其他系列的单片机，如 AVR 单片机、HPC（High Performance Controller）系列单片机、EM 系列单片机和 4 位单片机系列等，在此不一一介绍。在选择单片机时，应该注意以下几个问题：①依据数据处理的要求选择 4 位、8 位或 16 位数据长度的单片机；②估计程序容量和数据容量，确定寻址范围及寻址方式；③单片机指令的运行速度；④单片机的工作电压范围及其功耗；⑤中断能力；⑥硬件与软件的支持能力，尽可能选择功能全、符合使用要求的单片机，减少硬件设计、投入和开发周期。

6.3 可编程逻辑电路

6.3.1 简介

可编程逻辑器件（Programmable Logic Device，PLD）是作为一种通用集成电路产生的，其逻辑功能按照用户对器件编程来确定。一般的 PLD 的集成度很高，足以满足设计一般的数字系统的需要。这样就可以由设计人员自行编程而把一个数字系统“集成”在一片 PLD 上，而不必去请芯片制造厂商设计和制作专用的集成电路芯片了。

PLD 与一般数字芯片不同的是：PLD 内部的数字电路可以在出厂后才规划决定，有些类型的 PLD 也允许在规划决定后再次进行变更、改变，而一般数字芯片在出厂前就已经决定其内部电路，无法在出厂后再次改变，事实上一般的模拟芯片、混讯芯片也都一样，都是在出厂后就无法再对其内部电路进行调修。

逻辑器件可分类两大类：固定逻辑器件和可编程逻辑器件。固定逻辑器件中的电路是永久性的，它们完成一种或一组功能，一旦制造完成，就无法改变。而用户在选用后如果应用要求发生了变化，就必须重新选择和开发设计。可编程逻辑器件（PLD）是能够为客户提供范围广泛的多种逻辑能力、特性、速度和电压特性的标准成品部件，而且此类器件可在任何时间改变，从而完成许多种不同的功能。

采用 PLD 的另一个关键优点是在设计阶段中客户可根据需要修改电路，直到对设计工作感到满意为止。这是因为 PLD 基于可重写的存储器技术，要改变设计，只需要简单地对器件进行重新编程。一旦设计完成，客户可立即投入生产，只需要利用最终软件设计文件简单地编程所需要数量的 PLD 就可以了。

20 世纪 80 年代中期。Altera 和 Xilinx 分别推出了扩展型复杂可编程逻辑器件（Complex Programmab1e Logic Dvice，CPLD）和与标准门阵列类似的现场可编程门阵列（Field Programmable Gate Array，FPGA），它们都具有体系结构和逻辑单元灵活、集成度高以及适用范围宽等特点。这两种器件兼容了 PLD 和通用门阵列的优点，可实现较大规模的电路，编程也很灵活。与门阵列等其他 ASIC（Application Specific IC）相比，它们又具有设计开发周期短、设计制造成本低、开发工具先进、标准产品无需测试、质量稳定以及可实时在线检验等优点，因此被广泛应用于产品的原型设计和产品生产（一般在 10 000 件以下）之中。

几乎所有应用门阵列、PLD和中小规模通用数字集成电路的场合均可应用CPLD和FPGA器件。

6.3.2 复杂可编程逻辑器件

CPLD是一种用户根据各自需要而自行构造逻辑功能的数字集成电路。其基本设计方法是借助集成开发软件平台，用原理图、硬件描述语言等方法，生成相应的目标文件，通过下载电缆将代码传送到目标芯片中，实现设计的数字系统。

CPLD的集成度在千门/每片以上，使用EPROM工艺、EEPROM工艺和Flash工艺等编程工艺，其基本结构与GAL并无本质的区别，依然是由与阵列、或阵列、输入缓冲电路、输出宏单元组成。其余阵列比GAL大得多，但并非靠简单地增大阵列的输入、输出端口达到，这是因为阵列占用硅片的面积随其输入端数的增加而急剧增加，而芯片面积的增大不仅使芯片的成本增大，还因信号在阵列中传输延迟加大而影响其运行速度，所以在CPLD中，通常将整个逻辑分为几个区。CPLD中普遍设有多个时钟输入端，并可以利用芯片中产生的乘积项作为时钟。有的CPLD中还设有专门的控制电路对时钟进行管理。

经过几十年的发展，许多公司都开发出了CPLD可编程逻辑器件。比较典型的就是Altera、Lattice、Xilinx世界三大权威公司的产品，常用芯片有Altera EPM7128S（PLCC84）、Lattice LC4128V（TQFP100）和Xilinx XC95108（PLCC84）。

6.3.3 现场可编程门阵列（FPGA）

FPGA采用了逻辑单元阵列LCA（Logic Cell Array）这样一个概念，其内部包括可配置逻辑模块CLB（Configurable Logic Block）、输出输入模块IOB（Input Output Block）和内部连线（Interconnect）三个部分，具有如下特点：①采用FPGA设计ASIC电路（专用集成电路），用户不需要投片生产，就能得到合用的芯片。②FPGA可做其他全定制或半定制ASIC电路的中试样片。③FPGA内部有丰富的触发器和I/O引脚。④FPGA是ASIC电路中设计周期最短、开发费用最低、风险最小的器件之一。⑤FPGA采用高速CHMOS工艺，功耗低，可以与CMOS、TTL电平兼容。FPGA是由存放在片内RAM中的程序来设置其工作状态的，因此，工作时需要对片内的RAM进行编程。用户可以根据不同的配置模式，采用不同的编程方式。可以说，FPGA芯片是小批量系统提高系统集成度、可靠性的最佳选择之一。

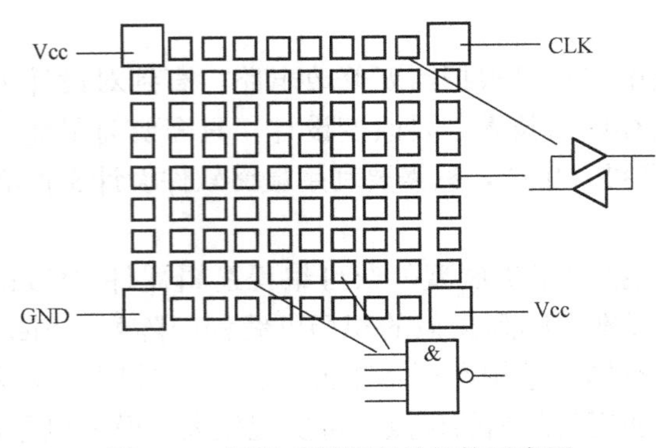

图6-4 门海式门阵列的结构示意图

图6-4所示为最简单的掩模编程门阵列的示意图。在图的中央部分以阵列形式制作了大量的门电路（如4输入与非门），图周围除4角是电源、地线和时钟接入点外，都是双向缓冲电路。门阵列这种结构形式称为门海式（sea-of-gates）结构，它也是一个半成品，靠最后一块掩模（制作连线）完成各种不同电路设计。由于门阵列需要掩模编程，因而其成本高、风险大，只有在设计非常成熟，批量非常大的情况下才使用。

FPGA是现场可编程门阵列。由于门阵列中每个节点的基本器件是门，用门来组成触发器进而构成电路和系统，其互联远比PLD的与、或加触发器的结构复杂，所以在构造FP-

GA时改用了单元结构。即在阵列的各个节点上放的不再是一个单独的门，而是用门、触发器等做成的逻辑单元，或称逻辑元胞（Cell），并在各个单元之间预先制作了许多连线。所谓编程，就是安排逻辑单元与这些连线之间的连接关系，依靠连接点的合适配置，实现各逻辑单元之间的互联。所以严格地说，FPGA不是门阵列，而是逻辑单元阵列，它与门阵列只是在阵列结构上相似而已。

在实际设计时，FPGA可提供最多的多功能引脚、I/O标准、端接方案和差分对的FP-GA在信号分配方面也具有最复杂的设计指导原则。在为I/O引脚分配信号时，都有一些需要牢记的共同步骤：①使用一个电子数据表列出所有计划的信号分配，以及它们的重要属性，例如I/O标准、电压、需要的端接方法和相关的时钟。②检查制造商的块/区域兼容性准则。③考虑使用第二个电子数据表制订FPGA的布局，以确定哪些管脚是通用的、哪些是专用的、哪些支持差分信号对和全局及局部时钟、哪些需要参考电压。④利用以上两个电子数据表的信息和区域兼容性准则，先分配受限制程度最大的信号到引脚上，最后分配受限制最小的。例如，你可能需要先分配串行总线和时钟信号，因为它们通常只分配到一些特定引脚。⑤按照受限制程度重新分配信号总线。⑥在合适的地方分配剩余的信号。

6.3.4　CPLD与FPGA的关系与应用

1. CPLD和FPGA的比较

FPGA和CPLD都是可编程ASIC器件，有很多共同特点，但由于CPLD和FPGA结构上的差异，具有各自的特点：①CPLD更适合完成各种算法和组合逻辑，FPGA更适合于完成时序逻辑。即FPGA更适合于触发器丰富的结构，而CPLD更适合于触发器有限而乘积项丰富的结构。②CPLD的连续式布线结构决定了它的时序延迟是均匀的和可预测的，而FPGA的分段式布线结构决定了其延迟的不可预测性。③在编程上FPGA比CPLD具有更大的灵活性。CPLD通过修改具有固定内连电路的逻辑功能来编程，FPGA主要通过改变内部连线的布线来编程；FPGA可在逻辑门下编程，而CPLD是在逻辑块下编程。④FPGA的集成度比CPLD高，具有更复杂的布线结构和逻辑实现。⑤CPLD比FPGA使用起来更方便。CPLD的编程采用EEPROM或FAST - FLASH技术，无需外部存储器芯片，使用简单。而FPGA的编程信息需存放在外部存储器上，使用方法复杂。⑥CPLD的速度比FPGA快，并且具有较大的时间可预测性。这是由于FPGA是门级编程，并且CLB之间采用分布式互联，而CPLD是逻辑块级编程，并且其逻辑块之间的互联是集总式的。⑦在编程方式上，CPLD主要是基于EEPROM或FLASH存储器编程，编程次数可达1万次，优点是系统断电时编程信息也不丢失。CPLD又可分为在编程器上编程和在系统编程两类。FPGA大部分是基于SRAM编程，编程信息在系统断电时丢失，每次上电时，需从器件外部将编程数据重新写入SRAM中。其优点是可以编程任意次，可在工作中快速编程，从而实现板级和系统级的动态配置。⑧CPLD保密性好，FPGA保密性差。⑨一般情况下CPLD的功耗要比FPGA大，且集成度越高越明显。

2. CPLD和FPGA的新概念

在某些CPLD或FPGA芯片中，专门开辟了一个区，制作了一定容量的片内RAM（包含FIFO、双口随机型、单口随机型三种），为用户开发DSP功能（如FIR滤波器、图像卷积等）提供条件。由于这是用RAM工艺制作的，占用面积小，所以其速度比用逻辑单元配置成的RAM高。有些CPLD芯片中专门制作了设计精良的20位高速计数器和高速阵列乘法器，当用户有此需要时，可以很方便地得到高性能的器件。另有些芯片（如 ALTERA 公司的 APEX 等系列芯片）中包含有锁相电路，可以与外电路配合，完成信号源、通信等有关电路或系统的设计制作。

随着集成工艺的改进，3.3V 供电的 CPLD 已进入应用领域，并已逐渐成为主流，其他旨在降低功耗的产品（例如零支持功率的芯片等）也有生产。而内核电压为 2.5V、1.8V 供电的产品也已陆续问世，以上各种有特色的芯片可供用户在需要时选用。

IP（Intellectual Property 知识产权）应运而生，人们可以将合适的 IP 的软核（Core）或其他形式的核，作为嵌入式模块装在自己的设计中，方便而快捷地完成一个系统的设计。而要做到这一点，特别是对处理器类 IP 核的嵌入，须在芯片对外接口上有特殊的安排。各半导体公司的 CPLD 和 FPGA 新产品已注意到此问题，并有相应的产品问世。

涉及可编程模拟电路（Programmable Analog Circuit，PAC）正在研究之中，已有一些 PAC 的芯片问世，片中包含一些增益可调的放大器和滤波器等，但目前还未得到广泛使用。相信在不久的将来，带有放大器、比较器、A/D 变换器、滤波器等模拟器件的混合可编程器件将进入应用领域。

3. CPLD 和 FPGA 的选用

CPLD 和 FPGA 都是由逻辑单元、I/O 单元和互联三部分组成的。I/O 单元的功能基本一致，单元、互联以及编程工艺则各不相同，而它们的区别又决定了它们应用范围的差别。

从逻辑单元分析，小单元的 FPGA 较适合数据型系统，大单元的 CPLD 较适合逻辑型系统。

从编程工艺分析，反熔丝工艺只能一次性编程，EPROM、EEPROM 和 Flash 工艺可以反复编程，但它们一经编程，片内逻辑就被固定，除非擦除重写。换言之，它们都是直读（ROM）型编程，这类编程工艺不仅可靠性较高，且都和 GAL 一样可以加密。FPGA 采用 RAM 型编程，相同集成规模的芯片中的触发器数多，功耗低，但掉电后信息不能保存，必须与存储器连用。

4. 应用进展

CPLD 和 FPGA 两类器件在电路设计、产品设计以及系统级设计中有较多的应用，2010 年 12 月 30 日消息，美英两国科学家应用 FPGA 技术联合开发了一款运算速度超快的电脑芯片，使当前台式机的运算能力提升 20 倍。这项研究由英国格拉斯哥大学的韦姆·范德堡韦德（Wim Vanderbauwhede）博士和美国马萨诸塞大学卢维尔分校的同行共同实施。

6.4 人机接口电路

6.4.1 键盘接口

键盘接口设计是比较灵活的，键盘的外观、规模、电路结构以及所采用的集成电路等方案较多。现在键盘的外观有三种，以“仪表”形式制作的可以面板安装的“薄膜键盘”、形似 PC 机的“标准键盘”以及与显示器组合在一起的“屏幕型触摸键盘”。

薄膜键盘的规模大小不一，少至几个键，多至十几个键，视仪表输入要求而定。但基本处理几乎相同，大致可分为消抖型、简单接口型和可编程接口芯片型。

任何机械式按键，在断开和闭合时均会因碰撞而造成机械抖动，如图 6-5（a）所示。

针对这种抖动现象，可以采用消抖电路，图 6-5（b）所示就是典型的硬件消抖电路。

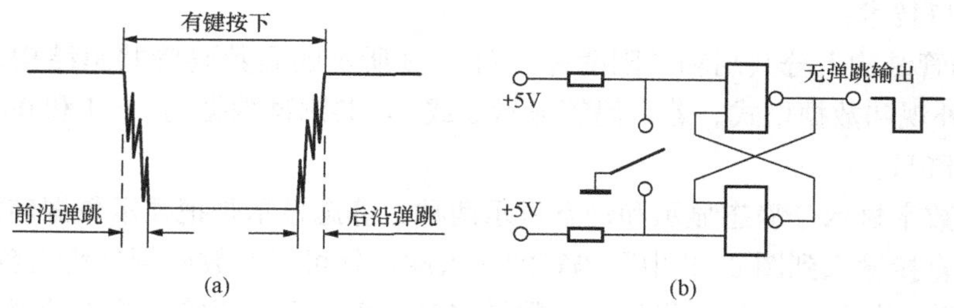

图 6-5 键盘抖动与消抖电路

（a）键闭合时的机械特性；（b）典型消抖电路

智能仪表的键盘接口电路设计，尽可能不要使键盘的个数超过 8 个，通过键盘编码模式和多功能键设置压缩键盘规模。智能仪表在实际应用时，一般较少使用键盘，往往在厂家或仪表使用初期或专业人员才频繁用到键盘。所以键盘设计可以 8 键为界，即小于或等于 8 键设计和多于 8 键的键盘设计。当键盘数不超过 8 个时，可以用两种方式设计键盘电路。一种是直接与单片机连接，如图 6-6 所示，还有一种是选用一个具有“片选”的并行接口芯片（如 8155）完成键盘与单片机之间的连接，如图 6-7 所示。键盘的一端接地，另一端通过上拉电阻和芯片的输入端连接，片选由上拉电阻与单片机给出，图 6-7 中的 8155 还可以选用缓冲器来代替。一般在开机时或单片机需要输入时使“片选”有效。通常，在连续输入时采用软件消抖子程序，间断输入时直接读取键盘状态。

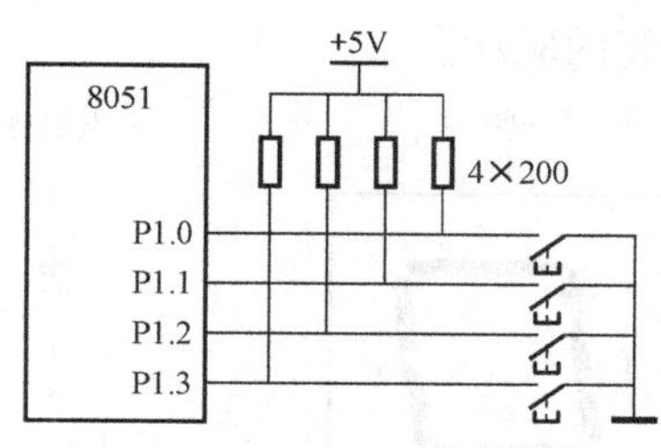

图 6-6 8051 与 4 键电路

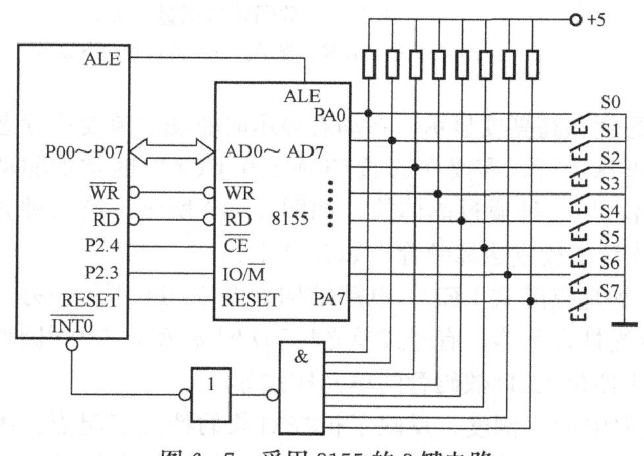

图 6-7 采用 8155 的 8 键电路

大于 8 个键的键盘电路设计也有多种形式，键盘排列仍采用矩阵排列方法，这样有利于进行电路设计。但电路规模较大，也增加了软件工作，本书不建议采用。

6.4.2 显示接口

可以作为智能仪表的显示器种类较多，作为仪表整体型的显示器在显示仪表章节中已有详细介绍，本节介绍关于数字显示仪表及其相关技术。数字显示仪表中最具代表的显示器件和装置的是发光二极管显示器（LED）系列（包括 LED 数码管、LED 点阵式显示器和 LED 光柱式显示器）、液晶显示器（LCD）（包括字符型和点阵型）以及屏幕显示器。

1. LED

LED（Light Emitting Diode）作为显示器，共有三种应用方式：状态显示、数码显示和点阵式平板显示，在实际应用过程中，由于发光二极管是自发型发光器件，显示的内容清晰，可视距离较远，非常适合工业环境和较多适用领域，本文主要介绍 LED 数码管、点阵式平板显示接口技术。

LED 数码管结构上分共阴和共阳两种，图 6-8 所示的是数码管共阴结构、共阳结构和 8 段数码管的外观和数据格式。若数码管显示 0 或 1，共阴型数据为 3FH 和 06H，共阳型数据为 COH 和 F9H。

数码管的数字显示分静态显示和动态显示两种，静态显示是把显示数据转换为共阴或共阳的数据格式直接输入到图 6-8 中数码管的输入端，就可以在数码管外观看到显示的数据。静态显示的电路比较简单，但如果显示位数较多时，每一个数码管的输入端就要消耗一个数据端口，如图 6-9（a）所示，一般不宜采用。图 6-9（b）中的显示方式就是动态显示。通过分时选通 COM1 和 COM2，完成动态显示。对于数码管，动态显示涉及到选通扫描和数码管的驱动。

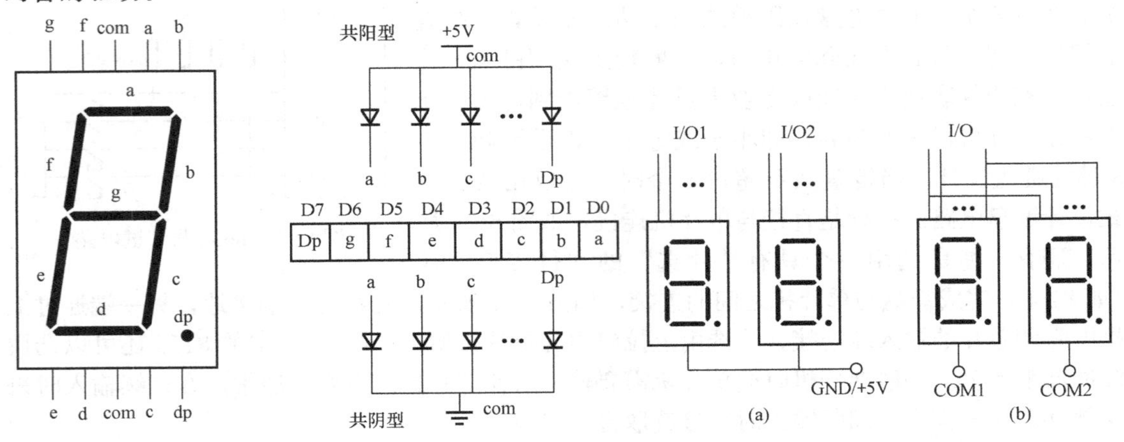

图 6-8 LED 外观与结构

图 6-9 数码管数据显示方式

（a）数码管静态显示；（b）数码管动态显示

数码管按照驱动电流大小分为一般亮度和高亮度显示，在动态显示时驱动电流要比静态显示时大，为保证显示功能长期稳定、可靠运行，需要在选通 COM1 和 COM2 时增加驱动电路，一种方法是采用 75 系列逻辑电路，另一种通过晶体管，如图 6-10 所示。第三种方法是采用达林顿管，将图 6-10 中的晶体管换接成达林顿管，如 MC1413。

点阵式 LED 显示器有两种结构，一种是点阵式 LED，电路结构如图 6-11 所示。另一种显示形式是光柱式显示器。目前 LED 光柱显示器，有竖式单光柱和双光柱型，有 90°圆弧形的双光柱式、带指示灯的单光柱以及带四位 LED 数码管的单光柱式等。

光柱显示器显示的是在整个变化过程中的比例度，反映了被控对象的特定工况点。因此，光柱显示器虽不能像数字型数码管那样能准确地显示具体参数值，但具有定性显示的特色。

2. LCD

LCD（Liquid Crystal Display）应用广泛。它本身不发光，依靠对外界光线的不同反射呈现不同对比度，达到显示的目的；或者通过液晶的背面照光（背光）把显示内容显现出来。液晶还易于彩色化。

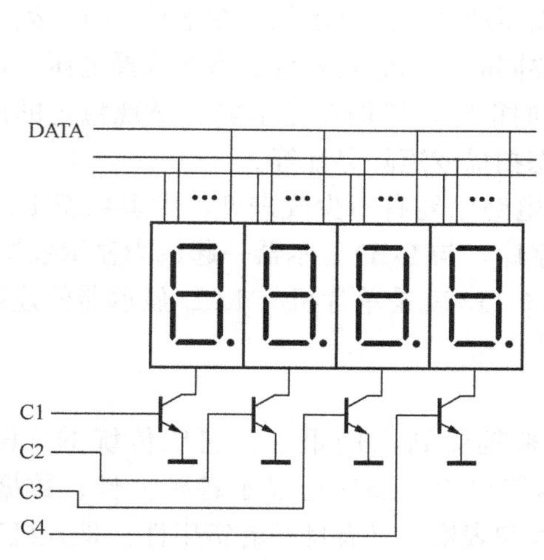

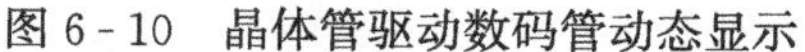

图 6-10　晶体管驱动数码管动态显示

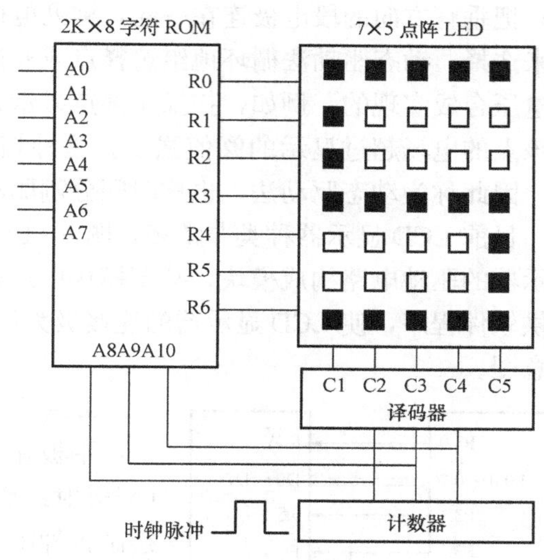

图 6-11　点阵 LED 显示器

液晶的显示需要外加电场，直流电场将导致液晶材料的化学反应和电极老化；所以，必须建立交流驱动电场，且直流分量愈小愈好。LCD 的显示驱动有多种方式，按照驱动方式分为静态驱动和动态驱动两种方法。

静态驱动法适用于字段型液晶显示器件，但每个字段都要引出电极，若字段显示数达 10 位至 12 位，则相对引出线很多。图 6-12 所示的是 LCD 显示驱动电路。图中的 MC14543 是 LCD 七段锁存/译码/驱动专用芯片。

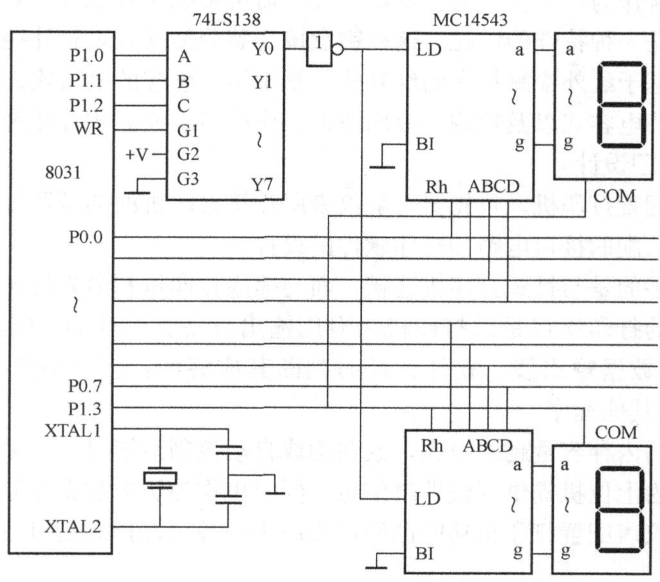

图 6-12　字符型 LCD 显示电路图

动态驱动法多用于点阵式液晶显示器。点阵式液晶显示器显示的像素众多，为节省硬件驱动电路，采用矩阵式结构。在这种结构中，把水平一组像素的背电极连在一起，称行电极；把垂直方向的段电极连在一起，称列电极。在显示器件上的每一个像素，都由所在的行列来选择。动态驱动法循环地给选择点或非选择点以驱动脉冲。显示某一像素是由行、列选择电压合成实现的。例如，扫描至某点显示，就需要同时在相应列和行上施加选择电压，以使该点的电场超过显示的阀值强度。这种扫描法周期很短，使得在显示屏上呈现稳定的图形，因此称为动态驱动法，也称时间分割驱动、动态扫描或矩阵寻址等。

目前 LCD 显示器种类非常多，图 6 - 12 的显示电路已经有不少改进型，大多数将 LCD 显示器的驱动电路构成模块，甚至模块中还嵌入了字库，与 LCD 显示器一起成为显示装置，提供软件程序，使 LCD 显示器的连接极为便利，图 6 - 13 就是单片机与 LCD 显示器的连接示意图。

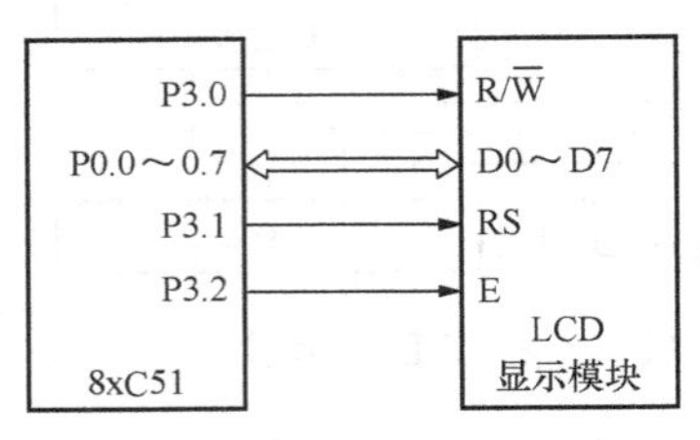

图 6 - 13　单片机与 LCD 连接示意图

3. 平板显示器

平板显示器越来越受到人们重视，它比传统的 CRT（阴极射线管）显示器更为高品质地显示各种文件、数据；绘制各种图形、曲线和表格，具有良好的实用性；是人机对话中最直接的手段。

平板显示器在第 4 章已有介绍，其中还有一种是触摸式显示器。

触摸式显示器（简称触摸屏）是将触摸式输入设备，与显示器相组合而成，是一种“面向对象”的最直观的人—机交互设备，最具“人情味”。

一般来说，触摸屏有两种含义，一是指把触摸式输入设备与输出设备（显示器）作为一体来看待，触摸屏就是具有触摸式输入功能的显示屏；而另一种常见的含义是单指这种触摸式输入设备，不包含作为输出设备的显示器。显示器可依据上述关于“CRT”的描述，“触摸式输入设备”则是一种特殊的键盘。这种键盘按安装分为嵌入式和外挂式两种；按“键盘扫描方式”分，有基于红外检测技术的红外式、基于压力感应的电阻式、利用导电物体对电场的影响进行检测的电容式以及检测声表面波来工作的声表面波式等几种。

6.4.3　打印接口设计

智能仪表需要配置打印机，首先要了解仪表所连接打印机的类型及接口信号的形式，然后进行与该打印机匹配的接口电路和打印软件的设计。

智能仪表比较多的是与针式打印机连接，而与喷墨打印机和激光打印机的连接已逐步形成趋势。智能仪表的打印接口是以打印机为专用输出设备类设计的，因此一般仅需要是否“忙碌”的应答线和数据输出线；软件设计时判断其应答线：当“不忙”时输出数据，当“忙碌”时等待或转其他程序。

随着智能仪表的内存容量越来越大，或在构成自动控制系统时，许多实时数据迅速上传到上位机，一方面为上位机提供提供即时信息，同时也作为历史数据存储，供系统在任何时刻调用。因此智能仪表配置打印机功能已经逐步成为一种可选择的接口技术。

6.5　功能接口电路

智能仪表的功能接口电路非常丰富，是智能仪表实现设定功能的主要组成部分，按照常规功能、也是比较重要的功能电路就是现场参数的实时采集和控制信号的及时输出。信号采集的准确性和有效性是保证智能仪表实时运行和有效控制的前提，信号采集的干扰抑制是必需的；数据和控制信息除了有线传输外，还有无线传输，通信功能也成为智能仪表越来越重要的必备功能之一（在第 7 章介绍）；同时数据的长久存储也成为越来越关注的问题，在低电压供电和低功耗运行的要求下，工作电源（在本章 6.7 介绍）也成为关注的焦点。

智能仪表的有效运行，还有一个极为重要的特色就是灵活、高效的软件功能。目前大多数原本有硬件完成的功能，软件也可以完成，如数字滤波等。关于软件功能在下节介绍。

6.5.1　前向通道

输入通道是单片机与采集对象相连接的信号通道，由于所采集的对象不同，有开关量信号、频率量信号、模拟量信号，这些信号都是来自于现场；许多信号很微弱，通常只有微伏或毫伏量级，不能满足单片机及其量化的要求，必须用高输入阻抗的运算放大器对它们进行放大，使之达到一定的幅度（通常为几伏）；同时还要进行滤波，保留信号中一定频率范围的成分，去除各种干扰和噪声。若信号的大小与 A/D 转换的输入范围不一致，还要进行电平匹配，必要时由程控增益放大器对信号分段放大以保证转换精度。

由于需要检测的对象较多，一般被测量为几路或几十路，采用多路开关对被测信号进行切换，使同类型信号共用一个 A/D 转换器。若模拟信号变化较缓慢，可以直接加到 A/D 转换器的输入端。如果信号变化较快，为了保证 A/D 转换的正确性，要加采样保持器。A/D 转换后的数字信号送入单片机。

前向通道涉及的输入信号有开关量信号、频率量信号、模拟量信号等，最为主要的是模拟信号，因此本节以模拟信号输入通道为主要讨论内容。

一、运算放大器

运算放大器的作用很多，应用领域也较为宽广，在模拟量输入通道，可以起到隔离、跟随、信号与电平匹配和滤波等功效。

运算放大器是一种高增益的直接耦合放大器，在实际应用中，运算放大器的两个输入端都有一定的电平，分别为 V_{i+} 和 V_{i-}。定义 $V_{com}=(V_{i+}+V_{i-})/2$ 为共模输入电压，$V_{dif}=V_{i+}-V_{i-}$ 为差模输入电压。V_{com} 和 V_{dif} 的存在共同对输出电压产生影响，其表达式为

$$V_O = A_O V_{dif} + A_C V_{com} \tag{6-1}$$

式中，A_O 为放大器的开环增益，这个参数从严格的意义上应该是差模开环电压增益，指的是输出电压变动与差模输入电压变动之比。A_C 为共模电压增益，一般 A_C 很小，因此常用到 A_O 与 A_C 的比，称之为共模抑制比 $CMRR$（Common Mode Reject Ratio）

$$CMRR = A_O/A_C \tag{6-2}$$

若其单位以 dB 表示则为

$$CMRR(\text{dB}) = 20\log(A_O/A_C) \tag{6-3}$$

式（6-1）可改写为

$$V_O = A_O(V_{dif} + V_{com}/CMRR) \tag{6-4}$$

一般运算放大器的 $CMRR$ 均在 80dB（10^4）以上。因此在差模输入不是太弱，而共模输入为有限值的大多数应用情况下，式（6-3）简化为

$$V_O = A_O(V_{i+} - V_{i-}) \tag{6-5}$$

1. 理想运算放大器

理想运算放大器是指各项参数都等于理想值的放大器。由于其开环电压增益 A_O 为无穷

大，且运算放大器在线性放大时的输出 V_O 为有限值，则由式（6-4）可知：$V_{dif}=V_O/\infty=0$，即理想运算放大器两输入端之间的电压差为零，这种状态称之为“虚短”。由于两个输入端的输入电阻无穷大，所以外部电路与运算放大器内部不经过两个输入端流通任何电流，即输入偏置电流及信号电流均为零。这种状态称之为“虚断”。“虚短”和“虚断”是理想运算放大器电路分析中最重要的两个概念，使设计者绕过数十个参数的计算和分析，从一开始就抓住问题的本质。在获取电路的本质属性后，再根据实际运算放大器的参数进行适当的修正和补充，就可以得到正确的设计结果。

运算放大器在应用中大多采用接有负反馈网络的闭环形式，加上不同的反馈网络之后；运算放大器能实现多种电路功能，如加法器、减法器、积分器、微分器、滤波器、对数放大器、检波器、波形发生器、稳压源、稳流源和其他各种信号变换电路等。实现这些功能均以运算放大器的基本放大电路为基础。这些基本放大电路为反相输入放大电路、同相输入放大电路和差动输入放大电路，如图 6-14 所示。可得到基于理想运算放大器的各基本放大电路输出电压与输入电压之间的关系。

反相放大电路的输出为

$$V_O=-Z_f/Z_i\cdot V_i \tag{6-6}$$

同相放大电路的输出为

$$V_O=(1+Z_f/Z_i)\cdot V_i \tag{6-7}$$

差动放大电路的输出为：

$$V_O=(1+Z_f/Z_i)\cdot V_{i+}-Z_f/Z_i\cdot V_{i-}=V_{i+}+Z_f/Z_i\cdot(V_{i+}-V_{i-}) \tag{6-8}$$

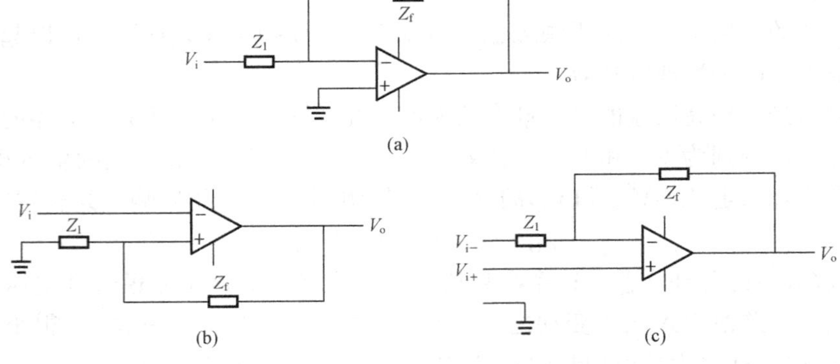

图 6-14 基本放大电路

(a) 反相放大器；(b) 同相放大器；(c) 差动放大器

2. 实际运算放大器

在进一步涉及电路的具体性能包括误差分析时，就必须考虑运算放大器的非理想因素，如低功耗、高输入电阻、高精度、低失调、高速、宽带、低噪声等运算放大器的参数指标。为便于用户的选择，对集成运算放大器规定了多达数十项的参数指标，其中较为重要的有电源电压、功耗、开环电压增益、输入失调电压、输入失调电流、输入电阻、共模抑制比、输出电压幅度、带宽等。用户在设计自己的电路时，除了要保证原理的正确外，必须对各种运算放大器的参数进行全面的分析和选择。

对直流放大电路来说，由于输入失调电压、输入失调电流、共模抑制比等参数的影响，放大器的输出与采用理想运算放大器的理论输出之间存在一定的误差，当输入为 0 时，放大器的输出也并不为 0。微弱信号的放大需要采用多级放大，从第一级开始就有的偏差经多级积累和放大后也许使电路根本不能工作。

对于交流放大电路来说，主要关心的是交流信号的幅值。多级放大电路的级间一般有隔直措施，此时主要关注的是电路的频率特性。

针对这些问题，对运算放大器参数采取相应的改进，得到图 6 - 15 放大器的标准设计，图 6 - 15 的关键是要保证：$Z_2=Z_1/\!/Z_f$。图 6 - 15（c）中，设 $Z_2=Z_1$、$Z_3=Z_f$，消除共模输入电压对输出的影响，得 $V_O=Z_f/Z_i\cdot(V_{i+}-V_{i-})$。进一步分析就会发现这个电路在实际应用中可能会出现如下两个问题：阻抗难易匹配和增益调整困难。为了解决抑制共模输入电压与增益调节和阻抗匹配之间的互相牵连和矛盾，提出了仪表放大器（又称测量放大器）的设计，如图 6 - 16 所示。

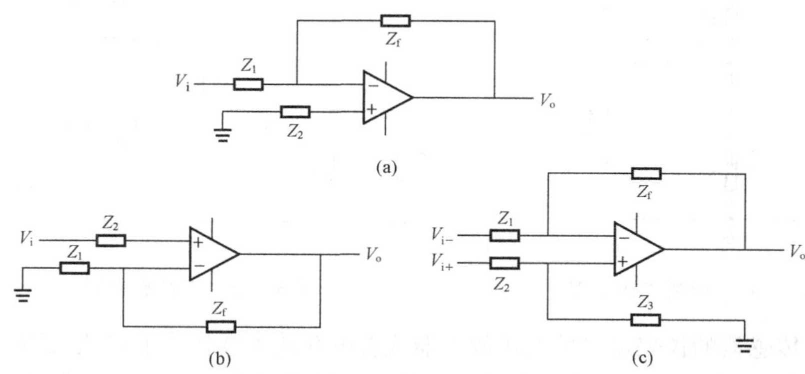

图 6 - 15　改进的基本放大电路

(a) 反相放大器；(b) 同相放大器；(c) 差动放大器

仪表放大器由三个运算放大器组成，可分为两级来进行分析。前级由两个同相放大器组合而成，输出分别是 V_3 和 V_6。后级由 A_3 和 R_4、R_5、R_6、R_7 组成。A_1 和 A_2 按理想放大器分析，若保证 $R_4=R_5=R_6=R_7$，则可以推导出

$$V_o=V_{dif}(1+2R_1/R_3) \qquad (6-9)$$

集成化的仪表放大器大多采用这样的设计。由式（6 - 9）可见，调节 R_3 即可方便地调节电路的增益。

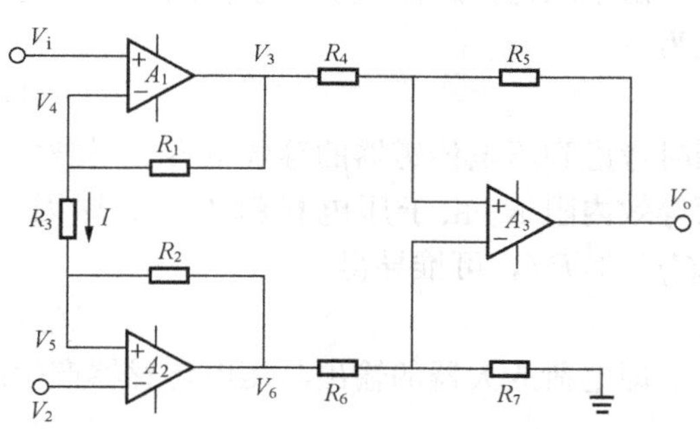

图 6 - 16　仪表放大器的电路原理

3. 电桥放大器

某些电阻型传感器（如应变片和热电阻等）需采用电桥来得到对应于被测量电压信号。图 6 - 17 中所示的电桥电路中，E 和 R 为高稳定的精密电源和电阻。当传感元件 R_s 处于其某基准状态 R 时（如铜电阻在 0℃时的电阻值为 100Ω），电桥处于平衡状态，输出电压 $V_o=0$。当被测量变化时，传感元件的阻值变化为 $R(1+\delta)$，将导致电桥处于不平衡状态，$V_o\neq0$，将 V_o 可接至差分放大器或仪表放大器的输入端，构成电桥放大器进行信号的放大，

以达到期望的输出电平。放大电路的设计要注意其输入阻抗应远远大于电桥的等效内阻，以免对电桥产生负载效应，影响测量精度。

4. 电荷放大器

用压电式传感器在力、加速度振动和流量测量等方面得到了广泛的应用。具有压电效应的物质在施加压力时产生内部电场，从而在两个输出极面上分别产生一定数量极性相反的电荷。压电传感器在承受静态压力时产生的电荷会吸引外部环境中的杂散电荷，从而抵消其内部电场，外部电特性在一段时间后消失。因此压电传感器不适合于检测静态或频率太低的信号，只能反映动态的压力。

压电传感器可等效表示为由一个电荷源 q、一个等效电容 C_q 和一个内部泄漏电阻 R_q 的并联，如图 6 - 18 所示。由于 C_q 的作用，压电传感器可呈现电压为 $V_q=q/C_q$。

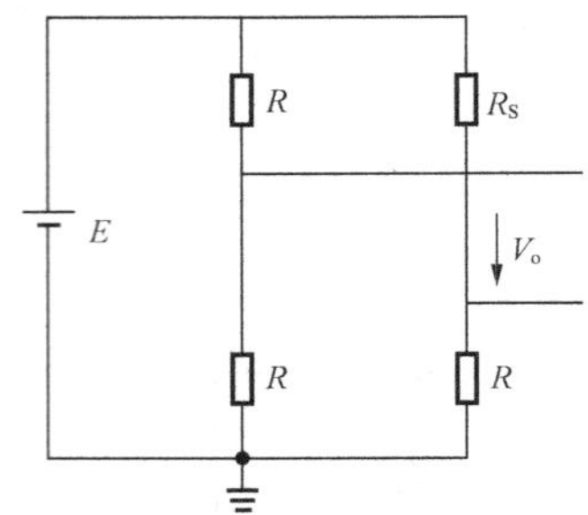

图 6 - 17 电桥工作原理

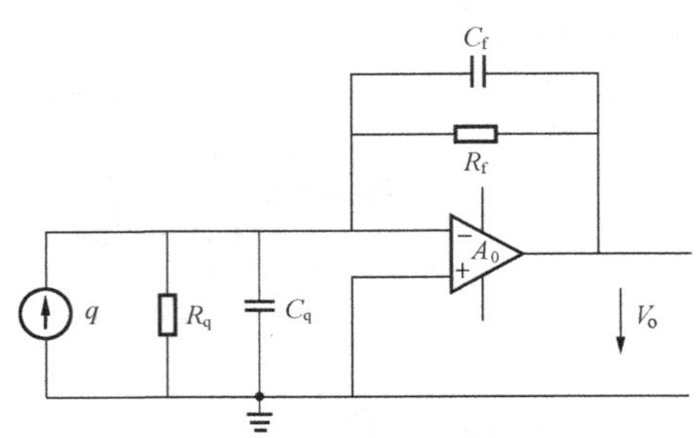

图 6 - 18 电荷放大器

使用压电传感器的仪表可采用电压放大器或者电荷放大器作为前置放大器。电荷放大器的输出只与 q 与 C_f 有关，与电缆电容无关；其作用是将电荷源产生的电荷引入负反馈电容 C_f，在运放的输出端得到与被测量相对应的输出电压。

由于压电传感器主要用于检测动态压力，电荷 q 一般是交变量，故压电传感器的输出电流为

$$i = \mathrm{d}q/\mathrm{d}t = \mathrm{j}\omega q$$

同时考虑到压电传感器的等效电容 C_q 相对于放大了（$1+A_0$）倍的反馈电容是可以忽略的，而等效内阻 R_q 由于压电材料本身的原因一般很大。在上述前提下适当地选择 R_f，使得 $\mathrm{j}\omega Cf \gg 1/Rf$，可推导得

$$V_o = -q/Cf \tag{6 - 10}$$

即电荷放大器的输出与压电传感器产生的电荷 q 成正比，与反馈电容 Cf 成反比。

5. 积分和微分电路

基本积分电路如图 6 - 19 所示。利用理想运算放大器虚短和虚断的概念，很容易得到电路的输出电压为

$$V_o = -\frac{1}{RC}\int_{t1}^{t2} V_i \mathrm{d}t + V_c(t1) \tag{6 - 11}$$

对于非理想的运算放大器和电路元件，积分电路需要解决诸如爬行、非线性和泄漏等一系列的问题，解决的办法是采用优质运放和优质电容，或者缩短积分运算的时间。

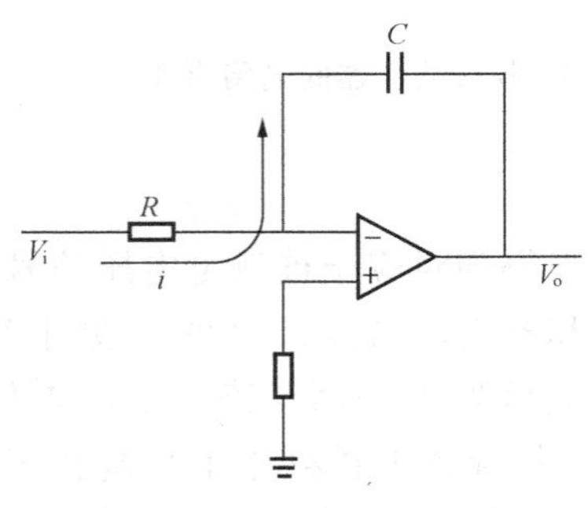

图 6 - 19 基本积分电路

基本微分电路和实用微分电路如图 6 - 20 所示。电容 C 的充电电流为

$$i_C = C\frac{\mathrm{d}V_\mathrm{i}}{\mathrm{d}t} \tag{6-12}$$

该电流流过反馈电阻，得

$$V_\mathrm{o} = -RC\frac{\mathrm{d}V_\mathrm{i}}{\mathrm{d}t} \tag{6-13}$$

基本微分电路的输出电压反映的是输入电压的变化率，因此对输入电压中的干扰信号也是敏感的。在输入信号变化率很大时，输出电压有可能超过集成电路的允许最大输出电压。微分电路的频谱特性还有可能引起电路的自激振荡。因此在实际微分电路中需采取一些措施以克服上述弱点。在输入支路中加入一个小电阻与微分电容串联可限制输入电流，与反馈电阻并联稳压管，这两项措施可以限制输出电压，但使微分电路变成了近似微分电路。C_1 和 C_2 的作用是进行相位补偿，以抑制干扰和自激振荡。

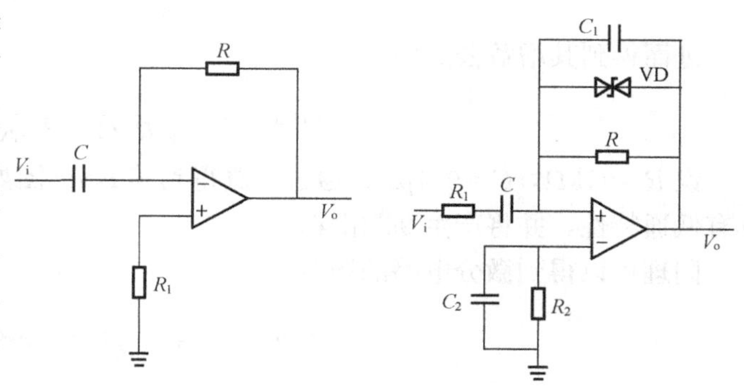

图 6 - 20　基本微分电路与实用微分电路

6. 有源滤波器

按照频谱分析的观点，任何信号都是由一些不同幅度和频率的正弦信号的组合而成。在仪表的输入信号中，除了有用的频率成分之外，不可避免地含有一些不需要的频率成分，如干扰信号等。通常有用的频率成分属于整个频率范围即全频带的某一部分，而无用的频率成分则属于另一部分。滤波器的功能就是利用其频率特性来保留有用的频率成分，削弱或消除无用的频率成分。滤波器是仪表信号调理电路中的重要组成部分，依据其作用的不同，可分为低通、高通、带通和带阻等不同滤波器。

在滤波器的分析和设计中必须采用频域的概念来分析滤波器的频谱特性。频域分析就是将指定的频率输入被研究的滤波器电路，采用交流电路的分析方法来分析其对不同频率的响应。将全频带中的不同频率输入电路，并将其在幅度和相位上的响应绘成图形，即伯德图 (Bode Graph)，从而可以了解滤波器的频率特性。理想的低通、高通、带通和带阻等滤波器的伯德图中的幅频特性如图 6 - 21 所示。

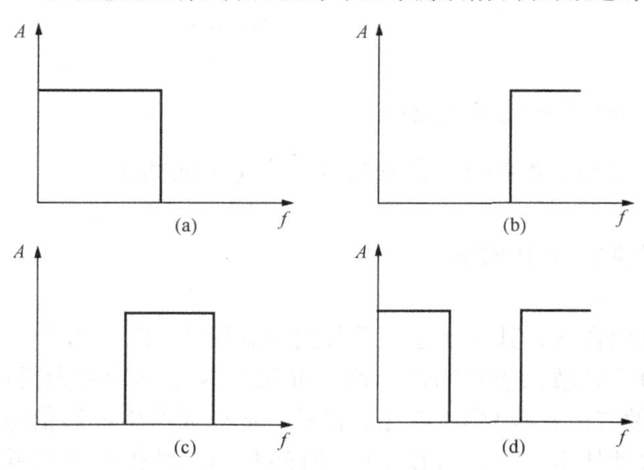

图 6 - 21　理想滤波器的幅频特性

(a) 低通；(b) 高通；(c) 带通；(d) 带阻

滤波器的增益和放大器一样采用分贝为单位。在考虑滤波器的通带时，定义比通带增益下降 3dB 处的频率为截止频率，凡增益高于截止频率处增

益的所有频率构成滤波器的通频带。对于带通滤波器和带阻滤波器来说，两个截止频率之间的频率差称之为带宽（Bandwidth）B。积分和微分电路是某种电路在应用于时域的概念。应用于频域就是某种滤波器。在这里首先分析积分电路和微分电路的频谱特性。

对于某一特定频率的正弦信号输入 $V_i\sin\omega t$，应用反相运算放大器的输出公式，可得到图 6-19 中的积分电路的输出电压为

$$V_o=-\frac{1}{j\omega RC}V_i\sin\omega t \tag{6-14}$$

进而得到其增益公式为

$$G(\omega)=-\frac{1}{j\omega R_1C}=j\frac{1}{\omega R_1C} \tag{6-15}$$

设 $R_1=1\text{k}\Omega$，$C=0.1\mu\text{F}$，通过仿真得到其 Bode 图如图 6-22（a）所示。可见积分电路具有低通特性，并将产生 90°相移。

同理可以得到微分电路的增益为

$$G(\omega)=-\frac{R_1}{1/j\omega C}=-j\omega R_1C \tag{6-16}$$

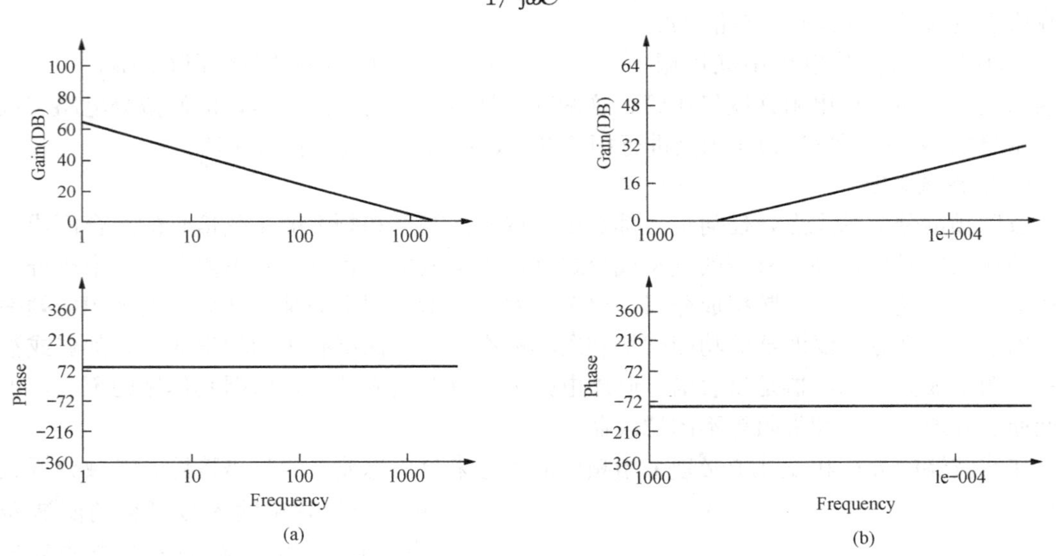

图 6-22 积分和微分电路的频谱特性

其 Bode 图如图 6-22（b）所示。可见微分电路具有高通特性，产生−90°相移。

7. 变压器隔离放大器

隔离放大器是利用变压器来实现电气隔离并传递信息。

8. 线性光电耦合器

TIL300 是一种价格较低的线性光电耦合器，其工作原理及其封装如图 6-23 所示。

TIL300 由一个红外发光二极管和两个光敏二极管组成。两个光敏二极管分别称为反馈光敏二极管和输出光敏二极管。反馈光敏二极管吸收 LED 光通量的一部分而产生控制信号，该信号可用来调节 LED 的驱动电流。这种技术可用来补偿 LED 时间和温度特性的非线性，输出光敏二极管产生的输出信号与 LED 发出的伺服光通量成线性比例。TIL300 具有高传输增益稳定性。

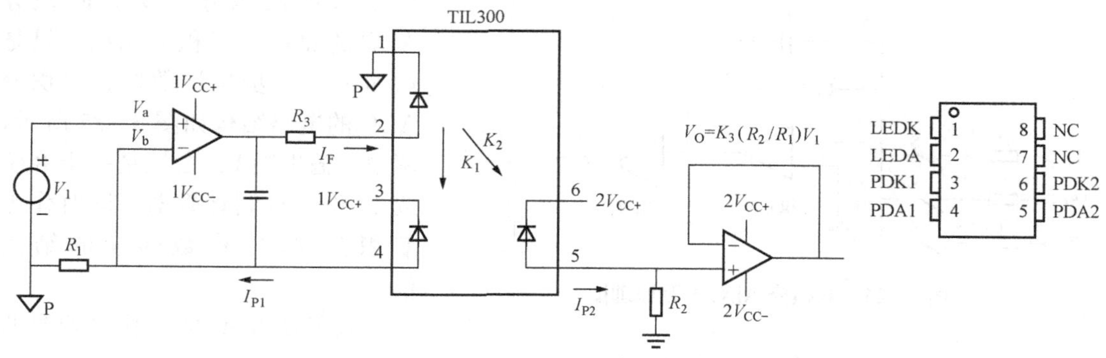

图 6-23　TIL300 线性光电耦合器

二、采样保持电路

采样保持电路用来保持 A/D 输入信号不变。该电路有采样和保持两种运行模式，由逻辑控制输入端来选择。在采样模式中，输出随输入变化：在保持模式中，电路的输出保持在保持命令发出时的输入值，直到逻辑控制输入端送入采样命令为止。此时，输出立即跳变到输入值，并开始随输入值变化，直到下一个保持命令给出为止。

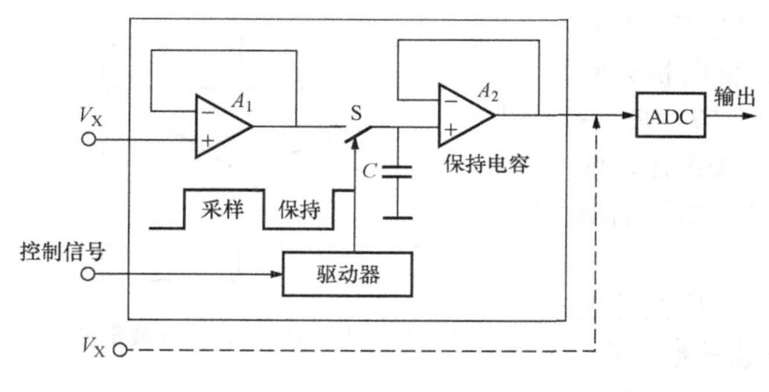

图 6-24　采样保持电路原理图

采样保持电路由保持电容器、模拟开关和运算放大器等组成，如图 6-24 所示。采样期间，由控制信号控制模拟开关 S 闭合，输入信号通过跟随器 A_1 和 S 对电容器 C 快速充电；保持期间 S 断开，由于运算放大器 A_2 输入阻抗很高，理想情况下，电容器将保持充电时的最终值。集成采样保持器的芯片内不包含保持电容器，该电容由用户根据需要选择。

采样保持器的主要参数有孔径时间（在保持命令发出后直到逻辑输入控制的开关完全断开所需的时间）、捕捉时间（在采样命令发出后，采样保持器的输出从所保持的值到达当前输入信号的值所需的时间）和保持电压的下降率、输入电压、输入电阻和输出电阻等。

三、模数转换器 ADC

ADC 的主要性能参数有：①分辨率，表示对输入模拟信号的分辨能力。②量化误差，用数字编码最低位的 1/2 表示相对于最小模拟量变化的误差，通常用 1/2LSB 表示。③转换时间，从输入样值信号开始，到编成相应的数字码为止的一段时间。④漏码。在 ADC 中，当输入模拟信号值连续变化时，数字输出如果不是连续变化，而出现越过某个值的现象时，就是出现了漏码。

ADC 型号比较多，转换原理也不尽相同，较常用的有积分型、逐次逼近型和串行 ADC。

1. 积分型 ADC

在积分型 ADC 中，主要是双积分 ADC，其次是三积分 ADC。为使转换速率更快，还

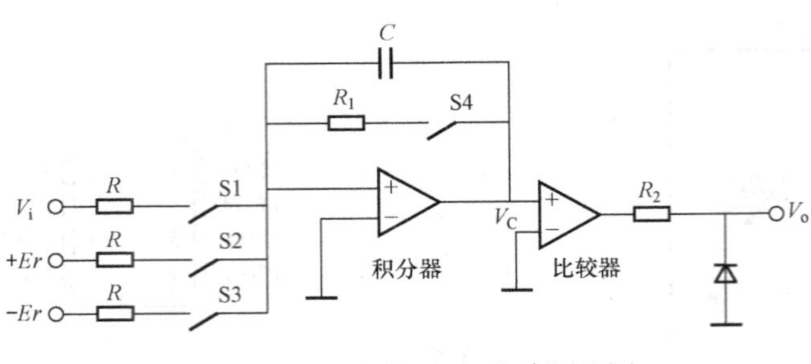

图 6-25 双积分 ADC 电路原理图

可以采用四积分 ADC。四积分 ADC 的原理与三积分相似，只是增加了一个步长计数器。双积分 ADC 的电路结构如图 6-25 所示，图中，输出端 V_O 去控制一个 8 位或 10 位二进制计数器，同时作为双积分 ADC 模数转换的结束信号。

双积分 ADC 的工作过程参照图 6-26 所示的工作波形曲线，步骤如下。

(1) 准备阶段：该阶段分两个步骤：调零和调满度。通过 S1、S2、S3 和 S4 四个开关，调整计数器的输出为 00H 以及满值，如 8 位数据的 0FFH，10 位数据的 3FFH。

(2) 正向积分阶段：断开 S2、S3、S4，闭合 S1，输入信号 V_i 对电容正向积分（充电），积分时间 T_1 为固定值。电容上电压 $V_c=(T_1/RC)\cdot V_i$。

(3) 反向积分及计数阶段：T_1 时刻后 S1 断开，S3 闭合，同时启动计数器计数。反向积分时间 T_2 随输入信号的大小而变化，$T_2=(T_1/Er)\cdot V_i$，计数器计数值也与输入信号的大小成正比，即 $Nx=(T_2/T_1)\cdot N_m$，N_m 为计数器满值。电路输出为 0 时，计数器停止计数。

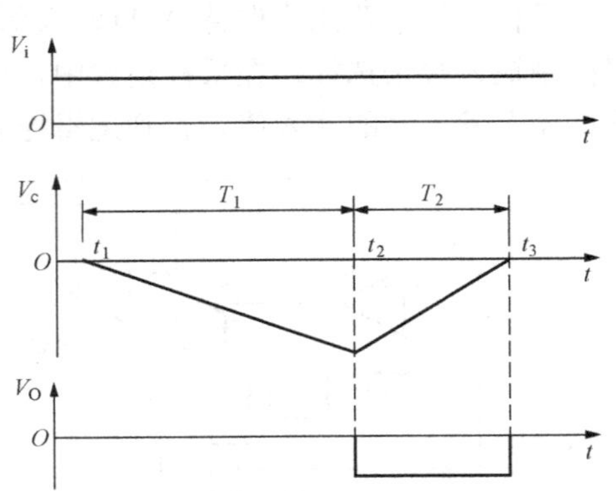

图 6-26 双积分 ADC 工作波形图

(4) 输出阶段：电路输出端 V_o 的波形在计数器停止计数的同时对外发出一个“模数转换结束”的信号，并锁存计数器值，在外部提供“读取”信号后输出计数值。

为了增加积分型 AD 转换器的转换速度，可选用三积分 ADC。图 6-27 所示为三积分 ADC 的电路原理及工作波形图，与双积分 ADC 工作波形相比，反向积分及计数阶段有明显不同，三积分采用了两个计数器：大步长计数器与常规计数器，因此图 6-26 中的 T_2 大于图 6-27 (b) 中的 $T_{21}+T_{22}$。

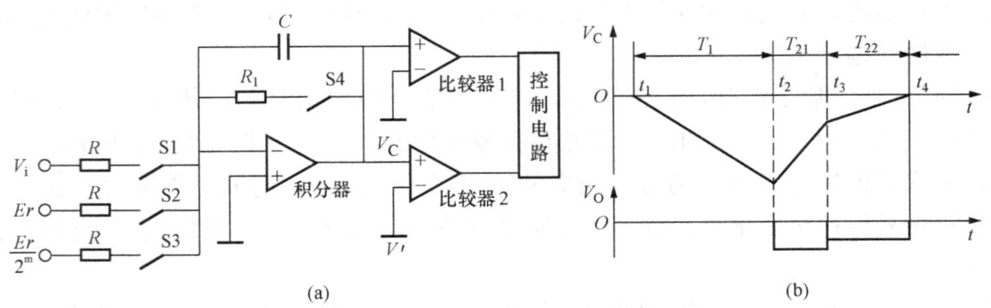

图 6-27 三积分 ADC 电路原理和工作波形图

(a) 三积分 ADC 电路原理图；(b) 三积分 ADC 工作波形图

若计数器的计数时钟频率相同，取 CLK＝0.1ms，8 位双积分 ADC 转换 3V 模拟信号时，转化时间为 $T_1+T_2=T_1+15.3\text{ms}$；对于三积分 ADC，即大步长计数器的最小计数单位为 16，转换时间为 $T_1+T_{21}+T_{22}=T_1+1.8\text{ms}$。

2. 逐次比较型 ADC

图 6-28 所示为逐次比较型 ADC 的基本结构图，图 6-29 是其转换原理示意图。基本的转换过程是以高位 i 开始，以 2^i 为比较值（相应于数据位 D_i 的十进制数），经 DAC 转换后与输入信号 V_i 比较，小则留（取为“1”）、大则舍（取为“0”），然后再以 2^{i-1} 进行第二次比较，比较次数为数据的长度。最后的比较值就是与输入信号 V_i 相对应的数字量。

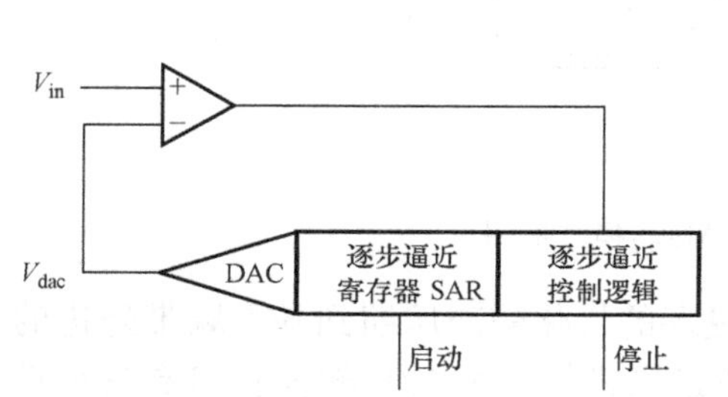

图 6-28　逐次比较 ADC 内部结构图

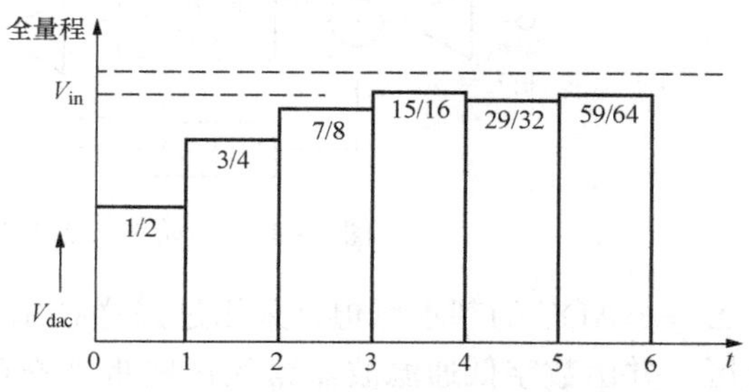

图 6-29　逐次比较 ADC 原理示意图

逐次比较型 ADC 的转换速度快于积分型 ADC，以 AD0809 的 8 通道的逐次比较型 ADC 为例，全部转换完毕所需的时间为 100μs，比单通道积分式 ADC 快 1000 倍。

在数字量输入信号有效到达 ADC 的输入端后，由计算机给出模数转换启动（START）信号，使 ADC 开始转换；ADC 转换期间，单片机可以转入其他程序。在接受到 ADC 发出的转换完毕（EOC）信号后，单片机选定该 ADC（OE 有效），然后读取 ADC 的转换结果。

3. 串行 ADC

串行方式的模数转换器 ADC，它与串行方式的数模转换器 DAC 一样，克服了 8 位或 8 位以上数据总线的制约，具有低功耗功能，允许在低电压条件下运行。并且 A/D 转换的线性度也有较大提高。由于 ADC 与单片机之间是串行通信，简化了智能仪表中的数据采集前向通道，增强了系统的可靠性。

串行 AD 转换器采用 Σ—Δ ADC 转换方式如图 6-30 所示。它由两个主要模块组成，一个是 Σ—Δ 调制器，另一个是数字低通滤波器和分样器。Σ—Δ 调制器是基于过采样的一位编码技术，Δ 为增量，Σ 为积分，在基本 Δ 调制器中加入一个积分器（或模拟低通滤波器）就构成了 Σ—Δ 调制器。它输出的是一位编码数据流，反映了输入信号的幅度。通常，调制器以大于奈奎斯特速率许多倍的速率采样模拟输入信号（过采样），对模拟信号的样值进行调制，输出一位编码的数据流。经分样（用小于过采样速率的采样速率对数字信号进行再采样）和数字低通滤波处理，除去噪声，得到 N 位编码输出。例如，在 AD7703 中，过采样速率最大为 16kHz，在 0～10Hz 带宽内，获得 20 位分辨率。

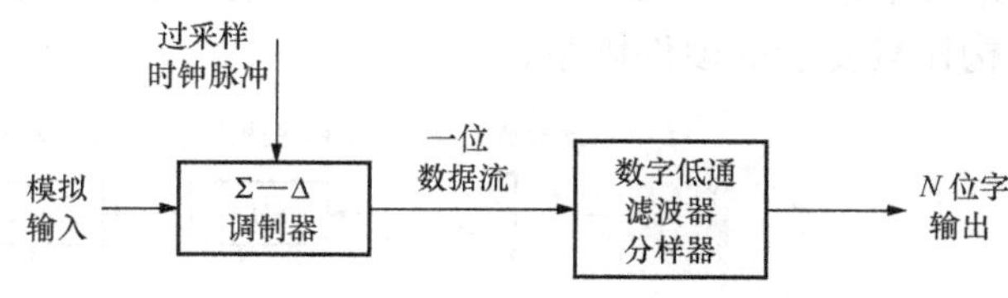

图 6-30　Σ—Δ ADC 内部结构图

图 6-31 是一阶 Σ—Δ 调制器方块图。由采样保持（S/H）放大器采来的模拟值与一位

DAC 的输出同时送到减法器，得到误差电压 $e(t)$，再经模拟低通滤波器除去噪声，由比较器（一位 ADC）进行比较判决，输出一位编码。当 $e(t)>0$，输出“1”码；当 $e(t)<0$，输出“0”码。所以一位 ADC 实际上是一个零位比较器。比较器的输出送到数字滤波和分样器，同时送到一位 DAC，形成 DA 转换输出信号，它比上一次的输出延迟了一个码元，故代表前一个采样点上的量化电平。DAC 的输出送至减法器后，又一次与采样值相减，经滤波和比较判别，输出一位编码。依次进行，便可完成Σ—Δ 调制（或 A/D 转换）。

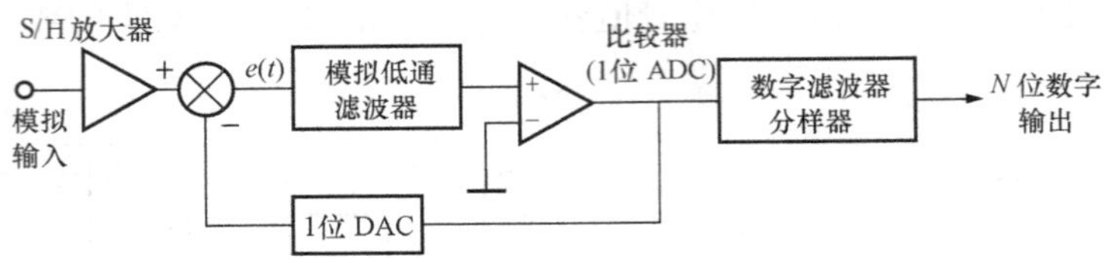

图 6-31 一阶Σ—Δ 调制器及 AD 转换方框图

Σ—Δ ADC 的基本思想是采用过采样技术，把更多的量化噪声压缩到基本频带外边的高频区，并由数字低通滤波器滤除这些带外噪声。故过采样Σ—Δ A/D 转换技术有三个重要的优点：一是由于采用一位编码技术，故模拟电路少；二是 ADC 前面的抗混滤波器设计容易；三是能提高信噪比。

串行 ADC 的数据转换位数有 8 位、12 位、16 位、18 位、20 位以及 24 位。串行 ADC 与单片机的连接非常简单。

四、数据采集

在智能仪表的输入通道中，ADC 仅仅是一个转换环节，必须与“信号调理电路”组合形成“前向通道”，完成现场信号的采集任务。所谓“前向通道”，就是对某一个被测量的模拟信号，经过滤波、运算放大器、采样保持电路和模数转换器，最终以数字形式输出的信号调理和转换通道。是单片机获取外界参数的前置环节，也称“数据采集”或“数据采样系统”。对于一个被测量信号而言，前向通道为单通道模式；在被测量信号多于两个以上，前向通道中按照信号的要求增设多路开关（MUX），形成多通道模式。图 6-32 所示为单通道数据采集系统，图 6-33 所示为是多通道数据采集系统。构成智能仪表的前向通道是一个通道结构比较复杂的硬件体系。

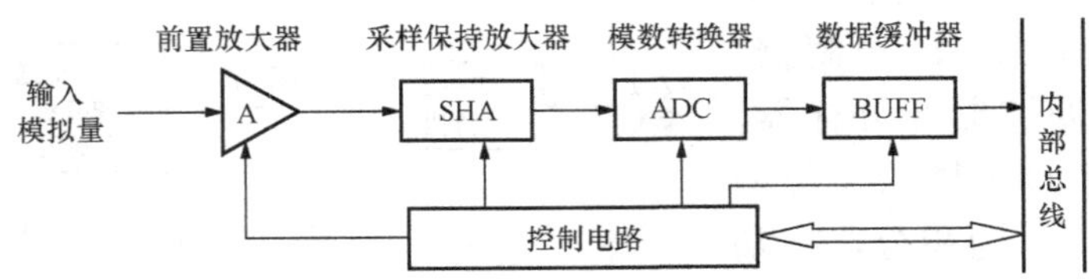

图 6-32 单通道数据采集系统

随着集成电路技术的发展，专用型集成电路层出不穷，如 AD7714 就是将六选一多路开关、采样保持、增益放大器和 24 位串行 ADC 集成在一个电路上，使一个多信号输入的硬件信号通道变成了一个高可靠性的集成电路，极大地简化了智能仪表的前向通道。

6.5.2 后向通道

后向通道也称控制通道，是输出控制信息给执行器完成自动控制的关键通道，是衔接智

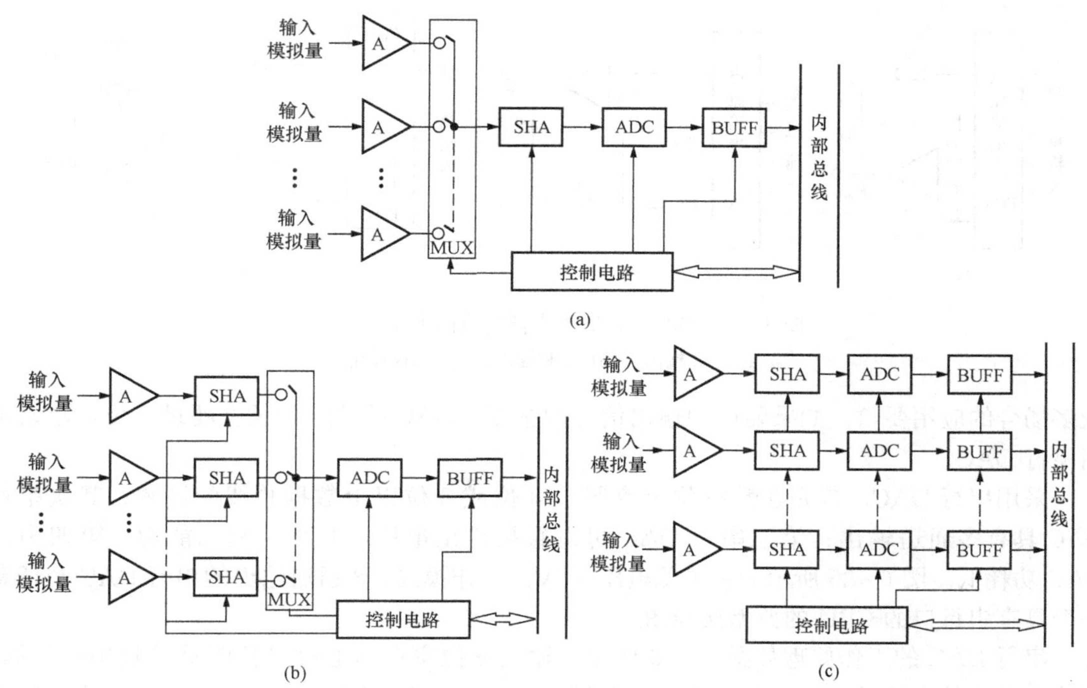

图 6 - 33　数据采集系统

(a) 多通道一般型；(b) 多通道同步型；(c) 多通道并行型

能仪表与执行器之间的信号转换、驱动的接口环节，是单片机（计算机）输出的数字信号转换成现场设备所需信号类型的转换环节。智能仪表的实际输出信号主要是电压或电流信号。

一、数模转换器 DAC

数模转换器（DAC）是一种将计算机经过计算处理的数字量转换成能够驱动负载电路的专用接口。DAC 的性能参数有：①分辨率，表示对模拟值的分辨能力。②精度，衡量 DAC 在将数字量转换成模拟量时，所得模拟量的精确程度。③单调性，说明当数字编码输入递增（递减）时，输出模拟量也随之递增（递减）的关系。④建立时间，从输入数据发生变化开始，到输出值稳定在额定值的 LSB/2 以内所需的时间，据此可将 DAC 分为超高速（$<0.1\mu s$）、极高速（$0.1\sim1\mu s$）、高速（$1\sim10\mu s$）、中速（$10\sim100\mu s$）和低速（$\geqslant100\mu s$）几挡。⑤输出方式，即输出电压还是输出电流。电流输出的建立时间较短，在 50～500ns 之间，而电压输出的建立时间受输出放大器（恒压源）影响，需要数微秒。

DAC 必须通过运算放大器进行输出信号转换，如电流输出的 DAC 与运算放大器组合，实现电流与电压的转换，其运算放大器的输出作为真正有效的 DAC 输出驱动信号。由运算放大器构成的电流电压转换电路，分为同相输出、反相输出和双极性输出三种，如图 6 - 34 所示。图 6 - 34（a）为同相输出，输出电压 $V_{OUT}=IR$；图（b）为反相输出，输出电压 $V_{OUT}=IR(1+R_2/R_1)$；图（c）为双极性输出，输出电压 $V_{OUT}=-(2V_1+V_{REF})$，当数字量输入为全“0”时，$V_{OUT}=-V_{REF}$；当数字量输入为满量程的一半时，$V_1=-V_{REF}/2$，即 $V_{OUT}=0$；当数字量输入为满量程值时，$V_1=-V_{REF}$，即 $V_{OUT}=V_{REF}$。

数模转换器 DAC 有并行和串行两个接口，一般 8 位 DAC 的输出精度达到 0.5 级，满足

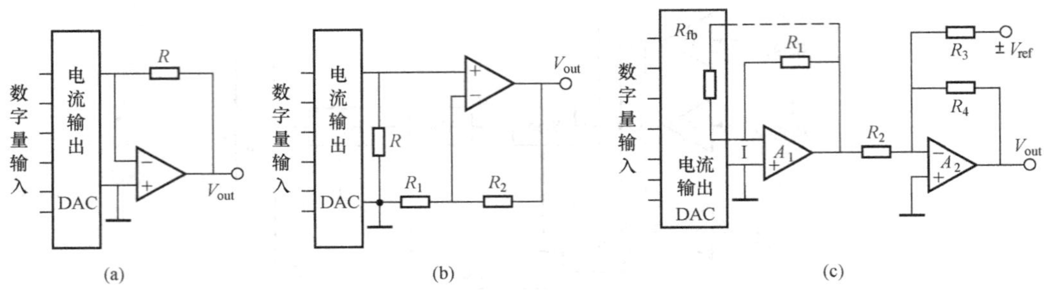

图 6 - 34 DAC - 运算放大器构成的电压输出方式

(a) 同相输出；(b) 反相输出；(c) 双极性输出

较多场合的应用要求。如果要增加输出信号的精度，DAC 的数字量长度超过 8 位，建议采用串行 DAC。

采用串行 DAC，首先在数据位上克服了 8 位或 8 位以上数据总线的制约；其次串行 DAC 具有多通道输出；第三串行 DAC 可以直接输出电压，并具有驱动能力；第四串行 DAC 功耗低。图 6 - 35 所示为一个低电压（3V）工作模式、8 通道输出的串行 DAC 与任意一个具有串行口的 CPU 的典型接线图。

串行 DAC 的工作原理如图 6 - 36 所示，输入移位寄存器通过移位时钟接收串行数据，接收有效位数之后送“D/A 锁存”开始并转换。在有效 DAC 输出建立时间后完成串行数据的模拟量转换。图 6 - 36 中的 DAC 输出仅为单通道，在具有选通逻辑控制下实现多通道的数模转换。串行 DAC 的主要参数为：工作电流不大于 1mA，静态电流不大于 1μA，工作电压 2.7～5.5V，DAC 输出建立时间一般为数十微秒。

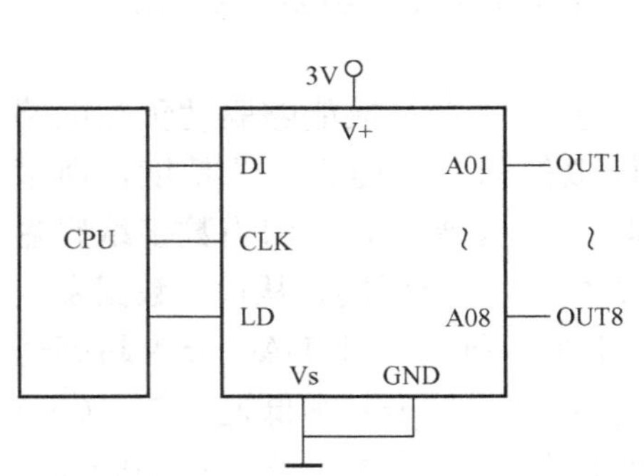

图 6 - 35 串行 DAC 与单片机典型连接图

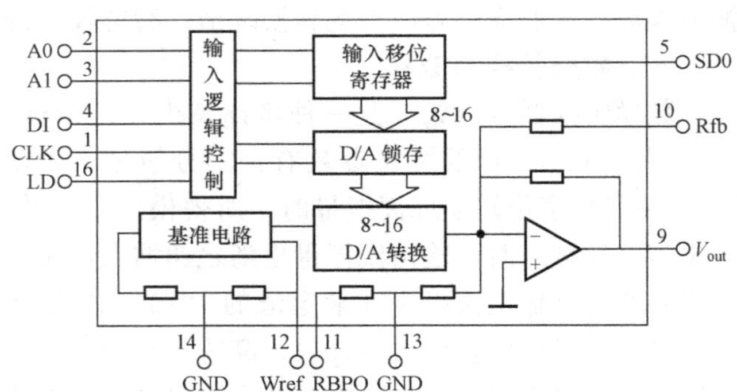

图 6 - 36 串行 DAC 内部结构原理图

二、电压/电流转换电路

电压/电流转换电路利用电路中的电流负反馈，将输入电压转换为与其相对应的具有电流源特点的电流输出。最简单的电压/电流转换环节如图 6 - 37（a）所示，根据运算放大器“虚短”的原理，很容易得到 $I_o \approx V_i / R_1$。这种电路的缺点是安装于接收电路中的负载电阻与电压/电流转换环节没有共同的接地点，有时候使用是不方便的。

另一种电压/电流转换环节如图 6 - 37（b）所示。这种电路的优点是负载电阻 R_L 与本环节共地。设运算放大器同相输入端电平为 V_+，输出端电平为 V_o，且 $R_2 = kR_1$、$R_4 = kR_3$，

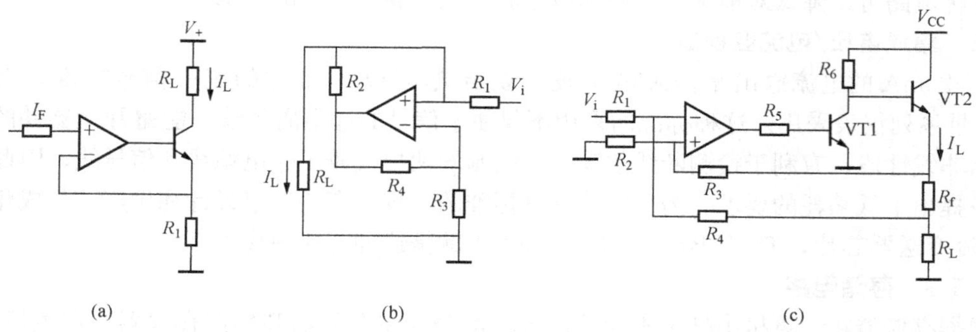

图 6-37　电压/电流转换环节

则根据节点电流法可得到如下联立方程

$$I_L = \frac{V_i - V_+}{R_1} + \frac{V_o - V_+}{kR_1} = \frac{V_i}{R_1} - \frac{V_+}{R_1}\left(1+\frac{1}{k}\right) + \frac{V_o}{kR_1} \tag{6-17}$$

$$\frac{V_o - V_+}{kR_3} - \frac{V_+}{R_3} = 0 \tag{6-18}$$

由式（6-18）可得 $V_o = V_+(k+1)$，代入式（6-17）得

$$I_L = \frac{V_i}{R_1} - \frac{V_+}{R_1}\left(1+\frac{1}{k}\right) + \frac{V_+(k+1)}{kR_1} = \frac{V_i}{R_1} \tag{6-19}$$

电压/电流转换环节的设计并未到此为止，还应该考虑电路对具体器件的要求。本电路中应考虑电阻阻值的精确匹配及其稳定性及电路的工作状况。设 V_i 为 5V、R_1 为 500Ω、R_3 为 5.1kΩ、k 为 0.1，当 R_L 由 0 变到 1kΩ 的过程中 I_{R1}、I_{R2}、I_L 和 V_o 的变化见表 6-1。

从该表可作如下观察：由于 I_{R1} 由前级电路提供，因此前级电路要求有较强的电流输出能力，并且能提供倒灌电流；本级运算放大器提供 I_{R2} 和 R_3-R_4 支路的电流，因此需要较强的驱动能力；运算放大器的供电电压应有一定的裕量。

表 6-1　　负载变化时的电路参量值表

R_L（Ω）	I_{R1}（mA）	I_{R2}（mA）	I_L（mA）	V_o（V）
0	10	0	10	0
100	8	2	10	1.1
500	0	10	10	5.5
1000	−10	20	10	11

图 6-37（c）也是一个其负载电阻接地的电压/电流转换电路，同样利用运算放大器的"虚短"，即运算放大器的同相输入端和反相输入端电位相等（下式中的 V_A），可推导出其输出负载电流的表达式为

$$I_L = \frac{V_A(1+R_3/R_2) - [V_A - (V_i - V_A)R_4/R_1]}{R_f}$$

$$= \frac{V_iR_4/R_1 + V_A(R_3/R_2 - R_4/R_1)}{R_f} \tag{6-20}$$

若令 $R_3/R_2 = R_4/R_1$，则上式成为

$$I_L = V_iR_4/R_1R_f \tag{6-21}$$

这种电路可以降低对前级电路和本级运算放大器驱动能力的要求。

三、集成电压/电流变换器

4～20mA 的电流输出是国际电工技术委员会（IEC）推荐的统一信号标准，为我国 DDZ-Ⅲ系列仪表采用。这种标准的采用不仅便于信号的远距离传输，能避开元器件的死区和初始非线性段，有利于检测断线故障。二线制的两根线兼用作电源线和信号线，因此对仪表本身提出了低功耗的要求。为了支持这种标准的实现，有关厂家设计和生产了集成化的电压/电流变送器芯片，TI（BB）公司的 XTR101 就是这种芯片的代表。

6.5.3 存储电路

根据存储器在计算机中处于不同的位置，可分为主存储器和辅助存储器。在主机内部，直接与 CPU 交换信息的存储器称主存储器或内存储器。在执行期间，程序的数据放在主存储器内。各个存储单元的内容可通过指令随机读写访问的存储器称为随机存取存储器（RAM）。另一种存储器叫只读存储器（ROM），里面存放一次性写入的程序或数据，仅能随机读出。RAM 和 ROM 共同分享主存储器的地址空间。RAM 中存取的数据掉电后就会丢失，而掉电后 ROM 中的数据可保持不变。因为结构、价格原因，主存储器的容量受限。为满足计算的需要而采用了大容量的辅助存储器或称外存储器，如光盘等。

存储器的性能主要包括存储器容量、存储周期和可靠性三项内容。

在智能仪表中，当设计的程序所需的“ROM”内存和运行数据容量所需的“RAM”内容确定后，选择具有较大存储器、甚至达 64KB 容量的单片机。

除了尽量不要选取存储器容量较小的单片机外，扩展存储器有多种方法：①采用大容量、低功耗的存储器 SRAM；②采用串行存储器；③选用外置存储器；④选用具有先进工艺或有新功能的存储器。例如：双口 RAM，允许从两个口同时访问存储器同一地址的内容。

6.6 智能仪表的软件技术

智能仪表的整体工作是在软件控制之下进行的，软件通常包括监控程序、中断处理（或服务）程序以及实现各种算法的功能模块。监控程序是仪表软件的中心环节，它接收和分析各种命令，管理和协调全部程序的执行；中断处理程序是在人机联系部件或其他外围设备提出中断申请，并为主机响应后直接转去执行的程序，以便及时完成实时处理任务；功能模块用来实现仪表数据处理和控制功能，包括各种测量算法（如数字滤波、标度变换、非线性校正等）和控制算法（PID 控制、前馈控制、纯滞后控制、模糊控制等）。

现代智能仪表的软件系统有两个特点：①随着智能仪表信号处理的要求越来越高，信号处理算法软件的开发量日益增大；②由于增加了人对智能仪表的交互力度，使得交互界面代码越来越繁杂。因此，这些特点的出现使得智能仪表软件系统的研究与开发大部分集中在信号处理以及交互界面上，另外，软件的研究主要表现为以下两方面：算法及其相应的数据结构，一个好的算法都有一个数据结构与之相对应。智能仪表的软件部分主要包括监控程序和功能执行程序等部分。

6.6.1 监控程序

监控程序是专门用来协调各个功能执行模块和操作者关系的程序，是智能仪表软件运行的主线，在智能仪表的程序系统中充当组织调度的角色。上电时，系统自动执行监控程序，然后在监控程序中循环。监控程序的基本组成如图 6-38 所示。

监控程序的任务是识别命令、解释命令并获得完成该命令的作业模块的入口地址。监控主程序引导仪表进入运行过程，并协调监控程序的各部分模块按顺序运行。监控主程序在调用初始化管理模块，实现系统硬件的初始设置和软件系统中各变量初始值的设置之后，就进入一个无限循环的过程，在这个过程中，主程序模块调用键盘模块管理人工输入的信息；调用显示模块显示仪表的状态；调用时钟管理模块使仪表处于时间有序状态；调用自诊断模块，监控仪表自身的状态；调用中断模块，对仪表运行中的外界出发信息进行管理。

在芯片复位后程序会跳转到 Reset 处，程序先调用 startup 初始化 MCU 各种数据空间，然后进入 main（ ）函数。在 main（ ）函数中，首先是对系统的基本参数初始化，然后进入循环实现各个功能。在循环中，系统轮回实现采集数据、存储数据、扫描键盘、刷新 LCD 等任务。系统主程序流程图如图 6-39 所示。

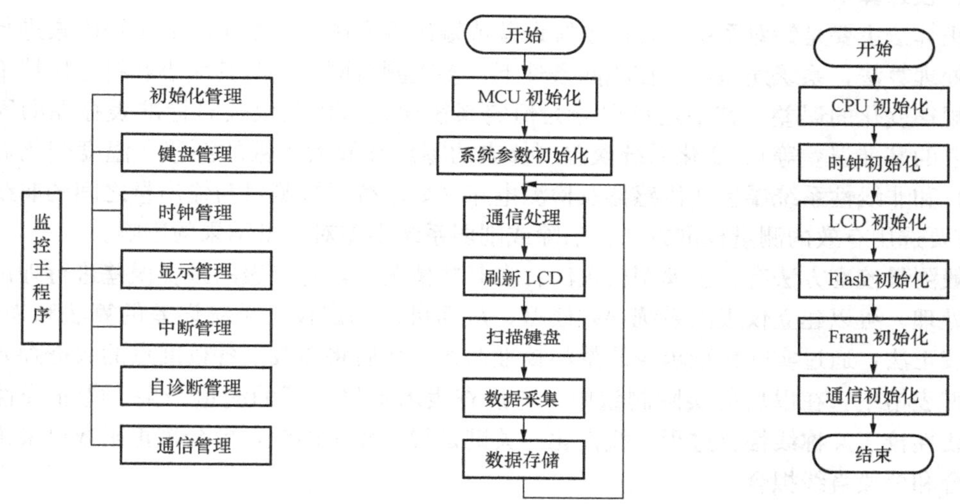

图 6-38 监控程序组成框图　　图 6-39 系统主程序流程图　　图 6-40 初始化流程图

6.6.2 功能程序

功能执行程序有实现各种仪表的实质性功能的软件模块组成，如初始化、自检、时钟、测量、数据处理、控制决策、人机交互、信号输出和通信等。

1. 初始化模块

该模块通常实现微处理器片内特殊功能寄存器的初始化、外围芯片初始化、全局变量和数据的初始化、全局标志初始化、系统时钟初始化、数据缓冲区初始化、各模块变量与数据初始化等功能。该模块是任何系统必须实施的，它为智能仪表建立一个确定的初始状态。系统初始化流程图如图 6-40 所示。

2. 模数转换模块

输入通道的信号需要经过 A/D 转换变成数字量才能被单片机接收。模数转换模块必须遵行所选 ADC 规定的运行流程。

3. LCD 显示

LCD 显示是智能仪表软件的主要组成部分，可以显示实时数据、历史数据曲线、报警数据曲线、实时时钟、通道组态、通信控制以及一系列与人机交互有关的信息。所选 LCD 显示器一般均有推荐程序，较易实现。

4. 其他模块

功能程序较多，本节不再一一列举。检验功能程序的方法以实现功能为准。

6.6.3 算法程序

智能仪表的算法程序非常丰富，只要能够用软件实现的，都能够程序设计。算法即计算的方法，是为了获得某种特定的计算结果而规定的一套详细的计算方法和步骤；算法可以表示为数学公式（数学模型）或操作流程。在智能仪表中非常典型的算法程序主要有三个：校正算法、滤波算法（处理随机误差）和控制规律算法（PID）（见第 4 章）。若单片机基于 DSP 系列，数字信号处理等各种运算，包括图像处理算法都能在智能仪表中快速实现。

一、校正算法

校正算法主要是针对系统存在的系统误差或输出输入函数关系中的非理想因素进行校正的计算处理算法，系统误差，是在相同条件下，多次测量同一量时其大小和符号保持不变或按一定规律变化的误差。其中还可以分为恒定系统误差（校验仪表时标准表存在的固有误差、仪表的基准误差等)、变化系统误差（仪表的零点和放大倍数的漂移、温度变化而引入的误差）和非线性系统误差［传感器及检测电路（如电桥）被测量与输出量之间的非线性关系］，需要选用有效的测量校准方法，消除或削弱系统误差对测量结果的影响。

一般测量校准方法有：①模型校正法：在某些情况下，对仪表的系统误差进行理论分析和数学处理，可以建立仪表的系统误差模型，从而可以确定校正系统误差的算法和表达式。②表格校正法：通过实际校准求得测量的校准曲线，然后将曲线上各校准点的数据存入存储器的校准表格中，在以后的实际测量中，通过查表求得修正了的测量结果。③非线性校正法：非线性校正又称线性化过程，线性化的关键是找出校正函数，拟合校正函数可采用连续函数拟合和分段直线拟合。

连续函数的拟合，一般取曲线的 2 点，采用线性方程计算得出；若要精确拟和，可以采用最小二乘法，选择误差平方和为最小来衡量逼近效果。对于明显非线性、且非周期变化的曲线，可以采取分段的直线拟合方法。

二、线性变换

线性变换算法是最常用的标度变换方式，其前提条件是智能仪表传感器的输出信号与被测参数之间呈线性关系。在读入被测模拟信号并转换成数字量后，必须把它转换成带有量纲的数值后才能运算、显示或打印输出。其通用算法公式为

$$Y_k=(Y_m-Y_0)\frac{K_k-K_0}{K_m+K_0}+Y_0 \tag{6-22}$$

式中：Y_0 为一次测量仪表的下限，即测量范围最小值；Y_m 为一次测量仪表的上限，即测量范围最大值；Y_k 为实际测量值工程量；K_0 为仪表下限所对应的数字量；K_m 为仪表上限所对应的数字量；K_k 为实际测量值所对应的数字量。

三、非线性式变换算法

如果传感器的输出信号与被测参数之间呈非线性关系时，上面的线性变换式均不适用，

需要建立新的标度变换公式。由于非线性参数的变化规律各不相同，故应根据不同的情况建立不同的非线性变换式，但前提是它们的函数关系可用解析式来表示。

四、数字滤波

智能仪表运用单片机是对采集到的被控对象参数进行有效的数字滤波是一个突出优点之一，上述采用运算放大器构成的硬件滤波器同样存在的问题是较难更改滤波性质，即便通过程控放大器或数字电位器调整截止频率，但滤波器的性质不会改变。

数字滤波器几乎是一个滤波数据库，库里存放着许多滤波算法，当一个对象采用某种滤波不能达到理想效果时，可以再选择一个进行试验。或者是几个滤波法顺序使用，以达到最佳效果。数字滤波主要是针对耦合随机误差的信号。

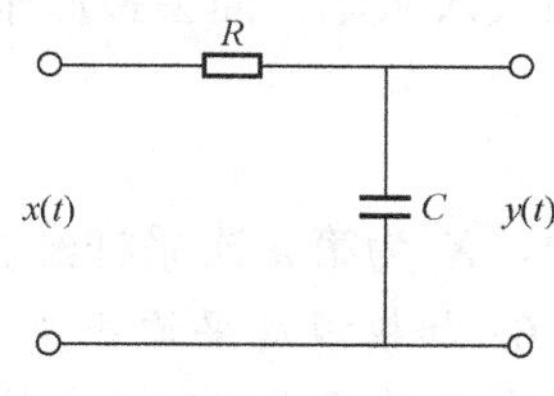

图 6 - 41　一阶 RC 滤波器

1. 一阶惯性滤波

图 6 - 41 是一阶 RC 滤波器，输入输出关系为

$$RC \times \frac{\mathrm{d}y(t)}{\mathrm{d}t} + y(t) = x(t) \tag{6 - 23}$$

数字化后，得

$$y_n = ax_n + by_{n-1} \tag{6 - 24}$$

式中：$a = \frac{1}{1 + RC/\Delta t}$，$b = \frac{RC/\Delta t}{1 + RC/\Delta t}$，$a + b = 1$。截止频率为 $f = \frac{1}{2\pi RC} \approx \frac{a}{2\pi\Delta t}$。

2. 限幅滤波

通过程序判断被测信号的变化幅度，从而消除缓变信号中的尖脉冲干扰。其基本方法是比较相邻的两个采样值 y_n 和 y_{n-1}，如果这两次采样值的差值超过了允许的最大偏差范围，则认为 y_n 为非法值，并剔除。

若本次采样值为 y_n，设 $\Delta y_n = |y_n - y_{n-1}|$，则本次滤波的结果由下式确定：

$$y_n = \begin{cases} y_n & \Delta y_n \leqslant a \\ y_{n-1}（或\ 2y_{n-1} - y_{n-2}） & \Delta y_n > a \end{cases} \tag{6 - 25}$$

a 是相邻两个采样值的最大允许增量，其数值可根据 y 的最大变化速率 V_{max} 及采样周期 T 确定，即 $a = V_{max} \cdot T$，实现本算法的关键是设定被测参量相邻两次采样值的最大允许误差 a，要求准确估计 V_{max} 和采样周期 T。

3. 中位值滤波

中位值滤波是一种典型的非线性滤波器，它运算简单，在滤除脉冲噪声的同时可以很好地保护信号的细节信息。对某一被测参数连续采样 n 次（一般 n 应为奇数），然后将这些采样值进行排序，选取中间值为本次采样值。对温度、液位等缓慢变化的被测参数，采用中值滤波法一般能收到良好的滤波效果。

4. 算术平均值滤波

平均值滤波是对多个采样值进行平均算法，这是消除随机误差最常用的方法。算术平均值滤波是要寻找一个 Y，使该值与各采样值 $X(k)$，$X = (1 \sim N)$ 之间误差的平方和为最小

$$E = \min\left[\sum_{k=1}^{N} e_k^2\right] = \min\left[\sum_{k=1}^{N} (Y - X(k))^2\right] \tag{6 - 26}$$

式中：E 为误差平方和；$X(k)$ 为采样值；N 为表示采样个数；Y 可以由一元函数求极限原理得到算术平均值滤波算法为

$$Y=\frac{1}{N}\sum_{k=1}^{N}X(k) \tag{6-27}$$

5. 滑动平均值滤波

对于采样速度较慢或要求数据更新率较高的实时系统，算术平均滤法无法使用的。可采用滑动平均滤波法。

把 N 个测量数据看成一个队列，队列的长度固定为 N，每进行一次新的采样，把测量结果放入队尾，而去掉原来队首的一个数据，这样在队列中始终有 N 个“最新”的数据。

$$\overline{X_n}=\frac{1}{N}\sum_{i=0}^{N-1}X_{n-i} \tag{6-28}$$

式中，$\overline{X_n}$为第 n 次采样经滤波后的输出；X_{n-i}为未经滤波的第 $n-i$ 次采样值。

6. 加权滑动平均滤波

在滑动平均滤波法中增加新的采样数据在滑动平均中的比重，以提高系统对当前采样值的灵敏度，即对不同时刻的数据加以不同的权。通常越接近现时刻的数据，权取得越大。

$$\overline{X_n}=\frac{1}{N}\sum_{i=0}^{N-1}C_i X_{n-i} \tag{6-29}$$

式中：$C_0+C_1+\cdots+C_{N-1}=1$，$C_0>C_1>\cdots>C_{N-1}>0$

加权滑动平均滤波算法适用于有较大纯滞后时间常数的对象和采样周期较短的系统。

7. 复合滤波法

智能化测量控制仪表在实际应用中所受到的随机扰动往往不是单一的，在实际中往往把两种以上的滤波方法结合起来使用，形成复合滤波，例如防脉冲扰动平均值滤波算法：先用中值滤波算法滤除采样值中的脉冲性干扰，然后把剩余的各采样值进行平均滤波。连续采样 N 次，剔除其最大值和最小值，再求余下 $N-2$ 个采样的平均值。显然，这种方法既能抑制随机干扰，又能滤除明显的脉冲干扰。

8. 其他滤波法

数字滤波算法很多，特别是单片机的运行速度迅速提高之际，可以运行较为复杂的滤波算法、包括频域滤波、二维滤波等，小波算法就是其一。

6.7 可编程序控制器

可编程序控制器具有非常好的应用范围、应用质量和应用楷模，从其内容、结构、功能及其智能化程度来说，都是智能仪表的上佳应用案例和系统化拓展典型案例。

6.7.1 可编程逻辑控制器 PLC

可编程逻辑控制器（Programmable Controller，PLC）是在传统的顺序控制器的基础上引入了微电子技术、计算机技术、自动控制技术和通信技术而形成的一代新型工业控制装置，目的是用来取代继电器、执行逻辑、计时、计数等顺序控制功能，建立柔性的程控系统。国际电工委员会（IEC）颁布了对 PLC 的规定：可编程控制器是一种数字运算操作的电子系统，专为在工业环境下应用而设计。它采用可编程序的存储器，用来在其内部存储执行逻辑运算、顺序控制、定时、计数和算术运算等操作的指令，并通过数字的、模拟的输入和输出，控制各种类型的机械或生产过程。可编程序控制器及其有关设备，都应按易于与工业控制系统形成一个整体，易于扩充其功能的原则设计。

PLC具有通用性强、使用方便、适应面广、可靠性高、抗干扰能力强、编程简单等优点；既有生产厂家的系统程序，提供运行平台，为PLC程序可靠运行及信息与信息转换进行必要的公共处理；又有用户按控制要求设计的应用程序。

一般PLC分为箱体式和模块式两种。但它们的组成是相同的，对箱体式PLC，有一块CPU板、I/O板、显示面板、内存块、电源等，当然按CPU性能分成若干型号，并按I/O点数又有若干规格。对模块式PLC，有CPU模块、I/O模块、内存、电源模块、底板或机架。无论哪种结构类型的PLC，都属于总线式开放型结构，其I/O能力可按用户需要进行扩展与组合，PLC的基本结构框图如图6-42所示。关于PLC知识的书籍较多，此处不多介绍。

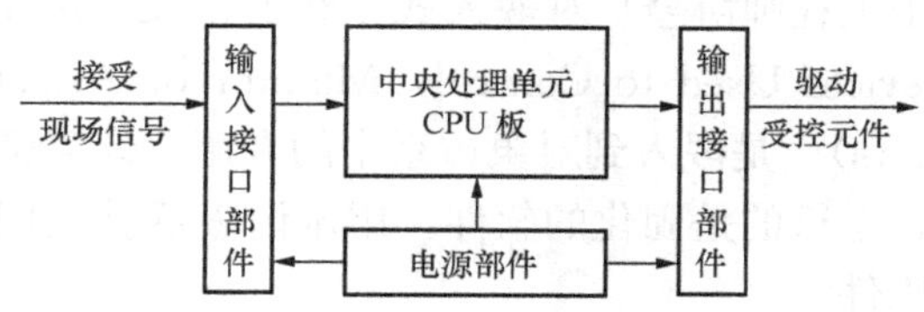

图6-42　PLC基本结构框图

6.7.2　可编程自动控制器PAC

为了满足不断增长的机器和工业控制系统开发需要，处于领先地位的自动化厂商们已经开发出新一代的工业控制器，即可编程自动化控制器（PAC）。PAC就是可编程自动化控制器，它是将PLC的稳定性和PC的多功能性相结合的新一代工业控制器。我们知道，80%的工业应用可以用传统的控制系统解决，而其他的20%应用超出了传统系统所提供的功能，这样就出现了PAC，它弥补了传统控制系统的不足，逐渐成为未来主要的工业控制方式。

PAC有五个主要特性：①多功能性，在一个平台上有逻辑、运动、PID控制、驱动和处理中至少两种功能。②可在单一的多规程开发平台使用通用标签和单一的数据库来访问所有的参数的功能。③可通过结合IEC61131—3、用户向导和数据管理，软件工具能设计出在跨越多个机器和处理单元的处理流程。④开放的模块化构架能解决的工业应用可从控制分布于工厂机器到加工车间的操作单元。⑤采用已有的网络标准，如TCPIP，OPC&XML和SQL查询语言，能和企业的网络通信。

一般来说有两种提供PAC软件的方式：基于PLC控制的软件和基于PC控制的软件。

1. 基于PLC概念的软件方案

传统的PLC软件厂商以可靠且易用的扫描式架构软件为起点，并逐渐增加新的功能。PLC软件根据通用模型而建立：输入扫描，控制代码运行，输入更新，以及常规功能执行。由于输入循环，输出循环和常规循环都是隐藏的，所以控制工程师只需关注控制代码的设计。由于厂商已完成了大部分工作，这种严格的控制架构使得建立控制系统更为容易和快速。这些系统的严格性也能让控制工程师在开发可靠的程序时无需深入了解PLC的底层操作。然而，作为PLC主要优势的这种严格的扫描式构架也导致其灵活性的欠缺。

2. 基于PC概念的软件方案

PAC代表着可编程控制器的最新技术，其发展的关键取决于嵌入式技术的引入，如要能通过软件来定义硬件。电子厂商常使用现场可编程门阵列（FPGA）之类的电子器件来开发定制的芯片，它可以让新设备智能化。这些设备包含有能执行多种功能的可配置逻辑块，连接这些功能块的可编程交联点以及为芯片输入输出数据的I/O块。通过定义这些可配置逻辑块的功能，其彼此连接以及相应的I/O，电子设计人员即可以开发出定制的芯片，而不需要花钱来生产专门的ASIC。FPGA如同有一个计算机，其内部电路能被重新连接来运行特定的应用程序。

6.8 嵌入式技术

嵌入式技术是执行专用功能并被内部计算机控制的设备或者系统，IEEE（国际电气和电子工程师协会）对嵌入式系统的定义：用于控制、监视或者辅助操作机器和设备的装置(Devices Used to Control，Monitor or Assist the Operation of Equipment，Machinery or Plants)，是嵌入到对象体系中的专用“计算机”系统。嵌入式系统不能使用通用型计算机，而且运行的是固化的软件，用术语表示就是固件（firmware)，终端用户很难或者不可能改变固件。

嵌入式系统因其体积小、可靠性高、功能强、灵活方便等许多优点，应用已深入到工业、农业、教育、国防、科研以及日常生活等各个领域，对各行各业的技术改造、产品更新换代、加速自动化进程、提高生产率等方面起到了极其重要的推动作用。一台通用计算机的外部设备中就包含了5～10个嵌入式微处理器，在制造工业、过程控制、网络、通信、仪器、仪表、汽车、船舶、航空、航天、军事装备、消费类产品等方面均是嵌入式计算机的应用领域。嵌入式计算机发展的目标是专用电脑，嵌入式智能芯片已经被称为构成未来世界的“数字基因”。我国资深嵌入式系统专家沈绪榜院士预言：“未来十年将会产生针头大小、具有超过一亿次运算能力的嵌入式智能芯片”。总之“嵌入式微控制器或者说单片机好像是一个黑洞，会把当今很多技术和成果吸引进来。中国应当注意发展智力密集型产业”。

嵌入式系统的特点由定义中的三个基本要素衍生出来的：

(1) 与“嵌入性”的相关特点：由于是嵌入到对象系统中，必须满足对象系统的环境要求，如物理环境（小型)、电气/气氛环境（可靠)、成本（价廉）等要求。

(2) 与“专用性”的相关特点：软、硬件的裁剪性；满足对象要求的最小软、硬件配置等。

(3) 与“计算机系统”的相关特点：嵌入式系统必须是能满足对象系统控制要求的计算机系统，这样的计算机必须配置有与对象系统相适应的接口电路。因此智能仪表是嵌入式技术的充分体现，是用户针对特定任务而定制的，其中专门的单片处理器（微控制器）和操作系统是嵌入式系统的核心。

1. 嵌入式微处理器

嵌入式微处理器（Embedded Microprocessor Unit，EMPU）采用“增强型”通用微处理器。由于嵌入式系统通常应用于环境比较恶劣的环境中，因而嵌入式微处理器在工作温度、电磁兼容性以及可靠性方面的要求较通用的标准微处理器高。但是，嵌入式微处理器在功能方面与标准的微处理器基本上是一样的。根据实际嵌入式应用要求，将嵌入式微处理器装配在专门设计的主板上，只保留和嵌入式应用有关的主板功能，这样可以大幅度减小系统的体积和功耗。和工业控制计算机相比，嵌入式微处理器组成的系统体积小、质量轻、成本低、可靠性高。在其电路板上必须包括ROM、RAM、总线接口、各种外设等器件，由此也降低了系统的可靠性，技术保密性也较差。

2. 嵌入式微控制器

嵌入式微控制器（Microcontroller Unit，MCU）又称单片机，它将整个计算机系统集成到一块芯片中，在该芯片内部集成了ROM/EPROM、RAM、总线、总线逻辑、定时/计数器、看门狗、I/O、串行口、脉宽调制输出、A/D、D/A、Flash RAM、EEPROM等各种必要功能部件和外设。为适应不同的应用需求，对功能的设置和外设的配置进行必要的修改和裁减定制，使得一个系列的单片机具有多种衍生产品，每种衍生产品的处理器内核都相同，不同的是存储器和外设的配置及功能的设置。这样可以使单片机最大限度地和应用需求相匹配，减少整个系统的功耗和成本。和嵌入式微处理器相比，微控制器的单片化使应用系统的体积大大减小，功耗和成本大幅度下降、可靠性提高。由于嵌入式微控制器目前在产品的品种和数量上是所有种类嵌入式处理器中最多的，而且上述诸多优点决定了微控制器是嵌入式系统应用的主流。

3. 嵌入式DSP

在数字信号处理应用中，各种数字信号处理算法相当复杂，一般结构的处理器无法实时完成这些运算。由于DSP处理器对系统结构和指令进行了特殊设计，使其适合于实时进行数字信号处理，如数字滤波、FFT、谱分析等。DSP算法进入嵌入式领域，使DSP应用从在通用单片机中以普通指令实现DSP功能，过渡到采用嵌入式DSP（Embedded Digital Signal Processor，EDSP）。

EDSP有两类：

（1）DSP处理器经过单片化、EMC改造、增加片上外设成为嵌入式DSP处理器，TI的TMS320C2000/C5000等属于此范畴。

（2）在通用单片机或SoC中增加DSP协处理器，例如，Intel的MCS-296和Infineon（Siemens）的TriCore。另外在智能方面的应用中，也需要EDSP，如各种带有智能逻辑的消费类产品、生物信息识别终端、带有加解密算法的键盘、ADSL接入、实时语音压解系统，虚拟现实显示等。比较有代表性的嵌入式DSP处理器如TI的TMS320系列和Motorola的DSP56000系列等。

4. 嵌入式片上系统（System on Chip，SoC）

随着EDI的推广和VLSI设计的普及化，以及半导体工艺的迅速发展，可以在一块硅片上实现一个更为复杂的系统，这就产生了SoC技术。各种通用处理器内核将作为SoC设计公司的标准库，和其他许多嵌入式系统外设一样，成为VLSI设计中一种标准的器件，用标准的VHDL、Verlog等硬件语言描述，存储在器件库中。用户只需定义出其整个应用系统，仿真通过后就可以将设计图交给半导体工厂制作样品。这样除某些无法集成的器件以外，整个嵌入式系统大部分均可集成到一块或几块芯片中去，应用系统电路板将变得很简单，对于减小整个应用系统体积和功耗、提高可靠性非常有利（具体见6.9节“集成技术”）。

5. 嵌入式操作系统

嵌入式操作系统是一种支持嵌入式系统应用的操作系统软件，它是嵌入式系统（包括硬、软件系统）极为重要的组成部分，通常包括与硬件相关的底层驱动软件、系统内核、设备驱动接口、通信协议、图形界面、标准化浏览器等。

嵌入式操作系统具有通用操作系统的基本特点，例如能够有效管理越来越复杂的系统资源；能够把硬件虚拟化，使得开发人员从繁忙的驱动程序移植和维护中解脱出来；能够提供库函数、驱动程序、工具集以及应用程序。与通用操作系统相比较，嵌入式操作系统在系统实时高效性、硬件的相关依赖性、软件固态化以及应用的专用性等方面具有较为突出的特点。

6.9 集 成 技 术

集成（integration）技术就是将一些孤立的事物或元素通过某种方式集中在一起，产生联系，从而构成一个有机整体的过程。现在也指集约度很高的生产工艺、生产设备及产品。如手机、数码视听等便携电子产品广泛使用的是集成度很高的贴片工艺和集成电路芯片。电脑主板往往集成了集成显卡、声卡和网卡。一块CPU芯片，可以集成上千万个半导体元件；神舟飞船则集成了约20万个配套的子系统。在家装业，集成吊顶的优势是传统装饰无法比拟的。

与智能仪表有关的“集成”技术包括集成电路（intergrated circuit）、模块、插件和专用电路，专用电路实际上可能就是集成电路、模块或插件，但强调的是智能仪表的集成技术，将拥有自身知识产权的智能仪表通过集成技术形成“集成化”的是集成电路、模块或插件形成产品。

在日常生活中，集成电路履行着各种各样的任务。在某些情形下，电子系统替代了原来由机械、液压等方式操作的机械装置，而且更小、更灵活、更容易维护；另外，集成电路还创造了全新的应用领域，可完成各种各样的任务，包括人们经常注意到的和更多不曾注意到的。例如，功能丰富的MP3/MP4个人娱乐系统、可靠性要求高的汽车电子等。上述应用与智能仪表有着密不可分的关系。换句话说，集成电路的集成技术必将全面应用于智能仪表中。

6.9.1 集成电路

自1958年杰克·基尔比（Jack Kilby）发明第一块集成电路以来，集成电路技术正日益改变着人们的生活方式。从几乎人手一台的手机，到无处不在的因特网；从推陈出新MP3、MP4多媒体娱乐产品，到功能不断增强的电脑设备；从冰箱、洗衣机等家电智能控制系统，到从汽车、飞机等精密智能仪表，无一不体现着集成电路的身影。集成电路正改变着人们的通信、娱乐、工作以及生产等方式，对人类生活产生着重要影响。

集成电路是一种微型电子器件或部件。采用一定的工艺，把一个电路中所需的晶体管、二极管、电阻、电容及电感等元件通过片上导线互连一起，制作在一小块或几小块半导体晶片或介质基片上，然后封装在一个管壳内，成为具有所需电路功能的微型结构；其中所有元件在结构上已组成一个整体，这样，整个电路的体积大大缩小，且引出线和焊接点的数目也大为减少，从而使电子元件向着微小型化、低功耗和高可靠性方面迈进了一大步。它在电路中用字母“IC”（也有用文字符号“N”等）表示。

集成电路具有体积小，质量轻，引出线和焊接点少，寿命长，可靠性高，性能好等优点，同时成本低，便于大规模生产。它不仅在工、民用电子设备如收录机、电视机、计算机等方面得到广泛的应用，同时在军事、通信、遥控等方面也得到广泛的应用。用集成电路来装配电子设备，其装配密度比晶体管可提高几十倍至几千倍，设备的稳定工作时间也可大大提高。

集成电路有多种集成方法，其分类方法主要有以下几种：

（1）按其功能、结构的不同分为三大类：①模拟集成电路，又称线性电路，用来产生、放大和处理各种模拟信号（指幅度随时间变化的信号。如半导体收音机的音频信号、录放机的磁带信号等），其输入信号和输出信号成比例关系。②数字集成电路，用来产生、放大和处理各种数字信号（指在时间上和幅度上离散取值的信号。如 3G 手机、数码相机、电脑 CPU、数字电视的逻辑控制和重放的音频信号和视频信号）。③数/模混合集成电路。

（2）按制作工艺分为半导体集成电路和膜集成电路，后者又可分为厚膜和薄膜集成电路。

（3）按外形分为圆形（金属外壳晶体管封装型，一般适合用于大功率）、扁平型（稳定性好、体积小）和双列直插型。

（4）按导电类型可分为双极型集成电路和单极型集成电路，它们都是数字集成电路。双极型集成电路的制作工艺复杂，功耗较大，代表集成电路有 TTL、ECL、HTL、LST-TL、STTL 等类型。单极型集成电路的制作工艺简单，功耗也较低，易于制成大规模集成电路，代表集成电路有 CMOS、NMOS、PMOS 等类型。

（5）集成电路按集成度高低的不同可分为：①小规模集成电路（Small Scale Integrated circuits，SSI）；②中规模集成电路（Medium Scale Integrated circuits，MSI）；③大规模集成电路（Large Scale Integrated circuits，LSI）；④超大规模集成电路（Very Large Scale Integrated circuits，VLSI）；⑤特大规模集成电路（Ultra Large Scale Integrated circuits，ULSI）；⑥巨大规模集成电路或极大规模集成电路或超特大规模集成电路（Giga Scale Integration，GSI）。

（6）集成电路按用途可分为电视机用集成电路、音响用集成电路、影碟机用集成电路、录像机用集成电 路、电脑（微机）用集成电路、电子琴用集成电路、通信用集成电路、照相机用集成电路、遥控集成电路、语言集成电路、报警器用集成电路及各种专用集成电路。

（7）集成电路按应用领域可分为标准通用集成电路和专用集成电路。

集成电路与分立元件设计的数字电路相比，有三个突出优点：①尺寸：与毫米或厘米级的分立电路相比，集成电路的尺寸缩小到微米、纳米级。由于尺寸微小，寄生电阻、寄生电容和寄生电感也跟着减小，速度和功耗的优势就随之产生。②速度：信号传输总是表现为逻辑 0 和逻辑 1 状态之间的互相转换，信号在同一芯片内部的转换速度比在芯片之间的转换速度要快得多；信号在片内通信速度比印刷电路板上片间的通信速度要快数百倍。速度提高的原因是，片上电路的高速度得益于片内电路的尺寸减小，减小了的元件和导线的尺寸导致了限制信号速度的寄生电容的减小。③功耗：功耗减小的原因有三个，一是片内逻辑操作比片间逻辑操作需要的功率小；二是片上电路尺寸的减小导致电路功耗降低；三是寄生电容和寄生电阻的减小，所需要的驱动功率也随之减小。

6.9.2　模块

模块又称构件，是能够单独命名并独立地完成一定功能的单元硬件或程序语句的集合（即程序代码和数据结构的集合体）。它具有外部特征和内部特征两个基本的特征。外部特征是指模块跟外部环境联系的接口（即其他模块或程序调用该模块的方式，包括有输入输出参数、引用的全局变量）和模块的功能；内部特征是指模块的内部环境具有的特点（即该模块的局部数据和程序代码）。

在程序设计中，为完成某一功能所需的一段程序或子程序；或指能由编译程序、装配程序等处理的独立程序单位；或指大型软件系统的一部分。

电路中将分立元件组成的电路重新塑封称为模块，如电源模块、通信模块、输入输出模块等，与IC相比本质上没什么区别，模块是“集成度较小、被放大的IC”，适用于功率较大电路，是“半集成电路”而且内面可能含有IC，而IC则是全集成电路。

在许多行业都采用模块技术，因此类型也较多，如单元操作模块（换热器、精馏塔、压缩机等）、计算方法模块（加速收敛算法、最优化算法等）、物理化学性质模块（汽液相平衡计算、热焓计算等）等。模块是某项功能性任务经常性被执行、并在今后还有执行的需要才值得“制作”。每个模块完成一个特定的子功能，所有的模块按某种方法组装起来，成为一个整体，完成整个系统所要求的功能。而模块化是指解决一个复杂问题时自顶向下逐层把系统划分成若干模块的过程，有多种属性，分别反映其内部特性。

在系统的结构中，模块是可组合、分解和更换的单元。模块具有以下几种基本属性：接口、功能、逻辑、状态，功能、状态与接口反映模块的外部特性，逻辑反映它的内部特性。

6.9.3　插件

插件（Extension）也称为扩展，是一种遵循一定规范制作的物件，对于工业自动化仪表或智能仪表而言，插件分为软件插件和硬件插件。软件插件就是遵循一定规范的应用程序接口编写出来的程序，主要是用来扩展软件功能，很多软件都有插件，有些由软件公司自己开发，有些则是第三方或软件用户个人开发。例如，Winamp就以其丰富的插件闻名天下，包括游戏、视觉、音效、增强、舞蹈、面板等。

硬件插件是一种可插入（或拔出）插箱、机架、机柜的电子组件，用以直接安装电子元件、器件和机电元件，并通过连接器实现对外电气连接。它是最基本的电子组件，属于第二级组装。从结构形式分为：①使用一块印制线路板的单板插件，也叫板卡或模块；②使用两块印制线路板形成夹心式或组合式插件；③在一块大印制线路板（母板）上立装若干块小型印制线路板（子板），称子母式插件。

目前国内外知名自动控制型网站、工业自动化仪表型网站，以及提供专用“插件”的网站都有及其丰富的插件。如模拟量输入卡（AI）、模拟量输出卡（AO）、开关量输入卡（DI）及开关量输出卡（DO）等。

在插件结构中，除印制线路板外，根据实际需要还可以安装框架、小面板、屏蔽罩及把手等结构附件。采用较多的型式是一块带印制插头的印制线路板。插件的连接器一般都是和印制线路板连成一体的印制插头（或称边缘插头）。但是，为了增加出线能力（即连接器连接点数）、可靠性和可维修性，高性能电子设备已趋向于采用二件式连接器，即有单独的插头和插座的连接器。一般连接器只装在插件的一端，为了增加连接点数，也可在插件的三边，甚至四边都装有连接器。因此，一般连接器已不适用，必须采用无插拔力连接器。插件框架可以采用薄板结构、铝型材组合结构、铝合金压铸件结构和塑压件结构。根据屏蔽要求，可以采用全封闭结构，在框架的上部、下部及两侧加屏蔽盖板，或只加部分盖板的开式结构。中国和国际电工委员会（IEC）分别在GB 3047.2—82和IEC48D（秘书处）12号文件（草案）中规定了插件面板和印制线路板的基本尺寸系列。

使用插件技术能够在分析、设计、开发、项目计划、协作生产和产品扩展等很多方面带来好处：

（1）结构清晰、易于理解，由于借鉴了硬件总线的结构，而且各个插件之间是相互独立的，所以结构非常清晰也更容易理解；

（2）易修改、可维护性强，由于插件与宿主程序之间通过接口联系，就像硬件插卡一样，可以被随时删除，插入和修改，所以结构很灵活，容易修改，方便软件的升级和维护；

（3）可移植性强、重用粒度大，因为插件本身就是由一系列小的功能结构组成，而且通过接口向外部提供自己的服务，所以复用粒度更大，移植也更加方便；

（4）结构容易调整，系统功能的增加或减少，只需相应的增删插件，而不影响整个体系结构，因此能方便的实现结构调整；

（5）插件之间的耦合度较低，由于插件通过与宿主程序通信来实现插件与插件，插件与宿主程序间的通信，所以插件之间的耦合度更低；

（6）可以在软件开发的过程中修改应用程序，由于采用了插件的结构，可以在软件的开发过程中随时修改插件，也可以在应用程序发行之后，通过补丁包的形式增删插件，通过这种形式达到修改应用程序的目的；

（7）灵活多变的软件开发方式。可以根据资源的实际情况来调整开发的方式，资源充足可以开发所有的插件，资源不充足可以选择开发部分插件，也可以请第三方的厂商开发，用户也可以根据自己的需要进行开发。

国际标准化组织虚拟插座接口联盟（Virtual Socket Interface Alliance，VSIA），正是在基于插件技术的思想上，针对集成电路设计过程中重要技术如 IP（Intectual Property）、（System on Chip，SoC）等，制定相应的标准和规范，以更好地促进集成电路技术的发展。

6.10　低功耗技术

6.10.1　低功耗问题

在嵌入式系统设计中，低功耗设计是许多设计人员必须面对的问题。其原因在于嵌入式系统被广泛应用于便携式和移动性较强的产品中，而这些产品不是一直都有充足的电源供应，往往是靠电池来供电的；而且大多数嵌入式设备都有体积和质量的约束。另外，系统部件产生的热量和功耗成比例，为解决散热问题而采取的冷却措施进一步增加了系统的功耗。为了得到最好的结果，降低系统的功耗具有下面的优点：

（1）电池驱动的需要，在强调绿色环保时期，许多电子产品都采用电池供电，对于电池供电系统，延长电池寿命，降低用户更换电池的周期，提高系统性能与降低系统开销，甚至能起到保护环境的作用；

（2）安全的需要，在现场总线领域，本安问题是一个重要话题，例如，FF 的本安设备，理论上每个网段可以容纳 32 个设备，而实际应用中考虑到目前的功耗水平，每个网段安装 10 个比较合适，因此降低系统功耗是实现本安要求的一个重要途径；

（3）解决电磁干扰，系统功耗越低，电磁辐射能量越小，对其他设备造成的干扰也越小，如果所有的电子产品都能设计成低功耗，那么电磁兼容性设计会变得容易；

（4）节能的需要，特别是对电池供电系统，功耗与电压的平方成正比，因此节能更为重要。

6.10.2 功耗产生的原因

1. 集成电路的功耗

目前的集成电路工艺主要有TTL和CMOS两大类，无论哪种工艺，只要电路中有电流通过，就会产生功耗。通常，集成电路的功耗主要有四个。

（1）开关功耗。对电路中的电容充放电而形成，其表达式为

$$P_{\text{dyanmic}} = \alpha \cdot f \cdot C \cdot V_{dd}^{2} \tag{6-30}$$

式中：V_{dd}为电源电压；C为被充放电的电容：α为活动因子；f为开关频率。

（2）静态功耗和动态功耗。当电路的状态没有进行翻转（保持高电平或低电平）时，电路的功耗属于静态功耗，其大小等于电路电压与流过电流的乘积；动态功耗是电路翻转时产生的功耗，由于电路翻转时存在跳变沿，在电路翻转瞬间，电流比较大，存在较大的动态功耗。目前大多数电路都采用CMOS工艺，静态功耗很小，可以忽略。起主要作用的是动态功耗，因此从降低动态功耗人手来降低功耗。

（3）短路功耗，因开关时由电源到地形成的通路造成的，其表达式为

$$P_{SC} = k \cdot \tau \cdot f \cdot W \tag{6-31}$$

式中：k由工艺和电压决定；W为晶体管宽度；τ为输入信号上升/下降时间；f为工作频率。

（4）漏电功耗。由亚阈值电流和反向偏压电流造成，目前大多数电路都采用CMOS工艺，故漏电功耗很小，可以忽略。

2. 电阻的功耗和有源器件的功耗

通常为负载器件和寄生元件产生的功耗。有源开关器件在状态转换时，电流和电压比较大，将引起功率消耗。另外，CMOS电路中最大的功耗来自于内部和外部的电容充放电产生的功耗。

6.10.3 硬件低功耗实现

1. 选择低功耗的器件

选择低功耗的电子器件可以从根本上降低整个硬件系统的功耗。CMOS工艺具有很低的功耗，在电路设计上尽量选用，使用CMOS系列电路时，其不用的输入端不要悬空，因为悬空的输入端可能存在感应信号，它将造成高低电平的转换。转换器件的功耗很大，尽量采用输出为高的原则。嵌入式处理器是嵌入式系统的硬件核心，消耗大量的功率，因此设计时选用低功耗的处理器；另外，选择低功耗的通信收发器（对于通信应用系统）、低功耗的访存部件、低功耗的外围电路，目前许多通信收发器都设计成节省功耗方式，这样的器件优先采用。

2. 选用低功耗的电路形式

完成同样的功能，电路的实现形式有多种，例如，可以利用分立元件、小规模集成电路，大规模集成电路甚至单片实现。通常，使用的元器件数量越少，系统的功耗越低。因此，尽量使用集成度高的器件，以减少电路中使用元件的个数，减少整机的功耗。

3. 单电源、低电压供电

高电源电压的优点是可以提供大的动态范围，缺点是功耗大。低电压供电对降低器件功耗的作用十分明显。例如，低功耗集成运算放大器LM324，单电源电压工作范围为5～30V。当电源电压为15V时，功耗约为220mW；当电源电压为10V时，功耗约为90mW；

当电源电压为5V时，功耗约为15mW。因此，处理小信号的电路可以降低供电电压。

4. 分区/分时供电技术

一个嵌入式系统的所有组成部分并非时刻在工作，基于此，可采用分时/分区的供电技术。原理是利用"开关"控制电源供电单元，在某一部分电路处于休眠状态时，关闭其供电电源，仅保留工作部分的电源。

5. I/O引脚供电

嵌入式处理器的输出引脚在输出高电平时，可以提供约20mA的电流，该引脚可以直接作为某些电路的供电电源使用。处理器的引脚输出高电平时，外部器件工作；输出低电平时，外部器件停止工作。需要注意。该电路需满足下列要求：外部器件的功耗较低，低于处理器I/O引脚的高电平输出电流；外部器件的供电电压范围较宽。

6. 电源管理单元

处理器全速工作时，功耗最大；待机状态时，功耗比较小。常见的待机方式有两种：空闲方式（Idle）和掉电方式（Shut Down）。其中，Idle方式可以通过中断的发生退出，中断可以由外部事件供给。掉电方式指的是处理器停止，连中断也不响应，因此需要进入复位才能退出掉电方式。为了降低系统的功耗，一旦CPU处于"空转"，可以使之进入Idle状态，降低功耗；期间如果发生了外部事件，可以通过事件产生中断信号，使CPU进入运行状态。对于Shut Down状态，只能用复位信号唤醒CPU。

7. 智能电源

既要保证系统具有良好的性能，又能兼顾功耗问题，一个最好的办法是采用智能电源。在系统中增加适当的智能预测、检测，根据需要对系统采取不同的供电方式，以求系统的功耗最低。以笔记本电脑为例，如果系统使用外接电源，CPU将按照正常的主频率及电压运行；当检测到系统为电池供电时，软件将自动切换CPU的主频率及电压至较低状态运行。

8. 降低处理器的时钟频率

处理器的功耗与时钟频率密切相关。以SAM - SUNG S3C2410x（32 b ARM 920T内核）为例，它提供了四种工作模式：正常模式、空闲模式、休眠模式、关机模式，如表6 - 2所示。

表6 - 2　几种模式下功耗与时钟频率对照表

模　式	运　行	空　闲	休　眠	关　机
功耗（max）	297mW	122mW	33mW	80μW
时钟频率（Hz）	203M	203M	12M	32.767k
备注	全速运行	CPU Core时钟停止	系统时钟＝晶振频率	仅有RTC

由表6 - 2可见，CPU在全速运行的时候比在空闲或者休眠的时候消耗的功率大得多。省电的原则就是让正常运行模式远比空闲、休眠模式少占用时间。使CPU尽可能工作在空闲状态，然后通过相应的中断唤醒CPU，恢复到正常工作模式，处理响应的事件，然后再进入空闲模式。因此设计系统时，如果处理能力许可，可尽量降低处理器的时钟频率。

另外，可以动态改变处理器的时钟，以降低系统的总功耗。CPU空闲时，降低时钟频率；处于工作状态时，提高时钟频率以全速运行处理事务，实现这一技术的方法。通过将I/O引脚设定为输出高电平，加入电阻，将增加时钟频率；将I/O引脚输出低电平，去掉电

阻 R_1，可降低时钟频率，以降低功耗。

9. 降低持续工作电流

在一些系统中，尽量使系统在状态转换时消耗电流，在维持工作时期不消耗电流。如IC卡水表、煤气表、静态电能表等，在开关闭合时给相应机构上电，开关开和关状态通过机械机构或磁场机制保持开关的状态，而不通过电流保持，可以进一步降低电能的消耗。

6.10.4 软件低功耗实现

1. 编译低功耗优化技术

编译技术降低系统功耗是基于这样的事实：对于实现同样的功能，不同的软件算法，消耗的时间不同，使用的指令不同，因而消耗的功率也不同。对于使用高级语言，由于是面向问题设计的，很难控制低功耗。但是，如果利用汇编语言开发系统（如对于小型的嵌入式系统开发），可以有意识地选择消耗时间短的指令和设计消耗功率小的算法来降低系统的功耗。

2. 硬件软件化与软件硬件化

通常的硬件电路一定消耗功率，基于此，可以减少系统的硬件电路，把数据处理功能用软件实现，如许多仪表中用到的对数放大电路、抗干扰电路，测量系统中用软件滤波代替硬件滤波器等。需要考虑，软件处理需要时间，处理器也需要消耗功率，特别是在处理大量数据的时候，需要高性能的处理器，这可能会消耗大量的功率。因此，系统中某一功能用软件实现，还是用硬件实现，需要综合计算后进行设计。

3. 采用快速算法

数字信号处理中的运算，采用如FFT和快速卷积等，可以大量节省运算时间而减少功耗；在精度允许的情况下，使用简单函数代替复杂函数作近似，也是减少功耗的一种方法。

4. 中断驱动技术

整个系统软件能够处理多个事件。在系统上电初始化时，主程序只进行系统的初始化，包括寄存器、外部设备等，初始化完成后，进入低功耗状态，然后CPU控制的设备都接到中断输入端上。当外设发生了一个事件，产生中断信号，使CPU退出节电状态，进入事件处理，事件处理完成后，继续进入节电状态。

5. 延时程序功能

延时程序有两种方法：软件延时和硬件定时器延时。为了降低功耗，尽量使用硬件定时器延时，一方面提高程序的效率，另一方面降低功耗。原因为：大多数嵌入式处理器在进入待机模式时，CPU停止工作，定时器可正常工作，定时器的功耗可以很低，所以处理器调用延时程序时，进入待机方式，定时器开始计时，时间一到，则唤醒CPU。这样一方面CPU停止工作，降低了功耗；另一方面提高了CPU的运行效率。

6.11 智能仪表的设计技术

智能仪表的设计必须达到以下几个要求：①具有在线性和过程性；②具有可编程性；③具有可记忆特性；④具有计算功能；⑤具有数据处理功能；⑥可网络化和通信性；⑦具有自校正、自诊断、自学习及多种控制功能；⑧低功耗性等。

1. 智能仪表的总体设计

智能仪表的整体设计分两个步骤：第一步是应用功能的设计和开发，设计人员根据实际要求，选择单片机的型号，完成硬件和软件的功能分配、设计和制作；第二步是系统硬件和软件的调试，以检查、调整设计好的硬件系统和软件系统。在进行智能仪表设计时应遵循三个原则，即芯片选择、硬件软件配合以及软件质量三原则。

2. 智能仪表的硬件设计

单片机是一种高密度、高集成度和可开发性极强的超大规模集成电路，设计以单片机为核心的智能仪表硬件电路，包括了各类所有硬件要求，以及各种辅助电路（包括电源、时钟、复位、接插件和仪表箱柜等）。硬件设计时，必须考虑和解决以下几个问题：①选择最合适的、能够形成单片模式的最小系统的单片机，包括数据长度、内存容量、指令系统、运行速度和功耗成本等；②接口设计，与外围接口电路的时序匹配，是智能仪表的技术关键；③硬件应满足可升级要求，具有模块结构和标准化设计；④满足应用时的高频特性、电磁兼容特性和可靠性要求；⑤智能仪表能与其他设备通信。

任何硬件设计，均包含有三级总线结构：器件级总线、内总线和外总线。在完成硬件原理设计后，总线设计成为智能仪表设计的核心。必须能提供系统所需的地址空间，提供与系统匹配的数据总线，提供系统要求的控制信号，提供系统的通信方式以及满足系统的电磁兼容要求，满足总线电气特性要求。

设计时要保证技术可行、逻辑正确，布局合理和焊接调试方便，有条件的情况下，可以先进行计算机仿真。完成智能仪表电路设计之后，即可制作相应的功能模板。

3. 智能仪表的集成技术设计

智能仪表的集成技术包含较多的内容，主要包括基于IP重用的集成电路设计技术、低功耗设计技术和SoC（System on Chip，系统芯片）与MPSoC（Multi-Processor SoC，多处理器系统芯片）等三大技术，后两者见相关书籍介绍。

4. 智能仪表的软件设计

智能仪表是在软件指挥下工作的，软件是智能仪表的“灵魂”，硬件功能只有在软件的协调控制下才能充分发挥作用。因此，软件体现了设计者的设计思想，体现了应用系统的技术水平。智能仪表的软件，按照用途可以分成系统软件、硬件功能电路匹配软件、运算和控制软件及其辅助软件。

每一种软件在程序设计时，又称为主程序、子程序和中断子程序等。

每一个涉及具体功能的软件程序必须按模块形式构成，相对于智能仪表而言，这些软件模块相当于富有具体内涵的组态软件，而系统软件必须结构化。

在进行智能仪表软件设计时，必须根据智能仪表的性能指标、运算量和控制要求，确定软件所应完成的工作量。当软件所要完成的工作量较大时，适当地增加硬件也是必要的。

智能仪表的软件设计水平虽因设计人员而异，更受软件开发装置的限制，所以智能仪表的软件设计是一项基于“物质条件”（开发装置）的“系统工程”。因而单片机开发装置应尽可能适应较多的单片机型号的开发。通过良好的用户界面和方便的操作，利用多种调试和控制手段（如断点设置、运行速度控制、实时监视、运行中修改源程序和EPROM或EEPROM写入等）完成汇编语言编辑、汇编和连接等。

对于智能仪表的软件设计，是基于单片机的“指令性组合”，属于汇编语言。按照智能仪表的设计水平而言，汇编语言是真正面向单片机及其内部功能的软件，是专业设计人员的主流语言，可以直接面对硬件电路，既有利于电路的调试，也便于简化软件编程。

目前，除了汇编语言外，用于单片机的开发，还有 PL/M、C 和 BASIC 等语言可用，它们各有千秋。智能仪表设计人员可根据自己的情况选取合适的开发装置和开发软件，保证智能仪表的设计达到要求。

5. 智能仪表软件结构与安全设计

（1）智能仪表软件结构。

智能仪表的软件可分为系统软件和应用软件。前者是指智能仪表本身的管理软件，主要为监控程序；应用软件涉及面非常广泛，根据不同的应用场合要求编写相关程序。智能仪表的系统软件主要由监控程序、中断程序、测量控制程序和数据处理程序等四部分组成。

（2）软件可靠性设计。

智能仪表运行软件是系统欲实现的各项功能的具体反映。软件可靠性的主要标志是软件是否真实而准确地描述了欲实现的各种功能。因此，对生产工艺的熟悉程度直接关系到软件的编写质量。提高软件可靠性的前提条件是设计人员对生产工艺过程的深入了解，并使软件易读、易测和易修改。

为了提高软件的可靠性、应尽量将软件规范化、标准化和模块化，尽可能把复杂的问题化成若干较为简单明确的小任务。把一个大程序分成若干独立的小模块，这有助于及时发现设计中的不合理部分，而且检查和测试几个小模块要比检查和测试大程序方便很多。

在软件可靠性设计中，可采用时间冗余技术、指令冗余技术、软件陷阱技术和“看门狗”技术等（在第 8 章介绍）。

（3）软件抗干扰设计。

软件抗干扰的工作主要集中在 CPU 抗干扰技术和输入输出的抗干扰技术两个方面。前者主要是抵御因干扰造成的程序“跑飞”，可采取软件“看门狗”技术、软件陷阱、掉电保护和待机抗干扰（睡眠）等方法；后者主要是消除信号中的干扰以提高系统精度，如采取数字滤波、重复输出等方法。

（4）智能仪表的自诊断技术。

自诊断技术是智能仪表中特有的智能技术。它是指智能仪表利用软件程序对自身硬件进行检查，及时发现系统中的故障并根据故障程序采取校正、切换、重组或报警等技术措施。自诊断程序可减少仪表带病运行的概率，提高系统的可靠性。自诊断程序也可以在联机调试时作为智能仪表的测试程序，一般有开机自诊断、周期性实时自诊断和键控自诊断三种自诊断方式，可以根据需要设计一种或全部。诊断内容要根据仪表的需要或必须要进行诊断的。

本章习题要求

本章节全面介绍基于单片机的新型工业自动化仪表——智能仪表所涉及的知识：

- 概述——智能仪表的基本结构、功能特点、嵌入式技术、集成技术和发展趋势。
- 智能芯片——单片机芯片。
- 可编程逻辑芯片——PAL、GAL、CPLD 和 FPGA。
- 人机接口——键盘接口、显示接口和打印机接口。
- 功能电路接口——前向通道（运算放大器、采样保持电路、ADC、数据采集）、后向通道（DAC、电流转换、专用芯片）。

- 软件设计——监控程序、软件编程、算法程序。
- 可编程控制器——PLC、PAC。
- 集成技术——集成电路、模块、插件。
- 低功耗技术——低功耗要求、功耗产生原因、软硬件低功耗设计。
- 智能仪表的设计——总体设计、硬件设计、集成技术、软件设计、软件结构和安全性设计。

本章节涉及工业自动化仪表的新型技术——智能仪表的全面知识，不仅内容丰富，还关联到较多的其他课程知识，包括模拟电路、数字电路、元器件、装置、程序等，因此可以从概念、结构、特点、原理、流程框图、设计及其系统应用等全方位地灵活出题。

第7章　总线与通信技术

随着计算机技术、通信技术及其网络体系的交叉发展，工业自动化仪表的信号制发生了革命性变化，仪表之间和电路之间的信号连接已经不再是电流/电压模式。而自动化程度越高，越需要一种灵活的、低硬件构成的标准化新型信号制。

支持同步/异步协议、有线/无线网络构成的通信体系已经展示出广泛的应用前景，并成为工业自动化仪表的发展趋势。

本章节着重介绍总线模式的各类通信技术，包括总线与通信基础、现场总线的技术特点、协议规范以及无线通信技术和无线通信协议等相关知识，还介绍互联网和移动互联网技术、卫星互联网技术等，并对未来网络体系和通信技术的发展进行展望。

7.1　概　　述

7.1.1　总线概念

通信是将需要传递的信息以一种非电量（非可连续变化的电流或电压信号）模式的电信号或频率信号按照事先约定的代码模式在特定的信号通道中进行应答式的"互通"传输过程。特定的信号通道简称为总线。

总线（Bus）是仪表之间、特别是智能仪表中各种功能部件之间传送信息的公共通信干线，它是由导线组成的传输线束。总线包括两个方面：构作总线的信道技术指标（如电气特性）和通信内容。不同的总线具有不同的技术指标，如 I^2C 总线电气特性、RS 系列电气特性、现场总线电气特性等；总线之间能够兼容，表示总线的技术指标一致。

按照数据传输的方式划分，可以分为串行总线和并行总线。并行总线的数据线通常超过2根，每次可以传送字节以上容量的信号。串行总线中，二进制数据逐位通过一根数据线发送到目的器件，每次只能传送 1bit 的信号；常见的串行总线有 SPI、I^2C、USB 及 RS-232 等。串行通道在表示通道中对每一个信道规定了明确定义和严格的应答顺序。

串行通信是指使用一条数据线，将数据一位一位地依次传输，每一位数据占据一个固定的时间长度。只需要少数几根通信线就可以在仪表之间完成信息交换，尤其是串行通信的距离适当较长，在互联网或无线技术支持下，可以实现全球远程通信。

根据传输的信息种类，总线可以分为地址总线（Address Bus，AB）、数据总线（Data Bus，DB）、控制总线（Control Bus，CB）、电源总线（Power Bus，PB）和时序总线（Time Bus，TB），表明为保证总线两侧的仪表或功能部件之间的无阻碍通信，提供了可共享的电源和时钟基准，以完成传输数据、数据地址和控制信号。

智能仪表中，往往直接采用了硬件体系中的标准时钟资源，如单片机中的时钟晶振，所以较多的通信总线都忽略了真正意义上的时钟总线，把时钟总线的实际意义隐含在通信协议中。由此可知通信总线是一个包括硬件和软件的组合性技术。按照时钟信号是否独立，可以分为同步总线和异步总线。同步总线的时钟信号独立于数据，而异步总线的时钟信号是从数据中提取出来的。SPI、I^2C是同步串行总线，RS232采用异步串行总线。

通信总线是一种结构，它是仪表之间、智能仪表内部功能部件（包括芯片之间）传递信息的公用通道，功能部件通过总线相连接，仪表之间通过相应的接口电路再与总线相连接，从而形成了仪表的硬件系统暨自动控制系统。换句话说，在自动控制系统中是以总线结构来连接各个功能设备（仪表）的。因此总线还可分为芯片级总线、内总线和外总线。

芯片级总线也叫片总线（Chip Bus，C-Bus）和元件级总线，是把各种不同的芯片连接在一起构成功能模块的信息传输通路。内总线也叫系统总线或板级总线（Internal Bus，I-Bus），是智能仪表中功能模块（或板卡）之间的信息传输通路，例如CPU模块和存储器模块或I/O接口模块之间。外总线又称通信总线（External Bus，E-Bus），是自动控制系统中仪器仪表、控制装置等之间或与其他系统之间信息传输的通路，如EIA RS-232C、IEEE-488等。

7.1.2　总线技术指标

总线具有标准的技术规范，主要包括以下几部分：①机械结构规范：模块尺寸、总线插头、总线接插件以及安装尺寸均有统一规定。②功能规范：总线每条信号线（引脚的名称）、功能以及工作过程要有统一规定。③电气规范：总线每条信号线的有效电平、负载能力等。

从总线的技术指标分析，主要有①总线的带宽（总线数据传输速率）。总线的带宽指的是单位时间内总线上传送的数据量，即每秒钟传送MB的最大稳态数据传输率。与总线密切相关的两个因素是总线的位宽和总线的工作频率，即总线的带宽＝总线的工作频率×总线的位宽/8［或者：总线的带宽＝（总线的位宽/8）/总线周期］。②总线位宽。总线位宽指的是总线能同时传送的二进制数据位数，或数据总线的位数，即32位、64位等总线宽度的概念。总线的位宽越宽，每秒钟数据传输率越大，总线的带宽越宽。③总线工作频率。总线工作时钟频率以MHz为单位，工作频率越高，总线工作速度越快，总线带宽越宽。

7.1.3　通信协议及其实现

1. 协议构成

通信时约定的代码表明通信的互通方式，也称为协议。协议就是指一些规则，简单的说就是为了能相互理解，必须用同一种语言。在数据传输中，通信只向一个方向进行，从发射端到接收端。通信可能在发射端和接收端之间受到外界的干扰而使数据发生错误，因此需要协议来保证接收端能够保证接收到从发射端来的数据，并确定所接收数据是否是实际数据。

通信协议中，有同步通信和异步通信两种方法，对于距离较近、数据量较大、仪表运行环境相对比较理想时，可以通过同步协议完成在短时间内的大量信息连续传送，这与手机之间通过蓝牙协议无线传送数据类似。在工业环境，干扰较多，同步通信会产生较大的误码率。较多的采用异步通信。

图7-1　异步通信协议结构

异步通信模式如图7-1所示，以一个规定电平的数字节宽度作为异步通信的开始，然后传送一般多于4bit长度的数据，传送完毕后有个诊断请求，然后以与开始电平相反的结束电平完成一个数据的传送。数据位的长度可以根据有效数据的量来决定，8421码、BCD

码可以用4bit，ASCII码用7bit。校验位根据应用要求来取舍。所以通信时依据什么样的总线，协议模式和协议的物理意义是不相同的。

2. 协议实现

通信过程是完成两个及两个以上模块（仪表）之间传送信息，启动操作过程的是主模块，其他模块是从模块，某一时刻总线上只能有一个主模块占用总线。具体通信时主模块申请总线控制权，总线控制器进行裁决；在主模块得到总线控制权后寻址从模块，从模块确认后进行数据传送。

数据传送时必须遵循总线定时协议：定时协议可保证数据传输的双方操作同步，传输正确。共有三种类型：①同步总线定时：总线上的所有模块共用同一时钟脉冲进行操作过程的控制。各模块的所有动作的产生均在时钟周期的开始，多数动作在一个时钟周期中完成。②异步总线定时：操作的发生由源或目的模块的特定信号来确定。总线上一个事件的发生取决于前一事件的发生，双方相互提供联络信号。③半同步总线定时：总线上各操作的时间间隔可以不同，但必须是时钟周期的整数倍，信号的出现，采样与结束仍以公共时钟为基准。ISA总线采用此定时方法。

7.1.4 总线优缺点

1. 采用总线结构的优点

①简化了硬件的设计。②简化了系统结构。③系统扩充性好。④系统更新性能好。只要总线设计恰当，具有新功能或产品更新换代后，无需修改原主机就可以更换。⑤便于故障诊断和维修。

2. 采用总线结构的缺点

①总线传送具有分时性。当有多个主设备同时申请总线的使用是必须进行总线的仲裁。②总线的带宽有限，如果连接到总线上的各硬件设备没有资源调控机制容易造成信息的延时（这在某些即时性强的地方是致命的）。③连到总线上的仪表必须有信息的筛选机制，要判断该信息是否是传给自己的。

工业自动化仪表采用通信技术的目的，不仅仅将传统工业仪表的电流/电压信号制更换成包含较多信息量的数码模式；还能够将现场所有工业自动化仪表构成信息流通极为通畅的网络方式，使原先每一个仪表运行时均需要五线信号制（3根电源线和2根电流信号线）或2线信号制（1根24V电源线和1根4～20mA的信号线）简化到所有仪表共用2根信号线。

网络化技术的发展也已经提升到可靠、快速、灵活、方便、低廉的水平；入网接口简洁方便，工业自动化仪表借助网络技术构成基于仪表体系的自动控制系统显得更加快捷。

7.1.5 总线与网络

随着总线技术不断应用于智能仪表和自动控制系统，以“计算机”为核心设备的网络技术和通信技术得以迅速发展，使自动控制系统从人工控制、集中控制系统发展到集散控制系统，20世纪90年代出现了基于现场总线技术的现场总线控制系统，而今无线通信技术又在逐步进入工业控制领域。

所谓计算机网络，就是把分布在不同地理区域的计算机与专门的外部设备用通信线路互联成一个规模大、功能强的网络系统，从而使众多的计算机可以方便地互相传递信息，共享硬件、软件、数据信息等资源。随着对计算机网络体系结构和协议的研究，形成了符合国际标准的计算机网络，并向互联、高速、智能、虚拟方向发展。换句话说，计算机网络的定义是若干自治计算机的互联集合，是一个计算机群体，彼此间用传输介质互联起来，并遵守共同的协议相互进行通信，实现资源共享。它与一般的计算机互联系统的区别在于有无一致遵守的通信协议。对于计算机网络的定义，大致有以下三种观点：

第一种是广义的观点，计算机网络被定义为：以传输信息为主要目的、用通信线路将多个计算机连接起来的计算机系统的集合。实现了对分散于各地的数据进行集中处理与监视，以及远程批处理作业。这是计算机网络的低级阶段。

第二种是资源共享的观点，它被定义为：以能够相互共享资源的方式连接起来，并且各自具有独立功能的计算机系统的集合。

第三种是对用户透明的观点，将计算机网络描述为一个分布式系统，即存在着一个能为用户自动管理资源的网络操作系统，可由它调用完成用户任务所需要的资源，使整个网络像一个大的计算机系统一样对用户是透明的。计算机网络为分布式系统研究提供了技术基础。

而从 20 世纪 70 年代以来，由于计算机工业迅速发展，世界各主要计算机生产厂家都分别开发出各自的计算机系列产品，它们各自拥有自己的操作系统和其他系统软件。由于缺乏一个通用的通信系统体系结构，使得异种计算机互联成为一个难题。

国际标准化组织 ISO 下设了一个专门委员会 SC16，着手制订开放系统互联的有关标准。所谓开放系统，是指任何信息系统只要遵循这一国际标准进行构造，就可以与世界上所有遵循这同一标准的其他系统互联和互通。该委员会于 1979 年完成了基于功能分层概念而开发的结构模型，称为 OSI（开放系统互联）参考模型，其体系结构如图 7-2 所示。

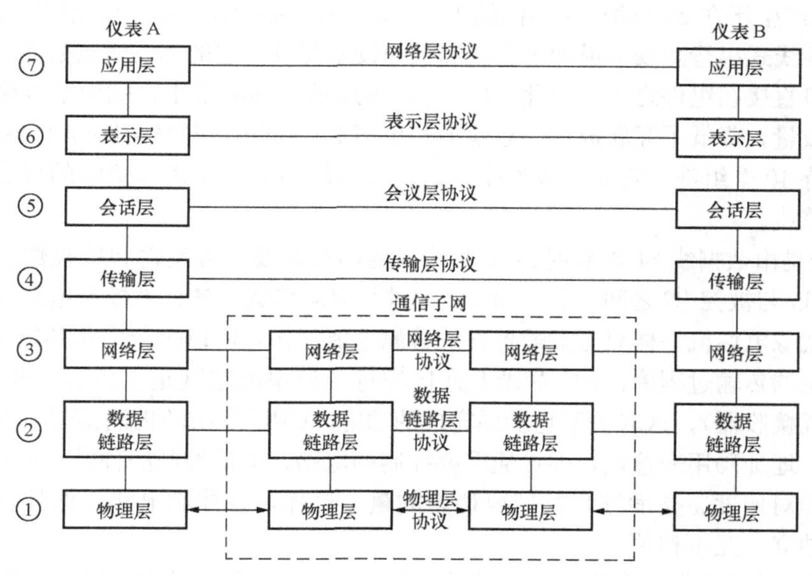

图 7-2 OSI 七层体系结构

图 7-2 规定了一种分层的体系结构，从逻辑上把复杂的计算机网络划分为七个相对独立的功能层次，每个层次都在完成信息交换的任务中担当一个相对独立的角色，具有特定的功能，下面简要地介绍一下各层功能。

(1) 物理层。物理连接的建立与拆除，即提供有关同步和比特流在物理媒体上的传输手段。

(2) 数据链路层。建立、维持和拆除链路连接，实现无差错传输的功能。该层对连接相邻的通路进行差错控制、数据成帧、同步等控制。

(3) 网络层。规定了网络连接的建立、维持和拆除的协议。主要功能是利用数据链路层提供的相邻节点间无差错数据传输功能，通过路由选择和中继功能，实现两个系统之间的连接。

(4) 传输层。完成开放系统之间的数据传送控制。主要功能是开放系统之间数据的收发确认，同时，还用于弥补各种通信网络的质量差异，进一步提高可靠性。

(5) 会话层。依靠传输层以下的通信功能使数据传送功能在开放系统间有效地进行。其主要功能是按照在应用进程之间的约定，按照正确的顺序收发数据，进行各种形式的对话。

(6) 表示层。主要功能是把应用层提供的信息变换为能够共同理解的形式，提供字符代码、数据格式、控制信息格式、加密等的统一表示。表示层仅对应用层信息内容的形式进行变换，而不改变其内容本身。

(7) 应用层。应用层的功能是实现应用进程之间的信息交换。同时，还具有一系列业务处理所需要的服务功能。

7.2 通 用 总 线

7.2.1 I²C总线

I²C总线产生于在20世纪80年代的I²C (Inter-Integrated Circuit) 总线是由PHILIPS公司开发的两线式串行总线，最初为音频和视频设备开发。它的主要优点是其简单性和有效性。由于接口直接在组件之上，因此，I²C总线占用的空间非常小，减少了电路板的空间和芯片管脚的数量，降低了互联成本。总线的长度可高达25in，并且能够以100kbit/s的最大传输速率支持40个组件。它支持多主控方式，任何能够进行发送和接收的仪表（部件）都可以成为主总线。

I²C总线是由数据线SDA和时钟SCL构成的串行总线，可发送和接收数据，如图7-3所示。在CPU与被控IC之间、IC与IC之间进行双向传送。各种被控制电路均并联在这条总线上，但就像电话机一样只有拨通各自的号码才能工作，所以每个电路和模块都有唯一的地址。在信息的传输过程中，I²C总线上并接的每一模块电路既是主控器（或被控器），又是发送器（或接收器），这取决于它所要完成的功能。CPU发出的控制信号分为地址码和控制量两部分，地址码用来选址，即接通需要控制的电路，确定控制的种类；控制量决定该调整的类别（如对比度、亮度等）及需要调整的量。这样，各控制电路虽然挂在同一条总线上，却彼此独立，互不相关。

I²C总线在传送数据过程中共有三种类型信号：开始信号、结束信号和应答信号。

开始信号：SCL为高电平时，SDA由高电平向低电平跳变，开始传送数据。

结束信号：SCL为高电平时，SDA由低电平向高电平跳变，结束传送数据。

应答信号：接收数据的从控器在接收到8bit数据后，向发送数据的主控器发出特定的低电平脉冲，表示已收到数据。CPU向从控器发出一个信号后，等待从控器发出一个应答信号，CPU接收到应答信号后，根据实际情况作出是否继续传递信号的判断。若未收到应

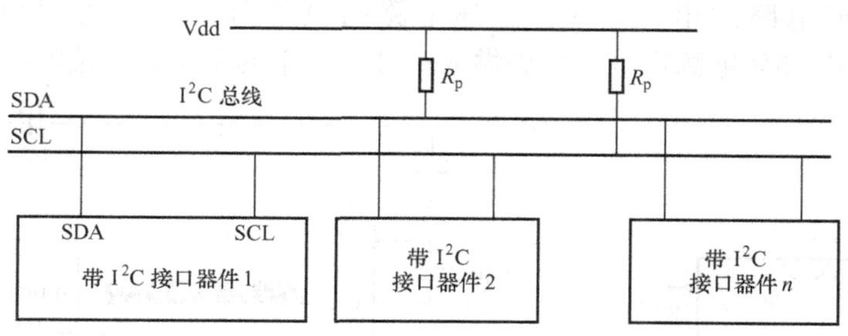

图 7-3 I²C 总线结构图

答信号，判断为受控单元出现故障。

I²C 规程运用主/从双向通信。器件发送数据到总线上，则定义为发送器，器件接收数据则定义为接收器。主控器和从控器都可以工作于接收和发送状态。总线必须由主控器（通常为微控制器）控制，主控器产生串行时钟（SCL）控制总线的传输方向，并产生起始和停止条件。SDA 线上的数据状态仅在 SCL 为低电平的期间才能改变，SCL 为高电平的期间，SDA 状态的改变被用来表示起始和停止条件。

目前有很多半导体集成电路上都集成了 I²C 接口，包括单片机、存储器、监控芯片、I/O、ADC/DAC 等，还有 USB 转 I²C 专用芯片。

7.2.2 RS 系列

在串行通信中另一个大家必须遵从的是物理上的电气接口标准，是通信协议的重要组成部分。较为广泛应用的通用串行通信标准有 RS-232C、RS-422 和 RS-485 等。

1. RS-232C 串行通信

RS-232C 为目前最常用的串行接口标准，其内容包括接口的信号定义和电气特性。最简单全双工连接最少只需三根导线，两个设备通过各自 RXD 与 TXD 信号的交叉连接实现点对点通信。三线全双工线路的连接，RS-232C 最常用的几个信号及其九针连接器如图 7-4所示。

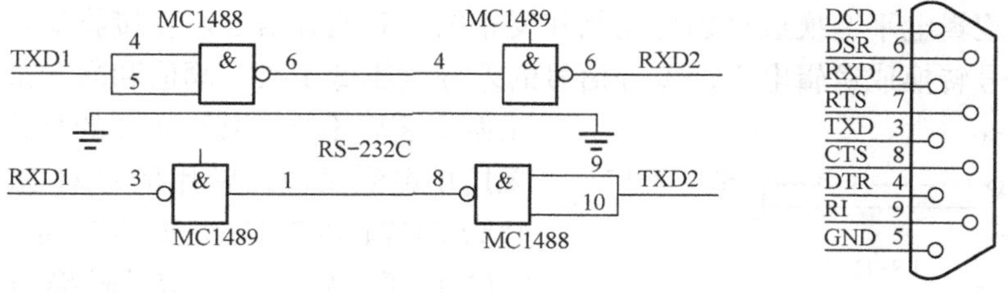

图 7-4 RS-232 通信电路及其九针连接器

RS-232C 的电气接口使用单端的、不平衡的发送器和接收器。RS-232C 的传输电平采用负逻辑，规定＋3～＋15V 表示逻辑“0”，－3～－15V 表示逻辑“1”，其目的是提高对噪声的容限（约 2V）。为了实现这样的电气特性，在经典的电路设计中必须提供两个分别为正负极性的电源，且必须在线路的输入端和输出端安排电平转换电路，实现 RS-232C 电平与 TTL 电平之间的转换。图 7-4 中，MC1488 发送器将 TTL 电平的发送信号 TXD 转换为 RS-232C 电平，而 MC1489 接收器则将 RS-232C 电平的接收信号 RXD 转换为 TTL 电平。

由于新型集成电路的出现，现在上述电路的设计可变的较为简单。图 7-5 中的 MAX202 芯片只需+5V 电源供电，可提供 RS-232 电平的发送器和接收器各两个。

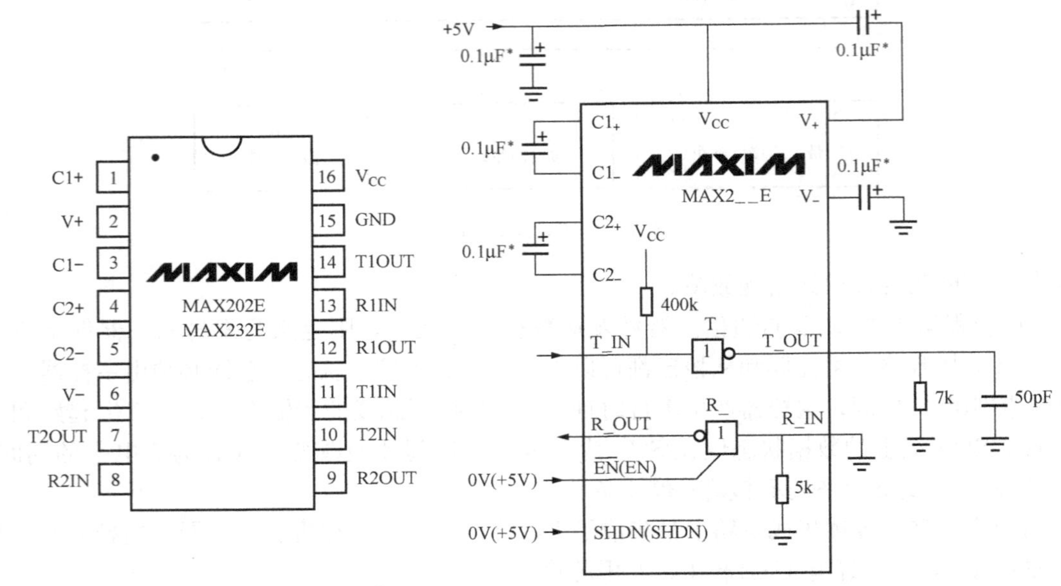

图 7-5 MAX202 及其应用电路

RS-232C 串行通信标准由于其单端信号的不平衡传输而容易受到以共模信号出现的干扰，在这一点上与以 TTL 电平传输的并行传输没有本质的差别，因而传输速率和距离均有限。采用最高数据速率 19.2kbit/s 时通信距离可达 15m。RS-232C 在电气特性上只适用于点对点传输，难以直接形成总线式网络。

2. RS-422 串行通信

美国电子工业协会（EIA）于 1978 年公布了 RS-422 标准，是为了在本质上提高串行通信电气特性，又考虑在数据格式上与 RS-232 兼容而制订的。RS-422 在发送端通过传输线驱动器，把逻辑电平变换成分别为同相和反相的一对差分信号，在接收端，通过传输线接收器把差分信号转换成逻辑电平。差分信号的差分电压低于某一阈值和高于某一阈值分别表示两个逻辑电平。RS-422 的总线接口芯片只需采用单电源供电。常用的一对 RS-422 接口芯片为 75174 和 75175，如图 7-6 所示。74174 将 TTL 电平的发送串行信号转换为一对差分信号送至 RS-422 总线，而 74175 则将总线上的差分信号转换为 TTL 电平。RS-422 总线可在两个装置之间建立起全双工的串行数据通道，需要用到两对导线。每对导线中一条是同相信号线，另一条是反相信号线，在线路连接时要加以区别，不能接错。

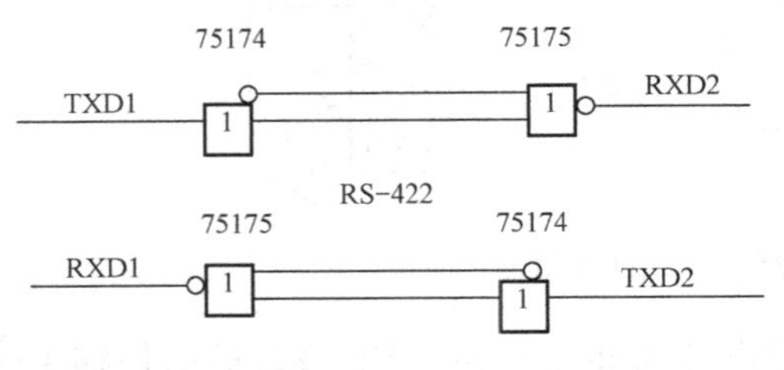

图 7-6 RS-422 通信线路

由于差分信号及其有关电路具有的对共模噪声的抑制能力，RS-422 可达到比 RS-232C 更远的传输距离和更高的传输速率。传输速率为 10Mbit/s 时电缆长度可达 120m；如采用 90kbit/s 低速传送，距离可达 1200m。

在电气特性上RS-422标准允许点对点的全双工通信，但是不能直接形成总线式网络。

3. RS-485串行通信

在现代计算机网络测控系统中，总线式网络是优点较为突出的网络拓扑结构。为此，在RS-422的基础上推出了RS-485标准。RS-485在电气标准上与RS-422相同，可以使用与RS-422完全相同的接口芯片。但是由于其特殊的线路连接而具有如下的特点：

某一设备与其他设备的连接只需两根导线。与其他设备之间的数字信号的发送和接收均通过这两根导线。这样的连接实际上导致每台设备上的发送输出和接收输入连接在一起。

不能实行全双工通信，在任何时刻，只允许连接中的一台设备发送信息，其他设备的发送器电路输出应处于高阻状态。如果能保障这个前提，则多台设备可连接这两根导线上实现总线式的连接，这两根导线因此而被称为485总线。在一台设备发送信息时，其他设备包括发送设备本身均可以对发送信息进行监听。

由于485总线上缺乏仲裁机制。挂接在485总线上的所有设备中必须安排一个设备作为主设备，并为它编制软件来调度其他设备的接收和发送，形成主从式总线网络。

图7-7所示为一个典型的RS-485总线系统。该系统包含三个装置，各装置的发送器总线接口必须具有三态能力。某一时刻的发送装置利用RTS（Request to Send）有效信号选通，将欲发送数据通过发送器总线接口送到485总线上去。而其他装置上的发送器则因各自的RTS无效信号而呈高阻态。各装置中的接收器始终是对总线上的信息开放的。总线上可挂接的装置数，取决于发送器总线接口的驱动能力。

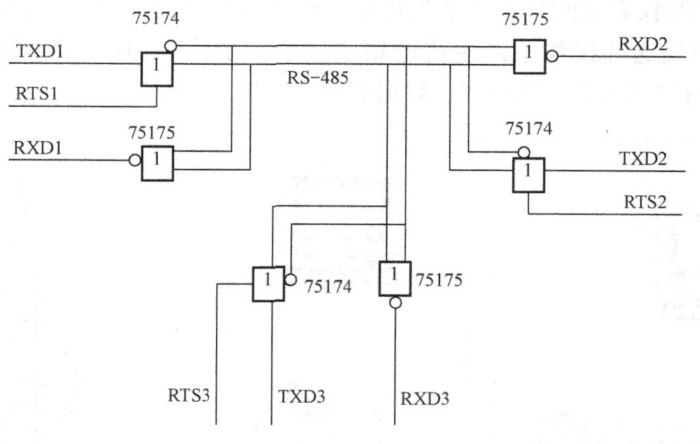

图7-7 RS-485总线系统

综上所述，485总线构成了总线式网络的雏形，在此基础上导致了现代总线式网络的发展。按照网络的概念，凡在网络中具有独立能力的能在网络中执行信息交换功能的智能设备均称之为节点（Node）。485总线中的主设备即为主节点，其他设备为从节点。

7.2.3 GPIB总线（IEEE-488）

美国著名仪表公司惠普公司为了将其系列可编程仪表与计算机连接起来，于1965年设计了HP-IB（Hewlett-Packard Interface Bus，HP接口总线）。由于其具有很高的传输速率而迅速得到广泛应用，并于1975年被接受作为美国电工电子工程师学会的IEEE-488标准，且发展为美国国家标准ANSI/IEEE 488.1。目前，这一标准更多地被称为GP-IB（General Purpose Interface Bus，通用接口总线）。

GPIB仪表之间的通信是通过接口系统发送仪表消息和接口消息来实现的，是一种并行总线。仪表消息通常称之为数据或数据消息，其中包含该仪表的特定信息如编程指令、测量结果、机器状态和数据文件等。接口消息则用于管理总线，通常称为命令或命令消息。接口消息执行诸如总线初始化、对仪表寻址、将仪表设置为远程方式或本地方式等操作。这里所指的命令（command）不应与也称作命令的某些仪表指令相混淆，那些特定仪表的专用命令在GPIB系统中实际上只不过是一些数据消息。

GPIB仪表可分为讲者（Talker）、听者（Listener）和控制器（Controller或称控者）。讲者向接收数据的一个或多个听者发送数据消息。控制器则通过向所有的仪表发送命令来管理GPIB总线上的信息流。一台仪表，例如，多用表既可能是讲者，也可能是听者。

在系统中讲者和听者的身份需要更换时，则系统中必须有一个控制器。这个控制器通常是一台计算机。配置了相应软硬件的计算机既可为讲者，也可为听者和控制器。系统中可有多个控制器，但是在任何时刻只能有一个控制器起作用，称为执行控制器（CIC，Controller-In-Charge）。

GPIB接口由16根信号线和8根接地返回线组成。16根信号线可分成数据线（8根）、挂钩（handshake）线（3根）和接口管理线（5根）共三组，如图7-8所示。

DIO1至DIO8八根数据线传输数据消息和命令消息。ATN线的状态决定数据线上的消息是数据还是命令。所有的命令和大多数数据采用七位ASCII或ISO代码，故第八位DIO8不是未加使用就是用作奇偶位。

三根挂钩线控制仪表之间信息字节的传输。形成可称之为三线互锁挂钩的过程以保证数据线上信息字节的发送和接收不产生传输错误。这三个信号为：①NRFD，接收数据未就绪；②NDAC，未接收数据；③DAV，数据有效。

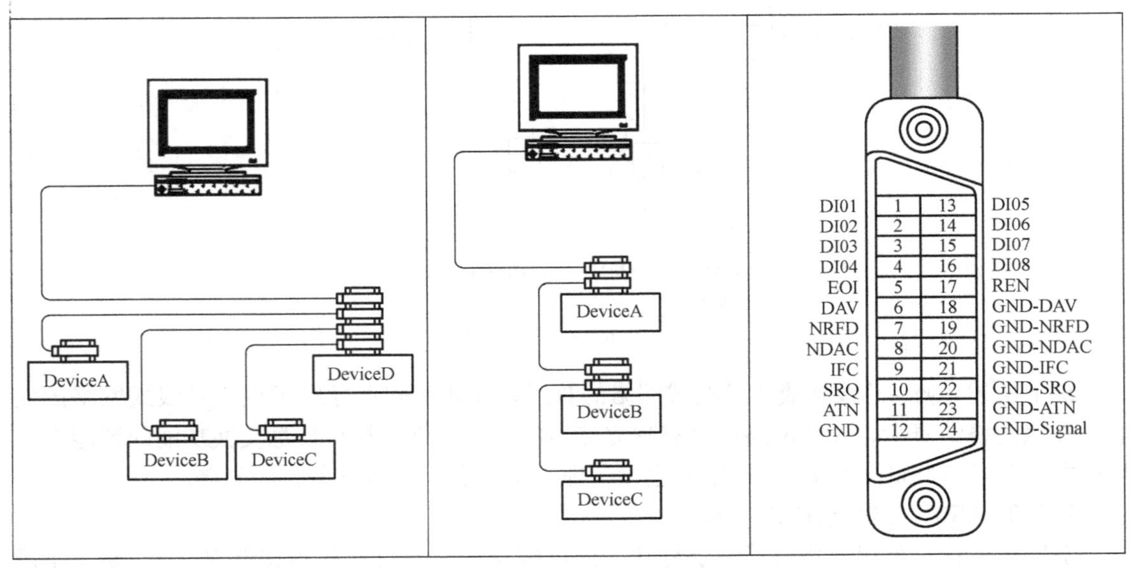

图7-8 GPIB应用方式和连接接口

有五根信号线用于管理信息在接口上的流通，这些接口管理线分别如下：①ATN，注意；②IFC，清接口；③REN，远控使能；④SRQ，服务请求；⑤EOI，结束或确认。

GPIB使用TTL电平负逻辑，例如当DAV为真时，其电平为TTL的低电平（≤0.8V），而当DAV为假时，其电平为TTL高电平（≥2.0V）。

GPIB总线上的典型操作过程可简述如下：

控制器加电后发出IFC信号使所有的GPIB设备初始化，设置ATN（低电平有效）使得控制器可向总线上的听者和讲者发送命令，数据线上的八位数据为命令地址组合码，其定义见表7-1。由该表可知GPIB可使用16条通用命令，可使用32个地址。

表7-1　命令地址组合码

D8	D7	D6	D5	D4	D3	D2	D1	意义
X	0	0	0	B4	B3	B2	B1	通用命令
X	0	1	A5	A4	A3	A2	A1	听地址
X	0	1	1	1	1	1	1	非听地址
X	1	0	A5	A4	A3	A2	A1	讲地址
X	1	0	1	1	1	1	1	非讲地址
X	1	1	A5	A4	A3	A2	A1	辅助命令
X	1	1	1	1	1	1	1	不应答

为了达到GPIB所设计的高数据传输率，仪表之间的实际距离和总线上的设备数目都有一定的限制。正常工作时的典型限制是：①任何两个设备之间最大分开不得超过4m，整个总线上平均分开2m。②最大电缆长度是20m。③每一总线连接不得有超过15个设备负载，且工作的设备不得少于三分之二。④对更高速率，采用3线IEEE 488.1握手（T1延时=350ns），HS488的系统，限制条件是：最大电缆长度是15m，每设备负载1m。⑤所有设备必须上电。⑥所有设备必须使用48mA三态驱动器。⑦每一信号的设备电容应小于50pF。

在IEEE 488.1（GPIB）的基础上，IEEE488.2扩大和增进了IEEE488.1，它标准化了数据格式、状态报告、纠错、控制器功能和共通指令，这个指令是所有仪表必须以一种定义了的方式进行响应的。通过这样的标准化，IEEE488.2系统更适配和更可依赖了。

7.2.4　USB

USB“通用串行总线”（Universal Serial Bus，USB）诞生于1994年，它是一种串行总线系统，带有5V电压，支持即插即用和热拔插功能，最多能同时连入127个USB设备，由各个设备均分带宽。USB发展到今天，总共有四种标准：1996年发布的USB1.0，1998年发布的USB1.1，2000年发布的USB2.0和USB3.0。

USB采用四线电缆，其中两根是用来传送数据的串行通道，另两根为下游（Downstream）设备提供电源，对于高速且需要高带宽的外设，USB以全速12Mbit/s的传输数据；对于低速外设，USB则以1.5Mbit/s的传输速率来传输数据。USB总线会根据外设情况在两种传输模式中自动地动态转换，但USB的传输距离较短，一般只有5m（Hub30m）。

7.3　现场总线技术

按照国际电工委员会IEC61158标准的定义，现场总线是应用在制造或过程区域现场装置与控制室内自动控制装置之间的数字式、串行、多点通信的数据总线。以现场总线为技术核心的工业控制系统，称为现场总线控制系统（Fieldbus Control System，FCS）。FCS被誉为工业自动化控制领域中的计算机局域网，它把集散控制系统的集中与分散相结合的概念变成了新型的全分布控制系统。

7.3.1　现场总线技术的特点

现场总线技术打破了传统控制系统的结构形式，在技术上具有以下特点：①系统的开放性。开放是指对相关标准的一致性、公开性，强调对标准的共识与遵从。开放系统是指通信协议公开，可以与任何遵守相同标准的其他系统相连的系统。现场总线开发者就是要致力于建立统一的工厂底层网络的开放系统。②互操作性与互用性。互操作性是指实现互联设备间、系统间的信息传送与沟通；互用性则意味着不同生产厂家的性能类似的设备可实现相互替换。③现场设备的智能化与功能自治性。它将传感测量、补偿计算、工程量处理和控制等功能分散到现场设备中完成，仅靠现场设备即可完成自动控制的基本功能，并可随时诊断设备的运行状态。④系统结构的高度分散性。现场总线已构成一种新的全分布式控制系统的体系结构。从根本上改变了现有DCS集中与分散相结合的集散控制系统体系，简化了系统结构，提高了可靠性。⑤对现场环境的适应性。工作在生产现场前端，作为工厂网络底层的现场总线，是专为在现场环境而设计的，可支持双绞线、同轴电缆、射频、红外线等，具有较强的抗干扰能力。

由于现场总线技术具有以上特点，特别是现场总线系统结构的简化，使控制系统从设计、安装、投运到生产运行及检修维护，都体现出优越性，其优点体现在以下几个方面。

(1) 节省硬件数量与投资：由于分散在现场的智能仪表能直接执行多种传感、测量、控制、报警和计算功能，因而可减少变送器的数量，不再需要单独的调节器、计算单元等，也不再需要DCS系统的信号调理、转换、隔离等功能单元及其复杂接线，还可以用工控PC机作为操作站，从而节省了一大笔硬件投资，并可减少控制室的占地面积。

(2) 节省安装费用：现场总线系统的接线十分简单，一对双绞线或一条电缆上通常可挂接多个设备，因而电缆、端子、槽盒、桥架的用量大大减少，连线设计与接头校对的工作量也大大减少。当需要增加现场控制设备时，无需增设新的电缆，可就近连接在原有的电缆上，既节省了投资，又减少了设计、安装的工作量。据有关典型试验工程的测算资料表明，可节约安装费用60%以上。

(3) 节省维护开销：现场控制设备具有自诊断与简单故障处理的能力，并通过数字通信将相关的诊断维护信息送往控制室，用户可以查询所有设备的运行，诊断维护信息，以便早期分析故障原因并快速排除，缩短了维护停工时间，同时由于系统结构简化，连线简单而减少了维护工作量。

(4) 用户具有高度的系统集成主动权：用户可以自由选择不同厂商所提供的设备来集成系统。避免因选择了某一品牌的产品而限制了使用设备的选择范围，不会为系统集成中不兼容的协议、接口而一筹莫展，使系统集成过程中的主动权牢牢掌握在用户手中。

(5) 提高了系统的准确性与可靠性：现场设备的智能化、数字化，与模拟信号相比，从根本上提高了测量与控制的精确度，减少了传送误差。简化的系统结构，设备与连线减少，现场设备内部功能加强，减少了信号的往返传输，提高了系统的工作可靠性。

此外，由于它的设备标准化，功能模块化，因而还具有设计简单，易于重构等优点。

7.3.2 现场总线的网络通信模型与体系结构

IEC/ISA（国际电工委员会/美国仪表协会）在综合了多种现场总线标准的基础上制定了现场总线协议模型。它规定了现场应用过程之间的互可操作性、通信方式、层次化的通信服务功能划分、信息流向及传递规划。现场总线的网络通信模型由物理层、数据链路层和应用层组成，如图7-9所示，在应用层上可加用户层，用来定义在现场设备内完全分散的数据采集和控制功能。这主要是针对工业过程的特点，使数据在网络流动中尽量减少中间环节，加快数据传递速度，提高网络通信及数据处理的实时性。

就网络的用途来说，可分为数据网络和控制网络两类。数据网络应用于办公和通信等领域，其特点是数据通信量大，需要传输文件、报表、图形以及信息量更大的音频、视频等多媒体数据。数据网络从最初的局域网（LAN），局域网与局域网互联而逐步发展，导致Internet的出现。而当企业看到Internet的巨大商业价值后，将LAN与Internet成功结合为Intranet，使数据网络的发展和应用进入到一个崭新的阶段。

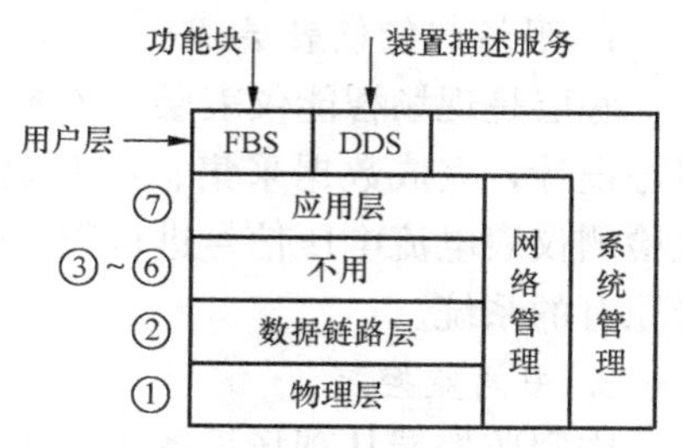

图7-9 现场总线的网络通信模型

控制网络是完成自动化任务的网络系统，其网络节点除普通计算机外，更大量的是具有计算和通信能力的测控仪表。这些测控仪表分布在工厂、建筑和家庭中，用于生产和生活的各方面。与数据网络相比，控制网络主要应用于监测与控制，数据传输量一般较小，但要求具备高度的实时性、安全性和可靠性。由于这样的技术特点，控制网络在实现OSI上有所抉择和取舍（图7-9所示的现场总线采用三层网络结构——物理层、数据链路层和应用层），但可采用低成本的桥接器、路由器和网间连接器与其他开发式系统连接。

采用现场总线技术构成的控制网络体系结构是计算机控制系统发展的必然结果。计算机在工业控制中的应用最初是直接数字控制（DDC-Direct Digital Control）阶段，发展到集散控制系统（DCS-Distributed Control System），实现了“集中管理、分散控制”的主从方式。这种系统在适用范围，可扩展性，可维护性以及抗故障能力等方面，较之分散型仪表控制系统和集中的DDC系统都具有明显的优越性。

DCS系统虽然对DDC系统中存在的可靠性问题作了根本性的改善，但仍存在着局部危险集中的问题，因为DCS中的现场测控计算机本身仍然是一个DDC装置。DCS中的现场测控计算机数量毕竟有限，与现场仪表和执行器之间的电缆连接仍有相当数量。

随着各种仪表、仪器和装置由于微处理器的嵌入形成底层设备智能化的普及，结合DCS的局限，一种实现控制环节彻底分散的控制系统——现场总线控制系统（FCS-Fieldbus Control System）于是就应运而生。也构成了现场总线体系的网络系统结构，如图7-10所示。图中FCS有三个层面。

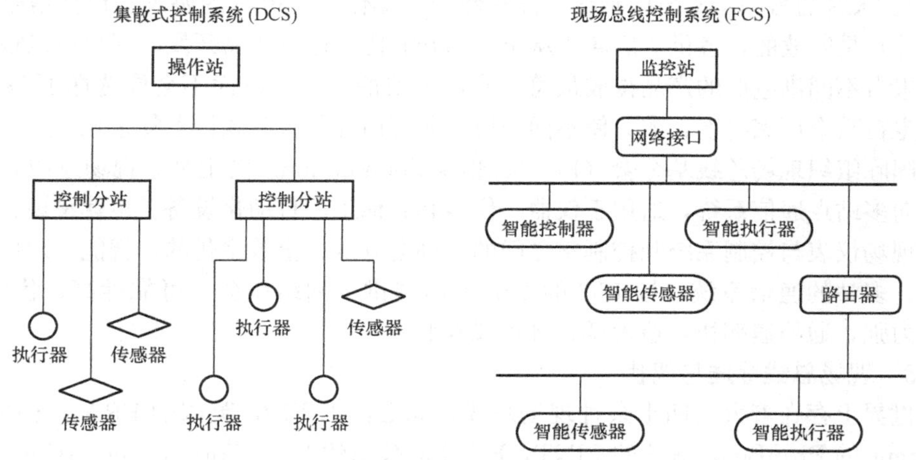

图7-10 DCS和FCS结构及对比

1. 现场智能仪表层

底层是现场智能仪表层。依照现场总线的协议标准，智能仪表采用功能块的结构，通过组态设计，完成数据采集、A/D 转换、数字滤波、PID 控制等各种功能。智能转换器对传统检测仪表电流电压信号进行数字转换和补偿。此外，总线上可以具有 PLC 接口，便于连接原有的系统。

2. 中间监控层

中间监控层从现场设备中获取数据，完成各种控制、运行参数的监测、报警和趋势分析等功能，还包括控制组态的设计和下装，监控层的功能一般由上位机来完成。它通过网络接口板与现场总线相连，协调网络节点之间的数据通信，充当链路活动调度器（LAS）的角色，或者通过专门的现场总线接口（转换器），实现现场总线网段与以太网段的连接。后一种方式使系统配置更加灵活。

3. 远程监控层

上层是基于 Internet 的远程监控层。其主要目的是在分布式网络环境下，构建一个安全的远程监控系统。目前远程监控的实现途径就是通过 Internet，主要方式是利用企业专线或者利用公共数据网。

在 FCS 中，现场仪表层是整个网络模型的核心，只有确保总线仪表之间可靠、准确、完整的数据传输，上层网络才能获取信息以实现其监控功能。从中可知 FCS 有以下特点。

FCS 的信号传输实现了全数字化，现场的大量信号直接接到节点控制单元，执行测控任务的节点将采集到的数据和所执行的操作等信息转换为数字信号向网上发送，执行管理的节点以数字形式向网上发送命令。由于一根通信电缆（双绞线）是所有的节点之间的唯一连接，工程设计人员和现场施工人员发现可节省大量的电缆（50%～80%），同时避免了模拟信号传输过程中的干扰，降低了对环境如接地和电磁干扰的要求，并保证了数据的一致性。

FCS 是一种完全分散式的体系结构，其智能体系已分散并嵌入在网络拓扑上体现为节点的现场仪表之中，现场仪表具有一定程度的自治功能。即使在系统的局部出现问题的时候，系统中的其他部分仍然可以按既定的控制规律继续运行。

FCS 与 DCS 的另一个本质区别在于开放性和互操作性；FCS 的协议（包括信号协议和电气接口等）是开放的，各供货厂商遵从统一的开放协议进行产品开发，用户可以根据自己的需要把来自不同供应商的产品构成最符合自己需要的一套系统而不会像选择了 DCS 系统一样被锁定在某个厂家身上，或为使不同的协议兼容而在硬件和软件上复杂化。

根据国际组织现场总线基金会（FF-Fieldbus Foun-dation）的定义，现场总线是一种全数字的双向多站点通信系统，适用于仪器、仪表和其他工厂自动化设备。也就是说：现场总线是用于现场仪表与控制系统和控制室之间的一种全分散、全数字化的、智能、双向、多变量、多点、多站的通信系统，按 ISO 的 OSI 标准提供了网络服务，可靠性高，稳定性好，抗干扰能力强，通信速率快，造价低，维护成本低。

7.3.3 现场总线标准与现状

目前世界上存在着大约四十余种现场总线，如法国的 FIP，英国的 ERA，德国西门子公司 Siemens 的 ProfiBus，挪威的 FINT，Echelon 公司的 LONWorks，PhenixContact 公司的 InterBus，RoberBosch 公司的 CAN，Rosemounr 公司的 HART，CarloGarazzi 公司的

Dupline，丹麦 ProcessData 公司的 P-net，PeterHans 公司的 F-Mux，以及 ASI（ActraturSensorInterface），MODBus，SDS，Arcnet，国际标准组织—基金会现场总线 FF：FieldBusFoundation，WorldFIP，BitBus，美国的 DeviceNet 与 ControlNet 等。这些现场总线大都用于过程自动化、医药领域、加工制造、交通运输、国防、航天、农业和楼宇等领域，大概不到十种的总线占有 80%左右的市场。

从 1984 年国际电工委员会（IEC）开始制定现场总线国际标准至今，争夺现场总线国际标准的大战持续了 16 年之久。先后经过 9 次投票表决，最后通过协商、妥协，于 2000 年 1 月 4 日 IEC TC65（负责工业测量和控制的第 65 标准化技术委员会）通过了 8 种类型的现场总线作为新的 IEC61158 国际标准：①类型 1 IEC 技术报告（即 FF 的 H1）；②类型 2 ControlNet（美国 Rockwell 公司支持）；③类型 3 Profibus（德国 Siemens 公司支持）；④类型 4 P-Net（丹麦 Process Data 公司支持）；⑤类型 5 FF HSE（即原 FF 的 H2，Fisher-Rosemount 等公司支持）；⑥类型 6 Swift Net（美国波音公司支持）；⑦类型 7 World FIP（法国 Alstom 公司支持）；⑧类型 8 Interbus（德国 Phoenix Conact 公司支持）。

8 种现场总线采用的通信协议完全不同，要实现这些总线的兼容和互操作是十分困难的。因此，到 2003 年 4 月，IEC61158 Ed. 3 现场总线标准第 3 版正式成为国际标准，在原 8 种类型的现场总线基础上做了调整，即：①类型 1 TS61158 现场总线；②类型 2 ControlNet 和 Ethernet/IP 现场总线；③类型 3 Profibus 现场总线；④类型 4 P-NET 现场总线；⑤类型 5 FF HSE 现场总线；⑥类型 6 SwiftNet 现场总线；⑦类型 7 World FIP 现场总线；⑧类型 8 Interbus 现场总线；⑨类型 9 FF H1 现场总线；⑩类型 10 PROFInet 现场总线。

尽管确定了标准，还有不少现场总线按照自己的发展途径和应用领域开展领域中的“标准”。在国内，CAN 总线和 Modbus 就是典型事例。每种现场总线都力图将其应用领域扩大，彼此渗透。有“标准”而又无视标准，各类总线最终可能走向基于 TCP/IP 协议的 Ethernet，即 Ethernet/IP。基于 TCP/IP 的 Ethernet 构成的工厂网络的最大优点是将工厂的商务网、车间的制造网络和现场级的仪表、设备网络构成了畅通的透明网络，并与 WEB 功能相结合，与工厂的电子商务、物资供应链和 ERP 等形成整体，这就是新型的透明工厂概念。而在 2007 年颁发了第四版。

表 7-2　IEC 61158 标准系列

系　列	内　容
IEC/TR61158-1	总则与导则
IEC61158-2	物理层服务定义与协议规范
IEC61158-300	数据链路层服务定义
IEC61158-400	数据链路层协议规范
IEC61158-500	应用层服务定义
IEC61158-600	应用层协议规范

IEC 61158 第四版标准由多部分组成，长达 8100 页系列标准采纳了经过市场考验的 20 种主要类型的现场总线、工业以太网和实时以太网，标准包括内容见表 7-2、表 7-3。表 7-3中增加了不少以太网内容，其中“Type14 EPR 实时以太网”是由我国提出和撰写。

7.3.4　现场总线技术应用

1. 基金会现场总线（Foundation Fieldbus，FF）

这是以美国 Fisher-Rousemount 公司为首的联合了横河、ABB、西门子、英维斯等 80 家公司制定的 ISP 协议和以 Honeywell 公司为首的联合欧洲等地 150 余家公司制定的 WorldFIP 协议于 1994 年 9 月合并的。该总线在过程自动化领域得到了广泛的应用，发展前景良好。

表 7-3 IEC 61158 标准系列

类型	技术名称	类型	技术名称
Type1	TS61158 现场总线	Type11	TCnet 实时以太网
Type2	CIP 现场总线	Type12	EtherCAT 实时以太网
Type3	Profibus 现场总线	Type13	Ethernet Powerlink 实时以太网
Type4	P-NET 现场总线	Type14	EPA 实时以太网
Type5	FF HSE 高速以太网	Type15	Modbus-RTPS 实时以太网
Type6	Swiftnet 被撤销	Type16	SERCOS Ⅰ、Ⅱ 现场总线
Type7	WorldFIP 现场总线	Type17	VNET/IP 实时以太网
Type8	Interbus 现场总线	Type18	CC _ Link 现场总线
Type9	FF H1 现场总线	Type19	SERCOS Ⅲ 实时以太网
Type10	Profinet 实时以太网	Type20	HART 现场总线

FF 采用国际标准化组织 ISO 的开放化系统互联 OSI 的简化模型（1，2，7 层），即物理层、数据链路层、应用层，另外增加了用户层。FF 分低速 H1 和高速 H2 两种通信速率，前者传输速率为 31.25Kbit/s，通信距离可达 1900m，可支持总线供电和本质安全防爆环境。后者传输速率为 1Mbit/s 和 2.5Mbit/s，通信距离为 750m 和 500m，支持双绞线、光缆和无线发射，协议符号 IEC1158-2 标准。FF 的物理媒介的传输信号采用曼彻斯特编码。

FF 特点为：①提供了比较完善的系统测试手段和方法。②采用单一串行线上连接多个设备的网络连接方法，1 条总线最多可连接 32 台设备。③实现了开放式系统，在 FF 系统内，不同厂家的产品具有互操作性。④通信信号可以采用 10mA 电流方式，也可以采用电压方式。⑤通信介质可以是金属双绞线、同轴电缆、动力线或光纤。⑥具有比较完备的工业设备描述语言。⑦采用虚拟设备的概念实现设备的模块化处理。⑧通信线路可用设备的供电线路。⑨具有适合工业现场应用的通信规范和网络操作系统。

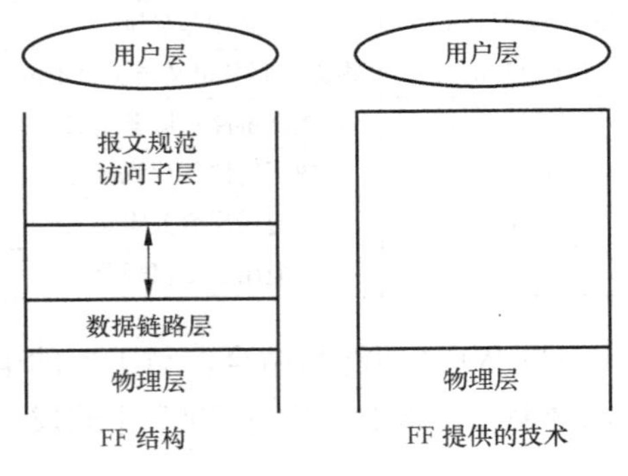

图 7-11 FF 的通信体系结构

FF 的技术内容符合 OSI 参考模型的系统结构规范（如图 7-11 所示）；符合国际工业标准的通信系统规范；符合国际通信行业标准的设备描述规范和设备描述语言 DDL；符合相应标准的工业本质安全规范。从图 7-11 中可以看出 FF 结构只采用了 OSI 参考模型 7 层中的 3 层，而 FF 提供的技术是通信栈技术，覆盖了除物理层以外的其他各层，这样做的目的是提高通信速度。

2. 控制器局域网（Controller Area Network，CAN）

CAN 总线最早由德国 BOSCH 公司推出，它广泛用于离散控制领域，其总线规范已被 ISO 国际标准组织制定为国际标准，得到了 Intel、Motorola、NEC 等公司的支持。CAN 协议分为二层：物理层和数据链路层。CAN 的信号传输采用短帧结构，传输时间短，具有自动关闭功能，具有较强的抗干扰能力。CAN 支持多主工作方式，并采用了非破坏性总线仲裁技术，通过设置优先级来避免冲突，通信距离最远可达 10KM/5Kbps/s，通信速率最高可达40M /1Mbp/s，网络节点数实际可达110个。目前已有多家公司开发了符合CAN协议的通信芯片。

CAN总线系统的结构图如图7-12所示，信号采用差分电压传送，2条信号线称为“CAN _ H”和“CAN _ L”，静态时2.5V左右，表示逻辑为“1”，也叫“隐性”；逻辑为“0”时，称为“显形”，此时电压值为：CAN _ H=3.5V、CAN _ L=1.5V。

CAN具有十分优越的特点，例如：①成本低；②总线利用率高；③远距离数据传送，

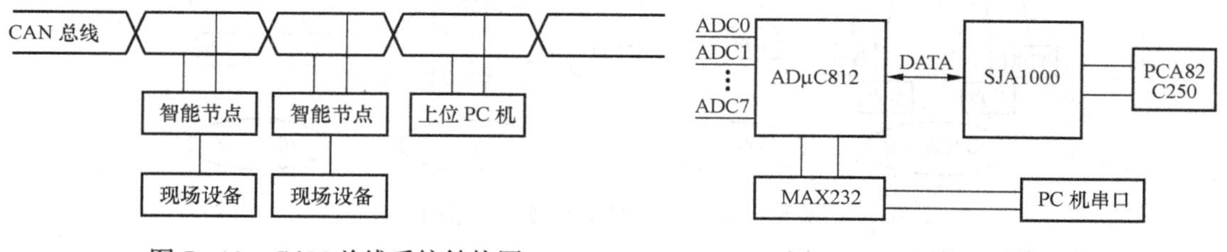

图7-12 CAN总线系统结构图　　图7-13 硬件电路原理简图

长达10km；④传送速度快，高达1Mbit/s；⑤可根据报文的ID决定接受或屏蔽该报文；⑥有可靠的误差处理和检错机制；⑦发送的消息受损后可自动再发；⑧节点在错误严重的情况下能够自动退出总线；⑨报文不包含源地址和目标地址，仅用标志符来指示功能信息、优先级信息等；⑩使用多种物理介质，双绞线、光纤等。硬件实现的原理框图如图7-13所示，图7-14是CAN实现发送的子程序流程图。

3. DeviceNet

DevicNet是由ROCKWELL ALLEN 2BRADLEY公司在1994年提出的，该公司将以前工厂到设备：工厂层、车间层、单元层、工作站层、设备层的五层结构简化为Ethernet（信息层）、ControlNet（控制层）、DeviceNet（设备层）的三层结构。因此这种现场总线解决方案就是由ROCKWELL提出的在信息层采用Ethernet，在系统层采用ControlNet，在设备层采用DeviceNet。目前DeviceNet现场总线已经成为了一种开放式网络标准，受控于开放式DeviceNet生产制造商协会（ODVA）。

作为一种基于CAN总线技术的符合全球工业标准的开放型通信网络，DeviceNet实现了低成本高性能的工业设备的网络互联。

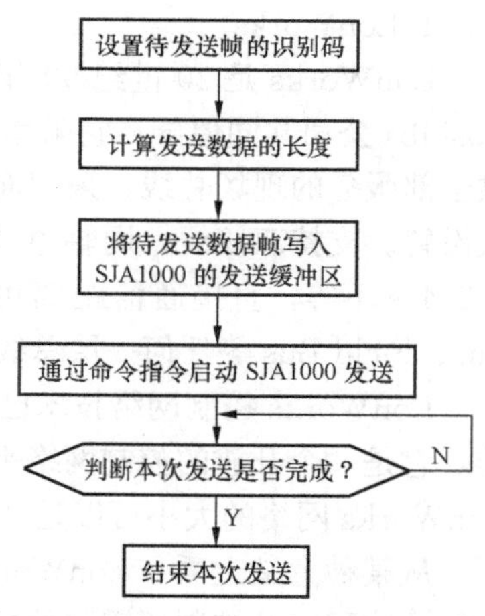

图7-14 发送子程序流程图

DeviceNet物理层协议规范定义了DeviceNet的总线拓扑结构及网络元件，具体包括系统接地、粗缆和细缆混合结构、网络端接地和电源分配。DeviceNet所采用的典型拓扑结构是干线一分支方式，如图7-15所示。

DeviceNet是一种低成本的通信连接也是一种简单的网络解决方案，有着开放的网络标准。DeviceNet具有的直接互联性不仅改善了设备间的通信而且提供了相当重要的设备级阵地功能。DebiceNet基于CAN技术，传输率为125kbit/s至500kbit/s，每个网络的最大节点为64个，其通信模式为：生产者/客户（Producer/ Consumer），采用多信道广播信息发送方式。位于DeviceNet网络上的设备可以自由连接或断开，不影响网上的其他设备，而且

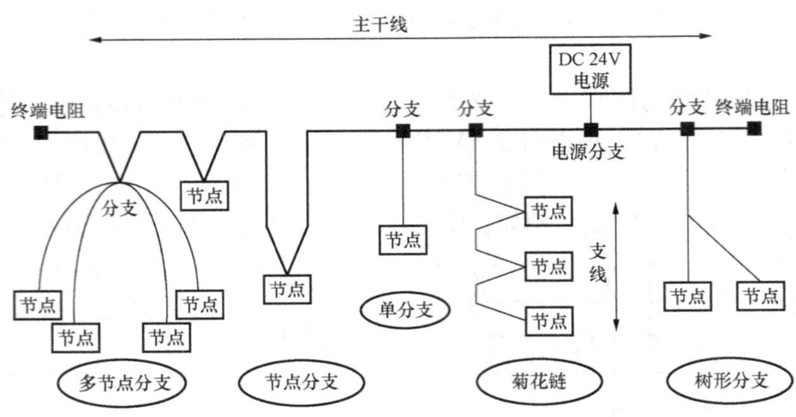

图 7 - 15　DeviceNet 典型拓扑结构

其设备的安装布线成本也较低。DeviceNet 总线的组织结构是 Open DeviceNet Vendor Association（开放式设备网络供应商协会，简称“ODVA”）。

DeviceNet 作为基于现场总线技术的工业标准开放网络，为简单的底层工业装置和高层如计算机、PLC 等设备之间提供连接。DeviceNet 应用国际标准的控制局域网（CAN）协议，具有公开的技术规范和价廉的通信部件。设备网采用总线供电方式，提供本质安全技术，广泛适用于各种高可靠性应用场合。

4. LonWorks

LonWorks 是 20 世纪 90 年代初由美国 Echelon（埃施朗）公司推出，并由 Motorola、Toshiba 公司共同倡导。它采用 ISO/OSI 模型的全部 7 层通信协议，是在现场总线中唯一提供全部服务的现场总线，采用面向对象的设计方法，通过网络变量把网络通信设计简化为参数设置。支持双绞线、同轴电缆、光缆和红外线等多种通信介质，通信速率从 300bit/s 至 1.5M/s 不等，直接通信距离可达 2700m（78kbit/s），可同时应用在 Sensor Bus、Device Bus、Field Bus 等任何一层总线中，被誉为通用控制网络。

LonWorks 控制网络技术已成为当今全球控制设备领域中得到公认的通用开放的行业标准，它是一个开放的控制网络平台，是目前控制领域中应用最广的通用控制总线技术之一。LonWorks 网络的大小可以是 2～32 385 个设备，并且可以适用于任何场合。

从某种意义上看，LonWorks 控制网络犹如一个数据网（类似局域网），但它在费用、运行、体积以及控制所需要的反应特性方面更胜一筹。它的应用领域也远远超过数据网络所能提供的范围。此外，LonWorks 也能支持目前唯一使用即插即用式的控制网络系统。

LonWorks 技术采用的 LonTalk 协议被封装到 Neuron（神经元）的芯片中，并得以实现。采用 LonWorks 技术和神经元芯片的产品，被广泛应用在楼宇自动化、家庭自动化、保安系统、办公设备、交通运输、工业过程控制等行业。

5. PROFIBUS

PROFIBUS 是 1987 年在德国开始的由政府支持的联合投资项目。在此投资的框架中，参加此项目的 21 个公司和研究院所通力合作拟定了一个战略性的现场总线项目。其目的是适应分散控制系统的发展要求，对各公司自己定义的网络协议加以规范化、公开化，使得不同厂家生产的自动控制设备在网络通信级互相兼容、遵守同一协议，以利于提高工业标准化水平。其目标是实现和建立一个比特串行现场总线，它的基本要求是现场设备接口的标准化。PROFIBUS 的成功在相当程度上归功于它的技术先进性，以及 1989 年建立的由制造商和用户组成的非商业化的 PROFIBUS 用户组织（PNO）的成功运作。

PROFIBUS 是德国标准（DIN19245）和欧洲标准（EN50170）的现场总线标准。由 PROFIBUS—DP、PROFIBUS—FMS、PROFIBUS—PA 系列组成。DP 用于分散外设间高速数据传输，适用于加工自动化领域。FMS 适用于纺织、楼宇自动化、可编程控制器、低压开关等。PA 用于过程自动化的总线类型，服从 IEC1158 - 2 标准。PROFIBUS 支持主—从系统、纯主站系统、多主多从混合系统等几种传输方式。PROFIBUS 的传输速率为 9.6kbit/s 至 12Mbit/s，最大传输距离在 9.6kbit/s 下为 1200m，在 12Mbit/s 小为 200m，可采用中继器延长至 10km，传输介质为双绞线或者光缆，最多可挂接 127 个站点。

PROFIBUS 总线访问协议（FDL）的特点主要有：①主站或从站可以在任何时间点接入或断开。FDL 将自动地重新组织令牌环。②令牌环调度确保每个主站有足够的时间履行它的通信任务。因此，用户必须计算全部目标令牌环时间（TTR）。③总线访问协议有能力发现有故障的站、失效的令牌、重复的令牌、传输错误和其他所有可能的网络失败。④所有信息（包括令牌信息）在传输过程中确保高度安全，以免传输错误。

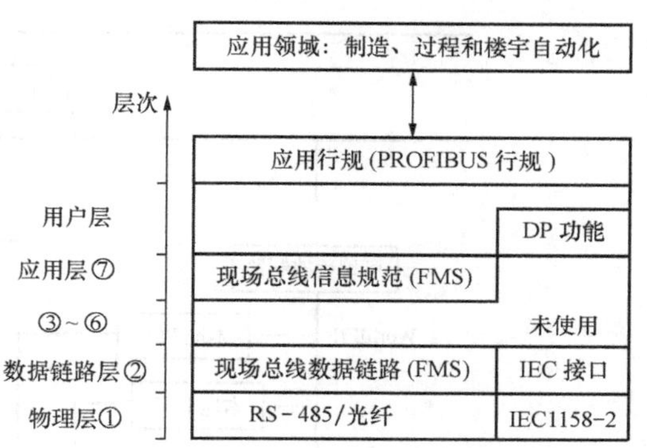

图 7 - 16　PROFIBUS 总线协议结构

图 7 - 16 所示的是 PROFIBUS 总线的协议结构，图 7 - 17 所示的是其实现形式。

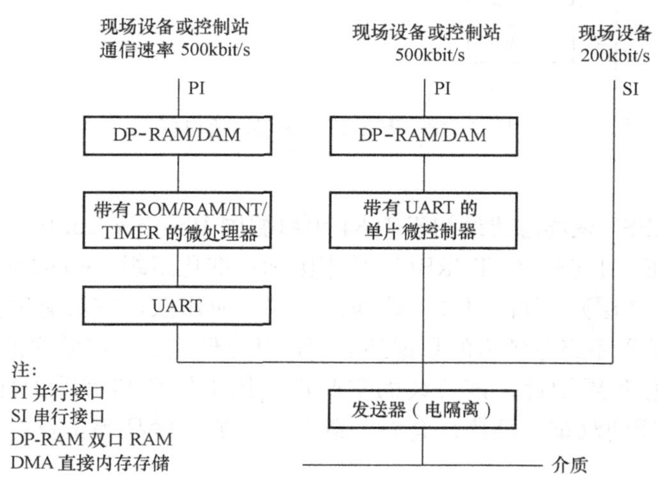

图 7 - 17　PROFIBUS 总线协议实现形式

6. WorldFIP

FIP（Factory Instrumentation Protocol）现场总线由 WorldFIP 开发组织开发。该组织成立于 1987 年 3 月，是一个非营利组织，以法国几家大公司为主要成员。WorldFIP 的特点是具有单一的总线结构来适用不同的应用领域的需求，而且没有任何网关或网桥，用软件的办法来解决高速和低速的衔接。WorldFIP 与 FFHSE 可以实现“透明连接”，并对 FF 的 H1 进行了技术拓展，如速率等。在与 IEC61158 第一类型连接方面，WorldFIP 做得最好，走在世界前列。

WorldFip 使用三层通信协议：应用层、数据链路层、物理层，如图 7-18 所示，传输速率是 31.5K、1M 和 2.5M。典型速率 1Mbit/s。典型的传输介质是工业级屏蔽双绞线。对接线盒、9 针 D 型插头座等都有严格的规定。每个网段最长为 1km。加中继器（Repeater）以后可扩展到 5km。

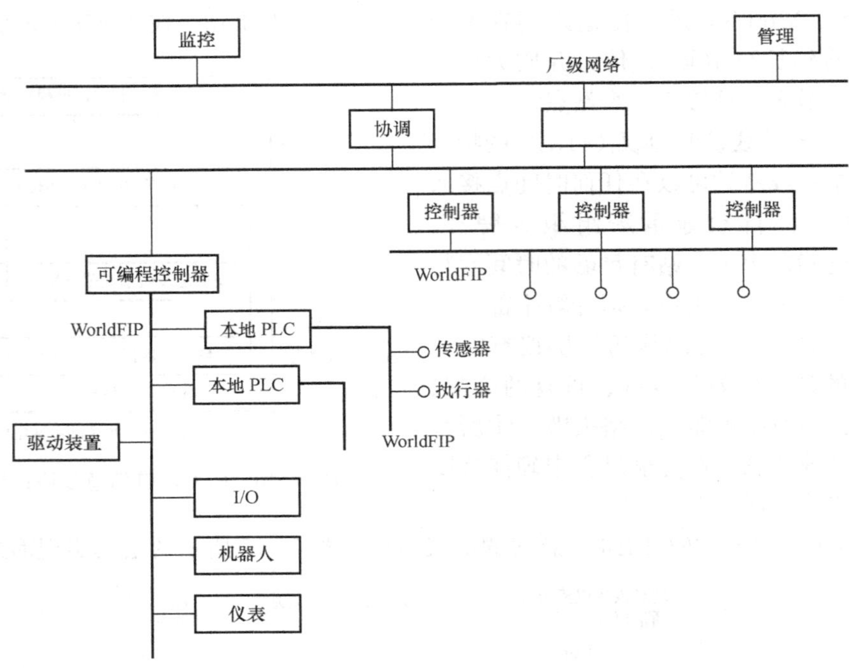

图 7-18 WorldFip 三层通信协议

7. INTERBUS

INTERBUS（IBS）现场总线最初于 1984 年由德国 Phoenix Contact 公司提出，2000 年 2 月成为国际标准 IEC61158。INTERBUS 采用国际标准化组织 ISO 的开放化系统互联 OSI 的简化模型（1，2，7 层），即物理层、数据链路层、应用层，它具有强大的可靠性、可诊断性和易维护性。其采用集总帧型的数据环通信，具有低速度、高效率的特点，并严格保证了数据传输的同步性和周期性；该总线的实时性、抗干扰性和可维护性也非常出色。INTERBUS 广泛地应用到汽车、烟草、仓储、造纸、包装、食品等工业，成为国际现场总线的领先者。

Interbus 现场总线是一个开放型网络系统，类似于制造业和过程控制领域内高性能、基于环型结构的分布式现场设备网络。Interbus 现场总线网络具有的较高数据吞吐量，多为 4096 个数字量输入和输出，而且系统刷新周期低于 16ms。这种高数据吞吐量是通过 3 种主要通信协议来实现的，即低通信协议框架、全双向数据流量和时间片共享。即使用一种数据量非常小的通信协议框架，所增加的数据量并非与 I/O 数据的增加量同步；全双向数据传输能使现场总线控制器模板能够同时发送输出数据和接收输入数据。

Interbus 现场总线网络拓扑结构可以是总线型、树型、星型，还最多允许有 16 级的嵌套连接方式。其物理传输媒体包括双绞线、光纤、滑动环和红外线。整个 Interbus 现场总线网络最多允许 512 个现场控制设备，其中 254 个现场控制设备依赖于远程总线。现场控制设备之间的最大距离为 400m，若采用铜轴电缆则最大距离可达 12. 8km。

8. Swiftnet

1996 年 SHIPSTAR 公司应 Boeing 公司要求，研究适用于飞行测试和飞行器模拟控制的现场总线，1998 年推出 SwiftNet，成为一个真正同步的高速数据总线，采用了 TDMA（时分多路总线协议）槽路时间片多路送取方式，提供专用高速、低抖动同步通道和按要求指定的通道，其扫描频率可达 85KB/s；将总线上所有节点的局域时间锁定，以实现报警同步，并可杜绝差拍所引起的伪信号，也将有效减少随机因素对总线的影响；其物理层传送速率为 5Mbit/s，此时每秒可传送 105 个不同的报文。网络结构如图 7 - 19 所示。

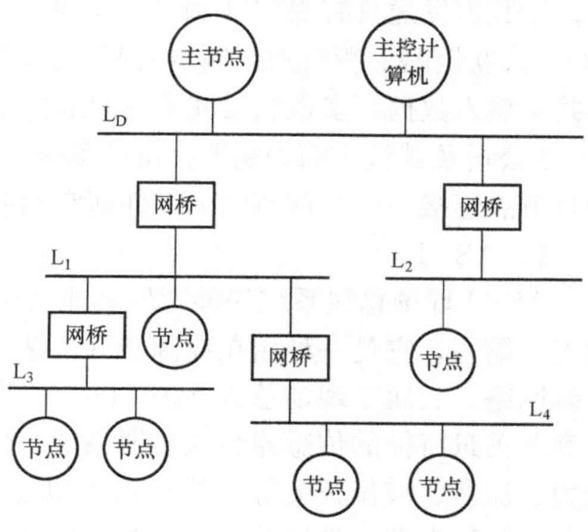

图 7 - 19 SwiftNet 网络结构

SwiftNet 网络容量可增至 30 000 000 节点，实现 100 000 000 变量的多桥网络同步，各节点之间的时间差仅为 50μs。主要应用于飞行测试、飞行模拟、飞行通信；直接数字控制；复杂机械或系统控制；采油平台、油井和油田；勘测、海下作业、采矿业；办公自动化；教育系统；交通系统等领域。

9. P-NET

P-NET 现场总线技术由 Proces-Data A/S 公司研究并开发，是一种全世界通用的开放型标准化总线。P-NET 的设想出现于 1983 年的丹麦，比其他总线更早。由于 P-NET 采用通用的硬件和软件，所以它的改进与升级都比较快，其中有些性能超过了 Profibus，如虚拟令牌传递比 Profibus 的实际报文信息传递节省很多信道容量。这种令牌传递方式是一种基于时间的循环机制，不同于采用实报文传递令牌的方式。它与报文传递令牌方式相比节省了主控器的处理时间，提高了总线的传输效率，而且它不需要任何总线仲裁的功能。

P-NET 是一种多主控器主从式总线（每段最多可容纳 32 个主控器），使用屏蔽双绞线电缆 RS - 485，每段总线最长 1200m，每段最多可联结 125 个设备，总线分段之间使用中继器，数据以 NRZ 编码异步式传输，传输速率 76. 8kbit/s。

P-NET 现场总线是一种多主站，多网络系统。总线采用分段结构，每个总线分段上可以连接多个主站，主站之间通过接口能实现网上互联。多主站现场总线的第一个产品在 1984 年开发出来，多网络和多端口功能于 1986 年增加到协议范围中，第一个运行的 P-NET 多端口产品生产于 1987 年，P-NET 标准在 1989 年成为一个开放和完整的标准适用于各个国家。由于用户对 P-NET 的兴趣不断增加，国际 P-NET 用户组织在一年后成立。而现在的欧洲标准 EN50170 第一卷是 P-NET，第二卷是 Profibus，第三卷是 WorldFIP。

10. ControlNet

ControlNet 基础技术是美 Rockwell Automation 公司自动化技术研究发展起来的。1995 年 10 月开始面世。

ControlNet 可使用同轴电缆，长度达 6km，可寻址节点最多达 99 个，两节点间最长距离达 1000m。网络拓扑结构可采用总线、树型和星型，其网络能力包括：①高吞吐量—5Mbit/s 的数据传送速率用于改善 I/O、控制器互锁以及对等通信报文传送的性能。②将I/O控制与编程置于同一物理介质链路上进行。③日益增强的诊断能力，使得易于组态与维护。④数据发送具有确定性和可重复性。⑤在同一链路上，采用多控制器控制相互独立的I/O。⑥在链路上所有的控制器之间，实现预定的对等通信互锁。⑦多信道广播——多控制器共享输入数据，多控制器共享对等通信互锁数据，以便实现更强的功能和减少要求。⑧从A—B 公司及其供应商处购置标准的 RG—6 同轴电缆和连接器。⑨用带有完整支线的分接器进行节点连接——分接器间无需任何空间要求。

11. AS - I

AS - I 现场总线系统是德国何其能公司推出的一种重要总线，是执行器—传感器—接口的英文缩写，它是一种用在控制器（主站）和传感器/执行器（从站）之间双向交换信息的总线网络，它属于现场总线（Fieldbus）下面底层的监控网络系统。AS - i 总线主要运用于具有开关量特征的传感器和执行器系统，传感器可以是各种原理的位置接近开关以及温度、压力、流量、液位开关等。执行器可以是各种开关阀门，电/气转换器以及声、光报警器，也可以是继电器、接触器、按钮等低压开关电器。

AS - i 主站可以作为上层现场总线的一个节点服务器，在它的下面又可以挂接一批AS - i 从站。AS - i 总线技术特点：①省去了各种 I/O 卡、分配器的控制柜，节约了大量的连接电缆。采用了两芯扁平电缆和特殊的穿刺安装技术，能很方便地将传感器/执行器连接到 AS - i 网络上。②AS - i 总线是一个主从系统，主站和所有的从站可双向交换信息，用户仅需关心数据格式、传输率和参数配置等。③若在有一个主站和 31 个从站的系统中，ASI 的通信周期大约为 5ms，也就是说主站在 5ms 内就可以对 31 个从站轮流访问一遍。④采取了多种抗干扰措施。⑤开放式的标准格式，不需要专用软件，可采用绝缘压接工艺，可快速安装电缆，可靠的数据传输。模块化系统结构，对现有系统扩展简单。

12. BITBUS

BITBUS 总线是 Intel 公司为在分布式控制系统中进行通信传输而设计的一种串行总结构。BITBUS 在互联系统中定义了 4 层结构的协议：即物理层、数据链路层、消息层和应用层；其中物理层遵循 RS-485 标准；数据链路层遵循 SDLC 规程；消息层识别总线上所传输息的规则及所传输的信息的格式，有其特殊规定；应用层是传输的信息中分离出任务内容并相应的硬软件系统执行。图 7 - 20 所示为 BITBUS 网络层次结构图。

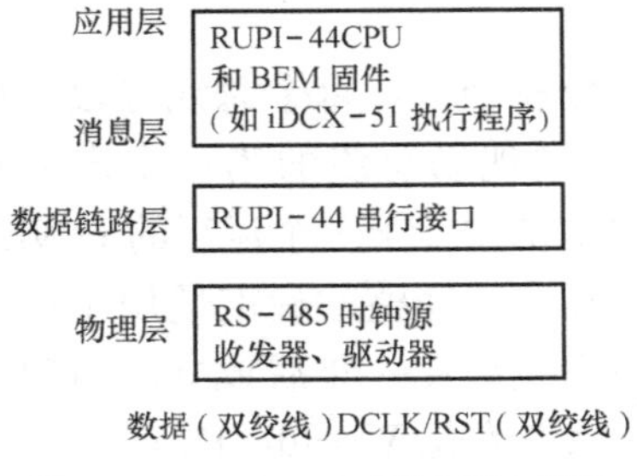

图 7 - 20 BITBUS 网络层次结构

一般的 BITBUS 总线利用 Intel 公司生产的 RUPI-44 系列单片机实现。RUPI-44 系列单片机是将 8 位 MCS-51 系列单片机作为内核和高性能的串行通信口单元 SIU 集成在一块芯片上，MCS-51CPU 和 SIU 串行通信接口可以同时操作。Intel 公司为 BITBUS 网开发的 iDCX-51 执行程序，向用户提供了实时任务管理中断管理和信息传输功能，向应用软件提供服务，方便了用户应用程序的开发。

13. HART

HART（Highway Addressable Remote Transduer）最早由 Rosemout 公司于 1986 年开发，并得到 80 多家著名仪表公司的支持，于 1993 年成立了 HART 通信基金会。这种被称为可寻址远程传感高速通道的开放通信协议，其特点是现有模拟信号传输线上实现数字通信，属于模拟系统向数字系统转变过程中工业过程控制的过渡性产品，因而在当前的过渡时期具有较强的市场竞争能力，得到了较好的发展，它也是目前较流行的五种现场总线之一。HART 协议参照“ISO/OSI”的模型标准的第 1、2、7 层，即物理层、数据链路层和应用层，规定了 HART 通信的物理信号方式和传输介质。

HART 协议的主要特性有：

（1）物理层使用基于 Bell202 通信标准的 FSK 技术，即可在 4～20mA 的模拟信号上叠加幅度为 0.5mA 的正弦调制波，1200Hz 代表逻辑“1”，2200Hz 代表逻辑“0”，波特率为 1200bit/s，调制信号为 mA 或 0.25（250 负载）。用屏蔽双绞线单台设备距离 3000m，而多台设备互连距离 1500m。由于所叠加的正弦信号平均值为 0，所以数字通信信号不会干扰 4～20mA 的模拟信号。因此 HART 协议的主要优点是能兼容数字信号通信和模拟信号传输。

（2）数据链路层用于按 HART 通信协议规则建立 HART 信息格式。其信息构成包括开头码、显示终端与现场设备地址、字节数、现场设备状态与通信状态、数据、奇偶校验等。其数据字节结构为 1 个起始位，8 个数据位，1 个奇偶校验位，1 个终止位。数据链路层数据帧长度不固定，最长 25 字节。

（3）应用层作用在于使 HART 指令付诸实现，应用层定义了 3 类命令，通用命令，普通命令，特殊命令，在 1 个现场设备中通常可发现同时存在这 3 类命令。

HART 支持点对点主从应答方式和多点广播方式。按应答方式工作时的数据更新速率为 2～3 次/s，按广播方式工作时的数据更新速率为 3～4 次/s，它还可支持两个通信主设备。总线上可挂设备数多达 15 个，每个现场设备可有 256 个变量，每个信息最大可包含 4 个变量，最大传输距离 3000m，HART 采用统一的设备描述语言 DDL（Device Description Language），采用半双工的通信方式。硬件设计上，具有 HART 协议的智能设备其关键是 HART 通信部分。主要由 D/A 转换部件和 Bell202 MODEM 及其附属电路来实现。

按照现场总线的定义，HART 通信协议并不完全符合现场总线技术要求，可以说它并不是真正意义上的现场总线技术，只是模拟系统和数字总线之间的一种过渡措施。但是 HART 协议毕竟向现场总线迈进了一步。符合 HART 协议的现场仪表在不中断过程信号传输的情况下，在同一模拟回路上同时进行数字通信，使用户获得了诊断和维护的信息，以及更多的过程数据。经过近 20 年的发展 HART 协议技术在国外已经十分成熟并已成为全球智能仪表的工业标准。

14. Modbus

Modbus 是由 Modicon 公司（现为施耐德电气的一个品牌）在 1978 年开发的，这是一个划时代、里程碑式的网络协议，因为工业网络从此拉开了序幕。Modbus 是全球第一个真正用于工业现场的总线协议，据不完全统计：截至 2004 中，Modbus 的节点安装数量已经超过了 800 万个，而且 75%的产品为非施耐德产品，安装的地区遍及世界各地，可见其普及的程度，已经成为事实上的协议标准。虽然已经走过了 27 个年头，Modbus 今天仍然活跃在工业、建筑、基础设施等领域中。

Modbus 的巨大成功，可以归结到以下 3 个方面：

（1）标准、开放：用户可以免费、放心地使用 Modbus 协议，不用交纳许可证费，也不会侵犯知识产权。目前，支持 Modbus 的厂家超过 400 家，支持 Modbus 的产品超过 600 种，而且在国内也有很多的用户支持和使用 Modbus 的产品。

（2）Modbus 是面向消息的协议，可以支持多种电气接口，如：RS-232、RS-422、RS-485 等，还可以在多种介质上传送，如：双绞线、光缆、无线射频等。要说明的是：和很多的现场总线不同，它不用专用的芯片与硬件，完全采用市售的标准部件！这就保证了采用 Modbus 的产品造价最为低廉。

（3）Modbus 协议的帧格式是最简单、最紧凑的协议，可以说：简单高效，通俗易懂。所以用户使用容易，厂商开发简单。用户和厂商可以通过 www. Modbus-IDA. org 网站和其他网站，下载各种语言的样例程序、控件，以及各种 Modbus 工具软件，更好地使用 Modbus。

Modbus TCP 的应用层还是采用 Modbus 协议，简单高效；传输层使用 TCP 协议，并使用 TCP502 号口，用户使用方便，连接可靠；网络层采用 IP 协议，因为因特网就使用这个协议寻址，故 ModbusTCP 不但可以在局域网使用，还可以在广域网和因特网上使用。ModbusTCP 全部采用标准的以太网硬件！

目前的 ModbusTCP 以太网的速度为 10M/100Mbit/s，大大提高了数据传输能力。

15. CC-Link

CC-Link（Control & Communication Link）是一种可以同时高速处理控制和信息数据的现场网络系统，可以提供高效、一体化的工厂和过程自动化控制。在 1996 年 11 月，以三菱电机为主导的多家公司以“多厂家设备环境、高性能、省配线”理念开发、公布和开放了现场总线 CC-Link，第一次正式向市场推出了 CC-Link 这一全新的多厂商、高性能、省配线的现场网络。CC-Link 的系统构成如图 7-21 所示。

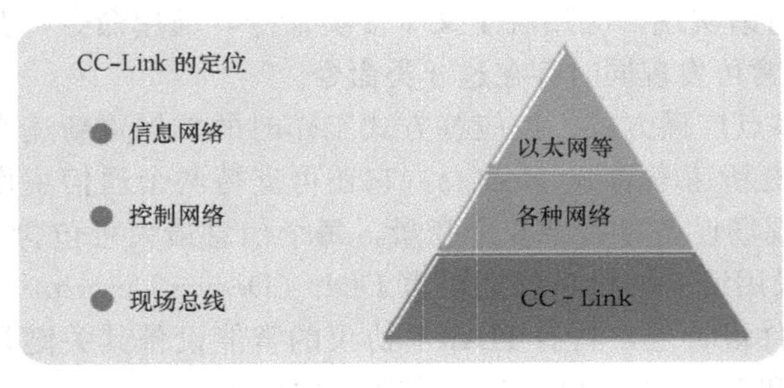

图 7-21 CC-Link 应用系统构成

CC-Link 提供循环传输和瞬时传输 2 种通信方式。一般情况下，CC-Link 主要采用广播—轮询（循环传输）的方式进行通信。具体的方式是：主站将刷新数据（RY/RWw）发送到所有从站，与此同时轮询从站 1；从站 1 对主站的轮询作出响应（RX/RWr），同时将该响应告知其他从站；然后主站轮询从站 2（此时并不发送刷新数据），从站 2 给出响应，并将该响应告知其他从站；以此类推，循环往复。广播—轮询时的数据传输帧格式如图 7-22 所示，该方式的数据传输率非常高。

除了广播—轮询方式以外，CC-Link 也支持主站与本地站、智能设备站之间的瞬时通信。从主站向从站的瞬时通信量为 150 字节/数据包，由从站向主站的瞬时通信量为 34 字节/数据包。

16. 其他现场总线应用

(1) WTB (绞线式列车总线)。

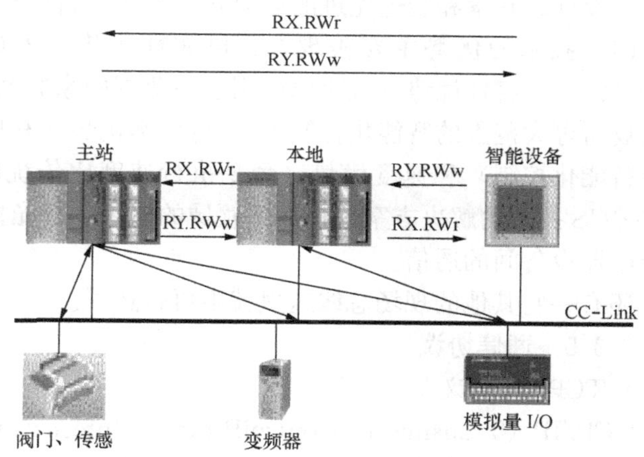

图 7-22　CC-Link 通信模式

对于频繁改变其组成的列车组(例如国际 UIC 列车组或市郊列车组)，绞线式列车总线(WTB)被设计成通过手插式跨接电缆或自动连接器来实现车辆之间的互联。WTB 以德国 DINV 43322 和意大利 CD450 高速列车的经验为基础，使用能以 1Mbit/s 传送数据的专用屏蔽双绞线。

WTB 无需中继器便可覆盖 860m，此距离与 22 节 UIC 车辆相对应。考虑到严酷的环境、连接器的存在以及总线的非连续性，建议采用数字信号处理器对曼切斯特码信号译码。为了清洁可能被氧化的连接器触点，可以施加一个清除电压。

WTB 最显著的(在行业中独特的)特色，是它的以连续顺序给节点自动编号和让所有的节点识别何处是列车的右侧或左侧的能力。每当列车组成改变时(如连挂或摘除车辆)，列车总线各节点执行初运行过程，该过程在电气上将各节点连接起来，并给每个节点分配连续地址。列车总线的各节点被连续地编号，通常每节车辆有 1 个节点，但也可能有 1 个以上的节点或没有。初运行后，所有车辆均获得列车的结构信息，包括以下几点：①相对于主节点，它们各自的地址、方向(左/右)和位置(前/后)。②列车中其他车辆的数量和位置。③其他车辆的型号和种类(机车、客车)及支持的功能。④各车辆的动力学特性。

(2) MVB。

从 20 世纪 70 年代开始，国外许多大公司就开始了车载微机的研究，并相继制定了自己的机车总线标准，为了能有一个相对一致的标准，同时也考虑到列车车载微机的进一步发展，国际电工技术委员会 IEC 的第九技术委员会 TC9 的第二十二工作组 WG22 特别制定了列车通信网络的国际标准 IEC61375-1，即 TCN 标准。

随着嵌入式微机控制技术和现场总线技术发展。基于分布式控制的 MVB(多功能车辆总线)是 IEC61375-1 (1999) TCN(列车通信网络国际标准)的推荐方案，它与 WTB(绞线式列车总线)构成的列车通信总线具有实时性强、可靠性高的特点。列车车辆可靠性、安全性、通信实时性的要求使 MVB 逐渐成为下一代车辆的通信总线标准。

MVB 总线的结构遵循 OSI 模式，吸取了 ISO 的标准。支持最多 4095 个设备，由一个中心总线管理器控制。简单的传感器和智能站共存于同一总线上。MVB 总线的数据类型支持三种数据类型：①过程数据。②消息数据。③监视数据；介质访问支持 RS-485 铜介质和光纤；其物理层的数据格式为 1.5Mbit/s，串行曼彻斯特编码数据。

(3) PLC-BUS(电力线通信总线技术)。

PLC-BUS(电力线通信总线技术)是一种高稳定性及较高价格性能比的双向电力线通信总线技术，它主要利用已有的电力线来实现对家用电器及办公设备的智能控制。这种电力线通信技术是由位于荷兰阿姆斯特丹市的荷兰 ATS 电力通信系统有限公司研发而成，它们致力于设计、开发和制造先进的电力载波家居控制技术，并因技术的革新被获得多项专利。

PLC 技术的优势主要表现在：可靠性优势（PLC 技术的综合精确通信成功率达到 99.95%）、兼容性优势（既可以应用于小范围的家庭智能化、也可以应用于社区、商务楼、公共场所等大范围的智能化控制等）、低成本优势（利用原有的电力线来传输控制信号从而实现智能化控制）和速度优势（命令执行速度比传统电力载波技术的速度快 20～40 倍）。PLC-BUS 技术的解决方案包括如下领域的应用：灯光控制，电器控制，HVAC 控制以及网络与电器设备间的通信。

还有一些其他的现场总线这里就不再赘述了。

7.3.5 通信协议

1. TCP/IP 协议

TCP/IP（TransmissionControlProtocol/InternetProtocol）协议 Internet 最基本的协议，简单地说，就是由底层的 IP 协议和 TCP 协议组成，是用于互联网的第一套协议。

TCP/IP 通信协议的流行，部分原因是它可以用在各种各样的信道和底层协议之上。确切地说，TCP/IP 协议是一组包括 TCP 协议和 IP 协议，UDP（User Datagram Protocol）协议、ICMP（Internet Control Message Protocol）协议和其他一些协议的协议组。

TCP/IP 架构概述采用 4 层的层级结构，每一层都呼叫它的下一层所提供的网络来完成自己的需求。这 4 层分别为：①应用层：应用程序间沟通的层，如简单电子邮件传输（SMTP）、文件传输协议（FTP）、网络远程访问协议（Telnet）等。②传输层：在此层中，它提供了节点间的数据传送服务，如传输控制协议（TCP）、用户数据报协议（UDP）等，TCP 和 UDP 给数据包加入传输数据并把它传输到下一层中，这一层负责传送数据，并且确定数据已被送达并接收。③互联网络层：负责提供基本的数据封包传送功能，让每一块数据包都能够到达目的主机（但不检查是否被正确接收），如网际协议（IP）。④网络接口层：对实际的网络媒体的管理，定义如何使用实际网络（如 Ethernet、Serial Line 等）来传送数据。

TCP/IP 中的协议及它们的功能主要包括：

（1）IP。网际协议 IP 是 TCP/IP 的心脏，也是网络层中最重要的协议。IP 层接收由更低层（网络接口层例如以太网设备驱动程序）发来的数据包，并把该数据包发送到更高层——TCP 或 UDP 层；相反，IP 层也把从 TCP 或 UDP 层接收来的数据包传送到更低层。

（2）TCP。如果 IP 数据包中有已经封好的 TCP 数据包，那么 IP 将把它们向“上”传送到 TCP 层。TCP 将包排序并进行错误检查，同时实现虚电路间的连接。TCP 数据包中包括序号和确认，所以未按照顺序收到的包可以被排序，而损坏的包可以被重传。TCP 将它的信息送到更高层的应用程序。应用程序轮流将信息送回 TCP 层，TCP 层便将它们向下传送到 IP 层，设备驱动程序和物理介质，最后到接收方。

（3）UDP。UDP 与 TCP 位于同一层，但对于数据包的顺序错误或重发。因此，UDP 不被应用于那些使用虚电路的面向连接的服务，UDP 主要用于那些面向查询——应答的服务，例如 NFS。相对于 FTP 或 Telnet，这些服务需要交换的信息量较小。使用 UDP 的服务包括 NTP（网络时间协议）和 DNS（DNS 也使用 TCP）。

（4）ICMP。ICMP 与 IP 位于同一层，它被用来传送 IP 的控制信息。它主要是用来提供有关通向目的地址的路径信息。ICMP 的“Redirect”信息通知主机通向其他系统的更准确的路径。PING是最常用的基于ICMP的服务。

(5) TCP和UDP的端口结构。TCP和UDP服务通常有一个客户/服务器关系，用户使用Telnet客户程序与服务进程建立一个连接。客户程序向服务进程写入信息，服务进程读出信息并发出响应，客户程序读出响应并向用户报告。因而这个连接是双工的，可用来进行读写。

2. SHORT-MESSAGE

SHORT-MESSAGE（短消息）分为两类：小区广播短消息（CBS）和点到点短消息（SMS）。

短消息是GSM/UMTS中不要求建立端—端业务路径的业务。即使移动台已处于完全电路通信情况下仍可进行短消息传输。通常短消息通信仅限于一个消息，换言之，一个消息的传输就构成了一次通信。

短消息业务在移动通信网络实现过程中，主要涉及无线接入部分、MSC内部和核心网络实体间三部分的协议。链路1包括无线空中接口和Iu接口（GSM中为A接口），其中Iu接口使用RANAP协议；链路2和3属于移动核心网，使用的是MAP协议。链路4是移动网络与短消息中心SC的接口，具体使用哪种协议由运营商决定。

业务流程包括：

(1) SM-MO过程。该业务过程由一条连接管理消息CM-SERVICE-REQUEST触发，然后建立MM连接；在MM连接建立后，由MS发往网络侧的CP-DATA消息开始短消息业务过程。在收到经过SC返回的确认消息后，短消息业务过程结束，释放MM连接。

(2) SM-MT过程。MT方式由从GMSC收到的MAP-MT-FORWARD-SHORT-MESSAGE触发，然后VLR会发出PAGING消息寻呼MS，建立MM连接；在MM连接建立后，开始短消息业务过程，向MS发送短消息；在收到MS返回的确认后，释放MM连接。

不同的网络运营商有各自不同的协议，如CMPP协议（移动短消息协议）、SGIP协议（联通短消息协议）等，运行时根据实现的功能选用相应的AT命令集。

运用短信通信技术已经逐渐在实时现场的数据采集过程中得到越来越广的应用。

7.3.6 现场总线选择

现场总线是将现场仪表与控制室内仪表连接起来的全数字化、串行、多点通信双向传输的数据总线，是一种在工业过程控制领域中用于替代4～20mA电流环信号的新型数字式通信网络。具有开放型、数字化、双向、多节点、采用串行通信方式等特点，主要用于连接各自独立的现场设备。由于现场总线用数字信号取代模拟信号，提高了系统的可靠性、精确度和抗干扰能力，延长了信息传输距离。现场总线网络的每一个节点都具备自诊断、自维护和控制功能，遵循统一的标准化和规范，同时具有双向通信的能力；通过现场总线，维护人员不必到设备就地，就可对运行设备进行设备状态查询、控制软件下载、整定、运行状态调整等维护工作，构成新一代的自动化系统结构和分散控制的原理。而且现场总线有许多新的特点和优势，是分散型控制系统的继承、延伸和进一步的发展，更适合于工厂综合自动化的要求。

如何选择现场总线，在某种层面上已经没有什么悬念。每一种现场总线都有其特定的应用领域，同时对其他领域都有一定的兼容性。在网络构成、通信协议、可靠性、快速性和经济性等能达到设计者要求时，都有几种现场总线可以选择。

7.3.7 现场总线的发展

现场总线技术是控制、计算机、通信技术的交叉与集成，几乎涵盖了所有连续、离散工业领域，如过程自动化、制造加工自动化、楼宇自动化、家庭自动化等。它的出现和快速发展体现了控制领域对降低成本、提高可靠性、增强可维护性和提高数据采集的智能化的要求。现场总线技术的发展体现为两个方面：①低速现场总线领域的不断发展和完善；②高速现场总线技术的发展。而目前现场总线产品主要是低速总线产品，应用于运行速率较低的领域，对网络的性能要求不是很高。从实际应用状况看，大多数现场总线，都能较好地实现速率要求较低的过程控制。因此，在速率要求较低的控制领域，谁都很难统一整个市场。

从现场总线技术本身来分析，它有两个明显的发展趋势：①寻求统一的现场总线国际标准；②工业以太网（Industrial Ethernet）走向工业控制网络。

工业以太网是作为办公室自动化领域衍生的工业网络协议，按习惯主要指 IEEE 802.3 协议，如果进一步采用 TCP/IP 协议族，则采用“以太网＋TCP/IP”来表示，其技术特点主要适合信息管理、信息处理系统，并在 IT 业得到了巨大的成功。在工厂管理级、车间监控级信息集成领域中，工业以太网已有不少成功的案例，在设备层对实时性没有严格要求场合也有许多应用。由于现场总线目前种类繁多，标准不一，很多人都希望以太网技术能介入设备低层，广泛取代现有现场总线技术，施耐德公司就是该想法的积极倡导者和实践者，目前已有一批工业级产品问世和实际应用。

就目前而言，以太网已经纳入到现场总线标准体系，随着以太网在实时性、环境适应性、总线馈电等许多方面真正满足工业环境要求，在工业自动化领域将得到广泛应用。

近几年，Ethernet 进入工业领域有超过 100 种通信协议被应用于各种各样的工业计算机平台之间的数据交换，从智能传感器到广域的监控系统都在应用 Ethernet。当前以太网支持光纤和双绞线媒体支持下的四种传输速率：①10Mbps-10Base-T Ethernet（IEEE 802.3）；②100Mbps-Fast Ethernet（IEEE 802.3u）；③1000Mbps-Gigabit Ethernet（IEEE 802.3z）；④10Gigabit Ethernet（IEEE 802.3 ae ）。

7.4 无线通信技术

在一些特殊场合，虽然采用现场总线技术减少了布线数，但由于设备本身的特性或工业现场环境要求，使得布线极为不便甚至不可能。把无线技术应用到现场总线控制系统中，已经是工业控制系统的发展趋势。作为分布式控制系统，从宏观的角度研究无线控制系统的体系结构，有助于把握系统的总体和本质，对进一步的系统分析和设计起指导性作用。

7.4.1 无线通信原理

数据无线传输是把原有的有线信道用无线信道代替，通信信道是指数据从发射到接收的一个完整通道，它包括产生数据源、数据编码、数据发射、数据接收、数据解码等，无线通信信道模型如图 7-23 所示。

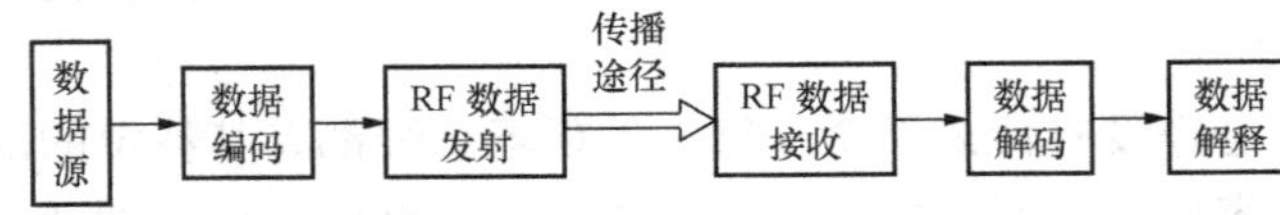

图 7-23 无线通信信道模型

（1）数据源。数据源是指数据产生的来源，在不同的应用中数据的来源是不同的，它可能是一个温度传感器的 A/D 数据值，计算机里的一个文件，或者用户输入键盘里的一个按键。数据在这里发生错误的可能性较小，而且较易通过硬件或软件的方式来发现。

（2）数据编码。数据编码主要包括并行转串行以及为了传输可靠而增加的编码信息。

（3）数据发射。数据发射是通过单片无线收发芯片的发射功能来完成的。

（4）传播路径。传播路径是无线电波从发射到接收的路径，传播损耗将会直接影响通信的效果，数据错误最有可能在这个阶段发生。因为频带内的干扰或传播路径中 RF 信号的损耗降低了灵敏度，而且多径和衰减也可能引起接收机接收错误的数据。

（5）数据接收。接收过程通过单片无线收发芯片的接收功能来完成。当发射机发射数据时，接收机接收数据，带内干扰和频率下降可能引起接收机接收到错误数据。

（6）数据解码。从收发模块输出的数据是串行数据，通常可由微控制器的 UART 来处理，或者用软件方法来实现接收。数据在此过程出现错误的可能性很小的，且易被跟踪。如果错误发生在这之前，能根据帧错误通过软件发现。

（7）数据解释。数据解释通常在软件里实现，错误检测和纠正也在这阶段实现，数据错误在这阶段发生的可能性不大，且易于跟踪。

7.4.2　通信协议设计

1. 通信协议简介

协议就是指一些规则，简单的说就是为了能相互理解，必须用同一种语言说话。在简单的数据传输中，通信只向一个方向进行，从发射端到接收端。通信可能在发射端和接收端之间受到外界的干扰而使数据发生错误，因此需要协议来保证接收端能够保证接收到从发射端来的数据，并确定所接收数据是否是实际数据。

简单无线数据传输协议的要求有以下几点：①最小的杂项开销：无线数据传输协议应该是有效的。协议必须增加一些信息到主要信息中，包括识别代码，错误检验等，增加信息的数量必须是所需信息中最少的。②有效性：协议必须将有用数据从错误数据中分离数来。通常是在数据流中嵌入错误检验格式来实现。奇偶校验、校验和、CRC 都是检错码的常用格式。③可靠性：一个协议如果能够纠正数据的错误，则认为该协议是可靠的。④优化的无线协议应该以一种能充分发射和接收的方式工作。

协议的主要数据分割成一定的格式的数据，并增加一些额外的信息（用于纠检错等），这个过程叫打包。在接收端，协议去掉这些额外信息，只留下初始信息，这个过程叫解包。

协议的第一件事就是能够识别噪声和有效数据，噪声是以随机字节出现的没有明显的方式，一个理想的噪声源应该能够产生每一种可能字节信息的结合。噪声的这种特性使得相当困难去找一种字节组合作为有效包的开始。有关试验显示，OXFF 后跟 0X00 在噪声中不容易发生，传输协议可在数据包前加开始字节 0XFF 后跟 0X00。发送协议的开始应该以一个任意内容的字节（这是因为第一个字节的数据在发送时容易丢失），然后是 0XFF 后跟 0X00；接收协议规定只接收以 0XFF 后跟 0X00 开始的包。

为了发现数据传输可能发生的错误，需要对接收到的数据进行错误检测。错误检测过程是：在发射之前先对数据进行分析，然后将这种分析结果加到数据包中，称为监督位；在接收端比较附加在信息位后的监督位，如果两者不同，则包是错误的。错误检测的方法有多种，奇偶校验、和校验以及 CRC 校验等。

2. 通信协议设计

在无线通信中，数据在传输过程中容易受到外界干扰而造成误码，为保证通信的可靠性和准确性，要对通信协议数据格式以及检错方式进行设计。

无线收发电路的工作有一定的延迟效应，从开始发送数据时，可能会造成前一部分数据的误码；同时，在通信过程中常常要涉及到无线模块的收发工作状态转换，只有发送模块与接收模块之间的时序精确配合，才能保证传输正确进行。

7.4.3 ISM频段射频技术

ISM（Industrial Scientific Medical）频段是开放给工业、科学、医学三个主要机构使用，该频段并没有所谓使用授权的限制，所以使用时不用申请许可证，最适合超简单控制或监测应用。其数据率很少超过100kbit/s，并且一般都比此值小许多。可以选的频率很多，但大多数应用采用315～938MHz、433.92～938MHz及902～938MHz（915MHz最普遍）及2.4GHz频带。这种技术已经有很多成功的应用案例，如无线安全系统，无线传感器系统和家庭网络自动化方面。工作于ISM频段的短距离射频通信技术主要有IEEE 802.11标准、蓝牙（Bluetooth）技术、无线HART、HomeRF技术等。

1. IEEE 802.11标准

IEEE早在90年代初就开始研究并制定其标准，IEEE 802.11标准现已被确立，它是无线局域网目前最常用的传输协议，是第一个被国际认可的协议。

IEEE 802.11支持无线电波和红外线，工作在2.4GHz ISM信道，物理层可选择采用跳频扩频（FHSS）、直接序列扩频（DSSS）技术，速率最高能达到2Mbit/s。在此之后，IEEE又相继推出了802.11b和802.11a两个标准。

802.11b工作在2.4～2.483GHz频段，数据速率可以为11Mbit/s、5.5Mbit/s、2Mbit/s、1Mbit/s或更低，根据噪声状况自动调整。当工作站之间距离过长或干扰太大、信噪比低于某个门限时，传输速率能够从11Mbit/s自动降到5.5Mbit/s，或者根据直接序列扩频技术调整到2Mbit/s和1Mbit/s。802.11b使用带有防数据丢失特性的载波检测多址连接（CSMA/CA）作为路径共享协议，物理层调制方式为互补编码键控调制技术（CCK）。

802.11a物理层是基于正交频分多路复用（OFDM）技术进行传输的，工作在5.2GHz频段，最大传输速率可达54Mbit/s，克服了原来不能较好传递视频、音频、图像等数据的不足。

2. 蓝牙技术

Bluetooth（蓝牙）原是十世纪统一了丹麦的国王的名字，现取其“统一”的含义，用来命名意在统一无线局域网通信标准的技术。

IEEE 802.15（俗称“蓝牙”）技术是另一种比较流行的短距离无线通信技术标准，是一种无线数据与语音通信的开放性全球规范。它以低成本的近距离无线连接为基础，为固定与移动设备通信环境建立一个特别链接，在各种数字设备之间实现方便快捷、灵活安全的语音和数据通信。蓝牙技术的工作频段为全球通用的2.4GHz频段，数据传输速率约为1Mbit/s，采用时分双工方案来实现全双工传输。相对于IEEE 802.11来说，可以说是一种补充，最高可以实现1Mbit/s的速率，传输距离为10cm～10m，但是通过增加发射功率可达到100m。较之EE802.11，蓝牙更具移动性。

3. HomeRF 技术

HomeRF 技术是由 HomeRF 工作组开发的，是在家庭区域范围内的任何地方，在 PC 和用户电子设备之间实现无线数字通信的开放性工业标准。

HomeRF 采用 50 跳/秒的跳频速率以最大限度地减小干扰，此跳频速率比 EE802. 11b FHSS 的跳频速率高得多，但在物理层上则较 IEEE802. 11bFHSS 规范有所放松。HomeRF 工作频段是 2. 4GHz 的 ISM 频段，支持数据和音频，最大发射功率为 100mW，采用 FSK 调制，通信距离约 50m。

作为无线技术方案，它代替了需要铺设昂贵传输线的有线家庭网络，为网络中的设备，如笔记本电脑和 Internet 应用提供了漫游功能。就短距离无线连接技术而言，它通常被看作是“蓝牙”和 IEEE802. 11 协议的主要竞争对手。

7. 4. 4 无线通信的传输方式

（1）无线电波（RF）方式：采用微波作为传输媒体的 WLAN 依调制方式不同，又可分为扩展频谱方式与窄带调制方式。

（2）红外线（IR）方式：红外 WLAN 采用小于 1μm 波长的红外线作为传输媒体，有较强的方向性，受太阳光的干扰大。支持 1～2Mbit/s 数据速率，适于近距离通信。

（3）WLAN 的扩频技术：它是把原始信息的带宽变换成带宽宽得多的类噪声信号，发信端用一种特定的调制方法（伪随机码）将原始信号的带宽加以扩展，得到扩频信号。收信端再对接收到的扩频信号加以解扩处理，恢复为原来带宽的所要信号。

（4）DSSS：DSSS 技术是将原来的信号［1］或［0］，利用 10 个以上的 chips 来代表［1］或［0］位，使得原来较窄的高功率频率变成较宽的低功率频率。

（5）FHSS：FHSS 所展开的信号可依特别设计来规避噪声或 One-to-Many 的非重复的频道，并且这些跳频信号必须遵守 FCC 的要求，使用 75 个以上的跳频信号，且跳频至下一个频率的最大时间间隔为 400ms。

多种传输方式可以构成三种组网结构，即集中控制方式（由发射站覆盖所有仪表设备）、分布对等方式（区域内的各仪表设备之间彼此无线传送）和无线局域网（区域内通信覆盖，区域间相互交叉）。

7. 4. 5 无线通信标准

1. IEEE802. 15. 4

随着通信技术的迅速发展，人们提出了在人自身附近几米范围之内通信的需求，这样就出现了个人区域网络（Personal Area Network，PAN）和无线个人区域网络（Wireless Personal Area Network，WPAN）的概念。WPAN 网络为近距离范围内的设备建立无线连接，把几米范围内的多个设备通过无线方式连接在一起，使它们可以相互通信甚至接入 LAN 或 Internet。1998 年 3 月成立 IEEE 802. 15 工作组，内有四个任务组（Task Group，TG），TG1 制定 IEEE 802. 15. 1 标准，又称蓝牙无线个人区域网络标准，这是一个中等速率、近距离的 WPAN 网络标准，通常用于手机、PDA 等设备的短距离通信；TG2 制定 IEEE 802. 15. 2 标准，研究 IEEE 802. 15. 1 与 IEEE 802. 11（无线局域网标准，WLAN）的共存问题；TG3 制定 IEEE 802. 15. 3 标准，研究高传输速率无线个人区域网络标准，主要考虑无线个人区域网络在多媒体方面的应用，追求更高的传输速率与服务品质。

任务组 TG4 制定 IEEE 802. 15. 4 标准，针对低速无线个人区域网络（Low-rate Wireless Personal Area Network，LR-WPAN）制定标准，是一种结构简单、成本低廉的无线通信网络，它使得在低电能和低吞吐量的应用环境中使用无线连接成为可能；而且只需很少的基础设施，甚至不需要基础设施。该标准把低能量消耗、低速率传输、低成本作为重点目标，其网络特征与传感器网络有很多相似之处，很多研究机构把它作为传感器的通信标准。

IEEE 802.15.4 标准为 LR-WPAN 网络制定了物理层和 MAC 子层协议，具有如下特点：①在不同的载波频率下实现了 20kbit/s、40kbit/s 和 250kbit/s 三种不同的传输速率；②支持星型和点对点两种网络拓扑结构；③有 16 位和 64 位两种地址格式，其中 64 位地址是全球惟一的扩展地址；④支持冲突避免的载波多路侦听技术（Carrier Sense Multiple Access With Collision Avoidance，CSMA-CA）；⑤支持确认（ACK）机制，保证传输可靠性。

在 LR-WPAN 网络中，根据设备所具有的通信能力，分为全功能设备（Full-device，FFD）和精简功能设备（Reduced-device，RFD）。FFD 设备之间以及 FFD 设备与 RFD 设备之间都可以通信。RFD 设备之间不能直接通信，只能与 FFD 设备通信，或者通过一个 FFD 设备向外转发数据。这个与 RFD 相关联的 FFD 设备称为该 RFD 的协调器（coordinator）。RFD 设备主要用于简单的控制应用，如灯的开关、被动式红外线传感器等，传输的数据量较少，对传输资源和通信资源占用不多，这样 RFD 设备可以采用非常廉价的实现方案。

IEEE 802.15.4 网络中，有一个称为 PAN 网络协调器（PAN coordinator）的 FFD 设备，是 LR-WPAN 网络中的主控制器。PAN 网络协调器除了直接参与应用以外，还要完成成员身份管理、链路状态信息管理以及分组转发等任务。

IEEE 802.15.4 网络根据应用的需要可以组织成星型网络，也可以组织成点对点网络。在星型结构中，所有设备都与中心设备 PAN 网络协调器通信。在这种网络中，网络协调器一般使用持续电力系统供电，而其他设备采用电池供电。星型网络适合家庭自动化、个人计算机的外设以及个人健康护理等小范围的室内应用。点对点网络只要彼此都在对方的无线辐射范围之内，任何两个设备之都可以直接通信。点对点网络中也需要网络协调器，负责实现管理链路状态信息，认证设备身份等功能。

2. Zigbee

Zigbee 是 IEEE 802.15.4 协议的代名词。根据这个协议规定的技术是一种短距离、低功耗的新兴无线通信技术。这一名称来源于蜜蜂的八字舞，由于蜜蜂（bee）是靠飞翔和"嗡嗡"（zig）地抖动翅膀的"舞蹈"来与同伴传递花粉所在方位信息，也就是说蜜蜂依靠这样的方式构成了群体中的通信网络。其特点是近距离、低复杂度、自组织、低功耗、低数据速率、低成本。主要适合用于自动控制和远程控制领域，可以嵌入各种设备。简而言之，ZigBee 就是一种便宜的，低功耗的近距离无线组网通信技术。

IEEE802.15.4 规范是一种经济、高效、低数据速率（＜250kbit/s）、工作在 2.4GHz 和 868/928MHz 的无线技术，用于个人区域网和对等网络；它是 ZigBee 应用层和网络层协议的基础。依据 802.15.4 标准，在数千个微小的传感器之间相互协调实现通信。这些传感器只需要很少的能量，以接力的方式通过无线电波将数据从一个网络节点传到另一个节点，所以它们的通信效率非常高。

ZigBee 数传模块类似于移动网络基站。通信距离从标准的 75m 到几百米、几千米，并且支持无限扩展。ZigBee 是一个由可多到 65 000 个无线数传模块组成的一个无线数传网络平台，在整个网络范围内，每一个 ZigBee 网络数传模块之间可以相互通信，每个网络节点间的距离可以从标准的 75m 无限扩展。

ZigBee 的技术优势为：①低功耗。在低耗电待机模式下，2 节 5 号干电池可支持 1 个节点工作 6～24 个月，甚至更长。②低成本。通过大幅简化通信协议（不到蓝牙的 1/10），降低了对通信控制器的要求；按预测分析，以 8051 的 8 位微控制器测算，全功能的主节点需要 32KB 代码，子功能节点少至 4KB 代码，而且 ZigBee 免协议专利费；每块芯片的价格大约为 2 美元。③低速率。ZigBee 工作在 20～250kbit/s 的较低速率，分别提供 250kbit/s（2.4GHz）、40kbit/s（915MHz）和 20kbit/s（868MHz）的原始数据吞吐率，满足低速率传输数据的应用需求。④近距离。传输范围一般介于 10～100m 之间，在增加 RF 发射功率后，可增加到 1～3km，这是相邻节点间的距离。如果通过路由和节点间通信的接力，传输距离将可以更远。⑤短时延。ZigBee 的响应速度较快，一般从睡眠转入工作状态只需 15ms，节点连接进入网络只需 30ms，进一步节省了电能。⑥高容量。ZigBee 可采用星状、片状和网状网络结构，由一个主节点管理若干子节点，最多一个主节点可管理 254 个子节点；同时主节点还可由上一层网络节点管理，最多可组成 65 000 个节点的大网。⑦高安全。ZigBee 提供了三级安全模式，包括无安全设定、使用接入控制清单（ACL）防止非法获取数据以及采用高级加密标准（AES 128）的对称密码，以灵活确定其安全属性。⑧免执照频段。采用直接序列扩频在工业科学医疗（ISM）频段，2.4GHz（全球）、915MHz（美国）和 868MHz（欧洲）。

ZigBee 有着广阔的应用前景。ZigBee 联盟预言在未来的四到五年，每个家庭将拥有 50 个 ZigBee 器件，最后将达到每个家庭 150 个。

3. 无线 HART

无线 HART 协议是一种真正意义上的专门为过程自动化应用设计的工业无线短程网协议，用于智能现场设备和主机系统之间双向通信的协议，它采用工作于 2.4GHz ISM 射频频段、安全、稳健的网格拓扑联网技术，将所有信息统统打包在一个数据包内，通过与 IEEE 802.15.4 兼容的直序扩频 DSSS 和跳频技术 FHSS 进行数据传送。

无线 HART 网络较好地解决了工业控制系统要求以冗余机制获取可靠传输的要求。

4. ISA100

ISA100 是用户、无线自动化供应商、原始设备制造商、系统集成商等，共同创建了一种自动化用无线系统标准，ISA 认为，ISA100 无线系列标准的设计目标，是通过使所有工厂过程都符合系列标准，以满足现今及以后工厂范围的需求，即提供各车间之间的通信及控制系统的无线连接。

ISA100 委员会着重三个方面制定可以用于工业现场的无线标准、最佳实现和技术报告：①无线环境：无线的定义、发射频率、振动、温度、湿度、NMC、互操作性、与现有关系的共存，以及物理设备所在的场所。②无线设备和无线系统的技术生命周期。③无线技术的应用，主要包括现场与设备的保护、实时现场的要求以及流程自动化。

5. WIA-PA 标准

(1) 概述。

工业无线技术是工业自动化领域前沿热点技术，标准制定成为工业无线技术竞争的焦点。国际上，西方工业强国和著名公司投入巨资开展相关的研发工作，在众多跨国公司的支持下，以 HART 通信基金会和美国仪表系统与自动化协会 ISA 等为代表的几百家会员单位，一直在积极开展相关标准的制定工作。

在工业无线技术研发与应用方面，我国是国际上最早的国家之一，并做出了一些有特色的工作。针对这一情况，科技部、中科院通过国家863计划、中科院创新方向性项目进行了支持，经过两年近百名科技工作者（中科院沈阳自动化研究所联合浙江大学、机械工业仪器仪表综合技术经济研究所、重庆邮电大学、上海工业自动化仪表研究所、北京科技大学、西南大学、中科博微公司、浙江中控集团、东北大学、大连理工大学等）的艰苦攻关，工业无线技术取得了突破，我国自主研发的用于工业过程自动化的无线网络 WIA-PA（Wireless Networks for Industrial Automation-Process Automation）规范《Industrial communication networks-Fieldbus specifications-WIA-PA communication network and communication profile》成为IEC国际标准（编号：65C/596/C）。2008年10月31日，该规范获得了国际电工委员会（IEC）全体成员国96%的投票，成为与 Wireless HART 被同时承认的两个国际标准化文件之一。使工业无线技术的国际标准形成 Wireless HART（HART 基金会）、ISA 100.11a（ISA）、WIA-PA（中国）三足鼎立的局面。

WIA-PA：我国拥有自主知识产权的 WIA-PA 技术成为国际标准，是对改变我国工业自动化产业发展模式的有益探索和尝试，标志着我国在工业无线通信领域已经成为技术领先的国家之一。同时也标志着我国在工业化与信息化的融合工作中增加了一种新的高端技术解决方案。WIA-PA 技术在冶金、石化等领域进行了初步应用，得到了用户的认可。在此基础上，完成了 WIA-PA 规范国家标准征求意见稿和 IEC PAS 文件的制订，最终成为国际标准。

工业无线网络 WIA[172]具有自主知识产权的高可靠、超低功耗的智能多跳无线传感器网络技术，该技术提供一种自组织、自治愈的智能 Mesh 网络路由机制，能够针对应用条件和环境的动态变化，保持网络性能的高可靠性和强稳定性。它基于短程无线通信 IEEE 802.15.4 标准，使用符合中国无线委会规定的自由频带，解决工厂环境下遍布的各种大型器械、金属管道等对无线信号的反射、散射造成的多径效应，以及马达、器械运转时产生电磁噪声对无线通信的干扰，提供能够满足工业应用需求的高可靠、实时无线通信服务。

通过使用工业无线网络 WIA 技术，用户可以以较低的投资和使用成本实现对工业全流程的“泛在感知”，获取传统由于成本原因无法在线监测的重要工业过程参数，并以此为基础实施优化控制，来达到提高产品质量和节能降耗的目标。

（2）技术体系。

WIA 网络采用星型和 Mesh 结合的两层网络拓扑结构，如图 7-24 所示。第一层是 Mesh 结构，由网关设备及路由设备构成；第二层是星型结构，由路由设备及终端设备或手持设备构成。图中，网关负责 WIA 网络与工厂内的其他网络的协议转换与数据映射；冗余网关负责网关的热备份；网络管理者负责构建由路由设备构成的 Mesh 网络；监测全网性能；安全管理者负责路由设备及终端设备的密钥管理与安全认证；WIA 网络的协议栈结构遵循 ISO/OSI 的层次结构，但只定义了物理层、数据链路层、网络层、应用层。

WIA 协议栈由协议层实体，包括数据链路层、网络层、应用层（由应用支持子层、用户应用进程、设备管理应用进程构成）、功能模块及层实体间的数据接口和管理接口构成。数据链路层、网络层和应用支持子层包含的功能模块有：数据实体和管理实体。用户应用进程包含的功能模块是多个用户应用对象。设备管理应用进程包含的功能模块有：设备

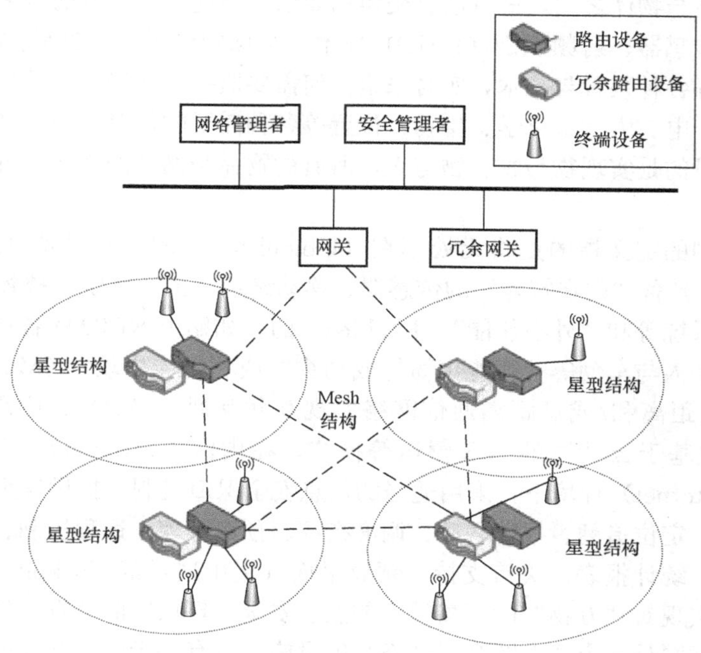

图 7-24 WIA 网络拓扑结构

管理模块、网络管理模块、安全管理模块、网络管理代理模块、安全管理代理模块、管理信息库。

（3）技术特征。

WIA 网络采用了以下措施保障工业环境中无线通信的高可靠性：①TDMA 避免了报文冲突；②跳频通信方式提高了点到点通信的抗干扰能力；③自动请求重传保证了报文传输的成功率；④Mesh 路由提高了端到端通信的可靠性；⑤设备冗余提高了系统的鲁棒性。

（4）技术优势。

WIA 技术与国外同类技术相比具有的技术优势主要有：①分层的组织模式，对网络拓扑的维护更加灵活、快速；②自适应的跳频模式与自动重传机制，对保障通信的可靠性更加有效；③支持网内报文聚合，有效地降低了网络开销，延长电池寿命；④兼容 IEEE 802.15.4标准，可以使用现有商用器件；⑤兼容无线 HART 标准，支持 HART 命令，很容易升级传统仪表，为其增添无线通信功能；⑥用户可以方便地使用、管理，无需较高的专业知识。

7.5 物联网和互联网技术

7.5.1 物联网

1. 定义

物联网是新一代信息技术的重要组成部分。物联网的英文名称叫“The Internet of things”，也称为“Web of Things”。顾名思义，物联网就是“物物相连的互联网”。①物联网的核心和基础仍然是互联网，是在互联网基础上的延伸和扩展的网络；②其用户端延伸和扩展到了任何物体与物体之间，进行信息交换和通信。因此，物联网的定义是：通过各种信息传感设备，如传感器、射频识别（RFID）技术、全球定位系统、红外感应器、激光扫描器、气体感应器等各种装置与技术，实时采集任何需要监控、连接、互动的物体或过程，采集其声、光、热、电、力学、化学、生物、位置等各种需要的信息，与互联网结合形成的一个巨大网络。其目的是实现物与物、物与人，所有的物品与网络的连接，方便识别、管理和控制。

我国对物联网的定义指的是将无处不在（Ubiquitous）的末端设备（Devices）和设施（Facilities），包括具备“内在智能”的传感器、移动终端、工业系统、楼控系统、家庭智能设施、视频监控系统等和“外在使能”（Enabled）的，如贴上 RFID 的各种资产（Assets）、携带无线终端的个人与车辆等“智能化物件或动物”或“智能尘埃”（Mote），通过各种无线和/或有线的长距离和/或短距离通信网络实现互联互通（M2M）、应用大集成（Grand Integration）以及基于云计算的 SaS 营运等模式，在内网（Intranet）、专网（Extranet）、和/或互联网（Internet）环境下，采用适当的信息安全保障机制，提供安全可控乃至个性化的实时在线监测、定位追溯、报警联动、调度指挥、预案管理、远程控制、安全防范、远程维保、在线升级、统计报表、决策支持、领导桌面（集中展示的 Cockpit Dashboard）等管理和服务功能，实现对“万物”的“高效、节能、安全、环保”的“管、控、营”一体化。

欧盟认为物联网是一个动态的全球网络基础设施，具有基于标准和互操作通信协议的自组织能力，其中物理的和虚拟的“物”具有身份标识、物理属性、虚拟的特性和智能的接口，并与信息网络无缝整合。物联网将与媒体互联网、服务互联网和企业互联网一道，构成未来互联网。

物联网中的“物”必须满足：①要有相应信息的接收器；②要有数据传输通路；③要有一定的存储功能；④要有 CPU；⑤要有操作系统；⑥要有专门的应用程序；⑦要有数据发送器；⑧遵循物联网的通信协议；⑨在世界网络中有可被识别的唯一编号。

2. 技术架构

从技术架构上来看，物联网可分为三层：感知层、网络层和应用层。

(1) 感知层由各种传感器以及传感器网关构成，包括二氧化碳浓度传感器、温度传感器、湿度传感器、二维码标签、RFID 标签和读写器、摄像头、GPS 等感知终端。感知层的作用相当于人的眼耳鼻喉和皮肤等神经末梢，它是物联网获识别物体，采集信息的来源，其主要功能是识别物体，采集信息。

(2) 网络层由各种私有网络、互联网、有线和无线通信网、网络管理系统和云计算平台等组成，相当于人的神经中枢和大脑，负责传递和处理感知层获取的信息。

(3) 应用层是物联网和用户（包括人、组织和其他系统）的接口，它与行业需求结合，实现物联网的智能应用。

3. 应用模式

图 7-25 所示的是物联网的基本应用模式，根据其实质用途可以归结为三种：

(1) 对象的智能标签。通过二维码，RFID 等技术标识特定的对象，用于区分对象个体，例如在生活中我们使用的各种智能卡，条码标签的基本用途就是用来获得对象的识别信息；此外通过智能标签还可以用于获得对象物品所包含的扩展信息，例如智能卡上的金额余额，二维码中所包含的网址和名称等。

（2）环境监控和对象跟踪。利用多种类型的传感器和分布广泛的传感器网络，可以实现对某个对象的实时状态的获取和特定对象行为的监控，如使用分布在市区的各个噪声探头监测噪声污染，通过二氧化碳传感器监控大气中二氧化碳的浓度，通过GPS标签跟踪车辆位置，通过交通路口的摄像头捕捉实时交通流程等。

（3）对象的智能控制。物联网基于云计算平台和智能网络，可以依据传感器网络用获取的数据进行决策，改变对象的行为进行控制和反馈。例如根据光线的强弱调整路灯的亮度，根据车辆的流量自动调整红绿灯间隔等。

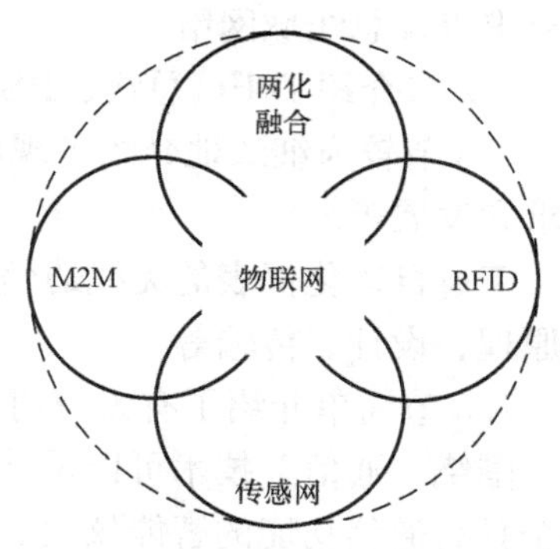

图7-25 物联网基本应用模式

4. 未来物联网的四个特征

随着物联网技术在知识产权、技术标准、产业链条、行业协作、盈利模式、使用成本和安全问题等方面的不断完善，未来物联网将具有四个特征：①未来互联网基础设施将需要不同的架构；②依靠物联网的新Web服务经济将会融合数字和物理世界，从而带来产生价值的新途径；③未来互联网将会包括物品；④技术空间和监管空间将会分离。

7.5.2 互联网技术

以计算机技术和远程通信技术为基础的互联网技术，自诞生以来就以惊人的速度发展，目前已经遍布了全世界，深入到人类生活、工作和学习的各个领域之中，并正在改变人类的物质文明和精神生活。下一代互联网将向更纵深的领域发展，在不远的将来，人们将有可能通过互联网实现真正的数字化生活。有学者称互联网是人类继“知道用火”之后，第二件对人类社会造成革命性转变的重大科技事件。而作为工业自动化仪表，也必将以此为载体，成为下一代互联网的中继设备或终端设备。

互联网（Internet）也叫因特网、国际互联网、交互网、国际网、网际网、全球资讯网。简单的说，互联网就是特指集通信互联网、计算机、数据库以及日用电子产品于一体的电子信息交换系统。它把各个国家、地区和机构的相对独立的计算机互联网和主机通过一定的通信协议连接起来，把各类公司、科研机构、政府等组织和个人用户的资源汇集上网，通过信息传递实现资源共享。

互联网的本质是计算机与计算机之间互相通信并交换信息，使用TCP/IP通信协议，通过计算机彼此的IP地址，完成计算机与计算机之间的信息交流。

互联网技术的特点是由其独特的技术特征所决定的，主要包括：①全面数字化。②全球网络化。③传输高速化。④信息海量化。

互联网技术不仅仅是基于计算机之间的通信模式，在任何电器之间（更包含工业自动化仪表）都已经具备互联网通信能力。如卫星互联网、移动互联网（WAP手机、GPRS、3G等）和其他网络（电信网、城域网、广域网、虚拟局域网、有线电视网等）。

本章习题要求

基于通信功能的工业自动化仪表必将是今后仪表发展中最为基础的功能之一，因此7.1节围绕“通信”技术展开较为全面的介绍，包括总线的基本概念、技术指标、特点、通信协议要求以及总线域网络。

7.2 节介绍了 I^2C 总线、RS 系列总线、GBIP 总线和 USB 等四个通用通信技术。

7.3 节较为细致地介绍了现场总线，有特点、模型、体系结构、现场总线介绍及其协议要求和发展等。

工业自动化仪表的无线通信也将是发展的趋势之一，因此 7.4 节介绍了无线通信技术及其原理、设计、传输等。

7.5 节简单介绍了有无穷前景的物联网和互联网技术。

围绕“通信”技术可以设计出许多习题，包括概念、结构、协议模式及其实现。可设计一个具有通信功能的智能仪表。

第8章　工业自动化仪表的软件技术

8.1 概　　述

随着微电子技术、计算机技术、软件技术、网络技术的高速发展，微处理器的运行速度越来越快，价格越来越低廉，已被广泛用于工业自动化仪表中，使仪表有了可编程、可记忆、计算和数据处理的功能，并且在一些实时性要求很高、原本由硬件完成的功能，也能通过软件来完成。甚至许多原来用硬件电路难以解决或根本无法解决的问题，也可以采用软件技术很好地解决。智能化的工业自动化仪表（智能仪表）中的微处理器不再是简单的发布命令和完成测量数据运算的工具，而是与仪表融为一体，它可以改变测量的原理及方法，促使了一些新的测试理论、测试方法、测试领域和仪表结构不断涌现、发展成熟，并突破了仪表系统功能的实现和改变主要依赖于硬件电路的观念，硬件的作用逐渐被软件所代替。

计算机软件进入仪表可以代替大量的硬件逻辑电路，叫做硬件的软件化，软件移植入仪器仪表可以大大简化硬件的结构，代替常规的逻辑电路。

智能仪表已不再是简单的硬件实体，而是硬件、软件相结合，是由软件决定仪表智能程度高低的新型仪表。因此，在工业自动化仪表的设计过程中，软件起到核心的作用，软件的编写最为关键。软件编写的好坏，直接关系到仪表性能的好坏和功能的强弱。

8.2 数字信号处理

信号处理就是对信号进行分析、变换、综合、识别等加工处理，以达到提取信息和便于利用的目的。信号可分为模拟信号和数字信号。模拟信号在时间上和幅度上是连续的，数字信号在时间上和幅度上是离散的，且可以用有限字长表示。对模拟信号进行处理，既可以使用模拟系统，也可以使用数字系统。在使用数字系统处理时，需要先将模拟信号数字化，使之成为数字信号，然后用数字系统处理，得到一个处理后的数字信号，再经过数模转换得到所需要的模拟信号。

1. 数字信号处理的优点

与模拟处理方法相比，数字处理方法有以下明显的优点：

(1) 精度高。在模拟处理系统中，元器件要达到很高的精度是比较困难的，而对于数字处理系统，只要有足够的字长就可以达到很高的分辨率和精度。例如，基于离散傅里叶变换的数字式频谱分析仪，其辐值精度和频率分辨率均远远高于模拟频谱分析仪。

(2) 稳定性好。数字信号处理系统由少量大规模集成电路的标准组件所组成，工作稳定可靠。而模拟处理系统的元器件易受温度影响，并且容易产生感应和寄生振荡等。

(3) 灵活性强。数字信号处理采用专用的或通用的数字系统，其性能取决于运算程序和乘法器的各系数，这些均存储在数字系统中，只要改变运算程序或系数，即可改变系统的特性，比模拟系统方便得多。

(4) 便于大规模集成。数字部件具有高度规范性，便于大规模集成、大规模生产，没有模拟网络中各种电感器、电容器及其各种非标准件。特别是对低频信号，例如在遥测中或地震波分析中，需要过滤数赫或数十赫的信号，用模拟网络处理时，电感器、电容器的数值和体积都将大到惊人的程度，甚至不可能获得很好的过滤性。这时选用数字信号处理就使体积、重量和性能的优越性体现出来。

（5）数字信号处理系统可以获得很高的性能指标。例如，有限长脉冲响应数字滤波器可以实现准确的线性相位特性，这些特性用模拟系统都是很难达到的。

（6）可以实现多维信号处理。利用庞大的存储单元，可以存储二维的图像信号或多维的阵列信号，实现二维和多维的滤波和谱分析等。

2. 数字信号处理的基本内容

（1）一维数字信号处理，包括离散傅里叶变换和各种其他变换，与之相应的各种快速算法、谱分析、滤波以及数字信号处理的应用等。

（2）多维数字信号处理，包括图像处理、传感器阵列处理和多维数字处理（包括谱分析、多维数字滤波、多维变换、多维快速算法和多维结构的实现）等。

（3）用超大规模集成电路及其硬设备来实现的各种数字信号处理算法。超大规模集成电路及其硬设备的实现包括：算法和网络结构、硬设备与程序编制以及器件等。大规模集成电路的发展，使数字信号处理已不再限于在通用计算机上实现，而是可用数字部件组成的专用硬件实现。很多通用组件已单片化，甚至某些具有独立处理功能的系统已单片化，这些都有利于降低成本，减少体积和缩短研制时间。

3. 数字信号处理算法

数字信号处理的核心算法是离散傅里叶变换（DFT），是DFT使信号在数字域和频域都实现了离散化，从而可以用通用计算机处理离散信号。而使数字信号处理从理论走向实用的是快速傅里叶变换（FFT），FFT的出现大大减少了DFT的运算量，使实时的数字信号处理成为可能、极大促进了该学科的发展。快速傅里叶变换还可用来进行一系列有关的快速运算，如相关、褶积、功率谱等运算。快速傅里叶变换可做成专用设备，也可以通过软件实现。与快速傅里叶变换相似，其他形式的变换，如沃尔什变换、数论变换等也可有其快速算法。

小波变换除了适应于处理突变（或时变）的非平稳信号外，还具有一个非常有用的特性，即多分辨率特性。所谓多分辨率即在小波分析中，由于所采用的尺度函数不同，可以很容易地得到不同分辨率的结果。这在图像信号的处理中已得到实际的应用。

在工业自动化仪表中，数字信号处理算法都是通过软件实现的。编写与算法相对应的程序就可以使仪表具有滤波，变换等数字信号处理功能，大大减小仪表硬件体积，实现硬件软件化，节约开发成本，可以在有限的硬件资源上实现多种复杂的信号处理算法。数字信号处理技术的发展和高速数字信号处理器的广泛采用，极大增强了自动化仪表的信号处理能力。

4. 数字信号处理的硬件技术

数字信号处理的算法需要利用计算机或专用处理设备如数字信号处理器（DSP）和专用集成电路（ASIC）等。数字信号处理技术及其仪表具有灵活、精确、抗干扰强、设备尺寸小、造价低、速度快等突出优点，这些都是模拟信号处理技术与设备所无法比拟的。目前各种专用的信号处理器（DSP）及具有很强功能的信号处理芯片不断涌现，为数字信号处理技术不断增添新的内容。

5. 发展

近十几年来，随着计算机技术的发展，数字信号处理的理论和方法都获得了迅速发展。人们已不满足于用线性、因果、最小相位系统和平稳、高斯分布的随机信号去描述实际的系统和信号。非线性、非因果、非最小相位系统及非平稳信号和非高斯信号已被确定为信号处理的对象；高阶统计量方法、时频分析理论、小波变换技术已成为研究的热点。这些新发展的理论和技术已成为现代数字信号处理技术的主要标志之一，成为智能仪表提升信号处理能力、提高仪表性价比的强力支持。

8.3 虚 拟 仪 器

8.3.1 简介

虚拟仪器（Virtual Instrument，VI）最早由美国国家仪器公司（National Instruments Corporation，NI）提出，它认为虚拟仪器是由计算机硬件资源、模块化仪表硬件和用于数据分析、过程通信及图形用户界面的软件组成的测控系统，是一种由计算机操纵的模块化仪表系统。如果再作进一步说明，那么虚拟仪器是一种以计算机作为仪表统一硬件平台，充分利用计算机独具的运算、存储、回放、调用、显示以及文件管理等基本智能化功能，同时把传统仪表的专业化功能和面板控件软件化，使之与计算机结合起来融为一体，这样便构成了一台从外观到功能都完全与传统硬件仪表一致，同时又充分享用计算机智能资源的全新的仪表系统。由于仪表的专业化功能和面板控件都是由软件形成，因此国际上把这类新型的仪表称为“虚拟仪器”。虚拟仪器技术强调软件的作用，提出了“软件就是仪表”的概念。虚拟仪器的出现代表着智能自动化仪器仪表的最新方向和潮流。

作为一种新的仪表模式与传统的硬件化仪表比较。虚拟仪器主要有以下特点：功能软件化、功能软件模块化、模块控件化、仪表控件模块化、硬件接口标准化、系统集成化、程序设计图形化、计算可视化、硬件接口软件驱动化等。

8.3.2 标准体系结构

虚拟仪器的硬件系统一般分为计算机硬件平台和测控功能硬件。计算机硬件平台可以是各种类型的计算机，如 PC 机、便携式计算机、工作站、嵌入式计算机等。计算机管理着虚拟仪器的硬软件资源，是虚拟仪器的硬件支撑。计算机技术在显示、存储能力、处理性能、网络、总线标准等方面的发展，推动着虚拟仪器系统的发展。按照测控功能硬件的不同，虚拟仪器主要有以下四种标准体系结构：

1. GPIB（General Purpose Interface Bus）

GPIB 技术在第 7 章已经介绍，实现 GPIB 接口主要有以下四种方法：①采用大规模集成电路实现；②采用微程序控制实现；③采用中小规模集成电路实现；④以软件为主，辅以少量配合电路实现。

2. VXI（VMEbus eXtension for Instrumentation）

VXI 总线是一种高速计算机总线（VME 总线）在 VI 领域的扩展，它具有稳定的电源、强有力的冷却能力和严格的 RFI/EMI 屏蔽。由于它的标准开放、结构紧凑、数据吞吐能力强、定时和同步精确、模块可重复利用、众多仪表厂家支持等优点，有广泛的应用。经过多年的发展，VXI 系统的组建和使用越来越方便，尤其是组建大、中规模自动测量系统以及对速度、精度要求高的场合，有其他仪表无法比拟的优势。然而，组建 VXI 总线要求有机箱、零槽管理器及嵌入式控制器，造价比较高。

与各种由总线插卡形成的插卡式仪表系统相比，VXI 仪表模块标准化程度更高，可靠性更好，更具有仪表的连接和操作特征。与各种标准总线接口和串行通信接口仪表相比，VXI 仪表模块体积更小，通信速率更快，智能化程度更高，更适合于根据用户需求定制测试功能，应用也更灵活。VXI 即插即用标准的建立使得 VXI 仪表驱动软件，包括标准仪表命令、仪表软面板和标准 I/O 驱动库形成了统一的标准，并且与仪表模块匹配，用户无需二次开发即可使用，节省了系统应用开发时间。

VXI 虚拟仪器软件包含实际仪表和操作信息的软件，并通过软件完成测试任务，通过仪表软件与通用的计算机软件的集成构成虚拟仪器的软件框架。其应用软件主要有以下三个目的：集成的开发环境、与仪表硬件的高级接口和虚拟仪器的用户界面。VXI 仪表系统支持的软件开发环境分为两类：一类是 Visual C＋＋、Borland C＋＋、Visual Basic 和 HP Basic 等语言编程环境；另一类是以 HP VEE、LabVIEW、LabWindows/CVI 为代表的图形化编程环境。

VXI 仪表的编程应用可归纳为以下几个方面：①用户界面设计。通过对弹出菜单的运用、相关函数的回调等，进行虚拟仪器面板的设计，实现良好的用户界面。②源代码程序。利用代码生成器可以自动生成主程序、程序入口和各种回调函数的框架，以及各种结构命令的框架，通过函数面板可交互式执行函数操作。③仪表驱动程序。针对不同的软件平台，方便地调用库函数（如 ANSI C 库函数、GPIB、数据采集、SIC/VISA 库、TCP/IP 网络函数库等），丰富的仪表驱动程序模块可以满足大多数测试需要，用户也可以开发自己的硬件模块，编写相应的驱动程序。

3. PXI（PCI eXtension for Instrumentation）

PXI 是 PCI 在仪表领域的扩展。它将 CompactPCI 规范定义的 PCI 总线技术发展成适合于试验、测量与数据采集场合应用的机械、电气和软件规范，从而产生了新的虚拟仪器体系结构。PXI 将台式 PC 的性价比优势与 PCI 总线面向仪表领域的扩展完美地结合起来，形成一种高性价比的虚拟仪器测试平台。

PXI 新型模块化仪表系统是在 PCI 总线内核技术上增加了成熟的技术规范和要求而形成，通过增加用于多板同步的触发总线和参考时钟，用于进行精确定时的星型触发总线，以及用于相邻模块间高速通信的局部总线来满足试验和测量用户的要求。PXI 规范在 CompactPCI 机械规范中增加了环境测试和主动冷却要求，以保证多厂商产品的互操作性和系统的易集成性。像其他总线标准体系一样，PXI 定义了保证多厂商产品互操作性的仪表级（即硬件）接口标准。与其他规范所不同的是 PXI 在电气要求的基础上还增加了相应的软件要求，以进一步简化系统集成。这些软件要求形成了 PXI 的系统级（即软件）接口标准。

PXI 的软件要求包括支持 Microsoft Windows NT/95（WIN32）这样的标准操作系统框架，要求所有仪表模块带有配置信息（configuration information）和支持标准的工业开发环境（如 NI 的 LabVIEW、LabWindows/CVI，Microsoft 的 VC/C＋＋、VB，Borland 的 C＋＋等），而且符合 VISA 规范的设备驱动程序（WIN32 device driver）。PXI 规范还规定了仪表模块和机箱制造商必须提供用于定义系统能力和配置情况的初始化文件等其他一些软件要求。初始化文件所提供的这些信息对操作软件正确配置系统必不可少。

4. DAQ（Data AcQuisition）

DAQ即数据采集仪表是一种典型的虚拟仪器，它的出现和发展与微型计算机紧密相关。DAQ仪表以微型计算机为平台，将计算机硬件（某类总线、特定功能的数据采集卡）和计算机软件（虚拟仪器应用软件）结合起来，实现特定的仪表测量和分析功能。DAQ仪器具有性价比高、设计手段灵活、通用性强等优点，应用前景十分广阔。

DAQ仪表不需要像研制智能仪表那样需要研制专门的微处理机子系统，在硬件设计上只要把精力集中在专用的仪表插件板上，或者直接采用成熟的高性能数据采集板卡。在软件设计上，又可以利用虚拟仪器软件开发系统，如LabVIEW或Measure studio（HP VEE）等。显然，DAQ仪表设计的周期可以大大缩短。DAQ仪表可以方便地实现频谱分析、相关分析、传递函数分析及时间序列分析、模式识别等数据处理与分析功能。利用微机的已有资源，还可以方便地实现测量数据的永久存储、数据压缩、远距离传输、打印等。

DAQ仪表软件设计涉及操作系统、编程语言、用户接口和编程技术等。由于DAQ仪表可以最大限度地利用微机现有的软件资源，使得软件设计可以在已有的软件资源基础上，重点设计专用的仪表软件，而这部分的软件设计又是千变万化，可能用到图形软件设计（显示与软面板设计）技术、数字信号处理（DSP技术）、软件接口与混合编程技术等。

除以上四种标准外，按照接口总线的不同，还有RS-232/RS-422虚拟仪器、并行接口虚拟仪器、USB虚拟仪器和最新的IEEE 1394接口虚拟仪器。

8.3.3 软件体系

虚拟仪器的核心思想是利用计算机的硬件和软件资源，使本来由硬件实现的功能软件化（虚拟化），以便最大限度地降低系统成本，增强系统的功能与灵活性。软件是虚拟仪器的关键，“软件即仪表”正是基于软件在虚拟仪器系统中的重要作用而提出的。VPP（VXI Plug&Play）系统联盟提出了系统框架、驱动程序、VISA、软面板、部件知识库等一系列VPP软件标准，推动了软件标准化的进程。虚拟仪器的软件框架从低层到顶层包括三部分；VISA库、仪表驱动程序、仪表开发软件（应用软件），如图8-1所示。

(1) 虚拟仪器软件体系结构（Virtual Instrument Software Architecture，VISA）。VISA是标准的I/O函数库及其相关规范的总称，一般也称I/O函数库为VISA库。它驻留于计算机系统中，执行仪表总线的特殊功能，是计算机与仪表之间的软件层连接，实现对仪表的程控，它对于仪表驱动程序开发者来说是可调用的操作函数集。I/O接口软件是虚拟仪器系统软件的基础，用于处理计算机与仪表硬件间连接的低层通信协议。当今优秀的虚拟仪器测试软件都建立在一个标准化I/O接口软件组件的通用内核之上，为用户提供一个一致的、跨计算机平台的应用编程接口（API），使用户的测试系统能够选择不同的计算机平台和仪表硬件。

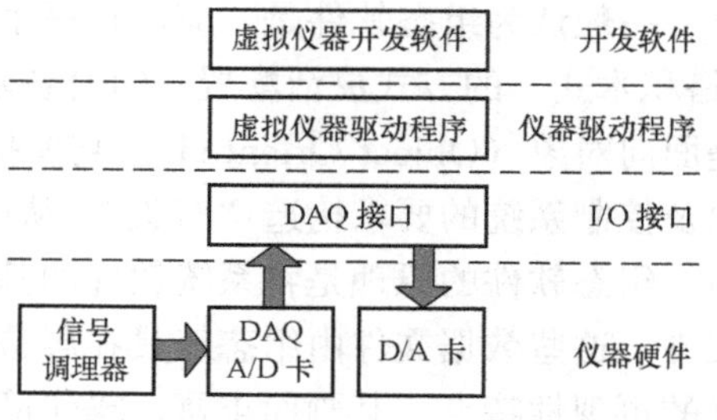

图8-1 虚拟仪器的软件框架

(2) 仪表驱动程序。由于虚拟仪器需要提供模拟实际仪表操作面板的虚拟面板，因此虚拟仪器驱动程序不仅仅是实施仪表控制的程控代码，而是仪表程控代码、高级软件编程与先进人机交互技术三者相结合的产物，是一个包含实际仪表使用、操作信息的软件模块。其驱动程序上层是一系列按功能分组的主/副软面板，每块软面板又由一些按键、旋钮、表头等控件组合而成，每个控件都对应不同的功能，即其程控代码相异；其底层则基于一组 I/O 函数和测试接口。实时模式下，测试人员对软面板上控件的操作将直接反映到真实仪表上。仪表驱动器和用户直接打交道的部分是操作接口，即虚拟软面板和面板上的控键。仪表驱动器是虚拟仪器的核心，是完成对仪表硬件控制的桥梁和纽带。

(3) 应用软件。应用软件建立在仪表驱动程序之上，直接面对操作用户，通过提供直观友好的测控操作界面、丰富的数据分析与处理功能，来完成自动测试任务。应用软件开发系统是设计开发虚拟仪器所必需的软件工具。

目前虚拟仪器软件开发环境有两类：文本式编程语言和图形化编程语言。前者具有编程灵活、运行速度快等特点，后者具有编程简单、直观、开发效率高的特点。虚拟仪器软件开发环境较多，但 LabVIEW 是目前国际上唯一的基于数据流的编译型图形编程环境，它把复杂、繁琐、费时的语言编程简化成用简单或图标提示的方法选择功能（图形），并用线条把各种图形连接起来的简单图形编程方式，使得不熟悉编程的工程技术人员都可以按照测试要求和任务快速“画”出自己的程序，“画”出仪表面板，这大大提高了工作效率，减轻了科研和工程技术人员的工作量，因此，LabVIEW 是一种优秀的虚拟仪器软件开发平台。

网络化的虚拟仪器是虚拟仪器技术的一个发展方向，可以使用 VIServer 技术、WebServer 技术、RemotePanel 技术、RDA 技术或 DataSocket 技术来实现网络化虚拟仪器技术。并且可在此基础上建立网上虚拟实验室来提高虚拟实验室的资源利用率和进行网上远程教学实验。

虚拟仪器不仅在测试和分析仪表中得到广泛应用，在工业控制领域中作为控制仪表，也在不断扩大其应用范围，并在逐渐替代某些传统的模拟控制器。

8.4 组态软件

8.4.1 简介

一般认为组态软件是“应用程序生成器”，即用户根据应用对象及控制任务的要求，以“搭积木式”的方式灵活配置、组合各功能模块，构成用户应用软件。组态软件的设计思想是面向对象（Object Oriented），它模拟控制工程师在进行过程控制时的思路，围绕被控对象及控制系统的要求构造“对象”，从而生成适用于不同应用系统的用户程序。

组态软件的原理是将系统软件的基本部分和工具固定，而将与应用有关的部分变成数据文件，这些数据文件由组态工具在屏幕上编辑而成。组态软件具有通用性强、灵活性好和良好的再现性特点，其画面丰富、操作简单，集多种功能为一体。组态软件具有工业产品和软件产品的共同特点，因为需要在工业现场使用，可靠性始终被列为第一位，工程业绩成为衡量软件的决定性因素。由于工业现场检验认同的时间一般较长，一个组态软件被市场认可也需要一个较长的过程。

目前市场上的组态软件产品大致有三类：国外专业软件厂商提供的产品；国外硬件厂商或系统厂商提供的产品；国内自行开发的国产化产品。

国产组态软件产品已成为市场上的一支生力军，与国外相比，主要是价格便宜。由于开发人员的欠缺和资金的匮乏，造成软件的系统结构有所欠缺。

组态软件之所以同时得到用户和DCS厂商的认可，主要有以下三个原因：①个人计算机操作系统日趋稳定可靠，实时处理能力增强且价格便宜。②个人计算机的软件及开发工具丰富，使组态软件的功能强大，开发周期相应缩短，软件升级和维护也较方便。③可重用的第三方组件功能强大，集成方便。

组态软件作为单独行业的出现是历史的必然，现场总线技术的成熟更加促进了组态软件的应用，能够同时兼容多种操作系统平台是组态软件的发展方向之一，组态软件在嵌入式整体方案中将发挥更大作用组态软件在CIMS应用中将起到重要作用。

很多新的技术将不断地被应用到组态软件当中，组态软件装机总量的提高会促进在某些专业领域专用版软件的诞生，市场被自动地细分了。为此，一种称为"软总线"的技术将被广泛采用。在这种体系结构下，应用软件以中间件或插件的方式被"安装"在总线上，并支持热插拔和即插即用。

8.4.2　组态软件组成

一般的组态软件都由下列组件组成：图形界面系统、实时数据库系统、第三方程序接口组件、控制功能组件。

在图形画面生成方面，构成现场各过程图形的画面被分成3类简单的对象：线、填充形状和文本。每个简单的对象均有影响其外观的属性。对象的基本属性包括：线的颜色、填充颜色、高度、宽度、取向、位置移动等。这些属性可以是静态的，也可以是动态的。静态属性在系统投入运行后保持不变，与原来组态时一致。而动态属性则与表达式的值有关，表达式可以是来自I/O设备的变量，也可以是由变量和运算符组成的数学表达式。这种对象的动态属性随表达式值的变化而实时改变。例如，用一个矩形填充体模拟现场的液位，在组态这个矩形的填充属性时，指定代表液位的工位号名称、液位的上下限及对应的填充高度，就完成了液位的图形组态。这个组态过程通常叫做动画连接。在图形界面上还具备报警通知及确认、报表组态及打印、历史数据查询与显示等功能。各种报警、报表、趋势都是动画连接的对象，其数据源都可以通过组态来指定。这样每个画面的内容就可以根据实际情况由工程技术人员灵活设计，每幅画面中的对象数量均不受限制。

实时数据库是更为重要的一个组件。依靠PC的处理能力，实时数据库更加充分地表现出组态软件的长处。实时数据库可以存储每个工艺点的多年数据，用户既可浏览工厂当前的生产情况，又可回顾过去的生产情况。可以说，实时数据库对于工厂来说就如同飞机上的"黑匣子"。工厂的历史数据是很有价值的。

控制功能组件以基于PC的策略编辑/生成组件（也有人称之为软逻辑或软PLC）为代表，是组态软件的主要组成部分。目前的多数组态软件都提供了基于IEC1131-3标准的策略编辑/生成控制组件。它是面向对象的，但不是唯一地由事件触发，它像PLC中的梯形图一样按照顺序周期地执行。策略编辑/生成组件在基于PC和现场总线的控制系统中是大有可为的，可以大幅度地降低成本。

通信及第三方程序接口组件是开放系统的标志，是组态软件与第三方程序交互及实现远程数据访问的重要手段之一。它有三个主要作用：①用于双机冗余系统中，主机与从机间的通信。②用于构建分布式HMI/SCADA应用时多机间的通信。③在基于Internet或Browser/Server（B/S）应用中实现通信功能。通信组件中有的功能是一个独立的程序，可单独使用；有的被"绑定"在其他程序当中，不被"显式"地使用。

8.4.3　组态步骤

在使用组态软件时，根据组态软件的数据流程（如图 8-2 所示），需要就具体的工程应用在组态软件中进行完整、严密地组态，组态软件才能够正常工作。典型的组态步骤如下。

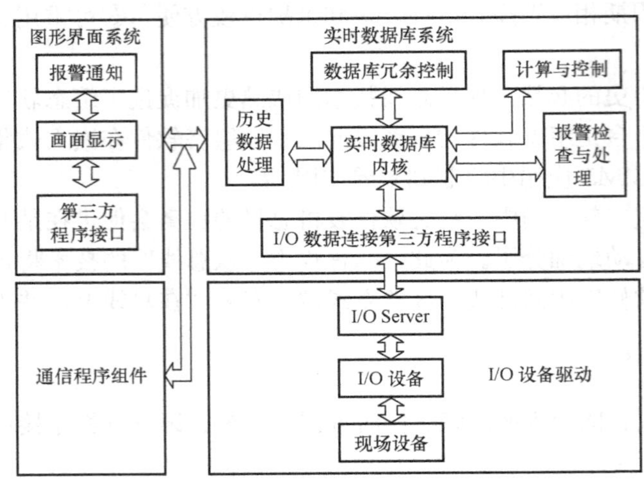

图 8-2　组态软件的数据处理流程

(1) 将所有 I/O 点的参数收集齐全，包括模拟量和开关量信号。并填写表格，以备在监控组态软件和 PLC 上组态时使用。

(2) 搞清楚所使用的 I/O 设备的生产商、种类、型号，使用的通信接口类型。采用的通信协议，以便在定义 I/O 设备时做出准确选择。

(3) 将所有 I/O 点的 I/O 标识收集齐全，并填写表格。I/O 标识是唯一地确定一个 I/O 的关键字，组态软件通过向 I/O 设备发出 I/O 标识来请求其对应的数据。在大多数情况下 I/O 标识是 I/O 点的地址或位号名称。

(4) 根据工艺过程绘制、设计画面结构和画面草图。

(5) 按照第 (1) 步统计出的表格，建立实时数据库，正确组态各种变量参数。

(6) 根据第 (1) 步和第 (3) 步的统计结果，在实时数据库中建立实时数据库变量与 I/O 的一一对应关系，即定义数据连接。

(7) 根据第 (4) 步的画面结构和画面草图，组态每一幅静态的操作画面（主要是绘图）。

(8) 将操作画面中的图形对象与实时数据库变量建立动画连接关系，规定动画属性幅度。

(9) 对组态内容进行分段和总体调试。

(10) 系统投入运行。

8.5　驱　动　软　件

仪表驱动器（Instrumentation Driver）也称仪表驱动程序、驱动软件，是完成对某一特定仪表控制与通信的软件程序集，也可认为是仪表的软件描述，它是应用程序实现仪表控制的桥梁。每个仪表模块都有自己的仪表驱动器，由仪表厂商以源代码的形式提供给用户。

针对某厂家的某种控制器编写的软件无法适用于另一厂商的另一种控制器，为了使预先编写的仪表驱动程序和软面板适用于任何情况，就必须有标准的 I/O 接口软件，以实现 VXI 即插即用的仪表驱动程序和软面板在使用各个厂商控制器的 VXI 系统中正常运行，这种标准也能确保用户的测试应用程序适用于各种控制器。

1. VISA 规范

作为迈向工业界软件兼容性的第一步，为了能自由互换仪表硬件而无需修改测试程序，VXI Plug&Play 联盟制定了新一代的 I/O 接口软件规范，也就是 VPP 规范中的 VPP4. x 系列规范，称为虚拟仪器软件结构（VISA）规范，见 8.3“虚拟仪器”。

2. 可编程仪表标准命令（SCPI）

可编程仪表标准命令——SCPI 是为解决程控仪表编程进一步标准化而制定的标准程控语言，目前已经成为重要的程控软件标准之一。IEEE 488.2 定义了使用 GPIB 总线的编码、句法格式、信息交换控制协议和公用程控命令语义。但并未定义任何仪表相关命令，使器件数据和命令的标准化仍存在一定困难。

SCPI 与过去的仪表语言的根本区别在于：SCPI 命令描述的是人们正在试图测量的信号，而不是正在用以测量信号的仪表。因此，人们可花费较多时间来研究如何解决实际应用问题，而不是花很大精力研究用以测量信号的仪表。相同的 SCPI 命令可用于不同类型的仪表，这称为 SCPI 的“横向兼容性”。SCPI 还是可扩展的，其功能可随着仪表功能的增加而升级扩展，适用于仪表产品的更新换代，这称为 SCPI 的“纵向兼容性”。标准的 SCPI 仪表程控消息、响应消息、状态报告结构和数据格式的使用只与仪表测试功能、性能及精度相关，而与具体仪表型号和厂家无关。

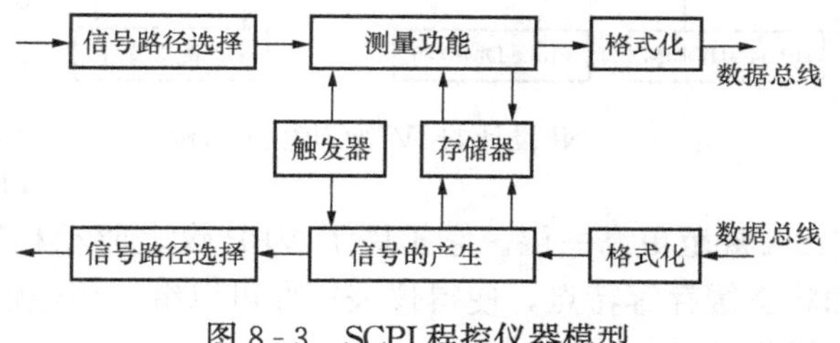

图 8-3　SCPI 程控仪器模型

为了确保程控命令与仪表的前面板和硬件无关，即面向信号而不是面向具体仪表的设计要求，SCPI 提出了一个描述仪表功能的通用仪表模型，如图 8-3 所示。

3. VPP 仪表驱动程序

VPP（VXI Plug &Play）仪表驱动程序具有以下特点：

（1）仪表驱动程序由仪表供应厂家提供。

（2）所有仪表驱动程序都必须提供程序源代码，而不是只提供可调用的函数。用户可以通过阅读与理解仪表驱动程序的源代码，根据自己的需要来修改与优化驱动程序。

（3）仪表驱动程序结构的模块化与层次化。仪表驱动程序并不是 I/O 级的底层操作，而是较抽象的仪表测试与控制。仪表驱动程序的功能调用是多层次的，既有简单的操作，又有仪表的复合功能。

（4）仪表驱动程序的一致性。仪表驱动程序的设计与实现，包括其错误处理方法、帮助消息的提供、相关文档的提供，以及所有修正机制都是统一的。

（5）仪表驱动程序具有兼容性与开放性。

在 VPP 系统中，一个完整的仪表的定义不仅包括仪表硬件模块本身，也包括仪表驱动程序、软件面板和相关文档。在标准化的 I/O 接口软件——VISA 基础上，对仪表驱动程序制定一个统一的标准规范，既是实现标准化的虚拟仪器系统的基础与关键，也是实现虚拟仪器系统开放性与互操作性的保证。

VPP 仪表驱动程序规范规定了仪表驱动程序开发者编写驱动程序的规范与要求，它可促进多个厂家仪表驱动程序的共同使用，增强了系统级的开放性、兼容性和互换性。VPP

规范提出了两个基本结构模型：外部接口模型和内部设计模型，VPP仪表驱动程序都是围绕这个两模型编写的。

4. IVI仪表驱动程序

长期以来，互换性成为许多仪表工程师搭建系统的目标。因为在很多情况下，仪表硬件不是过时就是需要更换，因此迫切需要一种无须改变用户程序代码就可以用新的仪表硬件来改进系统的方法。1999年NI公司提出了可互换虚拟仪器标准IVI（Interchangeable Virtual Instruments），使程序的开发完全独立于硬件。

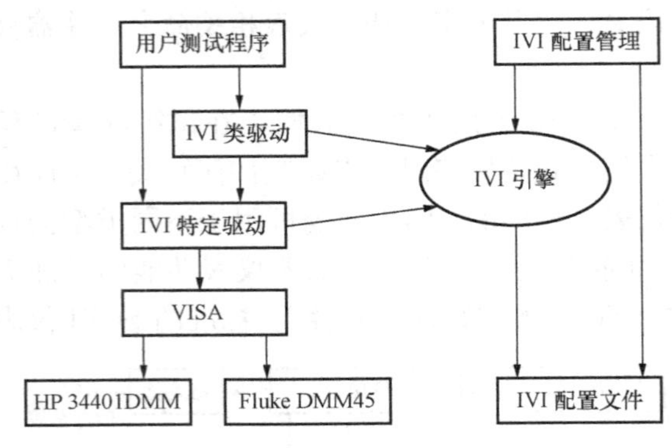

图8-4　NI设计的IVI驱动程序结构

NI开发的IVI驱动程序库包括IVI基金会定义的5类仪表（IVI示波器、IVI电源类、IVI函数发生器、IVI开关类、IVI万用表类）的标准Class Driver、仿真驱动程序和软面板。该软件包为仪表的交换做了一个标准的接口，通过定义一个可互换性虚拟仪器的驱动模型来实现仪表的互换性，图8-4所示为NI设计的IVI驱动程序结构。

从图中可以看出，IVI驱动程序是建立在VXI plug&play（简称VPP）驱动程序标准之上的，比VXI plug&play联盟制订的VISA规范更高一层。它扩展了VPP仪表驱动程序的标准并加上了仪表的可互换性，仿真和状态缓存等特点，使得仪表厂商可以继续用他们的仪表特征和新增功能。它解决了仪表的互操作问题。

对于一个标准的仪表驱动程序，状态跟踪和缓存是其最主要的特点。状态缓存命令可以利用IVI的状态缓存特性在特定驱动程序下执行，因此不会影响一般驱动程序的运行。IVI Engine通过控制仪表的读写属性，来监测IVI驱动程序。通过状态缓存存储仪表当前状态的每一个属性设置值，消除了送到仪表的多余命令，当设置时发现一个仪表已经有了的属性值，IVI引擎将会跳过这个命令，从而提高了程序运行速度。

IVI驱动器通过一个通用的类驱动器实现对仪表的控制。类驱动器是仪表的功能和属性集，通过这些功能和属性集实现对一种仪表类（示波器、数字电压表、函数发生器等）中的仪表进行控制。

8.6　开发系统及仿真软件

随着智能仪表的迅速发展，单片机的功能越来越强大，硬件工作已经变得简捷，主要工作就是功能的编程实现，这包括两个内容，开发系统和仿真软件。

1. 开发工具

开发工具包括软件和硬件两部分。硬件开发工具包括在线仿真器和系统开发板。在线仿真器通常是JTAG周边扫描接口板，可以对设计的智能仪表、功能模块等硬件进行在线调试；在硬件系统完成之前，在开发板上实时运行用户设计的软件，可以提高开发效率。甚至在有的数量小的产品中，直接将开发板作为产品。

软件开发工具主要包括：C 语言编译器、汇编器、链接器、程序库、软件仿真器等；编写的程序代码通过软件仿真器进行仿真运行，来确定必要的性能指标。

2. 集成开发环境

较早期程序设计的各个阶段都要用不同的软件来进行处理，如先用字处理软件编辑源程序，然后用链接程序进行函数、模块连接，再用编译程序进行编译，开发者必须在几种软件间来回切换操作。现在的编程开发软件将编辑、编译、调试等功能集成在一个桌面环境中，这样就大大方便了用户。这就是集成开发环境（Integrated Development Environment，IDE)，是用于提供程序开发环境的应用程序，一般包括代码编辑器、编译器、调试器和图形用户界面工具。实际上就是集成了代码编写功能、分析功能、编译功能、调试功能等一体化的开发软件服务套件。

3. 仿真器

仿真器就是通过仿真头用软件来代替在目标板上的单片机芯片（以 51 系列单片机为例)，关键是不用反复地烧写程序，不满意随时可以改，可以单步运行，指定端点停止等，调试方面极为方便。仿真器内部的 P 口等硬件资源和 51 系列单片机基本是完全兼容的。仿真主控程序被存储在仿真器芯片特殊的指定空间内，有一段特殊的地址段用来存储仿真主控程序，仿真主控程序就像一台电脑的操作系统一样控制仿真器的正确运转。

仿真器和电脑的上位机软件（即 KEIL）是通过串口相连的，通过仿真器芯片的 RxD 和 TxD 端口和电脑的串行口做联机通信，RxD 负责接收电脑主机发来的控制数据，TxD 负责给电脑主机发送反馈信息。

4. 单片机实验板、仿真器、编程器之间的关系和作用

单片机使用前需要对单片机编程序。编程的工作是在电脑上进行的，然后要把电脑上编好的程序编译后烧到单片机里面，这个烧的过程有几种方法。一种就是通过编程器烧入，把单片机放到同电脑连接的编程器里，通过电脑软件就可以把自己编的程序烧入到单片机里。

仿真器是仿真单片机用的，仿真器同电脑连接，设置好参数，并编好程序后就可以把仿真器看成一块单片机，把它插入到你做好的电路中去。仿真器的作用就是模拟单片机本身。

实验板是针对你买的什么样的单片机的实验板，有些实验板支持串口烧入程序，直接将实验班和电脑连接就可以了，因此就不需要编程器和仿真头了。但是有些单片机并不支持串口烧入，那就需要编程器来帮助烧入程序了。

5. 使用仿真器开发的问题

仿真器的可靠性非常依赖于其设计者的水平。随着电子设备的复杂化，仿真器的用户越来越难以辨别开发所遇到的问题出于何处。而基于对仿真器的信赖，用户将首先怀疑问题出自自身的设计之中。如果用户在耗费大量精力后最终发现问题来自仿真器，那么该用户可能会对所有仿真器失去信任而放弃使用。

6. 主要开发软件

(1) Keil C51。Keil C51 是美国 Keil Software 公司出品的 51 系列兼容单片机 C 语言软件开发系统，与汇编相比，C 语言在功能上、结构性、可读性、可维护性上有明显的优势，因而易学易用。Keil C51 生成的目标代码效率非常之高，多数语句生成的汇编代码很紧凑，容易理解。在开发大型软件时更能体现高级语言的优势。用过汇编语言后再使用 C 来开发，

体会更加深刻。

(2) Proteus。Proteus软件是英国Labcenter electronics公司出版的EDA工具软件（该软件中国总代理为广州风标电子技术有限公司)。它不仅具有其他EDA工具软件的仿真功能，还能仿真单片机及外围器件。它是目前最好的仿真单片机及外围器件的工具。Proteus是世界上著名的EDA工具（仿真软件)，从原理图布图、代码调试到单片机与外围电路协同仿真，一键切换到PCB设计，真正实现了从概念到产品的完整设计。

(3) TMS320系列DSP开发系统。TMS320系列DSP开发系统着重介绍了TI XDS560专用硬件开发工具和TI DSP开发板，具体内容包括TI数字信号处理解决方案——硬件仿真基础、XDS560硬件仿真器简介和技术参考、TMS320VC5416/C5510/C6713 DSK开发套件，提供IEKC64x用户手册、TMS320DM642评估板技术手册和Code Composer Studio实用手册。

(4) CodeTest集成测试工具。CodeTest是一款采用硬件辅助软件的系统构架和专利的源代码插装技术，用适配器或探针，直接连接到被测试系统，从目标板总线获取信号，为跟踪嵌入式应用程序，分析软件性能，测试软件的覆盖率以及内存的动态分配等提供了一个实时在线的高效率解决方案。它能支持所有的32/16位CPU和MCU，支持总线频率高达166MHz。它可通过PCI/VME/CPCI/VME总线，MICTOR插头或CPU插座对嵌入式系统进行在线测试，无需改动用户的PCB，与用户系统的连接极为方便。

8.7 软件设计与要求

如今半导体制造厂商不仅提供成套的集成电路芯片，也给出了典型应用的规范化设计供参考选用，使得工业自动化仪表的硬件设计相对简单些。在硬件电路确定之后，仪表的功能将依赖软件来实现，因此工业自动化仪表的设计工作将取决于软件设计。

8.7.1 硬件和软件的分工

在选择单片机的机型时，还要比较各种软、硬件方案。系统要完成的许多功能既可用硬件实现，也可用软件实现。例如，有多个I/O设备的中断处理问题，可用软件查询寻找中断源，并实现优先级排队。若用硬件优先级排队，势必要配置硬件电路，但中断响应比软件查询快得多。虽然不是所有情况都要求中断响应速度愈快愈好，要根据系统的规模、指标、成本等综合考虑。一般来说，如果仪表的生产批量很大，硬件的元件数量应尽可能减少，实现以软代硬，降低生产成本，增加系统的可靠性。反之，如生产数量少，采用较多的硬件，则可使程序设计的复杂性大为降低，这种以硬代软的方法可以降低软件研制费用，缩短系统的研制周期。

需要指出的是，硬件、软件的分工不是一次性的。在具体设计过程中，往往需要进行多次折中，才能取得满意的结果。特别是在部分功能的软硬件调试过程中，需要进一步进行软硬件的分工。越是生产批量大的仪表，越需要仔细权衡。

8.7.2 软件设计流程

软件设计流程如图8-5所示，主要可分为以下七个阶段。

(1) 题目定义：对程序做出详细说明，说明程序的每一部分所应完成的功能。

(2) 题目的细分：题目定义之后，就要把定义的功能分成若干个操作块，而每个操作块只完成总体功能的一个特定部分。因此，这些操作块也称为功能程序块。当执行程序时，控制流会从一个功能块转到另一功能块。划分功能块的优点在于层次清楚，若干个功能块程序的编制可以分别同时进行。一般常用的功能程序块有输入操作功能程序块、运算操作功能程序块、报警操作功能程序块、系统的程序控制和定时功能程序块、输出操作功能程序块、主要的数据结构（表格、字符串等）。

（3）编制每一部分的算法：算法是程序设计的核心，是对求得某种特定计算结果而规定的一套详尽的方法和步骤。

（4）写出每一部分的程序：要保证语法的正确使用。

（5）程序调试，查错：硬件和软件的研制是互相独立地平行进行，也就是说，软件调试是在硬件完成之前，硬件也是在无完整的应用软件情况下进行调试。硬件和软件分调完毕后，还要在样机上进行软件和硬件的联调。在调试中找出问题，判断故障源，修改硬、软件。反复进行这一过程，直至没有错误为止。这时才可以固化软件，组装整机。

（6）将已调试成功的各段程序按照各功能要求组成局部环节以及系统。

（7）系统总调试。

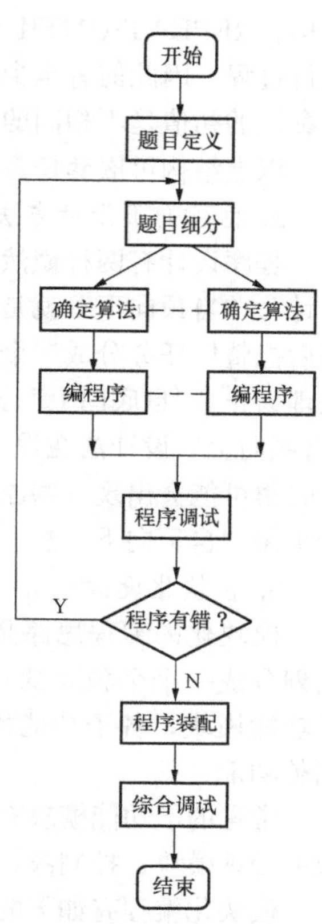

图8-5　软件设计流程

8.7.3　软件设计方法

要编写出优质的软件，编程思路尤为重要。一个好的编程思路，能够让程序变得简单，便于阅读和检查，可使编制程序的工作做到事半功倍，反之，则可能一开始就陷入繁琐的细节，耗费了大量精力，编制出来的程序仍漏洞百出，无法正常运行。

常用的软件设计方法有结构化设计、由顶向下设计和模块化设计三种方法。

1. 结构化设计方法

结构化编程包括：①由顶向下设计，即把整个设计分成层次，上一层的程序块调用下一层的程序块；②模块化编程，使每一模块相对独立，其正确与否不依赖也不影响其他模块；③结构化编程，避免使用无条件转移语句，采用若干结构良好的转移与控制语句。

结构化设计方法的核心是“一个模块只有一个入口，也只有一个出口”。这里，模块只有一个入口应理解为一个模块只允许有一个入口被其他模块调用，而不是只能被一个模块调用，同样，只有一个出口应理解为不管模块内部的结构如何，分支走向如何，最终应集中到一个出口退出模块。根据这一原则，凡有两个或两个以上不同入口的一个模块，应重新划分为两个或两个以上的模块，凡有两个或两个以上出口的模块，要么将出口归纳为一个（若程序逻辑允许），否则也应重新组成两个或两个以上的模块。非结构化程序网状交织，条理不甚分明，而结构化程序就清晰明了，脉络分明。

在结构化程序设计中仅允许使用下列三种基本结构：①序列结构。这是一种线性结构，程序被顺序连续地执行；②二选一结构（IF-THEN-ELSE 结构）。按照一定的条件由两个操作中选一个；③循环结构。循环结构有两种类型，即 REPEAT-UNTIL 结构和 DO-WHILE

结构。REPEAT-UNTIL 结构先执行过程后判断条件，而 DO-WHILE 结构是先判断条件再执行过程。因此前者至少执行一次过程，而后者可能连一次也不执行。两种循环结构所取循环参数的初值是不相同的。

以上结构可嵌套任意层数。

2. 由顶向下设计方法

程序设计有两种截然不同的方式，一种叫做“自顶向下设计”，另一种叫做“自底向上设计”。“自顶向下”就是从整体到局部，最后到细节。即先考虑整体目标，明确整体任务，然后把整体任务分成一个个子任务，一层一层地分下去，直到最低层的每一个任务都能单独处理为止。“自底向上”就是先解决细节问题，再把各个细节结合起来，就完成了整体任务。“自底向上”设计法在设计各个细节时，对整体任务没有进行透彻地分析和了解，因而在设计时很可能会出现一些原来没有预料的情况，以至于要修改或重新设计。因此，目前都趋向于采用“自顶向下”法。

3. 模块化设计

模块化的编程思路是智能仪表软件设计中常用的方法，是指编程时将仪表要实现的功能划分成一个个独立的功能模块，在编写主体框架程序模块的基础上，逐个编写一个个子功能模块，各子功能模块可以通过相应的入口和出口条件相互连接，从而实现仪表的完整功能。

常见的子功能模块有：自检模块、初始化模块、时钟模块、通信模块、信息采集模块、数据处理模块、控制决策模块、显示模块等。

模块化编程有如下的优点：①结构合理，条理清晰，便于阅读和检查。②各功能模块相对独立，便于分工协作。对于较为大型的智能仪表，功能很多，程序十分复杂，如果靠一个人的力量去编写所有的程序内容，工作量很大，效率比较低，也很难在较短的时间内完成。③灵活性好，便于移植。由于仪表的各个功能在程序上被划分成若干个子功能模块，因此在以后其他的智能仪表的开发研制过程中，如果有类似的功能，则可以将此功能程序模块复制使用，提高效率，少走弯路，节约时间。

在进行模块化设计时应注意两点原则：模块的大小要适当；模块应具有独立性。

8.7.4 驱动程序设计准则和流程

在开发仪表驱动器的时候，首先必须定义它的层次结构，即定义它的基本功能和开发时模块的层次。一个完善的仪表驱动器不仅仅是一些功能函数的集合，它还是用户开发应用程序的工具。这个层次是 VXI 即插即用仪表驱动器的设计文本，它符合用于 WIN 框架的 Lab Windows/CVI 仪表驱动器函数和用于 GWIN 框架的 LabVIEW 仪表驱动器虚拟仪器。对仪表驱动器的基本要求是模块化和层次化、源代码、广泛的可访问性。

仪表驱动器的设计准则如下：①设计模块化的仪表驱动器，它应该包括一系列函数，每个函数只执行单一的任务或功能。模块化的方式能保证灵活性、可执行性、易使用性。②对仪表驱动器的高级和低级函数有一个全面的认识，并知道这些函数在系统中是如何使用的。③了解仪表驱动器之间的相互关系。④仪表驱动器的功能必须包括仪表能提供的所有功能，虽然一个编程者不一定使用每一个登录的功能，但这是必需的。⑤函数之间相互独立。如果两个或多个函数总是联合使用，就把它们合并为一个函数。⑥最大可能地减少函数中参数的数量。

在测试应用中，完善的仪表驱动器是仪表操作和使用知识的高度综合。

在开发仪表的特定驱动程序以前，首先要熟悉仪表的有关命令，然后根据其功能进行分类。在 Lab Windows/CVI 下创建仪表的特定驱动程序，需要按以下步骤进行程序开发：①创建一个驱动程序模板；②移走不用的扩展属性；③确定独立属性；④调用指定的属性；⑤确定属性的失效规则。今后当测试平台改变或者系统体系结构改变时，所用仪表的驱动程序不用改变，真正实现了仪表的互换性。

本章习题要求

工业自动化仪表中软件的重要性越来越高，不但是基于单片机的功能开发，还包括了基于自动控制系统的软件内容，因此本节较为全面地介绍了这方面的知识，包括数字信号处理、虚拟仪器、组态软件、驱动软件、智能仪表的开发工具及其软件设计与要求。习题范围主要可以围绕 8.2“数字信号处理”和“软件设计与要求”，其余章节要求是了解基本内容和思路。

第9章 工业自动化仪表工程应用技术

工业自动化仪表（含智能仪表）的实际工程应用非常广泛，由前几章内容可知，工业自动化仪表包含的内容较多，仪表的实际工程应用也包含了较多的内容。因此，本章节从工业自动化仪表基于应用及其应用要求的角度进行介绍论述。

9.1 干扰分析及抗干扰

9.1.1 干扰现象

干扰是一种无所不在、随时可能产生的客观的物理现象，是妨碍某一事件（事物）正常运行（发展）的各种因素的总称。一般，在工业自动化仪表中，除了有用信号外，其他信号均可认为是干扰信号，如导致绝缘性能下降的绝缘泄漏电流；影响有用信号的分布电容电流；耦合在有效信号中受磁力线感应产生的感应电流；损坏仪表器件等强电器件之间的放电电流，所以干扰是影响仪表平稳运行的破坏因素。

干扰可能来自于空间（如电磁辐射），也可能是其他信号的耦合（如静电耦合、电磁耦合、公共阻抗耦合等）或是设备之间产生了“互感”情况，在某些领域干扰称为“噪声”。

干扰的强度有大有小，小者可忽略，大者可使仪表运行不正常，甚至会损坏仪表，因此人们又习惯将造成仪表工作不稳定、误差增大甚至使之损坏的不定因素归于“干扰”。

对有用信号，也存在着彼此干扰的现象，特别是“强电”信号对“弱电”信号的影响。通常认为电力电子与电力传动装置是“强电”装置，而大多数仪表，由于只需低电压供电（如几伏电源电压），工作电流也只有毫安（mA）级，所以是“弱电”装置。当强电设备对弱电仪表干扰时，会使仪表无法稳定工作，甚至损坏。

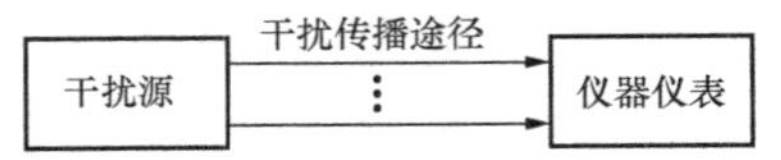

图9-1 干扰形成示意图

仪器仪表出故障，有多方面因素，归纳起来有二：一个是仪表内部的器部件老化或损坏，另一个就是受干扰；干扰造成的最坏结果就是导致仪表的永久性损坏。干扰形成有三个充要条件：①干扰源；②受干扰体，如仪表；③干扰传播的途径，干扰形成示意图如图9-1所示。

9.1.2 干扰产生的原因

图9-1中，“干扰源”是一个综合体，是任何影响仪表平稳运行的破坏因素，对于仪表来说，可分成两类：外部干扰和仪表内部因素的干扰。

一、外部干扰

仪表能否可靠运行，受到使用环境的限制。环境条件是仪表在储存、运输和使用场所的物理、化学和生物等条件。表9-1列出了环境条件分类，也表明了诱发干扰的环境因素。

表9-1　　环境条件分类表

环境条件	具 体 内 容
气候环境条件	温度、湿度、气压、风、雨、雪、露、霜、沙尘、烟雾、盐雾、油雾、游离气体等
机械环境条件	振动、冲击、离心、碰撞、跌落、摇摆、静力负荷、失重、声振、爆炸、冲击波等
辐射条件	太阳辐射、核辐射、紫外线辐射、宇宙线辐射等
生物条件	昆虫、霉菌、啮齿动物等
电条件	电场、磁场、闪电、雷击、电晕、放电等
人为因素	使用、维护、包装、保管等

1. 电磁干扰

各种电气设备、电子仪表及其自动化装置，运行时伴随着电、磁、机、光等能量的转换，其中较大多数是电与磁之间的能量转换，这对周边环境产生了电磁干扰，成为一个干扰源。电磁干扰（Electromagnetic Interference，EMI）是使电器设备或电子装置性能下降、工作不正常或发生故障的电磁扰动。

形成电磁干扰的原因较多，如输配电站及线路、强电性动作器件（如交流接触器、继电器、接触开关等）和强电性执行设备（如电动机、功率器件等）。电源、信号传输线等以及仪表内部自身元件能量交换或信号转换时也产生电磁干扰。此外，还有仪表内外的各种“放电”现象，如雷电、金属触点的“碰撞”（触点的离合）、储能元件的弧光现象以及日光灯之类的辉光放电等。

2. 振动干扰

振动所产生的噪声达到一定程度会对仪表会造成伤害，尤其是对精密仪表以及标准计量仪表和器具。对仪表造成干扰的“振动”，包括冲击、撞击、振动、加速度等。在振动条件下仪表结构（如仪表的固定件、接插件、电路焊接点等）容易松动或疲劳破坏。若产生共振，则加速了仪表的损坏，导致仪表彻底“瘫痪”；冲击或撞击或突发性敲击、跌落等会使电接触点（如焊接点）位移或变形，造成电气故障。

仪表受到振动干扰的主要原因是靠近振动源，如放置在大型机械设备附近或靠近交通要道；其次是仪表放置在具有弹性能力的场所，如比较薄的板型工作台或楼板；三是仪表内部自身引起的，如安装松弛、固定件偏少和对较重的元器件无有效支撑等。

3. 温度干扰

低温时仪表内部的材料收缩、变硬或发脆，引起仪表的电性能和机械性能变坏。高温时仪表内部的材料极易氧化、干裂或软化，仪表的绝缘老化、元器件老化，电性能下降。另外，温度突变，将会导致仪表的结构材料变形、开裂等，特别是绝缘材料的破裂；而高温突变，会在仪表内部电路上形成凝露，造成更大的电性能干扰。

仪表对环境温度的适应能力取决于构成仪表的元器件，主要是仪表的电路、机械部件以及仪表壳体这三部分。电路元器件的抗温性能决定了仪表适应温度的能力。在模拟仪表中，机械部件的温度干扰会导致要经常调整其工作点或其零点和满度。在数字仪表中，机械部件极少，关键是数字集成电路；目前数字集成电路的工作温度范围有三级，商业级为0～70℃，工业级为－40～85℃，军用级为－55～125℃；而储存温度为－65～165℃。作为仪表整体对环境温度的适应能力取决于仪表中所采用的集成电路中工作温度范围最小的区域。

若易燃易爆环境中使用仪表，环境温度值是比较高的。为此国家有明确规定，将温度分成5个组别，见表9-2。

表9-2 仪表使用环境温度

组　别	a	b	c	d	e
仪表表面允许温度（℃）	360	240	160	110	80
允许最高环境温度（℃）	350	230	150	100	70

4. 湿度干扰

在一定温度下，空气中水蒸气含量增加时，潮汽会渗透、扩散进入材料内部引起仪表电路理化性能的变化。绝缘材料受潮后，电性能下降，绝缘电阻和电击穿强度降低，介质损失角增大。当空气中相对湿度达到90%以上时，遇到环境温度波动（突变），将使电路表面水蒸气凝露形成水膜，引起材料表面电阻下降，金属表面腐蚀，导致电路表面放电、闪烁或金属结构件锈蚀失灵以及电触点接触不良等。常用金属在被腐蚀的临界温度时的湿度是：铁为70%～75%，锌为65%，铝为60%～65%，当环境温度超过临界温度时，其腐蚀速度成倍增加。

在相对湿度为80%～90%、温度为25～30℃时，霉菌将旺盛繁殖，它不仅仅破坏仪表的外观，同时影响元器件的电性能，甚至引起纤细金属导线腐蚀。而湿度低于30%时，有些绝缘材料或塑料会产生干燥收缩、变形，甚至龟裂。

与湿度相近的还有雨水、雪的影响，以及寒冷时的冰、低温时的霜、温度波动时的露，都会使仪表受到一定的干扰。在易燃易爆环境下使用仪表，湿度对仪表的损坏性更强。

5. 其他环境干扰

由表9-1可知，还有许多环境干扰，如大气粉尘干扰；腐蚀介质对金属材料的腐蚀等。在实际应用中，仪表处于一个综合的环境条件下，包括电磁环境、气候环境、机械环境、大气环境、生物环境等，仪表要具有较强的环境防护能力，必须了解仪表使用的环境条件。

二、内部干扰

仪表的内部干扰就是由元器件、信号回路、负载回路、电源电路及其他电路等引发的干扰。

1. 元器件干扰

电阻器、电容器、电感器、晶体管、变压器、接插件以及集成电路等是仪表内部电路的核心器件，若元器件选择不当、材质不对、型号有误、焊接虚脱、接触不良时，就可能成为电路中最易被忽视的干扰源。

（1）电阻器产生干扰的直接原因是：①电阻标称值选取不当或标称值误差较大，例如，色环电阻允许偏差值，紫色表示为±0.1%，无色表示为±20%。②电阻工作在额定功率的一半以上，产生热噪声。③电阻材质较差，产生电流噪声。④电阻工作电压大于最大极限电压，造成永久性损坏。⑤特性选择不当，电位器有线性变化、指数变化和对数变化三种特性，不可随意替换。⑥电位器因触点移动产生的滑动噪声。⑦电阻器在交流信号的一定频率下会呈现电感或电容特性。

（2）根据电容器的自身特性，在电路中产生干扰的原因主要有：①选型错误，对用于低频电路、高频电路、滤波电路以及作为退耦电容时，没有根据电路的要求合理选择型号；②忽视电容器的精度，电容器依据其标称偏差分有8个精度等级；③忽视电容器的等效电感，电容器在交流电路（特别是在高频电路）中工作时，其等效电路为电容C、电阻R、电感L的串联电路，即电容器有一个固有的谐振频率，这个谐振频率比电容器在交流电路中的工作频率高得多，会对电路产生干扰。表9-3列出了几种电容器的等效电感和极限工作频率；④忽略电容器的使用环境温度和湿度，由于电容器的浸渍材料熔点都比较低，常规要求电容器的使用温度不大于80℃，在严冬环境下还要注意电解质可能会结冰。我国对电解电容器的使用环境温度分为四组：T组（－60～＋60℃）、G组（－50～＋60℃）、N组（－40～＋60℃）、B组（－10～＋60℃）。电容器对使用环境的相对湿度要求不大于80%；⑤电容器工作时，工作电压应低于额定电压的10%～20%等。

表9-3　几种电容器的等效电感和极限工作频率表

电容器类型	等效电感（10^{-3}Uh）	极限工作频率（MHz）	电容器类型	等效电感（10^{-3}Uh）	极限工作频率（MHz）
纸介电容器	30～100	1～8	管式瓷介电容器	3～30	50～200
无感纸介电容器	6～11	50～80	圆片式瓷介电容器	1～4	200～3000
云母电容器	4～25	75～250			

（3）由电感器产生干扰的主要原因是忽视了电感线圈的分布电容（线匝之间、线圈与地之间、线圈与屏蔽壳之间及线圈中每层之间），该分布电容C_0与线圈L以及线圈的感抗R等效成一个并联的谐振电路，如图9-2所示。分布电容的存在不仅降低线圈的稳定性，还降低线圈的品质因数，电感器在工作时的工作频率应远低于谐振频率。电感线圈在应用时还受环境温度（导致线圈结构变化而改变电感感应系数）和湿度（导致分布电容和漏电损耗增加）的影响。

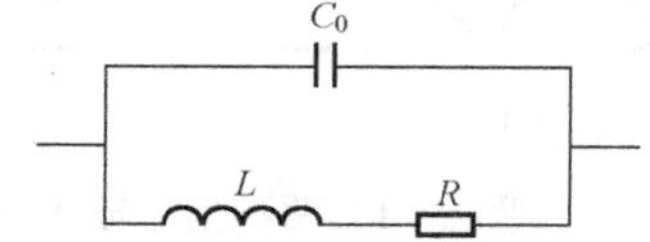

图9-2　电感线圈等效电路

（4）晶体三极管和运算放大器选用不当也可能成为电路的主要干扰。

（5）接插件产生干扰的原因主要有：①接触不良，增加了接触阻抗；②绝缘电阻不足，产生“爬电”现象；③缺乏屏蔽手段，引入电磁干扰；④接插件相邻两脚的分布电容过大；⑤接插件的插头与插座之间缺乏固定连接措施；⑥接插件的材质等。

2. 信号回路干扰

电信号传递时，易混入干扰的主要原因有：敏感元件绝缘不良、产生漏电噪声电压；外部电源的静电耦合（在信号线附近的大电机可能通过耦合电容影响到信号线）；周围空间的电磁场引起信号间产生感应电压。本节着重描述电信号在输入回路中容易引入的共模干扰和串模干扰。

如图9-3所示的是共模干扰示意图，即两根传输信号线上共同存在着对地干扰电压。当现场信号源的地与信号放大器的地之间相隔一段距离，两地之间往往存在一个电位差V_C，这个V_C对信号放大器产生的干扰，称为共模干扰，图9-3（a）所示为V_C共模干扰示意图，也称为纵向干扰。图9-3（b）所示为V_C共模干扰等效图；图9-4所示的是相应于图9-3（a）的应用方式，图9-4（a）为信号单端输入时的共模干扰示意图，图9-4（b）为信号双端输入时共模干扰示意图。

串模干扰是串联于信号回路之中、体现在两根信号线之间的电位差，也称为线间干扰或横向干扰，也有称差模干扰。图 9 - 5 是串模干扰示意图。产生串模干扰的主要原因为信号线分布电容的静电耦合、信号线传输距离较长引起的互感、空间电磁的电磁感应以及工频干扰等。串模干扰常常使放大器饱和、灵敏度下降和零点偏移。

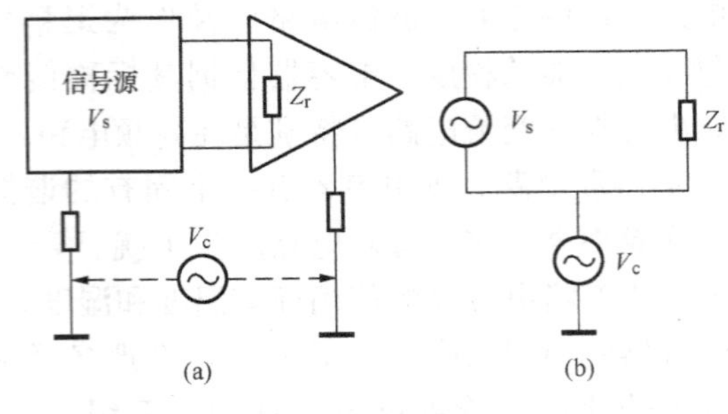

图 9 - 3　共模干扰示意图

多路开关（MUX）属于无触点半导体开关，在“接通”时，触点处的接触电阻（亦称导通电阻）并非如机械触点一样接近零，这个电阻值对于微小模拟量有不可忽视的影响；一般来说，导通电阻应该小于 100Ω，实际导通电阻要更大一些，如 CD4501 为 270Ω。

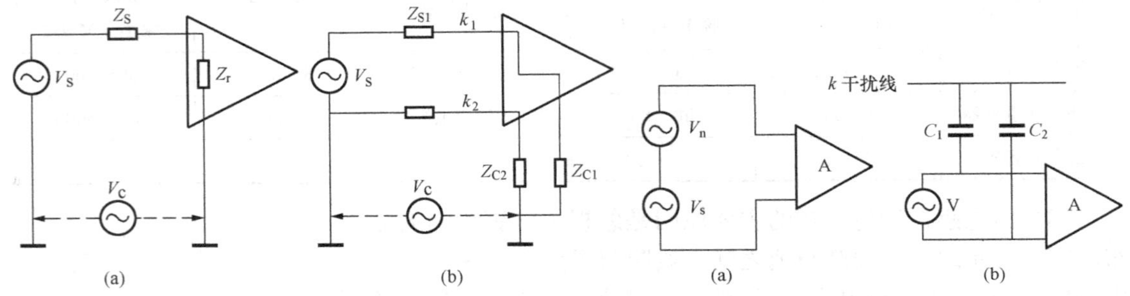

图 9 - 4　两种信号输入下共模干扰示意图

图 9 - 5　串模干扰示意图

3. 负载回路干扰

有些负载对仪表的干扰很大，它们是动作性器件和电力电子器件，如继电器、电磁阀和可控硅等。

(1) 继电器在断开时，电感线圈会产生放电和电弧干扰；闭合时，由于触点的机械抖动（亦称弹跳现象或颤动现象）形成脉冲序列干扰。这种干扰不加以抑制，会造成器件损坏。

(2) 电磁阀可以理解为智能仪表一种实时控制的延伸部件。电磁阀的电气特性与继电器是一样的，所不同的是电磁阀安装在现场，距离控制回路较远。电磁阀的电流容量一般比继电器大，所产生的浪涌电压比较明显，同时还伴有高频衰减，这种瞬变干扰更易会损坏器件。

(3) 电力电子器件具有较强的干扰能力。其中最典型的是可控硅，也称为“晶体闸流管”，简称“晶闸管”（Thyristor）。

应用可控硅时所产生的干扰影响主要有：①可控硅整流装置是电源的非线性负载，它使电源电流中含有许多高次谐波，使电源的端电压波形产生畸变。电源电压中的谐波使各变压器、电动机、电磁阀等负载损耗变大，温度增高，影响这些设备的正常工作和使用寿命，同时也影响周围其他仪器仪表的正常工作。②采用可控硅进行相位控制会增加电源电流的无功分量，降低电源电压，使之在相位调节时出现电源电压波动。③可控硅作为大功率开关器件，在触发导通和关断时电流变化剧烈，特别是关断，因可控硅内部载流子积储效应和 RC 环节引起高频振荡，高频分量达 15MHz。这干扰通过电源线和空间传播影响周围其他仪器仪表的正常工作。④可控硅作大功率控制运行时，由于电流的大容量，导致元器件在工作时，温度很高，使元件周围形成一个温度场。

4. 电源电路干扰

电源电路是仪表引入外界干扰的内部主要环节，电源电路的干扰几乎占所受干扰的一半，所以分析电源电路干扰是非常重要的。

导致电源电路产生干扰的因素有：供给该仪表的供电线缆上可能会有大功率的电器频繁的启闭；具有容抗或感抗负载的电器运行时对电网的回馈特性；脉宽较窄的尖峰脉冲或线性脉冲；通过变压器的一次、二次线圈之间的分布电容串入电磁干扰；电源变压器的性能参数（如变压比、绝缘电阻、额定功率等）与实际应用时的条件不匹配；变压器的制作质量等。

开关电源是近年来日益被重视和采用的稳压电源，它是控制半导体器件开和关的时间比来输出稳定电压的，主要有开关型晶体管、LC滤波器、整流二极管、控制电路以及输出电路组成。由于晶体管以很高的开关频率脉冲（20kHz）开关电感负载，所以电路内部存在高频开关引起的浪涌干扰，这种干扰在防范措施不佳时会导致输出干扰、空间辐射干扰和返回至电网的回馈干扰。

5. 数字电路的干扰

数字电路运行时产生干扰的原因主要是：①输入和输出信号只有高电平和低电平两种状态，且两种电平的翻转速度很快，为几十纳秒。若前后时序不匹配，形成干扰。②数字电路基本上以导通或截止方式运行，工作速率比较高；若多个数字电路同时工作，会产生高频“浪涌”性干扰。③由数字电路构成的仪表电路逻辑性强，必须遵循某一特定时序，否则就会产生输入输出竞争。

9.1.3　干扰传播的途径

干扰的传播途径有两个：“有线”传播和“无线”传播。“有线”传播的干扰一般为耦合型，大可覆盖有效信号，小可忽略不计；在一个有效的空间内，“无线”传播的干扰种类较多，危害也较大。按照干扰产生的机理分析，影响仪表的干扰途径分为以下几大类。

1. 分布电容

各种导线之间、元件之间、线圈之间、元件与地之间，都存在着分布电容，并在不同的环境条件下（如温度、湿度等）发生较为复杂的非线性变化，有时为减小分布电容的影响，仪器仪表的安装位置以及方向也有一定的要求。表9-4列出了较为典型的分布电容值。

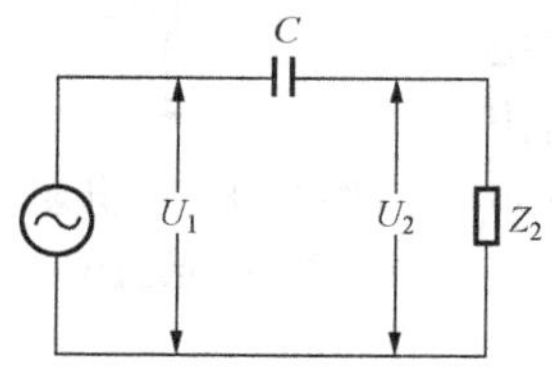

图9-6　静电感应耦合等效电路

一般干扰电压通过静电感应经分布电容耦合于有效信号。图9-6为静电感应耦合等效电路，U_1为静电干扰电压C为分布电容，Z_2为仪表或电路的等效阻抗，其静电感应噪声电压为

$$U_2 = \mathrm{j}\omega C U_1 Z_2 \tag{9-1}$$

表9-4　**几种典型条件下分布电容的参考值**

典　型　条　件	分布电容值（pF）
站在绝缘板上的人与大地之间	700
电源变压器与该仪表底板之间	1000
稳压电源交流输入端与±15V直流输出端之间	100

续表

典 型 条 件			分布电容值（pF）
信号电缆	单芯屏蔽电缆	芯线与屏蔽层之间	40
	双芯屏蔽电缆	两根芯线之间	133
		芯线与屏蔽层之间	217
	RG58 同轴电缆的芯线与屏蔽层之间		110
	两根平行导线之间		30
插头（插座）中相邻两脚之间			2
0.5W 电阻的两端之间			1.5

2. 互感耦合

由于干扰电流产生磁通，而此磁通是随时间变化的，它可在另一与之有互感的回路中产生电磁感应干扰电压。在仪表内部，印刷线路板中两根平行导线之间存在互感；线圈、变压器、继电器、扼流线圈等电磁元件的漏磁是一个很大的干扰；在仪表外部，当两根导线在较长一段区间内平行架设时，也产生互感干扰。这种磁场耦合时，其感应干扰电压是与信号接受器导线相串联的。图 9-7 所示为电磁感应耦合等效电路，由电磁感应产生的噪声电压为

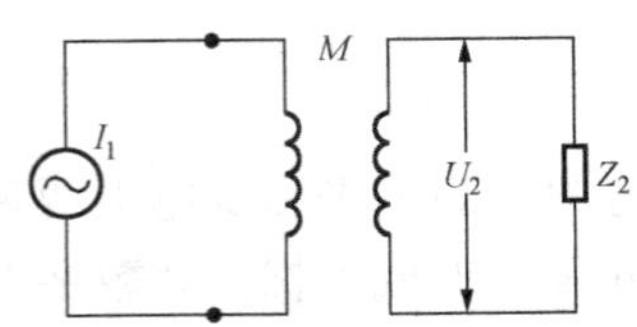

图 9-7 电磁感应耦合等效电路

$$U_2 = j\omega M I_1 \tag{9-2}$$

式中：I_1 为电磁干扰感应电流。

3. 公共阻抗

图 9-8 所示为公共阻抗 R_c 示意图，Z_1 和 Z_2 分别表示两个仪表（电路）的等效电阻，它们的公共地线连接端 G 上产生的电压 VG 可等效为 Z_1 和 R_c 对电源 V 的分压以及 Z_2 和 R_c 对电源 V 的分压。若 $Z_1 \neq Z_2$，Z_1 与 Z_2 的彼此干扰产生，使各自工作的有效电流、工作状态均受到了影响。若 G 端作为输出的公共点，对输出信号也有影响。同理，这种公共阻抗在有内阻的电源线路中也存在。

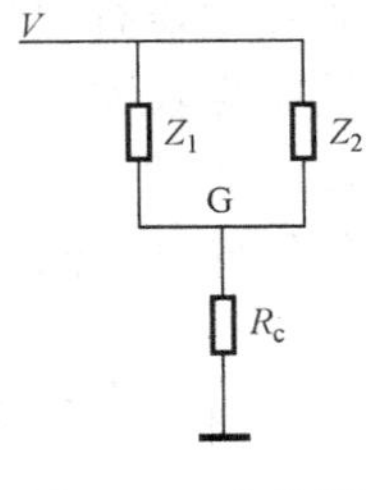

图 9-8 公共阻抗 R_c 示意图

4. 辐射电磁场

电磁场无所不在，在电能量交换频繁的地方，如电厂、变电站相对更强；在高频电能变换装置中，强烈的 dV/dt、di/dt 也产生辐射；电源线、信号线在传输电源和电信号时，线缆附近也产生电磁场。这种通电线缆，在电磁场中，接受电磁场影响产生感应电动势，同时也对空间进行电磁辐射，同天线一般，即辐射干扰波，也接受干扰波。而线缆所产生的感应电动势通过线缆对仪表、电路产生干扰。由辐射产生的干扰电压为

$$U = EH \tag{9-3}$$

式中：E 为电场强度（V/cm），H 为产生辐射干扰的“天线”长度。

5. 漏电流耦合

由于元器件的绝缘度不足、绝缘材料质量不佳和功率器件间距不够等而产生漏电、爬电现象，由此引入干扰，其等效电路如图9-9所示，图中R为绝缘电阻。干扰电压为

$$U_2 = \frac{Z_2}{Z_2 + R} U_1 \quad (9-4)$$

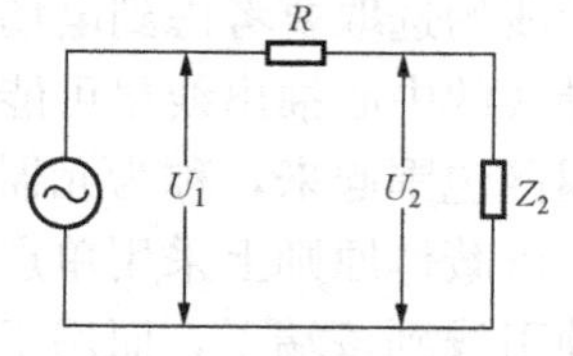

图9-9　漏电流耦合等效电路

9.1.4　抗干扰技术

一、抗干扰技术

1. 电磁兼容性

电磁兼容性（Electromagnetic Compatibility，EMC）是指装置能在规定的电磁环境中正常工作而不对该环境或其他设备造成不允许的扰动的能力，是以电为能源的电气设备（统称）及其系统在其使用的场合运行时，自身的电磁信号不影响周边环境，也不受外界电磁干扰的影响，更不会因此发生误动作或遭到损坏，并能够完成预定所设计的功能的能力。

要满足电磁兼容性，首先要分析电磁干扰的频谱、周期、幅值、强度分布等物理特性。然后要分析仪表在这些干扰下的受扰反应，利用可靠的经典电路或借助于已有的各种特性测试仪等先进的测量技术，结合成熟的经验，在一定的范围内估算出仪表抵抗电磁干扰的能力以及感受电磁干扰的敏感度（亦称噪声敏感度）。最后要根据仪表功能、应用场合与环境，采取下列方法：①仪表设计符合“电磁兼容不等式”；②屏蔽技术，包括静电屏蔽、磁屏蔽和电磁屏蔽；③隔离技术；④接地技术；⑤滤波技术：包括电源滤波电路、信号滤波电路和单片机数字滤波技术；⑥仪表内部硬件电路的合理布局；⑦其他相关技术，选择有效的抗干扰电路（经验电路）或有效部件（专用集成电路和器件模块）；⑧仪表制作工艺技术。

电磁兼容不等式为

$$\text{干扰源能量(谱)} \times \text{传播途径(距离)} < \text{噪声敏感度} \quad (9-5)$$

2. 屏蔽技术

屏蔽技术是利用金属材料对于电磁波具有较好的吸收和反射能力来进行抗干扰的。根据电磁干扰的特点选择良好的低电阻导电材料或导磁材料，构成一个合适的屏蔽体，能起到较好的屏蔽效果。屏蔽体所起的作用好比是在一个等效电阻（仪表）两端并联上一根短路线，当无用信号串入时直接通过短路线，对等效电阻（仪表）几乎无影响。

屏蔽一般分为三种，静电屏蔽、磁屏蔽和电磁屏蔽。

用导体做成的屏蔽外壳处于外电场时，由于壳内的场强为零，可使放置其内的电路不受外界电场的干扰；或者将带电体放入接地的导体外壳内，则壳内电场不能穿透到外部。这就是静电屏蔽，可以防止变化电场的干扰。

磁屏蔽是用一定厚度的铁磁材料做成外壳，将仪表置于其内，由于磁力线很少能穿入壳内，可使仪表很少受到外部杂散磁场的影响。壳壁的相对磁导率越大，或壳壁越厚，壳内的磁场越弱。

电磁屏蔽是用一定厚度的导电材料做成的外壳放在外界的交变电磁场中，由于进入导电内的交变电磁场将产生感应电流，导致电磁场在材料中按指数规律衰减，而很难深入到导体内部，不使壳内的仪表受到影响。

导线是信号有线传输的唯一通道，干扰将通过分布电容或导线分布电感耦合信号中，因

此导线的选取要考虑到电场屏蔽和磁场屏蔽，可用同轴线缆。屏蔽体要良好的接地，同时要求导线的中心抽出线尽可能短。有些元器件易受干扰，也可用铜、铝及其他导磁材料制成的金属网包围起来，称为元器件的屏蔽。其屏蔽体（极）必须良好地接地。

屏蔽体原则上采用单点接地，在仪表内部选择一个专用的屏蔽接地端子，所有屏蔽体都单独引线到该端子，而用于连接屏蔽体的线缆必须具有绝缘护套。在信号波长为线缆长度的4倍时，信号会在屏蔽层产生驻波，形成噪声发射天线，因此要两端接地；对于高频而敏感的信号线缆，不仅需要两端接地，而且还必须贴近地线敷设。

仪表的机箱制作可以和屏蔽体同时考虑，采用金属材料制作箱体必须考虑其导电性和导磁性；采用塑料机箱时，可在塑料机箱内壁喷涂金属屏蔽层，比如金属镍（$10^{-3}\Omega\cdot cm$）或金属铜（$10^{-3}\sim10^{-4}\Omega\cdot cm$）等。

3. 隔离技术

信号输入时，由于外界干扰而耦合进噪声信号，如共模干扰、串模干扰等，隔离技术是抑制其干扰的有效手段之一。仪表中采用的隔离技术分为两类：空间隔离及器件性隔离。

空间隔离技术包括：①上述屏蔽技术的延伸。屏蔽技术是对仪表实施的一种“包裹性”措施，以排除静电、磁场和电磁辐射的干扰。若被屏蔽体内部的构成环节之间存在“互扰”，虽可采取局部屏蔽，但通过“空间隔离”（把干扰体在电路和仪表内部“孤立”起来），同样能够达到抑制干扰的效果。如负载回路中产生的热效应，通过机械手段与其他功能电路实现“温度场”隔离。②功能电路之间的合理布局。仪表由多种功能电路组成，彼此之间相距较近时会产生“互扰”，通过“距离”隔离消除彼此影响。如数字电路与模拟电路之间、智能单元与负载回路之间、微弱信号输入通道与高频电路之间等，均可以通过“距离”减小彼此的影响。③信号之间的独立性。例如，当多路信号同时进入仪表时，多路信号之间会产生“互扰”，可在信号之间用地线进行隔离。

器件性隔离一般有信号隔离放大器、信号隔离变压器和光电耦合器，这些是通过“电—磁—电”“电—光—电”的转换达到有效信号与干扰信号的隔离。特别是光电耦合器，是智能仪表中常用的器件，这是因为光电耦合器具有较强的抗干扰能力：①光电耦合器的输入阻抗较小，为一百欧姆左右，干扰源的内部较大，一般不小于千欧姆级，一般为一兆欧姆以上；干扰电压串入时，作用于光电耦合器输入端上的干扰电压因两个阻抗的分压而极大地衰减；②光电耦合器在进行“电—光”转换时需要输入信号具有一定的信号强度和有效保持时间，而干扰的瞬间性不足于使光电耦合器进行转换；③密闭性的封装方式隔绝了外光的干扰；④光电耦合器输入输出之间的绝缘电阻为$10^{11\sim13}\Omega$，分布电容为2pF。

4. 接地技术

接地技术是智能仪表有效抑制干扰的重要技术之一，是屏蔽技术的有效保证。正确的接地能够有效抑制外来干扰，同时可提高仪表自身的可靠性，减少仪表自身产生的干扰因素。

接地技术是关于“地线”的各种连接方法。仪表中所谓的“地”，是一个公共基准电位点，可以理解为一个等电位点或等电位面；该公共基准点服务于不同的领域，就有了不同的名称，如大地、系统（基准）地、模拟（信号）地、数字（信号）地等，另外还有浮地系统、共地系统等，每一个名称，均有相应的接地要求和接地技术。

接地是为了安全性和抑制干扰，因此接地分为保护接地、屏蔽体接地和信号接地。

保护接地主要用在仪表的供电电源端，如图9-10所示。设仪表的供电电源U_1为交流220V，电源插座的绝缘电阻为Z_1，仪表外壳（虚线框）与大地之间的杂散电阻为Z_2，构成一个分压电路，则A点的电压为$U_A=U_1 \cdot Z_2/(Z_1+Z_2)$。正常条件下的$Z_1$很大，几乎开路，$U_A=0$；如果$Z_1$由于各种原因而降低，甚至为零时，人体接触仪表外壳就要造成触电危险；如果仪表外壳可靠接地，令$Z_2=0$，强制将仪表外壳的电位变成"大地"电位，保证了人身安全，起到了保护作用。

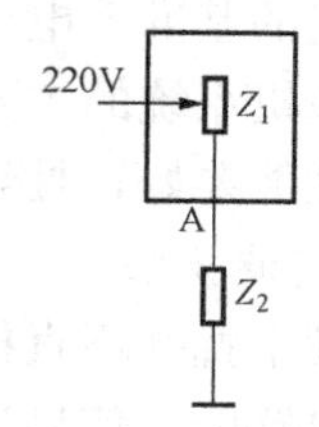

图9-10　保护电流示意图

屏蔽体接地及接地原则在"屏蔽技术"中已有论述。

信号接地方式由电路性质决定，可分为一点接地、多点接地、微机系统接地几种方式。

(1) 一点接地。低频电路建议采用"一点接地"法，分为有放射式接地线路和母线式接地线路，如图9-11所示。前者是电路中各功能电路的"地"直接用接地导线与零电位基准点连接；后者是采用具有一定截面积（越大越好）的优质导电体（内阻极小）作为接地母线，直接接至零电位基准点，电路中的各功能块的地可就近接至该母线上。如果采用多点接地，在电路中形成多个接地回路，当低频信号或脉冲磁场经过这些回路时，会引发电磁感应噪声，由于每个接地回路的特性不一，在不同的回路闭合点产生电位差，形成干扰。

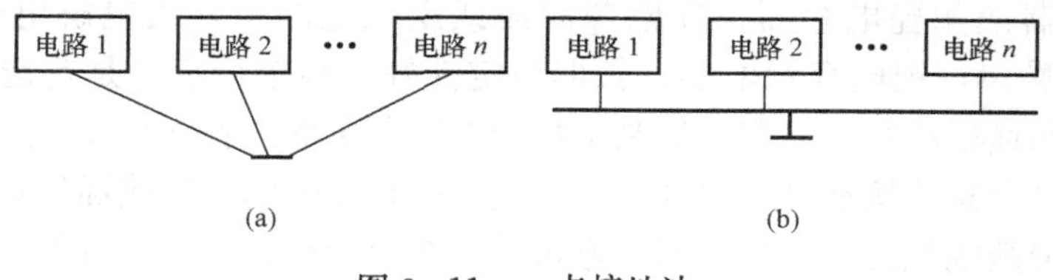

图9-11　一点接地法

(a) 放射式接地方式；(b) 母线式接地方式

(2) 多点接地。高频电路宜用"多点接地"，高频时即使一小段地线也将有较大的阻抗压降，加之分布电容的作用，不可能实现"一点接地"，因此可采用平面式接地方式。利用一个良好的导电平面体（如采用多层线路板或地板）接至零电位基准地上，各高频电路的地就近接至该地平面。由于导电平面的高频阻抗很小，基本保证了每个接地处电位的一致，同时加设旁路电容等减少接地回路的压降。一般情况下，当工作频率达到几十兆赫兹时，采用多点接地法。若电路中高低频均有，将上述接地方法组合使用。

(3) 微机系统的接"地"可分为直流模拟地、直流数字地、电源交流地、微机系统地、微机系统的安全保护地和防雷保护地。直流模拟地是传感器、变速器、放大器、模数转换器、数模转换器的基准零电位，该地直接影响信号的精度，在微机系统中采用单点接地法。直流数字地是微机系统中所有"数字"型电路的基准零电位，该地线中具有高频性的脉冲工作电流，地线处理不当容易产生地线辐射，可采用接地母线，或在印刷线路板上依据信号走向构成地线闭合回路等。微机系统安全保护地的目的是使微机系统的外壳与大地等电位。给外壳上感应的高频干扰电压提供了低阻抗的泄漏通道，起到屏蔽作用，同时避免外壳带电对工作人员构成危险。所以安全地也称保护地或机壳地，该"机壳"是微机系统（仪表）机架、外壳、屏蔽罩等的总称。微机系统地就是上述三种地的最终回流点，直接与大地相连，达到恒定的基准零电位。电源交流地是微机系统供电电源地，为动力线地。其地电位不稳定，是微机系统的主要干扰源之一，决不可与上述两地连接；且交流电源变压器或开关电源的绝缘性能要好，杜绝漏电现象。

5. 滤波技术

共模干扰并不直接对电路引起干扰，而是通过输入信号回路的不平衡转换成串模干扰造成影响电路的。信号进行滤波是抑制串模干扰的常用方法之一。根据串模干扰的频率与被测信号频率的分布特性，选用低通、高通或带通滤波器等。滤波器的总体结构有两种，一是由电阻、电容、电感构成的无源滤波器，对信号有衰减作用；二是基于反馈式运算放大器的有源滤波器。后者尤其适合于微弱信号，不仅可提高增益，还可提供频率特性。一般串模干扰的频率比实际信号大，因此可采用无源阻容低通滤波器或有源低通滤波器。

二、电路的设计和制作

1. 元器件的选择

构成电路的基本单元是元器件，根据仪表不同应用选择元器件是抑制干扰的基本保证。

电阻器从材质上讲，金属膜电阻与碳膜电阻相比，为低噪声器件，在晶体管放大电路中可作为集电极电阻，偏置电路电阻等。应用时尽可能选用金属膜电阻，缩短接线长度；高频时注意低阻值选配。

电容器用于低频、旁路场合的电容器，可以采用纸介电容器；在高频和高压电路中，应选用云母电容器或陶瓷电容器；在电源滤波或退耦电路中，用电解电容器。电容中铝电解电容易产生噪声，钽电容漏电小、长期稳定性好、频率稳定，是首选的电容器件。

电感线圈的用途很广泛，可用于抑制干扰的 LC 滤波器、平衡电路、去耦电路等。

选用抑制电磁干扰的接插件的原则是：①选用带金属壳的线缆接插件和喷镀金属的导电塑料垫。②对于屏蔽线缆的屏蔽金属网，弯折后缠绕上铝箔，用接插件的夹子夹紧，在固定到金属壳上。③在仪表上的接插件需要良好的固定，与仪表成为一体。特别是固定的接插件固定螺丝类连接可靠、牢固，且不会随振动而松懈。

对由晶体管构成的运算放大器进行干扰抑制的前提，是晶体管必须是一个低噪声器件。设计原则是：①晶体管的噪声系数 Nf 越小，对低噪声放大电路越有利。②晶体管功率放大倍数 K 越大，Nf 就越小。③对晶体管来说，总存在着一个可使噪声系数为最小的最佳内阻。④晶体管的工作特性随环境温度的变化也有一定的变化，每一种型号都有温度漂移，应予以相应补偿。⑤采用静电屏蔽技术避免运算放大器的静电耦合干扰。⑥运算放大器电路在整个电路中的位置要合理，另外可增设低通滤波器。⑦公共阻抗耦合对于运算放大器有影响，在构成电路时要尽可能减少这种公共阻抗。⑧对于低频电路一定要采用一点接地的方法。⑨在高频干扰环境中，对测量放大电路要采取极好的电磁屏蔽手段等。

2. 电路的设计

仪表电路在设计中必须关注各种应用场合对干扰的抑制要求，如：①在选用多路开关要注意多路开关的参数，同时对信号输入前，加设模拟滤波电路。②压频转换（VFC）型信号转换器中的积分电容器需要屏蔽隔离，并单点接地。③尽可能将模拟电路和数字电路分区分开一定的距离安装。④要避免公共阻抗耦合。⑤模拟信号地的连接模拟信号地与数字信号地在线路板上不能短接。⑥程控的数字信号通过隔离器件如光电耦合器与模拟信号连接等，保证模拟电路与数字电路独立而不交叉、模拟信号与数字信号连用而不混等。

设计数字电路要：①增加退耦电容。为使数字电路能可靠运行，在数字集成电路的电源和地之间必须并入一个退耦电容器。方法是三至五个常规逻辑电路，配置一个退耦电容；工作频率较高的数字电路，需两个；对于大规模电路，如 ROM、RAM、CPU 和可编程接口芯片等，每一个都要配置。②时序匹配。③数字电路的功率，因驱动功率不足将导致电路工作不可靠。④接口设计，特别是对具有的开关、按钮、按键等操作，必须具有消抖措施。⑤采用光电耦合器进行数字电路信号的传输，对干扰能起到较好的抑制效果。

为有效抑制共模干扰，增大共模抑制比 CMRR，信号采用差动传输和接受、并对信号光电耦合器或变压器实行电气隔离，或者采用双层屏蔽浮地技术，使共模抑制比的高低取决于屏蔽保护措施的优劣，而与转换方式无关。信号若在极为恶劣的环境中传输，可将有效信号转换成具有大电压和电流的强信号（注意不干扰其他设备）或者采用光纤传输技术。

采用双绞线做信号传输线，并增设滤波器。采用双绞线做信号线的目的是减少电磁感应，能使双绞线中各个小环路的感应电势互相呈反向抵消。串模抑制比可达几十分贝，如表 9-5 所示。为彻底消除电磁感应对信号传输线的干扰，仪表必须有良好的电磁屏蔽，同时应选用具有屏蔽网的双绞线或同轴线缆作信号线，并可靠接地。

表 9-5　双绞线抑制串模干扰效果表

双绞线绞合节距（mm）	串模干扰衰减比	串模干扰抑制比（dB）	双绞线绞合节距（mm）	串模干扰衰减比	串模干扰抑制比（dB）
平行线	1∶1	0	75	71∶1	37
金属导管内平行线	22∶1	27	50	112∶1	41
100	14∶1	23	25	141∶1	43

选用继电器，要明确控制对象的性能、功率、电压（电流）要求、控制的时间要求等，然后确定选择哪一类继电器，机械式继电器在其触点吸合或释放的同时对周围形成干扰源，因此继电器在安装时要注意空间的预留，这也有利于继电器的维修；目前质量好的继电器的寿命达 10 万次。另外必须十分关注继电器的性能参数（包括工作电压电流、吸合电压电流、释放电压电流和吸合时间等）和环境条件（尤其是温度和湿度），不然继电器的“误动”和“拒动”都会造成不可预料的损失。

3. 印刷线路板的制作

印刷线路板在制作过程中，要能够抑制各种干扰。

（1）减少辐射干扰。电路中能够出现辐射现象的来源之一是高频电路，必须慎重选择相关的数字电路，尽可能选择最新技术的集成电路。电路中采用肖特基电路和动态数据存储器(DRAM)，电源电流随工作状态的变化而产生辐射现象。应在集成电路近处增设旁路电容退耦，可降低电源线阻抗、缩小电流环路，使电路工作稳定。

（2）抑制电源线和地线阻抗引起的振荡。每个集成电路的电源和地之间接旁路电容，缩短开关电流的流通途径；将电源线和地线布局成棋格状，将明显缩短线路回路；将电路中的地线设计成封闭回路，将电源线和地线设置得粗一些。

（3）导线布局和形状。导线的设置视用途而定，基本上要明确走向，以三种线路板中占绝对比例的双层线路板而言，一般一面为水平走向，另一面为上下走向，泾渭分明；在线路必须折向时，以45°为宜，90°处会增加电压驻波；线路的粗细有线路的功能来定。

（4）采用最新技术。在设计印刷线路板时，若电路要求很高，建议采用多层线路板。多层线路板中，内层有专用的电源层和地线层，极大地降低了电源线路的阻抗，有效减少了公共阻抗干扰；由于对信号线都有均匀的接地面，信号的特性阻抗稳定，减少了反射引起的波形畸变；加大了信号线和地线之间的分布电容，减少的信号的串模干扰。

印刷线路板的制作还可采用近几年成功问世的小型母线和条型电源母线。小型母线（minibusbar，简为 minibus）是敷设于印刷线路板上的向各个集成电路供电的导电线条，同时还可做地线使用，本身具有电容作用，既旁路噪声，又利于散热。采用小型母条技术的双面线路板，其线路板功能接近四层线路板。

三、智能单元的抗干扰技术

1. 总线措施

为保证单片机系统可靠工作，首先必须增加其内总线的负载能力。若总线上所连的集成电路是 TTL 门电路，TTL 门电路的泄漏电流会使总线处于电压不稳定状态；若总线上所连的集成电路是 CMOS（或 NMOS）电路，则有几百兆欧姆的断开状态，易耦合噪声。对各总线加接上拉电阻，不仅加强总线的负载能力，同时也提高了抗干扰能力。总线上所挂接的集成电路尽量具有“三态”，三态门电路可以驱动近百米的信号线；其次逻辑电路尽量采用集电极开路（OC）的输出结构，保证所有逻辑操作、时序操作等控制信号的可靠性。

2. 微机系统“死机”的消除

（1）采用“看门狗”技术实现自复位，可克服“死机”现象。

（2）利用 CPU 内部的硬件资源消除微机系统的“死机”。若单片机的内部定时器空闲，可完成非正常情况下的系统自复位。根据系统程序的有效最长运行时间 t，设定出定时器的溢出时间长度大于 t，系统程序周而复始地对定时器赋值，一旦“死机”，通过定时器的溢出完成自复位。若无空闲定时器，则在某中断程序中加中断计数方式，如计数 10 次，中断满 10 次或超过 10 次（内存单元数据受干扰被破坏）后即刻执行 JMP START；在常规非循环程序（非中断程序）段插入对该内存单元清零的指令，只要系统“死机”就无法对内存单元清零，由中断程序中的判断确认后进入再复位。

（3）利用软件技术消除微机系统的“死机”。如“空操作”，在多字节指令处、转跳或子程序调用、中断操作或堆栈处理、某一个程序模块等的前面插入空操作指令 NOP，使单片机中指令计数器 PC 的数据在执行下面程序前有足够的时间得到建立，避免 PC 数据的紊乱。还可设置“软件陷阱”，在程序固化时，在每个相对独立的功能程序段之间，插入转跳指令，如 JMP START，在程序存储器（EPROM）后部多余的未用区域全部用 JMP START 填满，一旦程序“跑飞”进入该区域，自动完成软件复位。

3. 数据保护

微机系统受到干扰的最大担忧是导致数据的丢失。目前通过采用非易失性存储器可保证数据在电源掉电时不丢失；另外数据区中的数据块之间不要过于紧凑，容易被冗余数据覆盖。可将整个数据区设置成若干个功能数据块，每个块之间加设程序转跳指令，如 JMP ERROR，安置软件陷阱。

4. 其他抗干扰方法

为保证输出的控制信号不被破坏，单片机系统应该定时或经常“重写”，并对输出信号加以隔离。为提高智能仪表的运行可靠性，可以在上电或强制复位时进行系统功能自诊断，同时，电路设计中尽可能减少元器件，减小硬件物理尺寸，对于逻辑电路、触发电路、地址译码器、计数器等可以采用可编程逻辑器件（Programmable Logic Device，PLD）。

9.2 设计与运行要求

9.2.1 标准与标准化

一、标准

标准是为促进最佳的共同利益，根据科学、技术和经济的综合成果而制订的技术条件或其他条件，它由同行业共同起草、一致同意或普遍赞同、并得到国家、地区或为国际所承认的团体标准。标准级别有国家标准、行业标准、地方标准和企业标准。

1. 国家标准

国家标准由标准化归口单位起草、归口部委提出、由国家标准局审批和发布。国家标准的代号为GB＋编号，编号由国家标准局给出。

国家标准是指对全国经济、技术发展有重大意义而必须在全国范围内统一的标准，它包括：①基本原料、材料标准；②有关广大人民生活的、量大面广的、跨部门生产的重要工农业产品标准；③有关人民安全、健康和环境保护的标准；④有关互换配合、通用技术语言等基本标准；⑤通用的零件、部件、元件、器件、物件、配件和工具、量具标准；⑥通用的试验和检验方法标准；⑦被采用的国际标准等。

2. 行业标准

行业标准（部标准）是指全国性各专业范围内统一的标准。与国家标准之间的界限较难区分，一般使用面不大和重要性较小的产品标准可制订专业标准。

凡没有制订国家标准、部标准的产品，都要制订企业标准，为了不断提高产品质量，企业可制订比国家标准、部标准要求更高的产品质量标准。

3. 标准制订

标准主要包括基础性标准、通用性标准和产品标准。

基础性和通用性标准包括术语、符号、工作条件、信号、接口、安全、通用试验方法、标准制订规范等，它并非针对某一个或某一种产品，而是涉及全部或某一类产品的共性的标准。产品标准包括系列型谱、参数系列、型式、基本参数和尺寸、基础条件及其通用性能评定方法标准等。工业自动化仪表方面的标准很多，对于其共同部分或每一类仪表，均有产品标准，它们有：①温度仪表标准；②流量仪表标准；③压力仪表标准；④物位仪表标准；⑤执行器标准；⑥显示仪表标准；⑦气动单元组合仪表及气动仪表标准；⑧电动单元组合仪表及电动仪表标准；⑨仪表盘和操作台标准等。

标准的制订与修订过程是由各归口单位提出标准制订与修订草案，报归口部、局进行汇总、协调、审查、批准，作为专业标准；由国家标准局审查批准的则为国家标准。

标准发布后，一般实施五年，届时应进行审核，考虑续用、部分修改、修订或撤销。

标准制订的一般步骤为：①下达计划任务书；②所订标准的调研和试验验证；③标准草

案的制订、审查及上报；④标准的幅面和格式、书写方法和编号等。

在电器、电子和仪器仪表等行业所涉及的电气规程规范及标准范围有：电气设计、高压配电装置、供用电、仪表及自动化、配电线路、放火及报警、防雷与接地、电气安全、通信广播电视、生产建筑、公共建筑、居住建筑、变电所等。在设计、研制、试验等过程中要采用或遵循对应的标准。如爆炸和火灾危险场所电气设备装置的有关规定，安全用电、触电的危害与急救，常用安装材料，国内外常用工业标准代号，常用数据及符号，常用度量单位及其换算（长度、质量、时间、电流、热力学温度、物质量、发光强度、面积、能、功、压力压强等）。

二、标准化

为在一定的范围内获得最佳秩序，对实际的或潜在的问题制定共同的和重复使用的规则的活动，称为标准化。它包括制定、发布及实施标准的过程。标准化的重要意义是改进产品、过程和服务的适用性，防止贸易壁垒，促进技术合作。

标准化以科学、技术和经济的综合成果为依据，为当前各项发展而且也为将来的发展奠定基础，它包括：①计量单位；②术语及符号表示法；③产品及加工方法（包括产品的定义、选择、试验方法和测量方法、用于规定其品种、质量、互换性等产品性能指标）；④人身安全和物品安全等。标准化是通过制订和贯彻标准实现的、是组织进行现代化生产的主要手段，是科学管理的重要组成部分。

国际上最有权威性的标准化机构是国际标准化组织（International Standar-dization Organization，ISO）。该机构成立于1942年，为非官方组织，会址设在日内瓦，每一个国家有一个最有代表性的标准化机构可代表其国家被接受为ISO成员团体。我国的“中国标准化协会”（CAS）为其成员团体。

国际上在电工和电子技术领域最有权威性的标准化机构是国际电工委员会（International Electrontechnic Commission，IEC），该机构成立于1906年，会址也设在日内瓦。它承担全部电工和电子方面的标准制订，在技术上与国际标准化组织ISO密切合作，目前它已有1500个国际标准。该机构内部也设有技术委员会（TC）、分委会（SC）和工作组（WG）。

标准化的实质是通过制定、发布和实施标准，达到统一。标准化的目的是获得最佳秩序和社会效益。为了使标准化工作适应社会主义现代化和发展对外经济的需要，对工农业产品的设计、生产、检验、包装、储存、运输、环境保护等方面均需要制定统一的技术标准。

标准化的基本原理通常包括统一原理、简化原理、协调原理和最优化原理。

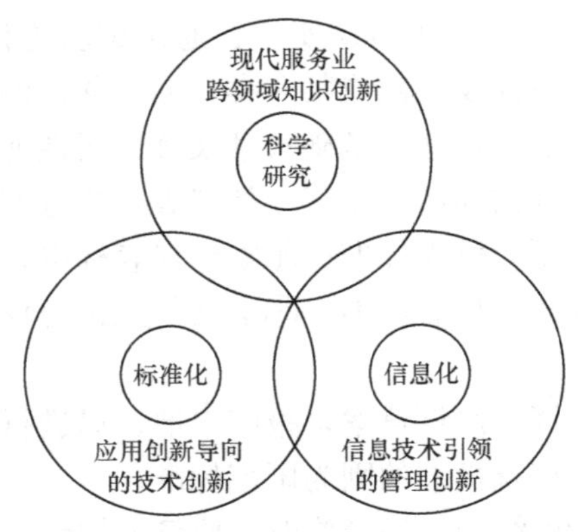

图9-12　标准化在科技创新体系中的地位

标准化工作非常重要，其核心作用表现在：①为科学管理奠定了基础。②促进经济全面发展，提高经济效益。③科研、生产、使用三者之间的桥梁。

早在20世纪70年代，钱学森就提出要加强标准化工作及其科学研究以应对现代化、国际化的发展环境。随着科学发展、技术进步和社会经济实践的进展，标准化是一个不断演进的动态过程。动态标准化过程体现了科技创新的演进，标准化与知识产权结合有助于推动自主创新，标准化进一步与AIP“三验”结合带动开放创新。图9-12所示标准化在科技创新体系中的地位。

9.2.2　可靠性

1. 基本概念

工业自动化仪表在整体设计时，必须考虑可靠性。可靠性是仪表质量的一个重要方面，可靠性高才能讲性能价格比。一般工业仪表的可靠性要求是：三年连续运行不出故障。在军事上，尤其航空航天，仪表故障造成的损失是巨大的，因而要专门研究可靠性技术。

工业自动化仪表的可靠性含义很广，在现代微电子技术、系统集成、超大规模、高可靠性的 IC 支持下，更增加了软件可靠性的要求。

仪表故障的出现是随机的，需用统计规律去描述；对于可修复仪表，维修难易程度不同，也需用统计方法来描述维修时间的长短。

可靠性技术的主要内容就是分析可靠度和失效性，具体工作包括：①可靠性机理分析与评估方法；②可靠性计算与可靠性分析方法；③可靠性设计技术与工艺方法。

可靠度：在规定时间内和规定条件下，系统完成规定功能的成功率。设有 N_0 个同样的仪表，同时工作在同样的条件下，从开始运行到 t 时刻的时间内，有 N_F 个系统发生故障，N_S 个系统工作正常，则可靠度 $R(t)$ 可表示为

$$R(t)=\frac{N_S(t)}{N_0}=\frac{N_S(t)}{N_S(t)+N_F(t)} \tag{9-6}$$

不可靠度 $F(t)$（又称失效率）可表示为

$$F(t)=\frac{N_F(t)}{N_0}=\frac{N_F(t)}{N_S(t)+N_F(t)} \tag{9-7}$$

推广到一个系统内，则 N_0 就是组成仪表的各单元的数目，“单元”是指子系统模块或部件。对于一个仪表，如果其每一个元件级的失效都可造成系统的失效，则系统越复杂，元器件用得越多，整个仪表的可靠性问题越复杂。可靠度 $R(t)$ 取决于其下级别的可靠度，最基本的级是元件级。

失效率是系统运行到 t 时刻后的单位时间内，发生故障的系统数目与时刻 t 时完好系统数目之比。失效率又称为瞬时失效率或故障率。失效率 $\lambda(t)$ 的定义

$$\lambda(t)=\frac{N_0[R(t)-R(t+\Delta t)]}{N_0R(t)\Delta t} \tag{9-8}$$

其微分形式为

$$\lambda(t)=-\frac{1}{R(t)}\frac{\mathrm{d}R(t)}{\mathrm{d}t} \tag{9-9}$$

式（9-9）改写为

$$\lambda(t)\mathrm{d}t=-\frac{1}{R(t)}\mathrm{d}R(t) \tag{9-10}$$

对式（9-10）从 $0\rightarrow t$ 积分：

$$R(t)=\mathrm{e}^{-\int_0^t\lambda(t)\mathrm{d}t} \tag{9-11}$$

对于由电子元件组成的电子仪表系统，不论其组成单元及元器件的失效率为何种分布，经过一段时间老化处理后，$\lambda(t)$ 是一个常数。

$$R(t)=\mathrm{e}^{-\lambda t} \tag{9-12}$$

失效率近似地计算式为

$$\lambda = \frac{r}{T} \tag{9-13}$$

式中，r 为系统失效数；T 为运行系统数与运行时间的乘积。

因为 λ 具有时间倒数的量纲，所以就取其倒数来表示可靠性程度，称为平均故障间隔时间，简称 MTBF（Mean Time Between Failure），用于描述可修复系统，用 MTBF 来表示，即

$$\text{MTBF} = \frac{1}{\lambda} \tag{9-14}$$

在可靠性上，不仅要求系统尽可能少地出现故障，也希望在出现故障后能及时发现，并且在尽量短的时间内给予修复，用平均修复时间 MTTR（Mean Time To Repair）来定量描述。MTTR 是一个统计值，即

$$\text{MTTR} = \frac{1}{N}\sum_{t=1}^{N}\Delta t_i \tag{9-15}$$

通常用 A 表示可用性并定义如下：

$$A = \frac{\text{MTBF}}{\text{MTBF}+\text{MTTR}} \times 100\% \tag{9-16}$$

2. 可靠性分析

研究工业自动化仪表的可靠性，实际上就是分析工业自动化仪表从设计开始到产品应用过程中所考虑到的各项“失效”效应。一般由于设计工作来自于非应用环境，而用户实际使用时无一不在实际环境下。工业自动化仪表作为一个实体，作为从产品的可靠性来分析。

简单地说，狭义的“可靠性”是产品在使用期间没有发生故障的性质。从广义上讲，“可靠性”是指使用者对产品的满意程度或对企业的信赖程度。具体表现在耐久性、可维修性和设计可靠性三大要素。

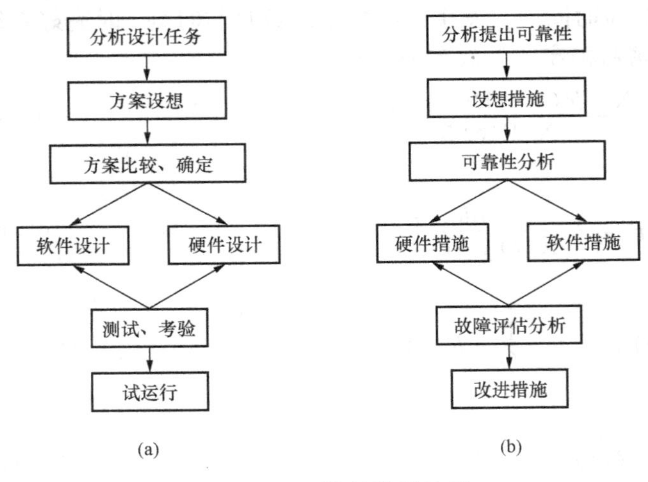

图 9-13 可靠性设计流程

(a) 系统设计进程；(b) 可靠性考虑

按照分析，将可靠性问题分成两大环节：设计环节和应用环节，应用环节中影响可靠性的因素就是“干扰”，“干扰”也分成两个部分：仪表内部干扰和外部干扰。关于干扰和抗干扰技术已经论述，关键问题还要从源头分析：可靠性设计。

3. 可靠性设计

工业自动化仪表的可靠性设计思路如图 9-13 所示，按照设计内容分为原理性设计、机械类设计和电气类设计，在保证前两者的基础上主要是电气类的可靠性设计，要做到：①简化方案；②避免片面追求高性能指标和过多的功能；③合理划分软、硬件功能；④尽可能用数字电路代替模拟电路。由于“嵌入”了智能概念，因此工业自动化仪表的产品

电气可靠性设计围绕硬件可靠性设计和软件可靠性设计。

硬件可靠性设计主要涉及元器件的可靠性、工艺、电路结构、环境因素和人为因素，其中元器件的可靠性非常重要。在电路设计时，元器件选用要从电压应力（注意耐压的极限值 V_{max}）、电流应力（注意最大电流 I_{max}）、工作频率、型号互换等方面考虑，参照图 9-14，遵守以下原则：①对元器件的品种、规格、型号及生产厂家等因素要进行比较，列出元器件优选清单。如有条件最好做到定点供应，以减小器件性能的分散性。②不仅要根据电路功能要求选用元器件，还要根据器件的性能参数选用。在设计和选用中，应保证器件工作在电气和环境条件的额定值内。③尽可能压缩系统器件的品种、规格，提高元器件的复用率。④优先选用功能强、可靠性高的大规模集成芯片。⑤仪表和器件要降额设计，降额系数 S 在 0～1 之间取值

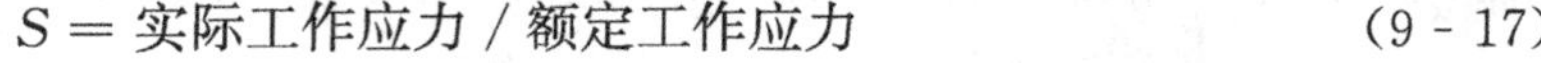

$$S = \text{实际工作应力} / \text{额定工作应力} \qquad (9-17)$$

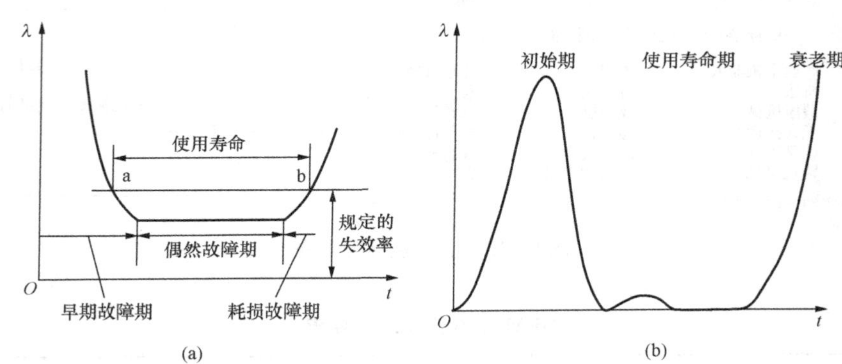

图 9-14　元器件寿命期

（a）经典浴盆曲线；（b）新浴盆曲线

软件设计过程中的可靠性要考虑：①系统分析；②软件设计（包括软件任务分析、数据类型的规划和资源分配）；③软件编程；④软件调试和使用。

程序设计考虑：①堆栈溢出的预防；②模块调用中的资源冲突；③逻辑运算的可靠性设计；④数值运算的可靠性设计（含入口条件的审查、合理安排运算方案、将复杂的运算用查表来完成等）；⑤软件标志的使用；⑥子程序的可靠性设计（含子程序的“透明性”和子程序使用说明书）等。

9.2.3　安全性

安全性在各行各业已经越来越受到广泛关注，发达国家在安全性方面已经做了许多工作，并发布了相关标准，如图 9-15 所示。

在工业自动化仪表的标准化要求中，关于安全的定义是免除危害和公害，避免伤害残损、破坏和损失。它的内容是多方面的，对于“过程测量和控制仪表的安全”中，包括：①保证仪表和控制系统本身不至于使采用它的过程不安全和保证过程不至于使仪表和控制系统本身不安全；②保证仪表和控制系统不至于形成危及环境的条件，同时也考虑不受过程的环境的影响（如闪电、雷电等）；③保证仪表和控制系统在受人处理和操作时是安全的。NEMA250（NEMA：美国电气制造商协会）壳体防护要求见表 9-6。

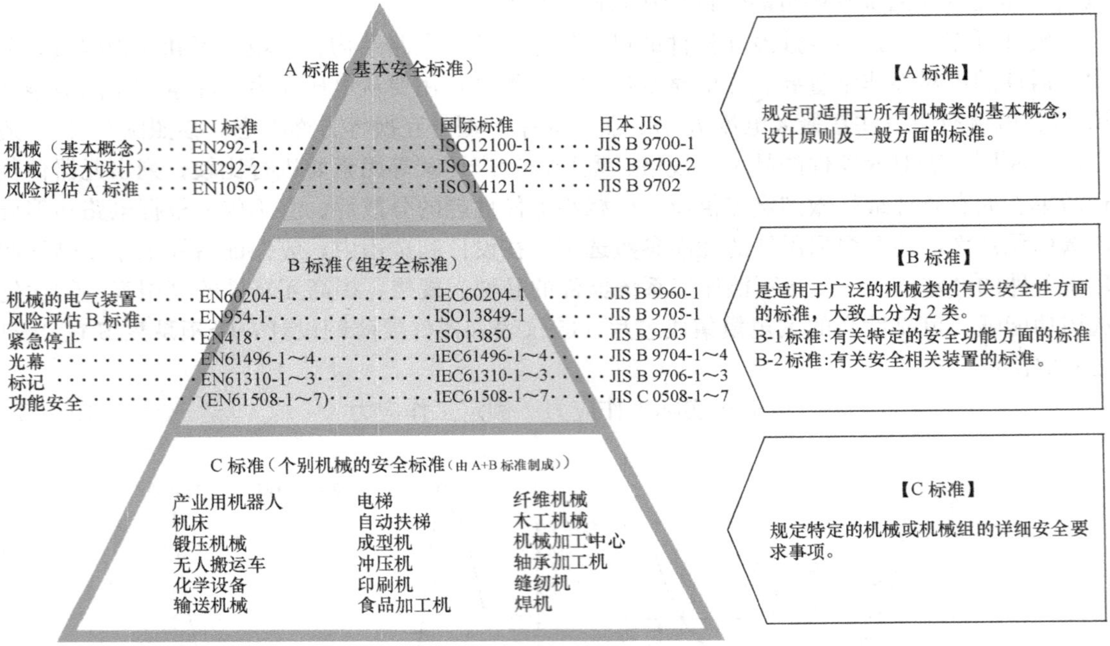

A 标准（基本安全标准）

	EN 标准	国际标准	日本 JIS
机械（基本概念）	EN292-1	ISO12100-1	JIS B 9700-1
机械（技术设计）	EN292-2	ISO12100-2	JIS B 9700-2
风险评估 A 标准	EN1050	ISO14121	JIS B 9702

B 标准（组安全标准）

机械的电气装置	EN60204-1	IEC60204-1	JIS B 9960-1
风险评估 B 标准	EN954-1	ISO13849-1	JIS B 9705-1
紧急停止	EN418	ISO13850	JIS B 9703
光幕	EN61496-1～4	IEC61496-1～4	JIS B 9704-1～4
标记	EN61310-1～3	IEC61310-1～3	JIS B 9706-1～3
功能安全	(EN61508-1～7)	IEC61508-1～7	JIS C 0508-1～7

C 标准（个别机械的安全标准（由 A+B 标准制成））

产业用机器人　电梯　纤维机械
机床　自动扶梯　木工机械
锻压机械　成型机　机械加工中心
无人搬运车　冲压机　轴承加工机
化学设备　印刷机　缝纫机
输送机械　食品加工机　焊机

【A 标准】
规定可适用于所有机械类的基本概念，设计原则及一般方面的标准。

【B 标准】
是适用于广泛的机械类的有关安全性方面的标准，大致上分为 2 类。
B-1 标准：有关特定的安全功能方面的标准
B-2 标准：有关安全相关装置的标准。

【C 标准】
规定特定的机械或机械组的详细安全要求事项。

图 9-15　安全性标准简介

表 9-6　NEMA250 壳体防护要求

类型	用　　途	概　　要
1	室内使用	对限定量落下的灰尘进行防护
2	室内使用	对限定量落下的水滴进行限量防护
3	室外使用	对伴有雨、雨夹雪和风的粉尘和因表面结冰造成的损害进行防护
3R	室外使用	对雨、雨夹雪和因表面结冰造成的损害进行防护
3S	室外使用	对伴有雨、雨夹雪和风的粉尘和结冰时外部结构物的操作进行防护
4	室内及室外使用	对有风的粉尘、雨、飞沫、喷水及表面接冰造成的损伤进行防护
4X	室内及室外使用	对腐蚀、有风的粉尘、雨、飞沫、喷水及表面接冰造成的损伤进行防护
5	室内使用	对堆积、落下的粉尘及滴下的非腐蚀性液体进行防护
6	室内及室外使用	洒水及需要短时浸入一定深的水中时的防水性、及对表面结冰造成的损害进行防护
6P	室内及室外使用	洒水及需要长时间浸入一定深的水中时的防水性及对表面结冰造成的损害进行防护
12/12K	室内使用	对循环粉尘、下落灰尘及滴下的非腐蚀性液体进行防护
13	室内使用	对灰尘、水的飞沫及非腐蚀性冷却剂进行防护

9.2.4　防火、防爆、防腐要求

工业自动化仪表包括了所有与易燃易爆及其强烈腐蚀特性的介质直接接触的仪器仪表，包括了所有在易燃易爆及其易腐蚀的环境中运行的仪器仪表，包括了所有在高压、高温、高

湿度、多粉尘环境中运行的仪器仪表，包括了所有在高电压、强磁场环境下运行或以高电压、大电流方式工作的仪器仪表，也包括了在实时运行中自身会产生高电压、大电流、电弧火花、高温以及产生机械振动的仪器仪表。

为了能使工业自动化仪表在运行现场实现“安全”运行，国家颁布了大量技术规范和各类防范规定、标准及细则，其中主要涉及危险介质、危险场所和防腐防火防爆要求，严禁任何导致燃烧、爆炸、腐蚀现象发生。

1. “危险”介质

工业自动化仪表在运行中所能接触到的“危险”介质可以分成3大类型：腐蚀介质、易燃介质和易爆介质；一般有毒性的介质往往是这3类介质之一或兼有，对于仪表操作人员是需要防范的。这些危险介质（如表9-7所示）基本上可以归纳到化工、煤炭、炼油等行业，因为这些介质在一定的压力或温度条件下，由于自身的理化特性而发生燃烧或爆炸。

通常具有某一类危险介质时，就必须采取相关的防范措施；而较多的“危险”介质往往具有强腐蚀性、易燃和易爆特性，尤其是易燃易爆，表9-8～表9-11所示的为“危险性”分类。

表9-7 部分“危险”介质表

介质类型	示　例	介质类型	示　例
无机酸	硫酸、盐酸、硝酸、磷酸、碳酸、氯酸等	碱和氢氧化钠	氢氧化钠、氢氧化钾等
有机酸	甲酸、丙酸、醋酸、丁酸、乙醇酸等	元素、气体类	氧、磷、钠、二氧化硫等
盐	硝酸盐、硫酸盐、氯化盐、高锰酸钾等	烃及石油产品	甲烷、苯、硝化甘油、油类等
醇、脂类	甲醇、乙醇、甲醛、乙醛、甲醚、丙酮等	其他	海水，盐水

表9-8 燃油企业生产火灾危险性分类

类　别		特　征
甲	A	使用或产生液化石油气（包括气态）
	B	使用或产生氢气
	C	不属于甲、甲的其他甲类，使用或产生下列物质：①闪点<28℃的易燃气体；②爆炸下限<10%的可燃气体；③温度等于或高于自燃点的易燃、可燃气体
乙		使用或产生下列物质：①闪点在28～60℃的易燃、可燃气体；②爆炸下限等于或高于10%的可燃气体；③助燃气体；④化学易燃危险固体，如硫黄
丙		使用或产生下列物质：①闪点等于或高于60℃的可燃气体；②可燃固体
丁		具有下列情况的生产：①对非燃烧物质进行加工，并在高温或熔化状态下经常产生强辐射热、火花或火焰；②将气体、液体、固体进行燃烧，但不用这种明火对其他可燃气体、易燃和可燃液体、可燃固体进行加热
戊		常温下使用或加工非燃烧物质的生产

表 9-9 **储存物品火灾危险性分类**

类别		特征
甲		闪点<28℃的易燃液体和设计储存温度接近（低10℃以内）或超过其闪点的易燃、可燃液体
乙		闪点在28～60℃的易燃、可燃液体
丙	A	闪点在60～120℃的可燃液体
	B	闪点等于或高于120℃的可燃液体

表 9-10 **化工企业生产火灾危险性分类**

类别	特征
甲	生产中使用或产生下列物质：①闪点<28℃的易燃液体；②爆炸下限<10%的可燃气体；③常温下能自行分解或在空气中氧化即能导致迅速自燃或爆炸的物质；④常温下受到水或空气中水蒸气的作用，能产生可燃气体并引起燃烧或爆炸的物质；⑤遇酸、受热、撞击、摩擦以及遇有机物或硫磺等易燃有机物，极易引起燃烧或爆炸的强氧化剂；⑥受撞击、摩擦或与氧化剂、有机物接触时能引起燃烧或爆炸的物质；⑦在压力容器内物质本身温度超过自燃点的生产
乙	生产中使用或产生下列物质：①闪点在28～60℃的易燃、可燃液体；②爆炸下限等于或高于10%的可燃气体；③助燃气体和不属于甲类的氧化剂；④不属于甲类的化学易燃危险固体；⑤排除浮游状态的可燃纤维或粉尘，并能与空气形成爆炸性混合物
丙	生产中使用或产生下列物质：①闪点等于或高于60℃的可燃液体；②可燃固体
丁	具有下列情况的生产：①对非燃烧物质进行加工，并在高温或熔化状态下经常产生强辐射热、火花或火焰的生产；②利用气体、液体、固体作为燃料或将气体、液体进行燃烧作其他用的各种生产；③常温下使用或加工难燃烧物质的生产
戊	常温下使用或加工非燃烧物质的生产

表 9-11 **化工企业储存物品火灾危险性分类**

类别	特征
甲	①常温下能自行分解或在空气中氧化即能导致迅速自燃或爆炸的物质；②常温下受到水或空气中水蒸气的作用，能产生可燃气体并引起燃烧或爆炸的物质；③受撞击、摩擦或与氧化剂、有机物接触时能引起燃烧或爆炸的物质；④闪点<28℃的易燃液体；⑤爆炸下限<10%的可燃气体，以及受到水或空气中水蒸气的作用，能产生爆炸下限<10%的可燃气体的固体物质；⑥遇酸、受热、撞击、摩擦以及遇有机物或硫磺等易燃有机物，极易引起燃烧或爆炸的强氧化剂
乙	①不属于甲类的化学易燃危险固体；②闪点在28～60℃的易燃、可燃液体；③不属于甲类的氧化剂；④助燃气体；⑤爆炸下限等于或高于10%的可燃气体；⑥常温下与空气接触能缓慢氧化、积热不散引起自燃的危险物品
丙	①闪点等于或高于60℃的可燃液体；②可燃固体
丁	难燃烧物品
戊	非燃烧物品

2. 危险场所

在石油、化工等工业部门中，某些生产场所存在着易燃易爆的固体粉尘、气体或蒸汽，它们与空气混合成为具有火灾或爆炸危险的混合物，使其周围空间成为具有不同程度爆炸危险的场所。安装在这些场所的检测仪表和执行器如果产生火化具有点燃爆炸危险混合物的能量，就会引起火灾或爆炸。

危险场所：由于存在着易燃易爆性气体、蒸汽、液体、可燃性粉尘或者可燃性纤维而具有引起火灾或者爆炸危险的场所。按照 GB 3836.14—2000《爆炸性气体环境用电气设备 第 14 部分：危险场所分类》可用类别、区域和组别三层概念来说明危险场所的划分。

(1) 爆炸性物质分类：首先要确定环境中存在着何类爆炸性物质，然后才按气体或粉尘的不同对危险场所进行划分。标准将爆炸性物质分为Ⅲ类：

Ⅰ类——矿井甲烷；

Ⅱ类——爆炸性气体混合物（含蒸汽、薄雾）；

Ⅲ类——爆炸性粉尘（纤维或飞絮物）。

(2) 危险场所界定：按场所中存在物质的物态不同，划分为爆炸性气体环境和可燃性粉尘环境，每一个环境中按场所中危险物质存在时间的长短，将危险场所划分为三个区。

GB 3836.14—2000 标准中规定了爆炸性气体环境分三个区：

0 区——爆炸性气体环境连续出现或长时间存在的场所。

1 区——在正常运行时可能出现爆炸性气体环境的场所。

2 区——在正常运行时不可能出现爆炸性气体环境，如果出现也是偶尔发生并且仅是短时间存在的场所。

GB 3836.14—2000 标准中规定了可燃性粉尘环境分三个区：

20 区——在正常运行过程中可燃性粉尘连续出现或经常出现，其数量足以形成可燃性粉尘与空气混合物和/或可能形成无法控制和极厚的粉尘层的场所及容器内部。

21 区——在正常运行过程中，可能出现粉尘数量足以形成可燃性粉尘与空气混合物但未划入 20 区的场所。该区域包括，与充入或排放粉尘点直接相邻的场所、出现粉尘和正常工作情况下可能产生可燃浓度的可燃性粉尘与空气混合物的场所。

22 区——在异常条件下，可燃性粉尘云偶尔出现并且只是短时间存在、或可燃性粉尘偶尔出现堆积或可能存在粉尘层并且产生可燃性粉尘空气混合物的场所。如果不能保证排除可燃性粉尘堆积或粉尘层时，则应划分为 21 区。

“正常运行”是指正常的开车、运转、停车，易燃物质产品的装卸、密闭容器盖的开闭，安全阀、排放阀以及所有工厂设备都在其设计参数范围内工作的状态。

(3) 爆炸性物质的分组：对同是气体的爆炸性物质，由于其爆炸特性差别很大，故将爆炸性气体进行了分组。GB 3836.1《爆炸性环境用防爆电气设备通用要求》中，将爆炸性气体按其最大实验电压安全间隙和最小点燃电流分为 A、B、C 三组，如表 9 - 12 所示。最大实验电压安全间隙（MESG）是指在标准规定试验条件下，壳内所有浓度的被试验气体或水蒸气与空气的混合物点燃后，通过 25mm 长的接合面均不能点燃壳外爆炸性气体混合物。最小点燃电流（MIC）是指在标准规定试验条件下，能点燃最易点燃混合物的最小电流。最小点燃电流比（MICR）是指在标准规定试验条件下，对直流 24V、95mH 的电感电路用火花试验装

表 9 - 12　爆炸性物质的分组

组别	代表性气体	最大试验安全间隙	最小点燃电流
ⅡC	乙炔氢气	<0.5mm	<0.45
ⅡB	乙烯	0.5～0.9mm	0.45～0.8
ⅡA	丙烷	>0.9mm	>0.8

置进行点燃试验，各种气体或水蒸气与空气的混合物的最小点燃电流对用烷与空气的混合物的最小点燃电流之比。

3. 危险场所的分类、分级

第一类危险场所——含有可燃性气体或蒸汽的爆炸性混合物的场所，称为 Q 类场所。

Q-1 级：在正常情况下能形成爆炸性混合物的场所。

Q-2 级：在正常情况下不能形成爆炸性混合物，仅在不正常情况下才能形成爆炸性混合物的场所。

Q-3 级：在不正常情况下，只能在局部地区形成爆炸性混合物的场所。

第二类危险场所——含有可燃性粉尘或纤维混合物的场所，称为 G 类场所。

第三类危险场所——火灾危险场所，称为 H 类场所。

4. 防爆仪表的分类

防爆仪表的选用及其等级是有国家规定的，首先是工作介质需要，其次是运行环境要求，均要符合国家标准 GB 3836.1《爆炸性环境用防爆电气设备通用要求》的规定。在运行过程中，必须具备不引燃周围爆炸性混合物的性能。电气设备防爆形式很多，有隔爆型、增安型、本质安全型、正压型、冲油型、充砂型、无火花型、防爆特殊型和粉尘防爆型等。对于电动防爆仪表，通常采用隔爆型、增安型、本质安全型三种。

GB 3836.1《爆炸性环境用防爆电气设备通用要求》规定了防爆电气设备分为两大类：

Ⅰ类：煤矿井下用电气设备。

Ⅱ类：工厂用电气设备。

电动仪表有隔爆型（d）和本质安全型（i）两种。本质安全型分 ia 和 ib 两个等级。

5. 防爆仪表的分级和分组

在爆炸性气体或蒸汽中使用的仪表，可能引起爆炸的原因有：①仪表产生能量过高的电火花或仪表内部因故障产生的火焰通过表壳的缝隙引燃仪表外的气体或蒸汽。②仪表过高的表面温度。因此，根据上述两个方面对Ⅱ类防爆仪表进行了分级和分组，规定其适用范围。

根据标准试验装置测得的最大试验安全间隙 δ_{max} 或按 IEC79-3 方法测得的最小点燃电流与甲烷测得的最小点燃电流的比值 MICR，Ⅱ类（工厂用）防爆仪表分为 A，B，C 三级如表 9-12 所示。根据最高表面温度，工厂用防爆仪表分为 T1～T6 六组，如表 9-13 所示。

表 9-13　　防爆仪表的分组

温度组别	T1	T2	T3	T4	T5	T6
最高表面温度（℃）	450	300	200	135	100	85

注　仪表的最高表面温度＝实测最高表面温度－实测时环境温度＋规定最高环境温度。

防爆仪表的分级和分组是与易燃易爆气体或蒸汽的分级和分组相对应的。易燃易爆气体或蒸汽的分级和分组如表 9-14 所示。仪表的防爆级别和组别，就是仪表能适应的某种爆炸性气体混合物的级别和组别，即对于表 9-14 中相应级、组之上方和左方的气体或蒸汽的混合物均可以防爆。

表 9-14 易爆性气体或蒸汽的级别和组别

温度组别	ⅡA	ⅡB	ⅡC
T1（>450℃）	甲烷、氨、乙烷、丙烷、丙酮、苯、甲苯、一氧化碳、丙烯酸、甲酯、苯乙烯、醋酸乙酯、醋酸、氯苯、醋酸甲酯	丙烯酯、二甲醚、环丙烷、市用煤气	氢、水煤气
T2（300～400℃）	乙醇、丁醇、丁烷、醋酸丁酯、醋酸戊酯、环戊烷、丙烯、乙苯、甲醇、丙醇	环氧丙烷、丁二烯、乙烯	乙炔
T3（200～300℃）	环乙烷、戊烷、己烷、庚烷、辛烷、汽油、煤油、柴油、戊醇、乙醇、环乙醇	二甲醚、丙烯醛、碳化氢	
T4（135～200℃）	乙醛、三甲胺	乙醚、二乙醚	二硫化碳
T5（100～135℃）			硝酸乙酯
T6（85～100℃）	亚硝酸乙酯		

6. 防爆仪表的标志

防爆仪表的防爆标志为“Ex”；仪表的防爆等级标志的顺序为：防爆型式、类别、级别、温度组别。控制仪表常见的防爆等级有iaⅡCT5和dⅡBT3两种。前者表示Ⅱ类本质安全型ia等级C级T5组，由表9-12可见，它适用于Ⅱ温度组别及其左边的所有爆炸性气体或蒸汽的场合；后者表示Ⅱ类隔爆型B级T3组，由表9-13可见，它适用于级别和组别为ⅡAT1，ⅡAT2，ⅡAT3，ⅡBT1，ⅡBT2，和ⅡBT3的爆炸性气体或蒸汽的场合。

7. 控制仪表防爆措施

控制仪表防爆措施主要有隔爆型和本质安全型。

（1）隔爆型防爆仪表——采用隔爆型防爆措施的仪表。

隔爆型防爆仪表的特点是仪表的电路和接线端子全部置于防爆壳体内，其表壳强度足够大，接合面间隙足够深，最大的间隙宽度又足够窄。这样，即使仪表因事故在表壳内部产生燃烧或爆炸时，火焰穿过缝隙过程中，受缝隙壁吸热及阻滞作用，将大大降低其外传能量和温度，从而不会引起仪表外部规定的易爆性气体混合物的爆炸。

隔爆型防爆仪表安装及维护正常时，它能达到规定的防爆要求，但是揭开仪表表壳后，它就失去了防爆性能，因此不能在通电运行的情况下打开表壳进行检修或调整。此外，这种防爆结构长期使用后，由于表壳接合面的磨损，缝隙宽度将会增大，因而长期使用会逐渐降低防爆性能。

（2）本质安全型防爆仪表——采用本质安全型防爆措施的仪表（简称本安仪表），也称安全火花型防爆仪表。

“安全火花”指这种火花的能量很低，它不能使爆炸性混合物发生爆炸。这种防爆结构的仪表，在正常状态下或规定的故障状态下产生的电火花和热效应均不会引起规定的易爆性气体混合物爆炸。正常状态是指在设计规定条件下的工作状态，故障状态是指电路中非保护性元件损坏或产生短路、断路、接地及电源故障等情况。本质安全型防爆仪表有两个ia和ib两个等级，ia级在正常工作、一个和两个故障状态时均不能点燃爆炸性气体混合物；ib级在正常工作和一个故障状态时不能点燃爆炸性气体混合物。

本质安全型防爆仪表在电路设计上采用低工作电压和小工作电流。通常采用不大于24V DC工作电压和不大于20mA的工作电流。对处于危险场所的电路，适当选择电阻、电容和电感的参数值，用来限制火花能量，使其只产生安全火花；在较大电容和电感回路中并联双重化二极管，以消除不安全火花。

常用本安型仪表有 DDZⅢ型差压变送器、温度变送器、电/气阀门定位器以及安全栅等。

必须指出，将本质安全型防爆仪表在其所适用的危险场所中使用，还必须考虑与其配合的仪表及信号线可能对危险场所的影响，应使整个测量或控制系统具有安全火花防爆性能。

8. 安全火花防爆的等级

在实际运行时，仪表中工作电流对爆炸性混合物引爆的最小电流（条件：直流电压≤30V）分为三级，如表 9-15 所示。

表 9-15　　最小引爆电流表

级别	最小引爆电流：mA	爆炸性混合物
Ⅰ	$i>120$	甲烷、乙烷、丙烷、汽油、氨、丙酮、甲醇、一氧化碳等
Ⅱ	$120>i>70$	乙烯、乙醚、丙烯腈等
Ⅲ	$i<70$	氢、乙炔、二硫化碳、水煤气、市用煤气、焦炉煤气等

9. 安全火花防爆系统的构成

构成安全火花防爆系统要求：①在危险场所使用本安仪表；②在控制室仪表与危险场所仪表之间设置安全栅。这样构成的系统就能实现本质安全防爆系统，如图 9-16 所示。

传统的安全栅包括充油型、充气型、隔爆型等，将可能产生火花的电路从结构上与爆炸性气体隔开；新型安全栅（安全火花型）电路设计上考虑防爆，将电路在短路、开断及误操作下产生的火花限制在爆炸性气体的点燃能量之下。防爆电路示意图如图 9-17 所示。

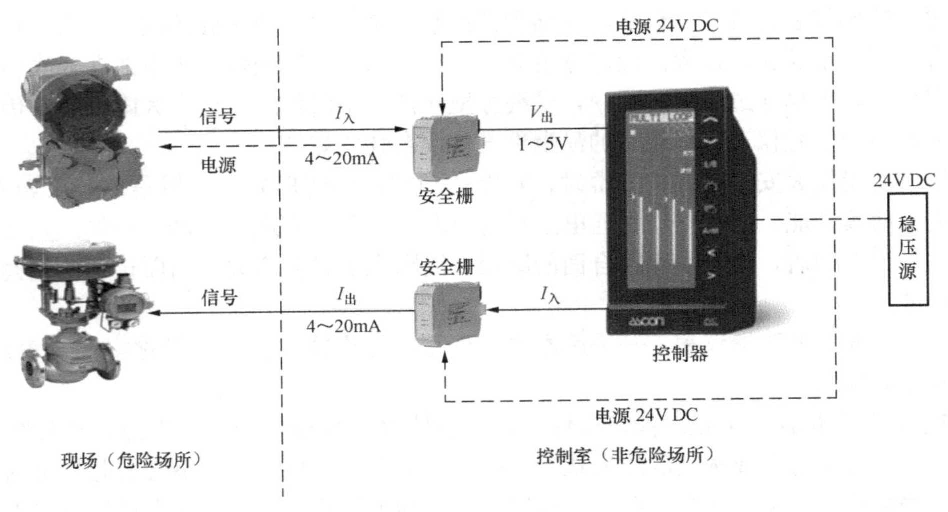

图 9-16　安全火花防爆系统

10. 防腐措施

腐蚀是材料在环境的作用下引起的破坏或变质，金属和合金的腐蚀主要是化学或电化学作用引起的破坏，有时还同时包含机械、物理或生物作用。对于非金属，腐蚀一般缘由直接的化学作用或物理作用（如氧化、溶解、溶胀等）。

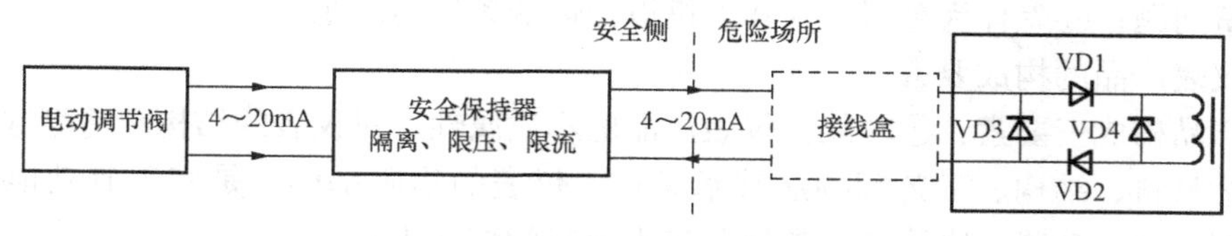

图 9-17　防爆电路示意图

针对腐蚀引起的破坏，工业自动化仪表主要采取的措施是与腐蚀介质接触部件选用防腐蚀材料，或者采用隔离技术。主要体现在仪表制作和安装过程中，必须严格按照规定进行。

9.2.5　雷电防护方法

雷电是不可避免的自然现象，雷电时所产生的强大的空间电磁场通过磁场空间中的线缆耦合进高瞬态电压，对于电气设备的影响可以说是毁灭性的。目前对于雷击对建筑物、控制室和遥感设备的影响，通过避雷针和接地棒来保护免于直接雷击。避雷针把非常大的雷击电流传送到接地终端，把电荷分散转移到大片土地上。

安装在现场的执行器如果是在露天野外环境，进行雷电防护是必需的。浪涌保护设备或SPD可以保护设备免于潜在的高瞬态电压的破坏性影响的攻击。SPD理想的是瞬间操作来把一个浪涌电流分散到大地，不带任何残余的普通模式的呈现在设备终端的电压。一旦浪涌电流衰减，SPD应该自动恢复正常操作，复位接受下一个浪涌的准备状态。

在实际应用中，还有一些防护措施，如气体放电管、齐纳二极管、金属氧化物变阻器、熔丝、电路断路器和多级混杂电路等。这些防护器件要具体分析实际状况后慎重选用。

9.3　造　型　设　计

9.3.1　概述

任何一种产品或者是消费品，也包括仪表及其他设备、装置，首先是作为具有一种功能的形象体现出来，让使用者明确这个功能而接受使用。对于所有的产品，其功能再多、再丰富，也是有限的；而功能的多少与价格成正比例关系，产品设计者是不会盲目增加功能来保住产品的。一般一种产品有它的一个主要功能和与这个功能有关的辅助功能，它与同类产品的性能比对和价格竞争上都是有限的，最后均会在产品的外观上产生竞争。外观竞争的结果是使产品设计更合理、功能具备更完整、形象更美。使得使用者不仅拥有这个产品，在使用时还有一种享受。

外观的设计是否美观、漂亮？是否体现出产品的功能？外部尺寸、色彩是否科学？商标设计是否特色等，这些都属于产品的造型设计，它所涉及的内容统归为工业造型设计，仪表造型设计属其一。还有机械、机床、电子电气、家电等所有工业领域，其内容涉及美学、心理学、医学（高度宜人、坐高宜人、操作宜人、显示宜人、色彩宜人等根据人体生理和心理角度）等，主要包括美学的理论与形式，抽象构成的内容与方法，以及空间处理、色彩学、装饰学、制作工艺学等。

在仪表造型设计方面所涉及的内容为两类：装饰设计（文字设计、商标设计等）和人—机工程学（即人—机—环境设计等），主要研究的内容是：①怎样改进工业自动化仪表的结构形式；②怎样改进仪表功能元件的形象；③怎样解决成套的造型设计问题；④怎样建立设计中的定量问题；⑤怎样为色彩设计和人机设计创造条件的问题等。

(1) 仪表产品的构成要素

仪表产品构成三要素：①功能：仪表产品的本质属性，对仪表的结构和造型起主导、决定作用。②材料、结构、工艺等物质技术条件：仪表的物质基础，是实现其功能的物质手段。③造型：仪表功能、物质技术条件和艺术内容的综合表现。

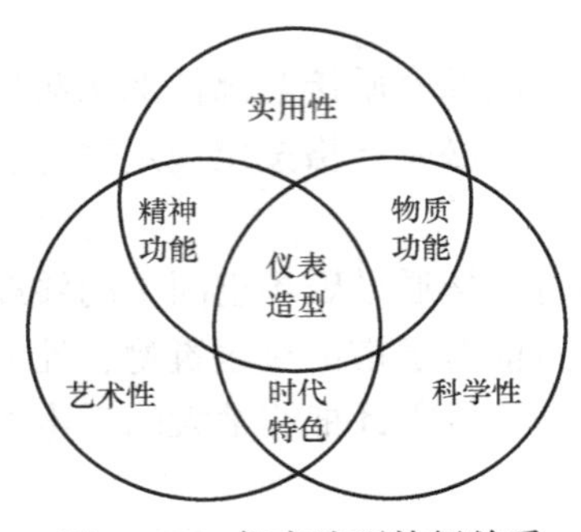

图 9-18 仪表造型特征关系

(2) 仪表造型的特征

仪表造型是仪表功能、物质技术条件和艺术内容三方面的综合表现，仪表造型的三特征是实用性、科学性和艺术性，其相互关系如图 9-18 所示。

(3) 仪表造型的设计原则

仪表造型设计三原则：①实用：要求高可靠、易操作及人—机协调。②经济：要求低成本、低消耗、高效能及符号系列化、通用化、标准化。③美观：要求创造尽可能完美的外观造型，为美化人民的生活服务。

9.3.2 人机工程学

为什么桌子要这般高？为什么小学生的坐椅与中学生或大学生的不一般高？为什么家用电器的外观色彩有的用黑色，而有的不用黑色，如为什么电视的外壳不用白色而冰箱的外壳不用黑色？为什么机床的床位高度一定、刀具固定在左手运动件在右手？等，一切都是有所依据的，这就是人机工程学所涉及的，即人—机—环境的研究。

人机工程学在工业领域所涉及的内容实际上是一个循环过程，人的大脑（通过思维和判断乃至决定）去指挥其四肢（手脚），由手脚去操作机器的开关、键钮及控制器，使机器运转，运转的各种参数或信息由显示器显示，又通过人的感觉器官（耳、眼、鼻等）反馈至大脑，而这个循环又受外界的声响、色彩、气味及人自身客观因素的影响。这就是人机工程学所要讨论的。

人机工程学的研究范围包括：①人体尺寸及其活动机能与机器结合的研究。②人对各种信息的感受能力和处理能力的研究。③对人的心理和生理要求的研究。④机器系统如何适应人的使用的研究。⑤人机系统职能分工和配合的研究。⑥对环境控制的研究。⑦对人的思想和学习能力的观察等。

人机工程学的研究内容包括：①人机系统的机能。②人机系统的类型。③人机系统的光环境。④人机系统的设计评价分析等。

9.3.3 仪表造型功能与物质技术条件

(1) 仪表造型的功能

仪表造型的功能有两类：①物质功能：满足使用者的使用要求，仪表要具有实用性、科学性、可选性以及经济性。②精神功能：满足使用者的审美要求，仪表的外形美观大方，形式新颖。

(2) 仪表造型的物质技术条件

形成仪表造型的物质技术条件除在其他章节描述各功能元件外，制作仪表外形的物质条件主要指得是所用的原料是铝材料、铝合金材料和钢材料；市场上提供的是由这些材料制作的线材、板材和型材，最后在使用者面前展现出的外形则是柜（立式控制柜）、台（卧式操作台)、箱（立式、卧式、抽屉式仪表箱)、壳（金属的、塑料的仪表壳体）等。

9.3.4 仪表造型色彩设计

在进行仪表造型的设计中，首先要符合美学法则。任何物体只要存在，就有形态，就会给人以某种感受，也会含有某种“美”的内容和形式。形态之构成有点、线、面、体、机理、空间和色彩等要素，主要为点、线、面；而体即立体，具有长、宽、高三度可测的三元；机理为物体表面的组织和结构状态（如人肌)；空间即时空；色彩即表相。将这些要素有机地结合起来就可达到一种给人以感受的形态，这种有机体只要符合美学法则，当可给予人以美感。

那么在仪表造型方面的美学法则指什么呢？概括地总结有八点，即：变化与统一、均衡与稳定、比例与尺度、节奏与韵律、对比与调和、主从与重点、过度与呼应、比拟与联想。

在仪表造型设计上达到美学要求的手段或者说手法各异，针对于每一个美学法则均可有一种实现手法，如主从法，协调法，呼应法等。但色彩是其中最重要的环节。

(1) 色彩的三要素

色彩的三要素也可叫作色彩三属性，即：①明度（Value)：色彩的明暗程度，也称亮度，每一种色彩都有自身的明度。②色相（Hue)：色彩的相貌，即以波长来划分色光的相貌，常见色的色相如见下所示，也叫波长表：红外→红（760～647）→橙（647～585）→黄（585～565）→绿（565～492）→青（492～455）→蓝（455～424）→紫（424～400）→紫外。③纯度（Chroma)：色彩的饱和程度，即色光的波长单一程度，也叫作彩度、艳度、鲜度。其中以红色的纯度为最高，绿色为最低，黑、白、灰色三色没有纯度，只有明度。其他单一波长色居红绿色纯度之中。

将色彩的三要素有机地结合起来，进行合理地配置，便形成一个“色立体”，以明度作Z轴，色相作垂直于明度的圆，以波长为半径，纯度作X轴，明度轴上顶为白，下底为黑，相互变化，如图9-19所示。

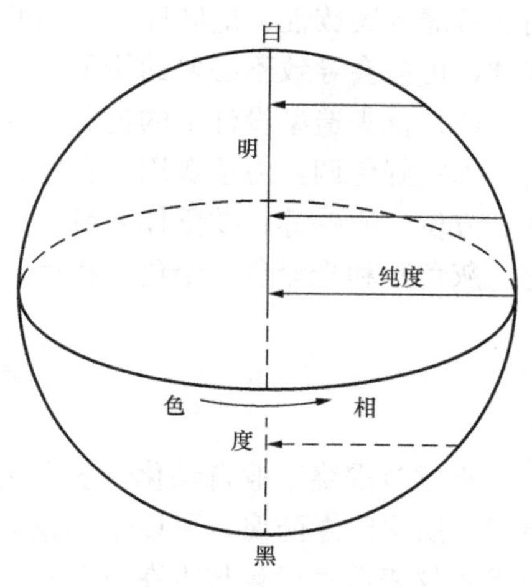

图9-19　色立体

(2) 色彩的体现

一次色（原色，基色）——红色、绿色和蓝色（标准用色中所称的RGB：Red-Green-Blue）为所有颜色中最基本的颜色，是用任何其他颜色都无法调配出来的三种颜色，俗称三原色、三基色。

二次色（间色）——橙色、黄色和紫色，即用三原色两两等比例调配而得到的颜色，也是三种。虽为间色，仍然具有单一的波长。

三次色（复色，混合色）——只要含有三原色成分，均为三次色；只要所占比例不同，就可得到无穷无尽的色彩。

(3) 色彩的感受

色彩使人在生理和心理上产生的影响称为色刺激与心理反应。实际上是人对色彩的一种感受过程，或轻微、或强烈，人们对颜色会产生各式各样的感受，这就是色彩感，如冷暖感、轻重感、进退感等。因此在仪表造型设计中对色彩的选用就有了一种评价，便有色彩与功能的联系、色彩与美的联想、色彩的创造性、流行色的选用、色彩的形式美、色彩与工艺及材质的关系、色彩的宜人性、商业用色等。

（4）色彩的功能

色彩虽然给人某种感受，毕竟是感觉问题，而当色彩不仅给人以感觉，这种感觉又影响了人们的情绪甚至行为时，色彩便起到了某种特定功能。也就是人们将一定的色彩与一定的质感联系起来所产生出的一种心理感受，即色彩的质地感，人的这种心理感受只要保持一定的时间，就可能在行为举止上有所表露。比如兴奋与沉静、华丽与朴素、活泼与忧郁、热烈与冷静、刺激与镇静等。那么色彩会给人以怎样的功能感受呢？下面举出两个例子来说明。

1）以冷色与暖色为例：暖色——温暖、热烈、兴奋、急躁、刺激、活跃等；冷色——清凉、镇静、冷漠、退后、收缩等。

2）以三要素为例：亮色——明快、活跃、轻松等；暗色——沉静、庄严、稳重等；高纯度色——鲜明、活跃等；低纯度色——安静、雅致等。

（5）仪表造型设计中的色调对比与调和

仪表造型设计中所采用的色调对比较多，关键要搭配恰当、色调调和：①明度对比——由明度的差异形成的色彩对比，可产生光感、明快感等；②色相对比——由色相的差异形成的色彩对比，可产生各种感受；③纯度对比——由纯度的差异形成的色彩对比；④冷热对比——由色彩的冷热差异形成的感觉对比；⑤综合对比——仪表造型设计中所采用的色调对比还有，如色彩面积的对比、色彩位置的对比、色彩层次的对比等，每一种对比均可独立使用，在仪表功能较多时，更需要将上述的各种对比有机地结合，进行综合对比。

（6）仪表造型设计中的色调选择原则

①满足使用功能的要求；②色彩与形体具有统一性；③色彩与环境要协调；④色彩的选用要考虑到民族性、地区性，不同的国家、不同的民族对色彩的好恶是截然不同的。若不加注意，可能会导致不必要的纷争。

（7）仪表造型设计中的色彩设计步骤

①定好色调，力争实用、新颖、雅致、宜人；②选择恰当的对比，包括色彩、面积、形状、方位、质感等；③整体要统一，要有主次、有呼应、布色要均衡；④极色（黑色、白色、灰色）和光泽色（金色、银色、铬色）的应用要恰到好处，一般以点缀为主。

本章习题要求

本章节围绕工业自动化仪表在实际工程应用时所涉及的知识，重点是干扰分析和抗干扰技术、防火防爆防腐，可以全面设题；其余，标准化技术、可靠性技术、安全性技术、防腐技术和仪表造型设计技术在概念和基本特点方面出题。

第 10 章　工业自动化仪表的应用

10.1　概　　述

宏观上讲，任何领域展开工作所基于的电子电气设备都能隶属于仪表范畴，几乎所有自动控制系统都是基于“仪表”构成的系统。由模拟调节与控制仪表构成常规的自动控制系统，由数字化控制仪表和智能仪表能构成智能控制系统，将概念与技术拓展到计算机领域、通信领域和仪表软件技术中，就能覆盖所有领域各方面的控制系统。因此“工业自动化仪表”所涉及的学科范畴，真正属于一门系统工程学。

在各种生产过程中，许多生产参数的变化难以直接由人工检测，例如管道里液体的流量、密闭容器内物料的高度、蒸汽的温度等；即便是人们能够看到的，如电机的运行、机器人的移动、交通工具的行驶奔驰、飞行器的飞翔等，也只能得到一个笼统的“状态”概念，无法了解具体的工作参数。因此必须要使用各种检测方法进行测量，从获得的数据中了解和分析生产的运行情况、制定更合理的工艺规程；统计原料和物料的消耗以及产品产量，以便核算成本；最终再作用于对象，使之尽可能处于“优化”状态。完成上述各项工作需要“仪表”。

生产过程中各种工艺条件不可能是一成不变的。如化工生产，大多数是连续性生产工艺流程，各设备相互关联；当其中某一设备的工艺条件发生变化时，会引起其他设备中某些参数或多或少地波动，偏离正常的工艺条件。为此就需要用一些自动控制措施，对生产中某些关键性参数进行自动控制，使它们在受到外界干扰（扰动）的影响而偏离正常状态时，能够被自动地调节而回到工艺所要求的数值范围内，为此目的而设置的系统就是自动控制系统。

“可视化”对整个社会来说已经成为耳熟能详的技术，显示仪表、特别是平板显示技术的发展为显示仪表拓展了极大的应用领域，电视机就是一个很好的例子。而神舟飞船在空中的一切状态，如载人航天、太空行走、卫星发送等，全球人都能看到“实况”。大型的 LED 屏幕成为公共场所信息传递的窗口，闹市、城市广场、车站、港口等，人们都能看到能显示大量实时信息的大型屏幕显示器。在所有生产现场，显示方式更加灵活、直观、实时。

作为工业自动化仪表的应用领域，包括检测、显示、控制、执行、通信、计算、软件，以及模块、集成、组态，乃至可靠性、安全性、抗干扰性和美观，工业自动化仪表及其装置已经成为各行各业的主要设备。

10.2　工业自动化仪表应用演变

科学技术每发展到一个新的阶级，必将迅速地在仪表中得以体现和应用，通过应用又验证科学技术的先进性和社会效应。工业自动化仪表在各行各业中所承担的角色，体现了工业自动化仪表在科学技术发展中的重要作用。

任何自动控制都源于某一个目标，在实施过程中对人们来说是较为重要的，或被人们认为已经有一种技术可以“提升”到能够替代不可靠的、也是容易产生偏差或安全危险的“人工操作”。图 10-1 就是一个典型的液位控制系统的事例。

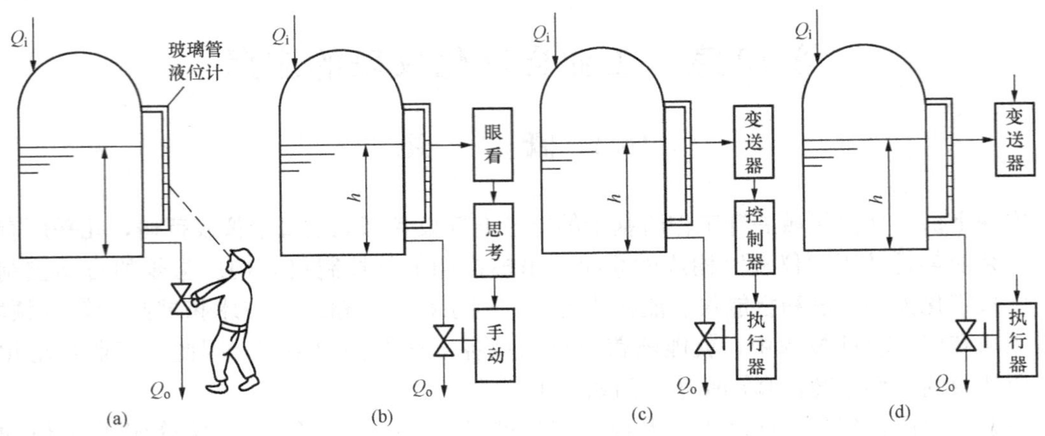

图 10-1 液位控制系统的实现沿变

图 10-1 中，图（b）是图（a）人工过程的流程示意，应用了玻璃管液位计和手动阀门。若液体介质属于危险介质，为易燃、易爆、腐蚀含毒介质，则通过液位变送器、控制器和执行器完成了液位的自动调节［见图（c）］。而控制器是人脑的“替代”，要体现人脑根据实际状况会采取相应措施的可能；另外液位高度因产品工艺需要也会变化；有些液体罐因工艺要求安装的位置非常不易操作人员方便到达，则要将图（c）中的控制器远离现场。这样又可理解图（c）为“有线”远离，图（d）是“无线”原理和网络化控制实现。

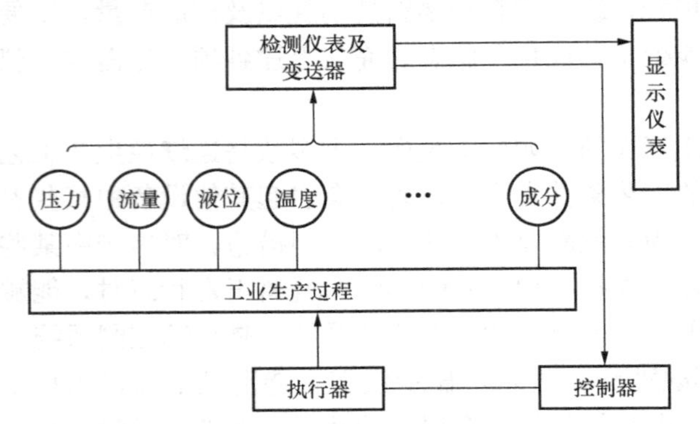

图 10-2 自动化仪表应用示意图

图 10-1 所示的应用演变可以扩展到各行各业，将检测仪表、显示仪表、（模拟/数字/智能型）控制仪表和执行器归纳到一个基本应用框架，如图 10-2 所示。

1. 直接数字控制系统（DDC）

以数字计算机来取代模拟调节器构成的闭环控制系统称直接数字控制系统，如图 10-3（a）所示。过程控制系统中的数字计算机对过程参数进行巡回检测后，按照规定的数学模型（如 PID）进行计算，根据运算结果向执行器发出控制信号，使各被控制量保持在给定值上。

数字调节装置与模拟调节装置相比，可以很方便地用增加软件的方法去增加新的控制功能（如：前馈、纯滞后补偿、超前控制等），

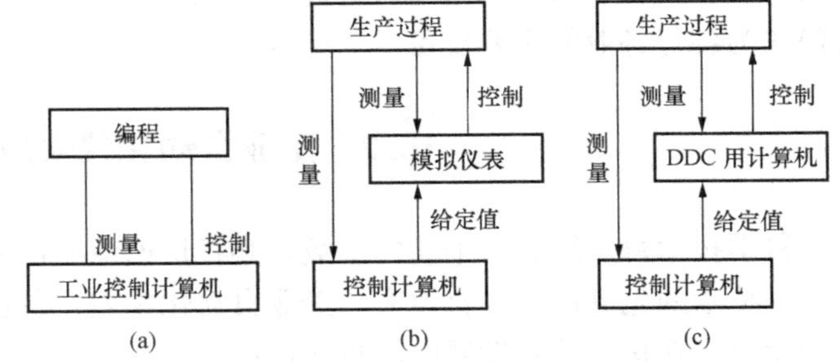

图 10-3 自动化仪表控制系统

（a）直接数字控制系统；（b）设定值控制系统；（c）监督控制系统

而不必像模拟调节装置那样，必须改动硬件结构。因此，只要直接数字控制装置配备了丰富的软件，便可以适应多种多样的控制方法，正是直接数字控制装置的灵活性，对人们有着强大的吸引力。

2. 设定值控制系统（SPC）及监督控制系统（SCC）

数字计算机与常规模拟调节器同时接收过程信号。模拟调节器依据该信号按一定的控制规律输出控制信号到执行结构形成闭环控制系统；而数字计算机则依据过程信号按一定的数学模型计算出各模拟调节器的最佳设定值送至各调节器，如图 10-3（b）所示。这样的系统称作设定值控制系统，数字计算机则称作设定值控制计算机。

如果数字计算机依据一定的数学模型计算出来的设定值不是送至模拟调节器，而是送至直接数字控制装置，那么，这样的系统称之为监督控制系统，而数字计算机称作监督计算机，如图 10-3（c）所示。

3. 集散型综合控制系统（DCS）

人们在计算机控制系统的发展中逐渐认识到，必须分散控制以保证安全生产，集中管理以实现生产过程的全局优化。在这个思想指导下产生了集散型综合控制系统（Distributed Control System，DCS），也称为分布式控制系统，典型的集散控制系统可分为四级：现场终端、直接数字控制系统、监视操作站和上位计算机管理站，归纳到结构图模式如图 10-4 所示。

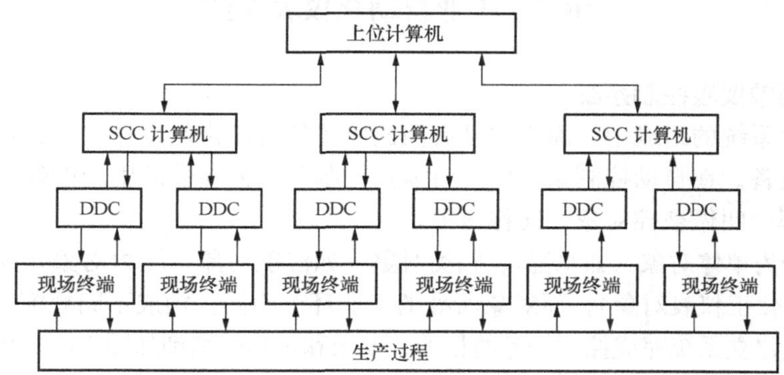

图 10-4　集散型综合控制装置

第一级直接面向生产过程，现场终端包括检测仪表或执行器，进行检测、转换与执行等工作。第二级是以微型数字计算机为核心的直接数字控制系统，也可以认为是智能仪表，它与现场终端构成一个独立的单回路控制环节，一般叫做现场控制站。第三级是以微型数字计算机为核心的监督控制系统，常称作监督操作站。它主要进行最优化或自适应控制计算，能够汇集各现场控制站的信息，给操作人员发出操作指示，以便集中监视或调整 DDC 的设定值。第四级是上位计算机管理站。选用高性能的微型计算机或小型计算机构成。对操作站数据库或现场控制站数据与程序进行编制调整和监控管理，实现过程控制全局最优化。

由 DCS 的结构总结出其特点：①高可靠性。由于 DCS 将系统控制功能分散化，系统结构采用容错设计，因此某一控制节点出现故障不会导致系统其他功能的丧失。此外，由于系统中各个控制节点所承担的任务比较单一，可以针对需要实现的功能采用相应的智能仪表，使系统中各控制节点的可靠性也得到提高。②开放性。DCS 采用开放式、标准化、模块化和系列化设计，当需要改变或扩充系统功能时，可方便地进行规模增删。③灵活性。通过组态软件根据不同的流程应用对象进行软硬件组态，即确定测量与控制信号及相互间连接关系、从控制算法库选择适用的控制规律以及从图形库调用基本图形组成所需的各种监控和报警画面，从而方便地构成所需的控制系统。④易于维护。当某一控制节点出现故障或上位机调整，可在不影响整个系统运行的情况下在线更换，升级。⑤协调性。各工作站之间信息传递通畅，实现信息共享，协调工作，完成控制系统的总体功能和优化处理。⑥控制功能齐全。控制算法丰富，集连续控制、顺序控制和批处理控制于一体，可实现串级、前馈、解耦、自适应和预测控制等先进控制，并可方便地加入所需的特殊控制算法。

4. 网络型集散综合控制系统（FCS）

由于网络通信技术的迅猛发展，特别是在工业领域，能够充分满足工业环境运行条件的现场总线成为现场仪表首选通信手段，在DCS的基础上，提高系统整体运行可靠性、安全性、低成本性、低维护性以及远程操控和编程，FCS优化了DCS模式。

FCS的结构模式与图10-4一样，但在构作FCS时，由一表一套（如DDZ-Ⅱ的2根信号信号线）构成的庞大信号线规模被数根可并接的通信母线替代，并在此基础上，有/无线网络的构成又赋予FCS新的框架模式。图10-4中可见的逻辑性信号走向（箭头线）在实际工程中逐渐变为“有/无线”，在生产过程现场人们看到的是一个个仪表主体或现场模块。

10.3 工业自动化仪表系统

10.3.1 简单仪表控制系统

在自动控制系统的组成中，除必须具有前面所述的自动化装置外，还必须具有控制装置所控制的生产设备。在自动控制系统中，将需要控制其工艺参数的生产设备、机器、一段管道或设备的一部分叫做被控对象，简称对象。

对象可以分为单体对象（如水温）、归类对象（如温度对象、压力对象）和行业对象（如热工仪表对象、化工仪表对象）；而对象所处的工业环节不同，构成不同规模、不同要求的自动控制系统。从建立系统完成控制任务的目的、要求和过程归纳到如图10-5所示方框图。

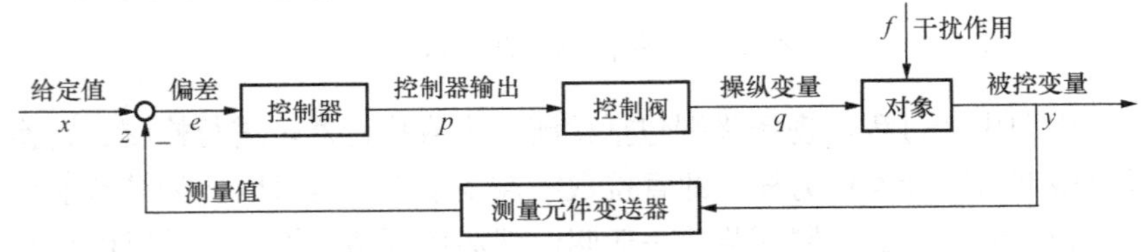

图10-5 闭环控制系统原理框图

只有在被控变量未按照设定要求而变化，控制系统就会迅速予以调节（满足动态要求），将被控变量调节到允许的范围（满足静态要求）。将较多的生产过程单一对象按照图10-5所示的框架结构完成自动控制系统，基本上都能够达到生产要求。

图10-6为蒸汽加热器温度控制系统事例，在较多的工业生产过程中通过蒸汽加热生产介质的场合较多。当进料流量或温度变化等因素引起出口物料温度变化时，可以将该温度变化通过温度变送器（TT）测量后送至温度控制器（TC）；温度控制器的输出送至控制阀，以改变加热蒸汽量来维持出口物料的温度不变。

由图10-6所示，将工艺过程需要控制的被控变量的给定值是否变化和如何变化来分类，这样可将仪表控制系统分为三类：①定值控制方法：“定值”是恒定给定值的简称；工艺生产中，若要求控制系统的作用是使被控制的工艺参数保持在一个生产指标上不变，或者说要求被控变量的给定值不变，就需要采用定值控制系统。②随动控制系统（自动跟踪系统）：给定值随机变化，该系统的目的就是使所控制的工艺参数准确而快速地跟随给定值的变化而变化。③程序控制系统（顺序控制系统）：给定值变化，但它是一个已知的时间函数，即生产技术指标需按一定的时间程序变化。这类系统在间歇生产过程中应用比较普通。

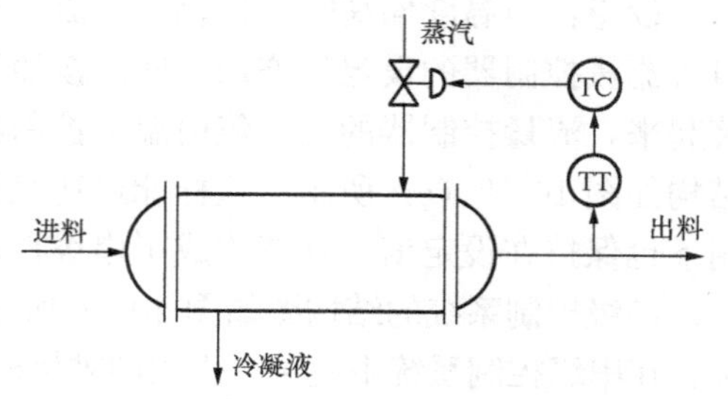

图 10-6　蒸汽加热器温度控制系统

由图 10-6 对照图 10-5，TT 属于“测量元件、变送器”（详见第 2 章），TC 属于“控制器”（详见第 4 章，第 6 章），控制阀为执行器（详见第 5 章），由此构成的单一对象的简单控制模式（见图 10-5），即为简单仪表控制系统，也称为单回路反馈控制系统。

10.3.2　复杂控制系统

随着计算机技术、智能仪表、通信技术、先进控制策略等发展，简单控制模式下增加智能环节和控制算法，能够提高系统的控制品质；而针对相对复杂的生产过程，也都有适合的控制手段，图 10-7 所示的是几种控制系统，主要是串级、比值、均匀、分程、选择、前馈控制系统等。

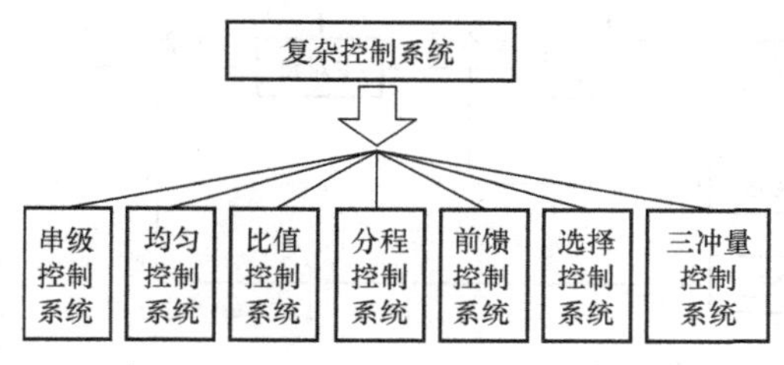

图 10-7　复杂控制系统类型

1. 串级控制系统

控制系统中采用不止一个控制器，而且控制器间相串接，一个控制器的输出作为另一个控制器的设定值的系统，称为串级控制系统。图 10-8 所示为加热炉出口温度控制系统，是较为典型的串级控制系统。

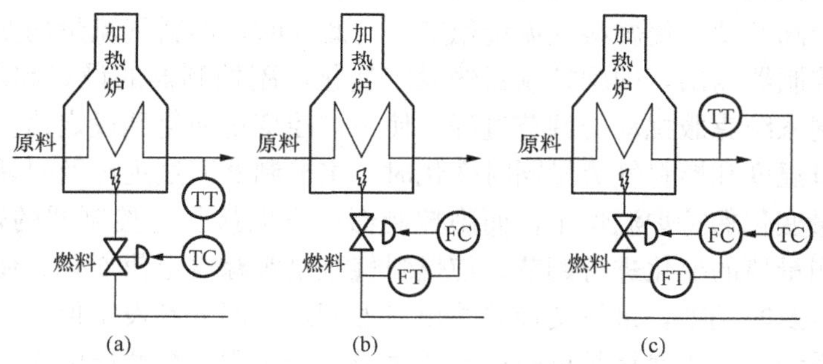

图 10-8　加热炉出口温度控制系统

该系统的被控变量是出口温度，用燃料气作为操纵变量。按照图 10-8（a）所示构成单回路温度控制系统，因为加热炉炉管等热容较大，一般很难实现实时控制效果。

按照图 10-8（b）所示构成单回路流量控制系统，则对温度来说是开环的，此时对于阀前压力等扰动，可以迅速克服，但对进料负荷、燃料气热值变化等扰动，却完全无能为力。

设想：当温度偏高时，把燃料气流量控制器的设定值减少一些；当温度偏低的时候，燃料气流量控制器的设定值增加一些。按照这个设想，把图 10-8（a）和（b）两个控制器串接起来，流量控制器的设定值由温度控制器输出决定，即流量控制器的设定值不固定，系统结构如图 10-8（c）所示。这样能迅速克服影响流量的扰动作用，又能使温度在其他扰动作用下也保持在设定值，这就构成了串级控制系统。

串级控制系统的结构图如图 10-9 所示，其相关的专业术语为：①主变量：工艺控制指标，在串级控制系统中起主导作用的被控变量（加热炉出口温度）。②副变量：串级控制系统中为了稳定主变量或因某种需要而引入的辅助变量（燃料气流量）。③主对象：为主变量表征其特性的工艺生产设备（阀门）。④副对象：为副变量表征其特性的工艺生产设备（阀门）。⑤主控制器：按主变量的测量值与给定值而工作，其输出作为副变量给定值的那个控制器。⑥副控制器：其给定值来自主控制器的输出，并按副变量的测量值与给定值的偏差而工作的那个控制器。⑦主回路：由主变量的测量变送装置，主、副控制器，执行器和主、副对象构成的外回路。⑧副回路：由副变量的测量变送装置，副控制器执行器和副对象所构成的内回路。即主控制器的输出作为副控制器的设定值；主控制器在内部设定情况下工作，是定值控制；副控制器是在外部设定情况下工作，是随动控制。

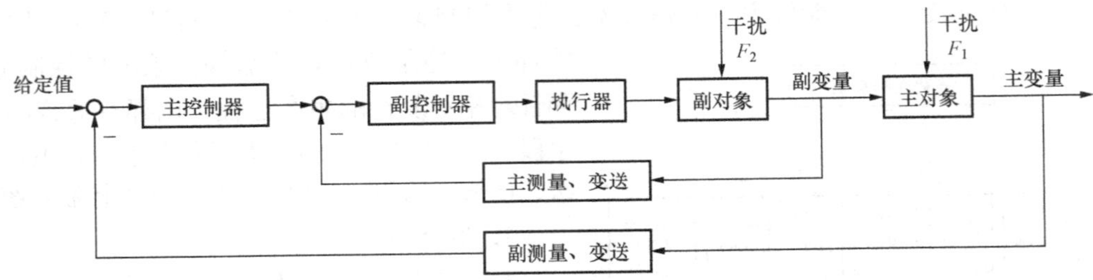

图 10-9 串级控制系统结构图

当燃料气压力或流量波动时，加热炉出口温度还没有变化，因此，主控制器输出不变，燃料气流量控制器因扰动的影响，使燃料气流量测量值变化，按定值控制系统的调节过程，副控制器改变控制阀开度，使燃料气流量稳定。与此同时，燃料气流量的变化也影响加热炉出口温度，使主控制器输出，即副控制器的设定变化，副控制器的设定和测量的同时变化，进一步加速了控制系统克服扰动的调节过程，使主被控变量回复到设定值。

当加热炉出口温度和燃料气流量同时变化时，主控制器通过主环及时调节副控制器的设定，使燃料气流量变化保持炉温恒定，而副控制器一方面接受主控制器的输出信号，同时，根据燃料气流量测量值的变化进行调节，使燃料气流量跟踪设定值变化，使燃料气流量能根据加热炉出口温度及时调整，最终使加热炉出口温度迅速回复到设定值。

在串级控制系统中，主变量是反映产品质量或生产过程运行情况的主要工艺参数。副变量的引入往往是为了提高主变量的控制质量，它是基于主、副变量之间具有一定的内在关系而工作的。选择串级控制系统的副变量一般有两类情况：①选择与主变量有一定关系的某一中间变量作为副变量；②选择的副变量就是操纵变量本身，这样能及时克服它的波动，减小对主变量的影响。

在上例中，选择的副变量是燃料气流量，当干扰来自流量波动等时，副回路能及时加以克服，以大大减少这种干扰对主变量的影响，使加热炉出口温度的控制质量得以提高。

在串级控制系统中，由于引入一个闭合的副回路，不仅能迅速克服作用于副回路的干扰，而且对作用于主对象上的干扰也能加速克服过程。副回路具有先调、粗调、快调的特点；主回路具有后调、细调、慢调的特点，并对于副回路没有完全克服掉的干扰影响能彻底加以克服。因此，在串级控制系统中，由于主、副回路相互配合、相互补充，充分发挥了控制作用，大大提高了控制质量。

由于增加了副回路，使串级控制系统具有一定的自适应能力，可用于负荷和操作条件有较大变化的场合。当对象的滞后和时间常数很大，干扰作用强而频繁，负荷变化大，简单控制系统满足不了要求时，使用串级控制系统是合适的。尤其是当主要干扰来自控制阀方面时，选择控制介质的流量或压力作为副变量来构成串级控制系统是很适宜的。

对新型智能控制仪表和 DCS 控制装置构成的串级控制系统，可以将主控制器选为具备自整定功能。采用常规仪表时，还可以采用加法器等运算单元来实现串级控制系统。

2. 均匀控制系统

均匀控制系统是指一种控制方案所起的作用而言，就控制方案的结构来看，它可能类似液位或压力的简单定值控制系统，也可能类似液位与流量或压力与流量的串级控制系统。均匀控制系统既允许表征前后供求矛盾的两个变量都有一定范围的缓慢变化。

一个简单均匀控制系统如图 10 - 10 所示，该系统与定值控制系统的不同主要在控制器的控制规律选择和参数整定问题上。在均匀控制系统中不选择微分作用，有时还需要选择反微分作用。在参数整定上，一般比例度要大于 100%，并且积分时间要长一些，这样液位仍会变化，但变化不会太剧烈。同时，控制器输出很和缓，阀位变化不大，流量波动也相当小。这样就实现了均匀控制的要求。

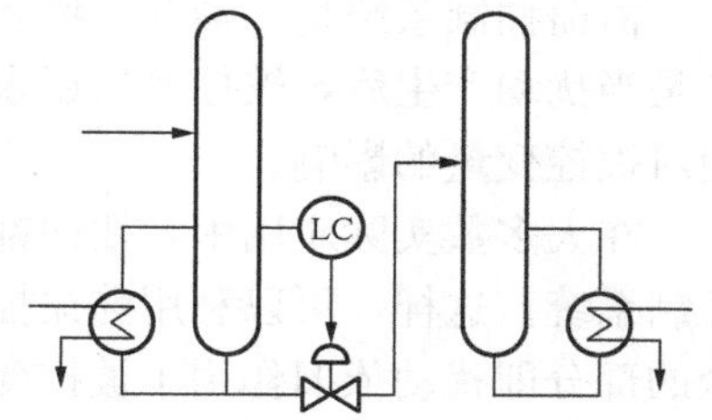

图 10 - 10　简单均匀控制系统

对一般的简单均匀控制系统的控制器，选择纯比例控制规律。对一些输入流量存在急剧变化的场合或液位存在“噪声”的场合，特别是希望液位正常稳定工况时保持在特定值附近时，则应选用比例积分控制规律。

3. 比值控制系统

凡是用来实现两个或两个以上物料按一定比例关系控制以达到控制目的的控制系统，称为比值控制系统。设主动量为 F_1，从动量为 F_2，则比值 $k=F_1/F_2$。比值控制系统有单闭环比值控制系统（图 10 - 11）、双闭环比值控制系统（图 10 - 12）和变比值控制系统。变比值控制系统的比值是变化的，比值由另一个控制器设定。

比值控制系统中，主动量通常选择可测量但不可控制的过程变量；从安全考虑，如该过程变量供应不足会不安全时，应选择该过程变量为主动量，例如，水蒸气和甲烷进行甲烷转化反应，由于水蒸气不足会造成析碳，因此，应选择水蒸气作为主动量；从动量通常应是既可测量又可控制，并需要保持一定比值的过程变量。

当主动量不可控时，选用单闭环比值控制系统，主动量可控可测，并且变化较大时，宜选双闭环比值控制系统；当比值根据生产过程的需要由另一个控制器进行调节时，或当质量偏离控制指标需要改变流量的比值时，应采用变比值控制系统。

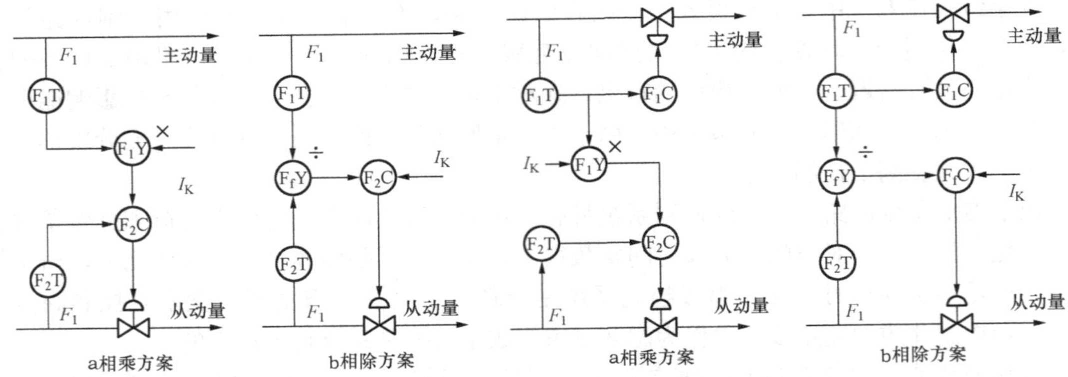

图 10-11　单闭环比值控制系统　　图 10-12　双闭环比值控制系统

比值控制系统的实施方案有相乘和相除两类。一般情况下，宜选择相乘控制方案；采用计算机或 DCS 控制时，应选择相乘控制方案；需要获得主从动量流量的实际比值时，建议用除法器作比值运算，但不包含在控制回路内部。

4. 前馈控制系统

前馈控制系统是一种开环控制系统，根据扰动或设定值的变化按补偿原理而工作。其特点是当扰动产生后，被控变量还未变化以前，根据扰动作用的大小进行控制，以补偿扰动作用对被控变量的影响。

在大多数实际应用中，往往都是将反馈控制与前馈控制结合起来，设计成前馈——反馈控制系统。这样，可以利用前馈控制来克服可以预见的主要扰动；而对于前馈控制补偿不完全的部分即扰动依旧作用于被控变量所产生的偏离和其余扰动，由反馈控制来消除。即便在大而频繁的扰动下，仍然可以获得优良的控制品质。

静态前馈是在扰动作用下，前馈补偿作用只能最终使被控变量回到要求的设定值，而不考虑补偿过程中的偏差大小。在有条件的情况下，可以通过物料平衡和能量平衡关系求得采用多大校正作用。静态前馈控制不包含时间因子，实施简便。在许多场合，特别是控制通道和扰动通道的时间常数相差不大时，应用静态前馈控制可以获得很好的控制精度。

前馈控制只针对特定的扰动变量，当有多个扰动变量时可组成多变量前馈控制系统。分为多输入单输出多变量前馈控制系统和多输入多输出多变量前馈控制系统。

前馈控制系统主要用于克服控制系统中对象滞后大、由扰动而造成的被控变量偏差消除时间长、系统不易稳定、控制品质差等弱点，因此采用前馈控制系统的条件是：①扰动可测但是不可控。②变化频繁且变化幅度大的扰动。③扰动对被控变量影响显著，反馈控制难以及时克服，且过程对控制精度要求又十分严格的情况。

5. 分程控制系统

一个控制器的输出同时送往两个或多个执行器，而各个执行器的工作范围不同，控制器的满量程输出就是所有执行器工作范围之和，这样的系统称之为分程控制系统。例如，一个控制器的输出同时送往气动控制阀甲和乙，阀甲在气压 20～60kPa 范围内由全开到全关，而阀乙在气压 60～100kPa 范围内由全开到全关，控制阀分程工作。通过图 10-13 所示，在对象变化的全量程中，需要不同的状态和工艺要求，由分程组合予以实现。

为了实现分程动作，一般需要引入阀门定位器。

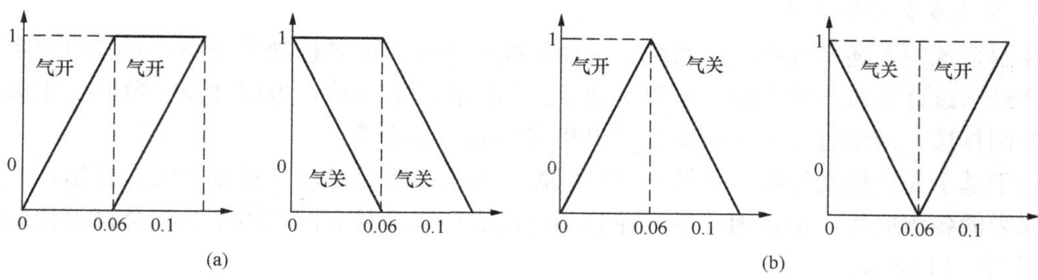

图 10-13　分程控制系统的分程组合

(a) 同向分程；(b) 异向分程

在实际生产过程中，由于对象变化量程无法通过一个执行器全程控制覆盖，或者需要较大功率设备才能实现，通过分程控制就能较为优化地达到较高品质的控制效果。如选用变频器对 10kW 电机全量程变频控制。简单理解，就是选满负荷可驱动 10kW 电机的变频器和一台 10kW 可变频控制电机。假如选 1 台 2.5kW 变频器 A、1 台可变频控制电机 B 和 3 台非变频控制电机 C，电机均 2.5kW，就能实现：①A+B，量程 2.5kW；②A+B+C，量程 5kW；③A+B+2C，量程 7.5kW；④A+B+3C，量程 10kW。

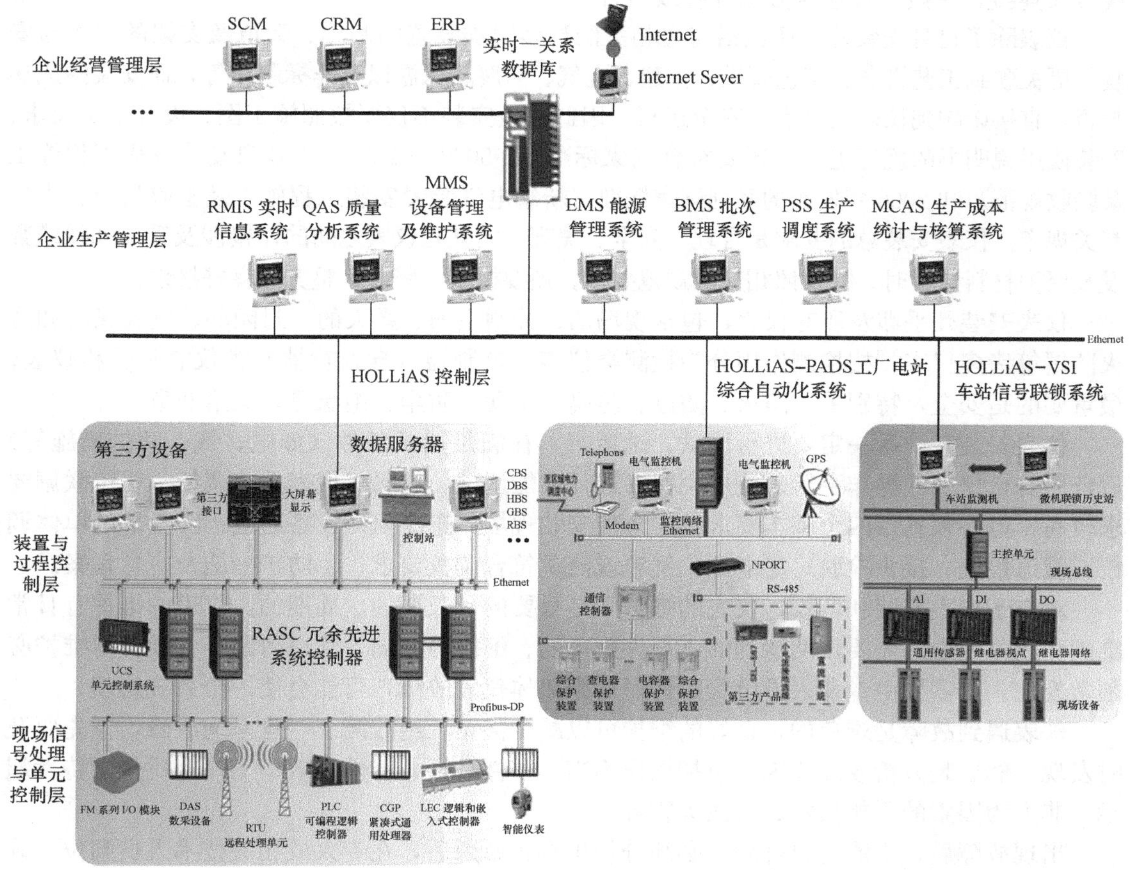

图 10-14　基于工业自动化仪表的综合自动化控制系统架构图

6. 其他复杂控制系统

控制系统中，还有选择控制系统、多冲量控制系统、解耦控制系统等，有些控制系统基本上已经通过计算机非常方便地予以实现了。如选择控制系统，根据被控对象的变化选择不同的控制算法；或通过对象的状态计算出相应的动作策略等。

对于基于先进控制策略（见第 4 章）的控制系统或综合自动化控制系统，要结合工业自动化仪表的各级应用和覆盖面，由工业自动化仪表构成的具有网络体系的综合自动化系统架构如图 10 - 14 所示。

10.4 安装、调试与维护

工业自动化仪表要完成自身的功能，其各个部件必须组成一个回路或组成一个系统。仪表安装就是把各个独立的部件即仪表、管线、电缆、附属设备等按照设计要求组成回路或系统完成仪表功能。也就是说仪表安装根据设计要求完成仪表与仪表之间、仪表与工艺设备、仪表与工艺管道、现场仪表与控制室仪表、现场仪表之间的各种连接。这种连接可以用管道（如测量管道、气动管道等）、也可以是电缆（有线线缆，包括电缆和补偿导线），甚至是无线方式连接，一般三种连接方法并存或组合。

仪表除了自身安装外，还包括与之相关的许多附加装置的制作、管道及支架的制作与安装，更关联到工艺设备、工艺管道、土建、电气、防腐、保温以及非标制作等，而安装的成功与否，直接影响到仪表的可靠、安全运行。因此仪表安装不仅要按照施工图、设计变更要求、安装使用说明书的规定进行，还要符合国家标准 GB 50093—2002《工业自动化仪表工程施工及验收规范》和 2006 年发布的系列国家标准《新编电气装置安装工程施工及验收规范》中的有关规定。仪表安装总的要求是合理、安全、美观。尤其是仪表之间的连接涉及管道和线缆敷设及保护材料敷设时，除按照相应的规范要求，还要横平、竖直、整齐和良好接地。

仪表安装几乎涉及所有仪表，包括现场的、控制室的、露天的、封闭的、危险场所和防火防爆等诸多仪表，按检测作用分为检测类仪表、控制器（含执行器）类仪表和分析仪表。最重要的是安全，特别关注防火、防爆、防腐、防漏、防尘、绝缘等，见第 9 章。

仪表安装完毕后一定要进行调试、试运行。在满足调试条件（如电、气、防护措施等）后依照每台仪表的操作手册、使用说明书进行功能调试。这属于仪表单体调校。系统联调要求较高，但必须具备四个基本要求：①清理安装现场，避免阻碍设备通道；②全部的单体调校、管道检查、接头检验；③电源、气源或液源符合调校要求；④防护措施及应急预案。

对应于仪表安装和调校，仪表的维护则是重要的、长期的、周期的。仪表的维护有日常维护和故障处理。需要定期清理的、部件更换的、绝缘检测的、管道防漏等各项日常维护必须常规化，更需要由专业人员负责。任何一个单体仪表故障，可能会使一个系统瘫痪。

仪表遇到故障是难免的，良好的维护可以减少甚至杜绝故障。一旦呈现故障，首先要及时发现，然后是分析故障原因，包括操作不当、零件磨损、器件失效、工作介质化学特性超标、非人为因素的干扰损坏、自然灾害等。

出现故障后，不能盲目排除，必须分析出真正原因后，在专人或相关技术人员到位、确保安全的基础上进行故障排除。

仪表安装、调校和故障处理都有国家标准规定，并由专业人员负责。

10.5 应用实例

工业自动化仪表的应用领域很宽，任何一个系统都需要仪表，手机就是一款具有众多功能的通信仪表。在生产过程中，往往又形成一个专业领域，如汽车仪表、航空仪表、石化仪表、环保仪表、地质仪表、舰船仪表、气象仪表、钢厂仪表、家用仪表、实验室仪表、视频监控装置等。

10.5.1 化工液体界面测量系统

化工液体界面测量系统主要介绍导波雷达物位仪表的应用[153]。

位于上海漕泾化学工业区内的上海赛科石油化工有限责任公司建有 8 套生产装置，采用先进的工艺技术，生产乙烯、丙烯、聚乙烯、聚丙烯、苯乙烯、聚苯乙烯、丙烯腈、丁二烯、苯、甲苯及副产品等，向市场提供宽覆盖面的各种石化产品 200 余万吨/年。

赛科公司的苯乙烯装置是国内最大的苯乙烯生产装置之一。苯乙烯是无色或浅黄色油状液体，有特殊芳香气味，可广泛用于制造聚苯乙烯、丙烯腈－丁二烯－苯乙烯三元共聚物、丁苯橡胶等产品，是化学工业中最重要的单体之一。苯乙烯气体对呼吸道及眼睛有刺激作用，可贮存在碳钢或不锈钢罐中，必须防止静电、火花，避免与氧气接触。

在该苯乙烯装置中有一工艺卧罐，需要测量烃类化合物和水的界面位置，一般的界面测量产品测量效果不理想，加之测量介质的毒性，为工业生产和人身安全都带来了安全隐患。

苯乙烯装置的现场工艺条件：介质温度 140℃；操作压力 0.2MPa；上层介质为烃类碳氢化合物，密度 914g/cm^3；下层介质为水，密度 1000g/cm^3。

SITRANS LG200 是西门子公司 2007 年底推出的两线制供电的导波雷达物位计［见图 10－15（b）］，是一款基于时域反射（TDR）和等效时间采样（ETS）原理，用于液体和固体的中、短量程物位、界面和体积测量的导波雷达物位计，它不受过程条件改变，高温和高压，以及蒸汽的影响。其特点为：①多达 16 种形式的测量探杆/缆；②精度为 2.5mm；③低至 1.4 的介电常数；④高达 427℃温度和 431Bar 压力；⑤同轴管型可测量界面（上层 DK1.5～5、下层 DK＞10）；⑥按键操作以及 SIMATIC PDM 两种方式设置参数。

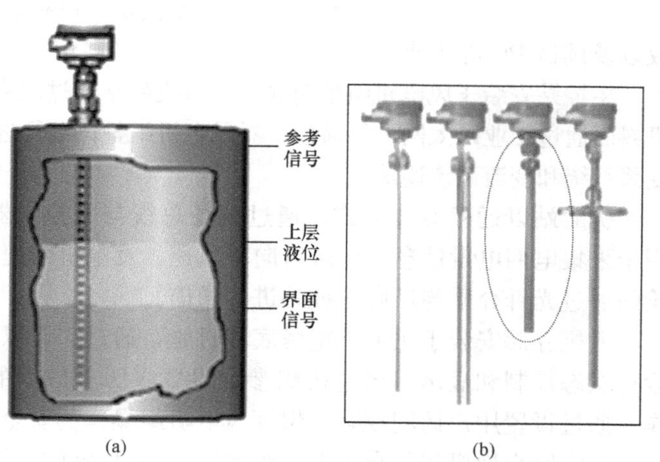

图 10－15　化工液体界面测量及导波雷达物位计

在卧罐上安装 SITRANS LG200［安装示意如图 10－15（a）所示］并通电使用手动按键设置基本的测量参数，菜单内指定输出量为烃类化合物和水的界面位置信号，经过几个月的观察，测量信号很稳定，表的精度符合用户现场的要求，保证了生产的顺利进行。

10.5.2 风力发电运行控制系统

风力发电运行控制系统主要介绍测控模块、变频器、通信等及高可靠性应用[154]。

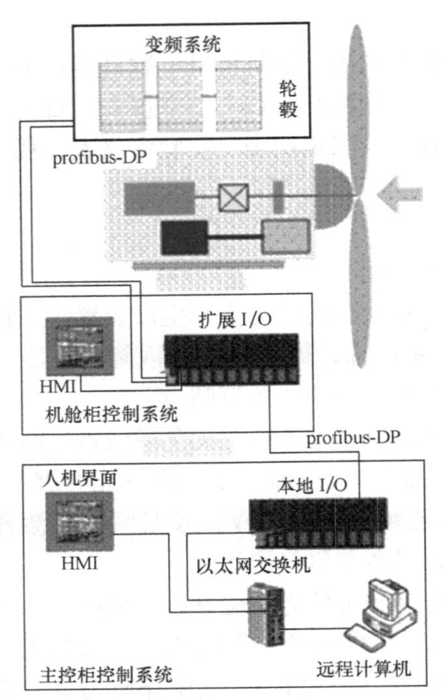

图 10-16 风机控制系统示意图

主控系统是现代风力发电机的神经中枢。和利时风电主控系统，如图 10-16 所示，它可根据风速、风向对系统加以控制，在稳定的电压和频率下运行，自动地并网和脱网，并监视齿轮箱、发电机的运行温度，液压系统的油压，对出现的任何异常进行报警，必要时自动停机。保证风电机组安全可靠运行，实现自然风的最大利用率和最高的能量转化率，向电网提供良好的电能。

目前国内监控系统的下位机是指风电机组的控制器。对于每台风力发电机组来说，即使没有上位机的参与，也能安全正确地工作。所以相对于整个监控系统来说，下位机控制系统是一个子系统，具有在各种异常工况下单独处理风电机组故障，保证风电机组安全稳定运行的能力。LK207 作为此控制系统的主控制器，通过检测电网参数、风况、现场温度参数，对风电机组进行并、脱网控制，同时根据风况进行偏航、变桨等动作，以进行优化控制，从而提高风电机组运行效率与发电质量。

和利时风电主控系统由电源系统、CPU 模块、I/O模块、底板、特殊功能模块、通信网络、HMI 面板以及调试 PC 等组成。

主控站安装于风电机组塔筒底部，与机舱站通过现场总线进行通信，与远程监控系统和人机界面通过工业以太网进行通信；对风电机组整体运行进行控制和监测；通过现场总线实现与变桨系统和变流系统通信。

机舱站以远程 I/O 方式，通过现场总线与主控制器、变桨控制系统进行通信。机舱站用于采集电网电量信息，记录风向、风速、发电机转速及温度等数据，控制偏航、扭揽。机舱站通过光纤介质与塔底主控站进行通信。

人机界面安装于风电机组塔底和机舱，通过工业以太网与主控制器通信；用于完成系统运行状态控制和显示、风电机组参数设置、历史数据的查询和统计、故障记录的查询等工作。通过设置用户访问权限，保证风电机组操作的安全可靠。

以太网交换机将每台风电机组数据，通过光纤介质，发送到中央监控系统中。风电机组与风电机组之间采用环网拓扑结构。

和利时风电主控系统的优势及特点有：①开放性强。支持多种现场总线协议，如 Modbus、PROFIBUS-DP、CANopen、自由口等，同时提供多种接口方式选择。②可靠性高。塔底与机舱采用光纤通信，保护通信不受外部干扰；风电主控制器已通过 UL、CE 认证，拥有出色的电磁兼容性；背板背面全部接地，有效抵抗脉冲群干扰。③出色的环境适应性。温度适应性宽，-25℃能顺利启动；出色的三防工艺，防盐雾、防湿热，防霉菌，适合于戈壁、滩涂以及海上风力发电机。④强大的冗余和自诊断功能。支持电源冗余、CPU 冗余、通信冗余；拥有强大的自诊断功能，I/O 模块具有回读比较自检、掉电检测和超量程报警。⑤适合风电应用的专家模块。如高速测频模块 LK620、光纤通信模块 LK233、电量采集模块 LK 420 等，用于完成风电特殊信号的采集和通信。

风电主要专用产品包括：①LK207 专用控制器；②LK233 光纤通信模块；③LK620 高速测频模块；④PowerPro 软件平台。

10.5.3　锅炉汽包水位控制系统

锅炉汽包水位控制系统主要介绍智能控制器、组态软件、过程控制系统等应用[155]。

锅炉是企业重要的动力设备，其任务是供给合格稳定的蒸汽，以满足生产的需要。为此，锅炉生产过程的各个主要参数都必须严格控制。锅炉设备是一个复杂的控制对象，主要输入变量包括负荷、锅炉给水、燃料量、减温水、送风和引风量等，主要输出变量包括汽包水位、过热蒸汽温度及压力、烟气氧量和炉膛负压等。因此锅炉是一个多输入、多输出且相互耦合的复杂控制对象。

济南明湖热电厂对现有的两台 65T/H 的锅炉进行技术改造，使用了中控仪表的 C3000 过程控制器对汽包水位进行自动控制。该方案借助 C3000 过程控制器强大的逻辑运算功能，成功实现了锅炉汽包水位三冲量控制。

通常的锅炉汽包水位三冲量控制系统如图 10-17 所示，引入汽包水位、蒸汽流量和给水流量实现前馈与串级控制组成的复合控制系统。其连接图如图 10-18 所示。该锅炉汽包水位三冲量控制系统需要调整的参数较多，对于经验不丰富的调试人员，在操作上存在许多问题。

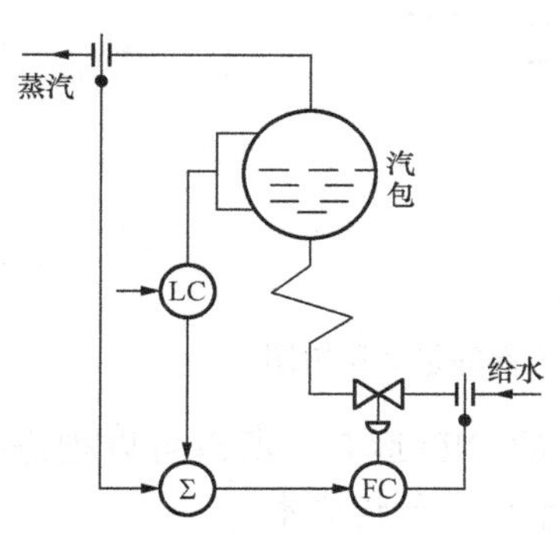

图 10-17　锅炉汽包水位控制系统

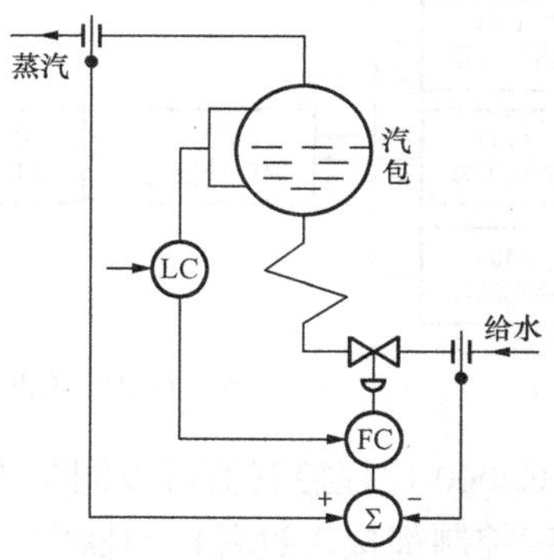

图 10-18　改进的汽包水位控制

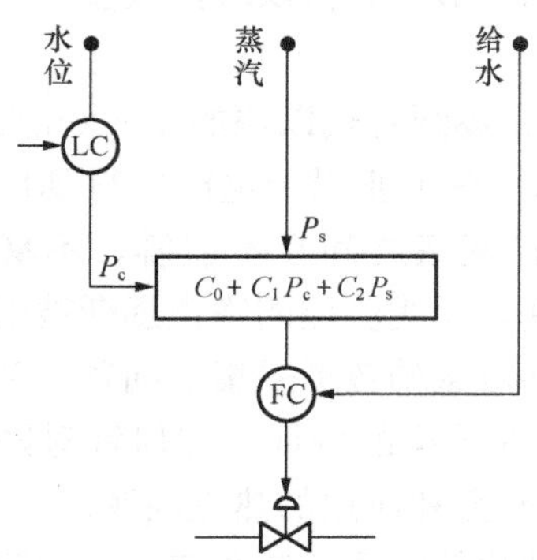

图 10-19　锅炉汽包水位控制连接

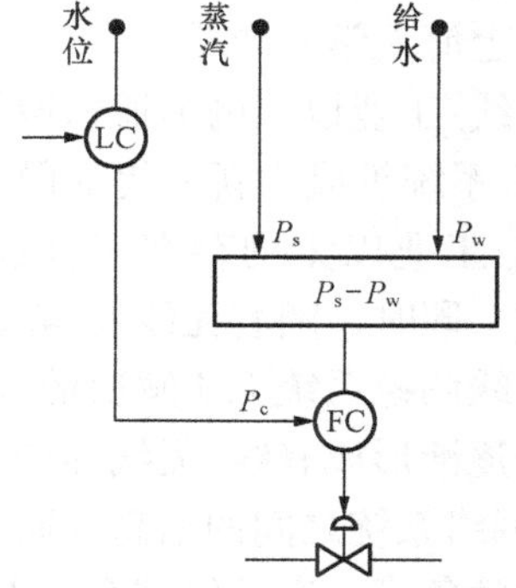

图 10-20　改进的汽包水位控制连接

针对以往三冲量控制系统调整参数较多的缺陷，采取了一种参数较少、更好理解的控制方案，如图 10 - 19 所示。图中，C_0 为初始偏置，C_1、C_2 为加法器系数。连接图如图 10 - 20 所示。基本思路是，为了保证汽包水位维持不变，只要保证给水流量和蒸汽流量平衡。主回路的测量值是汽包水位，副回路的测量值是蒸汽流量减去给水流量的差。除了主回路和副回路的 PID 参数外，没有其他需要调节的参数，操作起来非常简单。

C3000 过程控制器内部的组态逻辑图如图 10 - 21 所示。图中输入部分包括：①AI01 测量汽包水位；②AI02 测量汽包水位（后备）；③AI03 测量给水流量（未开方）；④AI04 测量蒸汽流量（未开方，未补偿）；⑤AI05 测量蒸汽压力；⑥AI06 测量蒸汽温度。输出部分包括 AO01 控制给水阀。以 ARM 嵌入式微处理器为核心的 C3000 多回路过程控制器，集成了控制、运算、通信、记录等功能，具有丰富的运算函数、灵活的模块化组态，人机界面非常适应现场的操作习惯。C3000 良好的性能价格比，保证了其在锅炉自控系统应用中的前景，是替代单元组合仪表控制系统的理想选择。

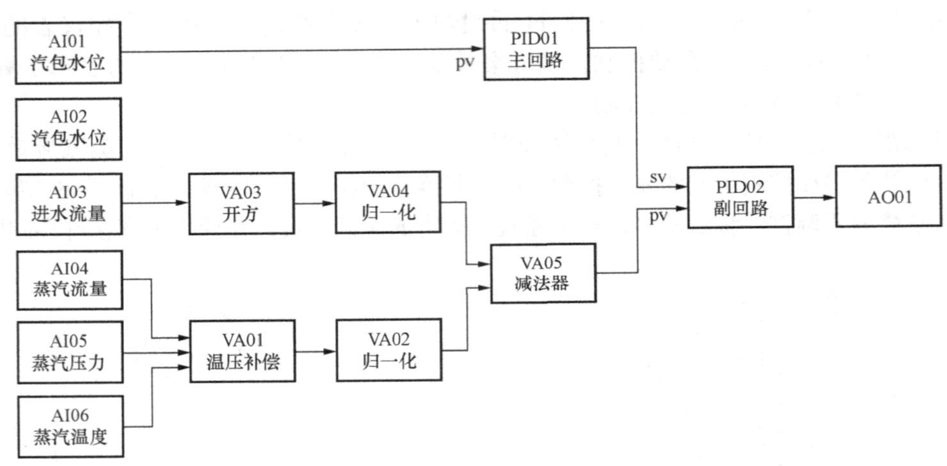

图 10 - 21 C3000 过程控制器内部的组态逻辑图

由于 C3000 过程控制器可以同时支持四个回路的 PID 运算，所以可以把进煤控制和蒸汽出口温度控制都接入过程控制器中，进一步简化系统，节约成本。

10.5.4 多协议转换及异构网络测控系统

多协议转换及异构网络测控系统主要介绍无线测控节点、协议转换装置及远程虚拟三维监控等应用（上海大学）[156~158]。

以现场总线/工业以太网为通信网络的测控系统正逐渐替代以往的 4～20mA 模拟控制系统、传统 DCS 系统等成为新一代的网络化测控系统，在工业现场生产中得到广泛应用，但由于现场总线/工业以太网存在多种标准，导致测控网络之间互不兼容，不易扩展，形成“自动化孤岛”。同时，随着无线通信技术的飞速发展，无线测控网络正逐渐被引入工业现场以解决传统有线测控系统无法解决的诸如旋转及移动对象的数据采集等问题。新一代的网络化测控系统正逐渐形成有线/无线异构、多种协议标准异构的特征，如何针对网络的异构实现有线/无线网络系统之间的信息互联和融合是一个研究和应用的热点问题。

由上海大学负责、产学研结合的上海市电站自动化技术重点实验室对上述问题开展了研究与应用开发，提出了有线/无线异构网络的系统架构、多种协议标准之间的协议转换模型及方法、异构网络性能测试和评价方法等，由此构建了一类适用于流程工业的有线/无线异构网络测控系统。异构网络测控系统的一个实验性架构如图 10-22 所示，整个系统由 PROFIBUS-DP 现场总线、Modbus/TCP 工业以太网、EPA 工业实时以太网和基于 IEEE802.15.4a 的工业无线令牌环网组成。其中 PROFIBUS-DP 现场总线作为系统的主干网络，Modbus/TCP、EPA 和无线网络通过多协议转换装置并经过协议转换后接入 PROFIBUS-DP 现场总线。

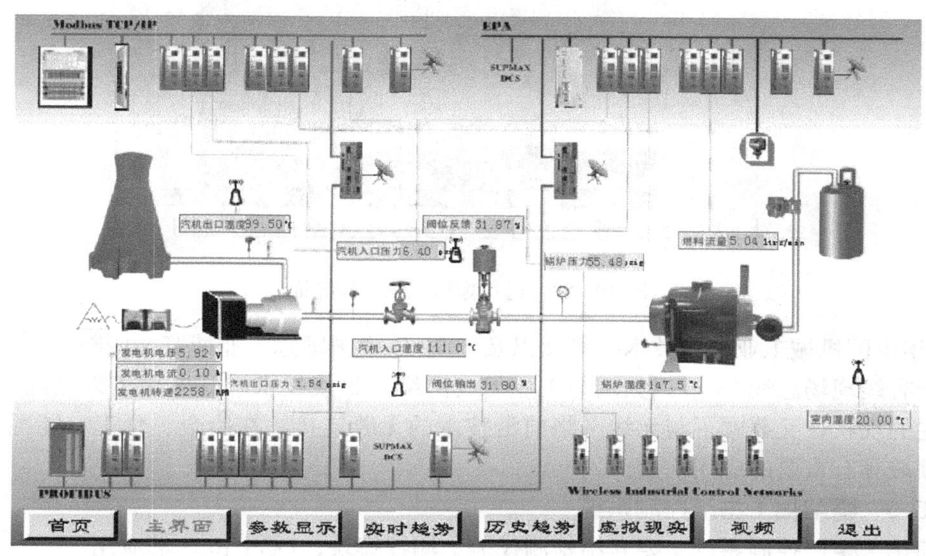

图 10-22 有线/无线异构网络测控系统

该异构网络测控系统中的站点设备包括：①PROFIBUS-DP 节点。运行 PROFIBUS-DP 协议，作为 PROFIBUS-DP 现场总线中的从站。②Modubs/TCP 节点。运行 Modbus/TCP 协议，作为 Modbus/TCP 网络中的服务器。③EPA 节点。运行 EPA 协议，作为 EPA 网络中的服务器。④无线节点。运行无线令牌环协议，作为无线令牌环网中的终端站点。⑤多协议转换装置。分别作为 Modbus/TCP 网络的客户端，EPA 网络的客户端和无线令牌环网的管理站点，从这些网络中收集数据。同时作为 PROFIBUS-DP 现场总线网络的从站，通过协议转换将其他网络中数据接入 PROFIBUS-DP 现场总线。

该异构网络测控系统以朗肯循环蒸汽透平动力系统为测控对象，模拟火电站蒸汽发电过程进行了各项参数的测控，包括锅炉压力、燃料流量、发电机转速等，通过具有不同网络协议的有线/无线终端测控节点采集参数，并由协议转换装置统一接入 PROFIBUS-DP 现场总线测控系统中。在上位机监控软件中，除了采用传统的二维监控界面外，将虚拟现实技术与工业监控技术相结合，实现了具有虚拟场景漫游和人机交互的虚拟三维监控软件功能。如图 10-23 所示，测控对象的实时数据及变化都在虚拟仪表和场景中得到逼真展现。同时，二维/三维监控界面实现了基于 WEB 的远程发布，可在任意的一个 Internet 浏览器上实时地访问到测控仪表的数据及测控对象的状态。

上海市电站自动化技术重点实验室提出的异构网络测控技术及系统在火力发电厂、污水处理厂、钢铁制造厂等进行了实地运行、测试和验证，部分得到实际应用，效果良好。获得

图 10-23 远程虚拟三维监控界面

了2009年中国机械工业科学技术一等奖以及2010年中国国际工业博览会创新奖。

基于有线现场总线/工业以太网与工业无线网络的集成技术，既考虑了以当前有线现场总线为主的现状，又兼顾了与无线网络前沿技术的无缝连接，在冶金、化工、能源、交通、环境等领域具有重要的应用前景。

10.5.5 精细化工生产控制系统

精细化工生产控制系统主要介绍检测仪表、测控模块、DCS/FCS等应用[159~162]。

化工生产过程一般均是基于工业自动化仪表构成的自动控制系统，在计算机和网络技术的发展中，基本上形成了FCS模式。化工产品的生产不同于其他工业产品，具有如下特点：①生产建设规模大：生产一个化工产品的初步投资较高，生产装置庞大，如苯酚丙酮装置、苯乙烯装置、催化裂化联合装置、环氧乙烷装置等；②生产连续性强：生产一旦开启，基本上就是24小时运行；③生产全过程涉猎面宽：水、电、气、汽、煤、油、机械、管道、仪表等；④生产安全突出：尤其是化工介质的化学特性，燃、爆、毒、腐蚀；⑤生产环境恶劣：露天—气象、化工—特性、管道—塔罐、电气—设备环境等；⑥生产条件苛刻：生产过程要求（如压力、温度）达到一定的要求才能“生产”出合格产品；⑦生产周期长：化学生产时间包括生产条件达到要求、生产原料的合成与反应作用、产品提炼等；每一个塔罐或每一个环节都几乎是大系统大容量大滞后；⑧生产启停和过程操作严格规程：所有管理有制度，所有操作有规程等。简而言之，实现化工自动化的目的是：①加快生产速度，降低生产成本，提高产品数量和质量。②降低劳动强度，改善劳动成本。③确保生产安全。

从自动化角度分析，化工生产自动化，几乎应用到工业自动化仪表的所有类型，如检测仪表（全部：温度、压力、流量、物位、机械量、成分分析、视频监控等）、显示仪表、控制仪表（包括智能仪表、工控机和常规模拟调节仪表）、执行器（几乎是全部：泵、各类阀、电机、PLC、变频器、加热器等）、现场总线、无线通信、软件、防爆隔爆……。可以认为是特殊的生产介质和辅助介质特性、全方位传感系统、离线的分析实验室、丰富的阀门博览会、详细的生产监控、全套的电气设备和完整的安全体系。

铜陵金泰化工实业有限责任公司是一家国内知名的以酯交换法生产碳酸二甲酯及其下游

产品的专业公司，主导产品现有碳酸二甲酯、丙二醇、碳酸二乙酯、碳酸甲乙酯、二丙二醇、三丙二醇。以一套小规模的碳酸二甲酯生产装置监控系统为例，在测量环节考虑：①要保证生产过程中的中间介质不能与大气有任何方式接触，选用高灵敏的 DDZ-Ⅲ型压力和温度变送器；②水温、汽温、炉温、塔罐温度、温度梯度、热流等温度参数 30 个，选用DDZ-Ⅲ型温度变送器；③液压、气压、汽压、压强、压力容限等压力参数 12 个，选用 DDZ-Ⅲ型差压变送器；④原料流量、产品流量、流速（含瞬时与累计流量）等流量参数 22 个，选用电磁流量计、涡街流量计和转子流量计；⑤液位和料位 26 个，选用差压变送器；⑥监测阀门到位、设备故障、设备启停、管道渗漏、介质越限报警等。

关键塔位的压力和流量构成闭环控制系统，所有过程参数和实时运行状态通过大屏幕显示。生产整个生产过程由此构成的数据采集监控系统如图 10-24 所示。图中近百个传感器/变送器实时监测生产过程参数，上传至工程师站，由工程师站监控该环节的生产流程；所有生产数据和生产数据通过通信体系上传和下达。整个结构形成 DCS/FCS 架构。

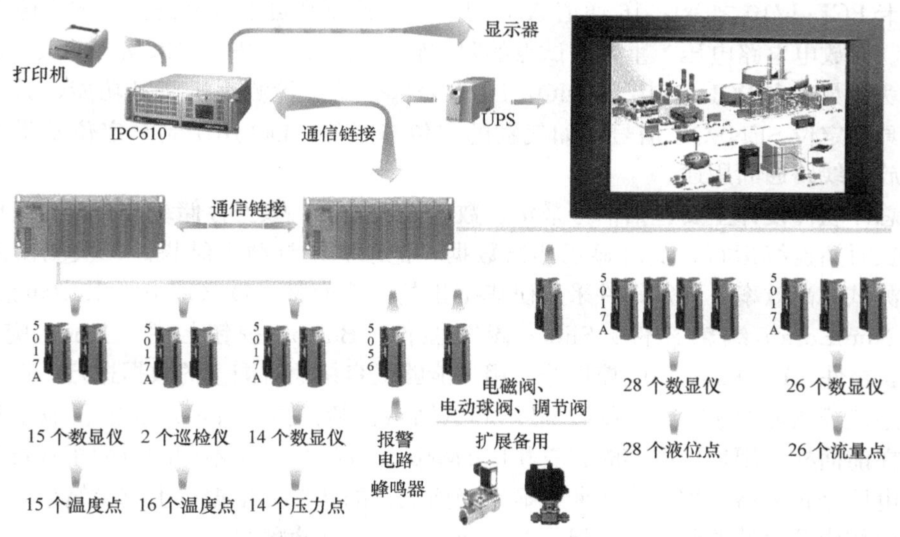

图 10-24　碳酸二甲酯生产装置数据采集监控系统

10.5.6　手机 PCB 板性能测试系统

手机 PCB 板性能测试系统主要介绍测控模块、通信、测试仪、虚拟仪器等应用[162]。

中国是全球手机制造大国，然而手机测试设备却相当昂贵，测试速度普遍较慢。据统计，每测试一部手机将花费测试时间 1～3min。所以测试设备的费用往往是 OEM、EMS 等手机生产厂商最为关注的问题，而这也是阻碍扩大手机产量的一个瓶颈问题。近年来虚拟仪器与 PC 技术的不断发展，使得手机 PCB 电路测试也导入使用虚拟仪器和一些专有的技术。

每块 PCB 各有四个点的电压待测量，通过软件实现将电压值转换为流明值。每块面板的 4 个流明值有一个不在正常工作范围内，判断该面板不合格；只有面板的 4 个流明值都在正常工作范围内，则判断该面板合格。PCB 板参数测量分为高频特性和低频参数测量。高频特性针对手机收发机性能测量，如 BER/FER 参数，利用手机综合测量仪连接 GPIB 卡/串口卡来测量，低频参数含电池充放电电路和线路阻抗性能测量，通过手机测试电路板将信号进行变换后，由多功能数据采集卡来测量。

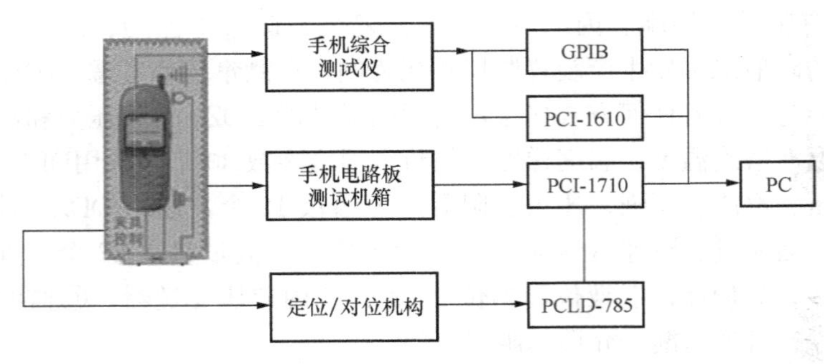

图 10-25 手机测试电路板系统组成

整个系统包括硬件和软件两个部分组成，系统的组成框图如图 10-25 所示。由客户自行研制的手机电路板测试机箱搭配 IPC610、PCI-1710、PCI - 1610 及 GPIB 卡/串口卡。软件是运用 VB＋ADAQ Pro 平台编写完成，实现手机电路板的测试功能，并以曲线形式实时显示。

硬件中各单元的功能：①GPIB 卡/串口卡：依不同测试机种，搭配不同级别的综合测试仪，来确定用 GPIB 卡或串口卡 PCI-1610，实现手机高频信号如 BER、FER 检测。②多功能数采卡 PCI-1710 之 AI：16 通道 AI，可以用于检测来自手机电路板测试箱送来的 LCD 流明信号、充放电电路电压、重要测试点的阻抗特性信号及 SPEAKER 和 AFC、AGC 等信号。③多功能数采卡 PCI-1710 之 DIO：DI 信号部分用于检测手机按键功能，另一部分作为测试制具的定位 SENSOR 信号，如气缸的定位与限位；DO 用于制具定位及手机与稳压电源间充放电线路通断用途。

系统总体软件设计主要包括信号采集、数据处理分析、数据存储统计 3 部分组成。要求整个系统长时间连续运行，实时显示测试数据，记录和统计数据结果。每次测试两块电路板，保证测试的高效率。开发软件采用研华推出的图形套件 ADAQ Pro，其中包括 LED 显示控件、NumEditor 编辑控件、Slider 棒图控件、Button 按钮控件、Knob 旋钮控件、Graph 图表控件、Intensity 强度控件等，用户能够很容易地对测量的数据进行图形表现。

测试系统样图如图 10-26 所示。显示测试结果包括：指示灯显示、数据显示和实时波形显示。在前面板上用户可以实时查看相应的测试统计结果，用不同颜色的指示灯显示电路板上各点电压是否合格，用合格率曲线显示当前测试的状况，根据以上测试结果，用户可以对生产线作相应及时的调整，达到提高产品质量和测试效率的目标。

PCI-1610B 串口卡带有浪涌保护，能用效地吸收手机测试设备与工控机间杂讯，PCI-1710 数采卡的 I/O 口很丰富，性价比又很高，非常符合本设备测试要求。由 ADAQ Pro 与研华控制卡组建的手机电路板自动测试系统，实现了快速准确判断电路板的质量，测试结果直观、明了，同时提高了测试的效率，降低了人工测试带来的误差。

可见，基于虚拟仪器技术的自动测试系统的开发测试效率不仅高，而且在数据统计与分析上相当灵活，是传统测试设备无法比拟的，也将具有更广阔的应用前景。

10.5.7 黄山风景区污水处理系统

黄山风景区污水处理系统主要介绍流量计、液位计、温度计、各类分析仪、测控模块、DCS 等应用[162～168]。

黄山风景区是全球著名的旅游胜地，是世界文化与自然遗产、世界地质公园，不仅奇松、怪石、云海、温泉和冬雪享誉全球，还设立了全球唯一的“世界遗产地旅游可持续发展（黄山）观测站”；荣获中国人居环境奖。每年游客如织、络绎不绝。

“全山污水统管、达标排放”是黄山风景区的一项创举，在全国景区首开先河；但也是

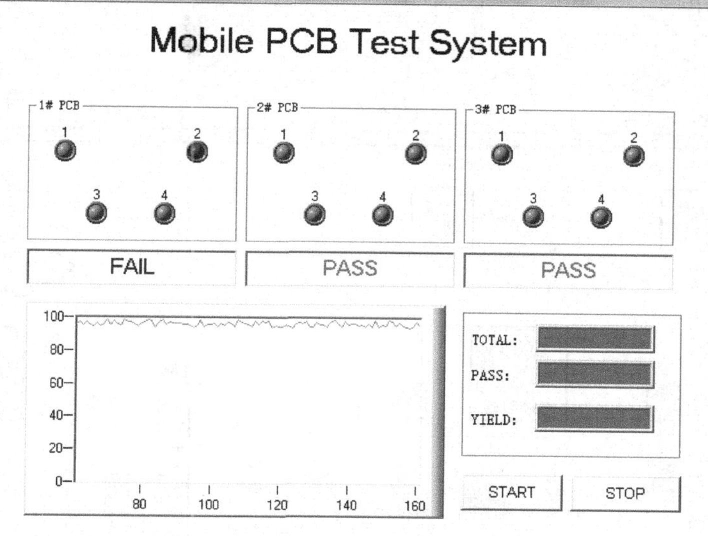

图 10-26　基于虚拟仪器的手机性能测试系统

投入大、实现难度较大的工作。

黄山风景区污水处理采用水解酸化+CASS 工艺。但在黄山风景区建设污水处理站点及其实现污水处理工艺的难度在于：①黄山景区属于山岳性景区，具有较高的海拔，相应的处理过程与平原地区存在差异。②寸土寸金的花岗岩地貌特征，导致污水处理的工艺无法在一个相对水平区域内实现，前后工艺环节的衔接存在一定的海拔落差，存在不可避免的水流冲击现象。③潮湿、低温、多雷电等气象环境，为污水处理设备正常、安全、可靠运行造成了较大的干扰。④一年四季中各个季节的游客人数变化较大，特别是每天的中午和早晨、夜晚非常悬殊的游客人数，形成中午餐饮用水量占据全天 80%～90%以上，而夜晚餐饮水与洗涤水参半，水量约 20%～10%。使污水成分和总量不均匀。⑤面对独一无二、自然生长的珍贵黄山松群和怪石，不允许损坏景点的一树一石，且不能影响景观。⑥污水处理后的出水水质要达到 GB 18918—2002《城镇污水处理厂污染物排放标准》一级标准的 A 标准。针对如此特点，必须采取良好的污水处理工艺控制流程和可靠的监控系统，并能根据污水产生的时间和某时段的总量灵活设定工艺处理流程。

按照上述要求，小规模、多站点的黄山风景区污水处理控制系统采取分布式控制模式，如图 10-27 所示。图中，通过远程通信或以太网可以获取每一个污水处理站点的运行数据，根据操作员的指令或管理人员的级别和口令，可以在任何地方监控污水处理的运行状态，并在必要时对相关设备进行远程操作。

每一个污水站点中，电控装置由高可靠、高安全、高性能的自动化仪表和测控模块组成。基于 4～20mA 或 HART 现场总线配置的智能传感器和测量仪表完成下列工作：①在线分析测量（如 CPM253—pH、COS41—溶氧、CSS70—COD 等）；②50W—电磁流量计测量流速；③FMU40—超声波液位测量；④入口/出口自动采样等。控制系统的主要功能包括：①处理流程的实时调用；②各类泵的实时控制；③控制电动阀；④旁通管理；⑤过滤与消

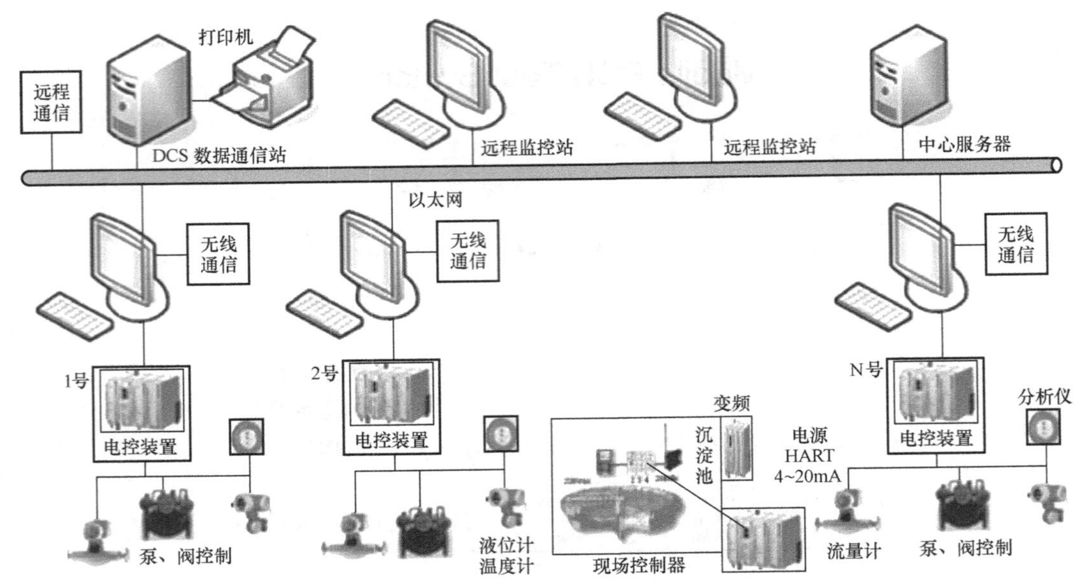

图 10-27 污水处理分布式控制系统示意图

毒；⑥活化带和协调水池管理；⑦采集过程测量值（如 AI-ADAM5017、DI-ADAM5051 等，平均故障时间间隔 MTBF 大于 40 万小时）、仪表诊断状态和所有设备状态控制等。

在系统结构上建立可远程管理和监控模式，每一个污水处理站点的实时运行数据能够远传。通过上位机实现远程监视、调整设备运行参数、数据管理、报表管理等。除此之外，还有视频系统进行现场实时监控。

如温泉污水站污水处理系统是景区首座全自动控制、远程数字化监控的污水处理站。采用当前在国内大型工业污水处理上广泛运用、优点显著的 CASS 污水处理工艺，较好地解决高山气温低、湿度大等恶劣环境的影响。同时，选用国际先进、性能优良的德国 E+H 公司实时在线监测和控制仪表，实现了污水处理的全自动控制和远程监测，具有管理方便、数据精确、传输迅速等多方面优点[124]。

10.5.8 自动罐装车装车系统

自动罐装车装车系统主要介绍检测仪表、智能仪表、执行器、现场总线等应用[168]。

储运自动化领域中，液体介质和液化气介质的罐装（即装车自动化）是储运过程中极为重要的环节，特别是在化工领域、油料系统。典型的自动装车系统一般有：①集中式装车控制系统；②分布式装车控制系统；③大鹤管装车控制系统；④灌桶控制系统等。图 10-28 所示为典型的集中装车控制管理系统构成图；图 10-29 所示为装车工作流程。

装车系统主要目标：①小鹤管火车、汽车槽车装车控制，大鹤管火车、槽车控制，灌桶控制；②装车、灌桶的定量控制；③防溢、防静电接地的联锁控制；④装油计量；⑤防水击措施；⑥装车业务管理和操作管理；⑦装车销售统计、开票和销售管理。由此归纳为三大功能：①定量装车控制：控制阀的开关，采集流量计的流量及温度补偿，到达预定量关阀。②安全保障：定量装车控制仪探测到防溢液位开关动作（意味着异常满罐）立即关阀，探测到防静电接地开关动作（意味着防静电接地断开）立即关阀。③操作管理和销售管理由业务计算机实现。装车是实现销售的关口，因此，业务计算机不仅与定量装车控制仪通信联机

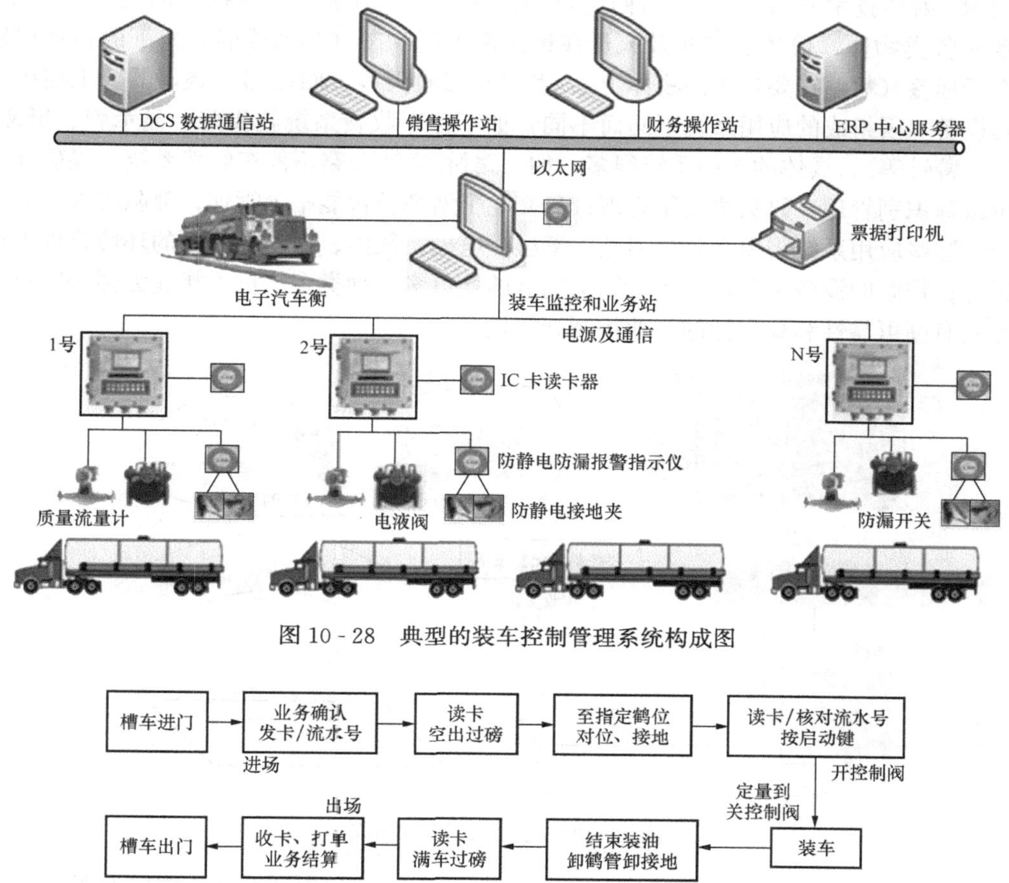

图 10 - 28 典型的装车控制管理系统构成图

图 10 - 29 汽车装车的工作流程

外，还与高精度地磅相连（电子汽车衡的精度为 0.03%，远高于国家商业计量标准 0.35%）。

装车系统配置的设备有批量智能控制器、流量计、数控阀、接地夹、防溢开关、称重装置、上位机系统等。在每个鹤位装 1 台流量计、1 台热电阻、1 台防静电接地开关、1 台防溢液位开关和 1 台装车控制阀。每个鹤位装 1 台防爆定量装车控制仪和防爆 IC 卡读卡器，根据系统组成模式不同可选用防爆大屏幕显示器。在装车站门口装 1 台高精度电子汽车衡、防爆 IC 卡读卡器；在装车站门口业务室装一套装车销售管理业务站。

批量控制器是以单片机为核心的新型智能仪表，适应性强、应用广泛，防爆等级 Exd II BT6、防护等级 IP65，能完成程序控制、定量控制、流速控制、防溢连锁控制、防静电接地连锁控制，对流量进行温度补偿和累计等。特别适用于许多流体介质需要灌装储备或运输的场合，有如下多种选型以满足不同的应用：单鹤位灌装、双鹤位灌装、多品种分时比例混装、多舱下装式灌装、单路双组分管道调合灌装、双路双组分管道调合灌装、单路带回流计量灌装、双路带回流计量灌装以及多品种管道调合等。

10.5.9 远程识别系统

远程识别系统主要介绍检测、感应、识别技术、无线通信等应用[169]。

远程识别系统是集成计算机软硬件、信息采集处理、网络通信、无线电传输（市场上有采用 RF 射频技术和微波技术两种)、自动控制、机械电子等多项技术的自动识别技术。可实现对各类物体、设备、车辆及人员在远距离不同状态(移动或静止)下的自动识别。

电子标签(粘贴在要识别的物体上)、发射和接收天线、阅读器、调谐器、工控机、其他配套设备(因组成的应用系统不同而不同,如不停车收费系统就要配:显示牌、摄像机、信号灯、警铃等)。具体的应用系统很多,如:路桥/高速公路不停车收费系统;煤矿井下人员定位跟踪识别管理;码头集装箱管理;公交电子站牌及智能站台管理;部队的人/车/物管理……。这些应用系统需要在野外温差、潮湿、电磁、灰尘、振动等苛刻的环境条件下连续稳定运行;控制的设备很多,要求计算机拥有的接口多、种类多、抗干扰能力强等特点,采用的是具有高可靠性和稳定性的工业控制计算机。

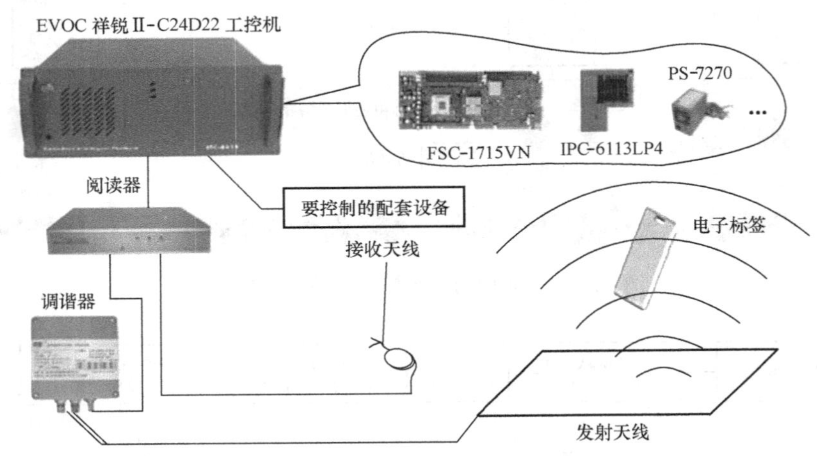

图 10 - 30 远程识别系统构成

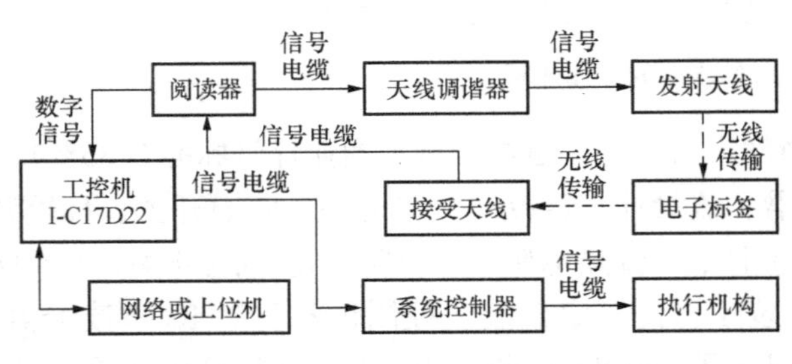

图 10 - 31 远程识别系统信号流程图

远程识别系统的构成如图 10 - 30 所示,信号流程如图 10 - 31 所示。阅读器产生加密数据载波信号经发射天线向外发送;电子标签进入发射天线工作区被激活后,发射出加密的载有目标识别码信息的电磁波;接收天线接收到电子标签发来的载波信号即送入阅读器,经处理后提取目标识别码信息送到控制中心——祥锐Ⅱ - C24D22 工控机。工控机根据标签的授权,针对不同的情况做出相应的处理或发出控制指令信号,控制执行机构动作。根据特定的使用项目配置不同的软件来完成各种功能。

10.5.10 自来水厂视频监控系统

自来水厂视频监控系统主要介绍:图像采集、视频监控、通信网络等应用[7]。

自来水厂视频监控系统组成如图 10 - 32 所示。图中包括 3 个部分:①前端视频采集部分。摄像装置是收集被摄物体的光信号,并将其转换为电视信号的设备,它是整个系统的前端部分,包括镜头、摄像机、防护罩及支撑设备等。根据被摄物体及摄像地点的不同,摄像装置的具体配置也各不相同。视频编解码器是实现网络化、数字化处理的重要设备，它完成模拟视频监视信号的数字采集、影像压缩、监控数据处理、报警信号的采集、网络的 Web 发布等功能。它可将前端的模拟信号同时处理成高清晰的实时数字图像发布到网络中，可保证水调中心和本地涵闸都能实时监控到现场情况。②网络通信部分。网络视频监控系统采用标准的 TCP/IP 协议，可直接应用在局域网或者广域网上。针对各闸站距离比较远，不易铺设有线线路的情况，也可采用无线扩频技术或者使用卫星通信来解决远距离通信的问题。使系统可稳定的运行在光纤网络，无线扩频网络和卫星信道之上。③中心控制部分。用户在水利调度中心设置一台图像监控系统服务器，主要完成现场图像接收，用户登录管理，优先权的分配，控制信号的协调，图像的实时监控，录像的存储、检索、回放、备份、恢复等。

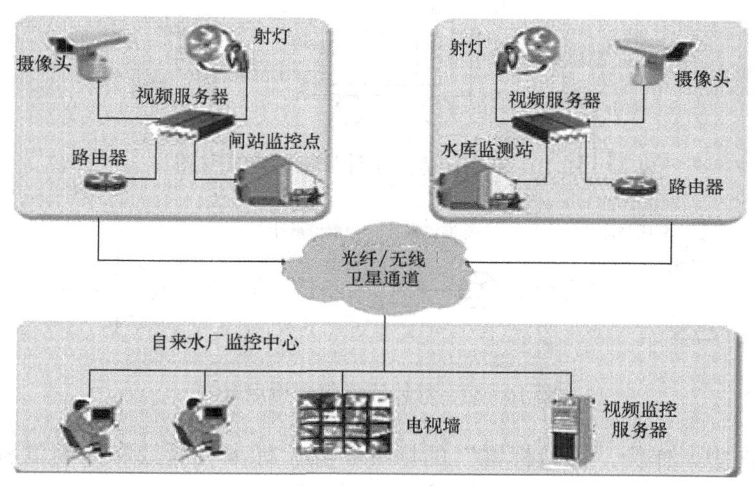

图 10-32　自来水厂监控系统组成

自来水厂视频监控系统完成的功能主要有：①遥测：根据系统设定参数，遥测水厂和不同站点 RTU 的监测数据（特别是管网压力监测数据），形成系统运行历史数据库。②遥控：控制水厂内污水泵房、反应沉淀池、滤池、送水泵房的设备运行。③报警：监测数据量的上、下限报警，报警记录。④参数输入及组态：输入系统参数，如巡检周期、控制参数、报警限、计算公式、系统时间等，并对这些参数进行组态，以形成完整的系统操作、控制、统计、显示、打印参数数据库。整个系统以此数据库为基础运行。⑤自动巡检：自动巡检水厂和测压站及其他站点数据及生产设备工作情况。⑥手动采集：手动巡检水厂和测压站及其他站点数据及生产设备工作情况。⑦数据统计：能实现对自来水公司的总用水量、总供水量等数据信息的统计，生成报表。⑧数据打印：根据系统设定参数，自动打印系统遥测、遥控数据及统计报表数据。⑨远程诊断、远程维护、远程升级：通过网络，可以对监控站点 RTU 进行远程诊断、远程维护、远程升级。

10.5.11　仪表检定与标定

安徽省合肥精大仪表股份有限公司（简称精大仪表公司）一直生产容积式流量计、速度式流量计及其加气机等计量产品。对计量仪表的检定、校准和检测工作具有完整的计量设备和手段。具体是各种容积式流量仪表如螺旋转子流量计、椭圆齿轮流量计、腰轮流量计等及配套仪表计量检定；速度式流量计如涡街流量计、电磁流量计、质量流量计、蒸汽流量计、超声流量计、涡轮流量计、旋进旋涡流量计。

按照流体介质的密度（或黏度）分类，精大仪表公司建有柴油、水和气体（含蒸汽）类流量计的计量检定装置。检定标准装置主要采取容积法、标准表法和称量法。图 10-33 为液体流量计计量检定流程图，图 10-34 为气体流量计计量检定流程图。

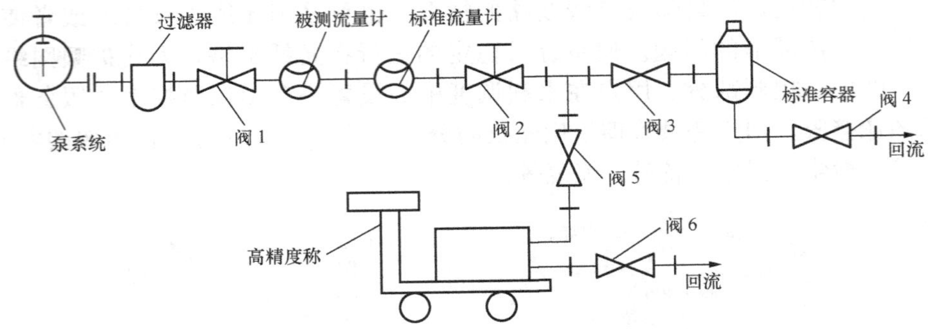

图 10-33 液体流量计计量检定流程图

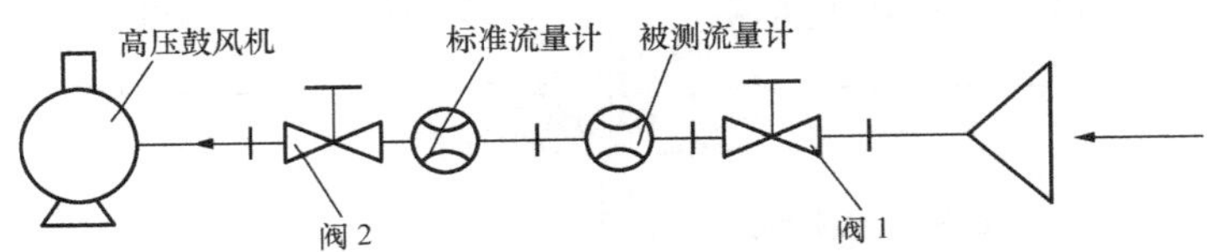

图 10-34 气体流量仪表检定方法

在图 10-33 中，作为“计量标准”的标准容器、标准流量计和高精度称分别代表了容积法、标准表法和质量法，均进行对应的误差计算或计量计算。

（1）容积法。由阀门 1、2、3、4 组成的流量通道（不包括标准流量计）。标准容器与被测流量计比对。这种方式是先后读取被测流量计的起始数值和终点数值，得出一次计量的累积流量，同步读取标准容器的量值，并且测量相应的温度，换算出介质标准体积。进行比对计算得到被测流量计的测量误差。

（2）标准表法，也称为流量计串联比对，由阀门 1、2、5、6 组成的流量通道（不包括高精度）。如同一管线上串联有经过标准标定过的称之为标准表，然后同时检定另外在线的被测流量计，可同步读取两台流量计的期间前后累计量、温度、压力，两者增量均换算成标准体积后比对计算得出被测流量计的计量误差。

（3）质量法，也称为用称重衡器比对，由阀门 1、2、5、6 组成的流量通道（不包括标准流量计）。标准称量值与被测流量计比对。这种方式是先后读取被测流量计的起始数值和终点数值，得出一次计量的累积流量，同步读取标准称量的量值，并且测量相应的温度，将质量值换算出介质标准体积。然后进行比对计算得到被测流量计的测量误差。

（4）容积式仪表计算

①流量计的基本误差计算。

容积法计算检验：

$$\delta_0 = \frac{Q_i - Q_s}{Q_s} \times 100\% \tag{10-1}$$

式中：δ_0 为累积流量基本误差；Q_i 为被检流量计累积流量示值；Q_s 为流量装置的累积流量示值。

标准表法计算检验：

$$\delta_0 = \frac{Q_i - Q_{BS}}{Q_{BS}} \times 100\% + \delta_{Bi} \tag{10-2}$$

式中：Q_{BS}为标准表的累积流量示值；Q_i为标准表流量计定点修正系数，该定点修正系数为标准表基本误差。

称量法计算检验检验：

$$\delta_0 = \frac{Q_i - M_s/\rho \times c_f}{M_s/\rho \times c_f} \times 100\% \tag{10-3}$$

式中：Q_i 为被检流量计累积流量示值；δ_0 为累积流量基本误差；M_s 为标准称量示值；ρ 为通过流量计时水的平均密度（可查数据表得到）；c_f 为空气浮力修正系数（常数 1.001 06）。

②重复性误差

重复性误差根据基本误差的测定结果，按流量点分别按下式计算：

$$\delta_r = \frac{\delta_{max} - \delta_{min}}{d_n} \tag{10-4}$$

式中：δ_r 为累积流量重复性误差；δ_{max}为某流量点的最大累积流量基本误差；δ_{min}为某流量点的最小累积流量基本误差；d_n 为极差法系数，见表 10-1。

表 10-1　　极差法系数表

测量次数 n	2	3	4	5	6	7	8	9	10
极差法系数 d_n	1.13	1.69	2.06	2.33	2.53	2.70	2.85	2.97	3.08

注　取流量计的最大重复性误差为该流量计的重复性误差值。

(5) 速度式流量计的计算方法

1) 平均仪表系数 $\overline{K}$ 的计算

计算每个流量点每次测量的仪表系数：

$$K_{ij} = \frac{N_{ij}}{Ms \times C_f} \times \rho \tag{10-5}$$

式中：K_{ij}为每次测量的仪表系数（次/升或次/立方米）；N_{ij}为进行每次测量时流量计输出的脉冲数（次）；i 为第 i 个流量点，$i=1$，2，3…；j 为每个流量点的第 j 次测量，$j=1$，2，3…。

计算每个流量点的平均仪表系数：

$$\overline{K_i} = \frac{\sum_{j=1}^{n} K_{ij}}{n} \tag{10-6}$$

式中：$\overline{K_i}$ 为每个流量点的仪表系数（次/升或次/立方米）；n 为每个流量点的测量次数。

计算流量计平均仪表系数：

$$\overline{K} = \frac{\overline{K_{imax}} + \overline{K_{imin}}}{2} \tag{10-7}$$

式中：$\overline{K}$ 为流量计的平均仪表系数（次/升或次/立方米）；$\overline{K_{imax}}$为所有流量点中仪表系数的

最大值（次/升或次/立方米）；$\overline{K_{imin}}$为所有流量点中仪表系数的最小值（次/升或次/立方米）。

2）线性度计算

计算流量计的线性度：

$$\delta_\mathrm{i}=\frac{\overline{K_{imax}}-\overline{K_{imin}}}{2\overline{K}} \tag{10-8}$$

式中：δ_i 为流量计的线性度。

3）基本误差的计算

计算流量计的基本误差：

$$\delta=\sqrt{\delta_1{}^2+\delta_s{}^2} \tag{10-9}$$

式中：δ 为流量计的基本误差；δ_s 为流量校准装置的基本误差限，当其值小于流量计的基本误差的 1/3 时可忽略不计。

4）重复性计算

计算每个流量点的重复性：

$$\delta_2=\frac{\sqrt{\dfrac{\sum_{j=1}^{n}(K_{ij}-\overline{K}_i)^2}{n-1}}}{\overline{K}_i}\times 100\% \tag{10-10}$$

式中：δ_2 为每个流量点的重复性。取 δ_{2max} 作为流量计的重复性。

本 章 习 题 要 求

本章节主要介绍工业自动化仪表的应用沿变，应用系统发展；仪表的安装、调试和调试，列举了 11 个具体的应用实例，主要包括单体仪表应用、组合仪表应用、控制系统仪表应用、智能仪表应用、虚拟仪器应用、通信技术应用、图像监控等；涉及化工、石油、火电、风电、环保、通信、检测与试验、视频监控和检定检验等领域。

限于篇幅，实例基本上以介绍为主。

题目可侧重在应用的结构、类型及其意义范围。

附　　录

附录 1　常用计量单位换算表

1. 常用长度单位换算表（见附表 1-1）

附表 1-1　　常用长度单位换算表

单位	米	厘米	毫米	市尺	英尺	英寸
米	1	100	1000	3	3.280 84	39.370 1
厘米	0.01	1	10	0.03	0.032 81	0.393 7
毫米	0.001	0.1	1	0.003	0.003 281	0.039 37
市尺	0.333 33	33.333	333.33	1	1.093 6	13.123 4
英尺	0.304 8	30.48	304.8	0.914 4	1	12
英寸	0.025 4	2.54	25.4	0.076 2	0.083 33	1

2. 英寸与毫米对照表（见附表 1-2）

附表 1-2　　英寸与毫米对照表

寸	毫米	寸	毫米	寸	毫米	寸	毫米	寸	毫米	寸	毫米
1/16	1.588	9/16	14.29	17/16	26.99	25/16	39.69	17/8	53.98	25/8	79.38
1/8	3.175	5/8	15.88	9/8	28.58	13/8	41.28	9/4	57.15	13/4	82.55
3/16	4.763	11/16	17.46	19/16	30.16	27/16	42.86	19/8	60.33	27/8	85.73
1/4	6.350	3/4	19.05	5/4	31.75	7/4	44.45	5/2	63.5	7/2	88.9
5/16	7.938	13/16	20.64	21/16	33.34	29/16	46.04	21/8	66.68	29/8	92.08
3/8	9.525	7/8	22.23	11/8	34.93	15/8	47.63	11/4	69.85	15/4	95.25
7/16	11.113	15/16	23.81	23/16	36.51	31/16	49.21	23/8	73.03	31/8	98.43
1/2	12.700	1	25.4	3/2	38.10	2	50.80	3	76.2	4	101.6

3. 压力单位换算表（见附表 1-3）

附表 1-3　　压力单位换算表

单位	千克/厘米^2 (kg/cm^2)	大气压	水银柱高度（mm）	水柱高度（m）	毫巴	磅/寸^2	英寸水柱
千克/厘米^2（kg/cm^2）	1	0.967 8	735.56	10.00	981.00	14.223	395.00
大气压	1.033 3	1	760.00	10.333 3	1013.25	14.696	407.5
水银柱高度（mm）	0.001 36	0.001 31	1	0.013 6	1.333 2	0.019 3	0.535
水柱高度（m）	0.10	0.096 8	73.556	1	98.10	1.422 3	39.40
毫巴	0.001 02	0.000 987	0.768 63	0.010 2	1	0.014 51	0.402
磅/寸^2	0.070 3	0.068 0	51.715	0.703	68.95	1	27.72
英寸水柱	0.002 54	0.002 46	1.87	0.025 4	2.49	0.036 1	1

4. 常用质量单位换算表（见附表1-4）

附表1-4 **常用质量单位换算表**

单位	吨	公斤	市担	市斤	英吨	美吨	磅
吨	1	1000	20	2000	0.984 21	1.102 3	2204.6
公斤	0.001	1	0.02	2	0.000 984	0.001 102	2.204 6
市担	0.05	50	1	100	0.049 21	0.055 1	110.231
市斤	0.000 5	0.5	0.01	1	0.000 492	0.000 551	1.102 3
英吨	1.016 05	1016.05	20.320 9	2032.09	1	1.120 0	2240
美吨	0.907 19	907.19	18.143 7	1814.37	0.892 9	1	2000
磅	0.000 454	0.453 6	0.009 072	0.907 2	0.000 446	0.000 5	1

5. 常用英美制质量单位表（见附表1-5）

附表1-5 **常用英美制质量单位表**

1英吨（长吨，ton）=2240磅　1美吨（短吨，sh. ton）=2000磅
1磅（1b）=16盎司（oz）

6. 公制质量单位表（见附表1-6）

附表1-6 **公制质量单位表**

单位名称	名称	代号	对主单位的比
毫克	公丝	mg	0.000 001公斤
厘克	公毫	cg	0.000 01公斤
分克	公厘	dg	0.000 1公斤
克	公分	g	0.001公斤
十克	公钱	dag	0.01公斤
百克	公两	hg	0.1公斤
公斤	公斤，千克	kg	主单位
公担	公担	q	100公斤
吨	公吨	t	1000公斤

7. 常用容量单位换算表（见附表1-7）

附表1-7 **常用容量单位换算表**

单位	升（市升）	立方英寸	英加仑	美加仑（液量）	美加仑（干量）
升（市升）	1	61.023 7	0.220 0	0.264 2	0.227 0
立方英寸	0.016 4	1	0.003 6	0.004 3	0.003 7
英加仑	4.546 0	277.274	1	1.200 9	1.032 1
美加仑（液量）	3.785 3	231	0.832 7	1	0.859 4
美加仑（干量）	4.404 8	268.803	0.968 9	101 636	1

附录2　Pt100热电阻分度表（ITS-90）（见附表2-1）

附表2-1　　Pt100热电阻分度表（ITS-90）

	电阻值（Ω）									
温度（℃）	0	1	2	3	4	5	6	7	8	9
−200	18.52									
−190	22.825	22.396	21.967	21.538	21.108	20.677	20.246	19.815	19.384	18.952
−180	27.096	26.671	26.245	25.819	25.392	24.965	24.538	24.11	23.682	23.254
−170	31.335	30.913	30.49	30.067	29.643	29.22	28.796	28.371	27.947	27.522
−160	35.543	35.124	34.704	34.284	33.863	33.443	33.022	32.601	32.179	31.757
−150	39.723	39.306	38.889	38.472	38.055	37.637	37.219	36.8	36.381	35.963
−140	43.876	43.462	43.048	42.633	42.218	41.803	41.388	40.972	40.556	40.14
−130	48.005	47.593	47.181	46.769	46.356	45.944	45.531	45.117	44.704	44.29
−120	52.11	51.7	51.291	50.881	50.47	50.06	49.649	49.239	48.828	48.416
−110	56.193	55.786	55.378	54.97	54.562	54.154	53.746	53.337	52.928	52.519
−100	60.256	59.85	59.445	59.039	58.633	58.227	57.821	57.414	57.007	56.6
−90	64.3	63.896	63.492	63.088	62.684	62.28	61.876	61.471	61.066	60.661
−80	68.325	67.924	67.522	67.119	66.717	66.315	65.912	65.509	65.106	64.703
−70	72.335	71.934	71.534	71.134	70.733	70.332	69.931	69.53	69.129	68.727
−60	76.328	75.929	75.53	75.131	74.732	74.333	73.934	73.534	73.134	72.735
−50	80.306	79.909	79.512	79.114	78.717	78.319	77.921	77.523	77.125	76.726
−40	84.271	83.875	83.479	83.083	82.687	82.29	81.894	81.497	81.1	80.703
−30	88.222	87.827	87.432	87.038	86.643	86.248	85.853	85.457	85.062	84.666
−20	92.16	91.767	91.373	90.98	90.586	90.192	89.798	89.404	89.01	88.616
−10	96.086	95.694	95.302	94.909	94.517	94.124	93.732	93.339	92.946	92.553
0	100	99.609	99.218	98.827	98.436	98.044	97.653	97.261	96.87	96.478
0	100	103.513	103.123	102.733	102.343	101.953	101.562	101.172	100.781	100.391
10	103.903	107.405	107.016	106.627	106.238	105.849	105.46	105.071	104.682	104.292
20	107.794	111.286	110.898	110.51	110.123	109.735	109.347	108.959	108.57	108.182
30	111.673	115.155	114.768	114.382	113.995	113.608	113.221	112.835	112.447	112.06
40	115.541	119.012	118.627	118.241	117.856	117.47	117.085	116.699	116.313	115.927
50	119.397	122.858	122.474	122.09	121.705	121.321	120.936	120.552	120.167	119.782
60	123.242	126.692	126.309	125.926	125.543	125.16	124.777	124.393	124.009	123.626

续表

温度（℃）	电阻值（Ω）									
	0	1	2	3	4	5	6	7	8	9
70	127.075	130.515	130.133	129.752	129.37	128.987	128.605	128.223	127.84	127.458
80	130.897	134.326	133.946	133.565	133.184	132.803	132.422	132.041	131.66	131.278
90	134.707	138.126	137.747	137.367	136.987	136.608	136.228	135.848	135.468	135.087
100	138.506	141.914	141.536	141.158	140.779	140.4	140.022	139.643	139.264	138.885
110	142.293	145.691	145.314	144.937	144.559	144.182	143.804	143.426	143.049	142.671
120	146.068	149.456	149.08	148.704	148.328	147.951	147.575	147.198	146.822	146.445
130	149.832	153.21	152.835	152.46	152.085	151.71	151.334	150.959	150.583	150.208
140	153.584	156.952	156.578	156.204	155.83	155.456	155.082	154.708	154.333	153.959
150	157.325	160.682	160.309	159.937	159.564	159.191	158.818	158.445	158.072	157.699
160	161.054	164.401	164.03	163.658	163.286	162.915	162.543	162.171	161.799	161.427
170	164.772	168.108	167.738	167.368	166.997	166.627	166.256	165.885	165.514	165.143
180	168.478	171.804	171.435	171.066	170.696	170.327	169.958	169.588	169.218	168.848
190	172.173	175.488	175.12	174.752	174.384	174.016	173.648	173.279	172.91	172.542
200	175.856	179.161	178.794	178.427	178.06	177.693	177.326	176.959	176.591	176.224
210	179.528	182.822	182.456	182.091	181.725	181.359	180.993	180.627	180.26	179.894
220	183.188	186.472	186.107	185.743	185.378	185.013	184.648	184.283	183.918	183.553
230	186.836	190.11	189.746	189.383	189.019	188.656	188.292	187.928	187.564	187.2
240	190.473	193.736	193.374	193.012	192.649	192.287	191.924	191.562	191.199	190.836
250	194.098	197.351	196.99	196.629	196.268	195.906	195.545	195.183	194.822	194.46
260	197.712	200.954	200.595	200.235	199.875	199.514	199.154	198.794	198.433	198.073
270	201.314	204.546	204.188	203.829	203.47	203.111	202.752	202.393	202.033	201.674
280	204.905	208.127	207.769	207.411	207.054	206.696	206.338	205.98	205.622	205.263
290	208.484	211.695	211.339	210.982	210.626	210.269	209.912	209.555	209.198	208.841
300	212.052	215.252	214.897	214.542	214.187	213.831	213.475	213.12	212.764	212.408
310	215.608	218.798	218.444	218.09	217.736	217.381	217.027	216.672	216.317	215.962
320	219.152	222.332	221.979	221.626	221.273	220.92	220.567	220.213	219.86	219.506
330	222.685	225.855	225.503	225.151	224.799	224.447	224.095	223.743	223.39	223.038
340	226.206	229.366	229.015	228.664	228.314	227.963	227.612	227.26	226.909	226.558
350	229.716	232.865	232.516	232.166	231.816	231.467	231.117	230.767	230.417	230.066
360	233.214	236.353	236.005	235.656	235.308	234.959	234.61	234.262	233.913	233.564
370	236.701	239.829	239.482	239.135	238.788	238.44	238.093	237.745	237.397	237.049
380	240.176	243.294	242.948	242.602	242.256	241.91	241.563	241.217	240.87	240.523
390	243.64	246.747	246.403	246.058	245.713	245.367	245.022	244.677	244.331	243.986

续表

温度（℃）	电阻值（Ω）									
	0	1	2	3	4	5	6	7	8	9
400	247.092	250.189	249.845	249.502	249.158	248.814	248.47	248.125	247.781	247.437
410	250.533	253.619	253.277	252.934	252.591	252.248	251.906	251.562	251.219	250.876
420	253.962	257.038	256.696	256.355	256.013	255.672	255.33	254.988	254.646	254.304
430	257.379	260.445	260.105	259.764	259.424	259.083	258.743	258.402	258.061	257.72
440	260.785	263.84	263.501	263.162	262.823	262.483	262.144	261.804	261.465	261.125
450	264.179	267.224	266.886	266.548	266.21	265.872	265.534	265.195	264.857	264.518
460	267.562	270.597	270.26	269.923	269.586	269.249	268.912	268.574	268.237	267.9
470	270.933	273.957	273.622	273.286	272.95	272.614	272.278	271.942	271.606	271.27
480	274.293	277.307	276.972	276.638	276.303	275.968	275.633	275.298	274.963	274.628
490	277.641	280.644	280.311	279.978	279.644	279.311	278.977	278.643	278.309	277.975
500	280.978	283.971	283.638	283.306	282.974	282.641	282.309	281.976	281.643	281.311
510	284.303	287.285	286.954	286.623	286.292	285.961	285.629	285.298	284.966	284.634
520	287.616	290.588	290.258	289.929	289.599	289.268	288.938	288.608	288.277	287.947
530	290.918	293.88	293.551	293.222	292.894	292.565	292.235	291.906	291.577	291.247
540	294.208	297.16	296.832	296.505	296.177	295.849	295.521	295.193	294.865	294.537
550	297.487	300.428	300.102	299.775	299.449	299.122	298.795	298.469	298.142	297.814
560	300.754	303.685	303.36	303.035	302.709	302.384	302.058	301.732	301.406	301.08
570	304.01	306.93	306.606	306.282	305.958	305.634	305.309	304.985	304.66	304.335
580	307.254	310.164	309.841	309.518	309.195	308.872	308.549	308.225	307.902	307.578
590	310.487	313.386	313.065	312.743	312.421	312.099	311.777	311.454	311.132	310.81
600	313.708	316.597	316.277	315.956	315.635	315.314	314.993	314.672	314.351	314.029
610	316.918	319.796	319.477	319.157	318.838	318.518	318.198	317.878	317.558	317.238
620	320.116	322.984	322.666	322.347	322.029	321.71	321.391	321.073	320.754	320.435
630	323.302	326.16	325.843	325.526	325.208	324.891	324.573	324.256	323.938	323.62
640	326.477	329.324	329.008	328.692	328.376	328.06	327.744	327.427	327.11	326.794
650	329.64	332.477	332.162	331.848	331.533	331.217	330.902	330.587	330.271	329.956
660	332.792	335.619	335.305	334.991	334.677	334.363	334.049	333.735	333.421	333.106
670	335.932	338.748	338.436	338.123	337.811	337.498	337.185	336.872	336.559	336.246
680	339.061	341.867	341.555	341.244	340.932	340.621	340.309	339.997	339.685	339.373
690	342.178	344.973	344.663	344.353	344.043	343.732	343.422	343.111	342.8	342.489
700	345.284	348.069	347.76	347.451	347.141	346.832	346.522	346.213	345.903	345.593
710	348.378	351.152	350.844	350.536	350.228	349.92	349.612	349.303	348.995	348.686

续表

	电阻值（Ω）									
温度（℃）	0	1	2	3	4	5	6	7	8	9
720	351.46	354.224	353.918	353.611	353.304	352.997	352.69	352.382	352.075	351.768
730	354.531	357.285	356.979	356.674	356.368	356.062	355.756	355.45	355.144	354.837
740	357.59	360.334	360.029	359.725	359.42	359.116	358.811	358.506	358.201	357.896
750	360.638	363.371	363.068	362.765	362.461	362.158	361.854	361.55	361.246	360.942
760	363.674	366.397	366.095	365.793	365.491	365.188	364.886	364.583	364.28	363.977
770	366.699	369.412	369.111	368.81	368.508	368.207	367.906	367.604	367.303	367.001
780	369.712	372.414	372.115	371.815	371.515	371.215	370.914	370.614	370.314	370.013
790	372.714	375.406	375.107	374.808	374.509	374.21	373.911	373.612	373.313	373.013
800	375.704	378.385	378.088	377.79	377.493	377.195	376.897	376.599	376.301	376.002
810	378.683	381.353	381.057	380.761	380.464	380.167	379.871	379.574	379.277	378.98
820	381.65	384.31	384.015	383.72	383.424	383.129	382.833	382.537	382.242	381.946
830	384.605	387.255	386.961	386.667	386.373	386.078	385.784	385.489	385.195	384.9
840	387.549	390.188	389.896	389.603	389.31	389.016	388.723	388.43	388.136	387.843
850	390.481									

附录 3　Cu100 热电阻分度表（ITS-90）（见附表 3-1）

附表 3-1　　Cu100 热电阻分度表（ITS-90）

温度（℃）	0	1	2	3	4	5	6	7	8	9
	电阻值（Ω）									
−50	78.484									
−40	82.8	82.369	81.937	81.506	81.074	80.643	80.211	79.779	79.348	78.916
−30	87.109	86.679	86.248	85.817	85.386	84.955	84.525	84.094	83.662	83.231
−20	91.412	90.982	90.552	90.122	89.691	89.261	88.831	88.401	87.97	87.54
−10	95.708	95.279	94.849	94.42	93.99	93.561	93.131	92.701	92.271	91.842
0	100	99.571	99.142	98.713	98.284	97.855	97.426	96.996	96.567	96.138
0	100	103.859	103.43	103.001	102.573	102.144	101.715	101.287	100.858	100.429
10	104.287	108.143	107.714	107.286	106.858	106.429	106.001	105.573	105.144	104.716
20	108.571	112.424	111.996	111.568	111.14	110.712	110.284	109.855	109.427	108.999
30	112.852	116.703	116.275	115.847	115.419	114.991	114.563	114.136	113.708	113.28
40	117.13	120.98	120.552	120.125	119.697	119.269	118.841	118.414	117.986	117.558
50	121.408	125.257	124.829	124.401	123.974	123.546	123.118	122.691	122.263	121.835
60	125.684	129.534	129.106	128.678	128.25	127.823	127.395	126.967	126.54	126.112
70	129.961	133.811	133.383	132.956	132.528	132.1	131.672	131.244	130.817	130.389
80	134.239	138.09	137.662	137.234	136.806	136.378	135.95	135.523	135.095	134.667
90	138.518	142.372	141.943	141.515	141.087	140.659	140.231	139.803	139.374	138.946

续表

温度（℃）	0	1	2	3	4	5	6	7	8	9
电阻值（Ω）										
100	142.8	146.656	146.228	145.799	145.37	144.942	144.514	144.085	143.657	143.228
110	147.085	150.944	150.515	150.086	149.657	149.229	148.8	148.371	147.942	147.513
120	151.373	155.237	154.808	154.378	153.949	153.519	153.09	152.661	152.232	151.803
130	155.667	159.535	159.105	158.675	158.245	157.815	157.385	156.956	156.526	156.096
140	159.965	163.839	163.408	162.978	162.547	162.117	161.686	161.256	160.826	160.395
150	164.27									

附录4　B型（铂铑30-铂铑）热电偶分度表（ITS-90）（见附表4-1）

附表4-1　　B型（铂铑30-铂铑）热电偶分度表（ITS-90）

温度（℃）	0	1	2	3	4	5	6	7	8	9
电动势值（mV）（参考温度0℃）										
250	0.291	0.294	0.296	0.299	0.301	0.304	0.307	0.309	0.312	0.314
260	0.317	0.32	0.322	0.325	0.328	0.33	0.333	0.336	0.338	0.341
270	0.344	0.347	0.349	0.352	0.355	0.358	0.36	0.363	0.366	0.369
280	0.372	0.375	0.377	0.38	0.383	0.386	0.389	0.392	0.395	0.398
290	0.401	0.404	0.407	0.41	0.413	0.416	0.419	0.422	0.425	0.428
300	0.431	0.434	0.437	0.44	0.443	0.446	0.449	0.452	0.455	0.458
310	0.462	0.465	0.468	0.471	0.474	0.478	0.481	0.484	0.487	0.49
320	0.494	0.497	0.5	0.503	0.507	0.51	0.513	0.517	0.52	0.523
330	0.527	0.53	0.533	0.537	0.54	0.544	0.547	0.55	0.554	0.557
340	0.561	0.564	0.568	0.571	0.575	0.578	0.582	0.585	0.589	0.592
350	0.596	0.599	0.603	0.607	0.61	0.614	0.617	0.621	0.625	0.628
360	0.632	0.636	0.639	0.643	0.647	0.65	0.654	0.658	0.662	0.665
370	0.669	0.673	0.677	0.68	0.684	0.688	0.692	0.696	0.7	0.703
380	0.707	0.711	0.715	0.719	0.723	0.727	0.731	0.735	0.738	0.742
390	0.746	0.75	0.754	0.758	0.762	0.766	0.77	0.774	0.778	0.782
400	0.787	0.791	0.795	0.799	0.803	0.807	0.811	0.815	0.819	0.824
410	0.828	0.832	0.836	0.84	0.844	0.849	0.853	0.857	0.861	0.866
420	0.87	0.874	0.878	0.883	0.887	0.891	0.896	0.9	0.904	0.909
430	0.913	0.917	0.922	0.926	0.93	0.935	0.939	0.944	0.948	0.953
440	0.957	0.961	0.966	0.97	0.975	0.979	0.984	0.988	0.993	0.997
450	1.002	1.007	1.011	1.016	1.02	1.025	1.03	1.034	1.039	1.043
460	1.048	1.053	1.057	1.062	1.067	1.071	1.076	1.081	1.086	1.09
470	1.095	1.1	1.105	1.109	1.114	1.119	1.124	1.129	1.133	1.138

续表

电动势值（mV）（参考温度 0℃）										
温度（℃）	0	1	2	3	4	5	6	7	8	9
480	1.143	1.148	1.153	1.158	1.163	1.167	1.172	1.177	1.182	1.187
490	1.192	1.197	1.202	1.207	1.212	1.217	1.222	1.227	1.232	1.237
500	1.242	1.247	1.252	1.257	1.262	1.267	1.272	1.277	1.282	1.288
510	1.293	1.298	1.303	1.308	1.313	1.318	1.324	1.329	1.334	1.339
520	1.344	1.35	1.355	1.36	1.365	1.371	1.376	1.381	1.387	1.392
530	1.397	1.402	1.408	1.413	1.418	1.424	1.429	1.435	1.44	1.445
540	1.451	1.456	1.462	1.467	1.472	1.478	1.483	1.489	1.494	1.5
550	1.505	1.511	1.516	1.522	1.527	1.533	1.539	1.544	1.55	1.555
560	1.561	1.566	1.572	1.578	1.583	1.589	1.595	1.6	1.606	1.612
570	1.617	1.623	1.629	1.634	1.64	1.646	1.652	1.657	1.663	1.669
580	1.675	1.68	1.686	1.692	1.698	1.704	1.709	1.715	1.721	1.727
590	1.733	1.739	1.745	1.75	1.756	1.762	1.768	1.774	1.78	1.786
600	1.792	1.798	1.804	1.81	1.816	1.822	1.828	1.834	1.84	1.846
610	1.852	1.858	1.864	1.87	1.876	1.882	1.888	1.894	1.901	1.907
620	1.913	1.919	1.925	1.931	1.937	1.944	1.95	1.956	1.962	1.968
630	1.975	1.981	1.987	1.993	1.999	2.006	2.012	2.018	2.025	2.031
640	2.037	2.043	2.05	2.056	2.062	2.069	2.075	2.082	2.088	2.094
650	2.101	2.107	2.113	2.12	2.126	2.133	2.139	2.146	2.152	2.158
660	2.165	2.171	2.178	2.184	2.191	2.197	2.204	2.21	2.217	2.224
670	2.23	2.237	2.243	2.25	2.256	2.263	2.27	2.276	2.283	2.289
680	2.296	2.303	2.309	2.316	2.323	2.329	2.336	2.343	2.35	2.356
690	2.363	2.37	2.376	2.383	2.39	2.397	2.403	2.41	2.417	2.424
700	2.431	2.437	2.444	2.451	2.458	2.465	2.472	2.479	2.485	2.492
710	2.499	2.506	2.513	2.52	2.527	2.534	2.541	2.548	2.555	2.562
720	2.569	2.576	2.583	2.59	2.597	2.604	2.611	2.618	2.625	2.632
730	2.639	2.646	2.653	2.66	2.667	2.674	2.681	2.688	2.696	2.703
740	2.71	2.717	2.724	2.731	2.738	2.746	2.753	2.76	2.767	2.775
750	2.782	2.789	2.796	2.803	2.811	2.818	2.825	2.833	2.84	2.847
760	2.854	2.862	2.869	2.876	2.884	2.891	2.898	2.906	2.913	2.921
770	2.928	2.935	2.943	2.95	2.958	2.965	2.973	2.98	2.987	2.995
780	3.002	3.01	3.017	3.025	3.032	3.04	3.047	3.055	3.062	3.07
790	3.078	3.085	3.093	3.1	3.108	3.116	3.123	3.131	3.138	3.146
800	3.154	3.161	3.169	3.177	3.184	3.192	3.2	3.207	3.215	3.223
810	3.23	3.238	3.246	3.254	3.261	3.269	3.277	3.285	3.292	3.3
820	3.308	3.316	3.324	3.331	3.339	3.347	3.355	3.363	3.371	3.379
830	3.386	3.394	3.402	3.41	3.418	3.426	3.434	3.442	3.45	3.458

续表

温度（℃）	电动势值（mV）（参考温度0℃）									
	0	1	2	3	4	5	6	7	8	9
840	3.466	3.474	3.482	3.49	3.498	3.506	3.514	3.522	3.53	3.538
850	3.546	3.554	3.562	3.57	3.578	3.586	3.594	3.602	3.61	3.618
860	3.626	3.634	3.643	3.651	3.659	3.667	3.675	3.683	3.692	3.7
870	3.708	3.716	3.724	3.732	3.741	3.749	3.757	3.765	3.774	3.782
880	3.79	3.798	3.807	3.815	3.823	3.832	3.84	3.848	3.857	3.865
890	3.873	3.882	3.89	3.898	3.907	3.915	3.923	3.932	3.94	3.949
900	3.957	3.965	3.974	3.982	3.991	3.999	4.008	4.016	4.024	4.033
910	4.041	4.05	4.058	4.067	4.075	4.084	4.093	4.101	4.11	4.118
920	4.127	4.135	4.144	4.152	4.161	4.17	4.178	4.187	4.195	4.204
930	4.213	4.221	4.23	4.239	4.247	4.256	4.265	4.273	4.282	4.291
940	4.299	4.308	4.317	4.326	4.334	4.343	4.352	4.36	4.369	4.378
950	4.387	4.396	4.404	4.413	4.422	4.431	4.44	4.448	4.457	4.466
960	4.475	4.484	4.493	4.501	4.51	4.519	4.528	4.537	4.546	4.555
970	4.564	4.573	4.582	4.591	4.599	4.608	4.617	4.626	4.635	4.644
980	4.653	4.662	4.671	4.68	4.689	4.698	4.707	4.716	4.725	4.734
990	4.743	4.753	4.762	4.771	4.78	4.789	4.798	4.807	4.816	4.825
1000	4.834	4.843	4.853	4.862	4.871	4.88	4.889	4.898	4.908	4.917
1010	4.926	4.935	4.944	4.954	4.963	4.972	4.981	4.990	5	5.009
1020	5.018	5.027	5.037	5.046	5.055	5.065	5.074	5.083	5.092	5.102
1030	5.111	5.12	5.13	5.139	5.148	5.158	5.167	5.176	5.186	5.195
1040	5.205	5.214	5.223	5.233	5.242	5.252	5.261	5.270	5.28	5.289
1050	5.299	5.308	5.318	5.327	5.337	5.346	5.356	5.365	5.375	5.384
1060	5.394	5.403	5.413	5.422	5.432	5.441	5.451	5.460	5.47	5.48
1070	5.489	5.499	5.508	5.518	5.528	5.537	5.547	5.556	5.566	5.576
1080	5.585	5.595	5.605	5.614	5.624	5.634	5.643	5.653	5.663	5.672
1090	5.682	5.692	5.702	5.711	5.721	5.731	5.74	5.750	5.76	5.77
1100	5.78	5.789	5.799	5.809	5.819	5.828	5.838	5.848	5.858	5.868
1110	5.878	5.887	5.897	5.907	5.917	5.927	5.937	5.947	5.956	5.966
1120	5.976	5.986	5.996	6.006	6.016	6.026	6.036	6.046	6.055	6.065
1130	6.075	6.085	6.095	6.105	6.115	6.125	6.135	6.145	6.155	6.165
1140	6.175	6.185	6.195	6.205	6.215	6.225	6.235	6.245	6.256	6.266
1150	6.276	6.286	6.296	6.306	6.316	6.326	6.336	6.346	6.356	6.367
1160	6.377	6.387	6.397	6.407	6.417	6.427	6.438	6.448	6.458	6.468
1170	6.478	6.488	6.499	6.509	6.519	6.529	6.539	6.550	6.56	6.57
1180	6.58	6.591	6.601	6.611	6.621	6.632	6.642	6.652	6.663	6.673
1190	6.683	6.693	6.704	6.714	6.724	6.735	6.745	6.755	6.766	6.776

续表

温度（℃）	电动势值（mV）（参考温度 0℃）									
	0	1	2	3	4	5	6	7	8	9
1200	6.786	6.797	6.807	6.818	6.828	6.838	6.849	6.859	6.869	6.88
1210	6.89	6.901	6.911	6.922	6.932	6.942	6.953	6.963	6.974	6.984
1220	6.995	7.005	7.016	7.026	7.037	7.047	7.058	7.068	7.079	7.089
1230	7.1	7.11	7.121	7.131	7.142	7.152	7.163	7.173	7.184	7.194
1240	7.205	7.216	7.226	7.237	7.247	7.258	7.269	7.279	7.29	7.3
1250	7.311	7.322	7.332	7.343	7.353	7.364	7.375	7.385	7.396	7.407
1260	7.417	7.428	7.439	7.449	7.46	7.471	7.482	7.492	7.503	7.514
1270	7.524	7.535	7.546	7.557	7.567	7.578	7.589	7.600	7.61	7.621
1280	7.632	7.643	7.653	7.664	7.675	7.686	7.697	7.707	7.718	7.729
1290	7.74	7.751	7.761	7.772	7.783	7.794	7.805	7.816	7.827	7.837
1300	7.848	7.859	7.87	7.881	7.892	7.903	7.914	7.924	7.935	7.946
1310	7.957	7.968	7.979	7.99	8.001	8.012	8.023	8.034	8.045	8.056
1320	8.066	8.077	8.088	8.099	8.11	8.121	8.132	8.143	8.154	8.165
1330	8.176	8.187	8.198	8.209	8.22	8.231	8.242	8.253	8.264	8.275
1340	8.286	8.298	8.309	8.32	8.331	8.342	8.353	8.364	8.375	8.386
1350	8.397	8.408	8.419	8.43	8.441	8.453	8.464	8.475	8.486	8.497
1360	8.508	8.519	8.53	8.542	8.553	8.564	8.575	8.586	8.597	8.608
1370	8.62	8.631	8.642	8.653	8.664	8.675	8.687	8.698	8.709	8.72
1380	8.731	8.743	8.754	8.765	8.776	8.787	8.799	8.810	8.821	8.832
1390	8.844	8.855	8.866	8.877	8.889	8.9	8.911	8.922	8.934	8.945
1400	8.956	8.967	8.979	8.99	9.001	9.013	9.024	9.035	9.047	9.058
1410	9.069	9.08	9.092	9.103	9.114	9.126	9.137	9.148	9.16	9.171
1420	9.182	9.194	9.205	9.216	9.228	9.239	9.251	9.262	9.273	9.285
1430	9.296	9.307	9.319	9.33	9.342	9.353	9.364	9.376	9.387	9.398
1440	9.41	9.421	9.433	9.444	9.456	9.467	9.478	9.490	9.501	9.513
1450	9.524	9.536	9.547	9.558	9.57	9.581	9.593	9.604	9.616	9.627
1460	9.639	9.65	9.662	9.673	9.684	9.696	9.707	9.719	9.73	9.742
1470	9.753	9.765	9.776	9.788	9.799	9.811	9.822	9.834	9.845	9.857
1480	9.868	9.88	9.891	9.903	9.914	9.926	9.937	9.949	9.961	9.972
1490	9.984	9.995	10.007	10.018	10.03	10.041	10.053	10.064	10.076	10.088
1500	10.099	10.111	10.122	10.134	10.145	10.157	10.168	10.180	10.192	10.203
1510	10.215	10.226	10.238	10.249	10.261	10.273	10.284	10.296	10.307	10.319
1520	10.331	10.342	10.354	10.365	10.377	10.389	10.4	10.412	10.423	10.435
1530	10.447	10.458	10.47	10.482	10.493	10.505	10.516	10.528	10.54	10.551
1540	10.563	10.575	10.586	10.598	10.609	10.621	10.633	10.644	10.656	10.668

续表

电动势值（mV）（参考温度 0℃）										
温度（℃）	0	1	2	3	4	5	6	7	8	9
1550	10.679	10.691	10.703	10.714	10.726	10.738	10.749	10.761	10.773	10.784
1560	10.796	10.808	10.819	10.831	10.843	10.854	10.866	10.877	10.889	10.901
1570	10.913	10.924	10.936	10.948	10.959	10.971	10.983	10.994	11.006	11.018
1580	11.029	11.041	11.053	11.064	11.076	11.088	11.099	11.111	11.123	11.134
1590	11.146	11.158	11.169	11.181	11.193	11.205	11.216	11.228	11.24	11.251
1600	11.263	11.275	11.286	11.298	11.31	11.321	11.333	11.345	11.357	11.368
1610	11.38	11.392	11.403	11.415	11.427	11.438	11.45	11.462	11.474	11.485
1620	11.497	11.509	11.52	11.532	11.544	11.555	11.567	11.579	11.591	11.602
1630	11.614	11.626	11.637	11.649	11.661	11.673	11.684	11.696	11.708	11.719
1640	11.731	11.743	11.754	11.766	11.778	11.79	11.801	11.813	11.825	11.836
1650	11.848	11.86	11.871	11.883	11.895	11.907	11.918	11.930	11.942	11.953
1660	11.965	11.977	11.988	12	12.012	12.024	12.035	12.047	12.059	12.07
1670	12.082	12.094	12.105	12.117	12.129	12.141	12.152	12.164	12.176	12.187
1680	12.199	12.211	12.222	12.234	12.246	12.257	12.269	12.281	12.292	12.304
1690	12.316	12.327	12.339	12.351	12.363	12.374	12.386	12.398	12.409	12.421
1700	12.433	12.444	12.456	12.468	12.479	12.491	12.503	12.514	12.526	12.538
1710	12.549	12.561	12.572	12.584	12.596	12.607	12.619	12.631	12.642	12.654
1720	12.666	12.677	12.689	12.701	12.712	12.724	12.736	12.747	12.759	12.77
1730	12.782	12.794	12.805	12.817	12.829	12.84	12.852	12.863	12.875	12.887
1740	12.898	12.91	12.921	12.933	12.945	12.956	12.968	12.980	12.991	13.003
1750	13.014	13.026	13.037	13.049	13.061	13.072	13.084	13.095	13.107	13.119
1760	13.13	13.142	13.153	13.165	13.176	13.188	13.2	13.211	13.223	13.234
1770	13.246	13.257	13.269	13.28	13.292	13.304	13.315	13.327	13.338	13.35
1780	13.361	13.373	13.384	13.396	13.407	13.419	13.43	13.442	13.453	13.465
1790	13.476	13.488	13.499	13.511	13.522	13.534	13.545	13.557	13.568	13.58
1800	13.591	13.603	13.614	13.626	13.637	13.649	13.66	13.672	13.683	13.694
1810	13.706	13.717	13.729	13.74	13.752	13.763	13.775	13.786	13.797	13.809
1820	13.82									

附录 5　E 型（镍铬 - 康铜）热电偶分度表（ITS - 90）（见附表 5 - 1）

附表 5 - 1　　E 型（镍铬 - 康铜）热电偶分度表（ITS - 90）

电动势值（mV）（参考温度 0℃）										
温度（℃）	0	−9	−8	−7	−6	−5	−4	−3	−2	−1
−270	−9.835									
−260	−9.797	−9.833	−9.831	−9.828	−9.825	−9.821	−9.817	−9.813	−9.808	−9.802

续表

电动势值（mV）（参考温度0℃）										
温度（℃）	0	-9	-8	-7	-6	-5	-4	-3	-2	-1
-250	-9.718	-9.79	-9.784	-9.777	-9.77	-9.762	-9.754	-9.746	-9.737	-9.728
-240	-9.604	-9.709	-9.698	-9.688	-9.677	-9.666	-9.654	-9.642	-9.63	-9.617
-230	-9.455	-9.591	-9.577	-9.563	-9.548	-9.534	-9.519	-9.503	-9.487	-9.471
-220	-9.274	-9.438	-9.421	-9.404	-9.386	-9.368	-9.35	-9.331	-9.313	-9.293
-210	-9.063	-9.254	-9.234	-9.214	-9.193	-9.172	-9.151	-9.129	-9.107	-9.085
-200	-8.825	-9.04	-9.017	-8.994	-8.971	-8.947	-8.923	-8.899	-8.874	-8.85
-190	-8.561	-8.799	-8.774	-8.748	-8.722	-8.696	-8.669	-8.643	-8.616	-8.588
-180	-8.273	-8.533	-8.505	-8.477	-8.449	-8.42	-8.391	-8.362	-8.333	-8.303
-170	-7.963	-8.243	-8.213	-8.183	-8.152	-8.121	-8.09	-8.059	-8.027	-7.995
-160	-7.632	-7.931	-7.899	-7.866	-7.833	-7.8	-7.767	-7.733	-7.7	-7.666
-150	-7.279	-7.597	-7.563	-7.528	-7.493	-7.458	-7.423	-7.387	-7.351	-7.315
-140	-6.907	-7.243	-7.206	-7.17	-7.133	-7.096	-7.058	-7.021	-6.983	-6.945
-130	-6.516	-6.869	-6.831	-6.792	-6.753	-6.714	-6.675	-6.636	-6.596	-6.556
-120	-6.107	-6.476	-6.436	-6.396	-6.355	-6.314	-6.273	-6.232	-6.191	-6.149
-110	-5.681	-6.065	-6.023	-5.981	-5.939	-5.896	-5.853	-5.81	-5.767	-5.724
-100	-5.237	-5.637	-5.593	-5.549	-5.505	-5.461	-5.417	-5.372	-5.327	-5.282
-90	-4.777	-5.192	-5.147	-5.101	-5.055	-5.009	-4.963	-4.917	-4.871	-4.824
-80	-4.302	-4.731	-4.684	-4.636	-4.589	-4.542	-4.494	-4.446	-4.398	-4.35
-70	-3.811	-4.254	-4.205	-4.156	-4.107	-4.058	-4.009	-3.96	-3.911	-3.861
-60	-3.306	-3.761	-3.711	-3.661	-3.611	-3.561	-3.51	-3.459	-3.408	-3.357
-50	-2.787	-3.255	-3.204	-3.152	-3.1	-3.048	-2.996	-2.944	-2.892	-2.84
-40	-2.255	-2.735	-2.682	-2.629	-2.576	-2.523	-2.469	-2.416	-2.362	-2.309
-30	-1.709	-2.201	-2.147	-2.093	-2.038	-1.984	-1.929	-1.874	-1.82	-1.765
-20	-1.152	-1.654	-1.599	-1.543	-1.488	-1.432	-1.376	-1.32	-1.264	-1.208
-10	-0.582	-1.095	-1.039	-0.982	-0.925	-0.868	-0.811	-0.754	-0.697	-0.639
0	0	-0.524	-0.466	-0.408	-0.35	-0.292	-0.234	-0.176	-0.117	-0.059
温度（℃）	0	1	2	3	4	5	6	7	8	9
0	0	0.059	0.118	0.176	0.235	0.294	0.354	0.413	0.472	0.532
10	0.591	0.651	0.711	0.77	0.83	0.89	0.95	1.01	1.071	1.131
20	1.192	1.252	1.313	1.373	1.434	1.495	1.556	1.617	1.678	1.74
30	1.801	1.862	1.924	1.986	2.047	2.109	2.171	2.233	2.295	2.357
40	2.42	2.482	2.545	2.607	2.67	2.733	2.795	2.858	2.921	2.984
50	3.048	3.111	3.174	3.238	3.301	3.365	3.429	3.492	3.556	3.62

续表

温度（℃）	0	1	2	3	4	5	6	7	8	9
	电动势值（mV）（参考温度0℃）									
60	3.685	3.749	3.813	3.877	3.942	4.006	4.071	4.136	4.2	4.265
70	4.33	4.395	4.46	4.526	4.591	4.656	4.722	4.788	4.853	4.919
80	4.985	5.051	5.117	5.183	5.249	5.315	5.382	5.448	5.514	5.581
90	5.648	5.714	5.781	5.848	5.915	5.982	6.049	6.117	6.184	6.251
100	6.319	6.386	6.454	6.522	6.59	6.658	6.725	6.794	6.862	6.93
110	6.998	7.066	7.135	7.203	7.272	7.341	7.409	7.478	7.547	7.616
120	7.685	7.754	7.823	7.892	7.962	8.031	8.101	8.17	8.24	8.309
130	8.379	8.449	8.519	8.589	8.659	8.729	8.799	8.869	8.94	9.01
140	9.081	9.151	9.222	9.292	9.363	9.434	9.505	9.576	9.647	9.718
150	9.789	9.86	9.931	10.003	10.074	10.145	10.217	10.288	10.36	10.432
160	10.503	10.575	10.647	10.719	10.791	10.863	10.935	11.007	11.08	11.152
170	11.224	11.297	11.369	11.442	11.514	11.587	11.66	11.733	11.805	11.878
180	11.951	12.024	12.097	12.17	12.243	12.317	12.39	12.463	12.537	12.61
190	12.684	12.757	12.831	12.904	12.978	13.052	13.126	13.199	13.273	13.347
200	13.421	13.495	13.569	13.644	13.718	13.792	13.866	13.941	14.015	14.09
210	14.164	14.239	14.313	14.388	14.463	14.537	14.612	14.687	14.762	14.837
220	14.912	14.987	15.062	15.137	15.212	15.287	15.362	15.438	15.513	15.588
230	15.664	15.739	15.815	15.89	15.966	16.041	16.117	16.193	16.269	16.344
240	16.42	16.496	16.572	16.648	16.724	16.8	16.876	16.952	17.028	17.104
250	17.181	17.257	17.333	17.409	17.486	17.562	17.639	17.715	17.792	17.868
260	17.945	18.021	18.098	18.175	18.252	18.328	18.405	18.482	18.559	18.636
270	18.713	18.79	18.867	18.944	19.021	19.098	19.175	19.252	19.33	19.407
280	19.484	19.561	19.639	19.716	19.794	19.871	19.948	20.026	20.103	20.181
290	20.259	20.336	20.414	20.492	20.569	20.647	20.725	20.803	20.88	20.958
300	21.036	21.114	21.192	21.27	21.348	21.426	21.504	21.582	21.66	21.739
310	21.817	21.895	21.973	22.051	22.13	22.208	22.286	22.365	22.443	22.522
320	22.6	22.678	22.757	22.835	22.914	22.993	23.071	23.15	23.228	23.307
330	23.386	23.464	23.543	23.622	23.701	23.78	23.858	23.937	24.016	24.095
340	24.174	24.253	24.332	24.411	24.49	24.569	24.648	24.727	24.806	24.885
350	24.964	25.044	25.123	25.202	25.281	25.36	25.44	25.519	25.598	25.678

续表

电动势值（mV）（参考温度 0℃）										
温度（℃）	0	1	2	3	4	5	6	7	8	9
360	25.757	25.836	25.916	25.995	26.075	26.154	26.233	26.313	26.392	26.472
370	26.552	26.631	26.711	26.79	26.87	26.95	27.029	27.109	27.189	27.268
380	27.348	27.428	27.507	27.587	27.667	27.747	27.827	27.907	27.986	28.066
390	28.146	28.226	28.306	28.386	28.466	28.546	28.626	28.706	28.786	28.866
400	28.946	29.026	29.106	29.186	29.266	29.346	29.427	29.507	29.587	29.667
410	29.747	29.827	29.908	29.988	30.068	30.148	30.229	30.309	30.389	30.47
420	30.55	30.63	30.711	30.791	30.871	30.952	31.032	31.112	31.193	31.273
430	31.354	31.434	31.515	31.595	31.676	31.756	31.837	31.917	31.998	32.078
440	32.159	32.239	32.32	32.4	32.481	32.562	32.642	32.723	32.803	32.884
450	32.965	33.045	33.126	33.207	33.287	33.368	33.449	33.529	33.61	33.691
460	33.772	33.852	33.933	34.014	34.095	34.175	34.256	34.337	34.418	34.498
470	34.579	34.66	34.741	34.822	34.902	34.983	35.064	35.145	35.226	35.307
480	35.387	35.468	35.549	35.63	35.711	35.792	35.873	35.954	36.034	36.115
490	36.196	36.277	36.358	36.439	36.52	36.601	36.682	36.763	36.843	36.924
500	37.005	37.086	37.167	37.248	37.329	37.41	37.491	37.572	37.653	37.734
510	37.815	37.896	37.977	38.058	38.139	38.22	38.3	38.381	38.462	38.543
520	38.624	38.705	38.786	38.867	38.948	39.029	39.11	39.191	39.272	39.353
530	39.434	39.515	39.596	39.677	39.758	39.839	39.92	40.001	40.082	40.163
540	40.243	40.324	40.405	40.486	40.567	40.648	40.729	40.81	40.891	40.972
550	41.053	41.134	41.215	41.296	41.377	41.457	41.538	41.619	41.7	41.781
560	41.862	41.943	42.024	42.105	42.185	42.266	42.347	42.428	42.509	42.59
570	42.671	42.751	42.832	42.913	42.994	43.075	43.156	43.236	43.317	43.398
580	43.479	43.56	43.64	43.721	43.802	43.883	43.963	44.044	44.125	44.206
590	44.286	44.367	44.448	44.529	44.609	44.69	44.771	44.851	44.932	45.013
600	45.093	45.174	45.255	45.335	45.416	45.497	45.577	45.658	45.738	45.819
610	45.9	45.98	46.061	46.141	46.222	46.302	46.383	46.463	46.544	46.624
620	46.705	46.785	46.866	46.946	47.027	47.107	47.188	47.268	47.349	47.429
630	47.509	47.59	47.67	47.751	47.831	47.911	47.992	48.072	48.152	48.233
640	48.313	48.393	48.474	48.554	48.634	48.715	48.795	48.875	48.955	49.035
650	49.116	49.196	49.276	49.356	49.436	49.517	49.597	49.677	49.757	49.837
660	49.917	49.997	50.077	50.157	50.238	50.318	50.398	50.478	50.558	50.638
670	50.718	50.798	50.878	50.958	51.038	51.118	51.197	51.277	51.357	51.437
680	51.517	51.597	51.677	51.757	51.837	51.916	51.996	52.076	52.156	52.236

续表

温度（℃）	电动势值（mV）（参考温度0℃）									
	0	1	2	3	4	5	6	7	8	9
690	52.315	52.395	52.475	52.555	52.634	52.714	52.794	52.873	52.953	53.033
700	53.112	53.192	53.272	53.351	53.431	53.51	53.59	53.67	53.749	53.829
710	53.908	53.988	54.067	54.147	54.226	54.306	54.385	54.465	54.544	54.624
720	54.703	54.782	54.862	54.941	55.021	55.1	55.179	55.259	55.338	55.417
730	55.497	55.576	55.655	55.734	55.814	55.893	55.972	56.051	56.131	56.21
740	56.289	56.368	56.447	56.526	56.606	56.685	56.764	56.843	56.922	57.001
750	57.08	57.159	57.238	57.317	57.396	57.475	57.554	57.633	57.712	57.791
760	57.87	57.949	58.028	58.107	58.186	58.265	58.343	58.422	58.501	58.58
770	58.659	58.738	58.816	58.895	58.974	59.053	59.131	59.21	59.289	59.367
780	59.446	59.525	59.604	59.682	59.761	59.839	59.918	59.997	60.075	60.154
790	60.232	60.311	60.39	60.468	60.547	60.625	60.704	60.782	60.86	60.939
800	61.017	61.096	61.174	61.253	61.331	61.409	61.488	61.566	61.644	61.723
810	61.801	61.879	61.958	62.036	62.114	62.192	62.271	62.349	62.427	62.505
820	62.583	62.662	62.74	62.818	62.896	62.974	63.052	63.13	63.208	63.286
830	63.364	63.442	63.52	63.598	63.676	63.754	63.832	63.91	63.988	64.066
840	64.144	64.222	64.3	64.377	64.455	64.533	64.611	64.689	64.766	64.844
850	64.922	65	65.077	65.155	65.233	65.31	65.388	65.465	65.543	65.621
860	65.698	65.776	65.853	65.931	66.008	66.086	66.163	66.241	66.318	66.396
870	66.473	66.55	66.628	66.705	66.782	66.86	66.937	67.014	67.092	67.169
880	67.246	67.323	67.4	67.478	67.555	67.632	67.709	67.786	67.863	67.94
890	68.017	68.094	68.171	68.248	68.325	68.402	68.479	68.556	68.633	68.71
900	68.787	68.863	68.94	69.017	69.094	69.171	69.247	69.324	69.401	69.477
910	69.554	69.631	69.707	69.784	69.86	69.937	70.013	70.09	70.166	70.243
920	70.319	70.396	70.472	70.548	70.625	70.701	70.777	70.854	70.93	71.006
930	71.082	71.159	71.235	71.311	71.387	71.463	71.539	71.615	71.692	71.768
940	71.844	71.92	71.996	72.072	72.147	72.223	72.299	72.375	72.451	72.527
950	72.603	72.678	72.754	72.83	72.906	72.981	73.057	73.133	73.208	73.284
960	73.36	73.435	73.511	73.586	73.662	73.738	73.813	73.889	73.964	74.04
970	74.115	74.19	74.266	74.341	74.417	74.492	74.567	74.643	74.718	74.793
980	74.869	74.944	75.019	75.095	75.17	75.245	75.32	75.395	75.471	75.546
990	75.621	75.696	75.771	75.847	75.922	75.997	76.072	76.147	76.223	76.298
1000	76.373									

附录6　J型（铁-康铜）热电偶分度表（ITS-90）（见附表6-1）

附表6-1　J型（铁-康铜）热电偶分度表（ITS-90）

	电动势值（mV）（参考温度0℃）									
温度（℃）	0	−9	−8	−7	−6	−5	−4	−3	−2	−1
−210	−8.095									
−200	−7.89	−8.076	−8.057	−8.037	−8.017	−7.996	−7.976	−7.955	−7.934	−7.912
−190	−7.659	−7.868	−7.846	−7.824	−7.801	−7.778	−7.755	−7.731	−7.707	−7.683
−180	−7.403	−7.634	−7.61	−7.585	−7.559	−7.534	−7.508	−7.482	−7.456	−7.429
−170	−7.123	−7.376	−7.348	−7.321	−7.293	−7.265	−7.237	−7.209	−7.181	−7.152
−160	−6.821	−7.094	−7.064	−7.035	−7.005	−6.975	−6.944	−6.914	−6.883	−6.853
−150	−6.5	−6.79	−6.759	−6.727	−6.695	−6.663	−6.631	−6.598	−6.566	−6.533
−140	−6.159	−6.467	−6.433	−6.4	−6.366	−6.332	−6.298	−6.263	−6.229	−6.194
−130	−5.801	−6.124	−6.089	−6.054	−6.018	−5.982	−5.946	−5.91	−5.874	−5.838
−120	−5.426	−5.764	−5.727	−5.69	−5.653	−5.616	−5.578	−5.541	−5.503	−5.465
−110	−5.037	−5.388	−5.35	−5.311	−5.272	−5.233	−5.194	−5.155	−5.116	−5.076
−100	−4.633	−4.997	−4.957	−4.917	−4.877	−4.836	−4.796	−4.755	−4.714	−4.674
−90	−4.215	−4.591	−4.55	−4.509	−4.467	−4.425	−4.384	−4.342	−4.3	−4.257
−80	−3.786	−4.173	−4.13	−4.088	−4.045	−4.002	−3.959	−3.916	−3.872	−3.829
−70	−3.344	−3.742	−3.698	−3.654	−3.61	−3.566	−3.522	−3.478	−3.434	−3.389
−60	−2.893	−3.3	−3.255	−3.21	−3.165	−3.12	−3.075	−3.029	−2.984	−2.938
−50	−2.431	−2.847	−2.801	−2.755	−2.709	−2.663	−2.617	−2.571	−2.524	−2.478
−40	−1.961	−2.385	−2.338	−2.291	−2.244	−2.197	−2.15	−2.103	−2.055	−2.008
−30	−1.482	−1.913	−1.865	−1.818	−1.77	−1.722	−1.674	−1.626	−1.578	−1.53
−20	−0.995	−1.433	−1.385	−1.336	−1.288	−1.239	−1.19	−1.142	−1.093	−1.044
−10	−0.501	−0.946	−0.896	−0.847	−0.798	−0.749	−0.699	−0.65	−0.6	−0.55
0	0	−0.451	−0.401	−0.351	−0.301	−0.251	−0.201	−0.151	−0.101	−0.05
温度（℃）	0	1	2	3	4	5	6	7	8	9
0	0	0.05	0.101	0.151	0.202	0.253	0.303	0.354	0.405	0.456
10	0.507	0.558	0.609	0.66	0.711	0.762	0.814	0.865	0.916	0.968
20	1.019	1.071	1.122	1.174	1.226	1.277	1.329	1.381	1.433	1.485
30	1.537	1.589	1.641	1.693	1.745	1.797	1.849	1.902	1.954	2.006
40	2.059	2.111	2.164	2.216	2.269	2.322	2.374	2.427	2.48	2.532
50	2.585	2.638	2.691	2.744	2.797	2.85	2.903	2.956	3.009	3.062
60	3.116	3.169	3.222	3.275	3.329	3.382	3.436	3.489	3.543	3.596
70	3.65	3.703	3.757	3.81	3.864	3.918	3.971	4.025	4.079	4.133

续表

温度（℃）	电动势值（mV）（参考温度 0℃）									
	0	1	2	3	4	5	6	7	8	9
80	4.187	4.24	4.294	4.348	4.402	4.456	4.51	4.564	4.618	4.672
90	4.726	4.781	4.835	4.889	4.943	4.997	5.052	5.106	5.16	5.215
100	5.269	5.323	5.378	5.432	5.487	5.541	5.595	5.65	5.705	5.759
110	5.814	5.868	5.923	5.977	6.032	6.087	6.141	6.196	6.251	6.306
120	6.36	6.415	6.47	6.525	6.579	6.634	6.689	6.744	6.799	6.854
130	6.909	6.964	7.019	7.074	7.129	7.184	7.239	7.294	7.349	7.404
140	7.459	7.514	7.569	7.624	7.679	7.734	7.789	7.844	7.9	7.955
150	8.01	8.065	8.12	8.175	8.231	8.286	8.341	8.396	8.452	8.507
160	8.562	8.618	8.673	8.728	8.783	8.839	8.894	8.949	9.005	9.06
170	9.115	9.171	9.226	9.282	9.337	9.392	9.448	9.503	9.559	9.614
180	9.669	9.725	9.78	9.836	9.891	9.947	10.002	10.057	10.113	10.168
190	10.224	10.279	10.335	10.39	10.446	10.501	10.557	10.612	10.668	10.723
200	10.779	10.834	10.89	10.945	11.001	11.056	11.112	11.167	11.223	11.278
210	11.334	11.389	11.445	11.501	11.556	11.612	11.667	11.723	11.778	11.834
220	11.889	11.945	12	12.056	12.111	12.167	12.222	12.278	12.334	12.389
230	12.445	12.5	12.556	12.611	12.667	12.722	12.778	12.833	12.889	12.944
240	13	13.056	13.111	13.167	13.222	13.278	13.333	13.389	13.444	13.5
250	13.555	13.611	13.666	13.722	13.777	13.833	13.888	13.944	13.999	14.055
260	14.11	14.166	14.221	14.277	14.332	14.388	14.443	14.499	14.554	14.609
270	14.665	14.72	14.776	14.831	14.887	14.942	14.998	15.053	15.109	15.164
280	15.219	15.275	15.33	15.386	15.441	15.496	15.552	15.607	15.663	15.718
290	15.773	15.829	15.884	15.94	15.995	16.05	16.106	16.161	16.216	16.272
300	16.327	16.383	16.438	16.493	16.549	16.604	16.659	16.715	16.77	16.825
310	16.881	16.936	16.991	17.046	17.102	17.157	17.212	17.268	17.323	17.378
320	17.434	17.489	17.544	17.599	17.655	17.71	17.765	17.82	17.876	17.931
330	17.986	18.041	18.097	18.152	18.207	18.262	18.318	18.373	18.428	18.483
340	18.538	18.594	18.649	18.704	18.759	18.814	18.87	18.925	18.98	19.035
350	19.09	19.146	19.201	19.256	19.311	19.366	19.422	19.477	19.532	19.587
360	19.642	19.697	19.753	19.808	19.863	19.918	19.973	20.028	20.083	20.139
370	20.194	20.249	20.304	20.359	20.414	20.469	20.525	20.58	20.635	20.69
380	20.745	20.8	20.855	20.911	20.966	21.021	21.076	21.131	21.186	21.241
390	21.297	21.352	21.407	21.462	21.517	21.572	21.627	21.683	21.738	21.793

续表

电动势值（mV）（参考温度 0℃）										
温度（℃）	0	1	2	3	4	5	6	7	8	9
400	21.848	21.903	21.958	22.014	22.069	22.124	22.179	22.234	22.289	22.345
410	22.4	22.455	22.51	22.565	22.62	22.676	22.731	22.786	22.841	22.896
420	22.952	23.007	23.062	23.117	23.172	23.228	23.283	23.338	23.393	23.449
430	23.504	23.559	23.614	23.67	23.725	23.78	23.835	23.891	23.946	24.001
440	24.057	24.112	24.167	24.223	24.278	24.333	24.389	24.444	24.499	24.555
450	24.61	24.665	24.721	24.776	24.832	24.887	24.943	24.998	25.053	25.109
460	25.164	25.22	25.275	25.331	25.386	25.442	25.497	25.553	25.608	25.664
470	25.72	25.775	25.831	25.886	25.942	25.998	26.053	26.109	26.165	26.22
480	26.276	26.332	26.387	26.443	26.499	26.555	26.61	26.666	26.722	26.778
490	26.834	26.889	26.945	27.001	27.057	27.113	27.169	27.225	27.281	27.337
500	27.393	27.449	27.505	27.561	27.617	27.673	27.729	27.785	27.841	27.897
510	27.953	28.01	28.066	28.122	28.178	28.234	28.291	28.347	28.403	28.46
520	28.516	28.572	28.629	28.685	28.741	28.798	28.854	28.911	28.967	29.024
530	29.08	29.137	29.194	29.25	29.307	29.363	29.42	29.477	29.534	29.59
540	29.647	29.704	29.761	29.818	29.874	29.931	29.988	30.045	30.102	30.159
550	30.216	30.273	30.33	30.387	30.444	30.502	30.559	30.616	30.673	30.73
560	30.788	30.845	30.902	30.960	31.017	31.074	31.132	31.189	31.247	31.304
570	31.362	31.419	31.477	31.535	31.592	31.65	31.708	31.766	31.823	31.881
580	31.939	31.997	32.055	32.113	32.171	32.229	32.287	32.345	32.403	32.461
590	32.519	32.577	32.636	32.694	32.752	32.81	32.869	32.927	32.985	33.044
600	33.102	33.161	33.219	33.278	33.337	33.395	33.454	33.513	33.571	33.63
610	33.689	33.748	33.807	33.866	33.925	33.984	34.043	34.102	34.161	34.22
620	34.279	34.338	34.397	34.457	34.516	34.575	34.635	34.694	34.754	34.813
630	34.873	34.932	34.992	35.051	35.111	35.171	35.23	35.29	35.35	35.41
640	35.47	35.53	35.59	35.65	35.71	35.77	35.83	35.89	35.95	36.01
650	36.071	36.131	36.191	36.252	36.312	36.373	36.433	36.494	36.554	36.615
660	36.675	36.736	36.797	36.858	36.918	36.979	37.04	37.101	37.162	37.223
670	37.284	37.345	37.406	37.467	37.528	37.59	37.651	37.712	37.773	37.835
680	37.896	37.958	38.019	38.081	38.142	38.204	38.265	38.327	38.389	38.45
690	38.512	38.574	38.636	38.698	38.76	38.822	38.884	38.946	39.008	39.07
700	39.132	39.194	39.256	39.318	39.381	39.443	39.505	39.568	39.63	39.693
710	39.755	39.818	39.88	39.943	40.005	40.068	40.131	40.193	40.256	40.319

续表

温度（℃）	电动势值（mV）（参考温度 0℃）									
	0	1	2	3	4	5	6	7	8	9
720	40.382	40.445	40.508	40.57	40.633	40.696	40.759	40.822	40.886	40.949
730	41.012	41.075	41.138	41.201	41.265	41.328	41.391	41.455	41.518	41.581
740	41.645	41.708	41.772	41.835	41.899	41.962	42.026	42.09	42.153	42.217
750	42.281	42.344	42.408	42.472	42.536	42.599	42.663	42.727	42.791	42.855
760	42.919	42.983	43.047	43.111	43.175	43.239	43.303	43.367	43.431	43.495
770	43.559	43.624	43.688	43.752	43.817	43.881	43.945	44.01	44.074	44.139
780	44.203	44.267	44.332	44.396	44.461	44.525	44.59	44.655	44.719	44.784
790	44.848	44.913	44.977	45.042	45.107	45.171	45.236	45.301	45.365	45.43
800	45.494	45.559	45.624	45.688	45.753	45.818	45.882	45.947	46.011	46.076
810	46.141	46.205	46.27	46.334	46.399	46.464	46.528	46.593	46.657	46.722
820	46.786	46.851	46.915	46.98	47.044	47.109	47.173	47.238	47.302	47.367
830	47.431	47.495	47.56	47.624	47.688	47.753	47.817	47.881	47.946	48.01
840	48.074	48.138	48.202	48.267	48.331	48.395	48.459	48.523	48.587	48.651
850	48.715	48.779	48.843	48.907	48.971	49.034	49.098	49.162	49.226	49.29
860	49.353	49.417	49.481	49.544	49.608	49.672	49.735	49.799	49.862	49.926
870	49.989	50.052	50.116	50.179	50.243	50.306	50.369	50.432	50.495	50.559
880	50.622	50.685	50.748	50.811	50.874	50.937	51.000	51.063	51.126	51.188
890	51.251	51.314	51.377	51.439	51.502	51.565	51.627	51.69	51.752	51.815
900	51.877	51.94	52.002	52.064	52.127	52.189	52.251	52.314	52.376	52.438
910	52.500	52.562	52.624	52.686	52.748	52.81	52.872	52.934	52.996	53.057
920	53.119	53.181	53.243	53.304	53.366	53.427	53.489	53.55	53.612	53.673
930	53.735	53.796	53.857	53.919	53.98	54.041	54.102	54.164	54.225	54.286
940	54.347	54.408	54.469	54.53	54.591	54.652	54.713	54.773	54.834	54.895
950	54.956	55.016	55.077	55.138	55.198	55.259	55.319	55.38	55.44	55.501
960	55.561	55.622	55.682	55.742	55.803	55.863	55.923	55.983	56.043	56.104
970	56.164	56.224	56.284	56.344	56.404	56.464	56.524	56.584	56.643	56.703
980	56.763	56.823	56.883	56.942	57.002	57.062	57.121	57.181	57.24	57.3
990	57.36	57.419	57.479	57.538	57.597	57.657	57.716	57.776	57.835	57.894
1000	57.953	58.013	58.072	58.131	58.19	58.249	58.309	58.368	58.427	58.486
1010	58.545	58.604	58.663	58.722	58.781	58.84	58.899	58.957	59.016	59.075
1020	59.134	59.193	59.252	59.310	59.369	59.428	59.487	59.545	59.604	59.663
1030	59.721	59.780	59.838	59.897	59.956	60.014	60.073	60.131	60.19	60.248

续表

电动势值（mV）（参考温度0℃）										
温度（℃）	0	1	2	3	4	5	6	7	8	9
1040	60.307	60.365	60.423	60.482	60.54	60.599	60.657	60.715	60.774	60.832
1050	60.89	60.949	61.007	61.065	61.123	61.182	61.24	61.298	61.356	61.415
1060	61.473	61.531	61.589	61.647	61.705	61.763	61.822	61.88	61.938	61.996
1070	62.054	62.112	62.17	62.228	62.286	62.344	62.402	62.46	62.518	62.576
1080	62.634	62.692	62.75	62.808	62.866	62.924	62.982	63.04	63.098	63.156
1090	63.214	63.271	63.329	63.387	63.445	63.503	63.561	63.619	63.677	63.734
1100	63.792	63.850	63.908	63.966	64.024	64.081	64.139	64.197	64.255	64.313
1110	64.37	64.428	64.486	64.544	64.602	64.659	64.717	64.775	64.833	64.89
1120	64.948	65.006	65.064	65.121	65.179	65.237	65.295	65.352	65.41	65.468
1130	65.525	65.583	65.641	65.699	65.756	65.814	65.872	65.929	65.987	66.045
1140	66.102	66.160	66.218	66.275	66.333	66.391	66.448	66.506	66.564	66.621
1150	66.679	66.737	66.794	66.852	66.91	66.967	67.025	67.082	67.14	67.198
1160	67.255	67.313	67.37	67.428	67.486	67.543	67.601	67.658	67.716	67.773
1170	67.831	67.888	67.946	68.003	68.061	68.119	68.176	68.234	68.291	68.348
1180	68.406	68.463	68.521	68.578	68.636	68.693	68.751	68.808	68.865	68.923
1190	68.98	69.037	69.095	69.152	69.209	69.267	69.324	69.381	69.439	69.496
1200	69.553									

附录7　K型（镍铬-镍硅）热电偶分度表（ITS-90）（见附表7-1）

附表7-1　　K型（镍铬-镍硅）热电偶分度表（ITS-90）

电动势值（mV）（参考温度0℃）										
温度（℃）	0	−9	−8	−7	−6	−5	−4	−3	−2	−1
−270	−6.458									
−260	−6.441	−6.457	−6.456	−6.455	−6.453	−6.452	−6.45	−6.448	−6.446	−6.444
−250	−6.404	−6.438	−6.435	−6.432	−6.429	−6.425	−6.421	−6.417	−6.413	−6.408
−240	−6.344	−6.399	−6.393	−6.388	−6.382	−6.377	−6.37	−6.364	−6.358	−6.351
−230	−6.262	−6.337	−6.329	−6.322	−6.314	−6.306	−6.297	−6.289	−6.28	−6.271
−220	−6.158	−6.252	−6.243	−6.233	−6.223	−6.213	−6.202	−6.192	−6.181	−6.17
−210	−6.035	−6.147	−6.135	−6.123	−6.111	−6.099	−6.087	−6.074	−6.061	−6.048
−200	−5.891	−6.021	−6.007	−5.994	−5.98	−5.965	−5.951	−5.936	−5.922	−5.907
−190	−5.73	−5.876	−5.861	−5.845	−5.829	−5.813	−5.797	−5.78	−5.763	−5.747

续表

温度（℃）	0	-9	-8	-7	-6	-5	-4	-3	-2	-1
	电动势值（mV）（参考温度0℃）									
-180	-5.55	-5.713	-5.695	-5.678	-5.66	-5.642	-5.624	-5.606	-5.588	-5.569
-170	-5.354	-5.531	-5.512	-5.493	-5.474	-5.454	-5.435	-5.415	-5.395	-5.374
-160	-5.141	-5.333	-5.313	-5.292	-5.271	-5.25	-5.228	-5.207	-5.185	-5.163
-150	-4.913	-5.119	-5.097	-5.074	-5.052	-5.029	-5.006	-4.983	-4.96	-4.936
-140	-4.669	-4.889	-4.865	-4.841	-4.817	-4.793	-4.768	-4.744	-4.719	-4.694
-130	-4.411	-4.644	-4.618	-4.593	-4.567	-4.542	-4.516	-4.49	-4.463	-4.437
-120	-4.138	-4.384	-4.357	-4.33	-4.303	-4.276	-4.249	-4.221	-4.194	-4.166
-110	-3.852	-4.11	-4.082	-4.054	-4.025	-3.997	-3.968	-3.939	-3.911	-3.882
-100	-3.554	-3.823	-3.794	-3.764	-3.734	-3.705	-3.675	-3.645	-3.614	-3.584
-90	-3.243	-3.523	-3.492	-3.462	-3.431	-3.4	-3.368	-3.337	-3.306	-3.274
-80	-2.92	-3.211	-3.179	-3.147	-3.115	-3.083	-3.05	-3.018	-2.986	-2.953
-70	-2.587	-2.887	-2.854	-2.821	-2.788	-2.755	-2.721	-2.688	-2.654	-2.62
-60	-2.243	-2.553	-2.519	-2.485	-2.45	-2.416	-2.382	-2.347	-2.312	-2.278
-50	-1.889	-2.208	-2.173	-2.138	-2.103	-2.067	-2.032	-1.996	-1.961	-1.925
-40	-1.527	-1.854	-1.818	-1.782	-1.745	-1.709	-1.673	-1.637	-1.6	-1.564
-30	-1.156	-1.49	-1.453	-1.417	-1.38	-1.343	-1.305	-1.268	-1.231	-1.194
-20	-0.778	-1.119	-1.081	-1.043	-1.006	-0.968	-0.93	-0.892	-0.854	-0.816
-10	-0.392	-0.739	-0.701	-0.663	-0.624	-0.586	-0.547	-0.508	-0.47	-0.431
0	0	-0.353	-0.314	-0.275	-0.236	-0.197	-0.157	-0.118	-0.079	-0.039
温度（℃）	0	1	2	3	4	5	6	7	8	9
0	0	0.039	0.079	0.119	0.158	0.198	0.238	0.277	0.317	0.357
10	0.397	0.437	0.477	0.517	0.557	0.597	0.637	0.677	0.718	0.758
20	0.798	0.838	0.879	0.919	0.96	1	1.041	1.081	1.122	1.163
30	1.203	1.244	1.285	1.326	1.366	1.407	1.448	1.489	1.53	1.571
40	1.612	1.653	1.694	1.735	1.776	1.817	1.858	1.899	1.941	1.982
50	2.023	2.064	2.106	2.147	2.188	2.23	2.271	2.312	2.354	2.395
60	2.436	2.478	2.519	2.561	2.602	2.644	2.685	2.727	2.768	2.81
70	2.851	2.893	2.934	2.976	3.017	3.059	3.1	3.142	3.184	3.225
80	3.267	3.308	3.35	3.391	3.433	3.474	3.516	3.557	3.599	3.64
90	3.682	3.723	3.765	3.806	3.848	3.889	3.931	3.972	4.013	4.055
100	4.096	4.138	4.179	4.22	4.262	4.303	4.344	4.385	4.427	4.468
110	4.509	4.55	4.591	4.633	4.674	4.715	4.756	4.797	4.838	4.879
120	4.92	4.961	5.002	5.043	5.084	5.124	5.165	5.206	5.247	5.288
130	5.328	5.369	5.41	5.45	5.491	5.532	5.572	5.613	5.653	5.694

续表

电动势值（mV）（参考温度 0℃）										
温度（℃）	0	1	2	3	4	5	6	7	8	9
140	5.735	5.775	5.815	5.856	5.896	5.937	5.977	6.017	6.058	6.098
150	6.138	6.179	6.219	6.259	6.299	6.339	6.38	6.42	6.46	6.5
160	6.54	6.58	6.62	6.66	6.701	6.741	6.781	6.821	6.861	6.901
170	6.941	6.981	7.021	7.06	7.1	7.14	7.18	7.22	7.26	7.3
180	7.34	7.38	7.42	7.46	7.5	7.54	7.579	7.619	7.659	7.699
190	7.739	7.779	7.819	7.859	7.899	7.939	7.979	8.019	8.059	8.099
200	8.138	8.178	8.218	8.258	8.298	8.338	8.378	8.418	8.458	8.499
210	8.539	8.579	8.619	8.659	8.699	8.739	8.779	8.819	8.86	8.9
220	8.94	8.98	9.02	9.061	9.101	9.141	9.181	9.222	9.262	9.302
230	9.343	9.383	9.423	9.464	9.504	9.545	9.585	9.626	9.666	9.707
240	9.747	9.788	9.828	9.869	9.909	9.95	9.991	10.031	10.072	10.113
250	10.153	10.194	10.235	10.276	10.316	10.357	10.398	10.439	10.48	10.52
260	10.561	10.602	10.643	10.684	10.725	10.766	10.807	10.848	10.889	10.93
270	10.971	11.012	11.053	11.094	11.135	11.176	11.217	11.259	11.3	11.341
280	11.382	11.423	11.465	11.506	11.547	11.588	11.63	11.671	11.712	11.753
290	11.795	11.836	11.877	11.919	11.96	12.001	12.043	12.084	12.126	12.167
300	12.209	12.25	12.291	12.333	12.374	12.416	12.457	12.499	12.54	12.582
310	12.624	12.665	12.707	12.748	12.79	12.831	12.873	12.915	12.956	12.998
320	13.04	13.081	13.123	13.165	13.206	13.248	13.29	13.331	13.373	13.415
330	13.457	13.498	13.54	13.582	13.624	13.665	13.707	13.749	13.791	13.833
340	13.874	13.916	13.958	14	14.042	14.084	14.126	14.167	14.209	14.251
350	14.293	14.335	14.377	14.419	14.461	14.503	14.545	14.587	14.629	14.671
360	14.713	14.755	14.797	14.839	14.881	14.923	14.965	15.007	15.049	15.091
370	15.133	15.175	15.217	15.259	15.301	15.343	15.385	15.427	15.469	15.511
380	15.554	15.596	15.638	15.68	15.722	15.764	15.806	15.849	15.891	15.933
390	15.975	16.017	16.059	16.102	16.144	16.186	16.228	16.27	16.313	16.355
400	16.397	16.439	16.482	16.524	16.566	16.608	16.651	16.693	16.735	16.778
410	16.82	16.862	16.904	16.947	16.989	17.031	17.074	17.116	17.158	17.201
420	17.243	17.285	17.328	17.37	17.413	17.455	17.497	17.54	17.582	17.624
430	17.667	17.709	17.752	17.794	17.837	17.879	17.921	17.964	18.006	18.049
440	18.091	18.134	18.176	18.218	18.261	18.303	18.346	18.388	18.431	18.473
450	18.516	18.558	18.601	18.643	18.686	18.728	18.771	18.813	18.856	18.898
460	18.941	18.983	19.026	19.068	19.111	19.154	19.196	19.239	19.281	19.324
470	19.366	19.409	19.451	19.494	19.537	19.579	19.622	19.664	19.707	19.75

续表

温度（℃）	电动势值（mV）（参考温度0℃）									
	0	1	2	3	4	5	6	7	8	9
480	19.792	19.835	19.877	19.92	19.962	20.005	20.048	20.09	20.133	20.175
490	20.218	20.261	20.303	20.346	20.389	20.431	20.474	20.516	20.559	20.602
500	20.644	20.687	20.73	20.772	20.815	20.857	20.9	20.943	20.985	21.028
510	21.071	21.113	21.156	21.199	21.241	21.284	21.326	21.369	21.412	21.454
520	21.497	21.54	21.582	21.625	21.668	21.71	21.753	21.796	21.838	21.881
530	21.924	21.966	22.009	22.052	22.094	22.137	22.179	22.222	22.265	22.307
540	22.35	22.393	22.435	22.478	22.521	22.563	22.606	22.649	22.691	22.734
550	22.776	22.819	22.862	22.904	22.947	22.99	23.032	23.075	23.117	23.16
560	23.203	23.245	23.288	23.331	23.373	23.416	23.458	23.501	23.544	23.586
570	23.629	23.671	23.714	23.757	23.799	23.842	23.884	23.927	23.97	24.012
580	24.055	24.097	24.14	24.182	24.225	24.267	24.31	24.353	24.395	24.438
590	24.48	24.523	24.565	24.608	24.65	24.693	24.735	24.778	24.82	24.863
600	24.905	24.948	24.99	25.033	25.075	25.118	25.16	25.203	25.245	25.288
610	25.33	25.373	25.415	25.458	25.5	25.543	25.585	25.627	25.67	25.712
620	25.755	25.797	25.84	25.882	25.924	25.967	26.009	26.052	26.094	26.136
630	26.179	26.221	26.263	26.306	26.348	26.39	26.433	26.475	26.517	26.56
640	26.602	26.644	26.687	26.729	26.771	26.814	26.856	26.898	26.94	26.983
650	27.025	27.067	27.109	27.152	27.194	27.236	27.278	27.32	27.363	27.405
660	27.447	27.489	27.531	27.574	27.616	27.658	27.7	27.742	27.784	27.826
670	27.869	27.911	27.953	27.995	28.037	28.079	28.121	28.163	28.205	28.247
680	28.289	28.332	28.374	28.416	28.458	28.5	28.542	28.584	28.626	28.668
690	28.71	28.752	28.794	28.835	28.877	28.919	28.961	29.003	29.045	29.087
700	29.129	29.171	29.213	29.255	29.297	29.338	29.38	29.422	29.464	29.506
710	29.548	29.589	29.631	29.673	29.715	29.757	29.798	29.84	29.882	29.924
720	29.965	30.007	30.049	30.09	30.132	30.174	30.216	30.257	30.299	30.341
730	30.382	30.424	30.466	30.507	30.549	30.59	30.632	30.674	30.715	30.757
740	30.798	30.84	30.881	30.923	30.964	31.006	31.047	31.089	31.13	31.172
750	31.213	31.255	31.296	31.338	31.379	31.421	31.462	31.504	31.545	31.586
760	31.628	31.669	31.71	31.752	31.793	31.834	31.876	31.917	31.958	32
770	32.041	32.082	32.124	32.165	32.206	32.247	32.289	32.33	32.371	32.412
780	32.453	32.495	32.536	32.577	32.618	32.659	32.7	32.742	32.783	32.824
790	32.865	32.906	32.947	32.988	33.029	33.07	33.111	33.152	33.193	33.234
800	33.275	33.316	33.357	33.398	33.439	33.48	33.521	33.562	33.603	33.644
810	33.685	33.726	33.767	33.808	33.848	33.889	33.93	33.971	34.012	34.053

续表

电动势值（mV）（参考温度 0℃）										
温度（℃）	0	1	2	3	4	5	6	7	8	9
820	34.093	34.134	34.175	34.216	34.257	34.297	34.338	34.379	34.42	34.46
830	34.501	34.542	34.582	34.623	34.664	34.704	34.745	34.786	34.826	34.867
840	34.908	34.948	34.989	35.029	35.07	35.11	35.151	35.192	35.232	35.273
850	35.313	35.354	35.394	35.435	35.475	35.516	35.556	35.596	35.637	35.677
860	35.718	35.758	35.798	35.839	35.879	35.92	35.96	36	36.041	36.081
870	36.121	36.162	36.202	36.242	36.282	36.323	36.363	36.403	36.443	36.484
880	36.524	36.564	36.604	36.644	36.685	36.725	36.765	36.805	36.845	36.885
890	36.925	36.965	37.006	37.046	37.086	37.126	37.166	37.206	37.246	37.286
900	37.326	37.366	37.406	37.446	37.486	37.526	37.566	37.606	37.646	37.686
910	37.725	37.765	37.805	37.845	37.885	37.925	37.965	38.005	38.044	38.084
920	38.124	38.164	38.204	38.243	38.283	38.323	38.363	38.402	38.442	38.482
930	38.522	38.561	38.601	38.641	38.68	38.72	38.76	38.799	38.839	38.878
940	38.918	38.958	38.997	39.037	39.076	39.116	39.155	39.195	39.235	39.274
950	39.314	39.353	39.393	39.432	39.471	39.511	39.55	39.59	39.629	39.669
960	39.708	39.747	39.787	39.826	39.866	39.905	39.944	39.984	40.023	40.062
970	40.101	40.141	40.18	40.219	40.259	40.298	40.337	40.376	40.415	40.455
980	40.494	40.533	40.572	40.611	40.651	40.69	40.729	40.768	40.807	40.846
990	40.885	40.924	40.963	41.002	41.042	41.081	41.12	41.159	41.198	41.237
1000	41.276	41.315	41.354	41.393	41.431	41.47	41.509	41.548	41.587	41.626
1010	41.665	41.704	41.743	41.781	41.82	41.859	41.898	41.937	41.976	42.014
1020	42.053	42.092	42.131	42.169	42.208	42.247	42.286	42.324	42.363	42.402
1030	42.44	42.479	42.518	42.556	42.595	42.633	42.672	42.711	42.749	42.788
1040	42.826	42.865	42.903	42.942	42.98	43.019	43.057	43.096	43.134	43.173
1050	43.211	43.25	43.288	43.327	43.365	43.403	43.442	43.48	43.518	43.557
1060	43.595	43.633	43.672	43.71	43.748	43.787	43.825	43.863	43.901	43.94
1070	43.978	44.016	44.054	44.092	44.13	44.169	44.207	44.245	44.283	44.321
1080	44.359	44.397	44.435	44.473	44.512	44.55	44.588	44.626	44.664	44.702
1090	44.74	44.778	44.816	44.853	44.891	44.929	44.967	45.005	45.043	45.081
1100	45.119	45.157	45.194	45.232	45.27	45.308	45.346	45.383	45.421	45.459
1110	45.497	45.534	45.572	45.61	45.647	45.685	45.723	45.76	45.798	45.836
1120	45.873	45.911	45.948	45.986	46.024	46.061	46.099	46.136	46.174	46.211
1130	46.249	46.286	46.324	46.361	46.398	46.436	46.473	46.511	46.548	46.585
1140	46.623	46.66	46.697	46.735	46.772	46.809	46.847	46.884	46.921	46.958

续表

温度（℃）	0	1	2	3	4	5	6	7	8	9
	电动势值（mV）（参考温度0℃）									
1150	46.995	47.033	47.07	47.107	47.144	47.181	47.218	47.256	47.293	47.33
1160	47.367	47.404	47.441	47.478	47.515	47.552	47.589	47.626	47.663	47.7
1170	47.737	47.774	47.811	47.848	47.884	47.921	47.958	47.995	48.032	48.069
1180	48.105	48.142	48.179	48.216	48.252	48.289	48.326	48.363	48.399	48.436
1190	48.473	48.509	48.546	48.582	48.619	48.656	48.692	48.729	48.765	48.802
1200	48.838	48.875	48.911	48.948	48.984	49.021	49.057	49.093	49.13	49.166
1210	49.202	49.239	49.275	49.311	49.348	49.384	49.42	49.456	49.493	49.529
1220	49.565	49.601	49.637	49.674	49.71	49.746	49.782	49.818	49.854	49.89
1230	49.926	49.962	49.998	50.034	50.07	50.106	50.142	50.178	50.214	50.25
1240	50.286	50.322	50.358	50.393	50.429	50.465	50.501	50.537	50.572	50.608
1250	50.644	50.68	50.715	50.751	50.787	50.822	50.858	50.894	50.929	50.965
1260	51	51.036	51.071	51.107	51.142	51.178	51.213	51.249	51.284	51.32
1270	51.355	51.391	51.426	51.461	51.497	51.532	51.567	51.603	51.638	51.673
1280	51.708	51.744	51.779	51.814	51.849	51.885	51.92	51.955	51.99	52.025
1290	52.06	52.095	52.13	52.165	52.2	52.235	52.27	52.305	52.34	52.375
1300	52.41	52.445	52.48	52.515	52.55	52.585	52.62	52.654	52.689	52.724
1310	52.759	52.794	52.828	52.863	52.898	52.932	52.967	53.002	53.037	53.071
1320	53.106	53.14	53.175	53.21	53.244	53.279	53.313	53.348	53.382	53.417
1330	53.451	53.486	53.52	53.555	53.589	53.623	53.658	53.692	53.727	53.761
1340	53.795	53.83	53.864	53.898	53.932	53.967	54.001	54.035	54.069	54.104
1350	54.138	54.172	54.206	54.24	54.274	54.308	54.343	54.377	54.411	54.445
1360	54.479	54.513	54.547	54.581	54.615	54.649	54.683	54.717	54.751	54.785
1370	54.819	54.852	54.886							

附录8　N型（镍铬硅-镍硅）热电偶分度表（ITS-90）（见附表8-1）

附表8-1　　N型（镍铬硅-镍硅）热电偶分度表（ITS-90）

温度（℃）	0	−9	−8	−7	−6	−5	−4	−3	−2	−1
	电动势值（mV）（参考温度0℃）									
−200	−3.99									
−190	−3.884	−3.98	−3.97	−3.96	−3.95	−3.939	−3.928	−3.918	−3.907	−3.896
−180	−3.766	−3.873	−3.862	−3.85	−3.838	−3.827	−3.815	−3.803	−3.79	−3.778
−170	−3.634	−3.753	−3.74	−3.728	−3.715	−3.702	−3.688	−3.675	−3.662	−3.648

续表

电动势值（mV）（参考温度 0℃）										
温度（℃）	0	−9	−8	−7	−6	−5	−4	−3	−2	−1
−160	−3.491	−3.621	−3.607	−3.593	−3.578	−3.564	−3.55	−3.535	−3.521	−3.506
−150	−3.336	−3.476	−3.461	−3.446	−3.431	−3.415	−3.4	−3.384	−3.368	−3.352
−140	−3.171	−3.32	−3.304	−3.288	−3.271	−3.255	−3.238	−3.221	−3.205	−3.188
−130	−2.994	−3.153	−3.136	−3.119	−3.101	−3.084	−3.066	−3.048	−3.03	−3.012
−120	−2.808	−2.976	−2.958	−2.939	−2.921	−2.902	−2.883	−2.865	−2.846	−2.827
−110	−2.612	−2.789	−2.769	−2.75	−2.73	−2.711	−2.691	−2.672	−2.652	−2.632
−100	−2.407	−2.592	−2.571	−2.551	−2.531	−2.51	−2.49	−2.469	−2.448	−2.428
−90	−2.193	−2.386	−2.365	−2.344	−2.322	−2.301	−2.28	−2.258	−2.237	−2.215
−80	−1.972	−2.172	−2.15	−2.128	−2.106	−2.084	−2.062	−2.039	−2.017	−1.995
−70	−1.744	−1.95	−1.927	−1.905	−1.882	−1.859	−1.836	−1.813	−1.79	−1.767
−60	−1.509	−1.721	−1.698	−1.674	−1.651	−1.627	−1.604	−1.58	−1.557	−1.533
−50	−1.269	−1.485	−1.462	−1.438	−1.414	−1.39	−1.366	−1.341	−1.317	−1.293
−40	−1.023	−1.244	−1.22	−1.195	−1.171	−1.146	−1.122	−1.097	−1.072	−1.048
−30	−0.772	−0.998	−0.973	−0.948	−0.923	−0.898	−0.873	−0.848	−0.823	−0.798
−20	−0.518	−0.747	−0.722	−0.696	−0.671	−0.646	−0.62	−0.595	−0.569	−0.544
−10	−0.26	−0.492	−0.467	−0.441	−0.415	−0.39	−0.364	−0.338	−0.312	−0.286
0	0	−0.234	−0.209	−0.183	−0.157	−0.131	−0.104	−0.078	−0.052	−0.026
温度（℃）	0	1	2	3	4	5	6	7	8	9
0	0	0.026	0.052	0.078	0.104	0.13	0.156	0.182	0.208	0.235
10	0.261	0.287	0.313	0.34	0.366	0.393	0.419	0.446	0.472	0.499
20	0.525	0.552	0.578	0.605	0.632	0.659	0.685	0.712	0.739	0.766
30	0.793	0.82	0.847	0.874	0.901	0.928	0.955	0.983	1.01	1.037
40	1.065	1.092	1.119	1.147	1.174	1.202	1.229	1.257	1.284	1.312
50	1.34	1.368	1.395	1.423	1.451	1.479	1.507	1.535	1.563	1.591
60	1.619	1.647	1.675	1.703	1.732	1.76	1.788	1.817	1.845	1.873
70	1.902	1.93	1.959	1.988	2.016	2.045	2.074	2.102	2.131	2.16
80	2.189	2.218	2.247	2.276	2.305	2.334	2.363	2.392	2.421	2.45
90	2.48	2.509	2.538	2.568	2.597	2.626	2.656	2.685	2.715	2.744
100	2.774	2.804	2.833	2.863	2.893	2.923	2.953	2.983	3.012	3.042
110	3.072	3.102	3.133	3.163	3.193	3.223	3.253	3.283	3.314	3.344
120	3.374	3.405	3.435	3.466	3.496	3.527	3.557	3.588	3.619	3.649
130	3.68	3.711	3.742	3.772	3.803	3.834	3.865	3.896	3.927	3.958
140	3.989	4.02	4.051	4.083	4.114	4.145	4.176	4.208	4.239	4.27

续表

电动势值（mV）（参考温度0℃）										
温度（℃）	0	1	2	3	4	5	6	7	8	9
150	4.302	4.333	4.365	4.396	4.428	4.459	4.491	4.523	4.554	4.586
160	4.618	4.65	4.681	4.713	4.745	4.777	4.809	4.841	4.873	4.905
170	4.937	4.969	5.001	5.033	5.066	5.098	5.13	5.162	5.195	5.227
180	5.259	5.292	5.324	5.357	5.389	5.422	5.454	5.487	5.52	5.552
190	5.585	5.618	5.65	5.683	5.716	5.749	5.782	5.815	5.847	5.88
200	5.913	5.946	5.979	6.013	6.046	6.079	6.112	6.145	6.178	6.211
210	6.245	6.278	6.311	6.345	6.378	6.411	6.445	6.478	6.512	6.545
220	6.579	6.612	6.646	6.68	6.713	6.747	6.781	6.814	6.848	6.882
230	6.916	6.949	6.983	7.017	7.051	7.085	7.119	7.153	7.187	7.221
240	7.255	7.289	7.323	7.357	7.392	7.426	7.46	7.494	7.528	7.563
250	7.597	7.631	7.666	7.7	7.734	7.769	7.803	7.838	7.872	7.907
260	7.941	7.976	8.01	8.045	8.08	8.114	8.149	8.184	8.218	8.253
270	8.288	8.323	8.358	8.392	8.427	8.462	8.497	8.532	8.567	8.602
280	8.637	8.672	8.707	8.742	8.777	8.812	8.847	8.882	8.918	8.953
290	8.988	9.023	9.058	9.094	9.129	9.164	9.2	9.235	9.27	9.306
300	9.341	9.377	9.412	9.448	9.483	9.519	9.554	9.59	9.625	9.661
310	9.696	9.732	9.768	9.803	9.839	9.875	9.91	9.946	9.982	10.018
320	10.054	10.089	10.125	10.161	10.197	10.233	10.269	10.305	10.341	10.377
330	10.413	10.449	10.485	10.521	10.557	10.593	10.629	10.665	10.701	10.737
340	10.774	10.81	10.846	10.882	10.918	10.955	10.991	11.027	11.064	11.1
350	11.136	11.173	11.209	11.245	11.282	11.318	11.355	11.391	11.428	11.464
360	11.501	11.537	11.574	11.61	11.647	11.683	11.72	11.757	11.793	11.83
370	11.867	11.903	11.94	11.977	12.013	12.05	12.087	12.124	12.16	12.197
380	12.234	12.271	12.308	12.345	12.382	12.418	12.455	12.492	12.529	12.566
390	12.603	12.64	12.677	12.714	12.751	12.788	12.825	12.862	12.899	12.937
400	12.974	13.011	13.048	13.085	13.122	13.159	13.197	13.234	13.271	13.308
410	13.346	13.383	13.42	13.457	13.495	13.532	13.569	13.607	13.644	13.682
420	13.719	13.756	13.794	13.831	13.869	13.906	13.944	13.981	14.019	14.056
430	14.094	14.131	14.169	14.206	14.244	14.281	14.319	14.356	14.394	14.432
440	14.469	14.507	14.545	14.582	14.62	14.658	14.695	14.733	14.771	14.809
450	14.846	14.884	14.922	14.96	14.998	15.035	15.073	15.111	15.149	15.187
460	15.225	15.262	15.3	15.338	15.376	15.414	15.452	15.49	15.528	15.566
470	15.604	15.642	15.68	15.718	15.756	15.794	15.832	15.87	15.908	15.946

续表

温度（℃）	电动势值（mV）（参考温度 0℃）									
	0	1	2	3	4	5	6	7	8	9
480	15.984	16.022	16.06	16.099	16.137	16.175	16.213	16.251	16.289	16.327
490	16.366	16.404	16.442	16.48	16.518	16.557	16.595	16.633	16.671	16.71
500	16.748	16.786	16.824	16.863	16.901	16.939	16.978	17.016	17.054	17.093
510	17.131	17.169	17.208	17.246	17.285	17.323	17.361	17.4	17.438	17.477
520	17.515	17.554	17.592	17.63	17.669	17.707	17.746	17.784	17.823	17.861
530	17.9	17.938	17.977	18.016	18.054	18.093	18.131	18.17	18.208	18.247
540	18.286	18.324	18.363	18.401	18.44	18.479	18.517	18.556	18.595	18.633
550	18.672	18.711	18.749	18.788	18.827	18.865	18.904	18.943	18.982	19.02
560	19.059	19.098	19.136	19.175	19.214	19.253	19.292	19.33	19.369	19.408
570	19.447	19.485	19.524	19.563	19.602	19.641	19.68	19.718	19.757	19.796
580	19.835	19.874	19.913	19.952	19.99	20.029	20.068	20.107	20.146	20.185
590	20.224	20.263	20.302	20.341	20.379	20.418	20.457	20.496	20.535	20.574
600	20.613	20.652	20.691	20.73	20.769	20.808	20.847	20.886	20.925	20.964
610	21.003	21.042	21.081	21.12	21.159	21.198	21.237	21.276	21.315	21.354
620	21.393	21.432	21.471	21.51	21.549	21.588	21.628	21.667	21.706	21.745
630	21.784	21.823	21.862	21.901	21.94	21.979	22.018	22.058	22.097	22.136
640	22.175	22.214	22.253	22.292	22.331	22.37	22.41	22.449	22.488	22.527
650	22.566	22.605	22.644	22.684	22.723	22.762	22.801	22.84	22.879	22.919
660	22.958	22.997	23.036	23.075	23.115	23.154	23.193	23.232	23.271	23.311
670	23.35	23.389	23.428	23.467	23.507	23.546	23.585	23.624	23.663	23.703
680	23.742	23.781	23.82	23.86	23.899	23.938	23.977	24.016	24.056	24.095
690	24.134	24.173	24.213	24.252	24.291	24.33	24.37	24.409	24.448	24.487
700	24.527	24.566	24.605	24.644	24.684	24.723	24.762	24.801	24.841	24.88
710	24.919	24.959	24.998	25.037	25.076	25.116	25.155	25.194	25.233	25.273
720	25.312	25.351	25.391	25.43	25.469	25.508	25.548	25.587	25.626	25.666
730	25.705	25.744	25.783	25.823	25.862	25.901	25.941	25.98	26.019	26.058
740	26.098	26.137	26.176	26.216	26.255	26.294	26.333	26.373	26.412	26.451
750	26.491	26.53	26.569	26.608	26.648	26.687	26.726	26.766	26.805	26.844
760	26.883	26.923	26.962	27.001	27.041	27.08	27.119	27.158	27.198	27.237
770	27.276	27.316	27.355	27.394	27.433	27.473	27.512	27.551	27.591	27.63
780	27.669	27.708	27.748	27.787	27.826	27.866	27.905	27.944	27.983	28.023
790	28.062	28.101	28.14	28.18	28.219	28.258	28.297	28.337	28.376	28.415
800	28.455	28.494	28.533	28.572	28.612	28.651	28.69	28.729	28.769	28.808

续表

电动势值（mV）（参考温度0℃）										
温度（℃）	0	1	2	3	4	5	6	7	8	9
810	28.847	28.886	28.926	28.965	29.004	29.043	29.083	29.122	29.161	29.2
820	29.239	29.279	29.318	29.357	29.396	29.436	29.475	29.514	29.553	29.592
830	29.632	29.671	29.71	29.749	29.789	29.828	29.867	29.906	29.945	29.985
840	30.024	30.063	30.102	30.141	30.181	30.22	30.259	30.298	30.337	30.376
850	30.416	30.455	30.494	30.533	30.572	30.611	30.651	30.69	30.729	30.768
860	30.807	30.846	30.886	30.925	30.964	31.003	31.042	31.081	31.12	31.16
870	31.199	31.238	31.277	31.316	31.355	31.394	31.433	31.473	31.512	31.551
880	31.59	31.629	31.668	31.707	31.746	31.785	31.824	31.863	31.903	31.942
890	31.981	32.02	32.059	32.098	32.137	32.176	32.215	32.254	32.293	32.332
900	32.371	32.41	32.449	32.488	32.527	32.566	32.605	32.644	32.683	32.722
910	32.761	32.8	32.839	32.878	32.917	32.956	32.995	33.034	33.073	33.112
920	33.151	33.19	33.229	33.268	33.307	33.346	33.385	33.424	33.463	33.502
930	33.541	33.58	33.619	33.658	33.697	33.736	33.774	33.813	33.852	33.891
940	33.93	33.969	34.008	34.047	34.086	34.124	34.163	34.202	34.241	34.28
950	34.319	34.358	34.396	34.435	34.474	34.513	34.552	34.591	34.629	34.668
960	34.707	34.746	34.785	34.823	34.862	34.901	34.94	34.979	35.017	35.056
970	35.095	35.134	35.172	35.211	35.25	35.289	35.327	35.366	35.405	35.444
980	35.482	35.521	35.56	35.598	35.637	35.676	35.714	35.753	35.792	35.831
990	35.869	35.908	35.946	35.985	36.024	36.062	36.101	36.14	36.178	36.217
1000	36.256	36.294	36.333	36.371	36.41	36.449	36.487	36.526	36.564	36.603
1010	36.641	36.68	36.718	36.757	36.796	36.834	36.873	36.911	36.95	36.988
1020	37.027	37.065	37.104	37.142	37.181	37.219	37.258	37.296	37.334	37.373
1030	37.411	37.45	37.488	37.527	37.565	37.603	37.642	37.68	37.719	37.757
1040	37.795	37.834	37.872	37.911	37.949	37.987	38.026	38.064	38.102	38.141
1050	38.179	38.217	38.256	38.294	38.332	38.37	38.409	38.447	38.485	38.524
1060	38.562	38.6	38.638	38.677	38.715	38.753	38.791	38.829	38.868	38.906
1070	38.944	38.982	39.02	39.059	39.097	39.135	39.173	39.211	39.249	39.287
1080	39.326	39.364	39.402	39.44	39.478	39.516	39.554	39.592	39.63	39.668
1090	39.706	39.744	39.783	39.821	39.859	39.897	39.935	39.973	40.011	40.049
1100	40.087	40.125	40.163	40.201	40.238	40.276	40.314	40.352	40.39	40.428
1110	40.466	40.504	40.542	40.58	40.618	40.655	40.693	40.731	40.769	40.807
1120	40.845	40.883	40.92	40.958	40.996	41.034	41.072	41.109	41.147	41.185
1130	41.223	41.26	41.298	41.336	41.374	41.411	41.449	41.487	41.525	41.562

续表

温度（℃）	电动势值（mV）（参考温度0℃）									
	0	1	2	3	4	5	6	7	8	9
1140	41.6	41.638	41.675	41.713	41.751	41.788	41.826	41.864	41.901	41.939
1150	41.976	42.014	42.052	42.089	42.127	42.164	42.202	42.239	42.277	42.314
1160	42.352	42.39	42.427	42.465	42.502	42.54	42.577	42.614	42.652	42.689
1170	42.727	42.764	42.802	42.839	42.877	42.914	42.951	42.989	43.026	43.064
1180	43.101	43.138	43.176	43.213	43.25	43.288	43.325	43.362	43.399	43.437
1190	43.474	43.511	43.549	43.586	43.623	43.66	43.698	43.735	43.772	43.809
1200	43.846	43.884	43.921	43.958	43.995	44.032	44.069	44.106	44.144	44.181
1210	44.218	44.255	44.292	44.329	44.366	44.403	44.44	44.477	44.514	44.551
1220	44.588	44.625	44.662	44.699	44.736	44.773	44.81	44.847	44.884	44.921
1230	44.958	44.995	45.032	45.069	45.105	45.142	45.179	45.216	45.253	45.29
1240	45.326	45.363	45.4	45.437	45.474	45.51	45.547	45.584	45.621	45.657
1250	45.694	45.731	45.767	45.804	45.841	45.877	45.914	45.951	45.987	46.024
1260	46.06	46.097	46.133	46.17	46.207	46.243	46.28	46.316	46.353	46.389
1270	46.425	46.462	46.498	46.535	46.571	46.608	46.644	46.68	46.717	46.753
1280	46.789	46.826	46.862	46.898	46.935	46.971	47.007	47.043	47.079	47.116
1290	47.152	47.188	47.224	47.26	47.296	47.333	47.369	47.405	47.441	47.477
1300	47.513									

附录9　R型（铂铑13-铂）热电偶分度表（ITS-90）（见附表9-1）

附表9-1　R型（铂铑13-铂）热电偶分度表（ITS-90）

温度（℃）	电动势值（mV）（参考温度0℃）									
	0	−9	−8	−7	−6	−5	−4	−3	−2	−1
−50	−0.226									
−40	−0.188	−0.223	−0.219	−0.215	−0.211	−0.208	−0.204	−0.2	−0.196	−0.192
−30	−0.145	−0.184	−0.18	−0.175	−0.171	−0.167	−0.163	−0.158	−0.154	−0.15
−20	−0.1	−0.141	−0.137	−0.132	−0.128	−0.123	−0.119	−0.114	−0.109	−0.105
−10	−0.051	−0.095	−0.091	−0.086	−0.081	−0.076	−0.071	−0.066	−0.061	−0.056
0	0	−0.046	−0.041	−0.036	−0.031	−0.026	−0.021	−0.016	−0.011	−0.005
温度（℃）	0	1	2	3	4	5	6	7	8	9
0	0	0.005	0.011	0.016	0.021	0.027	0.032	0.038	0.043	0.049
10	0.054	0.06	0.065	0.071	0.077	0.082	0.088	0.094	0.1	0.105
20	0.111	0.117	0.123	0.129	0.135	0.141	0.147	0.153	0.159	0.165

续表

温度（℃）	电动势值（mV）（参考温度 0℃）									
	0	1	2	3	4	5	6	7	8	9
30	0.171	0.177	0.183	0.189	0.195	0.201	0.207	0.214	0.22	0.226
40	0.232	0.239	0.245	0.251	0.258	0.264	0.271	0.277	0.284	0.29
50	0.296	0.303	0.31	0.316	0.323	0.329	0.336	0.343	0.349	0.356
60	0.363	0.369	0.376	0.383	0.39	0.397	0.403	0.41	0.417	0.424
70	0.431	0.438	0.445	0.452	0.459	0.466	0.473	0.48	0.487	0.494
80	0.501	0.508	0.516	0.523	0.53	0.537	0.544	0.552	0.559	0.566
90	0.573	0.581	0.588	0.595	0.603	0.61	0.618	0.625	0.632	0.64
100	0.647	0.655	0.662	0.67	0.677	0.685	0.693	0.7	0.708	0.715
110	0.723	0.731	0.738	0.746	0.754	0.761	0.769	0.777	0.785	0.792
120	0.8	0.808	0.816	0.824	0.832	0.839	0.847	0.855	0.863	0.871
130	0.879	0.887	0.895	0.903	0.911	0.919	0.927	0.935	0.943	0.951
140	0.959	0.967	0.976	0.984	0.992	1	1.008	1.016	1.025	1.033
150	1.041	1.049	1.058	1.066	1.074	1.082	1.091	1.099	1.107	1.116
160	1.124	1.132	1.141	1.149	1.158	1.166	1.175	1.183	1.191	1.2
170	1.208	1.217	1.225	1.234	1.242	1.251	1.26	1.268	1.277	1.285
180	1.294	1.303	1.311	1.32	1.329	1.337	1.346	1.355	1.363	1.372
190	1.381	1.389	1.398	1.407	1.416	1.425	1.433	1.442	1.451	1.46
200	1.469	1.477	1.486	1.495	1.504	1.513	1.522	1.531	1.54	1.549
210	1.558	1.567	1.575	1.584	1.593	1.602	1.611	1.62	1.629	1.639
220	1.648	1.657	1.666	1.675	1.684	1.693	1.702	1.711	1.72	1.729
230	1.739	1.748	1.757	1.766	1.775	1.784	1.794	1.803	1.812	1.821
240	1.831	1.84	1.849	1.858	1.868	1.877	1.886	1.895	1.905	1.914
250	1.923	1.933	1.942	1.951	1.961	1.97	1.98	1.989	1.998	2.008
260	2.017	2.027	2.036	2.046	2.055	2.064	2.074	2.083	2.093	2.102
270	2.112	2.121	2.131	2.14	2.15	2.159	2.169	2.179	2.188	2.198
280	2.207	2.217	2.226	2.236	2.246	2.255	2.265	2.275	2.284	2.294
290	2.304	2.313	2.323	2.333	2.342	2.352	2.362	2.371	2.381	2.391
300	2.401	2.41	2.42	2.43	2.44	2.449	2.459	2.469	2.479	2.488
310	2.498	2.508	2.518	2.528	2.538	2.547	2.557	2.567	2.577	2.587
320	2.597	2.607	2.617	2.626	2.636	2.646	2.656	2.666	2.676	2.686
330	2.696	2.706	2.716	2.726	2.736	2.746	2.756	2.766	2.776	2.786
340	2.796	2.806	2.816	2.826	2.836	2.846	2.856	2.866	2.876	2.886
350	2.896	2.906	2.916	2.926	2.937	2.947	2.957	2.967	2.977	2.987

续表

温度（℃）	电动势值（mV）（参考温度0℃）									
	0	1	2	3	4	5	6	7	8	9
360	2.997	3.007	3.018	3.028	3.038	3.048	3.058	3.068	3.079	3.089
370	3.099	3.109	3.119	3.13	3.14	3.15	3.16	3.171	3.181	3.191
380	3.201	3.212	3.222	3.232	3.242	3.253	3.263	3.273	3.284	3.294
390	3.304	3.315	3.325	3.335	3.346	3.356	3.366	3.377	3.387	3.397
400	3.408	3.418	3.428	3.439	3.449	3.46	3.47	3.48	3.491	3.501
410	3.512	3.522	3.533	3.543	3.553	3.564	3.574	3.585	3.595	3.606
420	3.616	3.627	3.637	3.648	3.658	3.669	3.679	3.69	3.7	3.711
430	3.721	3.732	3.742	3.753	3.764	3.774	3.785	3.795	3.806	3.816
440	3.827	3.838	3.848	3.859	3.869	3.88	3.891	3.901	3.912	3.922
450	3.933	3.944	3.954	3.965	3.976	3.986	3.997	4.008	4.018	4.029
460	4.04	4.05	4.061	4.072	4.083	4.093	4.104	4.115	4.125	4.136
470	4.147	4.158	4.168	4.179	4.19	4.201	4.211	4.222	4.233	4.244
480	4.255	4.265	4.276	4.287	4.298	4.309	4.319	4.33	4.341	4.352
490	4.363	4.373	4.384	4.395	4.406	4.417	4.428	4.439	4.449	4.46
500	4.471	4.482	4.493	4.504	4.515	4.526	4.537	4.548	4.558	4.569
510	4.58	4.591	4.602	4.613	4.624	4.635	4.646	4.657	4.668	4.679
520	4.69	4.701	4.712	4.723	4.734	4.745	4.756	4.767	4.778	4.789
530	4.8	4.811	4.822	4.833	4.844	4.855	4.866	4.877	4.888	4.899
540	4.91	4.922	4.933	4.944	4.955	4.966	4.977	4.988	4.999	5.01
550	5.021	5.033	5.044	5.055	5.066	5.077	5.088	5.099	5.111	5.122
560	5.133	5.144	5.155	5.166	5.178	5.189	5.2	5.211	5.222	5.234
570	5.245	5.256	5.267	5.279	5.29	5.301	5.312	5.323	5.335	5.346
580	5.357	5.369	5.38	5.391	5.402	5.414	5.425	5.436	5.448	5.459
590	5.47	5.481	5.493	5.504	5.515	5.527	5.538	5.549	5.561	5.572
600	5.583	5.595	5.606	5.618	5.629	5.64	5.652	5.663	5.674	5.686
610	5.697	5.709	5.72	5.731	5.743	5.754	5.766	5.777	5.789	5.8
620	5.812	5.823	5.834	5.846	5.857	5.869	5.88	5.892	5.903	5.915
630	5.926	5.938	5.949	5.961	5.972	5.984	5.995	6.007	6.018	6.03
640	6.041	6.053	6.065	6.076	6.088	6.099	6.111	6.122	6.134	6.146
650	6.157	6.169	6.18	6.192	6.204	6.215	6.227	6.238	6.25	6.262
660	6.273	6.285	6.297	6.308	6.32	6.332	6.343	6.355	6.367	6.378
670	6.39	6.402	6.413	6.425	6.437	6.448	6.46	6.472	6.484	6.495
680	6.507	6.519	6.531	6.542	6.554	6.566	6.578	6.589	6.601	6.613

续表

温度（℃）	电动势值（mV）（参考温度0℃）									
	0	1	2	3	4	5	6	7	8	9
690	6.625	6.636	6.648	6.66	6.672	6.684	6.695	6.707	6.719	6.731
700	6.743	6.755	6.766	6.778	6.79	6.802	6.814	6.826	6.838	6.849
710	6.861	6.873	6.885	6.897	6.909	6.921	6.933	6.945	6.956	6.968
720	6.98	6.992	7.004	7.016	7.028	7.04	7.052	7.064	7.076	7.088
730	7.1	7.112	7.124	7.136	7.148	7.16	7.172	7.184	7.196	7.208
740	7.22	7.232	7.244	7.256	7.268	7.28	7.292	7.304	7.316	7.328
750	7.34	7.352	7.364	7.376	7.389	7.401	7.413	7.425	7.437	7.449
760	7.461	7.473	7.485	7.498	7.51	7.522	7.534	7.546	7.558	7.57
770	7.583	7.595	7.607	7.619	7.631	7.644	7.656	7.668	7.68	7.692
780	7.705	7.717	7.729	7.741	7.753	7.766	7.778	7.79	7.802	7.815
790	7.827	7.839	7.851	7.864	7.876	7.888	7.901	7.913	7.925	7.938
800	7.95	7.962	7.974	7.987	7.999	8.011	8.024	8.036	8.048	8.061
810	8.073	8.086	8.098	8.11	8.123	8.135	8.147	8.16	8.172	8.185
820	8.197	8.209	8.222	8.234	8.247	8.259	8.272	8.284	8.296	8.309
830	8.321	8.334	8.346	8.359	8.371	8.384	8.396	8.409	8.421	8.434
840	8.446	8.459	8.471	8.484	8.496	8.509	8.521	8.534	8.546	8.559
850	8.571	8.584	8.597	8.609	8.622	8.634	8.647	8.659	8.672	8.685
860	8.697	8.71	8.722	8.735	8.748	8.76	8.773	8.785	8.798	8.811
870	8.823	8.836	8.849	8.861	8.874	8.887	8.899	8.912	8.925	8.937
880	8.95	8.963	8.975	8.988	9.001	9.014	9.026	9.039	9.052	9.065
890	9.077	9.09	9.103	9.115	9.128	9.141	9.154	9.167	9.179	9.192
900	9.205	9.218	9.23	9.243	9.256	9.269	9.282	9.294	9.307	9.32
910	9.333	9.346	9.359	9.371	9.384	9.397	9.41	9.423	9.436	9.449
920	9.461	9.474	9.487	9.5	9.513	9.526	9.539	9.552	9.565	9.578
930	9.59	9.603	9.616	9.629	9.642	9.655	9.668	9.681	9.694	9.707
940	9.72	9.733	9.746	9.759	9.772	9.785	9.798	9.811	9.824	9.837
950	9.85	9.863	9.876	9.889	9.902	9.915	9.928	9.941	9.954	9.967
960	9.98	9.993	10.006	10.019	10.032	10.046	10.059	10.072	10.085	10.098
970	10.111	10.124	10.137	10.15	10.163	10.177	10.19	10.203	10.216	10.229
980	10.242	10.255	10.268	10.282	10.295	10.308	10.321	10.334	10.347	10.361
990	10.374	10.387	10.4	10.413	10.427	10.44	10.453	10.466	10.48	10.493
1000	10.506	10.519	10.532	10.546	10.559	10.572	10.585	10.599	10.612	10.625
1010	10.638	10.652	10.665	10.678	10.692	10.705	10.718	10.731	10.745	10.758

续表

温度（℃）	电动势值（mV）（参考温度 0℃）									
	0	1	2	3	4	5	6	7	8	9
1020	10.771	10.785	10.798	10.811	10.825	10.838	10.851	10.865	10.878	10.891
1030	10.905	10.918	10.932	10.945	10.958	10.972	10.985	10.998	11.012	11.025
1040	11.039	11.052	11.065	11.079	11.092	11.106	11.119	11.132	11.146	11.159
1050	11.173	11.186	11.2	11.213	11.227	11.24	11.253	11.267	11.28	11.294
1060	11.307	11.321	11.334	11.348	11.361	11.375	11.388	11.402	11.415	11.429
1070	11.442	11.456	11.469	11.483	11.496	11.51	11.524	11.537	11.551	11.564
1080	11.578	11.591	11.605	11.618	11.632	11.646	11.659	11.673	11.686	11.7
1090	11.714	11.727	11.741	11.754	11.768	11.782	11.795	11.809	11.822	11.836
1100	11.85	11.863	11.877	11.891	11.904	11.918	11.931	11.945	11.959	11.972
1110	11.986	12	12.013	12.027	12.041	12.054	12.068	12.082	12.096	12.109
1120	12.123	12.137	12.15	12.164	12.178	12.191	12.205	12.219	12.233	12.246
1130	12.26	12.274	12.288	12.301	12.315	12.329	12.342	12.356	12.37	12.384
1140	12.397	12.411	12.425	12.439	12.453	12.466	12.48	12.494	12.508	12.521
1150	12.535	12.549	12.563	12.577	12.59	12.604	12.618	12.632	12.646	12.659
1160	12.673	12.687	12.701	12.715	12.729	12.742	12.756	12.77	12.784	12.798
1170	12.812	12.825	12.839	12.853	12.867	12.881	12.895	12.909	12.922	12.936
1180	12.95	12.964	12.978	12.992	13.006	13.019	13.033	13.047	13.061	13.075
1190	13.089	13.103	13.117	13.131	13.145	13.158	13.172	13.186	13.2	13.214
1200	13.228	13.242	13.256	13.27	13.284	13.298	13.311	13.325	13.339	13.353
1210	13.367	13.381	13.395	13.409	13.423	13.437	13.451	13.465	13.479	13.493
1220	13.507	13.521	13.535	13.549	13.563	13.577	13.59	13.604	13.618	13.632
1230	13.646	13.66	13.674	13.688	13.702	13.716	13.73	13.744	13.758	13.772
1240	13.786	13.8	13.814	13.828	13.842	13.856	13.87	13.884	13.898	13.912
1250	13.926	13.94	13.954	13.968	13.982	13.996	14.01	14.024	14.038	14.052
1260	14.066	14.081	14.095	14.109	14.123	14.137	14.151	14.165	14.179	14.193
1270	14.207	14.221	14.235	14.249	14.263	14.277	14.291	14.305	14.319	14.333
1280	14.347	14.361	14.375	14.39	14.404	14.418	14.432	14.446	14.46	14.474
1290	14.488	14.502	14.516	14.53	14.544	14.558	14.572	14.586	14.601	14.615
1300	14.629	14.643	14.657	14.671	14.685	14.699	14.713	14.727	14.741	14.755
1310	14.77	14.784	14.798	14.812	14.826	14.84	14.854	14.868	14.882	14.896
1320	14.911	14.925	14.939	14.953	14.967	14.981	14.995	15.009	15.023	15.037
1330	15.052	15.066	15.08	15.094	15.108	15.122	15.136	15.15	15.164	15.179
1340	15.193	15.207	15.221	15.235	15.249	15.263	15.277	15.291	15.306	15.32

续表

温度（℃）	电动势值（mV）（参考温度 0℃）									
	0	1	2	3	4	5	6	7	8	9
1350	15.334	15.348	15.362	15.376	15.39	15.404	15.419	15.433	15.447	15.461
1360	15.475	15.489	15.503	15.517	15.531	15.546	15.56	15.574	15.588	15.602
1370	15.616	15.63	15.645	15.659	15.673	15.687	15.701	15.715	15.729	15.743
1380	15.758	15.772	15.786	15.8	15.814	15.828	15.842	15.856	15.871	15.885
1390	15.899	15.913	15.927	15.941	15.955	15.969	15.984	15.998	16.012	16.026
1400	16.04	16.054	16.068	16.082	16.097	16.111	16.125	16.139	16.153	16.167
1410	16.181	16.196	16.21	16.224	16.238	16.252	16.266	16.28	16.294	16.309
1420	16.323	16.337	16.351	16.365	16.379	16.393	16.407	16.422	16.436	16.45
1430	16.464	16.478	16.492	16.506	16.52	16.534	16.549	16.563	16.577	16.591
1440	16.605	16.619	16.633	16.647	16.662	16.676	16.69	16.704	16.718	16.732
1450	16.746	16.76	16.774	16.789	16.803	16.817	16.831	16.845	16.859	16.873
1460	16.887	16.901	16.915	16.93	16.944	16.958	16.972	16.986	17	17.014
1470	17.028	17.042	17.056	17.071	17.085	17.099	17.113	17.127	17.141	17.155
1480	17.169	17.183	17.197	17.211	17.225	17.24	17.254	17.268	17.282	17.296
1490	17.31	17.324	17.338	17.352	17.366	17.38	17.394	17.408	17.423	17.437
1500	17.451	17.465	17.479	17.493	17.507	17.521	17.535	17.549	17.563	17.577
1510	17.591	17.605	17.619	17.633	17.647	17.661	17.676	17.69	17.704	17.718
1520	17.732	17.746	17.76	17.774	17.788	17.802	17.816	17.83	17.844	17.858
1530	17.872	17.886	17.9	17.914	17.928	17.942	17.956	17.97	17.984	17.998
1540	18.012	18.026	18.04	18.054	18.068	18.082	18.096	18.11	18.124	18.138
1550	18.152	18.166	18.18	18.194	18.208	18.222	18.236	18.25	18.264	18.278
1560	18.292	18.306	18.32	18.334	18.348	18.362	18.376	18.39	18.404	18.417
1570	18.431	18.445	18.459	18.473	18.487	18.501	18.515	18.529	18.543	18.557
1580	18.571	18.585	18.599	18.613	18.627	18.64	18.654	18.668	18.682	18.696
1590	18.71	18.724	18.738	18.752	18.766	18.779	18.793	18.807	18.821	18.835
1600	18.849	18.863	18.877	18.891	18.904	18.918	18.932	18.946	18.96	18.974
1610	18.988	19.002	19.015	19.029	19.043	19.057	19.071	19.085	19.098	19.112
1620	19.126	19.14	19.154	19.168	19.181	19.195	19.209	19.223	19.237	19.25
1630	19.264	19.278	19.292	19.306	19.319	19.333	19.347	19.361	19.375	19.388
1640	19.402	19.416	19.43	19.444	19.457	19.471	19.485	19.499	19.512	19.526
1650	19.54	19.554	19.567	19.581	19.595	19.609	19.622	19.636	19.65	19.663
1660	19.677	19.691	19.705	19.718	19.732	19.746	19.759	19.773	19.787	19.8
1670	19.814	19.828	19.841	19.855	19.869	19.882	19.896	19.91	19.923	19.937

续表

温度（℃）	电动势值（mV）（参考温度0℃）								
	0	1	2	3	4	5	6	7	8	9
1680	19.951	19.964	19.978	19.992	20.005	20.019	20.032	20.046	20.06	20.073
1690	20.087	20.1	20.114	20.127	20.141	20.154	20.168	20.181	20.195	20.208
1700	20.222	20.235	20.249	20.262	20.275	20.289	20.302	20.316	20.329	20.342
1710	20.356	20.369	20.382	20.396	20.409	20.422	20.436	20.449	20.462	20.475
1720	20.488	20.502	20.515	20.528	20.541	20.554	20.567	20.581	20.594	20.607
1730	20.62	20.633	20.646	20.659	20.672	20.685	20.698	20.711	20.724	20.736
1740	20.749	20.762	20.775	20.788	20.801	20.813	20.826	20.839	20.852	20.864
1750	20.877	20.89	20.902	20.915	20.928	20.94	20.953	20.965	20.978	20.99
1760	21.003	21.015	21.027	21.04	21.052	21.065	21.077	21.089	21.101	

附录10　S型（铂铑10-铂）热电偶分度表（ITS-90）（见附表10-1）

附表10-1　S型（铂铑10-铂）热电偶分度表（ITS-90）

温度（℃）	电动势值（mV）（参考温度0℃）									
	0	−9	−8	−7	−6	−5	−4	−3	−2	−1
−50	−0.236									
−40	−0.194	−0.232	−0.228	−0.224	−0.219	−0.215	−0.211	−0.207	−0.203	−0.199
−30	−0.15	−0.19	−0.186	−0.181	−0.177	−0.173	−0.168	−0.164	−0.159	−0.155
−20	−0.103	−0.146	−0.141	−0.136	−0.132	−0.127	−0.122	−0.117	−0.113	−0.108
−10	−0.053	−0.098	−0.093	−0.088	−0.083	−0.078	−0.073	−0.068	−0.063	−0.058
0	0	−0.048	−0.042	−0.037	−0.032	−0.027	−0.021	−0.016	−0.011	−0.005
温度（℃）	0	1	2	3	4	5	6	7	8	9
0	0	0.005	0.011	0.016	0.022	0.027	0.033	0.038	0.044	0.05
10	0.055	0.061	0.067	0.072	0.078	0.084	0.09	0.095	0.101	0.107
20	0.113	0.119	0.125	0.131	0.137	0.143	0.149	0.155	0.161	0.167
30	0.173	0.179	0.185	0.191	0.197	0.204	0.21	0.216	0.222	0.229
40	0.235	0.241	0.248	0.254	0.26	0.267	0.273	0.28	0.286	0.292
50	0.299	0.305	0.312	0.319	0.325	0.332	0.338	0.345	0.352	0.358
60	0.365	0.372	0.378	0.385	0.392	0.399	0.405	0.412	0.419	0.426
70	0.433	0.44	0.446	0.453	0.46	0.467	0.474	0.481	0.488	0.495
80	0.502	0.509	0.516	0.523	0.53	0.538	0.545	0.552	0.559	0.566
90	0.573	0.58	0.588	0.595	0.602	0.609	0.617	0.624	0.631	0.639

续表

电动势值（mV）（参考温度0℃）										
温度（℃）	0	1	2	3	4	5	6	7	8	9
100	0.646	0.653	0.661	0.668	0.675	0.683	0.69	0.698	0.705	0.713
110	0.72	0.727	0.735	0.743	0.75	0.758	0.765	0.773	0.78	0.788
120	0.795	0.803	0.811	0.818	0.826	0.834	0.841	0.849	0.857	0.865
130	0.872	0.88	0.888	0.896	0.903	0.911	0.919	0.927	0.935	0.942
140	0.95	0.958	0.966	0.974	0.982	0.99	0.998	1.006	1.013	1.021
150	1.029	1.037	1.045	1.053	1.061	1.069	1.077	1.085	1.094	1.102
160	1.11	1.118	1.126	1.134	1.142	1.15	1.158	1.167	1.175	1.183
170	1.191	1.199	1.207	1.216	1.224	1.232	1.24	1.249	1.257	1.265
180	1.273	1.282	1.29	1.298	1.307	1.315	1.323	1.332	1.34	1.348
190	1.357	1.365	1.373	1.382	1.39	1.399	1.407	1.415	1.424	1.432
200	1.441	1.449	1.458	1.466	1.475	1.483	1.492	1.5	1.509	1.517
210	1.526	1.534	1.543	1.551	1.56	1.569	1.577	1.586	1.594	1.603
220	1.612	1.62	1.629	1.638	1.646	1.655	1.663	1.672	1.681	1.69
230	1.698	1.707	1.716	1.724	1.733	1.742	1.751	1.759	1.768	1.777
240	1.786	1.794	1.803	1.812	1.821	1.829	1.838	1.847	1.856	1.865
250	1.874	1.882	1.891	1.9	1.909	1.918	1.927	1.936	1.944	1.953
260	1.962	1.971	1.98	1.989	1.998	2.007	2.016	2.025	2.034	2.043
270	2.052	2.061	2.07	2.078	2.087	2.096	2.105	2.114	2.123	2.132
280	2.141	2.151	2.16	2.169	2.178	2.187	2.196	2.205	2.214	2.223
290	2.232	2.241	2.25	2.259	2.268	2.277	2.287	2.296	2.305	2.314
300	2.323	2.332	2.341	2.35	2.36	2.369	2.378	2.387	2.396	2.405
310	2.415	2.424	2.433	2.442	2.451	2.461	2.47	2.479	2.488	2.497
320	2.507	2.516	2.525	2.534	2.544	2.553	2.562	2.571	2.581	2.59
330	2.599	2.609	2.618	2.627	2.636	2.646	2.655	2.664	2.674	2.683
340	2.692	2.702	2.711	2.72	2.73	2.739	2.748	2.758	2.767	2.776
350	2.786	2.795	2.805	2.814	2.823	2.833	2.842	2.851	2.861	2.87
360	2.88	2.889	2.899	2.908	2.917	2.927	2.936	2.946	2.955	2.965
370	2.974	2.983	2.993	3.002	3.012	3.021	3.031	3.04	3.05	3.059
380	3.069	3.078	3.088	3.097	3.107	3.116	3.126	3.135	3.145	3.154
390	3.164	3.173	3.183	3.192	3.202	3.212	3.221	3.231	3.24	3.25
400	3.259	3.269	3.279	3.288	3.298	3.307	3.317	3.326	3.336	3.346
410	3.355	3.365	3.374	3.384	3.394	3.403	3.413	3.423	3.432	3.442
420	3.451	3.461	3.471	3.48	3.49	3.5	3.509	3.519	3.529	3.538
430	3.548	3.558	3.567	3.577	3.587	3.596	3.606	3.616	3.626	3.635

续表

温度（℃）	电动势值（mV）（参考温度0℃）									
	0	1	2	3	4	5	6	7	8	9
440	3.645	3.655	3.664	3.674	3.684	3.694	3.703	3.713	3.723	3.732
450	3.742	3.752	3.762	3.771	3.781	3.791	3.801	3.81	3.82	3.83
460	3.84	3.85	3.859	3.869	3.879	3.889	3.898	3.908	3.918	3.928
470	3.938	3.947	3.957	3.967	3.977	3.987	3.997	4.006	4.016	4.026
480	4.036	4.046	4.056	4.065	4.075	4.085	4.095	4.105	4.115	4.125
490	4.134	4.144	4.154	4.164	4.174	4.184	4.194	4.204	4.213	4.223
500	4.233	4.243	4.253	4.263	4.273	4.283	4.293	4.303	4.313	4.323
510	4.332	4.342	4.352	4.362	4.372	4.382	4.392	4.402	4.412	4.422
520	4.432	4.442	4.452	4.462	4.472	4.482	4.492	4.502	4.512	4.522
530	4.532	4.542	4.552	4.562	4.572	4.582	4.592	4.602	4.612	4.622
540	4.632	4.642	4.652	4.662	4.672	4.682	4.692	4.702	4.712	4.722
550	4.732	4.742	4.752	4.762	4.772	4.782	4.793	4.803	4.813	4.823
560	4.833	4.843	4.853	4.863	4.873	4.883	4.893	4.904	4.914	4.924
570	4.934	4.944	4.954	4.964	4.974	4.984	4.995	5.005	5.015	5.025
580	5.035	5.045	5.055	5.066	5.076	5.086	5.096	5.106	5.116	5.127
590	5.137	5.147	5.157	5.167	5.178	5.188	5.198	5.208	5.218	5.228
600	5.239	5.249	5.259	5.269	5.28	5.29	5.3	5.31	5.32	5.331
610	5.341	5.351	5.361	5.372	5.382	5.392	5.402	5.413	5.423	5.433
620	5.443	5.454	5.464	5.474	5.485	5.495	5.505	5.515	5.526	5.536
630	5.546	5.557	5.567	5.577	5.588	5.598	5.608	5.618	5.629	5.639
640	5.649	5.66	5.67	5.68	5.691	5.701	5.712	5.722	5.732	5.743
650	5.753	5.763	5.774	5.784	5.794	5.805	5.815	5.826	5.836	5.846
660	5.857	5.867	5.878	5.888	5.898	5.909	5.919	5.93	5.94	5.95
670	5.961	5.971	5.982	5.992	6.003	6.013	6.024	6.034	6.044	6.055
680	6.065	6.076	6.086	6.097	6.107	6.118	6.128	6.139	6.149	6.16
690	6.17	6.181	6.191	6.202	6.212	6.223	6.233	6.244	6.254	6.265
700	6.275	6.286	6.296	6.307	6.317	6.328	6.338	6.349	6.36	6.37
710	6.381	6.391	6.402	6.412	6.423	6.434	6.444	6.455	6.465	6.476
720	6.486	6.497	6.508	6.518	6.529	6.539	6.55	6.561	6.571	6.582
730	6.593	6.603	6.614	6.624	6.635	6.646	6.656	6.667	6.678	6.688
740	6.699	6.71	6.72	6.731	6.742	6.752	6.763	6.774	6.784	6.795
750	6.806	6.817	6.827	6.838	6.849	6.859	6.87	6.881	6.892	6.902
760	6.913	6.924	6.934	6.945	6.956	6.967	6.977	6.988	6.999	7.01
770	7.02	7.031	7.042	7.053	7.064	7.074	7.085	7.096	7.107	7.117

续表

温度（℃）	电动势值（mV）（参考温度0℃）									
	0	1	2	3	4	5	6	7	8	9
780	7.128	7.139	7.15	7.161	7.172	7.182	7.193	7.204	7.215	7.226
790	7.236	7.247	7.258	7.269	7.28	7.291	7.302	7.312	7.323	7.334
800	7.345	7.356	7.367	7.378	7.388	7.399	7.41	7.421	7.432	7.443
810	7.454	7.465	7.476	7.487	7.497	7.508	7.519	7.53	7.541	7.552
820	7.563	7.574	7.585	7.596	7.607	7.618	7.629	7.64	7.651	7.662
830	7.673	7.684	7.695	7.706	7.717	7.728	7.739	7.75	7.761	7.772
840	7.783	7.794	7.805	7.816	7.827	7.838	7.849	7.86	7.871	7.882
850	7.893	7.904	7.915	7.926	7.937	7.948	7.959	7.97	7.981	7.992
860	8.003	8.014	8.026	8.037	8.048	8.059	8.07	8.081	8.092	8.103
870	8.114	8.125	8.137	8.148	8.159	8.17	8.181	8.192	8.203	8.214
880	8.226	8.237	8.248	8.259	8.27	8.281	8.293	8.304	8.315	8.326
890	8.337	8.348	8.36	8.371	8.382	8.393	8.404	8.416	8.427	8.438
900	8.449	8.46	8.472	8.483	8.494	8.505	8.517	8.528	8.539	8.55
910	8.562	8.573	8.584	8.595	8.607	8.618	8.629	8.64	8.652	8.663
920	8.674	8.685	8.697	8.708	8.719	8.731	8.742	8.753	8.765	8.776
930	8.787	8.798	8.81	8.821	8.832	8.844	8.855	8.866	8.878	8.889
940	8.9	8.912	8.923	8.935	8.946	8.957	8.969	8.98	8.991	9.003
950	9.014	9.025	9.037	9.048	9.06	9.071	9.082	9.094	9.105	9.117
960	9.128	9.139	9.151	9.162	9.174	9.185	9.197	9.208	9.219	9.231
970	9.242	9.254	9.265	9.277	9.288	9.3	9.311	9.323	9.334	9.345
980	9.357	9.368	9.38	9.391	9.403	9.414	9.426	9.437	9.449	9.46
990	9.472	9.483	9.495	9.506	9.518	9.529	9.541	9.552	9.564	9.576
1000	9.587	9.599	9.61	9.622	9.633	9.645	9.656	9.668	9.68	9.691
1010	9.703	9.714	9.726	9.737	9.749	9.761	9.772	9.784	9.795	9.807
1020	9.819	9.83	9.842	9.853	9.865	9.877	9.888	9.9	9.911	9.923
1030	9.935	9.946	9.958	9.97	9.981	9.993	10.005	10.016	10.028	10.04
1040	10.051	10.063	10.075	10.086	10.098	10.11	10.121	10.133	10.145	10.156
1050	10.168	10.18	10.191	10.203	10.215	10.227	10.238	10.25	10.262	10.273
1060	10.285	10.297	10.309	10.32	10.332	10.344	10.356	10.367	10.379	10.391
1070	10.403	10.414	10.426	10.438	10.45	10.461	10.473	10.485	10.497	10.509
1080	10.52	10.532	10.544	10.556	10.567	10.579	10.591	10.603	10.615	10.626
1090	10.638	10.65	10.662	10.674	10.686	10.697	10.709	10.721	10.733	10.745
1100	10.757	10.768	10.78	10.792	10.804	10.816	10.828	10.839	10.851	10.863

续表

电动势值（mV）（参考温度0℃）										
温度（℃）	0	1	2	3	4	5	6	7	8	9
1110	10.875	10.887	10.899	10.911	10.922	10.934	10.946	10.958	10.97	10.982
1120	10.994	11.006	11.017	11.029	11.041	11.053	11.065	11.077	11.089	11.101
1130	11.113	11.125	11.136	11.148	11.16	11.172	11.184	11.196	11.208	11.22
1140	11.232	11.244	11.256	11.268	11.28	11.291	11.303	11.315	11.327	11.339
1150	11.351	11.363	11.375	11.387	11.399	11.411	11.423	11.435	11.447	11.459
1160	11.471	11.483	11.495	11.507	11.519	11.531	11.542	11.554	11.566	11.578
1170	11.59	11.602	11.614	11.626	11.638	11.65	11.662	11.674	11.686	11.698
1180	11.71	11.722	11.734	11.746	11.758	11.77	11.782	11.794	11.806	11.818
1190	11.83	11.842	11.854	11.866	11.878	11.89	11.902	11.914	11.926	11.939
1200	11.951	11.963	11.975	11.987	11.999	12.011	12.023	12.035	12.047	12.059
1210	12.071	12.083	12.095	12.107	12.119	12.131	12.143	12.155	12.167	12.179
1220	12.191	12.203	12.216	12.228	12.24	12.252	12.264	12.276	12.288	12.3
1230	12.312	12.324	12.336	12.348	12.36	12.372	12.384	12.397	12.409	12.421
1240	12.433	12.445	12.457	12.469	12.481	12.493	12.505	12.517	12.529	12.542
1250	12.554	12.566	12.578	12.59	12.602	12.614	12.626	12.638	12.65	12.662
1260	12.675	12.687	12.699	12.711	12.723	12.735	12.747	12.759	12.771	12.783
1270	12.796	12.808	12.82	12.832	12.844	12.856	12.868	12.88	12.892	12.905
1280	12.917	12.929	12.941	12.953	12.965	12.977	12.989	13.001	13.014	13.026
1290	13.038	13.05	13.062	13.074	13.086	13.098	13.111	13.123	13.135	13.147
1300	13.159	13.171	13.183	13.195	13.208	13.22	13.232	13.244	13.256	13.268
1310	13.28	13.292	13.305	13.317	13.329	13.341	13.353	13.365	13.377	13.39
1320	13.402	13.414	13.426	13.438	13.45	13.462	13.474	13.487	13.499	13.511
1330	13.523	13.535	13.547	13.559	13.572	13.584	13.596	13.608	13.62	13.632
1340	13.644	13.657	13.669	13.681	13.693	13.705	13.717	13.729	13.742	13.754
1350	13.766	13.778	13.79	13.802	13.814	13.826	13.839	13.851	13.863	13.875
1360	13.887	13.899	13.911	13.924	13.936	13.948	13.96	13.972	13.984	13.996
1370	14.009	14.021	14.033	14.045	14.057	14.069	14.081	14.094	14.106	14.118
1380	14.13	14.142	14.154	14.166	14.178	14.191	14.203	14.215	14.227	14.239
1390	14.251	14.263	14.276	14.288	14.3	14.312	14.324	14.336	14.348	14.36
1400	14.373	14.385	14.397	14.409	14.421	14.433	14.445	14.457	14.47	14.482
1410	14.494	14.506	14.518	14.53	14.542	14.554	14.567	14.579	14.591	14.603
1420	14.615	14.627	14.639	14.651	14.664	14.676	14.688	14.7	14.712	14.724
1430	14.736	14.748	14.76	14.773	14.785	14.797	14.809	14.821	14.833	14.845

续表

温度（℃）	电动势值（mV）（参考温度 0℃）									
	0	1	2	3	4	5	6	7	8	9
1440	14.857	14.869	14.881	14.894	14.906	14.918	14.93	14.942	14.954	14.966
1450	14.978	14.99	15.002	15.015	15.027	15.039	15.051	15.063	15.075	15.087
1460	15.099	15.111	15.123	15.135	15.148	15.16	15.172	15.184	15.196	15.208
1470	15.22	15.232	15.244	15.256	15.268	15.28	15.292	15.304	15.317	15.329
1480	15.341	15.353	15.365	15.377	15.389	15.401	15.413	15.425	15.437	15.449
1490	15.461	15.473	15.485	15.497	15.509	15.521	15.534	15.546	15.558	15.57
1500	15.582	15.594	15.606	15.618	15.63	15.642	15.654	15.666	15.678	15.69
1510	15.702	15.714	15.726	15.738	15.75	15.762	15.774	15.786	15.798	15.81
1520	15.822	15.834	15.846	15.858	15.87	15.882	15.894	15.906	15.918	15.93
1530	15.942	15.954	15.966	15.978	15.99	16.002	16.014	16.026	16.038	16.05
1540	16.062	16.074	16.086	16.098	16.11	16.122	16.134	16.146	16.158	16.17
1550	16.182	16.194	16.205	16.217	16.229	16.241	16.253	16.265	16.277	16.289
1560	16.301	16.313	16.325	16.337	16.349	16.361	16.373	16.385	16.396	16.408
1570	16.42	16.432	16.444	16.456	16.468	16.48	16.492	16.504	16.516	16.527
1580	16.539	16.551	16.563	16.575	16.587	16.599	16.611	16.623	16.634	16.646
1590	16.658	16.67	16.682	16.694	16.706	16.718	16.729	16.741	16.753	16.765
1600	16.777	16.789	16.801	16.812	16.824	16.836	16.848	16.86	16.872	16.883
1610	16.895	16.907	16.919	16.931	16.943	16.954	16.966	16.978	16.99	17.002
1620	17.013	17.025	17.037	17.049	17.061	17.072	17.084	17.096	17.108	17.12
1630	17.131	17.143	17.155	17.167	17.178	17.19	17.202	17.214	17.225	17.237
1640	17.249	17.261	17.272	17.284	17.296	17.308	17.319	17.331	17.343	17.355
1650	17.366	17.378	17.39	17.401	17.413	17.425	17.437	17.448	17.46	17.472
1660	17.483	17.495	17.507	17.518	17.53	17.542	17.553	17.565	17.577	17.588
1670	17.6	17.612	17.623	17.635	17.647	17.658	17.67	17.682	17.693	17.705
1680	17.717	17.728	17.74	17.751	17.763	17.775	17.786	17.798	17.809	17.821
1690	17.832	17.844	17.855	17.867	17.878	17.89	17.901	17.913	17.924	17.936
1700	17.947	17.959	17.97	17.982	17.993	18.004	18.016	18.027	18.039	18.05
1710	18.061	18.073	18.084	18.095	18.107	18.118	18.129	18.14	18.152	18.163
1720	18.174	18.185	18.196	18.208	18.219	18.23	18.241	18.252	18.263	18.274
1730	18.285	18.297	18.308	18.319	18.33	18.341	18.352	18.362	18.373	18.384
1740	18.395	18.406	18.417	18.428	18.439	18.449	18.46	18.471	18.482	18.493
1750	18.503	18.514	18.525	18.535	18.546	18.557	18.567	18.578	18.588	18.599
1760	18.609	18.62	18.63	18.641	18.651	18.661	18.672	18.682	18.693	

附录 11 T 型（铜 - 康铜）热电偶分度表（ITS - 90）（见附表 11 - 1）

附表 11 - 1 T 型（铜 - 康铜）热电偶分度表（ITS - 90）

电动势值（mV）（参考温度 0℃）										
温度（℃）	0	−9	−8	−7	−6	−5	−4	−3	−2	−1
−270	−6.258									
−260	−6.232	−6.256	−6.255	−6.253	−6.251	−6.248	−6.245	−6.242	−6.239	−6.236
−250	−6.18	−6.228	−6.223	−6.219	−6.214	−6.209	−6.204	−6.198	−6.193	−6.187
−240	−6.105	−6.174	−6.167	−6.16	−6.153	−6.146	−6.138	−6.13	−6.122	−6.114
−230	−6.007	−6.096	−6.087	−6.078	−6.068	−6.059	−6.049	−6.038	−6.028	−6.017
−220	−5.888	−5.996	−5.985	−5.973	−5.962	−5.95	−5.938	−5.926	−5.914	−5.901
−210	−5.753	−5.876	−5.863	−5.85	−5.836	−5.823	−5.809	−5.795	−5.782	−5.767
−200	−5.603	−5.739	−5.724	−5.71	−5.695	−5.68	−5.665	−5.65	−5.634	−5.619
−190	−5.439	−5.587	−5.571	−5.555	−5.539	−5.523	−5.506	−5.489	−5.473	−5.456
−180	−5.261	−5.421	−5.404	−5.387	−5.369	−5.351	−5.334	−5.316	−5.297	−5.279
−170	−5.07	−5.242	−5.224	−5.205	−5.186	−5.167	−5.148	−5.128	−5.109	−5.089
−160	−4.865	−5.05	−5.03	−5.01	−4.989	−4.969	−4.949	−4.928	−4.907	−4.886
−150	−4.648	−4.844	−4.823	−4.802	−4.78	−4.759	−4.737	−4.715	−4.693	−4.671
−140	−4.419	−4.626	−4.604	−4.581	−4.558	−4.535	−4.512	−4.489	−4.466	−4.443
−130	−4.177	−4.395	−4.372	−4.348	−4.324	−4.3	−4.275	−4.251	−4.226	−4.202
−120	−3.923	−4.152	−4.127	−4.102	−4.077	−4.052	−4.026	−4	−3.975	−3.949
−110	−3.657	−3.897	−3.871	−3.844	−3.818	−3.791	−3.765	−3.738	−3.711	−3.684
−100	−3.379	−3.629	−3.602	−3.574	−3.547	−3.519	−3.491	−3.463	−3.435	−3.407
−90	−3.089	−3.35	−3.322	−3.293	−3.264	−3.235	−3.206	−3.177	−3.148	−3.118
−80	−2.788	−3.059	−3.03	−3	−2.97	−2.94	−2.91	−2.879	−2.849	−2.818
−70	−2.476	−2.757	−2.726	−2.695	−2.664	−2.633	−2.602	−2.571	−2.539	−2.507
−60	−2.153	−2.444	−2.412	−2.38	−2.348	−2.316	−2.283	−2.251	−2.218	−2.186
−50	−1.819	−2.12	−2.087	−2.054	−2.021	−1.987	−1.954	−1.92	−1.887	−1.853
−40	−1.475	−1.785	−1.751	−1.717	−1.683	−1.648	−1.614	−1.579	−1.545	−1.51
−30	−1.121	−1.44	−1.405	−1.37	−1.335	−1.299	−1.264	−1.228	−1.192	−1.157
−20	−0.757	−1.085	−1.049	−1.013	−0.976	−0.94	−0.904	−0.867	−0.83	−0.794
−10	−0.383	−0.72	−0.683	−0.646	−0.608	−0.571	−0.534	−0.496	−0.459	−0.421
0	0	−0.345	−0.307	−0.269	−0.231	−0.193	−0.154	−0.116	−0.077	−0.039
温度（℃）	0	1	2	3	4	5	6	7	8	9
0	0	0.039	0.078	0.117	0.156	0.195	0.234	0.273	0.312	0.352
10	0.391	0.431	0.47	0.51	0.549	0.589	0.629	0.669	0.709	0.749

续表

电动势值（mV）（参考温度0℃）										
温度（℃）	0	1	2	3	4	5	6	7	8	9
20	0.79	0.83	0.87	0.911	0.951	0.992	1.033	1.074	1.114	1.155
30	1.196	1.238	1.279	1.32	1.362	1.403	1.445	1.486	1.528	1.57
40	1.612	1.654	1.696	1.738	1.78	1.823	1.865	1.908	1.95	1.993
50	2.036	2.079	2.122	2.165	2.208	2.251	2.294	2.338	2.381	2.425
60	2.468	2.512	2.556	2.6	2.643	2.687	2.732	2.776	2.82	2.864
70	2.909	2.953	2.998	3.043	3.087	3.132	3.177	3.222	3.267	3.312
80	3.358	3.403	3.448	3.494	3.539	3.585	3.631	3.677	3.722	3.768
90	3.814	3.86	3.907	3.953	3.999	4.046	4.092	4.138	4.185	4.232
100	4.279	4.325	4.372	4.419	4.466	4.513	4.561	4.608	4.655	4.702
110	4.75	4.798	4.845	4.893	4.941	4.988	5.036	5.084	5.132	5.18
120	5.228	5.277	5.325	5.373	5.422	5.47	5.519	5.567	5.616	5.665
130	5.714	5.763	5.812	5.861	5.91	5.959	6.008	6.057	6.107	6.156
140	6.206	6.255	6.305	6.355	6.404	6.454	6.504	6.554	6.604	6.654
150	6.704	6.754	6.805	6.855	6.905	6.956	7.006	7.057	7.107	7.158
160	7.209	7.26	7.31	7.361	7.412	7.463	7.515	7.566	7.617	7.668
170	7.72	7.771	7.823	7.874	7.926	7.977	8.029	8.081	8.133	8.185
180	8.237	8.289	8.341	8.393	8.445	8.497	8.55	8.602	8.654	8.707
190	8.759	8.812	8.865	8.917	8.97	9.023	9.076	9.129	9.182	9.235
200	9.288	9.341	9.395	9.448	9.501	9.555	9.608	9.662	9.715	9.769
210	9.822	9.876	9.93	9.984	10.038	10.092	10.146	10.2	10.254	10.308
220	10.362	10.417	10.471	10.525	10.58	10.634	10.689	10.743	10.798	10.853
230	10.907	10.962	11.017	11.072	11.127	11.182	11.237	11.292	11.347	11.403
240	11.458	11.513	11.569	11.624	11.68	11.735	11.791	11.846	11.902	11.958
250	12.013	12.069	12.125	12.181	12.237	12.293	12.349	12.405	12.461	12.518
260	12.574	12.63	12.687	12.743	12.799	12.856	12.912	12.969	13.026	13.082
270	13.139	13.196	13.253	13.31	13.366	13.423	13.48	13.537	13.595	13.652
280	13.709	13.766	13.823	13.881	13.938	13.995	14.053	14.11	14.168	14.226
290	14.283	14.341	14.399	14.456	14.514	14.572	14.63	14.688	14.746	14.804
300	14.862	14.92	14.978	15.036	15.095	15.153	15.211	15.27	15.328	15.386
310	15.445	15.503	15.562	15.621	15.679	15.738	15.797	15.856	15.914	15.973
320	16.032	16.091	16.15	16.209	16.268	16.327	16.387	16.446	16.505	16.564
330	16.624	16.683	16.742	16.802	16.861	16.921	16.98	17.04	17.1	17.159
340	17.219	17.279	17.339	17.399	17.458	17.518	17.578	17.638	17.698	17.759

续表

温度（℃）	电动势值（mV）（参考温度 0℃）									
	0	1	2	3	4	5	6	7	8	9
350	17.819	17.879	17.939	17.999	18.06	18.12	18.18	18.241	18.301	18.362
360	18.422	18.483	18.543	18.604	18.665	18.725	18.786	18.847	18.908	18.969
370	19.03	19.091	19.152	19.213	19.274	19.335	19.396	19.457	19.518	19.579
380	19.641	19.702	19.763	19.825	19.886	19.947	20.009	20.07	20.132	20.193
390	20.255	20.317	20.378	20.44	20.502	20.563	20.625	20.687	20.748	20.81
400	20.872									

参 考 文 献

[1] 费业泰. 误差理论与数据处理，6 版. 北京：机械工业出版社，2010.

[2] 徐科军，王建华，全书海. 信号处理技术. 武汉：武汉理工大学出版社，2001.

[3] 唐向宏. 数字信号处理. 杭州：浙江大学出版社，2006.

[4] 陈玉东. 数字信号处理. 北京：地质出版社，2005.

[5] 王凤文，舒冬梅，赵宏才. 数字信号处理. 北京：北京邮电大学出版社，2006.

[6] 国家机构工业局行业管理司，机械工业仪器仪表综合技术经济研究所. 仪器仪表产品目录. 北京：机械工业出版社，2006.

[7]《工业自动化仪表与系统手册》编辑委员会. 工业自动化仪表与系统手册. 北京：中国电力出版社，2008.

[8] 乐嘉谦. 仪表工手册，2 版. 北京：化学工业出版社，2004.

[9] 齐志才，刘红丽，马汇海，李可. 自动化仪表. 北京：中国林业出版社，2006.

[10] 施仁，等. 自动化仪表与过程控制，4 版. 北京：电子工业出版社，2009.

[11] 张根宝. 工业自动化仪表与过程控制，4 版. 西安：西北工业大学出版社，2008.

[12] 徐科军，陈荣保，张崇巍. 自动检测和仪表中的共性技术. 北京：清华大学出版社，2000.

[13] 王拴龙，朱爱民. 常用计量仪器仪表原理检定使用和维修. 北京：中国计量出版社，2003.

[14] 中国电子学会敏感技术分会，等. 2008/2009 传感器与执行器大全——传感器·变送器·执行器（年卷）. 北京：机械工业出版社，2010.

[15] Jon S. Wilson [美]. 传感器技术手册. 林龙信，邓彬，刘齐军. 译. 北京：人民邮电出版社，2009.

[16] 杨帮文. 最新传感器实用手册. 北京：人民邮电出版社，2004.

[17] 唐文彦. 传感器. 北京：机械工业出版社，2007.

[18] 刘迎春，叶湘滨. 传感器原理设计与应用，4 版. 北京：国防科技大学出版社，2006.

[19] 吴建平. 传感器原理及应用. 北京：机械工业出版社，2009.

[20] 钱显毅. 传感器原理及应用. 南京：东南大学出版社，2008.

[21] 孟立凡，蓝金辉. 传感器原理与应用. 北京：电子工业出版社，2007.

[22] 刘亮. 先进传感器及其应用. 北京：化学工业出版社，2005.

[23] 李科杰，等. 现代传感技术. 北京：电子工业出版社，2005.

[24] 黄元庆. 现代传感技术. 北京：机械工业出版社，2008.

[25] 徐科军. 传感器与检测技术. 北京：电子工业出版社，2004.

[26] 胡向东，刘京诚，余成波. 传感器与检测技术. 北京：机械工业出版社，2009.

[27] 李增国. 传感器与检测技术. 北京：北京航空航天大学出版社，2009.

[28] 柳爱利. 自动测试技术. 北京：电子工业出版社，2007.

[29] 常健生. 检测与转换技术，3 版. 北京：机械工业出版社，2004.

[30] 裴蓓. 自动检测与转换技术. 北京：电子工业出版社，2010.

[31] 吴道悌. 非电量电测技术. 西安：西安交通大学出版社，2001.

[32] 王心伟. 机电测试技术基础. 长沙：湖南大学出版社，1989.

[33] 吴九辅. 现代工程检测及仪表. 北京：石油工业出版社，2004.

[34] 刘元扬. 自动检测和过程控制，3 版. 北京：冶金工业出版社，2005.

[35] 刘玉长. 自动检测和过程控制. 北京：冶金工业出版社，2010.

[36] 孟华. 工业过程检测与控制. 北京：北京航空航天大学出版社，2002.
[37] 陈润泰. 检测技术与智能仪表. 武汉：中南工业大学出版社，2008.
[38] 张华，赵文柱. 热工测量仪表，3 版. 北京：冶金工业出版社，2006.
[39] 杜水友. 压力测量技术及仪表. 北京：机械工业出版社，2005.
[40] 纪纲. 流量测量仪表应用技巧. 北京：化学工业出版社，2003.
[41] 梁国伟，蔡武昌. 流量测量技术及仪表. 北京：机械工业出版社，2005.
[42] 杨有涛，徐英华，王子钢. 气体流量计. 北京：中国计量出版社，2007.
[43] 陈晓竹，陈宏. 物性分析技术及仪表. 北京：机械工业出版社，2002.
[44] 郭振宇. 自动成分分析仪表，2 版. 北京：化学工业出版社，1999.
[45] 萧鹏. 过程分析技术及仪表. 北京：机械工业出版社，2008.
[46] 杨一德. 分析仪器电子技术. 北京：北京理工大学出版社，1995.
[47] 曾繁清，杨业智. 现代分析仪器原理. 武汉：武汉大学出版社，2000.
[48] 刘志广，张华，李亚明. 仪器分析，2 版. 大连：大连理工大学出版社，2004.
[49] 刘约权. 现代仪器分析. 北京：高等教育出版社，2006.
[50] 张宏勋. 过程机械量仪表. 北京：冶金工业出版社，1995.
[51] 纪树庚. 自动显示技术及仪表，3 版. 北京：机械工业出版社，1996.
[52] 何金田. 自动显示技术与仪表. 西安：西安电子科技大学出版社，2008.
[53] 何道清. 仪表与自动化. 北京：化学工业出版社，2008.
[54] 李亚芬等. 过程控制系统及仪表，2 版. 大连：大连理工大学出版社，2006.
[55] 王再英. 过程控制系统与仪表. 北京：机械工业出版社，2006.
[56] 高志宏. 过程控制与自动化仪表. 杭州：浙江大学出版社，2006.
[57] 张井岗. 过程控制与自动化仪表. 北京：北京大学出版社，2007.
[58] 潘永湘，杨延西，赵跃. 过程控制与自动化仪表，2 版. 北京：机械工业出版社，2007.
[59] 林锦国. 过程控制系统、仪表、装置. 南京：东南大学出版社，2001.
[60] 张永德. 过程控制仪表. 北京：化学工业出版社，2000.
[61] 吴勤勤. 控制仪表及装置，3 版. 北京：化学工业出版社，2007.
[62] 陆会明. 控制装置与仪表. 北京：机械工业出版社，2007.
[63] 邵裕森. 过程控制及仪表，2 版. 上海：上海交通大学出版社，2002.
[64] 李士勇. 模糊控制・神经控制和智能控制论. 哈尔滨：哈尔滨工业大学出版社，1998.
[65] 周东华. 非线性系统的自适应控制导论. 北京：清华大学出版社，2002.
[66] 付敬奇. 执行器及其应用. 北京：机械工业出版社，2009.
[67] 郑天丕. 继电器制造—工艺—使用. 北京：电子工业出版社，1996.
[68]《石油化工仪表自动化培训教材》编写组. 调节阀与阀门定位器. 北京：中国石化出版社，2009.
[69] 陆培文. 调节阀实用技术. 北京：机械工业出版社，2006.
[70] 吴国熙. 调节阀使用与维修. 北京：化学工业出版社，2004.
[71] 刘建章. 低压电器及其应用. 北京：人民邮电出版社，1999.
[72] 何立民. 单片机应用技术选编（9）. 北京：北京航空航天大学出版社，2004.
[73] 何立民. 单片机应用技术选编（10）. 北京：北京航空航天大学出版社，2004.
[74] 何立民. 单片机应用技术选编（11）. 北京：北京航空航天大学出版社，2006.
[75] 晁阳. 单片机 MCS-51 原理及应用开发教程. 北京：清华大学出版社，2007.
[76] 徐爱钧. 智能化测量控制仪表原理与设计，2 版. 北京：北京航空航天大学出版社，2004.
[77] 金锋. 智能仪器设计基础. 北京：北京交通大学出版社，2005.
[78] 朱一纶. 智能仪器基础. 北京：电子工业出版社，2007.

[79] 殷侠. 智能仪器设备原理. 北京：中国电力出版社，2007.
[80] 赵新民. 智能仪器设计基础，2 版. 哈尔滨：哈尔滨工业大学出版社，2007.
[81] 凌志浩. 智能仪表原理与设计技术，2 版. 上海：华东理工大学出版社，2008.
[82] 赵茂泰. 智能仪器原理及应用，3 版. 北京：电子工业出版社，2009.
[83] 周亦武. 智能仪表原理与应用技术. 北京：电子工业出版社，2009.
[84] 程德福，林君. 智能仪器，2 版. 北京：机械工业出版社，2009.
[85] 张元良，王建军，等. 智能仪表开发技术实例解析. 北京：机械工业出版社，2009.
[86] 周荷琴，吴秀清. 微型计算机原理与接口技术. 合肥：中国科学技术大学出版社，2008.
[87] 张洪润，杨指南，陈炳周，等. 智能技术——系统设计与开发. 北京：北京航天航空大学出版社，2007.
[88] 李丽. 基于平台的设计方法学及 IP 设计技术 [D]. 博士学位论文，合肥工业大学，2002.
[89] 杜高明，高明伦，尹勇生，胡永华，周干民. 基于通讯的 NoC 设计 [J]. 微电子学与计算机，23 (4)，2006：11-14.
[90] 李东生，等. 现代 VLSI 设计—基于 IP 核设计，4 版. 北京：电子工业出版社，2011.
[91] 王仁祥，王小曼. 现代可编程序控制器网络通信技术. 北京：中国电力出版社，2006.
[92] 费敏锐，郎文鹏. 开放型工业控制技术及系统. 上海：上海大学出版社，2000.
[93] 侯维岩，费敏锐. PROFIBUS 协议分析和系统应用. 北京：清华大学出版社，2006.
[94] 陈忠华. 可编程序控制器与工业现场总线. 北京：机械工业出版社，2010.
[95] 陈忠华. 可编程序控制器与工业自动化系统. 北京：机械工业出版社，2006.
[96] 杜尚丰，曹晓钟，徐津. CAN 总线测控技术及其应用. 北京：电子工业出版社，2007.
[97] 邬宽明. CAN 总线原理和应用系统设计. 北京：北京航空航天大学出版社，2002.
[98] 阳宪惠. 现场总线技术及其应用，2 版. 北京：清华大学出版社，2008.
[99] 张红涛. 现场总线技术基础及应用. 北京：中国电力出版社，2009.
[100] 甘永梅，刘晓娟，晁武杰，王兆安. 现场总线技术及其应用. 北京：机械工业出版社，2008.
[101] 许洪华. 现场总线与工业以太网技术. 北京：电子工业出版社，2007.
[102] 李正军. 现场总线与工业以太网及其应用系统设计. 北京：人民邮电出版社，2006.
[103] 黄智伟. 无线通信集成电路. 北京：北京航空航天大学出版社，2005.
[104] 沈其聪，李有根. 通信系统教程. 北京：机械工业出版社，2006.
[105] 魏巍，刘明威. 现代通信技术. 北京：国防工业出版社，2003.
[106] 毛京丽，桂海源，孙学康，张玉艳. 现代通信新技术. 北京：北京邮电大学出版社，2008.
[107] 穆维新. 现代通信网技术. 北京：人民邮电出版社，2006.
[108] 吴诗其，吴庭勇，卓永宁. 卫星通信导论，2 版. 北京：电子工业出版社，2006.
[109] 韩兵. 现场总线系统监控与组态软件. 北京：化学工业出版社，2008.
[110] 汪志锋. 工控组态软件. 北京：电子工业出版社，2007.
[111] 马国华. 监控组态软件及其应用. 北京：清华大学出版社，2001.
[112] 王亚民，陈青，刘畅. 组态软件设计与开发. 西安：西安电子科技大学出版社，2003.
[113] 李建伟，郭宏. 监控组态软件的设计与开发. 北京：冶金工业出版社，2007.
[114] 秦树人. 虚拟仪器. 北京：中国计量出版社，2004.
[115] 张毅，周绍磊，杨秀霞. 虚拟仪器技术分析与应用. 北京：机械工业出版社，2004.
[116] 杨乐平，李海涛，杨磊. LabVIEW 程序设计与应用，2 版. 北京：电子工业出版社，2005.
[117] 张重雄. 虚拟仪器技术分析与设计. 北京：电子工业出版社，2007.
[118] 高明远. Protel DXP 基础与应用. 北京：科学出版社，2007.
[119] 陈光禹. VXI 总线测试平台技术. 成都：电子科技大学出版社，1996.

[120] 单承赣，夏忠余. 电子仪器及其故障诊断. 长沙：湖南大学出版社，1989.
[121] 闻新，张洪钺，周露. 控制系统的故障诊断和容错控制. 北京：机械工业出版社，1998.
[122] 诸邦田. 电子电路实用抗干扰技术. 北京：人民邮电出版社，1994.
[123] 张松春，竺子芳，赵秀芬，等. 电子控制设备抗干扰技术及其应用，2 版. 北京：机械工业出版社，1995.
[124] 毛楠，孙瑛. 电子电路抗干扰实用技术. 北京：国防工业出版社，1996.
[125] 中国标准出版社. 仪器仪表常用标准汇编. 北京：中国标准出版社，2005.
[126] 刘建侯. 仪表可靠性工程和环境适应性技术. 北京：机械工业出版社，2003.
[127] 中国标准出版社. 防爆电器标准汇编. 北京：中国标准出版社，2005.
[128]《防火防爆安全》编委会. 防火防爆安全. 北京：中央广播电视大学音像出版社，2011.
[129] 夏宏玉. 仪器仪表零件结构设计. 长沙：国防科技大学出版社，2006.
[130] 俞光昀，吴一锋，季菊辉. 计算机控制技术. 北京：电子工业出版社，2008.
[131] 李世平，韦增亮，戴凡. PC 计算机测控技术及应用. 西安：西安电子科技大学出版社，2003.
[132] 乐建波. 化工仪表及自动化. 北京：化学工业出版社，2005.
[133] 俞金寿，孙自强. 化工自动化及仪表. 上海：华东理工大学出版社，2011.
[134] 厉玉鸣. 化工自动化及仪表，4 版. 北京：化学工业出版社，2006.
[135] 周志成. 石油化工仪表与自动化. 北京：中国石化出版社，2003.
[136]《石油化工仪表自动化培训教材》编写组. 集散控制系统及现场总线. 北京：中国石化出版社，2010.
[137] 张雪申，叶西宁. 集散控制系统及其应用. 北京：机械工业出版社，2007.
[138]《工厂常用电气设备手册》编写组. 工厂常用电气设备手册，2 版. 北京：中国电力出版社，2003.
[139] 中国仪表网：www. yibiao. com.
[140] 中国自动化仪表网：www. ca18. net.
[141] 中国温度仪表网：www. sipai. com/matmi/index. asp.
[142] 中国压力仪表网：ylyq. toocle. com.
[143] 中国流量仪表网：www. china-flow. cn/info.
[144] 中国物位仪表网：www. wwybcn. com/corporation.
[145] 中国进口仪表网：jk. yibiao. com.
[146] 中国分析仪器网：www. fxyqw. com.
[147] 中国电气工业网：www. cnelc. com.
[148] 现场总线网：www. fieldbuses. com.
[149] 组态网：www. zutai. com. cn.
[150] www. baidu. com.
[151] 美国国家仪器（NI）有限公司：www. ni. com/china.
[152] 中国高等学校教学资源网：www. cctr. net. cn.
[153] 西门子（中国）有限公司：www. ad. siemens. com. cn.
[154] 和利时集团公司：www. hollysys. com.
[155] 浙大中控自动化仪表有限公司：auto. supcon. com/web/index. asp.
[156] Haikuan Wang，Weiyan Hou，Zhaohui Qin，Yang Song. Integration Infrastructure in Wireless/Wired Heterogeneous Industrial Network System. <Lecture Notes in Computer Science>. 2010（EI 源刊）.
[157] 王佳承，费敏锐，王海宽. 基于 Modbus 的多现场总线集成测控系统设计 [J].《自动化仪表》，第 30 卷，第 6 期，2009.
[158] 魏来，王海宽，费敏锐. 异构网络测控系统集成设计及发电实验应用 [J].《自动化仪表》，已录用.
[159] 陈荣保，石雪，王桂珍等. 碳酸二甲酯生产实时控制和多塔并行控制策略 [J]. 化工生产与技术，

2007. No.1，19-21.
[160] 石雪. DMC生产过程自动控制系统 [D]. 合肥工业大学硕士学位论文，2007.
[161] 铜陵金泰化工实业有限责任公司，www. tljintai. com.
[162] 研华科技股份有限公司：www. advantech. com. cn.
[163] 周元祥，崔康平，吴峰，等，山岳型风景区污水处理系统设计问题的讨论 [J]. 合肥工业大学学报，2004，27 (12)，1520-1523.
[164] 陈荣保，常辉. 具有远程视频监控的污水处理电控系统的研制 [C]. 全国第19届计算机技术与应用学术会议论文集. 合肥：中国科学技术大学出版社，2008.8，589-593.
[165] 常辉. 分布式污水处理监控系统的研制 [D]. 合肥工业大学硕士学位论文，2009.
[166] Chen，Rongbao，Qian，Liyou，Zhou，Yuanxiang，Li，Xuanyu. Develop of specific sewage pretreatment and network monitoring system [C]. Life System Modeling and Intelligent Computing-Int. Conf. on Life System Modeling and Simulation，2010. 9，110-116.
[167] 黄山风景区首座自控数字化污水处理站建成投入试运行. www. tourmart. cn/ctopic/4/7383. htm，2008. 12. 01.
[168] Endress+Hauser 中国销售中心（上海）：www. cn. endress. com.
[169] 研祥高科技控股集团：www. evoc. com. cn.
[170] 合肥精大仪表股份有限公司：www. jingdake. com.
[171] 安徽省精测流量仪表检定站：www. ahjingce. com.
[172] 工业无线网络 WIA：www. industrialwireless. cn/index. asp.